Recent Biochemistry

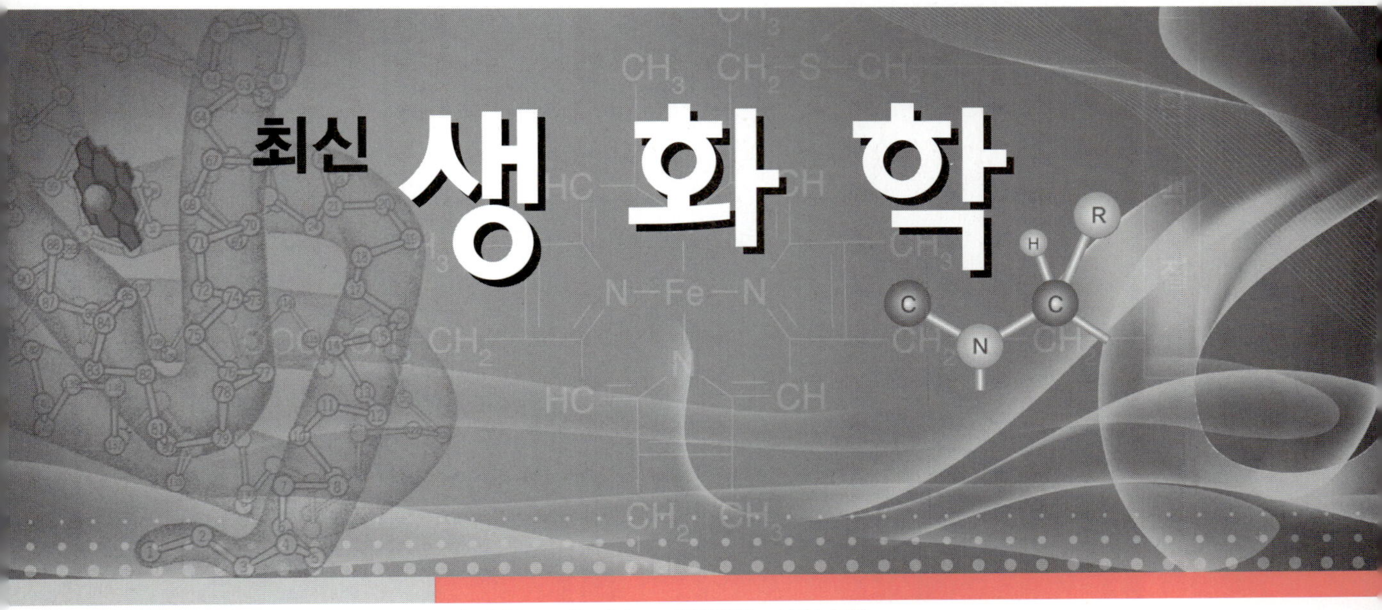

최신 생화학

방병호 채기수 최병범 최부돌 공저

도서출판 진로
JinRo Publishing co.

머리말

생화학(Biochemistry)은 생명현상을 화학적으로 접근하고, 추구하는 학문의 일종이다. 생화학의 발전으로 생명현상의 본질들이 속속 밝혀지고 있으며 자연과학 분야에 많이 응용되고 있는게 현실이다. 이와 같이 생화학이 미치는 범위와 영향은 방대하며 또한 생명현상의 본질을 밝히는데 기여하고 있음은 주지의 현실이다. 따라서 이 광범위하면서도 간결한 생화학의 필요성을 평상시에 느껴왔는데, 여기에 부응하고자 만들어진 본 교재는 생화학 전반에 관한 기초적이고 체계적인 내용을 쉽게 이해할 수 있도록 집필하였다. 그러므로 이 교재는 영양학, 식품학, 식품화학, 식품미생물학, 유전학, 농화학, 식품공학, 간호학, 의학, 보건위생학, 환경학, 피부과학 등 많은 응용 생화학과 관련된 사람들을 위한 책이라 할 수 있다. 오늘날, 분석 기기의 발달로 생화학에 대한 새로운 지식들이 수없이 많이 발표되고 있어 이들을 모두 이해하기란 쉬운 일은 아니다. 그러나 저자들은 오랫동안 강의한 경험을 바탕으로 중요한 핵심 부분을 빠뜨리지 않고 정리하였다. 특히 독자가 본문을 읽을 때는 물론 표나 그림의 설명만으로도 개요를 잘 파악할 수 있도록 집필하였으며, 각 장별 요약, 연습문제 및 용어 해설은 이 교재를 돋보이게 할 것이다. 그리고 전공 용어는 주로 사단법인 한국식품과학회에서 발간된 식품과학용어사전에 따라 표기하였다. 그러나 아직까지 우리말로 용어가 정립되지 않아 적절한 용어로 매끄럽게 표현 못한 곳, 오류가 발견되는 곳 등 빠른 시일 내에 저자들의 힘을 모아 개정 보완토록 계속 노력할 것을 약속한다. 마지막으로 이 책을 출판할 수 있게 도와주신 도서출판 진로 임종철 사장님께 깊은 감사를 드린다.

차례

1장... 세포 /Cell

2장... 물과 완충용액 /Water and Buffers

3장... 탄수화물 /Carbohydrates

4장... 지질 /Lipids

5장... 아미노산과 단백질 /Amino Acids and Proteins

6장... 효소 / Enzymes

7장... 대사 개요/Intrduction to Metabolism

8장... 탄수화물 대사 : 해당과정 /Carbohydrate Metabolism : Glycolysis

9장... 기타 탄수화물 대사 /Additional Carbhydrate Metabotism

10장... TCA 회로 /Tricarboxylic Acid Cycle

11장... 전자전달과 산화적 인산화 /Electron Transport and Oxidative Phosphorylation

14장... 핵산 /Nucleic Acids

15장... DNA 복제와 RNA 전사 /DNA Replication and RNA Transcription

16장... 단백질 합성 / Translation

| 제1장 |

세포

Cells

생화학은 생물체의 생명현상을 화학적으로 연구하는 학문으로 약 100년 전에 시작되었으며, 우리들이 알고 있는 대부분의 생화학 지식은 주로 50년 내에 얻어진 것이다. 그러므로 다른 학문분야에 비하여 상대적으로 새로운 분야이며 수많은 과학자들이 생명이라 부르는 복잡한 수수께끼를 풀기 위해 부단히 노력함으로써 생명현상에 대한 우리들의 이해는 더욱 완전하게 되어가고 있다.

이 책을 읽는 대부분의 학생들은 건강과 관련된 직업분야 등에 관계되어 있을 것이므로, 인체와 여러 가지 질병에 대한 연구는 매우 의미있는 일이라 생각된다. 대부분의 질병은 분자 또는 세포적 수준의 잘못된 작용의 결과 때문에 발생하므로 생화학의 완전한 이해가 아주 중요하다.

이 장에서는 먼저 생체계(living systems)에서 발견되는 원소와, 이 원소들이 왜 생명에 중요한 것인가를 설명한다. 또한 생물과 무생물의 차이에 관한 기준을 설명하고, 나아가 세포의 종류와 형태, 그들의 구조와 기능에 대해서도 설명한다.

1.1 생명의 화학원소

"살아있는" 기관에 대하여 생각할 때 놀라운 점 중 하나는 이들 기관이 살아있지 않는(무생물) 물질로부터 구성되었다는 것이다. 확실히, 세포속에 있는 무생물이 복잡한 조합으로 구성되어 있는데, 과학자들은 이를 "살아있는 상태"라고 부른다. 흥미롭게도, 자연적으로 존재하는 90가지 원소 중 극히 일부가 살아있는 세포(생세포)에서 주로 발견된다.

이들 중 탄소, 수소, 산소와 질소들이 세포무게의 약 99%를 차지한다. 이러한 원소들로부터 아미노산, 단백질, 탄수화물, 지방과 여러 형태의 생체분자(biomolecules)들이 만들어진다(생체분자는 살아있는 세포에서 발견되거나 여러 가지 생물학적 작용에 요구되는 분자들이다). 이외에도, 인과 유황은 적은 양으로 존재하며 이들 역시 생체분자를 만드는데 이용된다.

세포내에서 많은 이온들이 발견되는데, 이들은 Na^+, K^+, Cl^-, Mg^{2+}, Mn^{2+}, Ca^{2+}, Fe^{2+}, Zn^{2+}, Cu^{2+}이다. 1가 이온(monovalent ions, 1^+ 또는 1^- 전하를 갖는 이온)들은 신경자극을 전달하고, 혈액의 전해질의 균형을 유지하는데 필요하다. 2가 이온(divalent ions, 2^+ 전하를 갖는 이온)과 3가 이온(trivalent ions, 3^+ 전하를 갖는 이온)은 효소(화학반응을 빠르게 하는 생물학적 촉매)와 자주 관계를 가지며 효소활성에 요구된다. 기타 많은 수의 다른 원소들이 세포내에서 발견되나 아주 낮은 농도이다. 이러한 원소들을 정상적인 세포작용에 미량만이 요구되기 때문에 미량원소(trace elements)라 부른다.

표 1-1에 대부분의 세포에서 주로 발견되는 여러 가지 원소들을 요약하였다. 먼저, 탄소, 산소, 질소와 수소의 중요한 화학적 성질의 일부를 알아보기로 한다. 6개의 전자가 탄소의 원자핵에 결합되어 있다. 탄소원자의 전자배열은 다음과 같다. $C(1s^2, 2s^2, 2p^2)$ 이 표기는 탄소원자가 1s, 2s, 및 2p 에너지 준위 또는 궤도에 각각 2 개의 전자를 가진 것을 의미한다.

탄소는 2s와 2p 궤도로부터 쉽게 진자를 잃지 않는다(즉 쉽게 이온화 되지 않는다). 그러나 탄소는 오른쪽 그림에서 보는 바와 같이 다른 원소들과 전자쌍을 공유함으로써 공유결합(covalent bonds)을 형성할 수 있다.

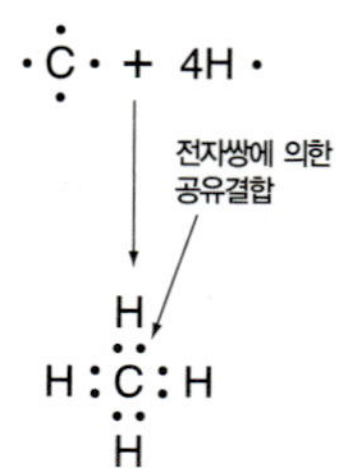

Methane

그러므로 탄소는 쉽게 자신과 수소, 산소 혹은 질소와 강하고 안정한 공유결합을 쉽게 형성할 수 있다. 이것은 탄소가 최대로 4개의 다른 원자들과 결합할 수 있음을 말한다. 또한, 탄소는 그림 1-1에서 보는 바와 같이 단일·이중·삼중결합에 참여할 수 있다. 탄소의 이러한 특수한 성질 때문에 다양한 공유결합 배열이 가능하며 거의 수백만의 다른 물질을 만

표 1-1 세포에서 발견되는 일반 원소의 종류

생체분자를 구성하는 원소	1가, 2가 및 3가 이온	미량원소
탄소(C)	소듐(Na^{+})	코발트(Co)
수소(H)	포타슘(K^{+})	붕소(B)
산소(O)	염소(Cl^{-})	알루미늄(Al)
질소(N)	마그네슘(Mg^{2+})	바나듐(V)
인(P)	망가니즈(Mn^{2+})	몰리브데넘(Mo)
황(S)	칼슘(Ca^{2+})	아이오딘(I)
	철(Fe^{2+}, Fe^{3+})	규소(Si)
	구리(Cu^{2+})	니켈(Ni)
	아연(Zn^{2+})	크로뮴(Cr)
		플루오르(F)
		셀레늄(Se)

들 수 있다. 그림 1-2에 탄소가 참여할 수 있는 몇 가지의 결합배열을 요약하였다. 이것은 탄소가 다양한 결합이 가능한 원소이며 생명에 대한 기본요소로 이용되는데 아주 적당하다는 것을 보여 주는 것이다.

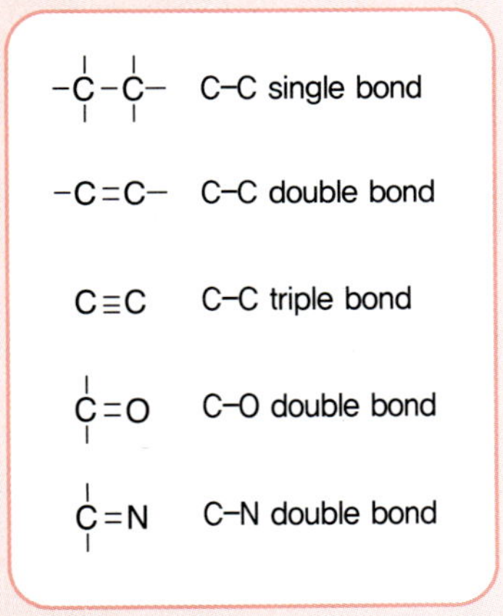

그림 1-1 탄소원자의 다양한 결합배열

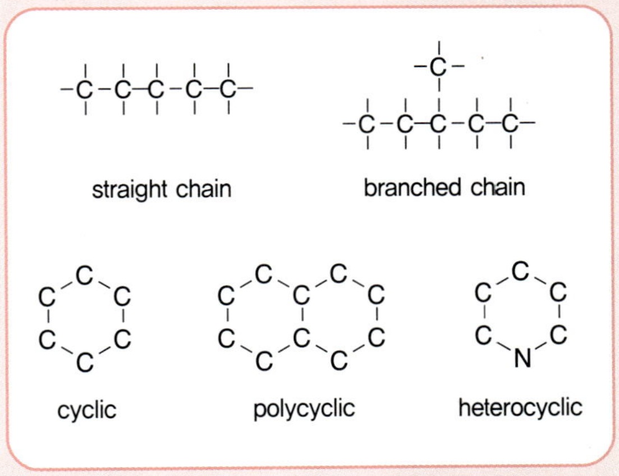

그림 1-2 탄소가 관여하는 가능한 몇 가지 화학결합

산소, 질소 그리고 수소도 전자쌍을 공유함으로써 역시 강하고 안정한 공유결합을 형성할 수 있다. 산소와 질소는 보통 단일 또는 이중결합을 형성하지만 수소는 오직 단일결합만 형성할 수 있다(수소는 결합을 형성할 수 있는 전자 1개를 가지고 있다는 것을 기억하라).

산소는 대단히 전기음성도(electronegative)가 큰 원소이다. 다음 장에서 살펴보겠지만 이러한 특징은 물의 특이한 성질과 수소결합이라고 부르는 특수한 결합의 기초가 된다. 산소도 생명에 역시 중요하다. 왜냐하면 인체 세포내에서 에너지 생성 동안 최종 전자수용체로서 작용하기 때문에 생체계에 있어 중요하다.

질소는 펩타이드(peptide) 결합이라고 알려진 결합을 형성하기 위하여 탄소와 결합하기 때문에 생명기관에서는 중요한 원소이다. 이 결합은 모든 단백질에 대한 기본적인 결합 구조이다. 질소는 또한 유전정보를 보존하고 전달하는 분자인 핵산을 구성하는데 사용된다.

그리고 수소는 탄소와 산소 그리고 질소의 공유결합에서 부족한 전자를 채워서 안정한 화합물이 되게 하는 중요한 역할을 하며 또 수소결합 형성과 세포내 전자전달계에 관여한다. 생화학적으로 중요한 작용기(원자단)들을 표 1-2에 나타내었다.

표 1-2 중요한 작용기(원자단)

작용기	화합물 종류	구조식	예
하이드록실(−OH)	알코올(alcohol)	R−OH	에탄올(CH_3CH_2OH)
알데하이드(−CHO)	알데하이드(aldehyde)	R−C(=O)−H	아세트알데하이드(CH_3CHO)
케톤(=CO)	케톤(ketone)	R−C(=O)−R'	아세톤(CH_3COCH_3)
카복실(−COOH)	유기산 (carboxylic acid)	R−C(=O)−OH	아세트산(CH_3COOH)
아미노(−NH_2)	아민(amine)	R−N(H)−H	메틸아민(CH_3NH_2)
인산(−OPO_3^{2-})	유기인산 (organic phosphate)	R−O−P(=O)(−O^-)−O^-	글루코오스 6-인산
설퍼하이드릴(−SH)	싸이올(thiol)	R−SH	머캅토에탄올(CH_3CH_2SH)

1.2 생명을 만드는 것은 무엇일까?

이미 언급한 것과 같이 생명세포는 궁극적으로 살아있지 않는 물질로 구성되어 있다. 그러면 살아있지 않는 물질과 생명물질의 차이는 무엇인가? 19세기 중엽이전의 과학자들과 철학자들은 생명물질은 무생명 물질과는 아주 다르며 다른 물리적 법칙을 따른다고 믿었다. 이들 과학자들은 생명기관에 있는 생명력(vital force)이 세대와 생명유지에 관여한다고 주장하였다. 오늘날 우리들은 생명력 이론이 생명기관을 설명하는데 부적절하다는 것과, 세포내에 있는 원자와 분자들이 무생명물질에서 발견되는 원자들과 동일한 물리적 법칙을 따른다는 것을 잘 알고 있다.

결국 생명기관은 분자수준에서 그들의 복잡성, 다양성 그리고 구조적으로 조직화되어 있기 때문에 "살아있는(living)"것이라고 표현한다. 생명체에 대한 정의를 살펴보면, 첫째, 생명체는 아주 복잡하고 아주 잘 조직화되어 있다. 이것은 생물구조의 몇 가지 다른 레벨에 있어 마찬가지이다. 인체기관의 구조와 조직은 많고 다양한 생물분자는 준세포적 구조(subcellular structure)를 만들고 준세포 구조는 세포를 구성하고, 세포는 조직을 만들게 된다. 이들 모두는 생명물질이 아주 잘 조직화되었다는 것을 나타낸다.

둘째, 생명기관은 특수한 목적 또는 작용을 갖는 구조로 구성되어 있다. 각 구성요소의 궁극적 목적은 생체 모든 기관의 성장, 증식, 복제 그리고 생물학적 작용을 돕는 것이다.

셋째, 생명기관은 환경으로부터 물질과 에너지를 획득하여, 이것을 생체계의 정상적인 성장, 증식, 그리고 유지를 위하여 사용한다. 다음 장에서 보겠지만, 생명기관은 물질과 에너지를 생성하는데 아주 효율적으로 구성되어있다. 그러나 생명기관은 완벽하지는 않다. 즉 그들은 폐기물과 폐기 에너지(열)를 생성하여 환경을 오염시킨다. 그러나 폐기물질들은 다른 기관에 의하여 가끔 이용될 수도 있으며, 그리고 대부분의 생명기관은 여러 가지 구성성분을 재활용(recycle)한다.

넷째, 생명체는 자기복제(self replication)를 한다(즉 자기 자신을 정확히 복제한다). 특히 생명물질은 유전정보(deoxyribonucleic acid, DNA)를 저장하고 한 세대로부터 다음 세대로 유전정보를 전달할 수 있는 분자를 함유하고 있다. 이 정보 저장기관은 아주 복잡하고 다양하다. 이것은 반드시 결점이 없어야 하며 잘못이 행하여졌을 때 보통 자기 수선(self-correcting)을 한다. 이 정보 저장기관에 대하여 생각해 보자. 당신의 모든 것-당신의 눈 색깔, 당신의 머리털과 피부 색깔, 당신의 성(gender)은 당신 몸에 있는 모든 세포의 핵 속에 있는 DNA에 암호로 저장되어 있다. 핵에 있는 DNA는 최소한의 공간에 저장할 수 있는 최대한의 정보를 저장시킬 수 있다.

본질적으로 살아있는 세포는 자기조립, 자기조절 그리고 자기복제가 가능하다. 즉, 각 구성성분과 반응과정이 최대의 경제 원리에 근거하여 작용하는 생체분자의 열린계(open system)이다. 세포는 자체에서 생성한 효소의 촉매에 의해 에너지의 획득과 운반 그리고 자체의 구성분 합성에 많은 일련의 유기반응이 촉진된다.

1.3 세포의 형태

수많은 종류의 세포들이 있지만 모든 세포들은 2가지로 아주 단순하게 분류할 수 있다. 첫째 방법은 그들의 크기와 복잡성에 의하여 세포를 분류하는 것이고, 둘째 방법은 환경으로부터 그들이 어떻게 물질과 에너지를 만드는가에 의하여 세포를 분류한다(또는 단순히 어떻게 그들 자신이 음식물을 섭취하는가 이다).

첫째 분류법에 의하여 다음과 같이 두 가지로 나눌 수 있다. (1) 원핵세포(prokaryotes, before the nucleus)와 (2) 진핵세포(eukaryotes, good nucleus)이다. 두 세포의 차이를 표 1-3에 요약하였다.

둘째 분류방법에 의하면 다음과 같이 2가지 형태의 세포로 나눌 수 있다. (1) 독립영양세포(autotrophs, self-feeding)과 (2) 종속영양세포(heterotrophs, feeding-on-others)이다. 이 두 세포의 차이점을 표 1-4에 요약하였다. 두 분류방법은 완전히 다른 기준에 기초한 것이다. 그러므로 원핵세포(세균)는 영양분 섭취에 있어서 종속영양상태일 수 있으며 진핵세포(식물세포)는 독립영양상태일 수 있다.

표 1-3 원핵세포와 진핵세포의 차이

구분	원핵세포	진핵세포
종류	세균, 방선균, 남조류	동 · 식물세포, 곰팡이, 효모, 버섯, 조류
핵막	없다	있다
인	없다	있다
염색체	1개(고리상구조)-단백질과 결합 안함	다수-히스톤(histone) 등 단백질과 결합
분열	무사분열	유사분열
세포막	스테롤(sterol)이 없다	스테롤이 있다
라이보솜	70S(50S+30S)	80S(60S+40S)
세포내소기관	없다	다수 존재
호흡계	세포막 혹은 메소솜(mesosome)에 존재	마이토콘드리아(mitochondria)에 존재
크기	작다(보통 〈2 ㎛)	크다(2~100 ㎛)

표 1-4 독립영양세포와 종속영양세포의 차이

구분	독립영양세포	종속영양세포
탄소원	CO_2(공기)	복잡한 유기 화합물
에너지원	햇빛	복잡한 유기 화합물
보기	광합성(식물)세포	동물세포, 세균

1.4 세포의 구조와 기능

여러 형태의 세포를 논의하였지만, 여기서는 원핵세포와 진핵세포의 내부구조를 설명한다. 세포의 내부구조에 관한 이해는 전자현미경이 1940년대에 발명되지 않았다면 진보되지 못했을 것이다. 이 기구를 이용하여 과학자들은 100,000배 보다 더 큰 확대로 세포의 사진을 찍을 수 있었다. 이 사진들은 세포내의 아주 복잡한 내부 물질들을 밝혔다. 전자현미경은 물체를 확대하기 위해 전자빔(햇빛 대신에)을 사용한다.

주사전자현미경(scanning electron microscopy)이라는 새로운 기술로 세포의 외부표면으로부터 전자빔이 반사되도록 하여 세포 표면의 외부모양을 밝혔다. 이 방법으로 입체구조를 얻었지만 내부구조를 분명하게 볼 수 없으나, 세포성장의 여러 단계 동안에 세포표면이 어떻게 변하는가를 관찰하는데 사용된다. 형태가 기형일 때도 역시 이 방법을 사용하여 관찰할 수 있다.

1.4.1 원핵세포

원핵세포는 세균과 남조류와 같이 작은 단세포이다(그림 1-3). 세포질은 단단한 세포벽으로 둘러싸여 있다. 이들 세포들은 핵과 세포소기관(마이토콘드리아와 골지장치와 같은)을 갖고 있지 않다. 진핵세포의 구조와 비교하여 볼 때 아주 단순한 내부구조를 가지고 있다.

(1) 세포벽(cell wall)

세포벽은 세포를 둘러싸고 있는 단단한 구조물로 주위 환경의 삼투압 변화에 대하여 세포를 보호하는 기능을 가지고 있다. 그람 양성균의 세포벽 성분은 펩타이도글라이칸(peptidoglycan)과테이코산(teichoic acid)이고 그람 음성 균의 세포벽은 펩타이도글라이칸, 지질 다당류(lipopolysaccharide), 지단백질(lipoprotein) 등으로 구성되어 있다.

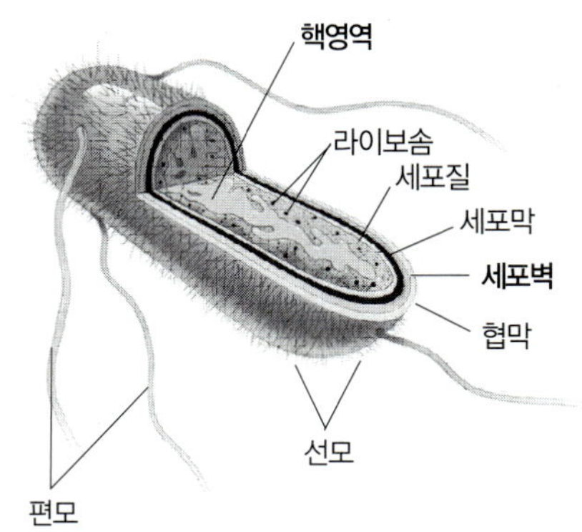

그림 1-3 원핵세포(그람음성 세균의 구조)

(2) 세포막(cell membrane)

세포벽 안쪽에 있는 세포막은 지질과 단백질로 구성되어 있으며 여러 가지 물질을 선택적으로 통과시킨다. 또 원핵세포의 세포막에는 몇 가지 중요한 효소가 존재하여 진핵세포의 소기관 막과 같은 기능을 나타내며 이곳에서 호흡효소반응, 산화적 인산화반응, 인지질 합성반응 등이 일어난다. 그람 양성 간균이나 방선균 등에서는 세포막에 부착된 메소솜(mesosome)이라는 막성기관을 볼 수 있는데 이곳은 세포의 호흡효소가 집중된 부위로 추정된다.

(3) 세포질(cytoplasm)

세포질은 세포의 가용성 구분으로 단백질과 여러 가지 대사물질로 구성된 높은 점성을 나타내는 용액이다. 이곳에서 해당과정(glycolysis), 지방산 합성, 단백질 합성 등의 다양한 대사반응이 일어난다.

(4) 핵영역(nuclear zone)

핵영역은 일정한 모양이 없는 나선형의 DNA(deoxyribonucleic acid)가 존재하는 지역이다. DNA는 이중나선(나선구조를 형성)이며 끝이 연결되어 고리를 이루고 있다. 원핵세포의 DNA는 진핵세포의 DNA 보다 크기가 매우 작으나 원핵세포가 생존하는데 필요한 모든 유전정보를 가지고 있다.

(5) 라이보솜(ribosome)

세균의 세포는 약 15,000개의 라이보솜을 가지고 있다. 세균의 라이보솜은 30S 및 50S 단위체로 구성되어 있고 각 단위체는 단백질 35%, RNA 65%로 구성되어 있다. 라이보솜은 단백질 합성장소이며 mRNA는 단위체 사이에 부착하여 아미노산의 서열을 지정한다.

1.4.2 진핵세포

진핵세포는 원핵세포보다 아주 복잡하다. 그들은 원핵세포보다 크며(20~30배), 여러 가지의 세포소기관을 갖고 있다. 그림 1-4에 진핵세포의 내부구조를 나타냈다.

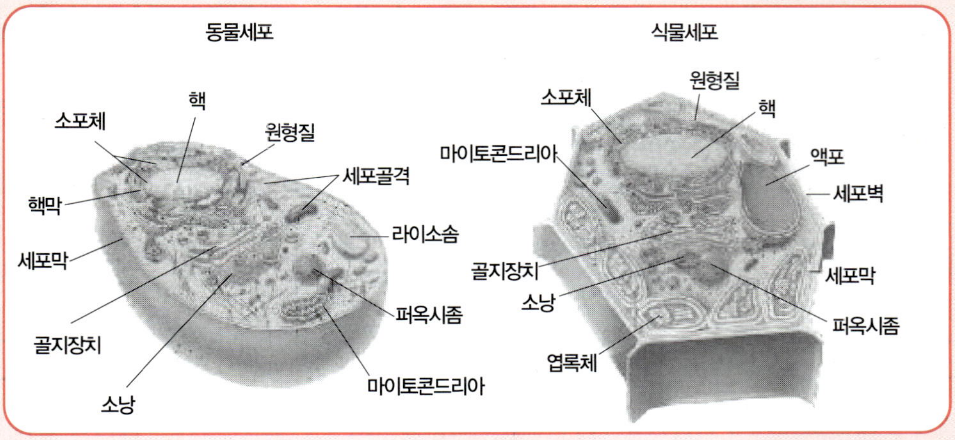

그림 1-4 진핵세포 모식도

(1) 세포막(plasma membrane)

세포막은 인지질과 여러 종류의 단백질로 이루어진 유동성의 이중층(bilayer) 막이다. 세포막은 세포 내용물을 보존하며 여러 가지 이온이나 물질을 선택적으로 수송하는 계를 포함하고 있

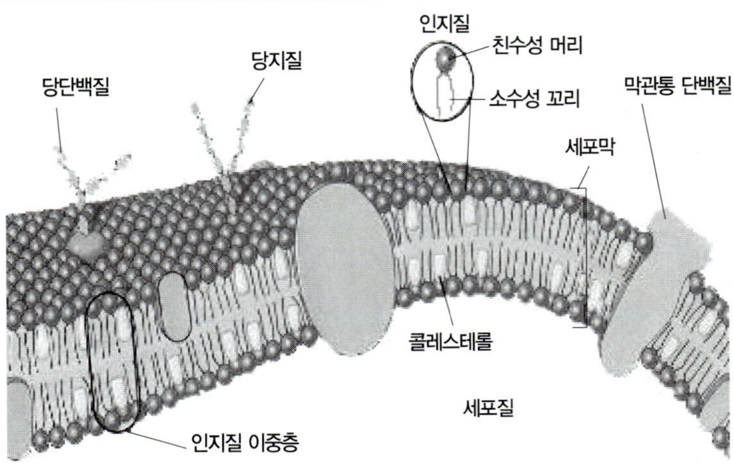

그림 1-5 세포막의 구조

다. 또 각종 호르몬의 수용부위와 세포 사이의 접착에 관계하는 복잡한 다당류와 단백질을 가지고 있으며 세포의 독특한 면역학적 성질이 나타나게 한다.

(2) 세포질(protoplasm)

세포질은 세포막과 핵 사이에 있는 세포의 원형질을 말하며 생명현상의 기본 특성은 모두 이곳에서 나타난다. 세포질은 반유동성의 액체로 물(75~85%), 전해질(1.5%), 단백질(10~20%), 지질(2~3%), 당질(1%)로 구성되어 있다. 세포질에는 해당과정, HMP 경로, 지방산 생합성 등 여러 가지 대사에 관여하는 효소계가 존재한다. 또 세포질 내에는 독특한 생체기능을 나타내는 세포내 소기관이 존재한다.

(3) 핵(nucleus)

핵은 구멍이 있는 핵막에 의하여 둘러싸인 구상구조(직경 4~6㎛)로 DNA와 히스톤(histone)이 결합된 염색체와 인(핵소체, nucleolus)를 함유하고 있다. 염색체의 DNA는 유전정보가 축적되어 있으며 이것을 전사하기 위한 장소를 제공한다. 또 핵에는 여러 가지 가수분해 효소를 함유하고 mRNA 및 tRNA를 합성하는 장소가 되는 핵질이 있다. 인은 다량의 RNA를 함유하며 rRNA를 합성하고 수식하여 세포질로 보내는 역할을 한다.

(4) 마이토콘드리아(mitochondria)

마이토콘드리아는 2개의 막, 즉 평활한 외막과 굴곡이 많은 내막으로 둘러싸인 구조의 막대 모양(길이 약 2㎛)이며 세포내 에너지 대사의 중심적인 역할을 함으로 세포의 발전소라고도 한다. 마이토콘드리아에는 TCA 회로, 지방산 분해(β-산화), 전자전달계 등 세포의 에너지 대사에 관여하는 효소가 외막, 막공간(외막과 내막 사이), 내막, 매트릭스(matrix) 내에 모여 있으며 조효소, 기질(substrate), 효소 등을 외부보다 훨씬 고농도로 농축할 수 있고 이것은 효소반응 속도에 영향을 준다. 내막과립에서는 산화적 인산화의 최종반응인 ATP 합성이 일어난다. 마이토콘드리아는 독립적으로 DNA를 함유하여 스스로 분열, 증식할 수 있다.

(5) 소포체(endoplasmic reticulum; ER)

소포체는 막으로 된 통로로서 세포 전체에 걸쳐서 존재하며 세포막과 연결되어 있다. 소포체는 여러 종류의 단백질과 세포 대사산물을 합성하며 세포질 내에 골고루 분포한다. 막이 있는 복잡한 기관으로 표면에 핵단백질로 된 라이보솜이 부착된 조면소포체(RER)와 부착되지 않은 활면소포체(SER)가 있으며 조면소포체는 단백질의 합성이 일어나는 장소이고 합성된 단백질은 골지장치로 운반되어 농축된 후 세포 외부로 방출한다. 활면소포체는 지질계통 물질분비 세포에 발

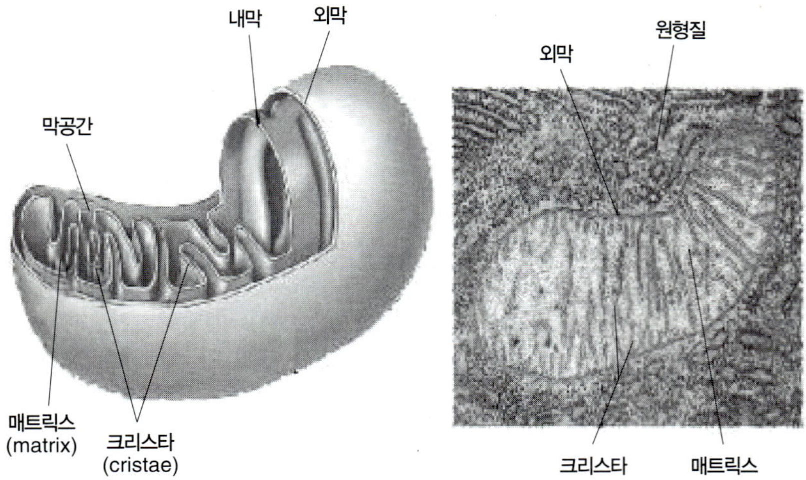

그림 1-6 마이토콘드리아의 구조

달, 지방, 인지질, 스테로이드 등의 합성과 수송에 관여한다.

(6) 골지장치(golgi apparatus)

골지장치는 분비과립을 만들고 세포막 및 세포벽 구성성분을 만들며 라이소솜 구조를 조직화한다. 많은 단백질들은 다당류 사슬과 같은 아미노산 이외의 다른 성분을 함유하고 있기 때문에 라이보솜에서 합성된 폴리펩타이드(polypeptide)는 반드시 완전한 것이 아니다. 그래서 합성된 폴리펩타이드는 소포체에 있는 통로 속으로 분비되어 골지장치로 수송된다. 골지장치에서는 폴리펩타이드 사슬이 연장되기도 하고 특이한 글라이코실트랜스퍼레이스(glycosyltransferase)에 의해 당류가 첨가되어 당단백질을 형성할 수도 있다. 완성된 생성물은 골지소포에 싸여서 원형질막으로 이동하여 원형질막과 융합하고 소포 안에 들어 있던 단백질을 세포외로 방출한다.

(7) 라이소솜(lysosome)

라이소솜은 막으로 둘러싸인 작은 주머니로 되어 있으며 포스파테이스(phosphatase), 프로티에이스(protease), 글라이코시데이스(glycosidase), 라이페이스(lipase), 핵산 가수분해효소 등 약산성에서 작용하는 30~50종 이상의 가수분해효소가 집중되어 있다. 이것은 세포내에서 청소부 역할을 하며 세포가 죽으면 바로 세포성분들을 분해한다. 또 식작용의 과정에서 이물질들을 분해할 필요가 있을 때도 관여하는 것으로 생각된다. 골지장치에 의해 조직화된 라이소솜은 탐식과립과 합체하여 소화액포를 형성하고 미소화물은 세포 외로 배출되거나 자가탐식소포를 만든다.

(8) 미세소관(microtubules)

미세소관은 단백질인 튜불린(tubulin)으로부터 만들어진 긴 섬유이다. 그들은 세포내의 골격을 만들어 세포 운동에 관계 한다.

(9) 세포벽(cell wall)

세포벽은 식물의 세포에 있는 것으로 여러 층의 셀룰로오스(cellulose)로 구성된 두껍고 단단한 구조물이다. 이것은 식물세포에 매우 큰 물리적 강도를 부여하여 세포를 보호하는 작용을 한다.

(10) 엽록체(chloroplast)

엽록체는 모든 광합성 식물의 세포에서 발견되는 이중막을 가진 세포내 소기관으로 태양에너지를 화학에너지로 바꾸고 저장하는 복잡한 과정이 일어나는 부위이다. 광합성에 이용되는 엽록소(chlorophyll)와 효소는 라멜라(lamella)라는 막에 농축되어 있고 이것은 원판모양의 틸라코이드(thylakoid)를 형성한다. 틸라코이드가 모여서 스트로마(stroma) 막으로 서로 연결된 그라나(grana)를 형성한다. 엽록체도 마이토콘드리아와 같이 자신의 독특한 DNA를 가지고 있다.

(11) 액포(vacuole)

액포는 주머니 모양으로 성숙한 식물세포에 잘 발달되어 있으며 여러 종류의 세포산물과 폐기물을 함유하며 막으로 둘러싸여 있다. 액포는 세포가 성숙하면 늘어나고 성숙한 식물세포에서 내부 용적의 많은 부분을 차지한다.

요약

생화학은 생체계에 관계하는 화학적 과정을 연구하는 학문이다. 생체계는 주로 탄소, 수소, 산소, 질소, 인, 유황 등의 생명이 없는 물질로부터 구성되어 있다. 무기이온과 미량원소들도 역시 세포에서 발견된다. 이들은 세포의 정상적인 생물학적 작용에 필요하다. 물질이 "살아있는 상태" 란 무생명 물질이 다음과 같은 기능을 가질 때도 정의 될 수 있다.

1. 복잡하고 매우 고도로 조직화되었다.
2. 특이한 기능을 갖는 구조를 형성한다.
3. 환경으로부터 물질과 에너지를 발생할 수 있다.
4. 효율적이고 본질적으로 착오가 없는 기관을 통하여 자신을 번식할 수 있다.

세포는 원핵세포와 진핵세포로 나눌 수 있으며 또한 독립영양세포와 종속영양세포로 나눌 수 있다. 전자현미경은 세포구조에 관한 우리들의 이해를 위해 크게 공헌하였다. 원핵세포와 진핵세포의 내부구조에 관하여 설명하였으며, 여러 가지 세포 소기관의 구조와 기능을 설명하였다. 세포 내 소기관에는 세포벽, 세포막, 핵, 마이토콘드리아, 소포체, 라이보솜, 골지장치, 엽록체, 액포 등이다.

연습문제

1. 포유동물의 세포막의 구성성분은?

가. cholesterol	나. nucleic acid
다. phospholipid	라. actin

① 가 나 다 ② 가 다 ③ 나 라
④ 라 ⑤ 가 나 다 라

2. 다음 생체 내에서 일어나는 대사 중 세포내 부위와 연결이 잘못된 것은?

① 해당과정 – 세포질 ② RNA 합성 – 핵
③ TCA회로 – 마이토콘드리아
④ 단백질 합성 – ribosome
⑤ 지방산의 β–산화 – lysosome

3. 마이토콘드리아에서 일어나지 않는 대사과정은?

① 해당과정 ② citric acid cycle
③ 전자전달계 ④ 지방산 산화
⑤ oxidative phosphorylation

4. 단백질합성이 일어나는 곳은?

① mitochondria ② ribosome
③ endoplasmic reticulum
④ golgi body ⑤ lysosome

5. 생체막의 구조에 대한 설명이다. 잘못된 것은?

① 생체막은 주로 지질과 단백질로 되어 있다.
② 생체막은 인지질의 이중층으로 되어 있다.
③ 생체막의 인지질 중 소수성 부분은 생체막 표면에 친수성 부분은 생체막 내부에 위치하고 있다.
④ 세포막의 단백질에는 지질 이중층을 관통하고 있는 것도 있다.
⑤ 생체막의 표면에는 어떤 호르몬과 특이적으로 결합하는 수용체 단백질이 있다.

6. 생명체가 환경변화에 의해 스스로 수분, pH, 삼투압, 체온 등을 일정하게 조절하는 것을 무엇이라 하는가?

① 대사(metabolism)
② 항상성(homeostasis)
③ 성장(growth)
④ 적응(adaptation)
⑤ 유기적 체제(organization)

7. 다음 중 능동적 운반(active transport)와 관계없는 것은?

① 특이성을 가지고 있다.
② 에너지를 소모한다.
③ 운반체가 참가한다.
④ 농도가 높은 곳에서 낮은 곳으로 물질운반이 일어난다.
⑤ 포화현상이 나타난다.

8. 다음 중 세포 내 소기관의 하나인 마이토콘드리아의 기능은?

① 에너지 발전소 ② 소화작용
③ 단백질 합성 ④ 분비기관
⑤ 세포 내 정보전달

정답 : 1② 2⑤ 3① 4② 5③ 6② 7④ 8①

용어해설

1. 생체분자(biomolecule) : 생물에 필수적인 정상성분으로 존재하는 유기화합물

2. 생화학(biochemistry) : 생물에 관계되는 화학적 과정을 연구하는 학문

3. 원핵세포(prokaryote) : 세균이나 남조류와 같은 단세포 생물. 이것들은 1개의 염색체를 가지고 있으며 핵막 및 막과 결합한 세포 소기관을 가지고 있지 않다.

4. 독립영양세포(autotroph) : 자가영양세포라고도 하며 CO_2나 NH_3와 같은 매우 간단한 탄소원이나 질소원으로 생육할 수 있는 생물

5. 전기음성도(electronegativity) : 한 원자가 다른 원자와의 결합에서 전자를 얼마만큼 센 힘으로 끄는가에 대한 상대적인 경향

6. 종속영양세포(heterotroph) : 타가영양세포라고도 하며 포도당과 같은 복잡한 영양분자를 에너지원 및 탄소원으로 이용하는 생물

7. 진핵세포(eukaryote) : 1개의 막으로 둘러 싸여 있으며, 핵, 다염색체, 세포내 소기관을 가진 세포군

8. 효소(enzyme) : 특정 대사 반응을 촉매하는 특이적인 단백질

9. DNA(deoxyribonucleic acid) : 디옥시라이보누클레오타이드(deoxyribonucleotide) 소단위가 특이한 배열을 하고 있는 폴리누클레오타이드(polynucle-otide)이며 유전정보의 전달자 역할을 한다.

10. 펩타이드 결합(peptide bond) : 한쪽 아미노산의 $\alpha-$아미노기와 또 다른 아미노산의 $\alpha-$카복시기 사이가 축합된 아미드 결합

| 제2장 |

물과 완충용액

Water and Buffers

물은 생명에 필수적이다. 물 없이는 생명은 존재할 수 없다. 대부분 세포는 전체 무게의 70~90%가 물이다. 그러므로, 우리는 생물학계통의 화학을 설명하기 전에 먼저 물의 화학을 간단히 설명하고, 왜 물이 그렇게 진기하고, 생명에 필수적인지를 설명코자 한다. 또한 산, 염기 및 완충작용에 관해서도 설명한다. 특히 완충작용에 관해서는 체내의 생리학적 완충계를 예로 들어 설명할 것이다.

2.1 물의 화학

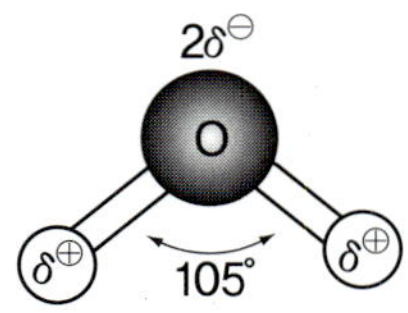

물분자(H_2O)의 구조는 왼쪽 그림과 같다.

산소는 전기음성도가 대단히 큰 원소이기 때문에 전자를 끌어당겨 수소원자와 공유결합을 형성한다. 그러므로, 전자는 수소원자보다 산소원자에 더 잘 끌려간다. 이것이 수소원자핵에 부분적으로 양전하를 부여하게 된다. 결국, 수소원자 부근에는 부분적인 양전하(δ^+)를 띤다. 게다가 산소는 부분적으로 2개의 음전하($2\delta^-$)를 띤다. 이와 같은 상황을 요약하면 오른쪽 그림과 같다.

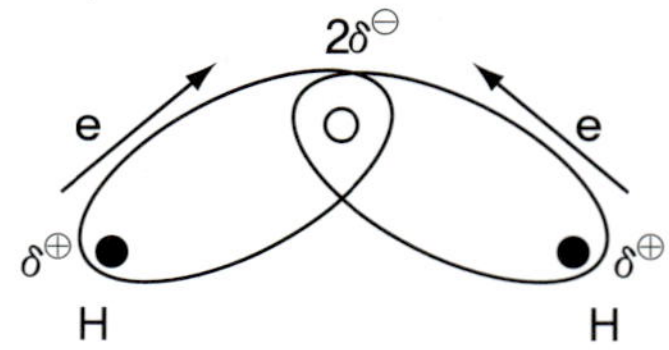

{전자가 산소원자로 끌려감}

물분자는 분리된 부분적인 전하(양전하와 음전하)를 갖고 있기 때문에 물은 하나의 쌍극자(dipole)로 간주한다. 물은 쌍극성이므로 그것은 다른 물을 끌어당겨 아래 그림처럼 수소결합을 형성할 수 있다.

산소의 $2\delta^-$는 또 다른 물 분자의 수소 δ^+를 끌어들여 수소결합을 형성한다는 사실에 주목하라. 수소결합(hydrogen bond)은 원자사이에 전자를 공유하는 공유결합이 아니다. 그것은 정전기적 결합(서로 반대의 전하 사이에서의 전기적 인력에 기초를 둔)같이 분리된 물 분자 사이의 쌍극자-쌍극자간의 인력이다. 비록 수소결합은 공유결합보다 훨씬 약하지만 다음에 설명할 물분자의 특이적인 성질의 원인이 된다.

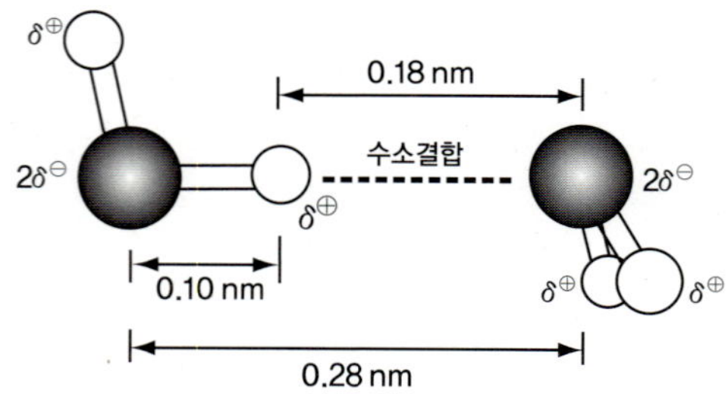

수소결합은 쉽게 형성되고 파괴되기 때문에, 많은 물분자는 그림 2-1에 나타낸 것처럼 다소 느슨한 응집이나 소다발체로 서로 연결되어 있다. 이러한 다발체는 1초 사이에 여러 번 형성, 파괴, 재형성된다. 그러므로 이들을 점멸하는 무리(flickering cluster)라고 말한다.

액체의 물은 어느 정도 짧은 시간동안의 배열(short-range order)을 하고 있는 것으로 생각될 수 있지만, 장시간의 배열(long-range order)은 거의 이루어질 수 없다. 짧은 시간동안의 배열은 몇몇의 물분자간의 일시적인 회합으로 정의할 수 있다. 반면, 얼음은 대부분의 물분자가 수소결합 배열로 되어 있어 대다수가 장시간의 배열을 하고 있다. 물분자가 얼음으로 얼게 되면서 이와 같은 결합을 형성하기 때문에 얼음은 물보다 밀도가 낮아 물에 뜨게 된다.

액체인 물에서 발견되는 수소결합 때문에 물분자 상호간의 높은 내부의 응집력이 관찰된다(물 분자는 서로 달라붙는 경향이 있다). 이러한 응집력 때문에 물의 물리적 성질은 이 분자의 크기에 비하여 아주 특이하다. 물은 분자량이 비슷한 다른 물질보다 높은 온도(100℃)에서 끓는다. 이것은 물분자의 수소결합을 파괴하여 분리된 분자(증기)로 유리시키는데 많은 열에너지가 요구되기 때문이다. 물은 또한 빙점(0℃)이 예외적으로 높고, 점성과 표면장력에 대한 예외적인 값을 갖고 있다. 다시 말해서 물이 수소결합으로 되어 있다는 사실이 이러한 성질들을 설명하는데 도움을 준다. 이러한 성질들이 표 2-1에 요약되어 있다.

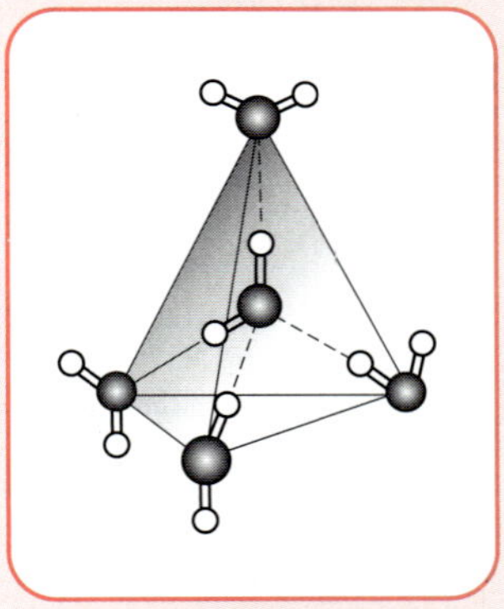

그림 2-1 4 분자의 물로 구성된 다발체

표 2-1 물과 분자량이 비슷한 물질의 물리적 특성

특성	물 H_2O(18)	암모니아 NH_3(17)	메탄 CH_4(16)
끓는점(℃)	100	-33	-161
어는점(℃)	0	-78	-183
점도(CP)[a]	1.01	0.25	-

*주 : ( )안의 수는 물질의 분자량을 나타낸다.
[a](CP)=centipoise

만약 물이 액성 암모니아(NH_3)의 끓는점과 비슷하다면 지구상의 모든 물은 증기로서 존재할 것이다. 대양, 강 혹은 호수 뿐 아니라 생명도 존재하지 않을 것이다. 얼음이 물에 뜨기 때문에 호수와 강위의 얼음은 밑바닥으로 가라앉지 않는다. 그러므로 고기와 다른 수생생물이 겨울동안에 살아나갈 수 있다. 액성 물은 표면장력이 크기 때문에 물은 나무의 뿌리로 흡수되어 줄기를 통해 잎으로 이동된다. 이것은 모세관작용(어떤 물분자가 다른 물분자를 끌어당기는 분자간의 인력)에 의해 수행된다. 놀랍게도, 이러한 모든 성질은 물의 수소결합과 물의 단순한 구조에 기인한다.

물은 또 다른 중요한 특성을 갖고 있다. 즉, 많은 다른 물질들을 용해시키는 능력이 있다. 물은 쌍극자이므로, 그 분자의 부분적으로 양전하 혹은 음전하를 띤 원자가 반대로 하전된 원자를 끌어들일 수 있다. 그러므로 물은 극성물질과 하나 혹은 그 이상의 수소결합을 형성하고, 다음 그림과 같은 물질 주위에 용해각(solvation shell)을 만들어서, 극성(친수성, 즉 물을 좋아하는) 물질을 용해시킬 수 있다.

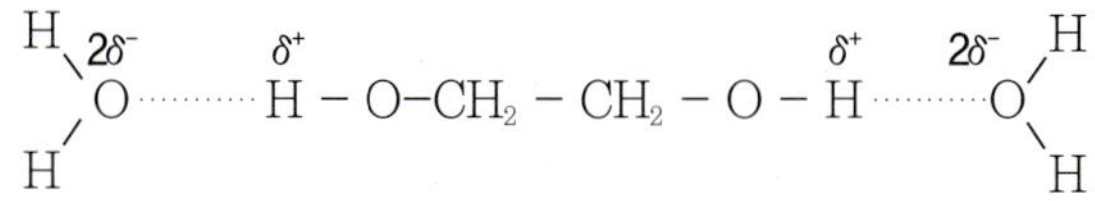

물은 또한 Na^+와 같은 이온 주위에 용해각을 형성할 수 있다.

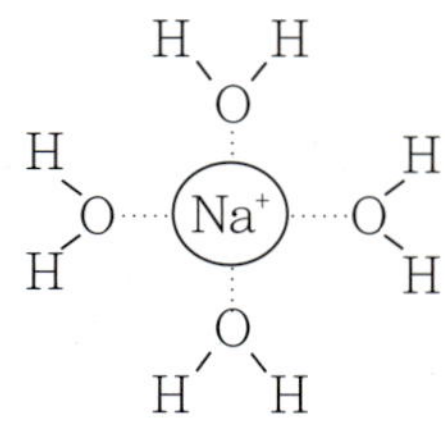

이와 같은 물은 수크로오스, 알코올, 알데하이드 그리고 케톤과 같은 많은 극성 물질을 쉽게 용해할 수 있다. 뿐만 아니라 물은 양전하와 음전하를 띤 많은 이온들을 용해시킬 수 있다. 대부분의 단백질, 탄수화물, 아미노산과 핵산은 극성분자로 구성되어 있으므로, 이러한 생체분자들은 쉽게 물에 용해된다. 물은 많은 종류의 물질들을 용해시키므로 보편성 용매(universal solvent)라 말하기도 한다.

2.2 산과 염기

브뢴스테드-로우리(Bronsted-Lowry)의 정의에 의하면, 산(acid)이란 양성자 공여체로 정의할 수 있다. 반면에 염기(base)란 양성자 수용체이다. 이들 정의를 염두에 두고 물의 일반적인 해리(분해)에 관해 살펴보자.

물은 양성자(H^+)와 하이드록실(OH^- ; hydroxyl) 이온으로 해리된다. 이것은 물이 다른 물분자와 식 2-1에 따라 수소결합을 형성할 때 일어난다.

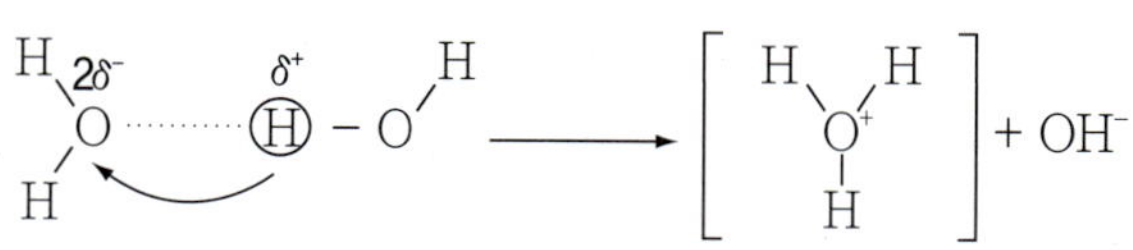

(Hydronium ion, H_3O^+)

(2-1)

양성자(H^+)는 용액상에서 유리되어 있지 않고, 물분자와 결합하고 있다. 이 결합된 화합물을 하이드로늄 이온(hydronium ion; H_3O^+)이라 한다. 이와 같은 반응(그리고 가역반응)은 계속적으로 일어나고, 한정된 양의 H_3O^+와 OH^- 이온(각각 순수한 물 L(liter)당 약 10^{-7}몰)을 형성한다. 물은 이 과정에서 산과 염기의 양쪽 성질로 작용한다.

2.2.1 물의 이온화

물은 매우 적은 양이지만 H^+와 OH^-로 해리하며 이 반응에서 평형상수 (Keq)는 25℃에서 1.8 $\times 10^{-16}$이다.

$$H_2O \rightleftharpoons H^+ + OH^- \qquad Keq = \frac{[H^+][OH^-]}{H_2O} = 1.8 \times 10^{-16}$$

순수한 물의 몰 농도 $[H_2O]$는 1,000/18, 즉 55.5M로 어떤 용질의 농도와 비교하여도 매우 크며 불변이라고 할 수 있다. 그러므로

$$1.8 \times 10^{-16} \times 55.5 = [H^+][OH^-] = Kw$$
$$Kw = [H^+][OH^-] = 1.00 \ \ 10^{-14}$$

새로운 상수 *K*w를 이온적이라 하며 수용액 중의 H^+와 OH^-의 농도 관계를 나타낸다. 즉 이 관계에서 순수한 물의 H^+ 농도를 계산할 수 있다. 물은 일염기산(분자 1개의 프로톤을 해리한다.)이기 때문에 H^+의 농도$[H^+]$는 OH^-의 농도$[OH^-]$와 같다. 그러므로 25℃의 순수한 물에서

$$Kw = [H^+][OH^-] = (10^{-7})(10^{-7}) = 10^{-14}$$
$$[H^+] = 10^{-7}M = [OH^-]$$

*K*w는 산 또는 염기를 포함한 모든 수용액에 대하여 10^{-14}이며 이 상수를 산성 및 연기성의 수용액에 대한 pH를 계산하는데 사용된다.

2.2.2 pH 값

산과 염기에 관하여 상세히 설명하기 전에 pH의 개념에 관하여 정의하여 보자. 간단히 말해서, pH란 용액 중의 양성자(혹은 H_3O^+ ion)의 농도를 측정하는 단위이다. pH는 사실상 H_3O^+ 농도를 음의 대수로 나타낸 것이다.

$$pH = -\log_{10} [H_3O^+] \qquad (2\text{-}2)$$

pH 값은 H_3O^+ 농도를 간략히 나타낸 것으로, 다음과 같이 1~14 사이의 값으로 표시된다.

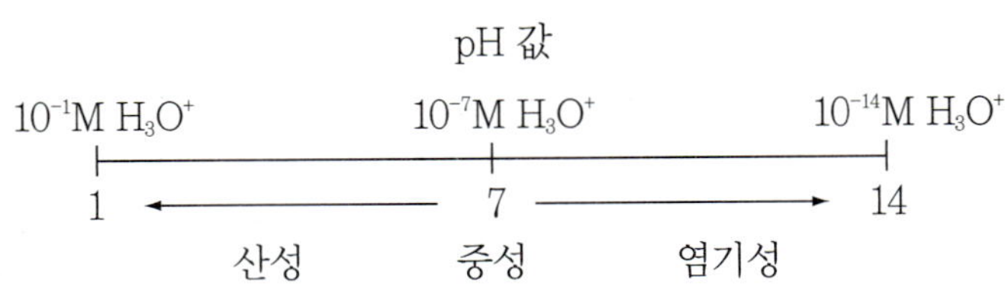

pH 7은 중성으로 정의된다. 이것은 사실상 어떤 특정한 용액이 10^{-7}M의 H_3O^+ 농도를 가지고 있다는 것을 의미한다.

$$pH = -\log_{10} [H_3O^+]$$
$$= -\log (10^{-7}) = -(-7) = +7$$

10^{-7}몰보다 더 큰 H_3O^+ 농도를 가진 용액은 산성이고, 반면에 10^{-7}몰보다 더 적은 H_3O^+ 농도를 가진 용액은 염기성이다. 이 pH 값이 산술적인 값이 아니라 대수값(log 값)이라는 점에 특히 유의하라. 2개 용액의 pH가 pH 1 단위만큼 다르다고 하는 것은 한쪽 용액의 H_3O^+ 농도가 다른 쪽의 10배가 된다는 의미이다. 예를 들면, 10^{-2}몰은 10^{-3}몰 보다 10배 더 크다. 표 2-2는 몇 가지 용액의 pH와 H_3O^+의 농도를 나타내었다.

표 2-2 몇 가지 대표적인 용액의 pH 값과 H_3O^+ 농도

용 액	pH	H_3O^+ 농도(M)
위액	1~2	10^{-1}~10^{-2}
콜라	3	10^{-3}
소변	5~8	10^{-5}~10^{-8}
침	6.4	4×10^{-7}
순수한 물	7.0	10^{-7}
혈액	7.4	4×10^{-8}

산과 염기는 양성자를 공여(산성) 혹은 양성자를 수용(염기)하는 경향에 따라서 분류된다. 예를 들면, 강산은 자신의 양성자에 대한 친화력이 거의 없어 쉽게 이온화하여 양성자를 방출한다. 염산(HCl)은 전형적인 강산으로, 다음 식에 따라 이온화된다.

$$HCl \xrightarrow{\text{100\% 이온화}} \underset{\uparrow \atop \text{사실상 } H_3O^+\text{로서}}{H^+} + Cl^-$$

강염기는 양성자에 대한 강한 친화력을 가지고 있으므로 쉽게 용액으로부터 양성자를 받아들인다.

약산(HA)은 그 자신의 양성자에 대한 강한 친화력을 가지고 있으므로 강산처럼 쉽게 자신의 양성자를 방출하지 않는다. 그러므로 약산은 조금 밖에 이온화되지 않는다.

$$\underset{\text{약산}}{HA} \xrightleftharpoons{\text{한정된 이온화}} \underset{\text{실제적으로 } H_3O^+}{H^+} + A^- \qquad (2\text{-}3)$$

산의 대부분은 비해리 상태(HA)로 존재하며, 초산이 전형적인 약산이다. 사실, 한 컵의 물에 초산을 넣으면, 초산의 대부분(약 99%)은 비해리형(완전히 양성자를 가진)으로 계속 존재할 것이다.

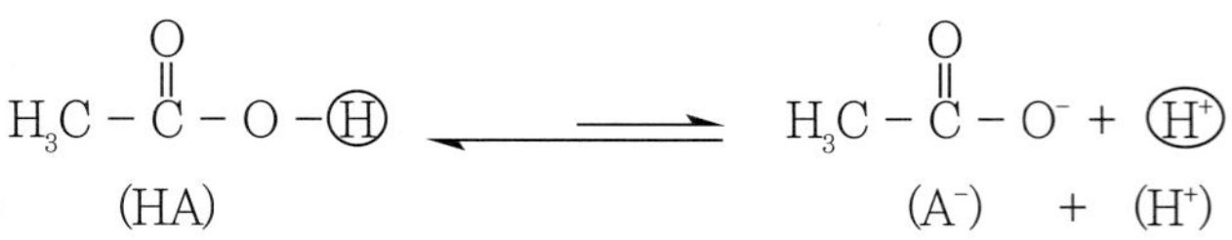

마찬가지로 약염기(weak base)는 프로톤에 대한 친화력이 거의 없기 때문에 용액에서 프로톤을 쉽게 받아들이지 않는 물질로서 정의된다. 이중 화살표 즉, 평형기호(↔)는 약산 혹은 약염기를 논할 때 사용된다. 이것은 약산이 어느 정도는 이온화되지만, 일단 분자가 H^+와 A^- 이온으로 해리하더라도 H^+와 A^- 이온은 재결합하여 HA를 형성함을 의미한다. 실제로 A^- 이온은 강염기(공역염기 : conjugate base)로 되고, 프로톤에 대해 비교적 높은 친화성을 가진다. 이와 같이 (1) 해리반응과 (2) 결합반응의 두 개의 다른 반응이 일어나고 있다. 해리의 속도와 결합의 속도가 같아지면 이 반응은 평형(equilibrium)상태에 도달한 것이다.

약산에 대해 논할 때에는 해리상수(K_a, dissociation constant)를 정의해야 한다.

$$HA \xrightleftharpoons{K_a} H^+ + A^- \qquad (2\text{-}4)$$

여기서,

$$K_a = \text{해리상수} = \frac{[\text{생성물}]}{[\text{반응물}]}$$

$$K_a = \text{해리상수} = \frac{[H^+][A^-]}{[HA]} \qquad (2\text{-}5)$$

해리상수는 보통 1보다 훨씬 작고(10^{-2}~10^{-8}), 약산의 상대적 강도를 나타낸다. 예로서 해리상수 10^{-6}은 약산의 매우 적은 양만 H^+와 A^-로 해리된다는 것을 의미한다(표 2-3).

$$K_a = 10^{-6} = \frac{[\text{저농도}]}{[\text{고농도}]} = \frac{[\text{작은숫자}]}{[\text{큰숫자}]} = \text{작은 숫자}(10^{-6})$$

해리상수는 취급하기에 비교적 어렵기 때문에 식 2-6과 같이 K_a의 (-)대수로서 정의되는 pK_a로 간단히 표시한다.

표 2-3 생리적으로 중요한 물질들의 해리상수

	산(HA)	짝염기(A^-)	K_a	pK_a
acetic acid	CH_3COOH	CH_3COO-	1.76×10^{-5}	4.76
ammonium ion	NH_4^+	NH_3	5.6×10^{-10}	9.25
carbonic acid(1)	H_2CO_3	HCO_3^-	4.3×10^{-7}	6.37
carbonic acid(2)	HCO_3^-	CO_3^{2-}	5.6×10^{-11}	10.2
citric acid(1)	CH_2-COOH $HO-C-COOH$ CH_2COOH	CH_2-COOH $HO-C-COOH$ CH_2COO^-	8.14×10^{-4}	3.09
citric acid(2)	CH_2-COOH $HO-C-COOH$ CH_2-COO^-	CH_2COO^- $HO-C-COOH$ CH_2COO^-	1.78×10^{-5}	4.75
citric acid(3)	CH_2-COO^- $HO-C-COOH$ CH_2COO^-	CH_2COO^- $HO-C-COO^-$ CH_2COO^-	3.9×10^{-6}	5.41
lactic acid	$CH_3CHOHCOOH$	$CH_3CHOHCOO^-$	1.38×10^{-4}	3.86
malic acid(1)	CH_2-COOH $HO-CH-COOH$	CH_2-COOH $HO-CH-COO^-$	3.98×10^{-4}	3.4
malic acid(2)	CH_2-COOH $HO-CH-COO^-$	CH_2-COO^- $HO-CH-COO^-$	5.5×10^{-6}	5.26
phosphoric acid(1)	H_3PO_4	$H_2PO_4^-$	7.25×10^{-3}	2.14
phosphoric acid(2)	$H_2PO_4^-$	HPO_4^{2-}	6.31×10^{-8}	7.2
phosphoric acid(3)	HPO_4^{2-}	PO_4^{3-}	3.98×10^{-13}	12.4
pyruvic acid	$CH_3COCOOH$	$CH-COCOO^-$	3.16×10^{-3}	2.5
succinic acid(1)	CH_2-COOH CH_2-COOH	CH_2-COO^- CH_2-COOH	6.17×10^{-5}	4.21
succinic acid(2)	CH_2-COO^- CH_2-COOH	CH_2-COO^- CH_2-COO^-	2.3×10^{-6}	5.63

$$pK_a = -\log K_a \tag{2-6}$$

그러므로 만약 약산이 $K_a=10^{-2}$의 값을 가진다면 다음과 같이 된다.

$$pK_a = -\log(10^{-2}) = -(-2) = +2$$

2.3 약제의 산-염기 특성

여기에서는 pH가 약제분자의 전하에 어떤 영향을 미치고, 또 약제의 생물적 특성에 어떠한 효과를 미치는가에 대해서 설명할 것이다.

약제가 투여될 때(경구 또는 피부 내, 근육 내 그리고 피하주사로써 투여) 예상된 생리적 반응을 나타내기 이전에 먼저 흡수되어 표적조직까지 운반되어야 한다. 약제의 정상적인 흡수나 수송에 대한 방해물들은 표적조직에 약제가 도착될 수 없도록 하기 때문에 분명히 효과를 크게 떨어뜨릴 것이다.

각각의 세포는 지질로 둘러싸여 있으므로 소수성(hydrophobic, 물을 싫어하는) 막이 되어 극성을 가진 친수성(hydrophilic, 물을 좋아하는) 물질에 대한 투과 방해막으로 작용한다. 이온화된 물질은 세포의 소수성 막을 통해 쉽게 확산되지는 않는다. 많은 약제들은 약산이나 약염기처럼 작용하는 이온화하는 기능기(functional group)를 지니기 때문에 이러한 형태의 약제 흡수는 약제의 산 혹은 염기로서의 성질과 그것들이 존재하는 주위의 환경에 좌우된다. 예를 들면, 위가 매우 강한 산성(pH = 1~2)을 나타내는 반면에 장관(intestinal lumen, 장의 내부)의 pH는 6.6이다. 혈장(blood plasma)은 pH가 7.4로 약알칼리성이다. 이와 같이 어떤 약제를 경구투여하면 서로 다른 pH 값을 가진 환경과 만나게 되면, 이것이 약제가 체내에 흡수되는 비율에 큰 영향을 줄 것이다.

아스피린(aspirin; acetylsalicylic acid)이 어떻게 체내로 흡수되는가 생각해 보자. 아스피린의 구조는 다음 그림과 같다.

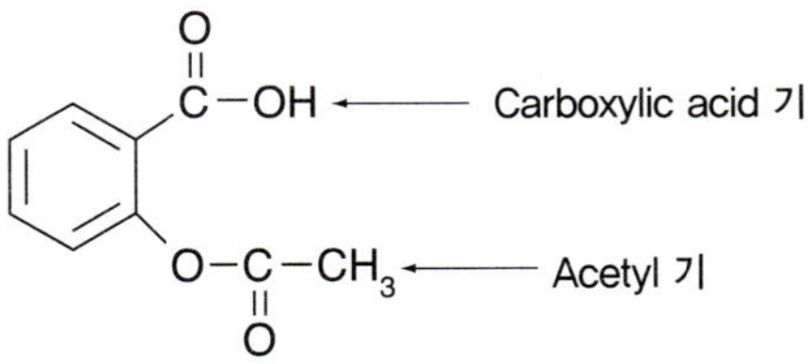

카복실기(-COOH)의 pK_a는 3.5이다. 이것은 아스피린이 약산이며, 프로톤을 쉽게 상실하지 않음을 의미한다. 아스피린이 H_3O^+가 고농도로 존재하는 위속에(pH : 1~2) 들어갔을 때, 거의 100%가 그림 2-2에 나타낸 바와 같이 비해리(HA)된 중성상태를 유지한다. 이 분자는 전기적으로 중성(또한 비교적 소수성)이기 때문에 위점막 세포(gastric mucosal cell)에 의해 쉽게 흡수되

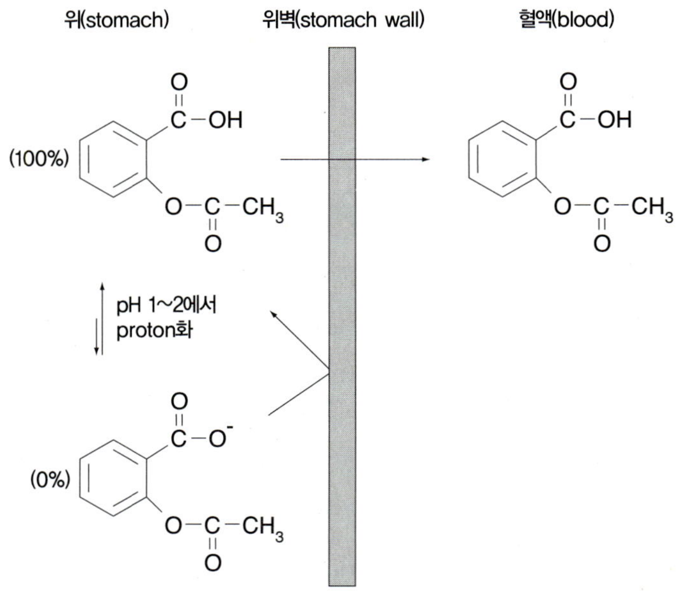

그림 2-2 아스피린의 흡수

어 혈액으로 운반된다. 소장(intestine)이나 결장(colon)의 pH는 훨씬 중성이므로, 이 부분에서는 아스피린 분자가 약간 이온화되고 흡수가 제한된다. 마찬가지로, 과량의 알칼리를 섭취하면 위 내부의 pH를 증가시키고, 이것이 아스피린을 이온화시켜 위에서의 흡수효율을 저하시킨다.

2.4 완충용액

완충용액(buffer solution)은 과량의 산이나 염기가 가해졌을 때 pH 변화를 억제하는 화학계(chemical system)이다. 완충용액은 보통 약산으로 만들어진다. 완충용액이 어떻게 작용하는가를 알기 위해서 다음의 예와 설명을 살펴보자.

1. 약산(HA)이 있다고 가정하자.

2. 이 물질은 해리(dissociation)가 매우 적게 일어난다.

$$HA \rightleftharpoons H^+ \text{ 와 } A^-$$

3. 그러므로 대부분의 약산은 HA의 형태로 존재하고, 소량만이 H^+와 A^-로 존재한다.
4. 여기에 과량의 강염기(OH^-)를 첨가한다.
5. 그 결과,

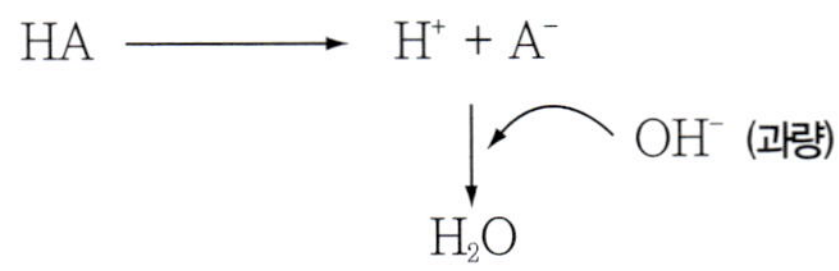

6. 과량의 OH^-가 가해지면, OH^-는 극히 소량의 H^+이온과 결합한다(중화반응).
7. 이것은 평형상태를 깨뜨려 더 많은 HA를 H^+와 A^-로 해리시키는 원인이 된다.
8. 새롭게 생성된 H^+는 OH^-와 반응하여 H_2O를 형성한다. 이 과정은 모든 OH^-가 중화될 때까지 계속된다.
9. 그러므로 HA의 농도는 감소하고, A^-의 농도는 증가한다. 만약 충분한 양의 HA가 원래부터 존재하였다면 과잉의 OH^-를 중화할 것이고, pH 변화는 거의 없을 것이다. 이 과정의 변화를 그림 2-3에 나타내었다.

2.2절과 이 장에서 논의된 개념들은 핸더슨-하셀바하(Henderson-Hasselbalch)식을 이용하

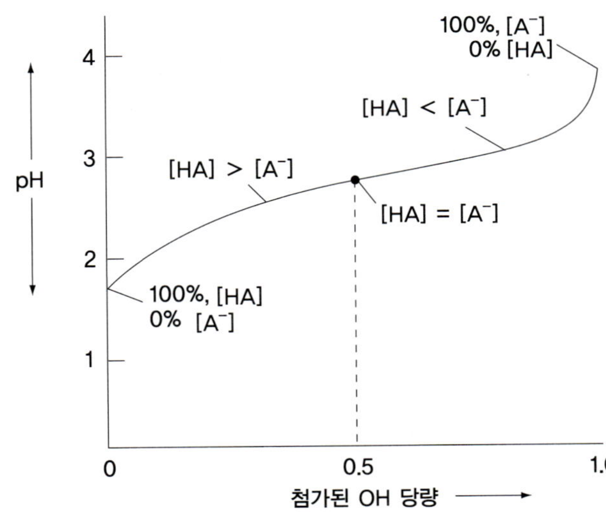

pH 변화는 [HA] = [A^-]일 때 최소가 되며, OH^- 1 당량은 치환 가능한 1몰의 수산기를 가진다.

그림 2-3 약산의 적정곡선

여 요약할 수 있다.

1. 약산(HA)이 있다고 생각하자(식 2-4와 2-5를 참조).

$$HA + H_2O \underset{}{\overset{K_a}{\rightleftharpoons}} H_3O^+ + A^-$$

여기서,

$$K_a = \frac{[H_3O^+][A^-]}{[HA]}$$

그리고

$$[H_2O] = 1$$

2. 위의 식을 다시 정리하면,

$$K_a[HA] = [H_3O^+][A^-]$$

$$\frac{K_a[HA]}{[A^-]} = [H_3O^+]$$

3. 양변을 바꾸어서,

$$[H_3O^+] = K_a \frac{[HA]}{[A^-]}$$

4. log를 취하면,

$$\log[H_3O^+] = \log(K_a) + \log \frac{[HA]}{[A^-]}$$

5. 양변에 −1을 곱하면,

$$-\log[H_3O^+] = -\log(K_a) - \log \frac{[HA]}{[A^-]}$$

6. 식 2-2와 2-6을 사용하여 치환하면,

$$pH = -\log[H_3O^+]$$

$$pK_a = -\log(K_a)$$

7. 그러므로

$$pH = pK_a - \log \frac{[HA]}{[A^-]}$$

$$pH = pK_a + \log \frac{[A^-]}{[HA]} \quad (2\text{-}7)$$

식 2-7(Henderson-Hasselbalch식)은 pH와 pK_a, 그리고 약산용액에서의 HA와 A^-의 농도 사이의 관계를 나타낸다. 만약 3개의 인자 가운데 2개를 안다면 미지의 것을 구할 수 있다. 다음 절에서 알게 되겠지만 이것은 대단히 유용한 식으로서, 혈액 pH와 혈액 기체화학을 논할 때 매우 유용하게 쓰인다.

2.5 혈액의 pH와 완충능력

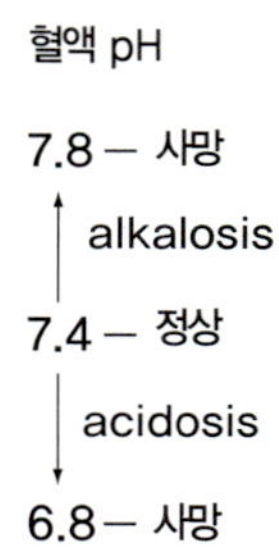

혈액의 pH는 약 7.4로 유지된다. 혈액의 pH가 조금이라도 변하면 (±0.2~0.4 pH) 왼쪽의 그림에서처럼 심각한 장애가 일어날 수 있다. 만약 환자의 혈액 pH가 7.4보다 크면, 그 상태는 알칼리성 혈액증(alkalosis)이라 불러진다. 그리고 혈액 pH가 7.4 이하라면 산성 혈액증(acidosis)이라 한다. 우리 몸은 혈액중의 pH를 7.4로 유지시키는 놀랄만한 완충계를 가지고 있다. 혈액 내에는 4가지의 중요한 완충계가 있다. (1) 탄산(carbonic acid)과 중탄산(bicarbonic acid)계, (2) 인산(phosphate)계, (3) 혈장 단백질계, (4) 헤모글로빈(hemoglobin)계이다. 여기서는 탄산과 중탄산 이온(H_2CO_3/HCO_3^-) 완충계에 대해서 살펴보자,

탄산(carbonic acid)은 탄산 탈수효소(carbonic anhydrase)에 의해 적혈구 세포(red blood cell)에서 주로 만들어진다.

$$\underset{\text{(적혈구에 녹아있는)}}{CO_2(d) + H_2O} \xrightarrow{\text{carbonic anhydrase}} \underset{\text{(탄산)}}{H_2CO_3}$$

적혈구의 세포질과 혈장(blood plasma)속에 녹아있는 CO_2는 $CO_2(d)$로 표시하였다. 녹아있는 이 CO_2는 실제로 아래 식에 따라 허파에서 기체상의 CO_2와 평형상태를 이룬다.

$$CO_2(\text{기체, 허파}) \rightleftharpoons CO_2(d)$$

CO_2(기체상태)의 분압은 일정하며 혈액내의 용존 CO_2 농도에 직접 영향을 미치고 있다. 그러므로 혈액내의 용존 CO_2 농도는 비교적 일정한 농도로 유지됨에 틀림없다.

탄산 탈수효소는 가장 활성이 강한 효소 중의 하나라고 알려져 있다. 1개의 효소분자는 매초 수십만의 CO_2와 H_2O를 결합시킬 수 있다. 일단 H_2CO_3가 생성되면 약산으로 작용하고, 다음의 반응에 따라 프로톤을 방출시켜 중탄산 이온(bicarbonate ion)으로 된다.

$$\underset{\text{(탄산)}}{H_2CO_3} \xrightleftharpoons{pK_a = 6.1} \underset{\text{(중탄산이온)}}{H^+ + HCO_3^-}$$

탄산과 중탄산 이온(carbonic acid–bicarbonate)계는 다음과 같은 방법으로 혈액에서 완충작용을 한다.

1. 이 완충계는 과잉의 산(H^+)을 완충시켜야 한다. 이것은 과잉의 산(H^+)과 HCO_3^-가 결합해서 H_2CO_3를 생성하고, H_2CO_3는 다시 CO_2와 H_2O로 해리함으로써 이루어진다. CO_2는 폐(lung)에 의해 방출된다.

$$HCO_3^- + \underset{\text{(과량)}}{H^+} \longrightarrow H_2CO_3 \longrightarrow \underset{\text{(배출)}}{CO_2(g)(\uparrow)} + H_2O$$

2. 이 완충계는 과잉의 염기(OH^-)에 대해서도 완충작용을 해야 한다. 이것은 다음 반응에 따라 H_2CO_3와 과잉의 염기를 반응시킴으로써 행해진다.

$$H_2CO_3 + \underset{\text{(과량)}}{OH^-} \longrightarrow H_2O + HCO_3^-$$

그러면 pH 7.4로 항상 유지되는 완충계를 만들어내는 H_2CO_3와 HCO_3^-의 농도는 얼마인가? H_2CO_3 해리반응의 pK_a는 6.1이므로 핸더슨–하셀바하식(식 2–7)을 이용하여 HCO_3^-(A^-)와 H_2CO_3(HA)의 농도를 구할 수 있다.

$$pH = pK_a + \log \frac{[A^-]}{[HA]}$$

$$7.4 = 6.1 + \log \frac{[HCO_3^-]}{[H_2CO_3]}$$

양쪽에서 6.1을 빼면,

$$1.3 = \log \frac{[HCO_3^-]}{[H_2CO_3]}$$

양변에 역대수(antilog)를 취하면,

$$20 = \frac{[HCO_3^-]}{[H_2CO_3]} = \frac{[HCO_3^-]}{[H_2CO_3]} = \frac{20}{1}$$

여기에서 중탄산염 농도가 탄산의 20배임을 나타내고 있다. 이러한 비율이기 때문에 이 완충계는 혈액에 대해 효과적으로 완충작용을 할 수 있다. 실제로 혈액 시료 중의 HCO_3^- 와 H_2CO_3의 농도를 분석하면 두 성분의 농도가 다음과 같이 된다.

$$\frac{[HCO_3^-]}{[H_2CO_3]} = \frac{27\text{meq/L}}{1.35\text{meq/L}} = \frac{20}{1}$$

(주 : meq/L– milliequivalents/liter, 용액의 1당량은 1몰의 치환 가능한 수소 혹은 수산기를 함유)

pK_a는 항상 6.1의 값을 취하므로 HCO_3^-나 H_2CO_3의 농도(혹은 HCO_3^-/H_2CO_3 비)는 궁극적으로 혈액의 최종 pH에 틀림없이 영향을 미친다. 어떤 질병상태에서는 혈액의 pH가 정상값인 7.4로부터 벗어난 다소 다른 값(acidosis 혹은 alkalosis)으로 변한다. 이 개념을 쉽게 이해하기 위해 핸더슨–하셀바하식(식 2–7)을 이용한 다음의 두 가지 예를 들어보았다.

(예제 1) 환자 X는 거의 죽음에 이르러서 종합병원에 입원하였다. 이 사람은 50meq/L의 매우 높은 $[HCO_3^-]$를 나타내었다. 정상적인 $[H_2CO_3]$는 1.35meq/L이다. 이 사람의 혈액 pH는 얼마인가?

$$pH = pK_a + \log\frac{[HCO_3^-]}{[H_2CO_3]}$$

$$pH = 6.1 + \log\frac{50\text{meq/L}}{1.35\text{meq/L}}$$

$$pH = 6.1 + \log(37)$$

$$pH = 6.1 + \log(3.7 \times 10^1)$$

$$pH = 6.1 + (\log 3.7 + \log 10^1)$$

$$pH = 6.1 + (0.57 + 1)$$

$$pH = 6.1 + (1.57)$$

$$\boxed{pH = 7.67}$$

(예제 2) 환자 Y는 거의 죽음에 이르러서 종합병원에 입원하였다. 이 사람은 5 meq/L의 매우 높은 $[H_2CO_3]$를 나타내었다. 정상적인 $[HCO_3^-]$는 27 meq/L이다. 이 사람의 혈액 pH는 얼마인가?

$$pH = pK_a + \log\frac{[HCO_3^-]}{[H_2CO_3]}$$

$$pH = 6.1 + \log\frac{27\text{ meq/L}}{5\text{ meq/L}}$$

$$pH = 6.1 + \log(5.4)$$

$$pH = 6.1 + (0.73)$$

$$\boxed{pH = 6.83}$$

위의 두 가지 예를 살펴볼 때, HCO_3^-/H_2CO_3비의 대수(log)값이 최종 pH에 얼마나 크게 영향을 주는가를 알 수 있다. 이런 상태는 그림 2-4에 시소-흔들림(teeter-totter) 예를 사용하여 요약될 수 있다.

여러 질병상태는 HCO_3^-나 H_2CO_3 성분의 농도를 변화시켜 그 비율을 바꾼다. 어떤 병이나 생리상태가 HCO_3^- 농도를 변화시킬 때 이와 같은 상태를 대사효과(metabolic effect)라 한다. 왜냐하면, 비정상적인 세포대사로 인해 HCO_3^- 농도가 변화되기 때문이다. H_2CO_3 농도의 변화가 일어날 때는 이런 상태를 호흡효과(respiratory effect)라 한다. 왜냐하면 혈액내의 용존 CO_2 농도를 조절하여 H_2CO_3농도에 영향을 주고 있는 것은 바로 폐(호흡)이기 때문이다. 이와 같은 상태를 표 2-4에 요약하였다.

경우에 따라서 신체는 비정상적인 혈액 pH를 7.4로 회복할 수 있다. 이것을 보상(compensation)이라고 한다. 비정상적인 혈액 pH를 7.4로 회복시킬 수 없는 생리적인 상태를 보상불능(uncompensation)이라 한다. 혈액의 pH와 혈중 가스의 분석이 어떻게 이루어지는가에 대해 약

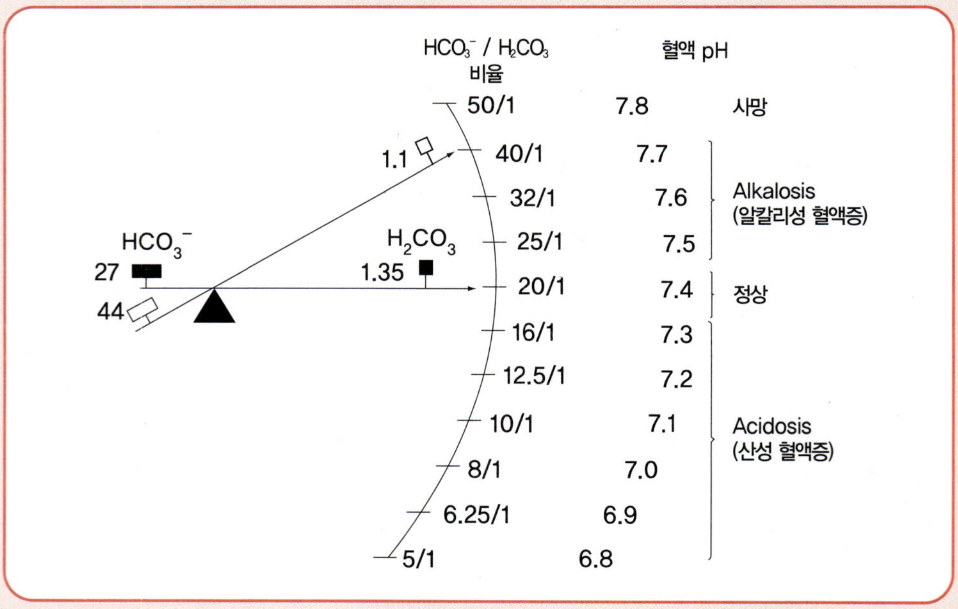

그림 2-4 HCO_3^-/H_2CO_3의 비와 혈액 pH 간의 시소 흔들림(teeter-totter)관계

간 다루고, 혈액의 pH에 관한 설명을 마치고자 한다. 많은 병원 연구소들은 혈중 가스 분석기라는 기기를 사용하고 있다. 의사가 환자의 혈액 pH와 혈중 가스(CO_2와 때로는 O_2)를 검사하고자 할 때 혈액시료를 채취하여 병마개가 달린 튜브에 넣어서 얼음 속에 둔다. 다음으로 혈중 가스 분석기에서 분석을 실시한다. 이 기구는 혈액의 pH와 H_2CO_3 농도를 측정한다. 이것은 혈액내의 용존 CO_2량-dCO_2 또는 pCO_2 량을 측정하는 것으로서 혈액의 pH와 H_2CO_3 농도를 결정한다.

Siggaard-Anderson의 계산도표(Henderson-Hasselbalch식의 그래프 표시)를 사용하면 HCO_3^- 농도가 구해진다. 또한 염기 과다(base excess)라는 매우 중요한 요소도 계산될 수 있다. 이들 요소들은 의사가 환자의 질병상태에 대해서 진단을 내리거나 또 회복의 정도를 관찰하는데 도움을 준다.

마지막으로 세포내의 기본적인 완충계에 대해서 알아보자. 세포내에는 인산(phosphate) 완충계($HPO_4^{2-}/H_2PO_4^-$)가 작용하여 비교적 일정한 pH가 유지되고 있다.

$$\underset{(HA)}{H_2PO_4^-} \xrightleftharpoons{pK_a=7.2} H^+ + \underset{(A)}{HPO_4^{2-}}$$

$H_2PO_4^-$와 HPO_4^{2-}의 농도는 거의 같고, 따라서 이 계의 완충력은 대단히 크다.

표 2-4 HCO_3^-/H_2CO_3 비를 변화시키는 질병의 요약

대사효과 (HCO_3^-)	$\frac{(\downarrow)[HCO_3^-]}{(N)[H_2CO_3]} < \frac{20}{1}$	대사성 산성 혈액증(과량의 H^+는 이용할 수 있는 HCO_3^-를 이용하여 $[HCO_3^-]$ 농도를 감소시킨다.) 1. 당뇨성 산성 혈액증(diabetic acidosis) 2. 설사(diarrhea)(과량의 HCO_3^- 손실)
	$\frac{(\uparrow)[HCO_3^-]}{(N)[H_2CO_3]} > \frac{20}{1}$	대사성 알칼리성 혈액증(H^+의 손실은 $H_2CO_3 \rightarrow HCO_3^-$ 상태로 변화시켰다.) 1. 구토(vomiting)(위의 H^+의 손실) 2. 과량의 alkali 섭취
호흡효과 (H_2CO_3)	$\frac{(N)[HCO_3^-]}{(\uparrow)[H_2CO_3]} < \frac{20}{1}$	호흡의 산성혈액증(CO_2가 많이 용해되어 $\uparrow[H_2CO_3]$이가 된다. 폐에 의해 CO_2의 불충분한 제거로 야기된다.) 1. 기종(emphysema) 2. 폐렴(pneumonia)
	$\frac{(N)[HCO_3^-]}{(\downarrow)[H_2CO_3]} > \frac{20}{1}$	호흡성 알칼리성 혈액증(CO_2의 제거가 증가된다.) 1. 과도호흡(hyperventilation) 2. 히스테리 : 병적 흥분(hysteria)

*부호 : (↑)- 증가, (↓)- 감소, (N)- 정상

요약

물은 생명에 필수적인 것이다. 대부분의 세포는 전체 중량의 약 70~90%가 물이다. 물(H_2O)은 수소로부터 전자를 끌어당길 수 있는 전기적으로 음성인 산소(electronegative oxygen atom)를 포함하고 있다. 이와 같이 분자는 서로 다른 부위에 부분적인 양전하와 부분적인 음전하가 생겨 쌍극자를 형성한다. 물은 쌍극자(dipolar)이기 때문에 다른 물 분자와 수소결합을 형성할 수 있다. 이들 수소결합은 염과 극성분자를 용매화 할 수 있는 능력을 포함하여 물의 독특한 물리적 특성을 결정하는데 도움이 된다. 산은 프로톤(proton) 공여체이고, 염기는 프로톤 수용체이다. 프로톤은 물 분자와 결합하여 하이드로늄 이온을 형성한다. pH는 $[H_3O^+]$의 음(−)의 대수(base 10)이다. 강산은 자신의 프로톤과 친화성이 작기 때문에 쉽게 해리한다. 약산은 강산보다 자신의 프로톤에 친화성이 훨씬 강하기 때문에 한정된 이온화만이 일어난다. 약산이 해리하는 정도는 해리상수(K_a) = [생성물]/[반응물]로 표시된다. pK_a는 K_a의 역수의 대수(−log)이다. 약제는 약산이나 약염기로 작용할 수 있는 기능기를 가지고 있다. 전기적으로 하전된 약물 분자는 세포막을 투과할 수 없지만 중성 약물 분자는 가능하다.

완충용액(buffer)은 과잉의 산이나 염기가 그 계에 첨가되었을 때 pH의 변동을 억제하려고 하는 화학계이다. 완충용액은 일반적으로 약산에서 이루어지고 제한된 해리 특성 때문에 효과적이다. 핸더슨–하셀바하(Henderson–Hasselbalch)식(식 2–7)은 용액의 pH가 화합물의 pK_a나 $[A^-]/[HA]$ 비에 관련되어 있음을 나타낸다. 혈액(blood)의 pH는 약 7.4이다. 알칼리성 혈액증(alkalosis)은 혈액 pH가 7.4 이상으로 올라간 생리상태이며, 산성 혈액증(acidosis)은 7.4 이하로 혈액 pH가 떨어진 상태이다. 탄산–중탄산염(carbonic acid / bicarbonate)계는 혈액 pH를 일정하게 유지시켜 완충액으로서 작용한다. 체내에서 $[HCO_3^-]$의 양은 $[H_2CO_3]$의 20배이다. $[HCO_3^-]$/ $[H_2CO_3]$ 비의 변화는 최종적으로 혈액 pH에 큰 변화를 불러일으킨다. $[HCO_3^-]$의 변화는 대사적 요소(metabol–ic factor)에 의해 일어나고 $[[H_2CO_3]$의 변화는 호흡적 요소(respiratory factor)에 의해 일어난다. 신체는 비정상적인 혈액 pH로 회복하거나 또는 회복되지 않은 상태로 남아 있을 수 있다. 또한 phosphate $[HPO_4^{2-}]/[H_2PO_4^-]$계도 세포내의 중요한 완충계가 된다.

연습문제

1. 완충작용에 크게 기여하는 것은?

① Hb, NaH_2PO_4, $NaHCO_3$

② Mb, amino acids, vitamins

③ Mb, NaH_2PO_4, $NaHCO_3$

④ Hb, chylomicrom, amino acids

⑤ Hb, NaH_2PO_4, $NaNO_3$

2. 혈액의 pH와 혈액 기체화학을 다룰 때 필요한 Henderson–Hassebalch 방정식은?

① $pH = pK_a + \log\frac{[A^-]}{[HA]}$

② $V = \frac{V_{max}\cdot[S]}{[S]+K_m}$

③ Glucose + ATP ↔ Glucose – 6 – ⓟ

④ $pH_i = (pK_1 + pK_2)/2$

⑤ Glucose + $6O_2$ ↔ $6H_2O$ + $6CO_2$

3. 완충용액(buffer solution)이란?

① 과잉의 산 또는 염기가 가해졌을 때 그의 pH 변화에 저항하는 경향을 갖는 수성의 계를 말한다.

② 양이온과 음이온을 동시에 갖고 있는 용액을 말한다.

③ 양하전과 음하전을 이루고 있는 아미노산의 용액의 pH를 말한다.

④ 내분비성에서 합성되어 분비되는 화학물질을 말한다.

⑤ 수용성 및 지용성을 모두 갖고 있는 물질을 말한다.

4. 순수한 물은 $[H^+] = 1 \times 10^{-7}$M이다. 1×10^{-4} M NaOH의 pH는?

① 7 ② 8 ③ 9 ④ 10 ⑤ 11

5. 콜라의 pH는 2.8이다. $[H^+]$의 농도로 옳은 것은?

① 1.6×10^{-3} ② 1.6×10^{-4} ③ 1.6×10^{-5} ④ 1.6×10^{-6} ⑤ 1.6×10^{-7}

6. 초산의 pK_a는 4.76이다. 0.1M의 초산과 0.2M 초산나트륨 혼합 용액의 pH는?

① 5.10 ② 2.88 ③ 2.43 ④ 1.88 ⑤ 4.76

정답 : 1① 2① 3① 4④ 5① 6①

용어해설

1. 강산(strong acid) : 양성자에 대한 친화력이 거의 없는 물질로 쉽게 이온화되고 수용액상에서 쉽게 양성자를 내놓는다.

2. 강염기(strong base) : 양성자에 대한 친화력이 아주 큰 것으로 용액상에서 쉽게 양성자를 받아들인다.

3. 대사효과(metabolic effect) : 특수한 질병으로, 혹은 생리적 상태로 인하여 체내의 HCO_3^- 농도가 변화된 상태

4. 모세관작용(capillary action) : 어떤 액체가 한 고체에 접했을 때, 액성 분자간의 서로의 인력으로 인해 그 표면이 올라가거나 혹은 내려가는 현상

5. 보상(compensation) : 경우에 있어서 육체는 비정상의 혈액 pH를 정상으로 회복시킬 수 있다. 이것을 보상(compensation)이라 한다.

6. 산(acid) : Arrhenius는 산이란 물에서 해리되어 hydronium 이온이라는 양이온인 H^+(양성자)를 발생하는 물질로 정의하고 있다.

7. 산성 혈액증(acidosis) : 어떤 환자의 혈액 pH가 7.4보다 낮은 경우를 산성 혈액증(acidosis)라 한다.

8. 소수성(hydrophobic) : ① 비극성, ② 원자의 어떤 기나 표면이 물에 젖거나 물에 녹기를 꺼려하는 경향을 묘사한 것

9. 수소결합(hydrogen bond) : 수소원자가 N, O, F들과 같이 전기음성도가 큰 원자(그들은 결합전자쌍에 대해서 센 인력을 작용함)와 결합하면 벗겨진 양성자가 결합의 한 끝에 있다고 보아도 좋을 것이다. 이 작용을 수소결합(hydrogen bond)이라고 부르고, 다음과 같이 표시 한다.

$$X{-}H\cdots Y$$

여기서 X는 수소와 정상적으로 결합한 원자이고, Y는 수소결합을 하는 원자이다. X 및 Y가 N, O, F인 경우에는 상당히 센 수소결합이 형성된다.

10. 약산(weak acid) : 약산은 양성자에 대한 친화력이 아주 커서 쉽게 양성자를 내 놓을 수 없는 산

11 약염기(weak base) : 양성자에 대한 친화력이 거의 없어서 용액으로부터 양성자를 거의 받아들일 수 없는 염기

12. 염기(base) : Bronsted의 염기(base)는 양성자를 받아들이는 물질로 정의한다.

13. 알칼리성 혈액증(alkalosis) : 어떤 환자의 혈액의 pH가 7.4보다 높은 경우를 알칼리성 혈액증(alkalosis)라 한다.

14. 완충용액(buffer solution) : 산이나 알칼리를 가하였을 때 그 pH가 변화하기 어려운 용액을 말한다.

15. 친수성(hydrophilic) : ① 극성, ② 원자의 어떤 기나 표면이 물에 젖거나 물에 녹기를 좋아하는 경향을 말한다.

16. 해리상수(dissociation constant) : 약어로 K_a로 표시되며, 평형상수(equilibrium constant)라고도 한다.

17. 호흡효과(respiratory effect) : 특수한 질병, 혹은 생리적 상태로 인하여 체내의 H_2CO_3의 농도가 변화한 상태

18. Henderson-Hesselbalch식 : 방정식 2-7을 참조할 것

19. Hydronium ion : 수화된 양성자 H_3O^+를 말한다.

| **제3장** |

탄수화물

Carbohydrates

탄수화물은 자연에 널리 분포되어 크게 섬유소와 당질로 구분하는데, 섬유소는 나무를 포함한 식물체의 골격역할을 하며, 전분이나 포도당 등의 당질은 동식물의 에너지로 이용된다. 전체 생물체내에 존재하는 탄소의 50% 이상이 탄수화물의 형태로 얻어진다.

탄수화물은 폴리하이드록시 알데하이드(polyhydroxy aldehyde)나 폴리하이드록시 케톤(polyhydroxy ketone)을 말하는데, 2개 이상의 OH기와 결합할 수 있는 알데하이드(aldehyde, $R-\overset{\overset{O}{\|}}{C}H$) 또는 케톤(ketone, $R-\overset{\overset{O}{|}}{C}-R'$)물질로써 일반적인 분자식은 $(C \cdot H_2O)n$ $(n \geqq 3)$으로 탄소의 수화물이라는 뜻이다. 탄수화물은 많은 OH기를 가진 극성분자로써, 일반적으로 물에 잘 녹는다.

탄수화물은 당단위수에 따라 단당류(monosaccharide), 소당류(oligosaccharide), 다당류(polysaccharide)의 3종류로 나눌 수 있다. 단당류는 당질의 최종 가수분해물인 당으로 알데하이드기나 케톤기 하나를 가진 당이다. 소당류란 2~8개의 단당류가 연결되어 있는 당을 말하고, 다당류는 10개 이상의 단당류들이 결합되어 있는 당이다. 이 장에서는 이들 탄수화물의 구조, 종류 및 성질 등에 관하여 설명한다.

3.1 단당류

3.1.1 단당류의 분류

가장 간단한 탄수화물인 단당류는 분자내의 골격 탄소수와 작용기에 따라서 명칭이 부여되어 분류가 이루어진다. 표 3-1에 몇가지 대표적인 단당류를 열거하였으며, 탄소수에 따라 삼탄당(triose), 사탄당(tetrose), 오탄당(pentose), 육탄당(hexose)으로 분류한다.

표 3-1 탄소수에 따른 단당류의 분류

탄소원자의 수	당의 명칭
3	삼탄당
4	사탄당
5	오탄당
6	육탄당

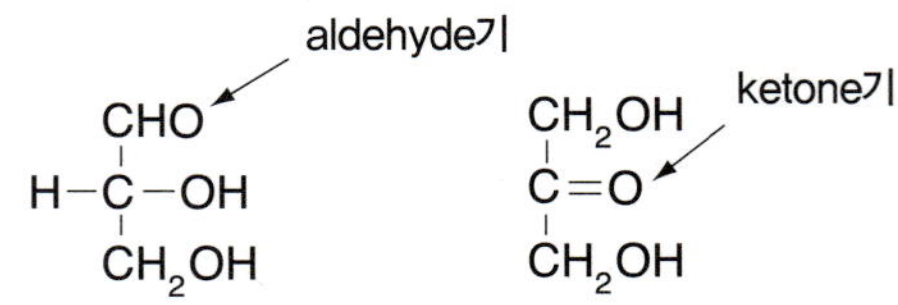

glyceraldehyde (aldose) dihydroxyacetone (ketose)

단당류는 알데하이드기나 케톤기 중에 하나를 가지는데 알데하이드기를 가진 것을 알도오스(aldose), 케톤기를 가진 것을 케토오스(ketose)라고 한다. 3개의 탄소원자로 된 알도오스와 케토오스를 각각 알도트리오스(aldotriose), 케토트리오스(ketotriose)라 하며 글리세르알데하이드(glyceraldehyde)는 알도트리오스, 다이하이드록시아세톤(dihydroxyacetone)은 케토트리오스이다.

3.1.2 단당류의 입체이성질체

다이하이드록시아세톤을 제외한 모든 단당류는 적어도 하나 이상의 부제탄소 원자(asymmetric carbon atom)가 있는데, 이 탄소는 4개의 서로 다른 원자 또는 작용기가 결합된 탄소이다. 그림 3-1에서 보는 바와 같이

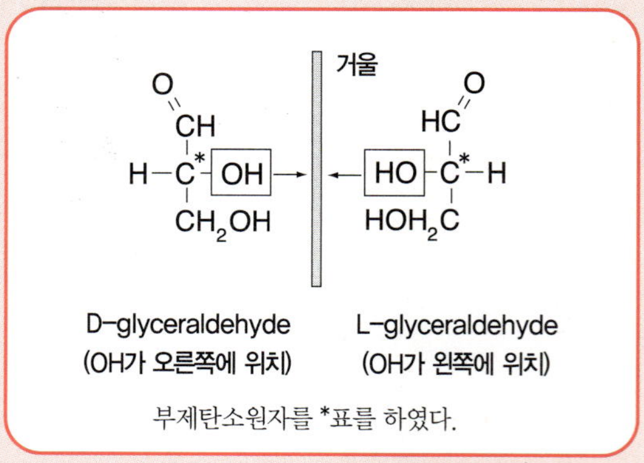

그림 3-1 D와 L-glyceraldehyde에 대한 Fischer의 투영식

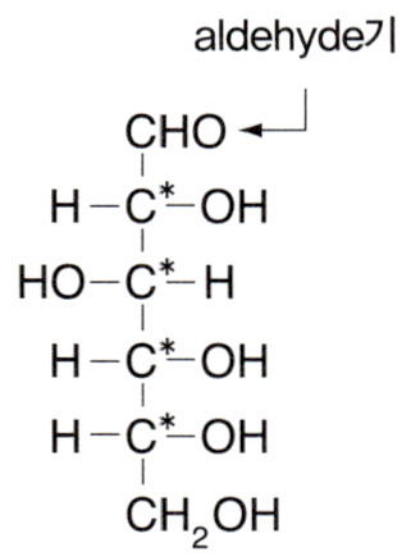

부제탄소원자를 *표를 하였다.

그림 3-2 D-glucose의 구조

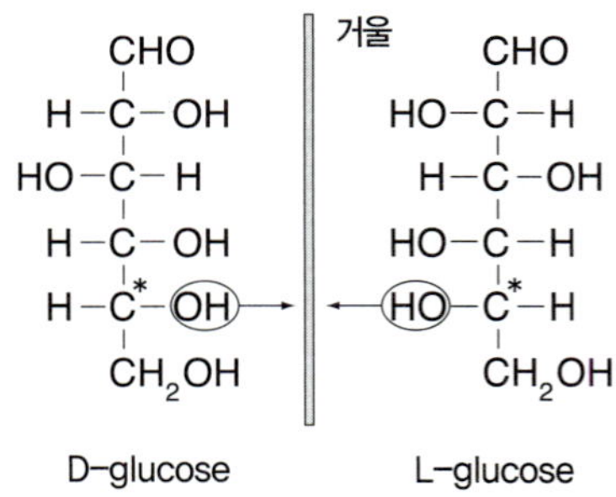

Aldehyde기에서 가장 멀리 떨어져 있는 부제탄소원자에 *표를 하였다.

그림 3-3 glucose의 입체이성질체

Fischer의 투영식(projection formula)에 의하면 글리세르알데하이드는 D-글리세르알데하이드 또는 L-글리세르알데하이드로 존재한다.

탄소원자는 위에서 아래로 번호를 부여하는데 별표(*)되어 있는 제2번 탄소가 부제탄소이며 1번과 3번탄소는 부제탄소가 아니다. 2번 탄소의 오른쪽에 OH기가 있는 경우 D-글리세르알데하이드, OH기가 왼쪽에 위치하면 L-글리세르알데하이드라 한다. 예를 들어 그림 3-2에서와 같이 글루코오스(glucose)는 4개의 부제탄소가 있으므로 $2^4=16$개의 입체이성질체가 가능하며 D-형 8개, L-형 8개가 있다.

알데하이드기의 카보닐(carbonyl)탄소로부터 가장 멀리 떨어져 있는 부제탄소원자에 결합되어 있는 OH의 방향에 따라서 D-형, L-형으로 정해지는데, 5번 탄소의 OH가 오른쪽에 위치하면 D-글루코오스, 왼쪽에 있으면 L- 글루코오스이다. D-와 L-글루코오스의 관계를 거울상이성질체(enantiomer) 또는 입체이성질체(stereoisomer)라 부른다(그림 3-3).

하나의 특정 부제탄소에 결합된 OH기의 배치가 서로 다른 당을 에피머(epimer)관계라 한다. 예를 들면 2번 탄소의 OH기의 위치가 다른 D-글루코오스와 D-만노오스는 에피머이다. 자연에는 많은 다른 에피머 관계에 있는 당이 있다. 그림 3-4는 3탄당에서 6탄당까지의 D-알도오스계열을 나열하였는데 천연에 존재하는 것은 주로 5탄당과 6탄당이다. 또한 그림 3-5는 D-케토오스계열들이다. 두 경우 모두 D-당은 천연에 흔한 편이나 L-당은 희귀하다.

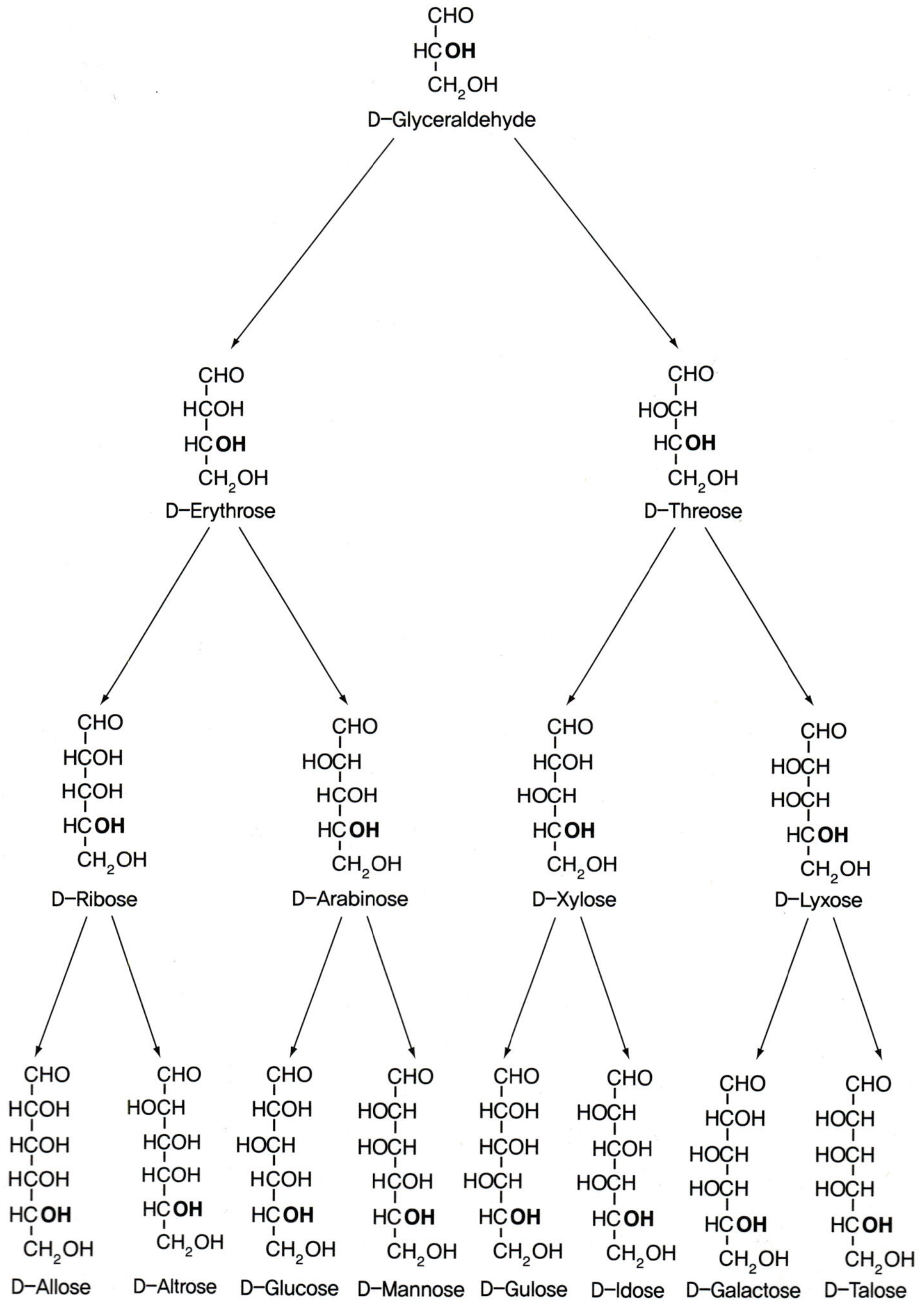

그림 3-4 D-aldose계열의 당(굵은 문자 OH기가 D-이성질체를 나타냄)

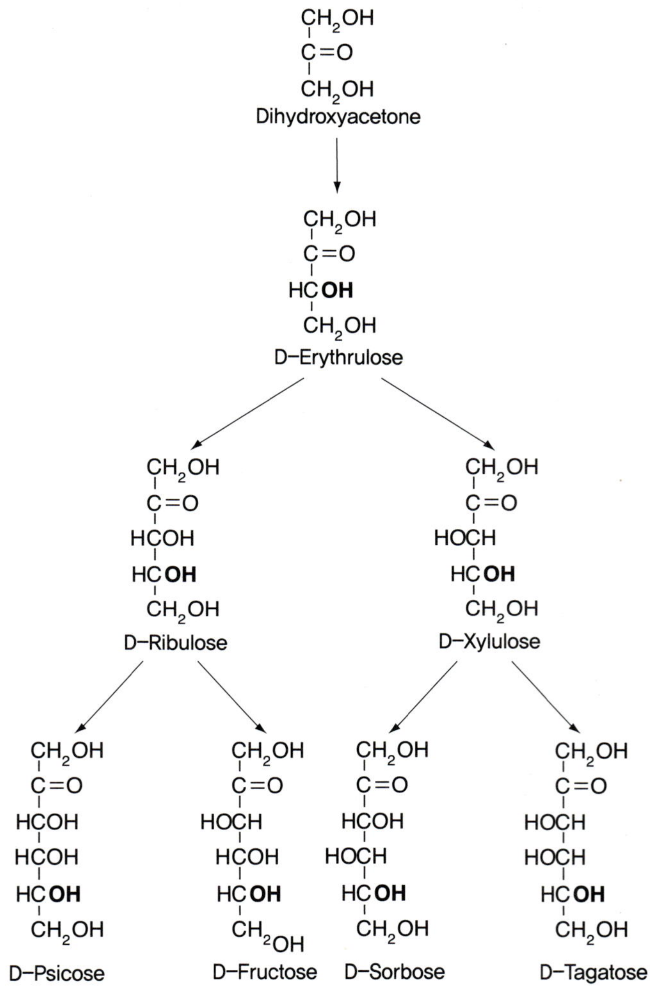

그림 3–5 D–ketose계열의 당(굵은 문자의 OH기가 D–이성질체를 나타냄)

3.1.3 단당류의 고리구조

단당류를 사슬 구조로 표기했지만, 수용액에서는 3탄당과 4탄당은 사슬구조으로 존재하고 5탄당, 6탄당은 고리구조(cyclic form)를 하고 있다. 피란(pyran)은 6원자의 고리형, 푸란(furan)은 5원자의 고리형구조이다. 6탄당인 D–글루코오스의 구조는 단일결합으로 연결되어 있는 탄소 원자는 회전할 수가 있어 5번 탄소의 OH기가 1번 탄소의 알데하이드기에 접근하게 된다. 이때 알코올기(OH기)와 알데하이드기 사이의 반응에 의해 헤미아세탈(hemiacetal)구조를 형성한다.

헤미아세탈형성의 일반적인 반응은 그림 3-6과 같다.

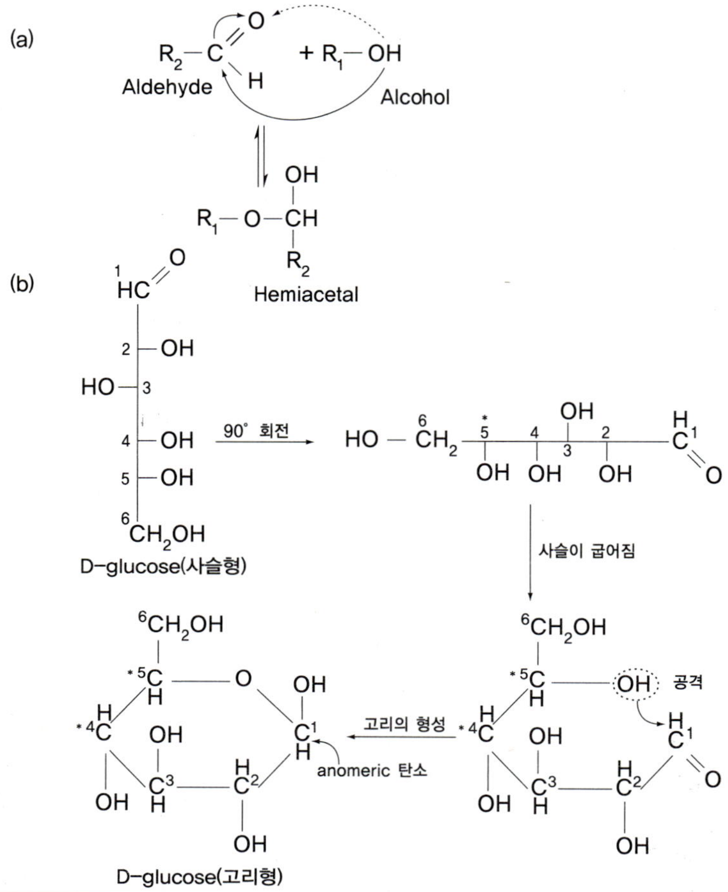

그림 3-6 Hemiacetal 반응(a)과 D-glucose의 고리 형성(b)

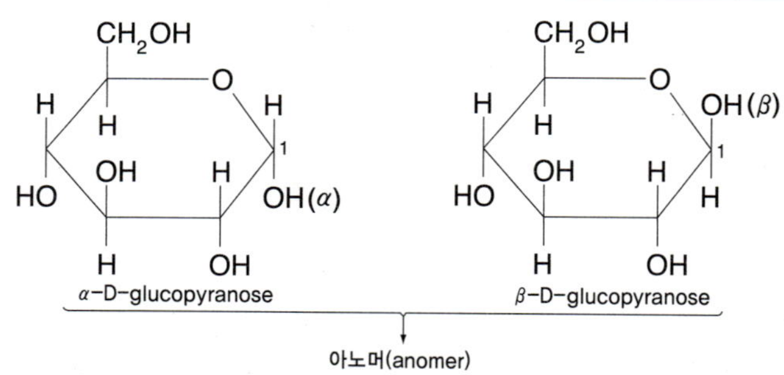

그림 3-7 glucose의 anomer

그림 3-6에서와 같이 헤미아세탈구조 형성은 당을 고리구조로 만든다. 고리구조를 형성할 때 5번 탄소의 OH기의 산소가 1번과 5번 탄소를 연결시킨다. 헤미아세탈구조가 형성될 때 새로 만들어진 OH기는 1번 탄소에 있게 된다. 5개의 탄소와 1개의 산소가 6각형을 이루고 있어 피라노오스(pyranose)고리라 하고, D-글루코오스의 경우는 D-글루코피라노오스라 한다. 1번 탄소인 아노머탄소(anomeric carbon)에 결합되어 있는 OH기가 윗쪽에 있으면 β-형, 아래쪽에 있으면 α-형이라 한다(그림 3-7).

아노머탄소에 붙어 있는 OH기의 위치가 다른 α와 β형의 입체이성체를 아노머(anomer)라 한다. 아노머형의 당은 용액 중에서 아주 빠른 내부전환이 일어나는데 이를 변선광(mutarotation)이라 한다. 한 형태의 아노머당은 사슬형태로 되돌아 가고, 이것이 다른 형태의 아노머형을 형성한다. 그래서 평형상태의 용액에서는 적당한 농도의 α-형, β-형, 그리고 소량의 사슬구조로 존재한다. 글루코오스를 물에 녹이면 용액 중에는 α-D-글루코오스가 33%, β-D-글루코오스가 67%, 그리고 미량의 사슬구조로 존재한다.

$$\underset{33\%}{\alpha\text{-D-glucose}} \rightleftharpoons \underset{(\text{미량})}{[\text{사슬}]} \rightleftharpoons \underset{67\%}{\beta\text{-D-glucose}}$$

β-형이 α-형보다 더 많이 존재하는 이유는 β-형에 있는 OH기는 다른 OH기나 당의 탄소골격과 상호작용을 할 수 없기 때문이다.

단당류의 고리구조에 있어서 모든 탄소원자가 한 평면에 놓이는 것이 아니고 아래 그림과 같은 3차원적 배치인 의자형(chair form) 또는 보우트형(boat form)의 입체적 구조를 형성한다.

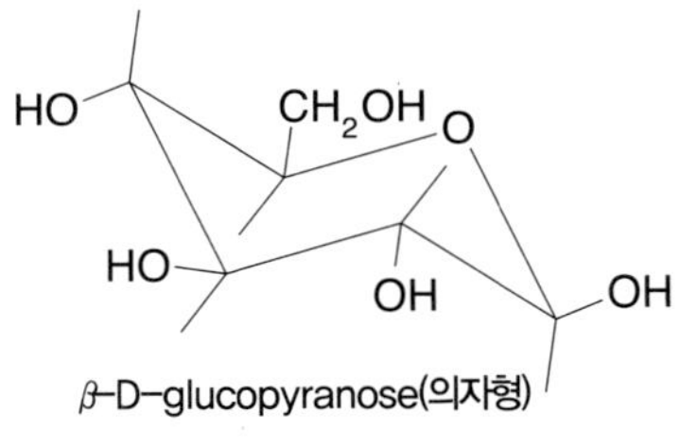

β-D-glucopyranose(의자형)

케토오스는 알코올기와 케톤기의 카보닐 산소와 반응하여 헤미케탈(hemiketal)구조를 형성하는데, 알도펜토오스(aldopentose)나 케토헥소오스(ketohexose)는 5각형의 푸라노오스(furanose)고리 구조를 만든다. 대부분의 알도헥소오스(aldohexose)는 보다 안정한 알도피라노오스(aldopyranose)고리를 형성한다. 프럭토오스(fructose)는 2번 탄소의 케톤기와 5번 탄소의 OH기가 분자내에서 헤미케탈을 형성한다.

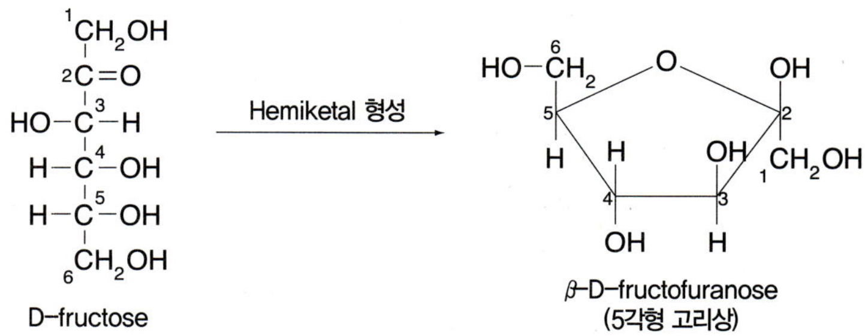

3.1.4 단당류의 반응

(1) 변선광(mutarotation)

변선광은 단당류 및 그 유도체의 수용액은 시간이 경과함에 따라 선광도가 변화하여, 평형에 도달하여 고유한 선광도 값을 갖는 현상이다. 사슬형태의 글루코오스는 수용액에서 고리형의 α-D-글루코피라노오스와 β-D-글루코피라노오스로 존재하는데 이들의 선광도는 각각 +112.2°, +18.7° 이며 구성비율은 각각 36.2%, 63.8%로 이들은 선광도값이 +53° 에서 평형이 된다(표 3-2).

표 3-2 α-및 β-D-glucose의 물리적 성질

성 질	α 이성질체	β 이성질체
고유광 회전도, $[\alpha]^{20}_{D}$	+112°	+19°
녹는점	146°	150°
25℃에서의 물에 대한 용해도(g/100mL)	82	178

(2) 알도오스 (aldose)의 산화-환원 반응

알도오스는 약산화제 (Br)와 반응하면 알데하이드기(-CHO)가 카복실기(-COOH)로 전환된 알돈산(aldonic acid)을 생성한다(그림 3-8). 글루코오스, 갈락토오스는 각각 글루콘산(gluconic acid), 갈락톤산(galactonic acid)으로 전환된다. 알도오스는 강산화제(HNO_3)와 반응하면 -CHO, $-CH_2OH$가 모두 카복실기(-COOH)로 전환된 알다르산(aldaric acid)을 생성한다.

글루코오스, 갈락토오스는 각각 글루카르산(glucaric acid), 갈락타르산(galactaric acid)으로 전환된다. 또한, 알도오스는 선택적 산화제와 반응하면 $-CH_2OH$가 카복실기(-COOH)로 전환된 알두론산(alduronic acid)을 생성한다. 글루코오스, 갈락토오스는 각각 글루쿠론산(glucuronic acid), 갈락투론산(galacturonic acid)으로 전환된다. 알도오스는 환원제($NaBH_4$)와 반응하면 -CHO가 $-CH_2OH$으로 전환된 알디톨(alditol)로 전환된다. 글루코오스, 갈락토오스는 각각 솔비톨(sorbitol, 글루시톨 ; glucitol), 갈락티돌(galactitol)로 전환된다(그림 3-9).

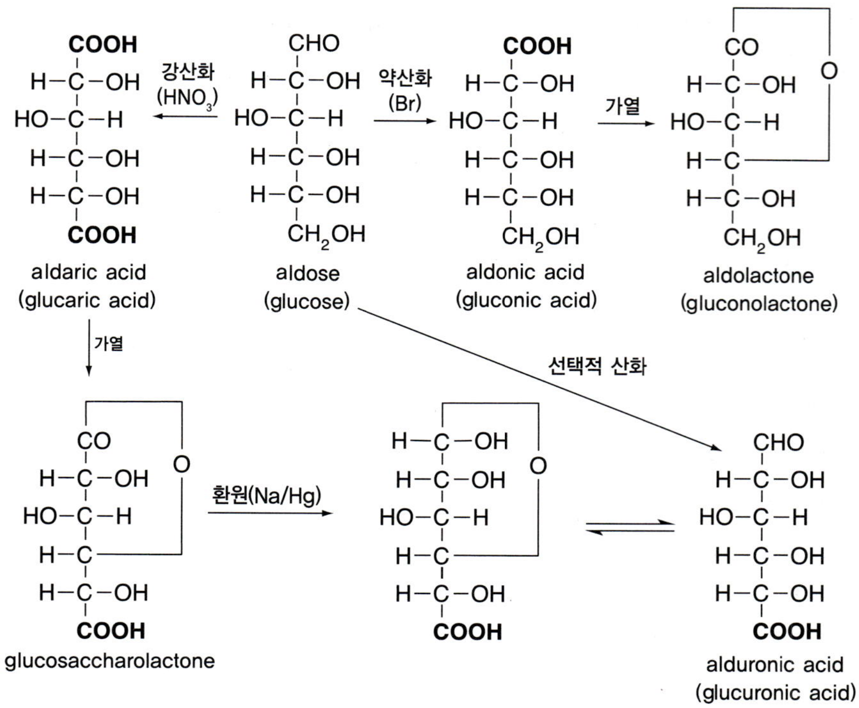

그림 3-8 aldose의 산화반응

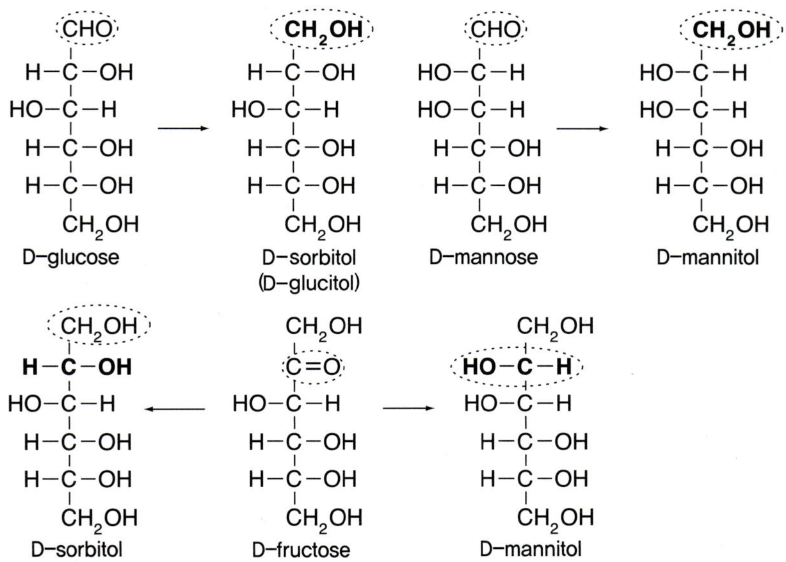

그림 3-9 단당류의 환원반응

(3) 환원반응

알도오스의 카보닐 산소는 환원력이 있으며 케토오스는 알도오스보다는 환원력이 적으나 환원 물질이다. 유리상태의 알데하이드기나 케톤기를 갖는 당은 모두 환원력이 있다. 헤미아세탈 구조를 갖는 경우에도 알데하이드의 잠재력이 있으므로 역시 환원성을 보이게 된다.

탄수화물은 알칼리 용액에서 다음과 같이 구리이온과 산화환원 반응을 한다.

$$R - CHO + 2Cu^{2+} \longrightarrow R - COOH + 2Cu^{+}$$

$$2Cu^{+} + 2OH^{-} \longrightarrow \underset{\text{황색}}{2CuOH} \longrightarrow \underset{\text{적색}}{Cu_2O} + H_2O$$

즉, 알데하이드는 산화되어 산(acid)이 되고, 구리 이온은 2가에서 1가로 환원된다. 이 반응은 식품, 혈액 등의 당함량을 측정하는데 이용된다. 위의 반응을 할 수 있는 당은 환원당(reducing sugar), 그렇지 않은 설탕과 같은 당을 비환원당(non-reducing sugar)이라고 하는데, 단당류는 모두 알데하이드기나 케톤기를 가지고 있어 환원당에 속한다.

3.1.5 주요 단당류와 유도체

(1) 당에스터

여러 가지 단당류는 생체계에 있어서 중요한데, 그 중에서도 글루코오스는 세포의 열량원으로 사용되기 때문에 특히 중요하다. 글루코오스에 붙어 있는 수소이온이 분리되어, 아데노신 삼인산(adenosine triphosphate, ATP)라 불리는 고에너지 화합물을 생성하는데 사용된다. 글루코오스의 인산화형인 α-D-글루코오스 1-인산(α-D-glucose 1-phosphate)이나 α-D-글루코오스 6-인산(α-D-glucose 6-phosphate)은 ATP를 형성하는 전초단계에서 만들어진다.

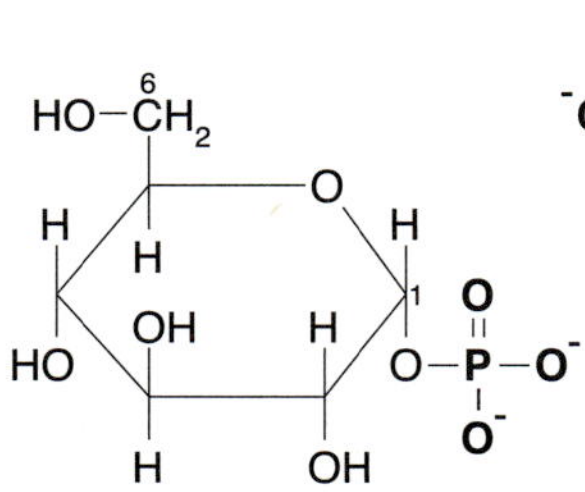

α-D-glucose 1-phosphate(ⓟ)

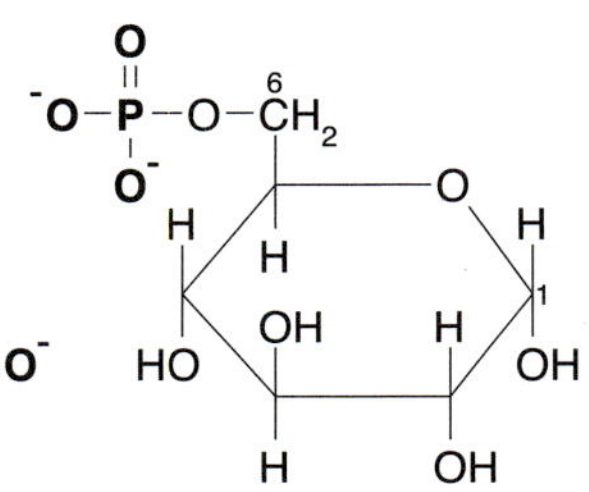

α-D-glucose 6-phosphate(ⓟ)

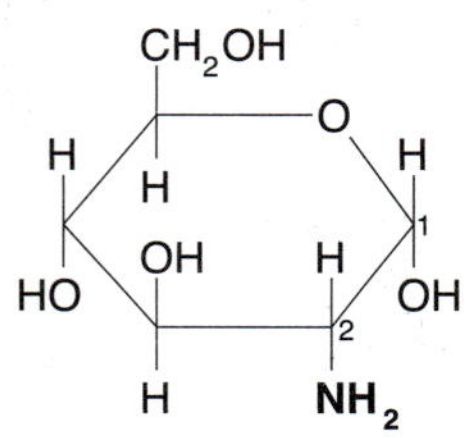

D-glucosamine(아미노당)

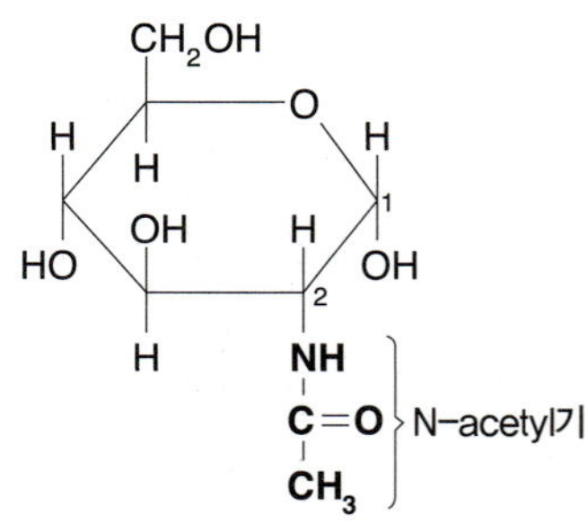

N-acetyl-D-glucosamine

(2) 아미노당

글루코오스의 또다른 유도체로 D-글루코사민(D-glucosamine)이 있는데, 2번탄소의 OH기 자리에 아미노기($-NH_2$)가 들어간 당을 말한다. 이 아미노기에 아세틸기가 결합되어 있는 경우가 많은데, 이것을 N-아세틸-D-글루코사민이라고 한다. N-아세틸-D-글루코사민으로 된 긴 사슬은 게나 새우 등의 단단한 갑각을 구성하는 성분인데, 이를 키틴(chitin)이라 한다.

(3) 산성당

당이 산화되면 산(acid)이 생성된다. 6번 탄소에서 산화가 일어나 카복실기($-COOH$)가 생성되면 이것을 우론산(uronic acid)이라 하고, 글루코오스의 알데하이드기($-CHO$)가 산화되어 카복실기가 생성되면 이것을 글루콘산(gluconic acid)이라고 한다.

(4) 라이보오스(ribose)와 데옥시라이보오스(deoxyribose)

라이보오스와 데옥시라이보오스는 핵산의 구성분이 되기 때문에 중요하다. 라이보오스는 ribonucleic acid(RNA)의 골격을 형성하고, 데옥시라이보오스는 deoxyribonucleic acid(DNA)의 골격을 형성한다. 데옥시라이보오스는 라이보오스와 2번 탄소의 OH기 대신에 수소원자가 결합되어 있다.

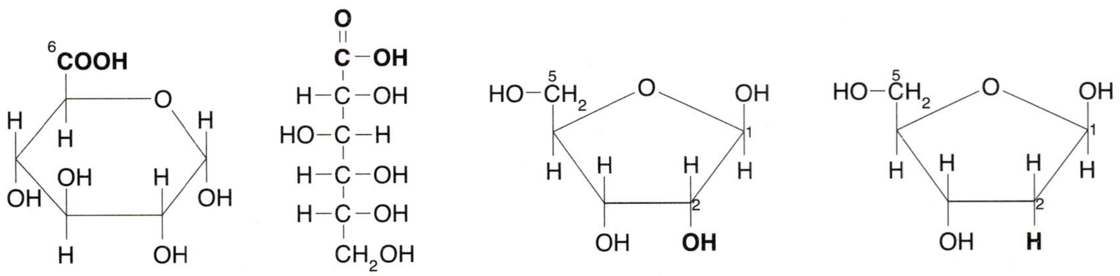

D-glucuronic acid   D-gluconic acid   ribose   deoxyribose

(5) 배당체

배당체(glycoside)란 단당류의 헤미아세탈기가 다른 알코올과 반응하여 아세탈을 형성한 화합물을 말한다. 당에 결합한 비당 부분을 아글리콘(aglycone)이라 한다. 배당체를 구성하는 당류의 종류에 따라 글루코오스이면 글루코사이드(glucoside)라고 하고 갈락토오스이면 갈락토사이드(galactoside)라고 하며, 이들을 총칭하여 글라이코사이드(glycoside)라 한다. 헤미아세탈의 경우에는 유리상태의 알데하이드기 또는 케톤기를 중심으로 하여 α-형과 β-형이 항상 평형 상태를 유지하지만, 배당체의 경우에는 α-형 또는 β-형으로 고정된다.

단당류 및 유도체의 약식표기를 표 3-3에 나타내었다.

표 3-3 단당류 및 유도체의 약식표기

Abequose	Abe	Gluconic acid	GlcA
Arabinose	Ara	Glucuronic acid	GlcUA
Fructose	Fru	Galactosamine	GalN
Fucose	Fuc	Glucosamine	GlcN
Galactose	Gal	N-acetylgalactosamine	GalNAc
Glucose	Glc	N-acetylglucosamine	GlcNAc
Mannose	Man	Muramic acid	Mur
Rhamnose	Rha	N-acetylmuramic acid	MurNAc
Ribose	Rib	N-acetylneuramic acid(sialic acid)	NeuNAc
Xylose	Xyl		

3.2 소당류

2~8개의 단당류가 글라이코사이드(glycoside) 결합에 의하여 연결된 당을 소당류(oligosaccharide)라고 한다. 소당류 중에서 단당류 2개가 결합된 이당류(disaccharide)가 자연계에 널리 분포되어 있으며, 단당류가 3개 이상 결합된 소당류는 비교적 드물게 분포되어 있다. 글라이코사이드 결합은 당의 OH기와 또 다른 당의 1번 탄소(anomeric carbon)와의 반응에 의하여 이루어지며, 이것은 산에 의하여 쉽게 가수분해 되지만 알칼리에 대하여는 안정하다. 이당류로서 가장 흔한 것은 말토오스, 락토오스, 수크로오스 등이다.

3.2.1 말토오스(maltose)

말토오스(엿당)는 글루코오스 2분자가 $\alpha(1\rightarrow4)$결합으로 연결된 이당류로서 환원력을 가지고 있는 환원당이며, -OH기의 위치에 따라 α-형과 β-형이 가능하지만 β-형이 주를 이룬다. 말토오스는 전분이 β-아밀레이스(β-amylase)에 의해 가수분해 되어 생성되며, 말토오스 가수분해 효소인 말테이스(maltase)에 의해 2분자의 글루코오스가 생성된다.

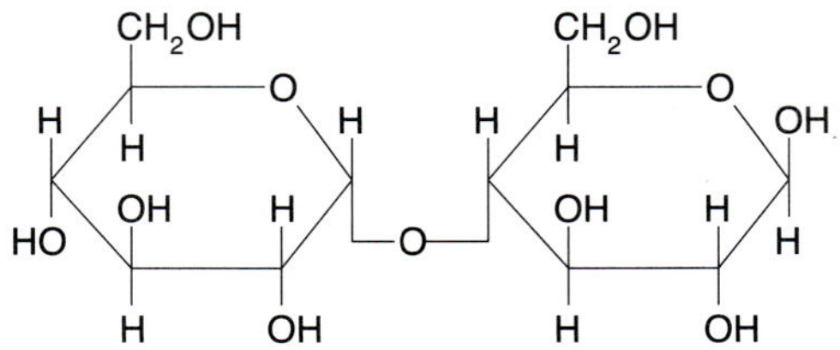

Maltose
Glc(α1→4)Glc

3.2.2 락토오스(lactose)

락토오스(젖당 또는 유당)는 갈락토오스와 글루코오스가 β(1→4)결합으로 연결된 이당류로서 우유에서만 발견되는 환원당이다. 결합형태는 다음 그림과 같다.

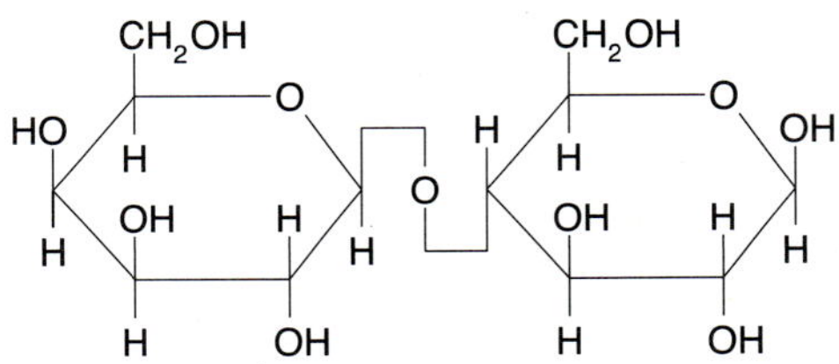

Lactose
Gal(β1→4)Glc

3.2.3 수크로오스(sucrose)

수크로오스(설탕)는 사탕수수나 사탕무에서 얻어지는 비환원당으로, 식품가공에 아주 중요하다. 수크로오스는 고유광회전도(specific rotation)[α]는 우선성이나, 이것을 묽은 산이나 saccharase(invertase)로 가수분해하면 동량의 D-글루코오스(D-glucose)와 D-프럭토오스(D-fructose)가 생겨 좌선성으로 변한다. 따라서 수크로오스의 가수분해를 전화(inversion)라 한다. 이의 가수분해로 생성된 글루코오스, 프럭토오스의 동량 혼합물을 전화당(invert sugar)이라 한다. 전화당은 설탕보다 단맛이 있고 끈끈한데, 이는 생성된 과당이 포도당보다 감미가 더 강하기 때문이다.

3.2.4 기타 소당류

이 밖에 2당류로 셀룰로오스(cellulose)를 초산 분해시 생성되는 2분자의 글루코오스로 구성된

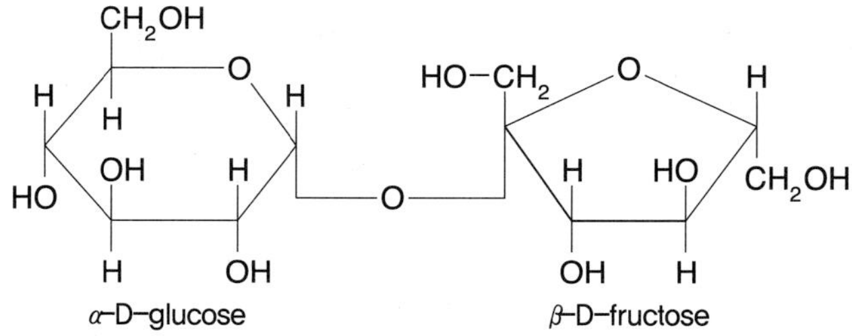

sucrose
Glc(α1↔2β)Fru

$$\underset{\substack{\text{sucrose} \\ [\alpha]_D^{20} = +66.4°}}{C_{12}H_{22}O_{11} + H_2O} \xrightarrow{\text{HCl 또는 Invertase}} \underset{\substack{\text{D-glucose D-fructose} \\ [\alpha]_D^{20} = +52.5°,\ [\alpha]_D^{20} = -92° \\ [\alpha]_D^{20} = (+52° - 92°)\,/\,2 = -20°}}{C_6H_{12}O_6 + C_6H_{12}O_6}$$

환원성의 셀로바이오스(cellobiose, β-1,4 글라이코사이드 결합), 아미그달린(amygdalin)이나 젠티아노오스(gentianose)의 구성성분으로 2분자의 글루코오스로 구성된 환원성의 젠티오바이오스(gentiobiose, β-1,6 글라이코사이드 결합), 아밀로펙틴(amylopectin), 글라이코젠(glycogen), 덱스트린(dextrin) 등에 함유되며, 가수분해로 얻을 수 있는 2분자의 글루코오스로 구성된 환원성의 아이소말토오스(isomaltose, α-1,6 글라이코사이드 결합), 3당류인 라피노오스(raffinose)가 사카레이스(saccharase)에 의해서 가수분해될 때 생기는 α-갈락토오스와 β-글루코오스가 α-1,6 결합으로 되어있는 환원성의 멜리바이오스(melibiose) 그리고 버섯, 맥각에 존재하는 트레할로오스(trehalose)는 2분자의 글루코오스가 α-1,1 결합을 한 비환원당으로 모두 2당류이다. 3당류로는 목화씨, 콩과식물의 종자나 뿌리 등에 분포되어 있는 라피노오스(raffinose)는 갈락토오스, 글루코오스 및 프럭토오스로 구성되어 있으며 젠티아노오스(gentianose)는 젠티오바이오스(Glc(α-1→6)Glc)에 프럭토오스가 결합된 비환원성으로 용담 등의 뿌리에 존재한다. 또한 스타키오스(stachyose)는 4당류로 목화씨에 존재하는데, 그 구성 단당류는 2분자의 갈락토오스, 글루코오스, 프럭토오스로 구성된 비환원당이다.

3.3 다당류

자연계에서 발견되는 대부분의 탄수화물은 분자량이 큰 다당류(polyaccharide)이다. 다당류는 10개 이상의 단당류가 글라이코사이드 결합에 의하여 결합된 중합체(polymer)이다. 따라서, 다당류를 산 또는 특정 효소로 완전히 가수분해하면 단당류 또는 이의 유도체가 생성된다. 다당류는 단당류의 저장형태로서 또는 세포벽이나 연결조직의 구성성분으로서 작용한다.

다당류는 크게 한 가지의 단당류로만 이루어진 단순다당류(homopolysaccharide)와 두 가지 이상의 당으로 이루어진 복합다당류(heteropolysaccharide)로 나눈다. 전분(starch), 글라이코젠(glycogen), 셀룰로오스(cellulose) 등이 단순다당류에 속하고, 헤미셀룰로오스(hemicellulose), 하이알루론산(hyaluronic acid), 당단백질(glycoprotein), 당지질(glycolipid) 등이 복합다당류에 속한다.

3.3.1 단순다당류

(1) 전분(starch)

전분은 식물체에서는 당의 저장 형태로서 식물 세포안에 입자 형태로 존재하며, 보통 글루코오스의 중합체인 아밀로오스(amylose)와 아밀로펙틴(amylopectin)으로 이루어져 있다. 그러나 찰전분은 아밀로펙틴으로 만 되어있다.

아밀로오스는 글루코오스가 $\alpha(1\rightarrow4)$결합으로 연결된 가지가 없는 직선상의 중합체로서 아래 그림과 같고 분자량이 수천~수십만정도이다.

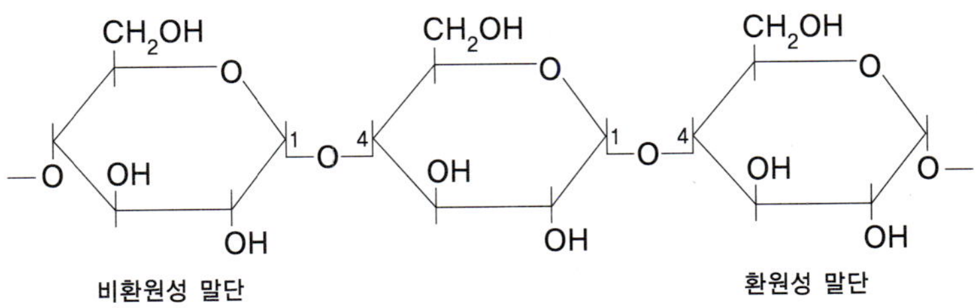

Amylose

아밀로오스의 분자는 또 다른 분자와 OH기 사이에 수소결합이 가능하므로 이 결합에 의하여 아밀로오스 분자는 아주 안정된 구조를 이룬다. 따라서, 아밀로오스는 수소결합을 파괴할 수 있는 충분한 열을 가하지 않는 한 물에 녹지 않는다. 또한 아밀로오스는 그림 3-10과 같이 나선 모양을하고 있는데, 나선구조의 안쪽이 요오드(iodine) 분자가 안치할 수 있는 크기이며, 따라서 전분과 요오드는 복합체를 형성하여 푸른 빛깔을 나타내는 요오드 반응을 한다.

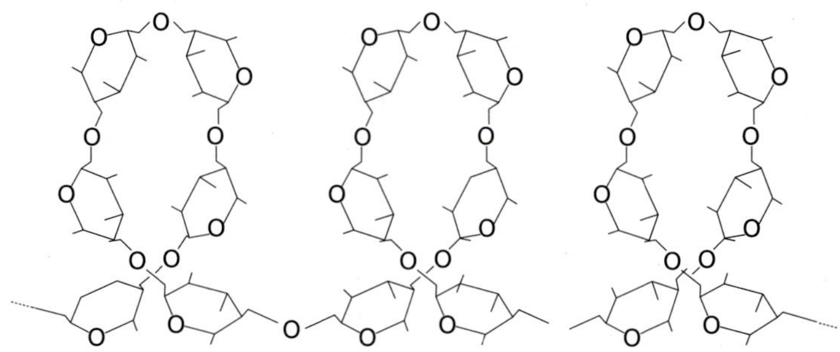

그림 3-10 amylose의 나선 구조

아밀로펙틴은 아밀로오스와 같이 $\alpha(1\rightarrow4)$결합으로 연결된 글루코오스 중합체의 기본 구조에 $\alpha(1\rightarrow6)$결합의 가지를 가지고 있다.

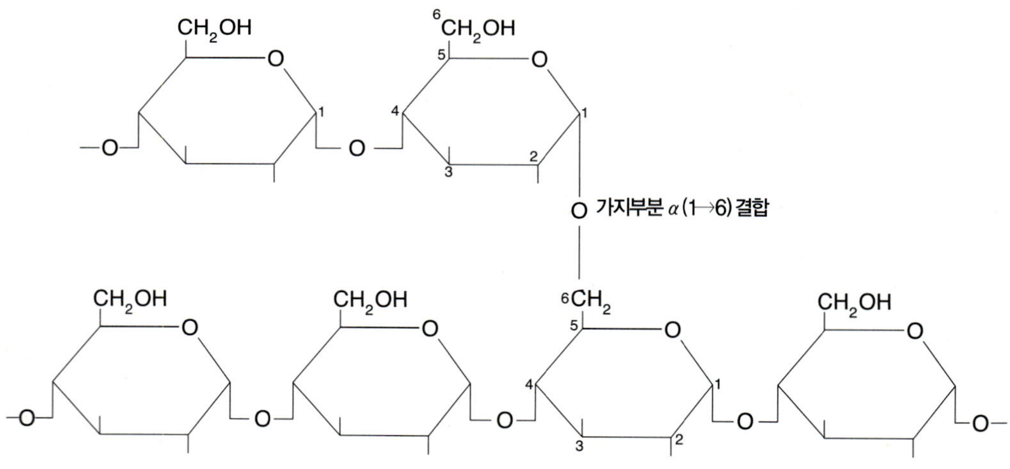

아밀로펙틴의 분자량은 보통 수백만이며, 가지가 생기는 정도는 보통 전분의 경우 4~5%이다. 따라서 24~30개 정도의 글루코오스 단위마다 가지가 있다(그림 3-11).

아밀로펙틴은 분자량이 매우 크며 가지 구조를 가지고 있으므로 아밀로펙틴 분자 사이의 결합은 상당한 제한을 받게 된다. 따라서, 아밀로펙틴은 아밀로오스와는 달리 따뜻한 물에 녹게된다. 감자를 삶으면 아밀로펙틴은 뜨거운 물에 의하여 추출되므로 삶은 감자의 전분은 대부분이 아밀로오스이다.

(2) 글라이코젠(glycogen)

글라이코젠은 동물세포의 저장 다당류로서 그 구조는 기본적으로 아밀로펙틴과 같지만 가지가 더 많고 가지의 길이가 짧은 것이 특징이다. 글라이코젠은 분자량이 평균 수백만이며 가지가 많기 때문에 찬물에서도 잘 분산된다. 글라이코젠은 주로 간에 저장되지만 근육 중에도 존재한다.

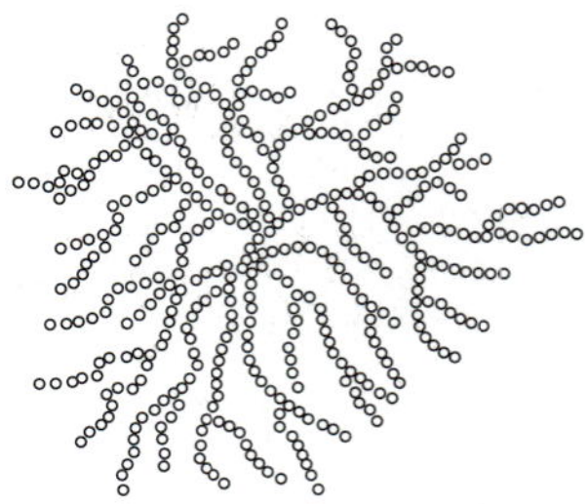

개개의 glucose 잔기는 α(1→4)결합으로 연결되어 있다. 가지부위는 α(1→6)결합이다.

그림 3-11 amylopectin이나 glycogen이 많은 가지를 가진 형태

전분과 글라이코젠은 소화관 내에서 분비되는 효소인 α-아밀레이스(α-amylase)와 β-아밀레이스(β-amylase)에 의하여 α(1→4)결합이 가수분해된다. α-아밀레이스는 전분사슬의 중간을 가수분해하고, β-아밀레이스는 전분의 비환원성 말단으로부터 말토오스 단위로 가수분해한다. 그러나 이들은 α(1→6)결합을 가수분해 할 수 없으므로 가수분해물은 maltose와 α(1→6)결합으로 연결된 한계 덱스트린(limit dextrin)이 생성된다. 이 때 생성된 말토오스는 말테이스(maltase)에 의하여 글루코오스로 분해된다. 한계덱스트린의 α(1→6)결합은 가지 가수분해 효소에 의하여 가수분해될 수 있다. 따라서 이들 효소를 함께 사용하면 전분과 글라이코젠을 완전 가수분해하여 글루코오스를 생성하게 된다.

동물세포에서는 글라이코젠이 글라이코젠 가인산분해효소(glycogen phophorylase)에 의하여 글루코오스 1-인산(glucose 1-phosphate)으로 분해된다(9.3.1절 참조).

(3) 셀룰로오스(cellulose)

셀룰로오스는 식물체의 줄기 등에서 발견되는 글루코오스의 중합체로서 기본적으로 아밀로오스와 같이 직선상이지만 글루코오스가 β(1→4)결합을 하고 있는 점이 다르다.

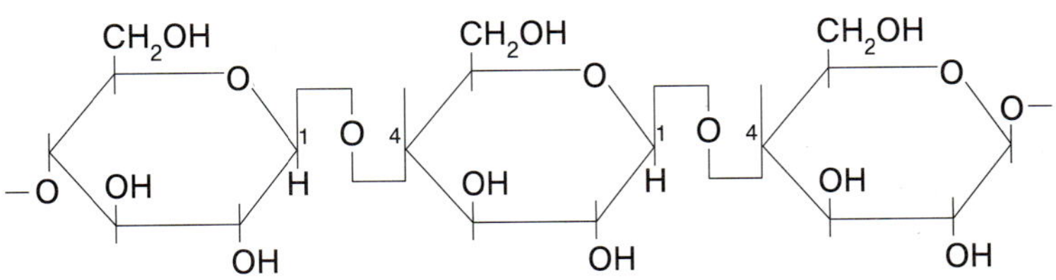

cellulose(β(1→4)결합)

목화(면)는 거의 순수한 셀룰로오스이다. 셀룰로오스는 아밀로오스와 같이 분자사이에 수소결합을 하여 물에 녹지 않는 고분자를 형성한다. 셀룰로오스는 이러한 성질 때문에 종이, 천 등의

섬유로 널리 이용되고 있다.

사람을 포함한 대부분의 포유동물은 셀룰로오스를 분해할 수 있는 효소를 가지고 있지 않으므로 영양소로서는 이용할 수 없다. 반추동물이나 나무좀벌레는 셀룰로오스를 이용할 수 있는데, 그 이유는 소화관 안에서 살고 있는 미생물이 셀룰로오스 분해효소(cellulase)를 분비하기 때문이다.

대부분의 식물세포는 단단하고 강한 다당류의 구조에 의해 둘러싸여 있고, 식물 세포벽은 셀룰로오스로 구성되어 있지만 세포벽의 접착제 역할을 하는 리그닌(lignin), 헤미셀룰로오스(hemicellulose), 펙틴물질 등의 다당류가 발견된다.

(4) 프럭탄(fructan)

프럭탄은 D-프럭토오스(D-fructose)의 중합으로 된 다당체로 가수분해되기 쉽다. 프럭토오스 잔기 간의 배당체 결합의 차에 따라 두 가지 형으로 나눈다. β(2→1)결합으로 D-프럭토오스가 직쇄상으로 결합한 구조로 돼지감자, 민들레, 다알리아 등의 뿌리에 저장된 이눌린(inulin)은 여기에 속한다.

이눌린은 무색, 무미의 분말로 냉수에 잘 녹지 않으나 온수에는 잘 녹는다. 요오드 반응은 없고 진한 용액은 좌선성이나 환원성은 없다.

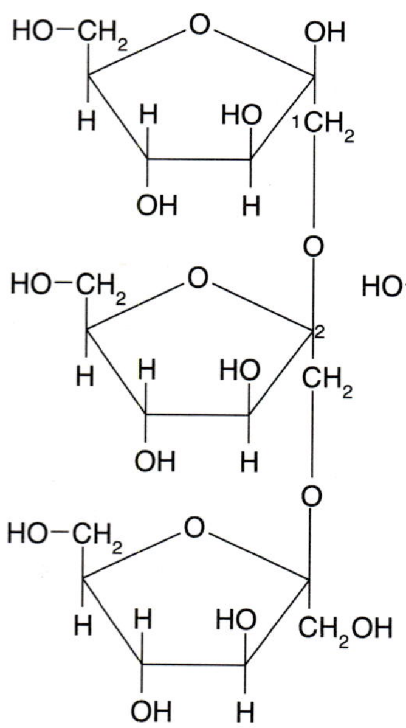

(a) inulin

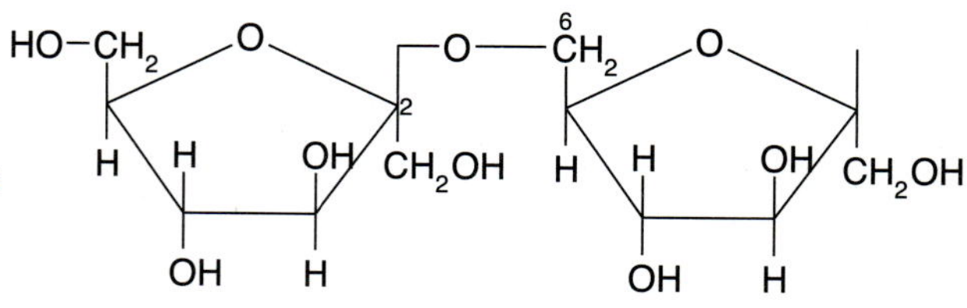

(b) levan

그림 3-12 inulin(a)과 levan(b)의 구조

프럭토오스의 중합도는 30~35개, 분자량은 5,000~6,300정도이다. 이눌레이스(inulase)에 의하여 가수분해되어 프럭토오스와 극소량의 글루코오스가 생성된다. 소화액에는 이눌레이스가 없으나 위산으로 약간 분해를 받는다(그림 3-12).

D-프럭토오스가 β(2→6)결합으로 직쇄를 형성한 구조로, 화분과 식물의 잎줄기 등에 존재하는 레반(levan) 등이 여기에 속한다. 레반은 중합도가 약 400개이다. D-글루코오스도 약간 존재한다. 세균에서 생산되는 레반은 그 중합도가 더 높다.

(5) 갈락탄(galactan)

갈락탄은 갈락토오스와 무수 갈락토오스(anhydro galactose)의 β(1→4)결합 구조로 이루어진 아가로바이오스(agarobiose)가 구성 단위인 한천(agar)이며 한천은 두 종류의 갈락토오스 중합체인 아가로오스(agarose, 70%)와 아가로펙틴(agaropectin, 30%)으로 존재한다.

3.3.2 복합다당류

(1) 헤미셀룰로오스(hemicellulose)

헤미셀룰로오스는 고등 식물 세포벽의 성분으로 비 글루코오스계 다당인 자일란(xylan)계 다당으로 목재, 벼와 식물의 줄기나 껍질에 존재한다. 헤미셀룰로오스는 β(1→4)결합의 자일란의 주사슬에 아라비노오스, 글루쿠론산이 측쇄로 된 구조이다.

(2) 뮤코(muco) 다당

뮤코 다당은 아미노당(헥소사민, hexosamine)을 함유한 다당으로 생체내의 결합 조직이나 점막의 구성 물질이다. 뮤코다당의 종류는 그림 3-13에 나타냈다. 글라이코사미노글라이칸(glycosaminoglycan)은 산 뮤코(acid muco) 다당으로 반복되는 이당류로 구성된 복합다당류이다. 이당류 단위는 일반적으로 N-아세틸-D-글루코사민(GlcNAc), N-아세틸-D-갈락토사민(GalNAc) 등의 헥소사민 유도체이며 pH 7에서 음전하를 띠며 산성기는 $-COO^-$, $-SO_3^-$ 등이다. 글라이코사미노글라이칸은 다당류가 전체 중량의 대부분을 차지하며 단백질과 결합한 글라이코사미노글라이칸을 프로테오글라이칸(proteoglycan)이라 한다.

① 키틴(chitin)

키틴은 N-아세틸-D-글루코사민(GlcNAc)이 (β1→4) 결합한 것으로 자연계에서 셀룰로오스 다음으로 풍부하다. 키틴은 새우, 게, 곤충 등의 갑각류, 갑충류의 불용성 껍질이나 세포벽의 외골격 구조 다당류이다.

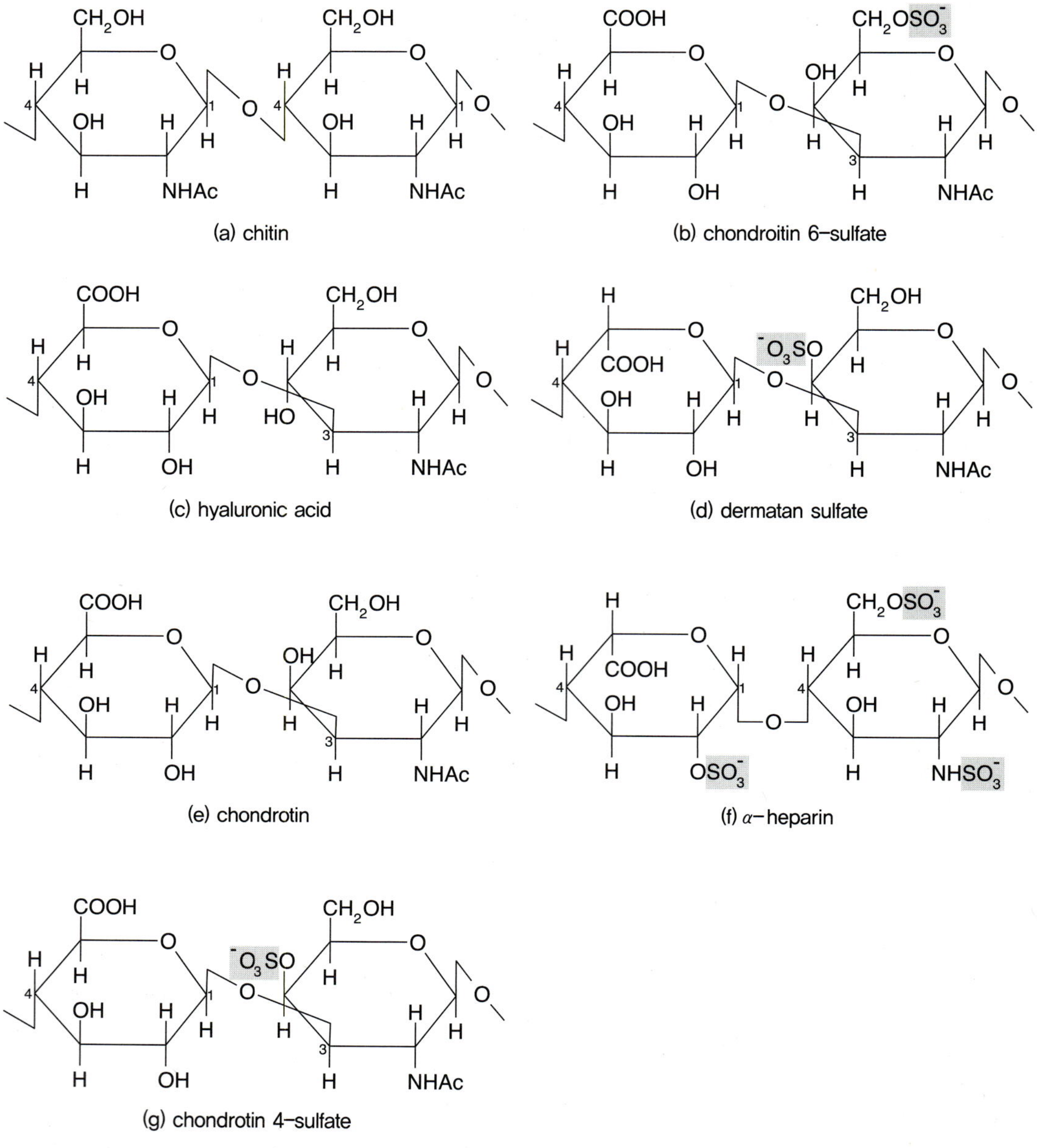

그림 3-13 주요 muco다당의 종류

② 하이알루론산(hyaluronic acid)

하이알루론산은 동물조직 세포간의 보존, 활제(기저 물질) 역할을 하며 GlcNAc(β 1→3) GlcUA(glucuronic acid)의 결합으로 연결된 형태이다.

③ 헤파린(heparin)

헤파린은 혈액 응고 저지제로 $GlcNAcSO_4^-$(N-sulfo-D-glucosamine)(α 1→4) GlcUA, $GlcNAcSO_4^-$(β 1→3) IdoUA(iduronic acid)의 결합 형태이다.

④ 콘드로이틴 황산(chondroitin sulfate)

콘드로이틴 황산은 연골 프로테오글라이칸의 주요 다당으로 GlcUA(β 1→3) $GalNAcSO_4^-$(N-acetyl-D-galactosamine)의 결합 형태, 더마탄 황산(dermatan sulfate)은 IdoUA(β 1→3) $GalNAcSO_4^-$의 결합 형태이다.

⑤ 펩타이도글라이칸

펩타이도글라이칸은 세균의 세포벽 성분이며 세포를 둘러싸고 있는 교차결합한 망목 구조로 다당류(뮤코 다당)와 펩타이드가 결합한 혼성체의 고분자 물질이다. 다당류 주사슬은 GlcNAc(β 1→4) MurNAc(N-acetyl muramic acid)의 결합이다(그림 3-14). 라이소자임(lysozyme)은 눈물에 많이 존재하며 세포벽의 GlcNAc(β 1→4) MurNAc 결합을 가수분해하여 세포를 파괴한다. 페니실린(penicillin)은 펩타이도글라이칸 합성을 억제하며 따라서 세포벽이 불완전하여 세포의 정상적인 성장을 유지하지 못하게 한다.

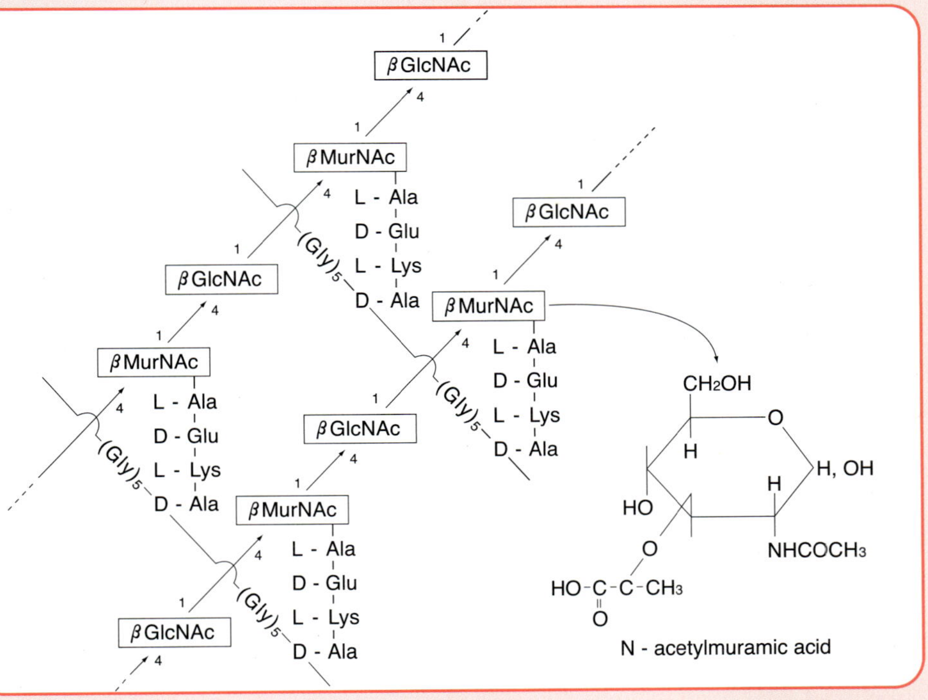

그림 3-14 peptidoglycan의 구조

(3) 당단백질(glycoprotein)

당단백질은 단백질이 주체로 당이 폴리펩타이드(polypeptide) 사슬의 특정 아미노산과 결합하여 측쇄를 형성한 구조이며 당이 2~10% 정도 들어 있으며 혈구등 세포막의 주요 구성 성분이다. 동물은 적혈구, 혈청이나 면역 글로불린(globulin) 등이며 식물은 혈구 응집 단백질인 렉틴(lectin), 콘카나발린(concanavalin) A, 미생물은 세포막 단백질 등이다. 세포 표면에 당단백질의 당사슬이 존재하는 것은 당사슬의 친수성 때문에 당사슬이 세포 바깥쪽 방향에 위치하는 것이다. 따라서 병원균이나 바이러스의 단백질 분해 효소로부터 세포를 보호할 수 있다. 특히, 렉틴은 정상 세포에 비해 암세포와 쉽게 응집 반응을 하는 데 이는 암연구에서 매우 주목할만한 현상이다. 당단백질은 2 가지 결합 형태를 갖는 데, 하나는 N-글라이코사이드 결합이고 다른 하나는 O-글라이코사이드 결합이다(그림 3-15). N-글라이코사이드 결합은 당이 단백질의 아스파라긴(asparagine) 잔기의 R기의 N에 결합한 형태이고 O-글라이코사이드 결합은 당이 단백질의 세린(serine)이나 트레오닌(threonine) 잔기의 -OH기에 결합한 형태이다. N-글라이코사이드 결합은 혈장 당단백질, 난백 당단백질, 렉틴, 세포막 당단백질, 효소 당단백질 등 대부분의 당단백질이 이에 속하며 알칼리에 대단히 안정하다. O-글라이코사이드 결합은 뮤신(mucin) 등이며 알칼리 처리로 쉽게 절단된다.

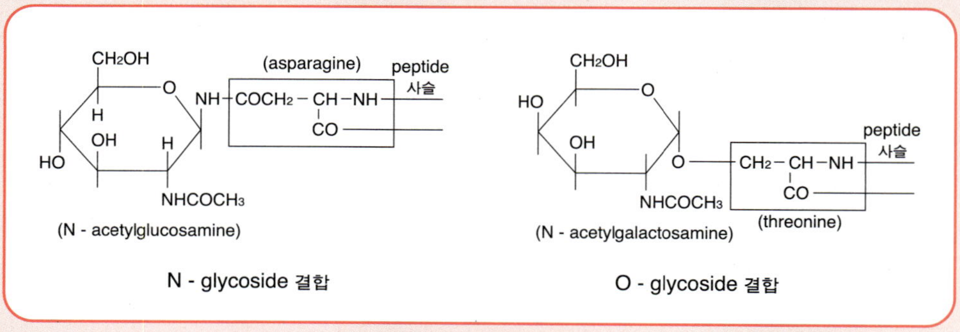

그림 3-15 peptide 사슬과 당의 결합방식

(4) 당지질(glycolipid)

당지질은 당이 지질과 결합한 구조로 당단백질처럼 당이 2~10% 정도 들어 있으며 세포막의 주요 구성 성분이다. 당지질은 주로 생체막 구성 성분이며 동물계는 스핑고당지질, 식물과 미생물계는 글리세로당지질이다. 또한, 혈액형 결정 물질도 당지질인데 A 형은 지질 주사슬에 대해 N-아세틸-D-갈락토사민(GalNAc)이, B 형은 D-갈락토오스가, O 형은 A, B 형의 특이적인 말단기가 없고 L-퓨코오스(L-fucose)가 말단기이다(그림 3-16). LPS(lipopolysaccharide)는 당

지질로 *E. coli*나 *S. typhimurium* 등과 같은 그람 음성 세균(Gram-negative bacteria)의 주요 세포막 성분이다.

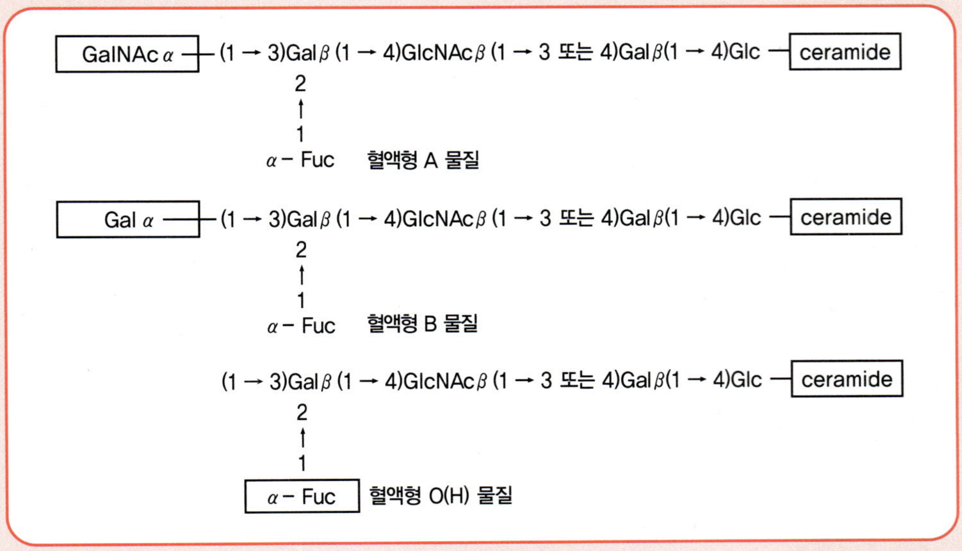

그림 3-16 혈액형 결정 당잔기

요약

탄수화물(당)은 일반적으로 많은 OH기를 가진 알데하이드나 케톤으로 정의하며, 단당류, 소당류, 다당류의 3가지 종류로 대별된다. 단당류는 분자내의 탄소수에 따라 분류하고, 알데하이드기를 가진 경우 알도오스, 케톤기를 가지면 케토오스(ketose)라 한다. 다이하이드록시아세톤을 제외한 모든 단당류는 적어도 한개 이상의 부제탄소원자를 가져, 광학적 활성을 나타내는 D-형 혹은 L-형의 기하학적 이성체를 형성한다. 한개의 특정 부제탄소원자에 붙어있는 OH기의 배치만 다른 당을 에피머라 부른다. 탄소수가 많은 5탄당이나 6탄당 등의 단당류는 고리형의 헤미아세탈 구조를 형성한다. 6탄당은 6각형인 피라노오스 환상 구조를 만들고, 5탄당은 5각형인 푸라노오스 환상 구조를 형성한다. 헤미아세탈이나 헤미케탈을 형성하는데 참여하는 탄소를 아머노머탄소(anomeric carbon)라 부른다. D-당은 2개의 아노머 형태가 존재할 수 있는데, OH기가 아래에 위치하는 α-형과 OH기가 위에 위치하는 β-형이다. 당의 anomer형은 변선광에 의하여 α-형과 β-형사이에 내부 전환이 이루어질 수 있다. 글루코오스(glucose)는 열량원으로 많은 세포에서 사용된다. 글루코오스의 인산화된 형태인 글루코오스 1-인산이나 글루코오스 6-인산은 에너지 생성 대사에 중요하다. 글루코사민(glucosamine)과 N-아세틸-글루코사민(N-acetyl-glucosamine)은 글루코오스의 중요한 유도물질이다. 라이보오스는 RNA의 구성에 사용되며, 데옥시라이보오스는 DNA의 골격을 이룬다. 소당류는 2~10개의 단당류로 된 작은 탄수화물 사슬을 말한다. 단당류는 산화 및 에스테르화 반응을 포함한 여러 가지 반응을 할 수 있다. 강산과 함께 가열하면, 펜토오스는 푸르푸랄로, 헥소오스는 하이드록시메틸푸르푸랄로 변한다. 또한 단당류는 페닐하이드로진과 반응하여 오사존을 형성하는데, 이 반응은 C_1과 C_2만이 관여하기 때문에 나머지 탄소원자에서의 배열이 같은 당류들은 똑같은 오사존을 생성한다. 이당류는 가장 일반적인 소당류이다. 말토오스는 2개의 글루코오스가 $\alpha(1\rightarrow4)$결합으로 결합되고, 락토오스는 갈락토오스와 글루코오스가 $\beta(1\rightarrow4)$결합으로, 수크로오스는 글루코오스와 프럭토오스가 $\alpha(1\rightarrow2\beta)$결합으로 되어 있다. 다당류는 단순다당류와 복합다당류의 2종류로 분류된다. 아밀로오스와 아밀로펙틴으로 된 전분, 글라이코젠, 섬유소 등은 단순다당류의 대표적인 것들이다. 아밀로오스는 많은 글루코오스가 $\alpha(1\rightarrow4)$결합으로 결합되어, 길고 가지가 없는 사슬을 형성한다. 아밀로펙틴은 $\alpha(1\rightarrow4)$와 $\alpha(1\rightarrow6)$의 두 결합 형태로 글루코오스가 결합되어 많은 가지를 가진다. $\alpha(1\rightarrow6)$결합은 가지가 형성되는 지점의 결합형태이다. 아밀로펙틴보다 더 많은 가지를 가진 다당류인 글라이코젠은 동물의 근육이나 간 세포에서의 글루코오스의 저장 형태이다. 섬유소는 $\beta(1\rightarrow4)$결합을 가진 많은 글루코오스로 구성되어 있다. 복합다당류는 한 종류 이상의 단당류로 구성되어 있는데, D-하이알루론산이나 콘드로이틴황산 등이 대표적인 것이다. 당단백질은 단백질의 폴리펩타이드 사슬에 들어 있는 세린, 트레오닌과 아스파라진들 중의 하나와 탄수화물이 공유결합을 이루고 있는 단백질이다. 단백질에 탄수화물 사슬이 붙어 있게 되면, 단백질의 물리적인 성질에 크게 영향을 주는데, 용해성을 증가시키고 전기적 하전량이 바뀐다.

연습문제

1. 단당류에서 부제탄소가 3개 있으면 이론적으로 존재하는 입체이성체의 수는?
① 3개 ② 4개 ③ 8개
④ 16개 ⑤ 18개

2. 다음은 탄수화물의 설명이다. 옳지 않은 것은?
① 물분자(H_2O)를 포함하고 있다.
② 일반적 구조식은 $C_mH_{2n}O_n$으로 나타낸다.
③ 탄소, 수소, 산소 3대 원소로 이루어져 있다.
④ 탄수화물은 동물체의 에너지원으로 쓰인다.
⑤ aldehyde radical(−CHO)이나 또는 ketone radical을 갖는 화합물과 그 유도체이다.

3. 환원성이 없는 당은?
① 수크로오스 ② 말토오스 ③ 유당
④ 갈락토오스 ⑤ 만노오스

4. 글루코오스와 함께 모세혈관 내로 흡수되는 당은?
① 갈락토오스 ② 수크로오스
③ 말토오스 ④ 락토오스
⑤ 스타키오스

5. α와 β-D-글루코오스 같은 이성체를 무엇이라 하는가?
① polysaccharide ② acetal
③ furanose ④ pyranose
⑤ anomer

6. 글루코오스가 물에서 선광도가 점차 변하는 현상은?
① epimerization ② polarization
③ mutarotation ④ isomerization
⑤ transferization

7. 알칼리성에서 Benedict 용액을 환원시키지 않는 당은?
① 프럭토오스 ② 글루코오스
③ 갈락토오스 ④ 락토오스
⑤ 수크로오스

8. 탄수화물의 광학적 이성질체를 구별하는 표준물질은?
① D(+)-글리세르알데히드
② D-글루코오스 ③ L-글루코오스
④ D-프럭토오스 ⑤ L-만노오스

9. 다음 당류 중 2당류가 아닌 것은?
① 젠티바이오스 ② 아이소말토스
③ 셀로바이오스 ④ 라피노오스
⑤ 트레할로스

10. 무코다당류는?
① 한천 ② 셀루로오스
③ 헤파린 ④ 글라이코젠
⑤ 헤미셀루로스

11. 다음 중 epimer 관계에 있는 당은?
① D-glucose, D-galactose
② D-glucose, D-xylose
③ D-galactose, D-mannose
④ D-glucose, D-fructose
⑤ D-annose, D-fructose

12. 글루코오스의 유도체 중에서 C_1과 C_6이 COOH 기인 것은?
① sorbitol
② glucuronic acid
③ gluconic acid
④ ribitol
⑤ glucosaccharic acid

13. 5탄당 중 여러 조효소류의 구성성분으로 동물체 내의 대사에 관여하는 것은?
① 라이보오스 ② 자일로오스
③ 아라비노오스 ④ 람노오스
⑤ 수크로오스

연습문제

14. 뇌신경 조직을 이루는 단당류로 유즙을 통하여 얻을 수 있는 당으로 가장 옳은 것은?

① 락토오스 ② 갈락토오스
③ 리보오스 ④ 만노오스
⑤ 데옥시리보오스

15. 다음 중 프락토오스가 포함되어 있지 않은 탄수화물은?

① 수크로오스 ② 라피노오스 ③ 이눌린
④ 글라이코젠 ⑤ 스타키오스

16. 아밀로펙틴에 대한 설명 중 잘못된 것은?

① 요오드 반응은 적갈색이다.
② 아밀로오스보다 분자가 크고 복잡하다.
③ 마치 큰 나무와 같은 구조를 하고 있다.
④ 직선적인 부분은 포도당 6개를 단위로 나선형이다.
⑤ 포도당이 α-1,4 결합과 α-1,6 결합으로 되어 있다.

17. 단순다당류 중 inulin의 구성단위로 옳은 것은?

① α-D-glucopyranose
② α-D-glucose
③ α-D-mannofuranose
④ β-D-fructofuranose
⑤ β-D-galactopyranose

18. 갑각류의 껍질성분으로 N-acetyl glucosamine으로 된 다당류로 가장 옳은 것은?

① 이눌린 ② 키틴 ③ 만난
④ 셀루로오스 ⑤ 아가

19. 다음 동물성 다당류가 아닌 것은?

① 글라이코젠 ② 키틴
③ 하이알루론산 ④ 카라지난
⑤ 콘드로이틴 황산

20. 아밀로오스의 특징이 아닌 것은?

① α-1,4 결합이다.
② 요오드 반응은 청색을 띤다.
③ 보통 전분 속에 10~20% 존재한다.
④ α형은 나선형이나 β형은 직선형이다.
⑤ 약 300개 정도의 glucose로 되어 있다.

정답 : 1 ③ 2 ① 3 ① 4 ① 5 ⑤ 6 ③ 7 ⑤ 8 ① 9 ④ 10 ③ 11 ① 12 ⑤ 13 ① 14 ② 15 ④ 16 ④ 17 ④ 18 ② 19 ④ 20 ④

용어해설

1. Aldose : aldehyde기를 갖는 단당류

2. Amylopectin : 수천~수만개의 glucose가 $\alpha(1\rightarrow4)$결합의 직쇄구조와 $\alpha(1\rightarrow6)$결합의 가지가 있는 전분의 구성성분

3. Amylose : 수백개의 glucose가 $\alpha(1\rightarrow4)$결합으로 구성되며, 가지가 없는 전분의 구성분

4. Asymmetric carbon(부제탄소) : 단당류의 탄소 원자중 4개의 서로 다른 원소나 기가 결합된 탄소

5. cellulose(섬유소) : glucose가 $\beta(1\rightarrow4)$결합을 이루어 직선상의 분자를 이루는 단순다당류로, 식물의 세포막 당류

6. Chondroitin sulfate : glucuronic acid와 acetyl galactosamine 6-sulfuric acid로 된 다당류로 연골 및 건의 주성분

7. Deoxyribose : ribose의 C_2의 산소가 제거된 당으로 DNA의 구성당

8. Enantiomer : D-와 L-glucose와 같은 이성질체 관계

9. Epimer : 한 개의 특정 비대칭 탄소에 결합된 OH기의 배치만 다른 당

10. Furanose 고리 : 5각형의 고리

11. Glycogen : D-glucose의 중합체로 분자내에 가지가 많은 동물성 저장다당류

12. Glycoside bond : 아노머 탄소의 OH기와 다른 물질의 OH기와의 탈수축합 결합

13. Hemiacetal : aldehyde기와 알코올기사이에서 반응이 일어나 형성되는 결합

14. Hemiketal : 단당류 내의 알코올기와 ketone기 사이에 반응이 일어나 형성되는 결합 상태

15. Heparin : D-glucosamine과 D-glucuronic acid로 구성된 혈액응고 방지 다당류

16. Ketose : ketone기를 갖는 단당류

17. Lactose : 젖당 또는 유당이라 하며, β-galactose의 C_1과 glucose의 C_4가 축합한 것

18. Maltose : α-glucose의 C_1의 수산기와 α 또는 β-glucose의 C_4 수산기가 축합한 것

19. Osazone : 당의 carbonyl기는 phenylhydrazine과 반응하여 phenylhydrazone을 생성한다. 이것이 다시 두 분자의 phenylhydrazine 과 반응하여 osazone을 생성한다.

20. Pyranose 고리 : 6각형의 고리

21. Ribose : 5탄당으로 세포질 중의 핵산(RNA)의 구성 성분

22. Sucrose : 설탕 또는 자당, α-glucose의 C_1과 β-fructose의 C_2가 축합한 것

23. 다당류(polysaccharide) : 단당류가 10개 이상 필수적으로 결합된 당류

24. 단당류(monosaccharide) : 보통의 조건에서는 그 이상 가수분해하지 않는 당류의 최소구성 단위

25. 단순다당류(homopolysaccharide) : 동질다당류라고도 하며 같은 종류의 단당류로 이루어진 다당류

26. 당단백질(glycoprotein) : 탄수화물 사슬에 단백질 분자가 결합된 물질

27. 당지질(glycolipid) : 탄수화물에 지질 분자가 결합된 물질

28. 변선광(mutarotation) : 환원성 당질을 물에 녹여 방치하면 선광도가 변화하는 성질

29. 복합다당류(heteropolysaccharide) : 이질다당류라고도 하며 2가지 이상의 단당류로 이루어진 다당류

30. 소당류(oligosaccharides) : 단당류가 2~10개가 탈수적

으로 결합된 당류

31. 아노머(anomer) : 단당류가 α-및 β-와 같이 환상구조를 취할 때 1번 탄소원자가 비대칭 탄소 원자로 되어 생기는 이성체

32. 전분(starch) : 구성당이 glucose이며, amylose와 amylopectin의 2가지로 구성된 물질

33. 전화당(invert sugar) : Sucrose의 가수분해로 생성된 glucose, fructose의 등량 혼합물

34. 탄수화물(carbohydrate) : 조성이 $Cm(H_2O)_n$의 일반식으로 표시되는 일군의 화합물

35. 환원당(reducing sugar) : Ag^+, Cu^{2+}이온들을 환원하여 Ag, Cu^+로 만들 수 있는당

| 제4장 |

지질

Lipids

지질(lipid)은 지방 또는 유사한 물질들의 총칭이며 소수성으로 물에 불용이나, 벤젠(benzene)이나 에테르(ether) 등의 유기용매에 녹는 생리적으로 중요한 생체 분자들을 말한다. 지질은 여러 세포 기능에 있어서 매우 중요하다. 예를 들면, 이들은 세포막의 구성분이고 세포대사의 연료로 쓰인다. 어떤 지질은 호르몬(스테로이드 호르몬, 프로스타글란딘)으로 작용하고, 지용성 비타민인 A, D, E, K 등이 지질에 속한다. 이들은 특수한 생리적 과정에서 요구된다. 또 다른 형태의 지질은 세포막의 구성성분이나 혹은 보호막으로 작용한다.

이 장에서는 지질을 분류하고 이들의 생물학적 기능에 대해 기술하며, 막 구조와 기능에 대해서도 설명한다.

4.1 지질의 분류

지질은 구조의 복잡도에 따라 크게 단순지질, 복합지질, 유도지질로 분류한다. 단순지질은 지방산과 글리세롤(또는 알코올)의 에스터의 구조이며 중성지방, 왁스 등이다. 복합지질은 지방산, 알코올 이외에 인산, 당 등과 결합한 지질이며 인지질, 스핑고지질, 당지질 등이 있고 지질이 가수분해되어 얻어진 지방산, 스테로이드, 테르펜, 아이코사노이드 등은 유도지질이다(표 4-1). 지질은 체내 기능에 따라 중성의 저장지질과 극성의 막지질로 크게 2 가지로 분류할 수 있다(표 4-2).

표 4-1 화학구조에 따른 지질의 분류

단순지질	복합지질	유도지질
Triacylglycerol Wax	인지질 Phosphatidyl ethanolamine Phosphatidyl choline Phosphatidyl serine Phosphatidyl inositol Cardiolipin 스핑고지질 Ceramide Sphingomyelin 당지질 Cerebroside Ganglioside	Steroid Fatty acid Glycerol

표 4-2 기능에 따른 지질의 분류

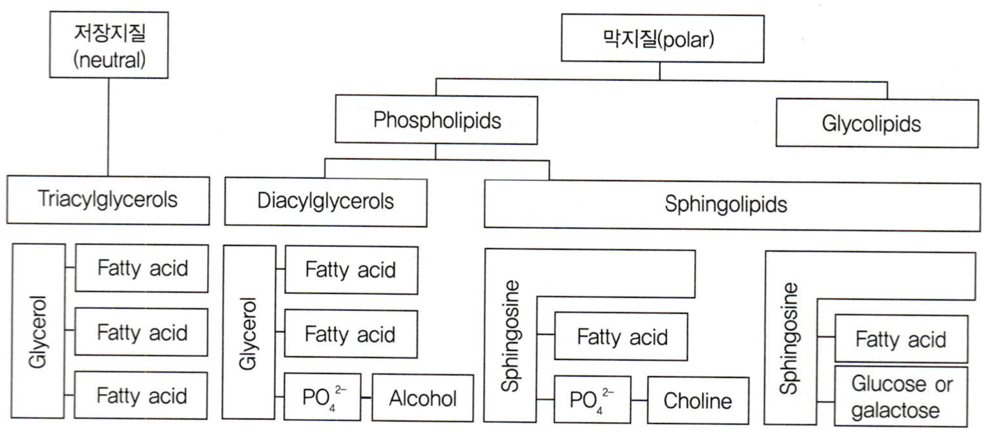

또한 지질은 비누화성 지질(saponifiable lipid)과 불비누화성 지질(nonsaponifiable lipid) 두 가지로 분류한다.

비누화(saponification)란 지질의 에스터결합이 지방산과 알코올로 가수분해 되는 과정을 말한다. 중성지질(triglycerides), 인지질, 당지질 그리고 왁스는 모두 비누화성 지질에 속한다. 비누화가 안되는 지질은 지방산과 알코올로 가수분해가 안되는 것들로, 테르펜(terpene), 스테로이드(steroid), 프로스타글란딘(prostaglandin) 등이 여기에 속한다.

표 4-3 비누화에 따른 지질의 분류

비누화성 지질	불비누화성 지질
· 중성지질 · 인지질(phosphatidic acid 유도체) · Sphingolipid(sphingosine 유도체) · 왁스(긴-사슬지방산/알코올 ester)	· Terpene(탄소 5개인 isoprene이 구성단위가 됨) · Steroid(4개의 환으로 된 탄화수소의 유도체) 1. 콜레스테롤-막의 구성성분 2. Steroid 호르몬-내분비선에 의해 생성되는 화학적 전령 3. 담즙산-섭취 지질의 흡수에 관여하는 유화제 · Prostaglandin(5각형의 환을 가진 20개 탄소의 불포화지방산)

4.2 지방산

여러 종류의 지질의 화학적 구조와 성질에 대해 기술하기 전에 지방산의 화학에 관하여 먼저 설명한다. 지방산(fatty acid)은 천연에는 거의 발견되지 않고, 주로 알코올과 에스터결합을 한 상태이다. 사실 지방산은 비누화 지질의 주요한 구성 성분이다.

지방산은 그림 4-1에서 보는 바와 같이 사슬의 한쪽 끝에 카복실산(carboxylic acid)의 작용기를 가진 탄화수소의 긴 사슬이다. 그리고 지방산은 친수성과 소수성 부분을 둘다 가지고 있기 때문에 양친매성(amphipathic)이라 한다. 카복실산의 작용기는 용액에 수소이온(H^+)을 내어놓아 산으로 작용하기 때문에 지방산이란 용어를 사용한다.

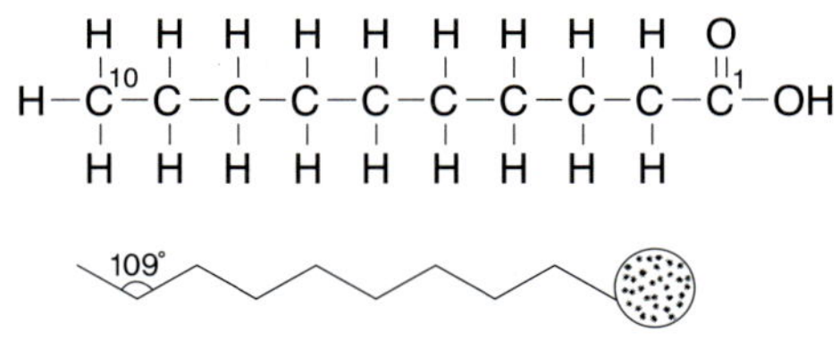

그림 4-1 지방산의 일반 구조

4.2.1 지방산의 종류

지방산은 탄소수의 장단, 이중결합의 개수와 위치에 따라 포화지방산, 불포화지방산, 다불포화지방산으로 구분한다(표 4-4). 포화지방산은 탄화수소의 사슬이 단일결합으로된 포화탄화수소

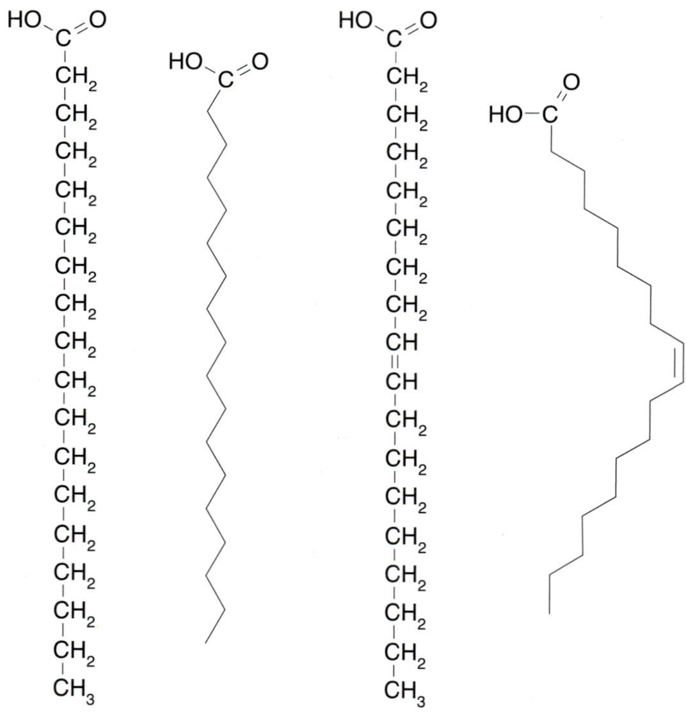

그림 4-2 포화지방산(a)과 불포화지방산(b)의 구조

로 고체 형태로 구조가 안정하다. 불포화지방산은 탄화수소의 사슬이 단일결합 이외에 하나의 이중결합이 있는 불포화 탄화수소로 액체 형태로 구조가 불안정하다(그림 4-2). 다불포화지방산은 이중결합이 2개 이상 존재하는 지방산이다. 불포화지방산의 구조는 공액(conjugated)과 시스(cis) 형태이다. 만일 이중결합이 메틸기(CH_3) 끝에서부터 3번째 탄소에서부터 시작하면 오메가-3(omega-3, ω-3) 계열의 지방산이라 하며, 6번째 탄소에서부터 시작하면 오메가-6(omega-6, ω-6) 계열의 지방산 , 만일 9번째 탄소에서부터 시작하면 오메가-9(omega-9, ω-9) 계열의 지방산이라고 한다.

표 4-4에 몇 가지의 중요한 지방산의 화학명칭, 구성식 그리고 융점을 나열하였다.

표 4-4 천연에 존재하는 중요한 지방산

표기법	구 조*	계통명	관용명	융점(℃)
12:0	$CH_3(CH_2)_{10}COOH$	*n*-Dodecanoic acid	Lauric acid	44.2
14:0	$CH_3(CH_2)_{12}COOH$	*n*-Tetradecanoic	Myristic acid	53.9
16:0	$CH_3(CH_2)_{14}COOH$	*n*-Hexadecanoic acid	Palmitic acid	63.1
18:0	$CH_3(CH_2)_{16}COOH$	*n*-Octadecanoic acid	Stearic acid	69.6
20:0	$CH_3(CH_2)_{18}COOH$	*n*-Eicosanoic acid	Arachidic acid	76.5
24:0	$CH_3(CH_2)_{22}COOH$	*n*-Tetracosanoic acid	Lignoceric acid	86.0
16:1(Δ^{9})	$CH_3(CH_2)_5CH=CH(CH_2)_7COOH$		Palmitoleic acid	- 0.50
18:1(Δ^{9})	$CH_3(CH_2)_7CH=CH(CH_2)_7COOH$		Oleic acid	13.4
18:2($\Delta^{9,12}$)	$CH_3(CH_2)_4CH=CHCH_2CH=CH(CH_2)_7COOH$		α-Linoleic acid	- 5.00
18:3($\Delta^{9,12,15}$)	$CH_3CH_2CH=CHCH_2CH=CHCH_2CH=CH(CH_2)_7COOH$		Linolenic acid	-11.00
20:4($\Delta^{5,8,11,14}$)	$CH_3(CH_2)_4CH=CHCH_2CH=CHCH_2CH=CHCH_2CH=$ $CH(CH_2)_3COOH$		Arachidonic acid	-49.5
20:5($\Delta^{5,8,11,14,17}$)	$CH_3CH_2(CH=CHCH_2)_5(CH_2)_2COOH$		Eicosapentaenoic acid(EPA)	-54.0
22:6($\Delta^{4,7,10,13,16,19}$)			Docosahexaenoic acid(DHA)	

*모든 산은 비이온화형으로 나타내었으며, 중성에서는 모든 지방산은 이온화형으로 존재하며, 탄소원자 번호는 carboxyl기 탄소부터 시작한다. 표기법의 왼쪽의 숫자는 탄소수이고 오른쪽의 숫자는 분자내의 이중결합의 수를 나타낸다. 불포화 지방산의 마지막 불포화 결합의 위치에 따라 분류하는 방법인 omega(n)분류법이 있다(예:oleic acid은 omega(ω) 9, linoleic acid와 arachidonic acid는 omega(ω) 6, EPA, linolenic acid 그리고 DHA는 모두 omega(ω) 3 지방산이다.

(1) 불포화지방산

일반적으로, 불포화지방산은 *cis* 배치의 이중결합을 가진다. 지방산 사슬에 있어서 *cis* 배치는 분자가 굽혀지거나 비틀려지는 원인이 된다. 지방산 사슬 내에서의 굽혀짐은 다른 지방산의 탄화수소 사슬과는 격리되어 있어, 분자운동이 많게 된다. 이와 같은 성질 때문에, 사슬이 긴 불포화지방산은 일반적으로 실온에서 액체상태가 되는 것이다(표 4-4에서 불포화지방산은 낮은 융점(MP)을 나타낸다).

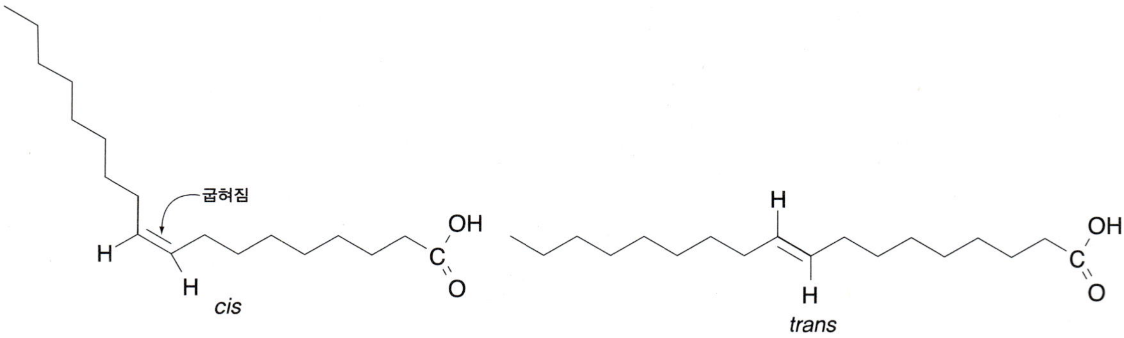

① 올레산(oleic acid) : ω-9, C18:1 Δ^{9}

오메가-9 계열의 지방산으로써 탄소수는 18 개, 이중결합은 탄소 9 번에 한 개가 있다.

② 리놀레산(linoleic acid) : ω-6, C18:2 $\Delta^{9,12}$

오메가-6 계열의 지방산으로써 탄소수는 18 개, 이중결합은 탄소 6 번부터 시작해서 2 개가 있다.

③ 리놀렌산(linolenic acid) : ω-3, C18:3 $\Delta^{9,12,15}$

오메가-3 계열의 지방산으로써 탄소수는 18 개, 이중결합은 탄소 3 번부터 시작해서 3 개가 있으며 오메가-3 계열의 지방산에는 아이코사펜타에노인산(eicosapentaenoic acid; EPA, C20:5)과 도코사헥사에노인산(docosahexaenoic acid; DHA, C22:6) 등이 있다. 이 지방산은 생선 같은 식품에 많이 함유되어 있고 오메가-3 지방산인 리놀렌산(C18:3)으로부터 만들어질 수 있다.

(2) 필수지방산(essential fatty acid)

포유동물은 다른 전구 물질들로부터 포화지방산과 단일 불포화지방산을 합성할 수 있으나, 지방산 사슬에서 9 번째 탄소 원자 너머로 있는 탄소 원자들에 이중결합을 도입시키는 효소들이 없어 리놀레산과 리놀렌산을 합성할 수 없다. 이처럼 자체 내에서 합성될 수 없기 때문에 식물로부터 포유동물의 음식물로 공급되는 지방산을 필수지방산(essential fatty acid)이라 한다. 이처럼,

필수지방산은 체내에서 합성할 수 없어 외부에서 음식물로 섭취하는 지방산이다. 필수지방산은 리놀레산(18 : 2)과 리놀렌산(18 : 3) 등의 다불포화지방산이다(그림 4-3). 가장 풍부한 필수지방산은 트리아실글리세롤(triacylglycerol)과 포스포글리세라이드(phosphoglyceride) 등의 전체 지방산의 10~20% 정도를 차지하는 리놀레산이다. 리놀레산은 포유동물에서 식물에 없는 아라키돈산의 생합성에 필요한 전구 물질이다. 또한 리놀레산과 리놀렌산은 그 밖의 여러 불포화 지방산들의 합성에 대한 출발점이다. 필수지방산은 많은 중요한 생리적 활동에 주요 효과를 갖는 미량의 호르몬성 화합물인 프로스타글란딘이라고 하는 지방산 유도체 그룹에 필요한 전구 물질이다.

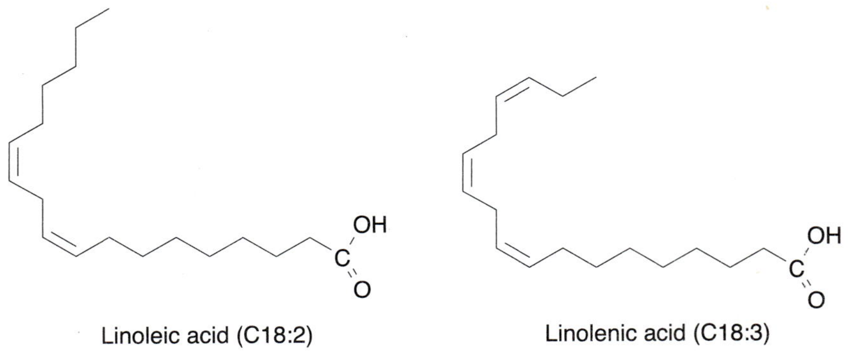

그림 4-3 필수지방산의 종류와 구조

4.3 중성지질(중성지방, triacylglycerol)

중성지질(triglycerides)은 중추가 되는 글리세롤 분자의 OH기에 1개, 2개 혹은 3개의 지방산이 에스터 결합으로 구성되어 있다.

이들은 전하를 갖지 않는다. 그러므로 중성지질(neutral lipid)이라 부른다. 중성지방에 대한 일반적 명칭은 트리아실글리세롤인데, 여기서 아실(acyl)은 지방산의 탄화수소 사슬을 말하는 것이다. 카복실산기는 글리세롤 분자의 알코올기와 에스터 결합을 형성한다. 전형적인 중성지방은 트

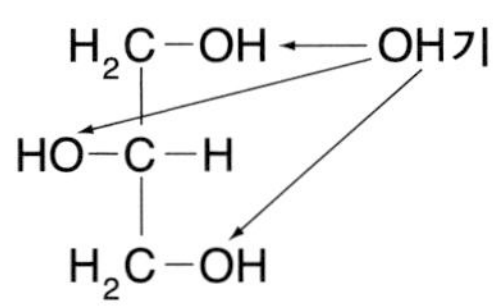

Glycerol

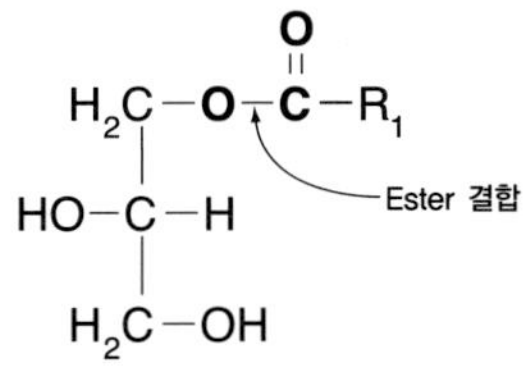

Monoglyceride(R_1은 지방산의 탄화수소 사슬을 의미함)

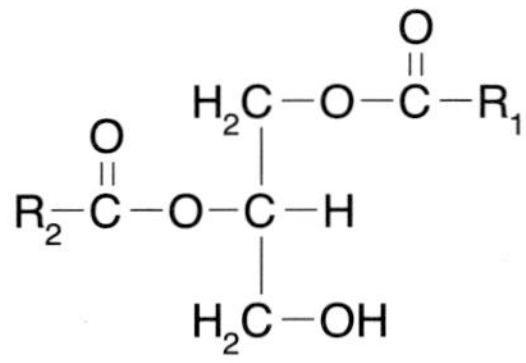

Diglyceride(2개의 지방산)

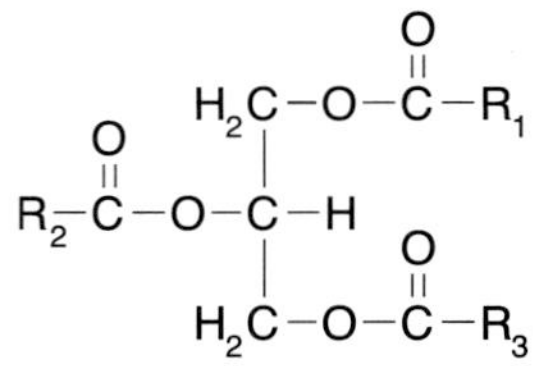

Triglyceride(3개의 지방산)

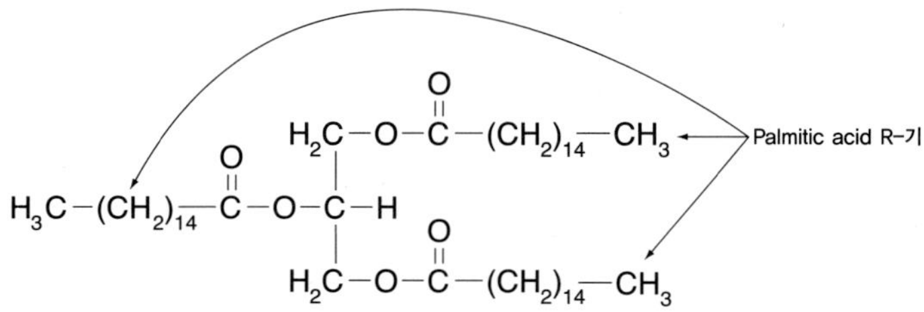

Tripalmitin(triglyceride 중의 한 종류)

리팔미틴(tripalmitin)이다. 트리팔미틴에는 3개의 지방산이 모두 팔미트산(palmitic acid)이다.

중성지방은 지방조직(adipose tissue)이라 부르는 특수 조직으로 몸에 저장되어 있다. 중성지방은 고도로 환원된(수소원자가 결합된) 많은 탄소원자를 가지고 있는 분자이기 때문에 아주 에너지가 풍부한 세포 연료로 작용한다.

비누화(saponification)는 중성지방이 지방산염(비누)과 글리세롤로 분해되는 과정을 말한다. 비누화 반응은 다음과 같다.

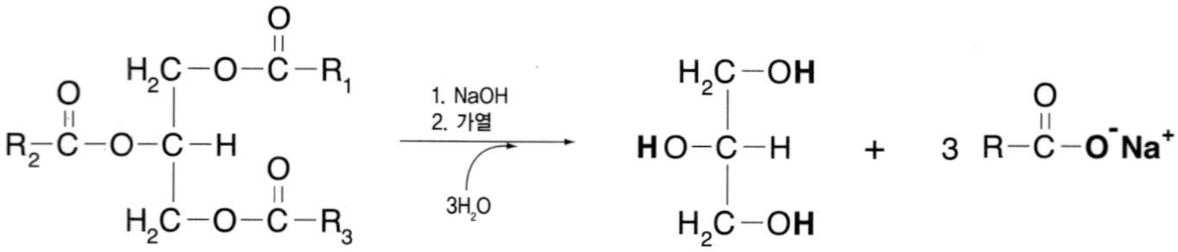

Triglycerides (동물 지방에서 발견) | Glycerol | 지방산염(비누)

라이페이스(lipase)는 다음과 같은 반응에 작용한다.

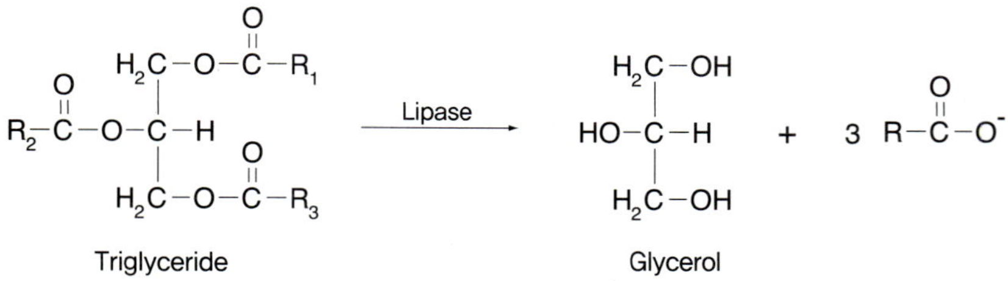

4.4 왁스(wax, 밀납)

왁스는 긴(고급) 사슬의 알코올과 지방산의 에스터 화합물이다.

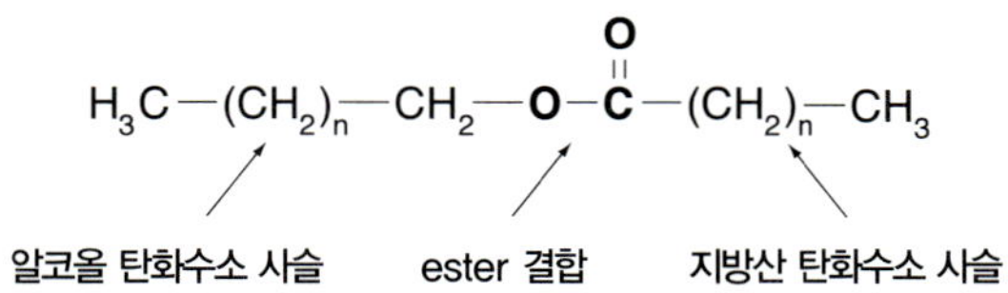

각 탄화수소 사슬은 일반적으로 매우 길며 왁스는 깃털, 모피, 피부, 잎, 과일 등의 보호막에서 발견된다. 피지선(sebaceous gland)에서 분비되는 물질에는 일종의 많은 왁스가 들어 있다. 그것은 피부를 부드럽게 유지해 주고 또한 건조를 방지한다. 태아의 피부도 왁스 물질에 의해 보호되어 있다.

4.5 인지질(phospolipid)

인지질은 지방산과 글리세롤 인산(glycerol phosphate)의 에스터이다. 인지질은 포스파티드산(phosphatidic acid)을 모체로 하는 양친매성 구조로 가장 풍부한 막지질이다. 모든 인지질은 인산기와 머리 부분의 알코올기가 pH 7 근처에서 음전하를 띤다. 인지질의 양친매성은 극성의 친수성 머리 부분과 비극성의 소수성 꼬리 부분 때문이다. 인지질이 양친매성인 것과 달리 중성

지질과 왁스는 구조에서 알 수 있듯이 양친매성이 아니다.

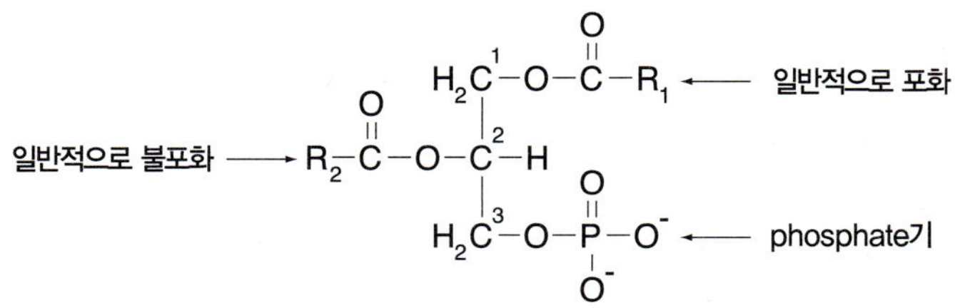

Phosphatidic acid(여러 가지 다른 인지질을 구성하는 모체화합물, pH 7.0에서의 구조)

다른 알코올기도 인산기의 산소원자 중의 하나에 결합할 수 있다. 그러므로 여러 종류의 인지질이 생성될 수 있다(표 4-5).

예를 들면, 포스파티틸 콜린(phosphatidyl choline, lecithin)은 인산기에 콜린(choline)이 결합되어 만들어진다. 인산의 산소는 음전하를 띠고 있고, 콜린기의 질소 원자는 양전하를 띤 분자라는 사실을 주목하라. 레시틴은 동물 조직에서 가장 풍부한 인지질로써 대부분의 세포막의 구성 성분으로 매우 중요한 역할을 수행한다. 레시틴은 폐포에서도 발견되는데 폐계면활성제로 알려져 있다. 포스파티딜 에탄올아민(phosphatidyl ethanolamine, cephalin), 포스파티딜 세린(phosphatidyl serine), 포스파티딜 이노시톨(phosphatidyl inositol)은 대부분의 세포막에서 발견되는 중요한 인지질이다. 이것들은 특히 뇌 조직에도 풍부하다. 그리고 마이토콘드리아 내막에서 특이적으로 검출되는 카르디오리핀(cardiolipin)은 다른 인지질과 달리 이중의 포스포글리세라이드(phosphoglyceride)이다.

4.6 스핑고지질(sphingolipid)

스핑고지질은 글리세롤을 포함하지 않는 지질이다. 스핑고지질은 스핑고신(sphingosine) 유도체이며 막의 주요 성분이다. 스핑고지질은 혈액형 결정역할을 하며 생물학적 인식 자리이다. 혈액형(O, A, B)은 스핑고지질에 있는 말단 당잔기로 분류한다(그림 4-4). O 항원은 스핑고지질의 당 잔기들 중에서 말단 부위가 퓨코오스(Fuc) 잔기, A 항원은 N-아세틸갈락토사민(GalNAc), B 항원은 갈락토오스 잔기이다. 항체 anti-A, anti-B로 결정된 사람의 ABO 군의 분류에서 O

형은 항원이 없어 항체 anti-A, anti-B와 모두 양성 반응이며 A 형은 A 항원을 가져 anti-B와 양성 반응, B 형은 B 항원을 가져 anti-A와 양성 반응, AB 형은 A, B 항원을 가지므로 항체와 반응하지 않는다. 스핑고신은 1 분자의 고급(긴 사슬) 지방산과 극성 부분의 1 분자의 고급 아미

표 4-5 인지질의 종류

Glycerophosholipid (일반구조)

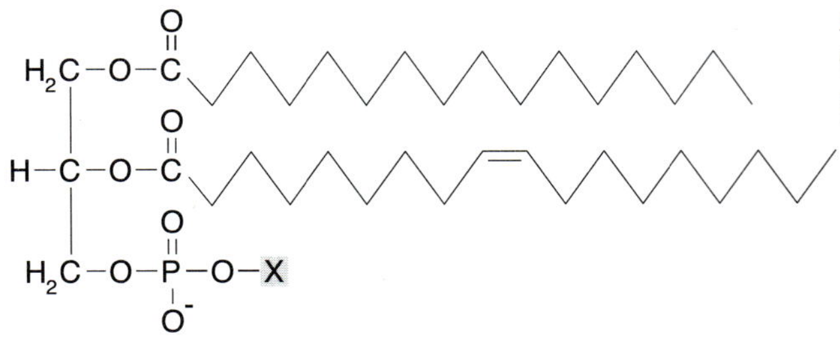

X의 이름	X의 구조	Glycerophospholipid의 이름	알짜전하 (pH 7에서)
—	—H	Phosphatidic acid	−1
Ethanolamine	$-CH_2-CH_2-\overset{+}{N}H_3$	Phosphatidylethanolamine	0
Choline	$-CH_2-CH_2-\overset{+}{N}(CH_3)_3$	Phosphatidylcholine	0
Serine	$-CH_2-CH(COO^-)-\overset{+}{N}H_3$	Phosphatidylserine	−1
Glycerol	$-CH_2-CH(OH)-CH_2-OH$	Phosphatidylglycerol	−1
Inositol	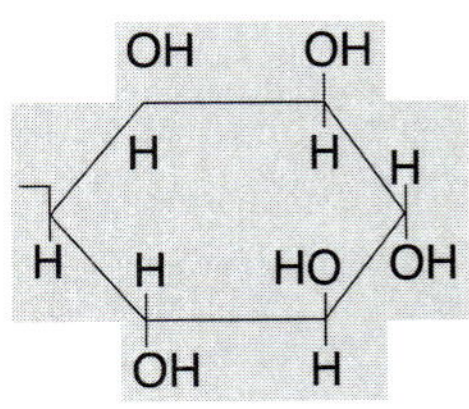	Phosphatidylinositol	−1
Phosphatidyl glycerol	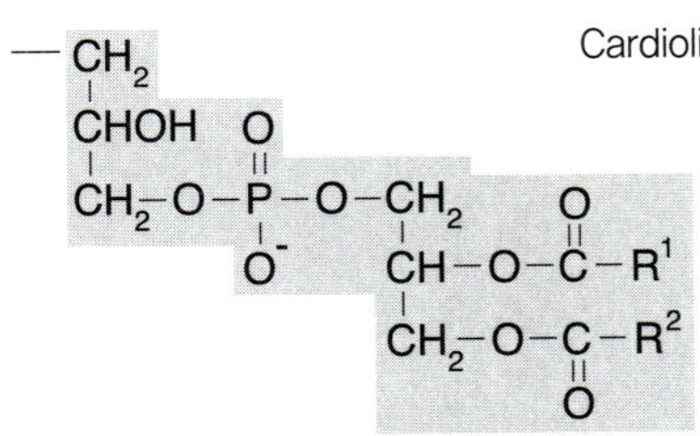	Cardiolipin	−2

몇 가지 glycerophospholipid가 glycerol alcohol 머리부에 phosphodiester 결합으로 diacylglycerol을 형성하고 있다. Phosphatidic acid는 phosphomonoester 결합을 하고 있는 인지질의 모체 화합물이다. 각 유도체는 머리 부분(X)의 이름을 따서 지어졌다.

노 알코올 구조로 고급 아미노 알코올의 모체 화합물이다(표 4-6). 스핑고지질의 한 종류인 스핑고마이엘린(sphingomyelin)은 극성 머리 부분에 인을 함유한 구조로 인지질로 분류되며 동물의 세포막과 신경세포에 존재한다.

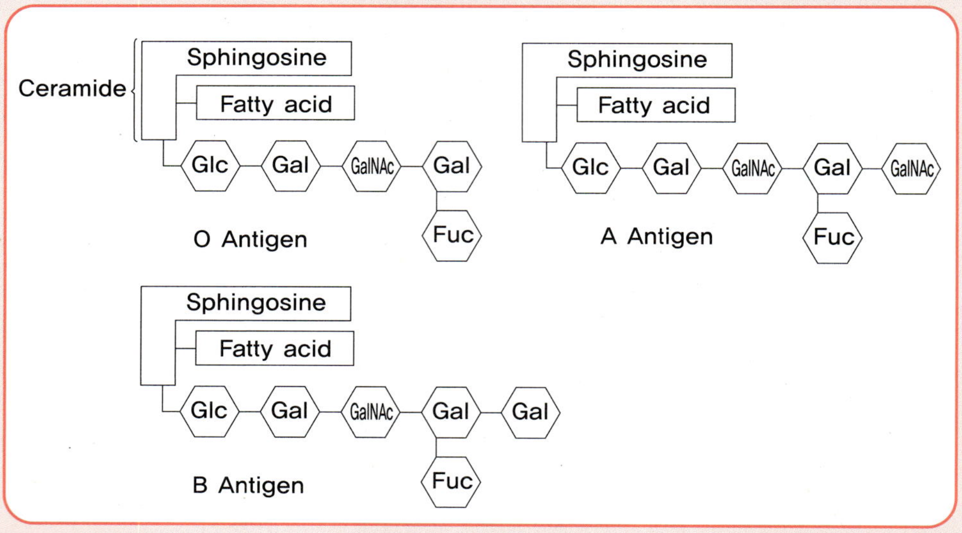

그림 4-4 혈액형의 종류

4.7 당지질(glycolipid)

중요한 지질의 한 종류로 당지질(glycolipid; 당의 잔기가 결합된 지질)이 있다. 당지질은 스핑고신에 지방산과 당 잔기(갈락토오스 혹은 글루코오스)가 결합되어 있다(표 4-6). 당지질에는 인산기가 없기 때문에 인지질은 아니다. 스핑고신에 지방산이 결합되어 생성된 물질을 세라마이드(ceramide)라 부른다. 당 잔기가 스핑고신에 결합된 물질은 세레브로사이드(cerebroside)라 한다. 이 물질들의 일반적인 구조는 다음 그림과 같다.

세레브로사이드는 갈락토오스 또는 락토오스 등의 1개 이상의 당 단위를 가진 구조로 갈락토실 세레브로사이드(galactosylcerebroside)(그림 4-5), 락토실 세라마이드(lactosyl ceramide) 등이 있다. 강글리오사이드는 당지질 중 가장 복잡한 구조로 머리 부분이 pH 7에서 많은 음전하

표 4-6 스핑고지질의 종류

Sphingolipid (일반구조)

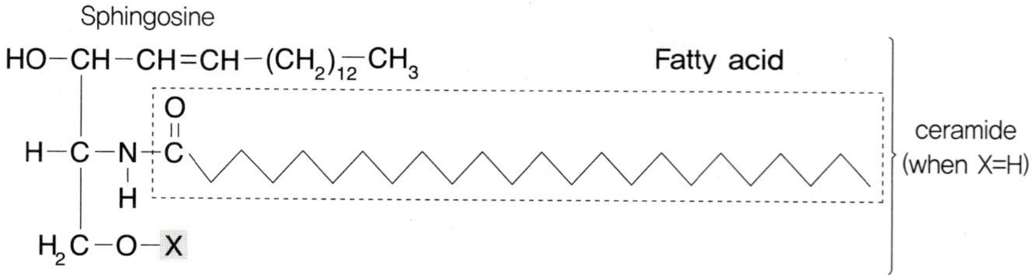

X의 이름	X의 구조	Sphingolipid의 이름
—	—H	Ceramide
Phosphocholine	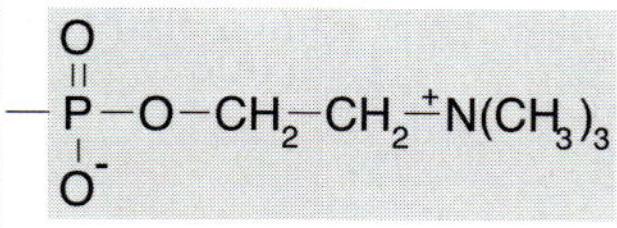	Sphingomyelin
Glucose	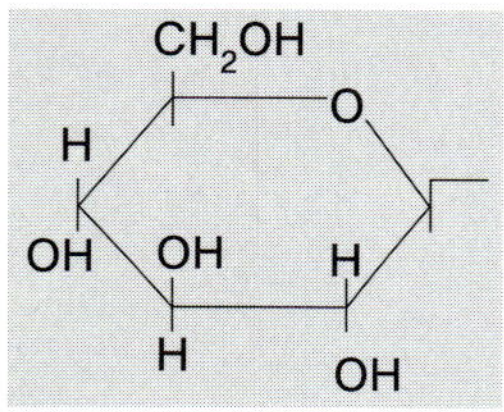	Glucosylcerebroside (Neutral glycolipids)
Di–, tri–, or tetrasaccharide	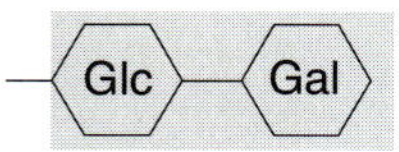	Lactosylcerebroside (Neutral glycolipids)
Complex oligosaccharide	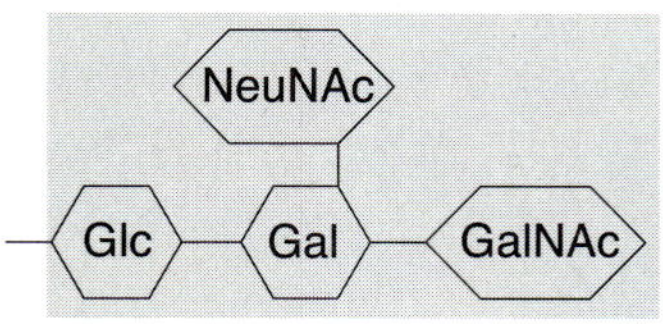	Ganglioside

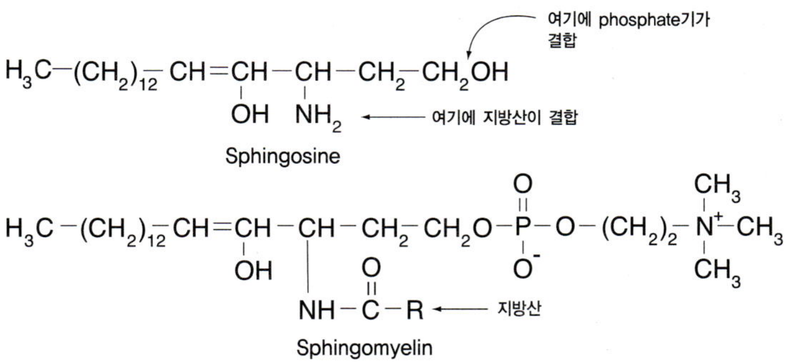

를 갖는 극성이며 당단위 중 1개 이상이 시알산(sialic acid; N-acetylneuramic acid, NeuNAc)이다(그림 4-6). 강글리오사이드는 뇌의 막지질이며 신경 말단 세포막 표면의 특이적

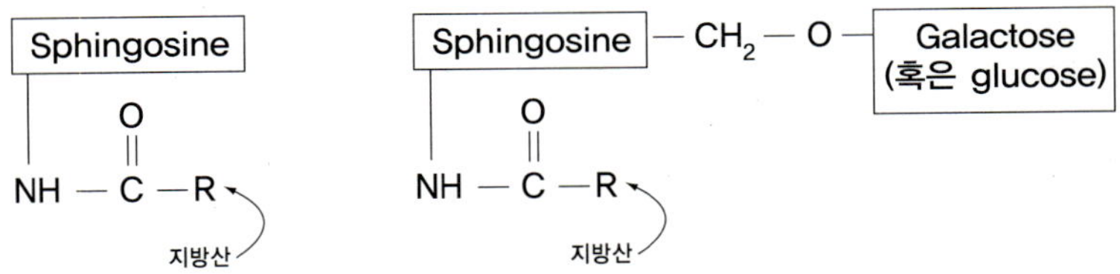

Ceramide(당지질 아니다)　　Cerebroside(당지질이다)

인 인식 자리성분으로, 충격이 신경세포끼리 전달될 때 신경 전달 분자가 결합하는 신경 말단의 특이적 부위에 존재한다.

4.8 스테로이드(steroid)

모든 스테로이드는 4개의 고리로된 지용성 탄화수소의 유도체이고 지방산이 없어 불비누화성 지질에 속하며, 각각의 스테로이드는 고리구조에 치환기의 수와 위치, 이중결합의 수와 위치, 고리구조의 입체 화학 등에 따라 구분한다. 콜레스테롤, 담즙산염, 스테로이드 호르몬 그리고 비타민 D의 유도체는 모두 스테로이드에 속한다.

가장 중요한 steroid 중의 하나는 콜레스테롤인데, 다음 중간 산물인 스쿠알렌(squalene)으로부터 합성되는 27개의 탄소로 구성된 화합물이다(그림 4-7).

우리 몸은 하루에(주로 간에서) 1.5~2.0g의 콜레스테롤을 합성하고, 또한 이는 담즙산염이나 스테로이드성 호르몬과 같은 많은 스테로이드의 중요한 전구체로서 작용한다.

콜레스테롤은 많은 담즙산염의 전구체로 작용한다. 담즙산의 합성은 주로 간에서 일어난다. 콜산(cholic acid)에 글라이신(glycine)과 타우린(taurine)이 결합하여 글라이코콜산(glycocholic acid)과 타우로콜산(taurocholic acid) 형으로 염을 이루고 있다. 사람의 담즙에는 전자가 많고, 육식동물에는 후자가 많다. 그 합성의 간단한 경로를 그림 4-8에 나타내었다. 이들 담즙산은 콜레스테롤 분자보다 훨씬 많은 하이드록실기를 갖고 있다. 또한 곁사슬(side-chain)이 변형되어 있는데, 이 변형으로 인하여, 그림 4-9에서 처럼 담즙산은 양친매성이다.

이 양친매성 분자는 레시틴과 결합하여 마이셀을 만들어 응집될 수 있다. 이러한 특성 때문에 레시틴/담즙산 마이셀은 콜레스테롤과 같은 불용성 식이지방을 용해시킬 수 있다. 이렇게 하여 과잉의 콜레스테롤은 장으로 분비되어 분변으로 배설된다.

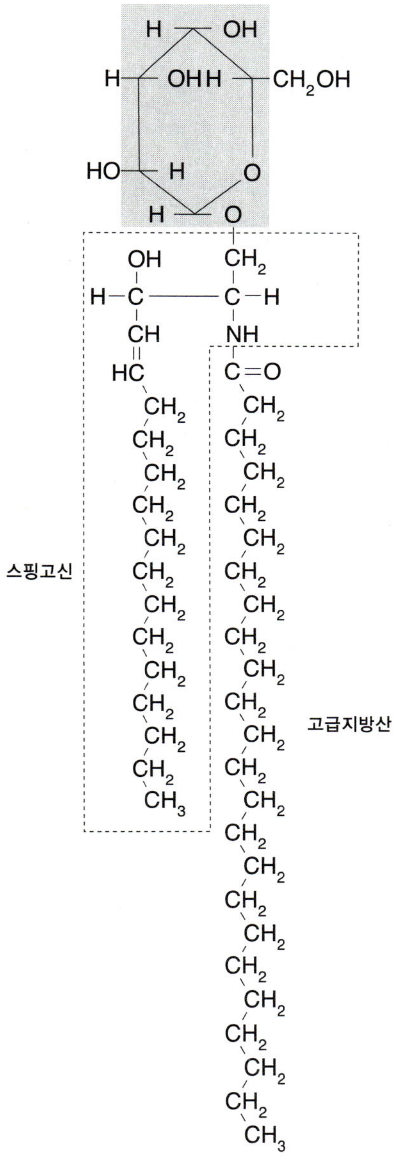

그림 4-5 galactosyl cerebroside

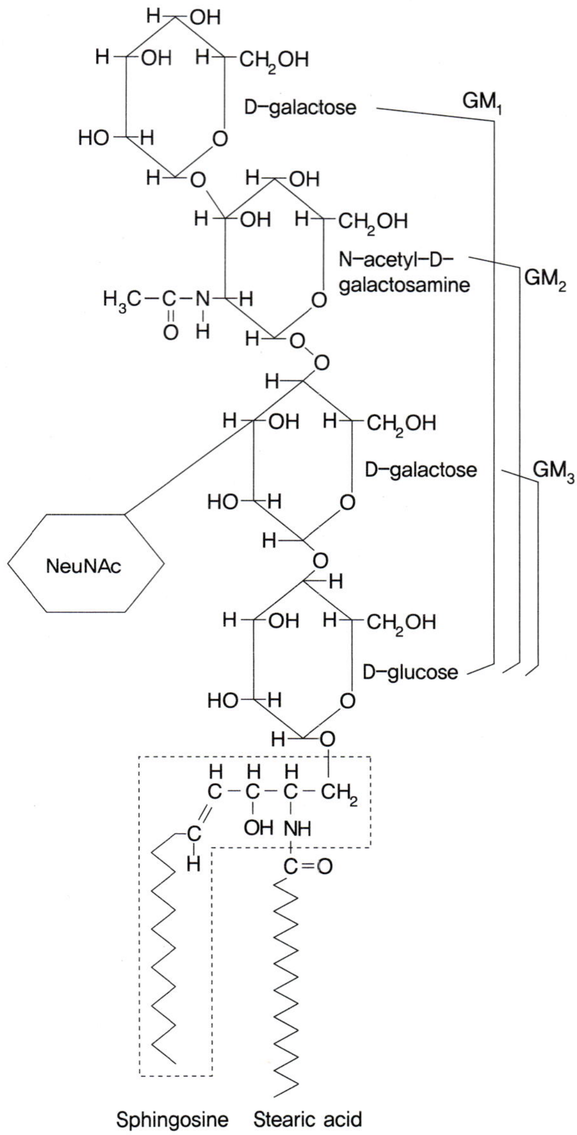

그림 4-6 ganglioside $G_{M1,2,3}$의 구조

스테로이드 호르몬은 콜레스테롤의 또 다른 중요한 유도체이다. 중요한 스테로이드 호르몬의 구조와 기능은 표 4-7과 같다. 그리고 비타민 D도 콜레스테롤을 전구체로 하여 만들어진다(그림 4-10).

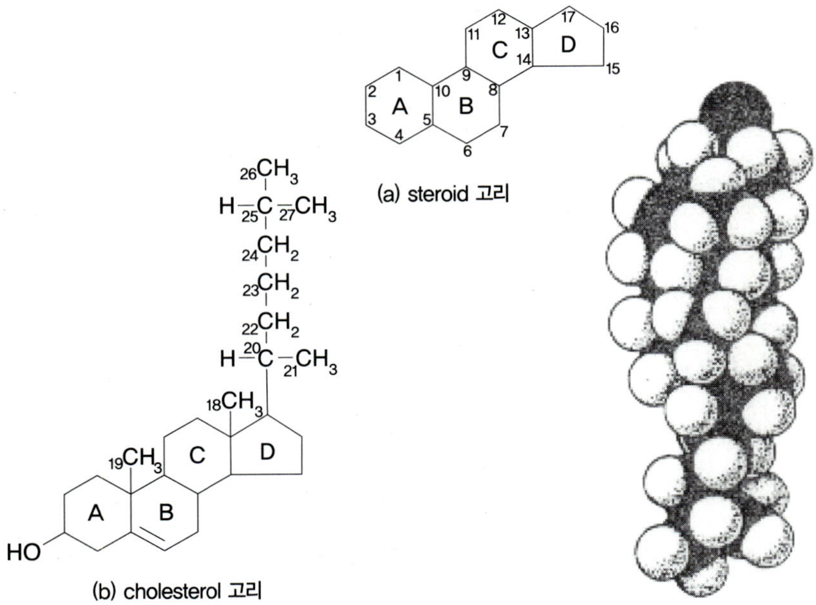

그림 4-7 스테로이드 고리(a)와 콜레스테롤의 구조(b)

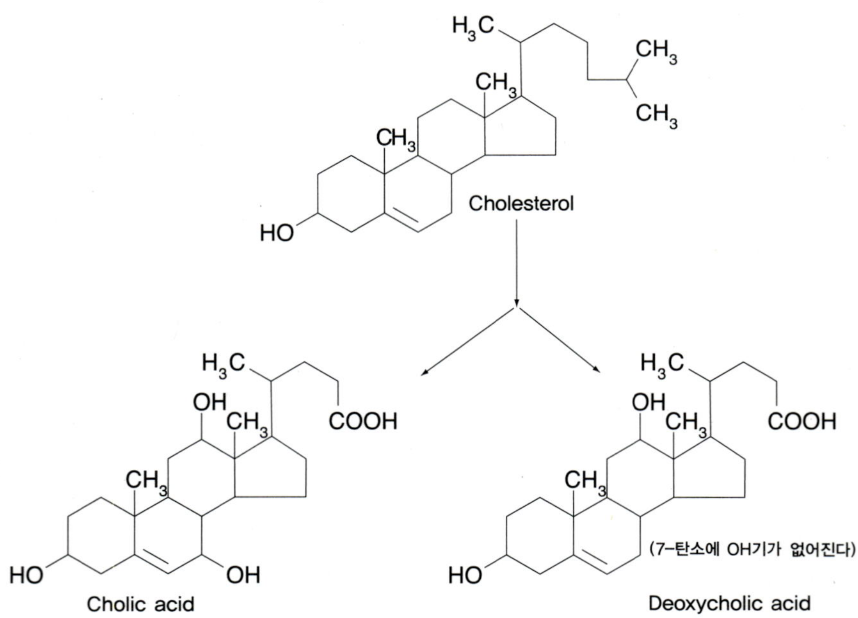

그림 4-8 콜레스테롤에서 유도된 대표적인 담즙산

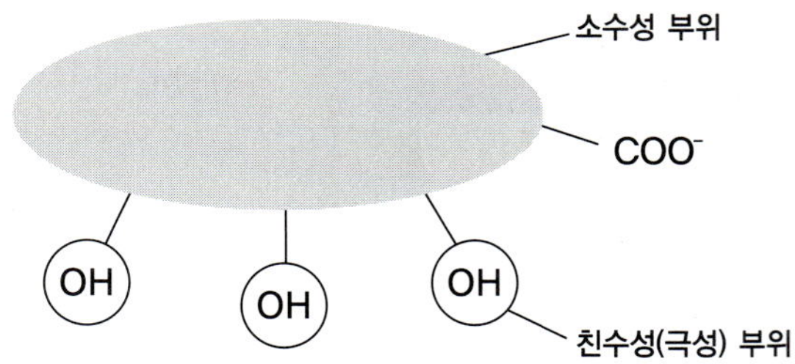

이 측면도에서 담즙산이 양친매성임을 나타낸다.

그림 4-9 담즙산염의 이상적인 개념도

표 4-7 주요 스테로이드 호르몬의 구조와 기능

구조와 명칭	생화학적 기능
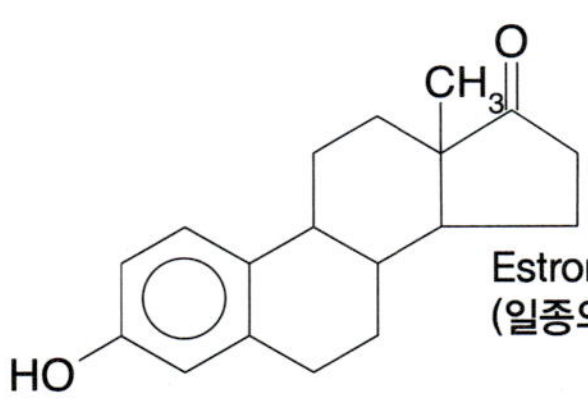 Estrone (일종의 estrogen)	Estrogen은 여성 생식기관의 발달, 숙성 기능을 증진시킨다. 자궁주기의 세포분열기는 estrogen의 주기적 생성에 기인한다. 이것은 또한 난포자극호르몬(FSH)의 분비를 억제하고 난황호르몬(LH)의 분비를 촉진시킨다.
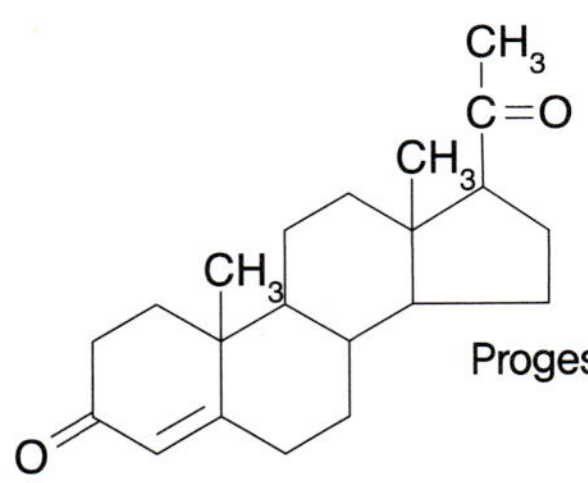 Progesterone	불임여성의 경우, 난소의 황체는 progesterone의 주요한 분비원이다. 이 호르몬은 자궁에 난자가 착상되도록 준비시킨다. 또한 자궁 근육의 수축을 감소시키고, 유방의 발달을 자극하며 배란을 억제한다.
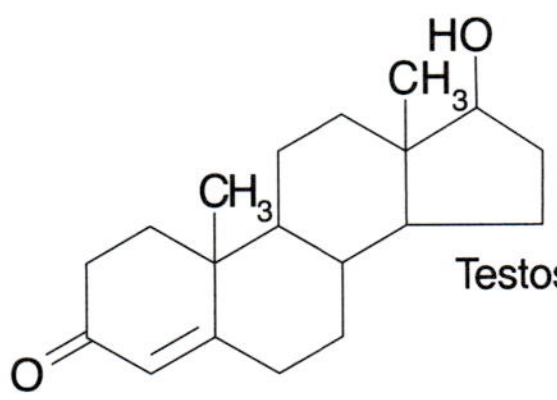 Testosterone	Testosterone은 고환에서 합성된다. 남성에 있어서 이것은 1차와 2차 성징을 나타나게 한다. 여성의 경우 사춘기에 체모를 촉진한다. 이 호르몬은 근육의 크기를 증가시키고, 뼈의 성장을 촉진하며 기초대사율을 증가시킨다.

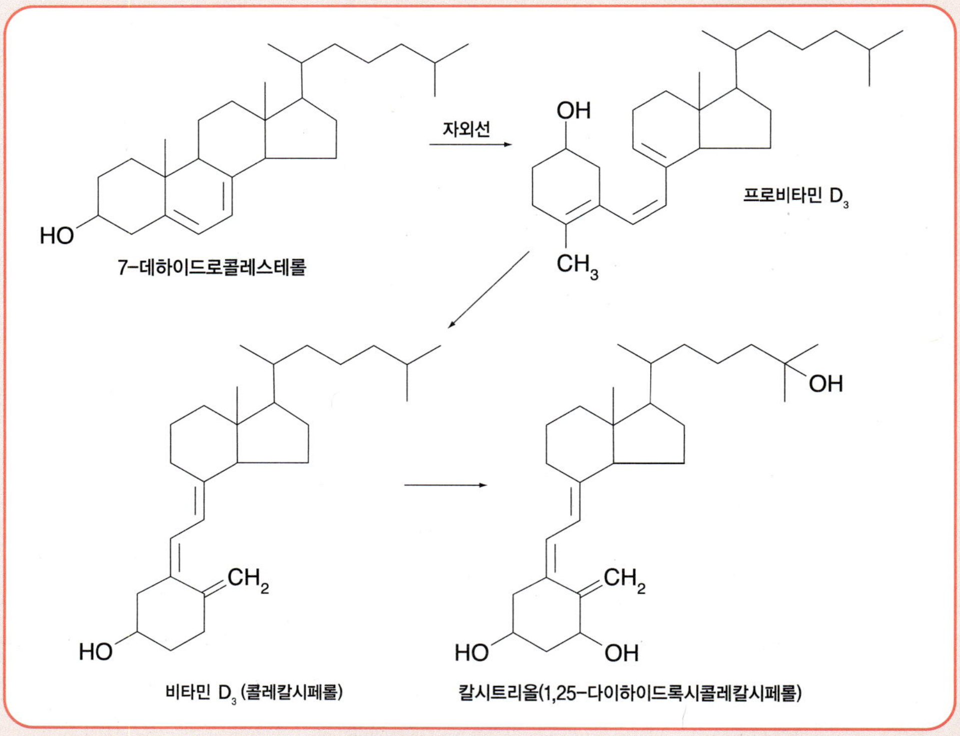

그림 4-10 비타민 D_3의 생성경로

4.9 테르펜(terpene)

테르펜은 아래에서 보는 바와 같이, 탄소 5개의 아이소프렌(isoprene)이 기본단위로 구성되어 있다.

머리부위 ⟶ $H_2C=\overset{\displaystyle CH_3}{\overset{|}{C}}-CH=CH_2$ ⟵ 꼬리부위

Isoprene 부위

각각의 아이소프렌 단위는 2가지의 기본적 배열로 결합될 수 있다. 즉, 가장 일반적인 배열인 머리에 꼬리 연결(head-to-tail) 혹은 꼬리에 꼬리 연결(tail-to-tail)이 그것이다.

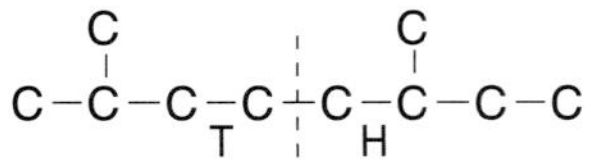

머리에 꼬리 연결

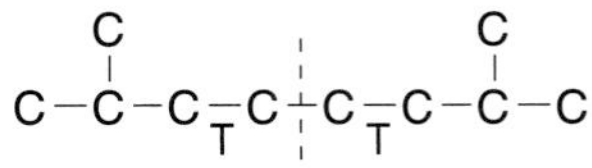

꼬리에 꼬리 연결

더 긴 직쇄상과 가지친 사슬의 구조, 혹은 환상 화합물은 이와 같은 결합배열로 만들어진다. 테르펜은 식물세포에서 합성되어, 식물과 수목의 기름과 향기성분 및 색소가 된다. 대표적인 테르펜은 아래와 같다.

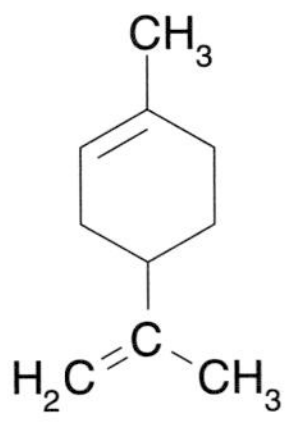

Limonene(레몬에 존재)

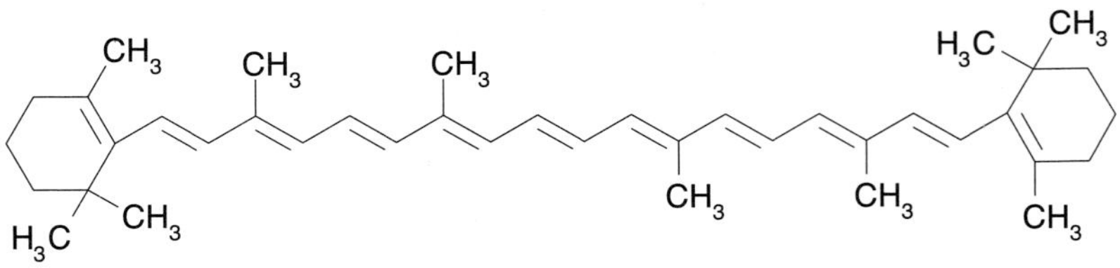

β-Carotene(당근에 존재)

동물도 역시 콜레스테롤의 전구물인 스쿠알렌같은 테르펜 화합물을 만든다.

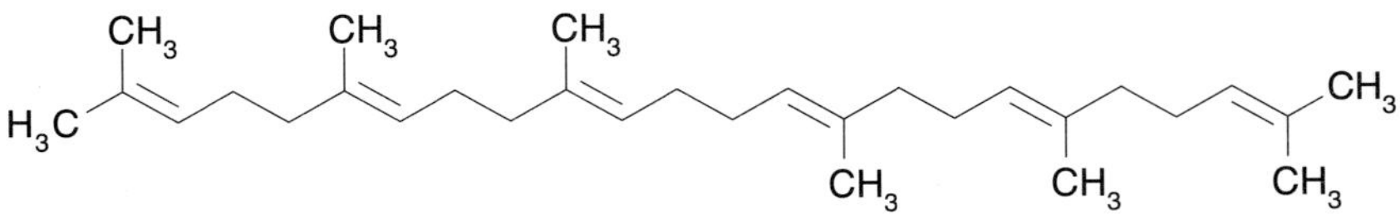

Squalene

지용성 비타민(비타민 A, E, K)은 음식물로부터 섭취되는 물질로 건강에 필수적 요소이다. 이 비타민도 테르펜 유도체이다(예외적으로 비타민 D는 스테로이드 유도체이다).

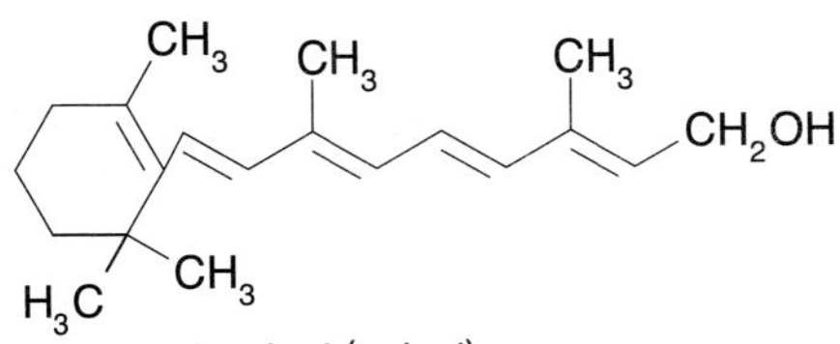

Vitamin A_1(retinol)

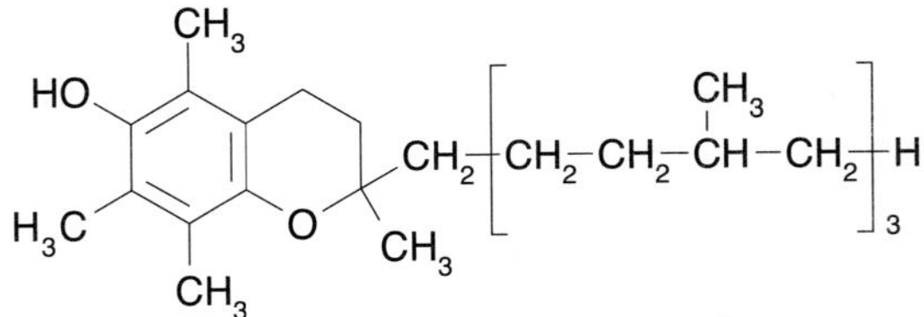

Vitamin E(α-Tocopherol)

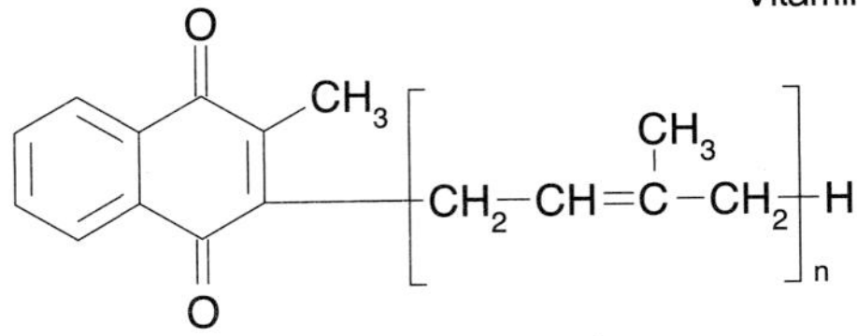

Vitamin K_2(n=6~10)

4.10 아이코사노이드(Eicosanoid)

아이코사노이드는 탄소수가 20 개이고 다불포화 지방산인 아라키돈산으로부터 유도 생성되고 여러 생물학적 작용을 하며 그 종류는 프로스타글란딘(prostaglandin, PG), 트롬복산(thromboxane, TX), 류코트리엔(leukotriene, LT) 등이 있다.

프로스타글란딘(prostaglandin; PG)은 20개의 탄소로 구성된 불포화지방산인 아라키돈산으로부터 cyclooxygenase 경로를 거쳐 생성되는 물질의 총칭이다. 이들은 주로 정소낭, 신장, 폐 및 동맥벽에서 합성되며 국소 호르몬과 비슷한 작용을 가진다.

프로스타글라딘은 탄소골격의 치환기에 따라 A부터 I까지의 알파벳을 덧붙이고 또 탄소골격 내의 이중결합의 수(1~3)를 함께 쓴다(그림 4-11). C-9의 구조에서 치환기가 평면 아래쪽에 위치하면 α, 평면 위쪽에 위치하면 β를 숫자 다음에 쓴다.

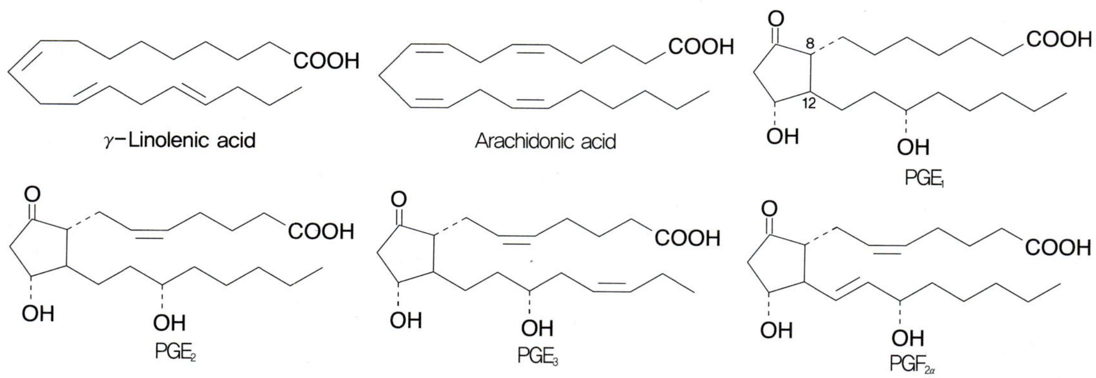

그림 4-11 prostaglandin(PG) 의 구조

프로스타글라딘은 광범위한 생리과정을 매개하는 물질로 종류에 따라 다양한 작용을 한다. 프로스타글란딘 화합물이 많은 생리학적 효과를 가지고 있고 제약산업에서 가능한 유용성 때문에 그것의 구조를 밝히고 실험적으로 합성하는 것은 유기화학자들에게 커다란 관심거리가 되어왔다. 몇몇 프로스타글란딘의 기능은 혈압의 조절, 평활근 수축촉진 및 염증유발이다. 아스피린은 프로스타글란딘의 합성을 막는데, 그 성질로 인해 아스피린은 소염제와 해열제의 성질을 가진다.

코티손(cortisone)과 다른 스테로이드계 물질들도 프로스타글란딘의 합성을 막기 때문에 소염제로 작용한다.

프로스타글란딘은 또한 혈소판의 응집을 막아 뇌나 심장으로의 혈액공급 차단으로 인한 뇌일혈이나 심장마비를 일으키는 혈전생성을 막아주는 역할을 한다.

트롬복산은 PGE_2 등과 마찬가지로 아라키돈산으로부터 동물조직 내에서 합성되며 그 중 TXA_2는 혈소판 응집, 동맥수축, 기관지 수축 등의 생리 활성을 나타내며 혈전증, 협심증, 기관지 천식 등의 병인이 된다(그림 4-12).

류코트리엔은 프로스타글란딘처럼 아라키돈산으로부터 유도된 화합물이다(그림 4-12). 그것은 백혈구에서 발견되며 3개의 연접된 이중결합을 가지고 있고 이 두 가지 사실이 류코트리엔의 이름에 반영되어 있다. 류코트리엔 C는 류코트리엔의 대표적인 물질인데 카복실산 골격에 20개의 탄소가 있어 구조적으로 아라키돈산과 연관되어 있다. 류코트리엔의 중요한 성질은 평활근 특히 허파근육의 수축이다. 꽃가루에 대한 알러지 반응에서 류코트리엔 C의 합성이 촉진되는 것으로 보아 이러한 근육수축으로부터 천식이 나타나는 것 같다. 류코트리엔 C의 합성을 막는 물질이 천식의 치료제에 대한 밝은 전망을 보여준다. 류코트리엔은 또한 염증을 일으키는 성질을 가지고 있고 아마도 류머티스 관절염에도 관계하는 것 같다.

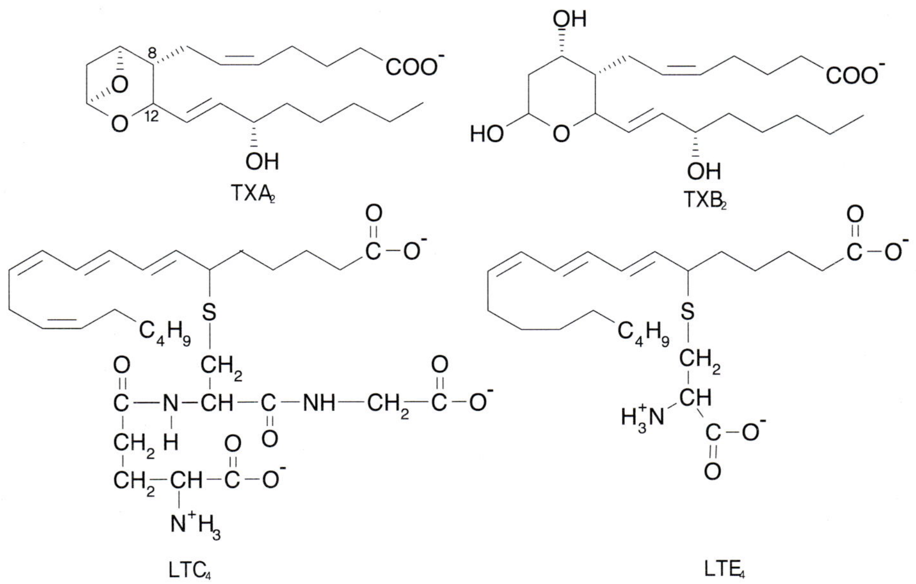

그림 4-12 thromboxane(TXA_2, TXB_2)과 leukotriene(LTC_4, LTE_4)의 구조

4.11 지단백질

지단백질은 지질과 단백질의 복합체이다. 지단백질은 혈액에서 트리아실글리세롤, 인지질, 콜레스테롤 등의 운반에 필요한 lipid-binding protein이다. 혈액내 지질은 지단백질 형태인 혈청 지단백질로 존재한다. 혈청 지단백질의 분류는 지단백질의 단백질 밀도에 따라 나누는 데 단백질의 밀도와 지질의 함량은 반비례한다(표 4-7). 지단백질의 단백질 밀도는 지질의 함량의 척도로 지질의 함량이 높을수록 밀도는 낮다. 지단백질의 종류는 카일로마이크론(chylomicron), VLDL(very low density protein; 초저밀도 지단백질), LDL(low density protein; 저밀도 지단백질), HDL(high density protein; 고밀도 지단백질) 등이 있다. 카일로마이크론, VLDL과 LDL은 단백질 밀도는 낮고 지질 함량이 높은 반면, HDL은 그 반대다.

표 4-7 지단백질의 종류와 조성

종 류	밀도(g/μl)	단백질(%)	트리아실 글리세롤(%)	인지질 (%)	콜레스테롤 (%)
chylomicron	0.92~0.96	2	96	0.8	1.7
VLDL	0.95~1.00	10	60	18	15
LDL	1.00~1.06	25	10	22	45
HDL	1.06~1.21	50	3	30	18

요약

지질은 세포막의 구성 성분이 되고 세포연료의 한 형태이며 어떤 것은 호르몬으로 작용한다. 지질은 두가지 종류가 있다. (1) 비누화 지질(중성지질, 인지질, 스핑고지질, 왁스), 그리고 (2) 불비누화 지질(테르펜, 스테로이드, 프로스타글라딘)이다. 지방산은 카복실산 작용기를 가지는 긴 탄화수소 사슬이다. 그것들은 짝수 개의 탄소수로 구성되어 있고, 탄화수소 사슬은 포화 혹은 불포화 상태이다. 이들은 비누화 지질의 주요한 구성 성분이며, 알코올기와 더불어 에스터 결합에 참여한다. 지방산은 서로 회합하여 마이셀(micelle)을 구성할 수 있다. 중성지질은 글리세롤(glycerol)을 중축으로 하여, 글리세롤의 OH기에 한개, 두개 혹은 3개의 지방산이 에스터 결합을 형성하고 있다. 이렇게 하여 만들어진 지질을 각각 monoglyceride, diglyceride, triglyceride라 부른다. Triglyceride는 에너지가 풍부한 세포연료이다. 인지질은 글리세롤의 1번과 2번 탄소의 OH기에 2개의 지방산이 에스터 결합을 하고, 3번 탄소의 OH기에는 인산기가 인산 에스터 결합을 이루고 있다. 다른 치환 물질이 인산기에 결합하여 여러 가지 종류의 화합물을 형성한다. 인지질은 대부분의 세포막의 중요한 구성 성분이다. 스핑고신에서 유도된 스핑고지질은 뇌나 신경조직에서 발견된다. 왁스는 긴 사슬 알코올과 지방산이 에스터 결합을 만들며, 깃털, 모피, 피부, 잎, 과실 등의 보호막에 존재한다. 테르펜은 아이소프렌이 구성 단위가 되어 만들어지며 식물의 기름, 냄새, 색소 등의 성분으로 작용한다. 지용성 비타민인 비타민 A, E, K 등도 테르펜 유도체이다. 모든 스테로이드는 4개의 탄소환을 골격으로 하여 유도된 물질이다. 중요한 스테로이드 중의 하나인 콜레스테롤은 스쿠알렌에서 합성된다. 또한, 담즙산이나 스테로이드 호르몬도 콜레스테롤에서 유도된다. 콜레스테롤(또는 콜레스테롤을 가진 지단백질)은 동맥경화증을 수반한다. 쓸개즙은 지질 흡수를 돕고, 과다한 콜레스테롤을 용해시킨다. 프로스타글라딘은 5각형의 환을 가진 탄소 20개의 지방산이다. 그것들은 화학 전령으로 작용하고, 혈액의 흐름이나 평활근의 수축과 같은 다양한 생리적 기능을 조절한다.

연습문제

1. 중성지방을 가장 바르게 설명한 것은?
   ① 고급지방산과 glycol의 ester
   ② 고급지방산과 glycerol의 ester
   ③ 저급지방산과 glycol의 ester
   ④ 저급지방산과 저급알코올의 ester
   ⑤ 고급지방산과 고급알코올의 ester

2. 다음 지질 중 비누화될 수 없는 지방질로 가장 옳은 것은?
   ① sterol류 ② wax류
   ③ 인지질 ④ 중성지방
   ⑤ 유지

3. 다음 중 당지질로 옳은 것은?
   ① cerebroside ② lecithin
   ③ cephalin ④ proteolipid
   ⑤ sphingomyelin

4. 글리세롤과 인산, 지방산으로 구성된 것은?
   ① sphigomyelin
   ② lecithin
   ③ phosphatidic acid
   ④ cerebroside
   ⑤ cephalin

5. 체내 구성지질로 세포막의 주된 성분은?
   ① 트란스 지방
   ② 중성 지방
   ③ 스테로이드
   ④ 인지질
   ⑤ 지단백질

6. 어류 docosahexaenoic acid(DHA)의 탄소수와 이중결합수는?
   ① 18:4 ② 22:5 ③ 20:5
   ④ 22:6 ⑤ 20:4

7. 인체가 합성할 수 없는 것은?
   ① caprylic acid ② oleic acid
   ③ linoleic acid ④ stearic acid
   ⑤ palmitic acid

8. 단백질 함량이 가장 적은 것은?
   ① HDL ② glycoprotein
   ③ chylomicron ④ VLDL
   ⑤ LDL

9. 세포막의 성분이 아닌 것은?
   ① cortisol ② cholestrol
   ③ cephalin ④ lecithin
   ⑤ sphingomyelin

10. 지방질에 대한 설명으로 올바른 것은?
   ① 불포화지방산에는 cis형과 trans형이 있으며 천연지방산은 대부분 trans형이다.
   ② 단순지방질이란 지방산만으로 되어 있는 것이다.
   ③ 천연 지방산은 홀수의 탄소원자로 구성되어 있다.
   ④ 이중결합을 가지지 않은 지방산을 불포화지방산이라 한다.
   ⑤ 포화지방산의 융점은 탄소수가 증가할수록 높고 불포화지방산은 이중결합이 많을수록 낮다.

11. 혈장 지질에 대한 설명으로 틀린 것은?
   ① HDL은 lipoprotein lipase가 가수분해하여 LDL로 만든다.
   ② 혈장 중의 콜레스테롤, triglyceride, 인지질 등은 단백질과 결합하여 존재하며 이것을 지단백질이라 한다.
   ③ chylomicron의 80~90%는 triglyceride이다.
   ④ LDL은 콜레스테롤 농도가 높다.
   ⑤ HDL은 인지질과 단백질의 복합체이다.

12. 소화 흡수된 지방질을 혈액으로 운반하는 지방단백질은?
   ① chylomicron ② HDL

③ LDL ④ IDL ⑤ VLDL

13. 췌장에서 분비되는 lipase는?

① 중성지방의 1, 3-에스터 결합에 작용한다.
② 불포화지방산에 작용한다.
③ phospholipid에 작용한다.
④ 중성 지방의 2번 위치의 지방산을 가수분해 한다.
⑤ 중성 지방을 글리세롤과 지방산으로 가수분해한다.

14. 마이토콘드리아 내막에 있는 인지질은?

① sphingomyelin ② lecithin
③ 강글리오사이드 ④ cardiolipin
⑤ cephalin

15. 강글리오사이드의 구성물질이 아닌 것은?

① 긴사슬 지방산 ② glycerol
③ sialic acid ④ hexose
⑤ sphingosine

16. 담즙산의 기능이 아닌 것은?

① 약물 및 독소 등의 배설 작용
② 유화작용
③ 산의 중화작용
④ 당질의 소화
⑤ 장의 운동을 촉진

연습 문제

17. 프로스타글란딘과 루코트리엔을 생합성하는 지방산은?

① 아세트산(acetic acid)
② 아라키돈산(arachidonic acid)
③ 팔미트산(palmitic acid)
④ 올레산(oleic acid)
⑤ EPA(eicosapentaenoic acid)

18. phosphoglyceride의 모체는 phosphatid-ate인데 여기에 속하지 않은 것은?

① phophatidyl inositol
② cephalin
③ lecithin
④ cerebroside
⑤ phosphatidyl serine

19. 지방질을 소화시키는 담즙성분은?

① 담즙색소 ② mucin
③ 담즙산염 ④ phosphatidate
⑤ cholesterol

20. 콜레스테롤로 만들 수 없는 물질은?

① porphyrine ② 담즙산
③ estrogen ④ aldosterone
⑤ vitamin D

정답 : 1 ② 2 ① 3 ① 4 ③ 5 ④ 6 ④ 7 ③ 8 ③ 9 ① 10 ⑤ 11 ① 12 ① 13 ⑤ 14 ④ 15 ② 16 ④ 17 ② 18 ④ 19 ③ 20 ①

용어해설

1. Ceramide : sphingosine에 지방산이 결합되어 생성된 물질

2. Cerebroside : sphingosine에 당 잔기가 결합되어 생성된 물질

3. Cholesterol : steroid고리를 가진 가장 중요한 동물성 sterol의 일종

4. Glycolipid(당지질) : 적어도 1개의 당 잔기를 갖고있는 지질

5. Glycosphingolipid : cerebroside의 더 많은 복합체로 당이 여러개가 결합되어 있다.

6. Lipid bilayer(지방 이중층) : 방향성을 갖는 친매성 지질분자의 이중층. 소수성 부분은 안쪽으로 친수성 부분(인지질 등)은 밖으로 나와 물과 접촉하고 있다.

7. Liposome(리포솜) : 극성지질은 수성에서 고주파로 진동시킴으로써 마이셀, 단층분자, 이중층을 만들 수 있다. 이와 같은 인위적인 지질막을 liposome이라 한다.

8. Micelle : 많은 양친매성 분자가 물속에서 화합하여 비극성 부분이 안쪽으로 향하고 극성부분이 바깥쪽을 향하는 구조를 이룬 것

9. Prostaglandin : 지용성 호르몬과 비슷한 조절분자의 일군 arachidonic acid이나 다른 과불포화 지방산으로부터 만들어진다.

10. Steroid : cyclopentanophenanthrene고리를 가진 지방질의 일군

11. Steroid 호르몬 : 호르몬의 일종으로 steroid고리를 갖는 호르몬의 유도체

12. Terpene : 반복되는 isoprenoid 단위에 의해 구성된 유기 탄화수소 또는 그 유도체

13. Wax : 고급알코올과 고급지방산과의 ester화합물

14. 불포화 : 이중결합이 하나 혹은 그 이상을 갖고 있는 지방산의 상태

15. 비누화성(saponifiable) : 알칼리와 반응하여 비누를 만들 수 있는 지방

16. 지방조직(adipose tissue) : 다량의 triacylglycerol을 저장하는 기능을 맡고 있는 특수한 결합조직

17. 포화 : 이중결합이 없는 지방산의 상태

| 제5장 |

아미노산과 단백질

Amino Acids and Proteins

이 장에서는 아미노산과 단백질의 화학에 대하여 알아보기로 한다. 아미노산은 단백질의 구성단위이기 때문에 아주 중요하며, 아미노산은 서로 연결되어 긴사슬을 형성하고 있다. 이들 사슬들은 다양하게 겹쳐서 각기 다른 3차원 구조를 형성한다. 단백질분자의 생물학적 기능은 그들의 특별한 구조에 의해 결정된다. 단백질은 고분자 질소화합물로 생명체의 구조물질인 동시에 생명현상의 기능 담당물질이다. 단백질은 산 또는 효소에 의해 구성단위인 아미노산으로 분해되며 분해된 아미노산은 다시 단백질로 합성된다. 이 장의 후반에서는 단백질의 화학을 상세히 취급하겠다. 또한 펩타이드 결합과 단백질의 4가지 여러 구조에 대해 설명코자 한다.

5.1 아미노산(amino acid)

5.1.1 아미노산의 구조

아미노산은 단백질의 구성 기본단위로서 공통된 구조적 특징을 가지고 있다. 아미노산은 각각 1 개의 아미노기(amino group; $-NH_2$), 카복실기(carboxyl group; $-COOH$), 수소 원자 (H), R기(side chain) 로 구성되어 있다(그림 5-1). 아미노산은 분자 내에서 염기성기(아미노기)와 산성기(카복실기)를 동시에 가진 양쪽성 물질(양쪽성 전해질, ampholyte)의 구조를 갖고 있다. 아미노산은 아미노기에 결합한 탄소의 위치에 따라 α-(C-2), β-(C-3), γ-(C-4), δ-(C-5) 아미노산으로 구분하며 R기에 의해 20 종류로 분류한다.

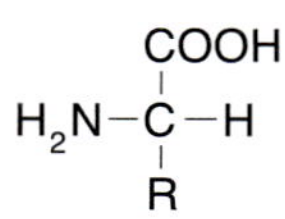

그림 5-1 아미노산의 일반적 구조

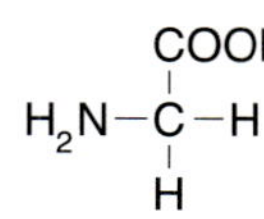

그림 5-2 glycine의 구조

5.1.2 아미노산의 입체화학

글라이신(glycine; R = H)을 제외한 대부분의 아미노산은 4개의 서로 다른 치환기(NH_2, COOH, H, R)와 결합된 탄소인 부제탄소(비대칭 탄소)를 가지고 있다(그림 5-2). 부제탄소를 가진 아미노산은 광학적 활성(optical active)을 가지기 때문에 편광면을 오른쪽 또는 왼쪽 방향으로 회전시켜, 공간 안에 서로 다른 배열을 갖는 2종류가 존재한다. 이러한 2가지 종류를 광학 이성질체(optical isomer)라 하며 또한 이 둘은 서로 거울상 관계로 겹쳐지지 않기 때문에 거울상 이성질체(enatiomer) 또는 입체이성질체(steroisomer)라고도 한다. 아미노산의 절대 입체 배치(absolute configuration)는 L-형과 D-형으로 나누는데 이들은 편광면의 회전 방향과 관계없다. L-아미노산은 L-글리세르알데하이드에 대응하는 입체 배치를 가진 것이고, D-아미노산은 D-글리세르알데하이드에 대응하는 입체 배치를 가진 것이다(그림 5-3). 또한 아미노산은 아미노기 위치에 따라 입체 배치를 L-형(좌측), D-형(우측)으로도 분류한다(그림 5-4). 천연 단백질

내의 아미노산은 모두 L-아미노산으로 생체내 세포는 입체 특이적인 효소에 의해 L-아미노산을 합성하는 능력이 뛰어나다.

그림 5-3 glyceraldehyde의 절대 입체 배치

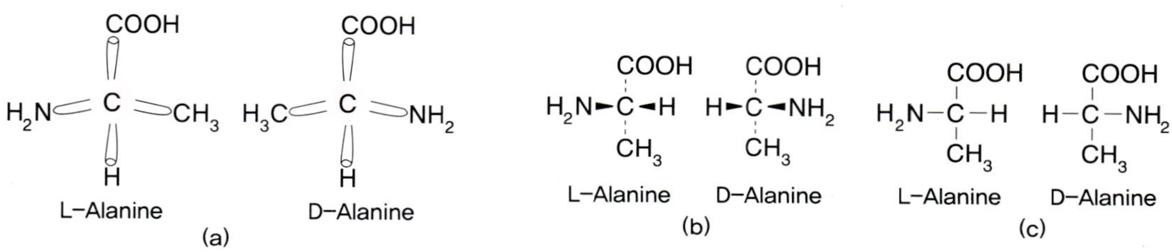

그림 5-4 alanine의 광학 이성질체(a), 투시식(b), 그리고 투영식(c)의 구조

5.1.3 아미노산의 분류

아미노산은 20 종류이며 L(α)-형태이고 중성 pH에서 zwitter ion이며 글라이신을 제외한 아미노산은 부제탄소를 가진다. 글라이신은 대칭 탄소이며 프롤린은 이미노산이다. D-아미노산은 항생 펩타이드(antibiotic peptide)인 그라마이시딘 S(gramicidin S)의 구성 성분인 D-페닐알라닌(D-Phe)이다. 아미노산은 R기의 극성 여부에 따라 크게 (i) 비극성 R기[지방족 ; 알라닌(Ala, A), 발린(Val, V), 루신(Leu, L), 아이소루신(Ile, I), 프론린(Pro, P), 메싸이오닌(Met, M), 방향족 ; 페닐알라닌(Phe, F), 트립토판(Trp, W)], (ii) 극성(전하를 띠지않은) R기[글라이신(Gly, G), 세린(Ser, S), 트레오닌(Thr, T), 타이로신(Tyr, Y), 시스테인(Cys, C), 아스파라진(Asn, N), 글루타민(Gln, Q)], (iii) 극성(산성, - 전하) R기[아스파트산(Asp, D), 글루탐산(Glu, E)], (iv) 극성(염기성, + 전하) R기[라이신(Lys, K), 아지닌(Arg, R), 히스티딘(His, H)] 등으로 크게 4가지로 분류하는데, 이는 20개의 다른 R기의 화학적 구조와 물리적 성질에 근거를 두고 있다(그림 5-5).

(i) 비극성(소수성) R기

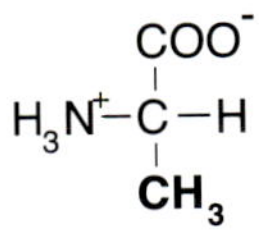
Alanine(Ala, A)

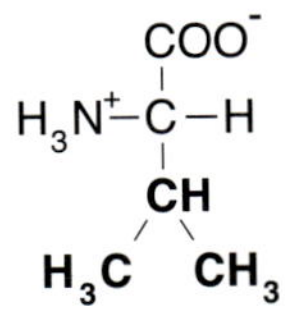
Valine(Val, V)

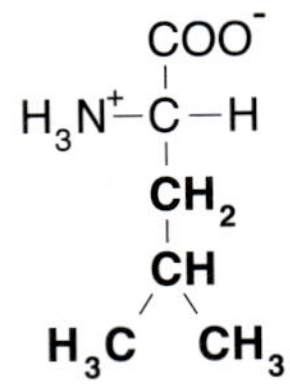
Leucine(Leu, L)

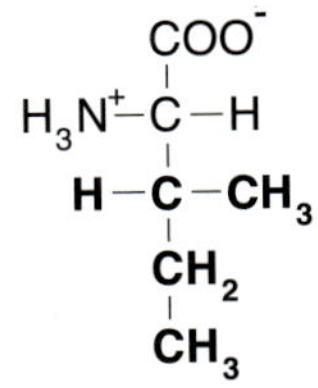
Isoleucine(Ile, I)

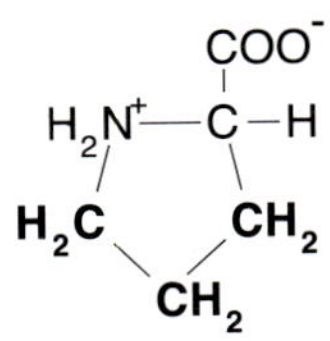
Proline(Pro, P)

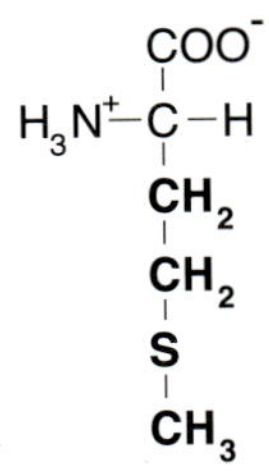
Methionine(Met, M)

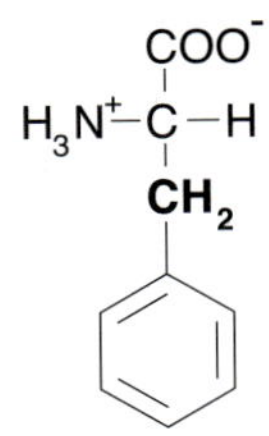
Phenylalanine(Phe, F)

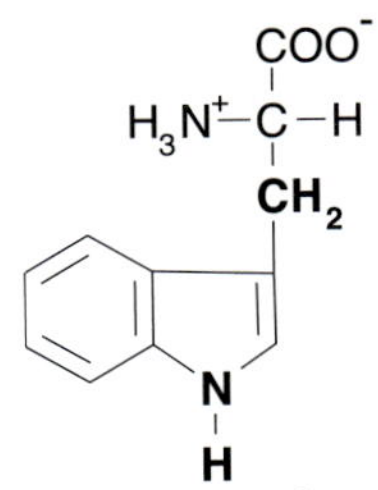
Tryptophan(Trp, W)

(ii) 극성이지만 전하를 띠지 않은 R기

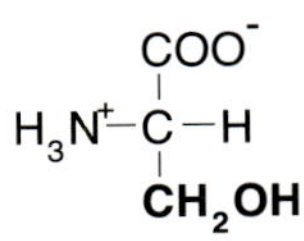
Serine(Ser, S)

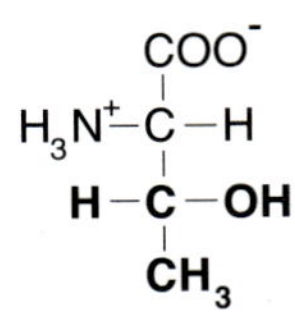
Threonine(Thr, T)

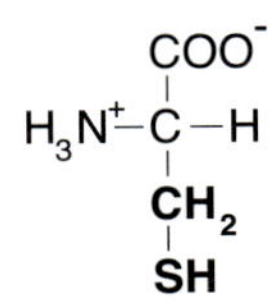
Cysteine(Cys, C)

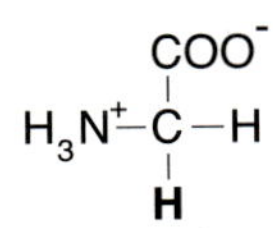
Glycine(Gly, G)

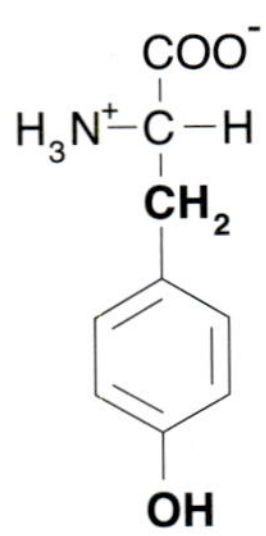
Tyrosine(Tyr, Y)

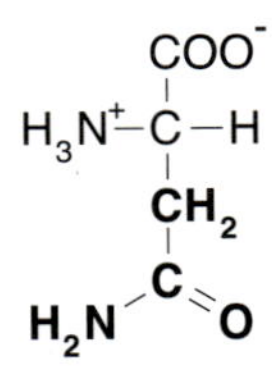
Asparagine(Asn, N)

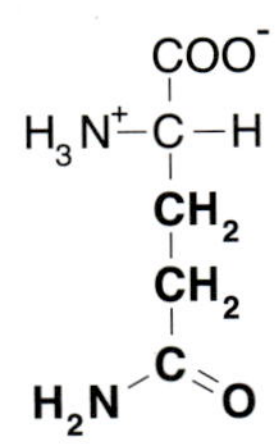
Glutamine(Gln, Q)

(iii) −전하를 띤 R기(산성 아미노산)

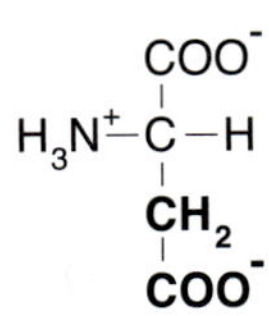
Aspartic acid (Asp, D)

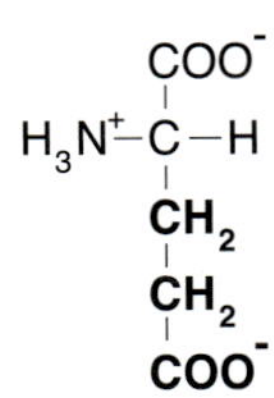
Glutamic acid (Glu, E)

(iv) + 전하를 띤 R기(염기성 아미노산)

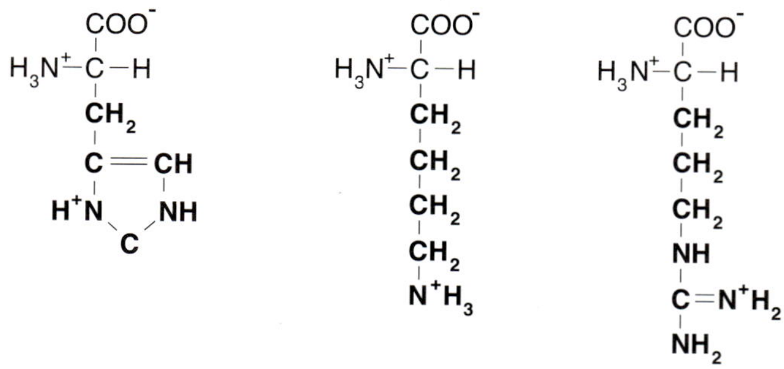

Histidine(His, H) Lysine(Lys, K) Arginine(Arg, R)

그림 5-5 R기의 극성에 따른 아미노산의 분류와 구조

5.1.4 필수와 특수 아미노산

필수 아미노산(essential amino acid)은 체내에서 합성할 수 없어 반드시 외부 또는 음식물로 섭취해야 하는 아미노산으로 성인의 경우 발린, 루신, 아이소루신, 트레오닌, 메싸이오닌, 라이신, 페닐알라닌, 트립토판, 아지닌 등 9 가지이며 유아의 경우에는 이외에 히스티딘이 추가되어 모두 10 가지이다(표 5-1).

아미노산은 기존의 20 가지 아미노산 이외에 특수 아미노산이 있다(그림 5-6). 4-하이드록시프롤린(4-hydroxyproline), 5-하이드록시프롤린(5-hydroxyproline)은 결합조직 단백질인 콜라젠(collagen)의, N-메틸라이신(N-methyllysine)은 근육 단백질인 마이오신(myosin)의, 카복시글루탐산(carboxyglutamate)은 혈액응고 단백질인 프로트롬빈(prothrombin)의 구성 성분이다. 또한, 데스모신(desmosine)은 섬유단백질인 엘라스틴(elastin) 내의 4개의 라이신 잔기 구조를 가지고 있으며 오르니틴(ornithine), 시트룰린(citrulline)은 요소회로(urea cycle) 내의 대사 아미노산이다.

표 5-1 사람의 필수아미노산

비필수 아미노산		필수 아미노산	
Glu	Ala	Ile	Thr
Gln	Gly	Leu	Trp
Pro	Ser	Lys	Val
Asp	Tyr	Met	Arg
Asn	Cys	Phe	His*

* 어린이나 성장기 동물에있어서는 필수이지만 성인에게는 필수가 아니다.

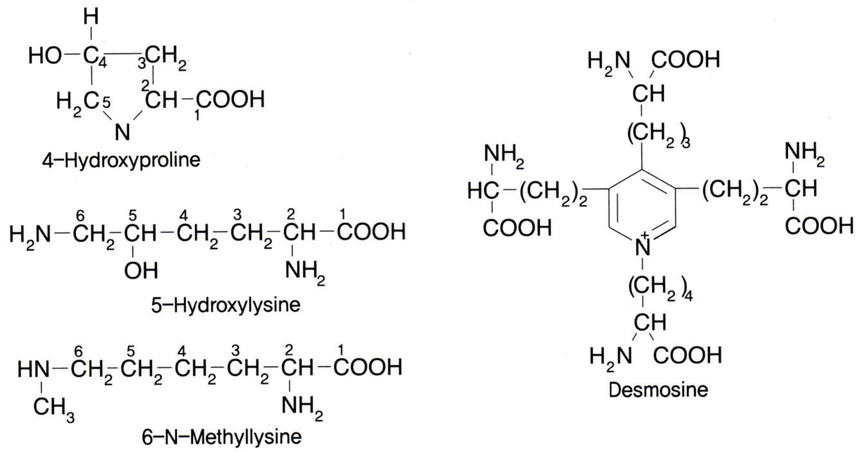

그림 5-6 특수 아미노산의 구조

5.1.5 아미노산의 성질

아미노산은 물, 묽은 산, 염기에 녹고 알코올, 에테르에 거의 녹지 않으며 융점이 200℃ 이상이다. 아미노산은 수용액에서 이온화되는데 한 분자중에 염기성(양전하)과 산성(음전하)을 동시에 가진 양쪽성 전해질로 산성 용액 중에는 염기(양이온)로, 염기성 용액 중에는 산(음이온)으로 작용한다. 아미노산은 아미노기와 카복실기를 가지며 중성용액(pH=7)에서 이 두 기는 이온화된다. 이처럼, 분자 자체 내에서 서로 다른 반대의 전하를 띤 쌍극성 이온(dipolar ion)을 쯔비터 이온(zwitter ion, 혼합 이온)이라 한다(그림 5-7). 이 쯔비터 이온의 묽은 수용액의 pH는 이 들의 산성과 염기성의 세기로 정해지며 $pH = 1/2(pK_1 + pK_2)$로 표시된다. 이러한 pH에서는 쯔비터 이온이 동일하게 존재하며 알짜전하(net charge)가 없어 전기적으로 중성이고 전기장 내에서 움직이지 않는다. 이 때의 pH를 등전점(isoelectric point pH , pI)라 한다. 즉, 등전점(pI)이란 전기적으로 중성으로, 전기장 안에서 이동하지 않는 pH, 양전하 화학종과 음전하 화학종의 수가 같은 pH를 말한다. 아미노산은 산(proton donor), 또는 염기(proton acceptor)로 작용하는 양쪽성 전해질로 아미노산은 특성적인 적정곡선을 갖는다(그림 5-8). 중성용액에서 글라이신(glycine)은 염기(OH^-)를 가하면 음(-)전하로 양극(anode)으로 이동하고 산(H^+)을 가하면 양(+)전하로, 음극(cathode)으로 이동한다. 또한, 적정곡선으로부터 아미노산의 전하를 예측할 수 있다. 적정곡선으로부터 이온화하는 기의 pK값을 정량적으로부터 측정, 완충작용을 나타내는 영역, 실제 전하와 용액의 pH와의 관계 등의 정보를 알 수 있다(표 5-2).

아미노산의 pK는 아세트산(acetic acid)의 pK보다 작은 데 이는 아미노산의 카복실기가 아세트산보다 잘 해리 되는 것을 의미한다(그림 5-9). 아미노산의 아미노기는 카복실기가 이온화하려는 경향을 증가시키는 데 이것은 반대 전하의 카복실기와 아미노기가 서로 끌어당기고 같은 전하의 아미노기가 수소이온이 서로 상호 반발하여 산이 안정화되기 때문이다. 아미노산의 흡광도는 방향족 아미노산인 타이로신, 트립토판, 페닐알라닌은 280 nm에서 자외선을 최대 흡광하기 때문에 수용액중의 단백질 양은 280 nm에서 흡광도를 측정하여 결정한다.

그림 5-7 아미노산의 비이온형과 쌍극성 이온

표 5-2 아미노산의 pK와 pI

아미노산	pK_1	pK_2	pK_3	pI
Gly	2.34(α-COOH)	9.60(α-NH_3^+)		5.97
Ala	2.34(α-COOH)	9.69(α-NH_3^+)		6.01
Val	2.32(α-COOH)	9.62(α-NH_3^+)		5.97
Leu	2.36(α-COOH)	9.60(α-NH_3^+)		5.98
Ile	2.36(α-COOH)	9.68(α-NH_3^+)		6.02
Ser	2.21(α-COOH)	9.15(α-NH_3^+)		5.68
Pro	1.99(α-COOH)	10.60(α-NH_3^+)		6.30
Phe	1.83(α-COOH)	9.13(α-NH_3^+)		5.48
Trp	2.38(α-COOH)	9.39(α-NH_3^+)		5.89
Met	2.28(α-COOH)	9.21(α-NH_3^+)		5.74
Tyr	2.20(α-COOH)	9.11(α-NH_3^+)	10.97(OH)	5.66
CySH	1.96(α-COOH)	8.18(α-NH_3^+)	10.28(SH)	5.07
Asp	1.88(α-COOH)	3.65(β-COOH)	9.60(α-NH_3^+)	2.77
Glu	2.19(α-COOH)	4.25(γ-COOH)	9.67(α-NH_3^+)	3.22
His	1.82(α-COOH)	6.00(Imidazole)	9.17(α-NH_3^+)	7.59
Arg	2.17(α-COOH)	9.04(α-NH_3^+)	12.48(Guanidyl)	10.76
Lys	2.18(α-COOH)	8.95(α-NH_3^+)	10.53(ε-NH_3^+)	9.74

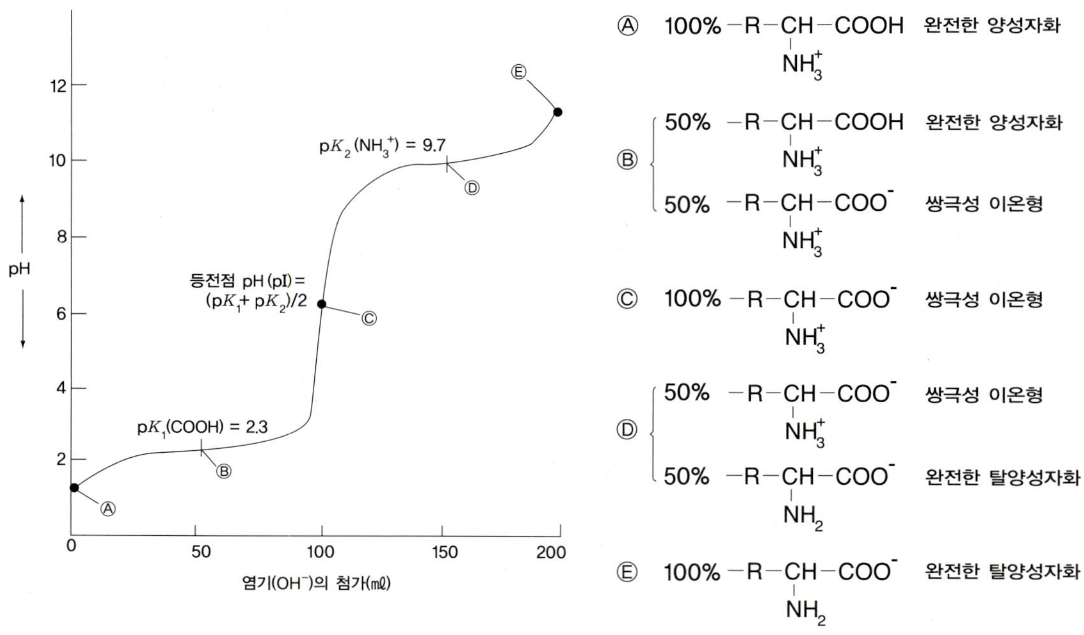

그림 5-8 어떤 중성 아미노산의 단계적 적정 곡선

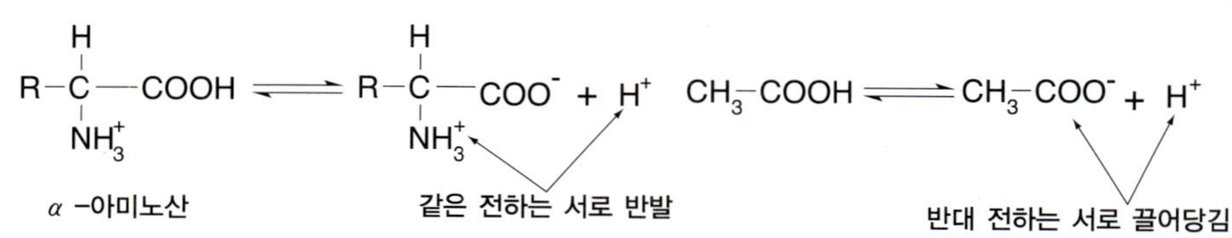

그림 5-9 α−아미노산과 아세트산의 세기 비교

5.1.6 아미노산의 반응

닌하이드린(ninhydrin) 반응은 아미노산의 검출, 정량에 이용되는 데 닌하이드린은 아미노산의 아미노기에 완만한 산화제로 작용하여, 닌하이드린 2 분자와 아미노산의 질소분자와 결합하여 보라색 색소(purple pigment)를 생성한다(그림 5−10). 플루오레스카민(fluorescamine)은 아미노산의 형광 유도체를 생성하여 ng 정도의 극소량도 검출된다. 1−fluoro−2,4−dinitrobenze−

ne(FDNB, Sanger' s reagent), Dansyl chloride 그리고 phenylisothiocyanate(PITC, Edman' s reagent)는 N-말단 아미노산과 반응하여 N-말단 아미노산 확인에 이용되고 아미노산 서열분석에 이용된다. 한편, 아미노산은 탈카복실화되면서 아민을 생성한다.

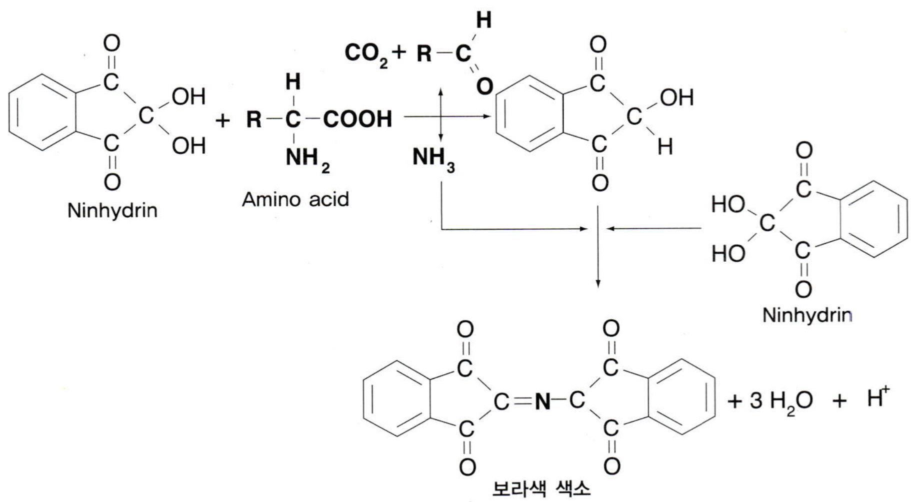

그림 5-10 ninhydrin 반응

5.1.7 아미노산의 분리

전하에 따라 아미노산을 분리하는 방법에는 이온교환 크로마토그래피(ion-exchange chromatography)와 전기영동(electrophoresis) 등이 있다(그림 5-11). 이온교환 크로마토그래피는 양이온 교환체(cation-exchanger)와 음이온 교환체(anion-exchanger)로 구분한다. 양이온 교환체는 고정된 음(-)이온기를, 음이온 교환체는 고정된 양(+)이온기를 갖는 수지이다(그림 5-12). HPLC에 의한 아미노산의 자동기록식 크로마토그래피인 아미노산 분석 장치(amino acid analyzer)는 아미노산의 혼합물을 pH를 점차 높이면서 서로 다른 pH의 완충용액으로 유출시켜 유출액을 조금씩 모아 각 시험관의 아미노산 함량을 자동 분석하는 기기로 각 피크(peak)의 면적은 혼합물 중의 각 아미노산 양에 비례한다(그림 5-13).

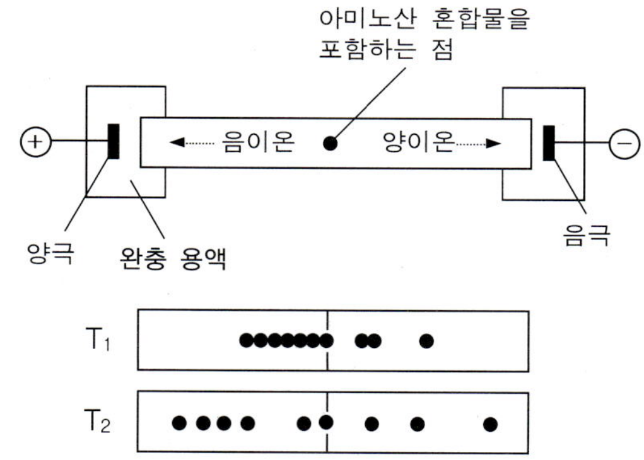

그림 5-11 전기영동에 의한 아미노산의 분리

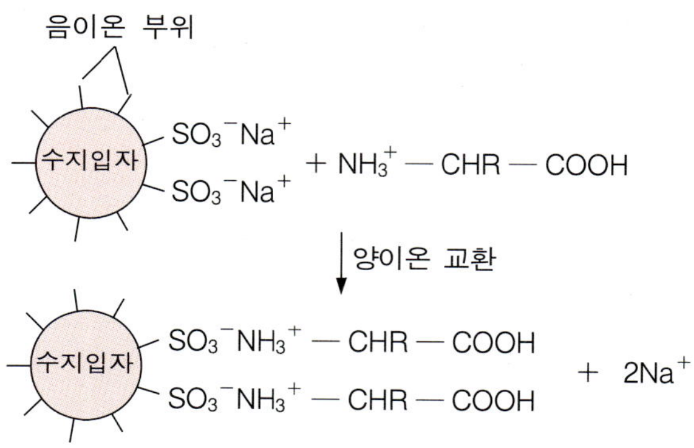

그림 5-12 이온교환 수지

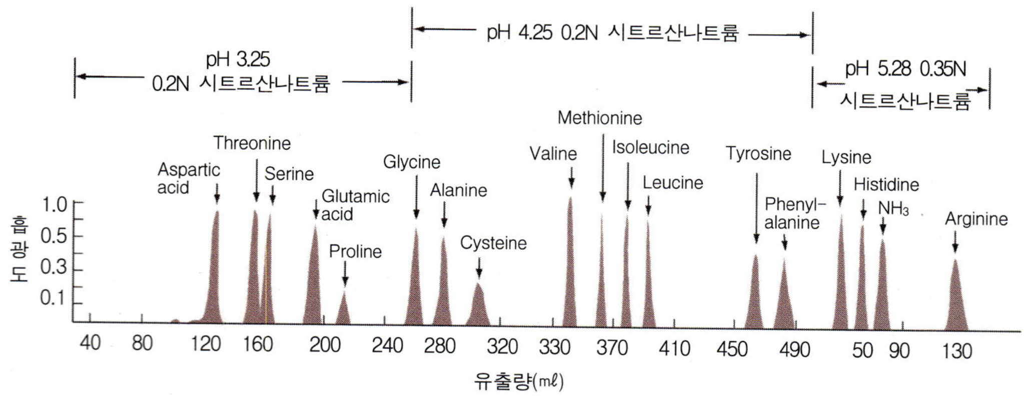

그림 5-13 아미노산의 자동기록식 크로마토그래피

5.2 펩타이드(peptide)

다이펩타이드(dipeptide), 트리펩타이드(tripeptide), 테트라펩타이드(tetrapeptide)는 각각 2, 3, 4개의 아미노산 잔기로 구성된 1, 2, 3개의 펩타이드 결합(peptide bond)을 갖고 있는 아미노산 결합체이다. 올리고펩타이드(oligopeptide)와 폴리펩타이드(polypeptide)는 각각 10개 이하, 10~100개의 아미노산 결합체이다.

5.2.1 펩타이드 결합과 구조

펩타이드 결합은 1분자의 아미노산의 카복실기와 다른 1분자의 아미노산의 아미노기로부터 물이 빠져나가면서 생성되는 치환 아마이드 결합(amide bond)이며 폴리펩타이드 사슬에서 아미노산간의 결합이다(그림 5-14). 펩타이드 결합은 경직된 평면적 단위이며 C-N 결합은 부분적인 이중결합(partial double bond)으로 회전을 못하고 결합 길이는 단일과 이중결합 길이의 중간이다. 또한 CO기와 NH기는 서로 트랜스(*trans*) 형태이다(그림 5-15). 펩타이드는 N-말단에서 시작하여 C-말단에서 끝나는 방향성을 가진다(그림 5-16).

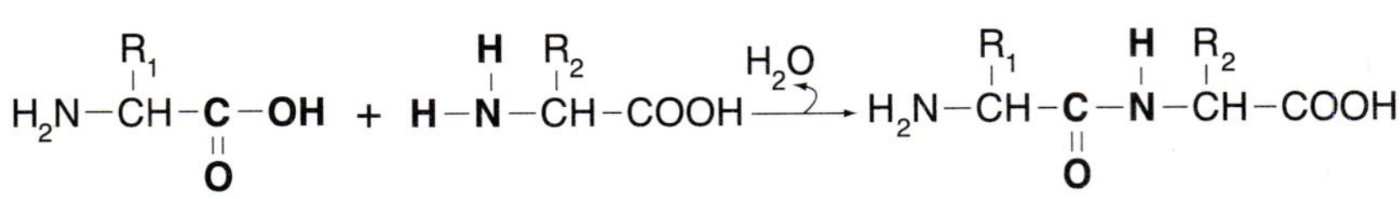

그림 5-14 축합 반응에 의한 peptide 결합의 생성

5.2.2 펩타이드의 기능

아스파탐(aspartame)은 인공감미료로, 인슐린(insulin, 51(30-21)개 아미노산 잔기)과 글루카곤(glucagon, 39개 아미노산 잔기)은 췌장호르몬, 브래디키닌(bradykinin, 9개 아미노산 잔기)은 혈압강하 호르몬, 옥시토신(oxytocin, 9개 아미노산 잔기)은 모유분비촉진 및 항이뇨 호르몬, 타이로트로핀 유리인자(tyrotropin-releasing factor (TRF), 3개 아미노산 잔기)는 타이로

트로핀(tyrotropin) 분비 촉진에, 엔케팔린(enkephalin)은 아편제의 활성을 가진 뇌의 중추신경계에서 분비되는 진정제로, 그라마이시딘(gramicidin) S는 D 형 아미노산을 가진 고리형 구조의 항생물질로 작용한다(그림 5-17).

5.2.3 펩타이드의 반응

펩타이드는 기능기(아미노기, 카복실기, R기)에 의해 결정되는 특성적인 반응을 한다. 펩타이드 결합은 강산 또는 강염기와 함께 가열하면 가수분해되어, 구성 아미노산이 방출된다. 펩타이드의 N-말단 잔기의 확인반응은 아미노산처럼 FDNB, Dansyl chloride 및 PITC 등으로 아미

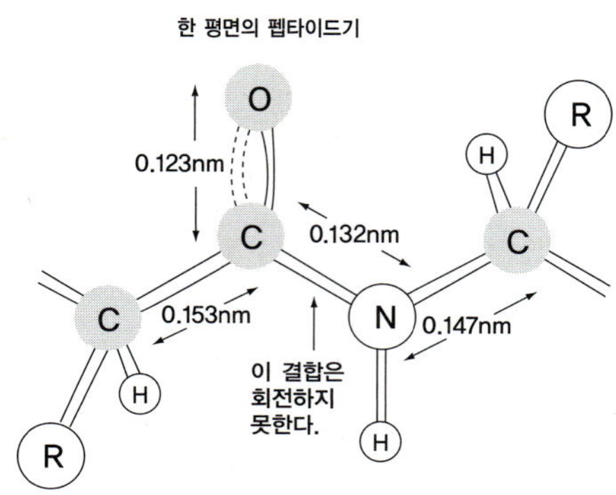

그림 5-15 peptide기

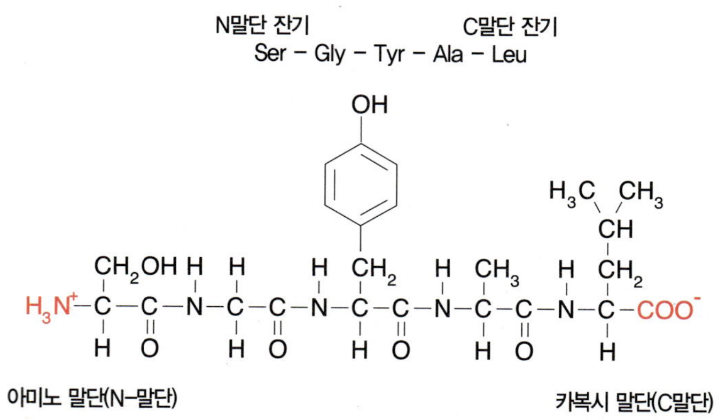

그림 5-16 세릴글라이실타이로실알라닐루신의 구조

1. 브래디키닌, 혈관을 확장하는 호르몬과 비슷한 펩타이드

Arg·Pro·Pro·Gly·Phe·Ser·Pro·Phe·Arg

2. 옥시토신, 뇌하수체 호르몬, 진한 부분은 글라이신아미드 ($NH_2CH_2CONH_2$) 잔기

S—S (Cys–Cys)

Cys·Tyr·Ile·Gln·Asn·Cys·Pro·Leu·**Gly·NH₂**

3. 그라마이시딘 S, 항생물질, 화살표는 아미노 말단으로부터 카복시 말단 방향을 나타낸다. Orn은 오르니틴의 약자

D-Phe → L-Leu → L-Orn → L-Val → L-Pro
↑ ↓
L-Pro ← L-Val ← L-Orn ← L-Leu ← D-Phe

4. 타이로트로핀 방출인자, 시상하부에서 분비된다.

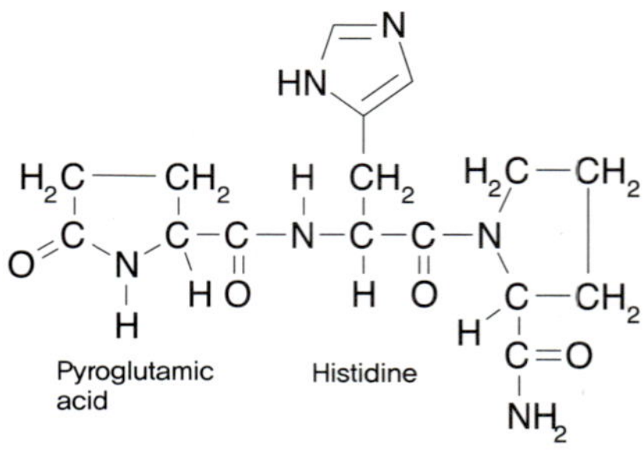

5. 엔케팔린, 아편제와 같은 활성을 가진 뇌의 펩타이드

Tyr·Gly·Gly·Phe·Met
Tyr·Gly·Gly·Phe·Leu

그림 5-17 생물활성을 가진 천연의 peptide

노산의 배열 순서를 결정한다.

5.2.4 펩타이드의 분리

펩타이드도 아미노산처럼 이온교환 크로마토그래피, 전기영동 등에 의해 분리된다. 즉, 펩타이드는 이온화 정도에 따라 분리되는, 서로 다른 pH에서 산-염기 성질이나 극성을 이용하여 분리된다. 또한, 펩타이드는 크기나 결합 자리의 친화도 등에 따라서도 분리된다.

5.3 단백질(protein)

5.3.1 단백질의 분류

단백질은 매우 큰 분자로 모든 단백질은 각기 정해진 아미노산 조성, 배열, 폴리펩타이드 사슬의 길이를 가진다. 단백질은 특징적인 아미노산 조성을 가지며 기능이 다른 단백질은 구성 아미노산의 수가 다른 데 20 종의 아미노산은 단백질 안에 동량으로 존재하지 않고 각 단백질은 아미

노산 단위를 서로 다른 비율로 함유한다. 단백질은 조성에 따라 단순 단백질, 복합 단백질, 유도 단백질로 나눌 수 있으며 형상에 따라 구상 단백질, 섬유상 단백질로 구분된다(그림 5-18).

그림 5-18 구상(a) 및 섬유상(b) 단백질

(1) 조성에 의한 분류

단순 단백질은 아미노산만으로 구성된 단백질이며 단순 단백질의 종류로는 알부민(albumin), 글로불린(globulin), 글루텔린(glutelin), 프로라민(prolamin), 알부미노이드(albuminoid), 히스톤(histone), 프로타민(protamin) 등이 있다. 복합 단백질은 단순 단백질(아미노산)과 보결 분자(비아미노산 부분)로 이루어진 단백질이다(표 5-3). 복합 단백질의 종류로는 지단백질, 당단백질, 인단백질, 핵단백질, 색소단백질 및 금속단백질 등이 있다. 유도 단백질은 천연의 단백질이 산, 염기, 효소작용, 가열 등에 의하여 성질이 변화된 단백질로 1, 2차로 구분한다. 1차 유도단백질은 변성에 의해 유도된 단백질로 콜라젠을 가열하여 생성된 젤라틴 등이며 2차 유도 단백질은 가수분해에 의해 유도된 단백질로 단백질을 가수분해하여 생성된 프로테오스(proteose)와 펩톤

표 5-3 복합 단백질의 종류

분 류	보결 분자	예
지단백질	지방질	혈액의 β-리포단백질
당단백질	당질	혈액의 γ-글로불린
인단백질	인산기	우유의 카제인
헴 단백질	헴(철 포르피린)	헤모글로빈
플라빈단백질	플라빈누클레오티드	숙신산 탈수소효소
금속단백질	철	페리틴
	아연	알코올 탈수소효소

(peptone) 등이다.

(2) 형상에 의한 분류

구상 단백질은 α-헬릭스(α-helix) 구조로 구성된 효소, 생리활성 단백질 등 기능 단백질인 반면, 섬유상 단백질은 β-시트(β-sheet) 구조로 구성된 신체구조 보호 단백질이다.

5.3.2 단백질의 기능

단백질은 여러 생물학적 기능(biological function)을 가진다(표 5-4).

표 5-4 생물학적 기능에 따른 단백질의 분류

분 류	예	분 류	예
효 소	라이보핵산 가수분해효소 트립신	구조 단백질	케라틴 피브로인 콜라젠 엘라스틴 프로테오글라이칸
운반 단백질	헤모글로빈 혈청알부민 마이오글로빈 β_1-리포단백질		
영양 및 저장 단백질	글리아딘(밀) 오발부민(계란) 카제인(우유) 페리틴	방어 단백질	항체 피브리노젠 트롬빈 보툴리누스 독소 디프테리아 독소 뱀독, 리신
수축성 또는 운동성 단백질	액틴 마이오신 튜블린 디네인	조절 단백질	인슐린, 성장호르몬 코르티코트로핀 억제인자

(1) 효소(enzymes)

현재까지 알려진 약 3,000개의 효소는 모두 단백질이며 효소는 대단히 큰 촉매 기능과 매우 독특한 특이성을 갖고 있다. Hexokinase는 ATP로부터 글루코오스에 인산기 전달을, 사이토크롬 *c*(cytochrome *c*)는 전자 전달을 각각 촉매하며 DNA polymerase는 DNA의 복제와 수선을 담당한다. 그 이외에 luciferase, ribonuclease(RNase), trypsin 등이 있다.

(2) 운반 단백질(transport proteins)

어떤 단백질은 혈액을 통해 어떤 특정한 형태의 분자와 결합하여 이들을 운반한다. 적혈구에서 O_2를 폐에서 말초조직으로 운반하는 헤모글로빈(hemoglobin), 근육에서 O_2를 운반하는 마이오글로빈(myoglobin)혈장에서 지방질을 다른 조직으로 운반하는 지단백질(lipoprotein) 등이 있다.

(3) 영양 및 저장 단백질(nutrient and storage proteins)

어떤 단백질은 배아의 성장에 필요한 영양소 혹은 구성 요소로서 단백질을 저장한다. 계란 흰자의 주요 단백질인 오발부민(ovalbumin), 우유의 주요 단백질인 카제인(casein), Fe 저장 단백질인 페리틴(ferritin) 등이 있다.

(4) 수축성 또는 운동성 단백질(contractile or motile proteins)

골격근의 수축 관여 단백질인 액틴(actin)과 마이오신(myosin), 마이크로튜블(microtuble; 미소관)의 구성 단백질인 튜블린(tublin) 등이 있다.

(5) 구조 단백질(structural proteins)

힘줄, 연골의 주요 단백질(섬유상 단백질)인 콜라젠(collagen), 인대의 구조 단백질인 엘라스틴(elastin), 모발, 손톱, 새털의 주요단백질(불용성 단백질)인 케라틴(keratin), 명주 섬유나 거미줄의 주요단백질인 피브로인(fibroin) 등이 있다.

(6) 방어 단백질(defense proteins)

박테리아, 바이러스 또는 다른 생물종의 이종 단백질을 침전 또는 중화 단백질인 이뮤노글로블린(immunoglobulin), 혈액 응고 단백질인 피브리노젠(fibrinogen)과 트롬빈(thrombin), 방어작용 단백질인 snake venom, bacterial toxin과 castor bean의 리신(ricin) 등이 있다.

(7) 조절 단백질(regulatory proteins)

당대사 조절과 글라이코젠 합성을 촉진하는 인슐린, 성장을 촉진하는 성장 호르몬(growth hormone), Ca^{2+}과 인산의 운반을 조절하는 파라티로이드 호르몬(parathyroid hormone), 효소의 생합성을 억제하는 억제 인자(repressor), 호르몬 신호에 대한 세포 반응을 중재하는 G-protein(GTP binding protein) 등이 있다.

(8) 기타 단백질(other proteins)

감미료인 모넬린(monellin), 혈액이 어는 것을 보호하는 부동화 단백질인 antifreeze protein

등이 있다.

5.3.3 단백질의 구조

단백질의 구조는 1, 2, 3, 4차구조로 각각 나눌 수 있다. 단백질의 1차구조는 아미노산 배열 순서 (공유결합), 2차구조는 연속하여 인접되어 있는 아미노산 잔기의 공간적 배치(수소결합), 3차구조는 아미노산 잔기 사이의 공간적 관계 (모든 결합), 4차구조는 서브유니트(subunit; 소단위)들 간의 공간적인 관계를 나타낸다.

(1) 1차구조(primary structure)

단백질의 1차구조는 단순한 배열의 구성 아미노산 서열로 공유결합이다. 단백질의 1차구조인 아미노산 서열을 결정하는 방법은 1953년 Sanger가 제안한 것으로 Sanger는 이 방법으로 인슐린의 아미노산 배열 순서를 결정하였다.

(2) 2차구조(secondary structure)

단백질의 2차구조는 3차원 구조의 주기 인자(regular element)로 α-헬릭스(α-helix), β-시트(β-sheet) 그리고 트리플 헬릭스(triple helix)가 있다(표 5-5). α-헬릭스와 β-시트와 같은 2차구조는 구성 아미노산의 조성과 배열에 의해서 자동적으로 결정된다.

표 5-5 단백질의 2차구조와 성질

구 조	특 성	예
α-헬릭스	단단함과 유연성 정도가 서로 다른 견고하며 불용성인 보호구조	모발, 깃털, 손톱
β-시트	부드럽고 유연한 섬유	명주
트리플 헬릭스(콜라젠)	신장성이 없는 매우 강한 항장력	건, 뼈의 간질물질

① **α-헬릭스 :** α-헬릭스는 1930년대 초 영국의 Astbury가 발견한 것으로 모발이나 양모의 섬유 단백질 인 α-케라틴에 X선을 비추어 장축을 따라 0.54 nm의 반복되는 주기성 단위의 나선상의 구조이다. 대부분의 섬유상 단백질의 α-헬릭스는 오른손잡이 나선구조(right-handed helix)로 단백질의 C-말단에서 N-말단 쪽으로 시계반대방향으로 꼬였으며 아미노산 잔기 n과 n+1의 펩타이드 결합의 CO-기와 아미노산 잔기 n+4와 n+5의 펩티드 결합의 NH-기간의 수소결합(사슬내 수소결합, intrachain H-bond)의 구조이다(그림 5-19).

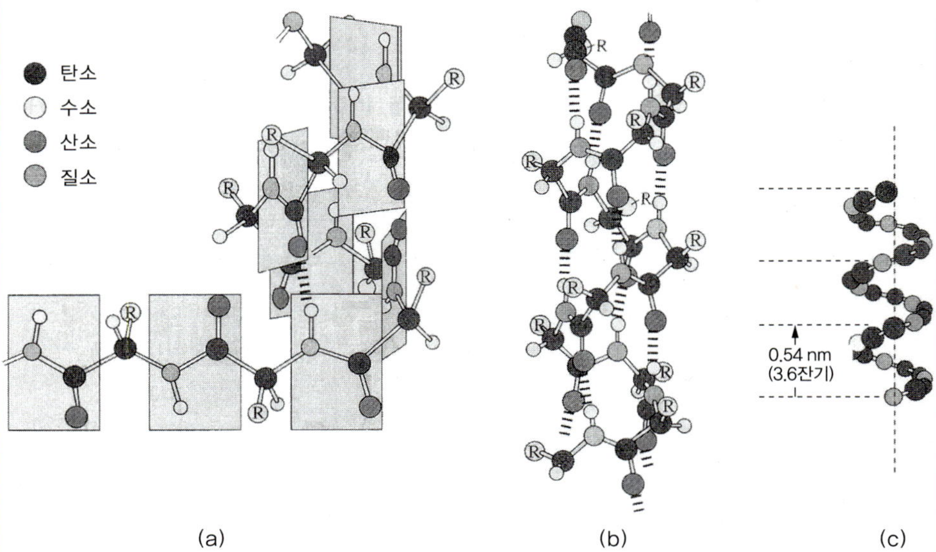

그림 5-19 α-helix의 구조

구상 단백질이 물에 잘 녹는 이유는 소수성 아미노산의 R기는 안쪽, 친수성 또는 극성 아미노산의 R기는 바깥쪽 표면에 위치하기 때문이다.

② **β-시트** : 명주나 거미줄의 단백질인 피브로인, β-케라틴은 모발의 α-케라틴을 증기로 가열하여 α-헬릭스를 유지하는 수소결합을 파괴시켜 코일형이 아닌 지그재그(zigzag)형의 병풍 구조가 된다. β-시트는 단백질의 폴리펩타이드 사슬이 평형(pararell)과 역평형(antipararell) 방향에서 형성된 수소결합의 구조이다(그림 5-20).

β-시트는 사슬내 수소결합의 α-헬릭스와는 달리 인접한 폴리펩타이드 사슬의 모든 펩타이드 결합이 사슬간 수소결합(interchain H-bond)으로, 구성 아미노산의 R기는 지그재그 구조로부터 밖으로 돌출되어 있다.

③ **트리플 헬릭스** : 트리플 헬릭스의 대표적 예로 콜라젠이 있다. 콜라젠의 구조는 3개의 왼손잡이 나선구조(left handed helix)가 서로 길게 H-bond로 연결되어 오른쪽으로 꼬여 슈퍼헬릭스(superhelix)를 이룬 구조로, 결체나 결합조직에 관여한다. 각 폴리펩타이드 사슬은 주로 (Gly-X-Pro)n 이나 (Gly-X-hydroxyPro)n으로 되어 있다. 글라이신은 3번째의 헬릭스가 꼬일 때 만나는 곳의 공간에 그 크기가 적합하도록 3번째의 아미노산 잔기에 주기적으로 나타난다.

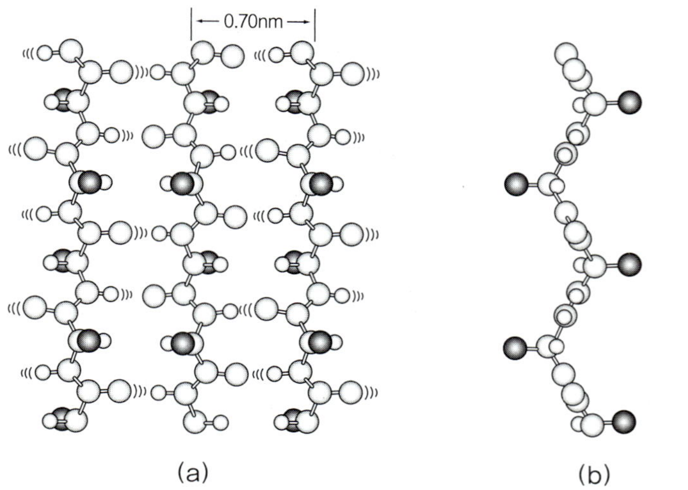

그림 5-20 β-sheet의 구조

(3) 3차구조(tertiary structure)

단백질의 3차구조는 3차원 구조의 폴딩(folding; 접힘)으로 마이오글로빈, 사이토크롬 c 등이 그 예이다. 마이오글로빈은 근육에서 산소 운반 단백질로 분자량이 16,700으로 아미노산 잔기가 153개인 1개의 폴리펩타이드 사슬이다(그림 5-21). 단백질의 3차 구조를 안정화시키는 힘은 (i) 수소결합, (ii) 정전기적 인력, (iii) 쌍극자 간의 인력, (iv) 소수성기 간의 상호작용, (v) S-S 결합 등이다(그림 5-22). 이 중에서 특히 비극성 R기 사이의 소수성 상호 작용이 3차구조의 안정에 큰 역할을 한다. 단백질의 접힘 구조는 약한 비공유 구조(weak, non-covalent structure)로 이들 결합의 수가 많아 구조를 유지한다.

① **수소결합 :** 수소결합은 H와 전기 음성적인 원자(electronegative atom; O, N)간의 인력(attraction)으로 α-헬릭스와 β-시트 구조를 이루는 결합이다.

② **정전기적 인력 :** 정전기적 인력(electrostatic forces)은 반대 전하 그룹 간의 인력(attractive forces : Lys-Asp; salt bridge)으로 수소결합보다 강하다. 정전기적 인력은 dielectric constant(D)에 반비례하므로 아세톤이나 에탄올을 가하면 인력이 작아져 단백질이 침전된다.

③ **쌍극자 간의 인력 :** 쌍극자 간의 인력(반데르발스 힘, Van der Waals forces)은 분자나 원

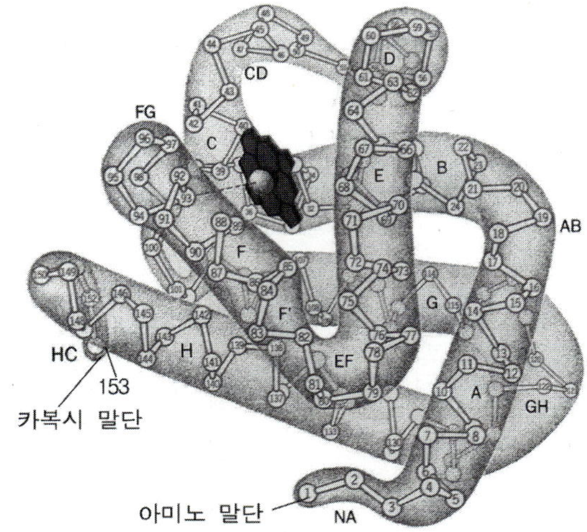

그림 5-21 myoglobin의 3차구조

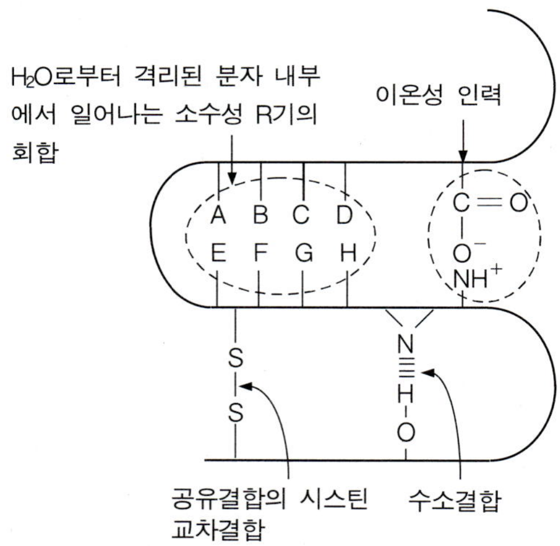

그림 5-22 단백질의 3차구조를 유지하는 인자

자 그룹간의 상호 접촉으로 발생한 힘으로 수소결합보다 약하다.

④ **소수성기 간의 상호작용 :** 소수성기 간의 상호작용(hydrophobic forces)은 소수성기 (hydrophobic group) 간의 상호작용으로 생성되는 힘이다.

(4) 4차구조(qurternary structure)

단백질의 4차구조는 서브유니트(subunit)간의 공간적인 배열(arrangement)로 올리고머릭 단백질(oligomeric protein)의 형태 안에 서브유니트 사슬이 서로 적합하게 수용된 상태이다. 헤모글로빈은 분자량이 64,500이고 각각 2개의 α(141 잔기)와 β(146 잔기) 사슬로 된 테트라머(tetramer)의 산소 운반 단백질이다(그림 5-23). 마이오글로빈과 헤모글로빈의 산소 결합곡선은 서로 다른 데 마이오글로빈은 쌍곡선형인 반면 헤모글로빈은 S 자형의 시그모이드(sigmoid) 곡선이다. 산소의 협동적 상호작용(cooperative interaction)이 산소 운반체로서의 헤모글로빈의 효율을 높힌다. 마이오글로빈은 산소에 대해 헤모글로빈보다 높은 친화성을 가져 헤모글로빈은 매우 낮은 산소 분압에서도 약간의 산소만을 방출하므로 헤모글로빈은 폐로부터 조직으로 산소를 운반하기에 적합하다.

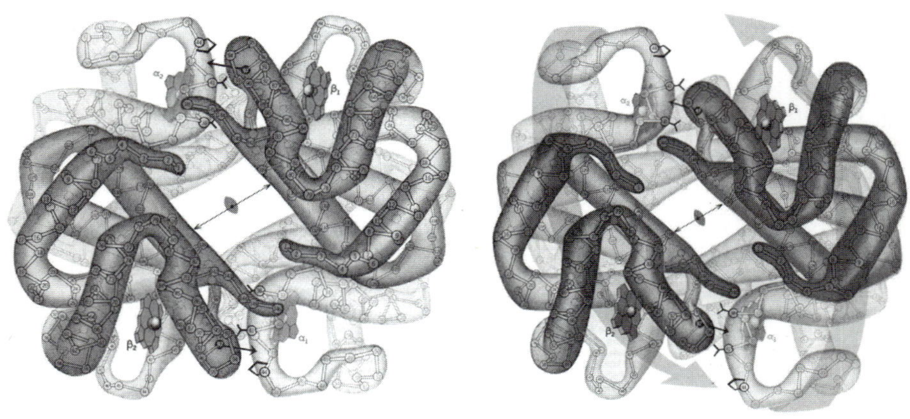

그림 5-23 hemoglobin[oxyhemoglobin(a)과 deoxyhemoglobin(b)]의 구조

5.3.4 단백질의 변성(denaturation, unfolding)

단백질의 변성은 변성제(denaturing agent)에 의해 수소결합의 파괴로 공간에서 형태의 변화, 즉 3차원 구조의 손실로 생물학적 활성을 잃는 것이다(그림 5-24). 변성제의 종류로는 (i) 극단 pH(extreme pH), (ii) 가열(heating), (iii) 유기 용매(organic solvent), (iv) 계면활성제(detergent), (v) trichloroacetic acid(TCA) 등이 있다.

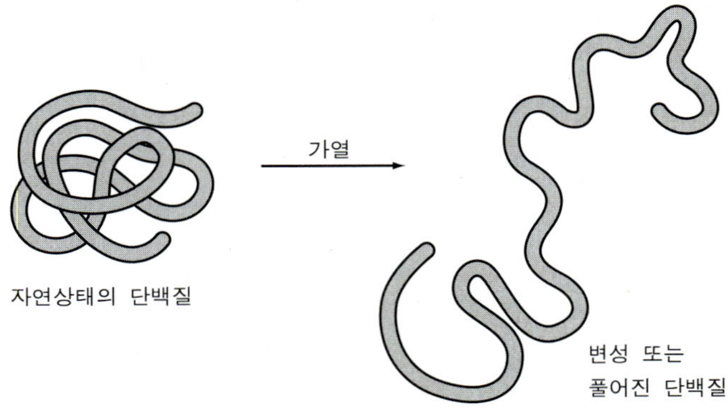

그림 5-24 단백질의 변성

단백질의 재생은 변성 구조에서 본래 구조로 되돌아가 생물학적 활성을 되찾는 것으로 변성된 단백질은 변성제를 제거하면 본래의 정확한 구조로 돌아간다. Anfinsen은 ribonuclease (RNase)에 머캅토에탄올(mercaptoethanol)이나 요소(urea) 제거시 본래 구조로 되돌아가는 것을 증명하였다. RNase는 8개의 Cys 잔기를 가지는 데 이들이 4개의 S-S 결합(cystine)을 형성할 수 있는 가능 수는 105개인 데 이중 1가지만 선택한다(그림 5-25). 여기서 단백질의 1차구조는 특이적인 3차구조의 정보를 가지는 것을 알 수 있다. 서로 다른 종류의 단백질은 각기 고유의 생물학적 기능을 위해 특수화되었으며 독특한 형태의 3차원 구조를 가진다. 단백질의 2, 3차구조는 구성 아미노산 잔기의 R 기의 근거리와 원거리 배열에 의해 결정된다. 100개의 아미노산 잔기를 가진 변성 단백질이 특이적인 3차구조의 정보가 없다면 가능 수에 의해 본래의 구조로 되돌아가는 데 걸리는 시간은 10^{50}년이 소요된다. 지구가 4.6×10^{9}년 전에 생성된 것에 비교하면 천문학적 시간이라는 것을 알 수 있다.

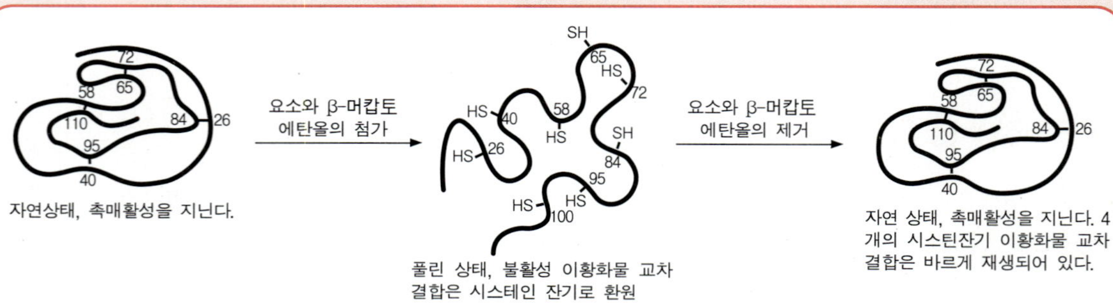

그림 5-25 단백질의 재생

5.3.5 단백질의 성질

단백질 또한 아미노산처럼 산성과 염기성을 모두 다 갖고 있는 양성(양쪽성) 전해질(ampholyte)이다. 단백질은 염의 농도가 증가하면 용해도가 감소하는 염석(salting out)이 일어나며 등전점에서 염석이 가장 잘된다. 단백질은 Zn^{2+}, Cu^{2+}, 중금속 이온 등의 양이온(cation)과 TCA 등과 같은 산의 음이온(anion)에 의해 침전된다. 단백질은 항원-항체 반응에 의한 침전 현상이 일어나는 데 항원을 포함한 혈청은 항체를 알기 위한 항원과 혼합하면 항원-항체 복합체를 생성하여 침전물이 생긴다. 이러한 반응은 태반의 융모 조직에서 생성, 분비되는 인간 융모성 성선 자극 호르몬(HCG; human chorionic gonadrotropin)을 이용한 ELISA(enzyme-linked immunosorbent assay)의 임신 진단 테스트, 단백질 확인의 immunoblot(Western blot), 세포 내 단백질 확인의 immunocytochemistry에 응용된다.

5.3.6 단백질의 분리 및 정제

단백질을 분리, 정제하는 방법은 여러 가지가 있는데 크기(size), 전하(charge), 용해도(solubility) 그리고 친화도(affinity, binding site) 등을 이용한다. 크기에 의한 분리방법은 원심분리(centrifugation), 겔여과(gel filtration), 투석(dialysis), 초여과(ultrafiltration) 등이 있고 극성(polarity)에 의한 분리방법은 전하를 이용한 이온교환 크로마토그래피(ion-exchange chromatography), chromatofocusing, 전기영동(electrophoresis), isoelectric focusing(표 5-6) 등과 소수성 특성(hydrophobic character)을 이용한 hydrophobic chromatography 등이 있다. 용해도에 의한 분리방법은 pH change, ionic strength change, dielectric constant decrease 등이 있고 친화도나 구조적 특징(specific binding sites or structural features)을 이용한 분리방법은 affinity chromatography, affinity elution, dye-ligand chromatography, immunoadsorption, covalent chromatography 등이 있다.

표 5-6 여러 단백질의 등전점

단백질의 종류	등전 pH	단백질의 종류	등전 pH
펩신	< 1.0	γ-글로불린	6.6
난알부민	4.6	헤모글로빈	6.8
혈청알부민	4.9	마이오글로빈	7.0
우레아 가수분해효소	5.0	카이모트립시노젠	9.5
β-락토글로불린	5.2	사이토크롬 *c*	10.7
		라이소자임	11.0

요약

아미노산은 폴리펩타이드와 단백질을 구성하는 기본적인 단위이다. 일반적으로 단백질에서 발견되는 20개의 아미노산(그림 3-5)은 R기의 극성에 따라 4가지로 구분한다: (1) 비극성, (2) 극성(전하를 띠지 않음), (3) 중성에서 양전하를 띤 극성, 그리고 (4) 중성에서 음전하를 띤 극성. 아미노산은 산이나 염기로 작용하는 이온화 할수 있는 기를 가지고 있으며, 이온화하여 쌍극성 이온형이 된다(알짜전하 0). 각각의 아미노산은 가역적 이온화 반응을 하는데 카복실기의 양성자는 용액상에서 쉽게 잃어 버리고 α-아미노기는 양성자를 받아들인다. 어떤 아미노산은 이온화 할 수 있는 R기를 갖고 있어 더 복잡한 이온화 반응에 관여할 수 있다. 대부분의 아미노산(글라이신은 제외)은 D-혹은 L-입체이성체가 존재한다. 자연에 존재하는 모든 단백질은 α-아미노산과 L-아미노산으로만 이루어져 있다. 아미노산은 닌하이드린과 착색유도체를 형성한다. 아미노산은 서로 연결되어 폴리펩타이드 사슬을 형성한다. 이것은 일반적으로 한 아미노산의 카복실기가 다른 아미노산의 α-아미노기와 탈수 축합되어 펩타이드 결합을 형성하여 일어난다. 펩타이드는 폴리펩타이드의 불완전 가수분해에 의해서도 생성된다. 펩타이드의 산-염기로서의 성질은 그의 아미노말단의 아미노기, 카복실말단의 카복실기 및 이온화된 R기의 성질에 의해서 결정된다. 펩타이드를 가수분해시키면 유리 아미노산이 생성된다. 펩타이드의 아미노말단 잔기는 1-fluoro-2, 4-dinitrobenzene과 반응하여 특이적인 황색 유도체를 형성한다. 펩타이드의 어떤 것은 세포나 조직 내에서 유리상태로 존재하며, 특수한 생리작용을 나타낸다. 이 중에는 호르몬, 항생물질, 그밖의 강력한 생리활성을 나타내는 것이 포함된다. 단백질은 생명에도 매우 중요하며 물리적 구조, 화학 그리고 전자전달, 저장, 방어, 촉매(효소), 수축 등 많은 기능을 갖고 있다. 단백질의 크기는 6,000에서 수백 달톤에 이르는 아주 다양하고, 구상이나 섬유상 구조를 하고 있다. 복합 단백질은 폴리펩타이드 사슬에 결합된 비아미노산(보결분자족)기에 의해서 구별된다. 펩타이드 결합은 카복실기와 α-아미노기의 축합에 의해 형성된다. 펩타이드 결합은 단단하고 그 원자는 평면적이다. 단백질의 구조는 1, 2, 3, 4차구조로 나뉜다. 1차구조는 폴리펩타이드 사슬의 아미노산 배열순서이며, 2차구조는 폴리펩타이드 사슬내의 공간적 구조이고, 그리고 3차구조는 전체가 3차원적 형태로 많은 공유결합과 비공유결합에 의해 안정화 된다. 서브유니트가 서로 상호작용하는 구조를 4차구조라 한다. 생물학적 활성과 기능은 단백질의 형태에 기인한다. 아미노산과 단백질은 전기영동 혹은 이온교환 크로마토그래피에 의해서 분리, 동정, 정량할 수 있다.

연습문제

1. 수용액에서 편광회전을 하지 않는 아미노산은?

① 알라닌 ② 글라이신
③ 루신 ④ 타이로신
⑤ 글루탐산

2. 황을 함유하지 않은 아미노산은?

① threonine ② homocystine
③ cysteine ④ methionine
⑤ cystine

3. 아스파트산의 pK_a값은 각각 2.09, 3.86, 9.82 이다. 등전점은(pI)은?

① 4.56 ② 5.95 ③ 2.97
④ 6.84 ⑤ 3.42

4. 단백질이 변성되어도 변하지 않는 것은?

① 선광성 ② 점성 ③ 용해도
④ 수화성 ⑤ 분자량

5. 등전점에서 아미노산의 구조는?

① 50% 탈양성자와, 50% 쌍극이온
② 100% 쌍극이온
③ 100% 양성자화
④ 100% 탈양성자화
⑤ 50% 양성자화, 50% 쌍극이온

6. 단백질의 구조를 안정화시키는 결합이 아닌 것은?

① 수소(hydrogen)결합
② 공유(covalent)결합
③ S-S(disulfide)결합
④ 에스터(ester)결합
⑤ 반데르발스(van der waals)결합

7. 섬유상 단백질에 해당되는 것은?

가. 글로빈	나. α-케라틴
다. 알부민	라. 콜라젠

① 가 나 다 ② 가 다 ③ 나 라
④ 라 ⑤ 가 나 다 라

8. 단백질에 대한 설명으로 옳은 것은?

가. 탄소, 산소, 수소, 질소로 구성되어 있다.
나. 아미노산으로 구성된 폴리펩타이드(poly-peptide)이다.
다. 반투막을 통과하지 못한다.
라. 등전점에서 침전이 가장 잘 일어난다.

① 가 나 다 ② 가 다 ③ 나 라
④ 라 ⑤ 가 나 다 라

9. 아미노산의 설명으로 옳은 것은?

가. 글라이신(glycine)과 글루타민(glutamine)은 비극성 곁가지를 가진 아미노산이다.
나. 시스테인(cysteine)과 메티오닌(methionine)은 함유황 아미노산이다.
다. 트립토판(tryptophan)과 페닐알라닌(phenylalanine)은 산성 아미노산이다.
라. 라이신(lysine)과 히스티딘(histidine)은 염기성 아미노산이다.

① 가 나 다 ② 가 다 ③ 나 라
④ 라 ⑤ 가 나 다 라

10. 생리적 기능을 갖는 펩티드의 설명으로 옳은 것은?

① 아스파탐(aspartame)-진통작용
② 글루타티온(glutathione)-항산화작용
③ 옥시토신(oxytocin)-소염작용
④ 펩신(pepsin)-항혈전작용
⑤ 카르노신(carnosine)-혈액응고작용

11. 단백질의 N-말단 결정 연구에서 사용되는 물질은?

① FDNB(fluorodinitrobenzene)
② ninhydrin
③ tyroxine
④ iodine
⑤ phenyl hydrazine

연습문제

12. **단백질의 등전점에 대한 설명으로 옳은 것은?**

> 가. 침전된다.
> 나. 물에 대한 용해도가 최소가 된다.
> 다. 알짜전하가 0이다.
> 라. 산화가 빠르게 일어난다.

① 가 나 다　② 가 다　③ 나 라
④ 라　⑤ 가 나 다 라

13. **단백질의 3차구조를 이루게 하는 주요 화학 결합력은?**

> 가. 공유결합　나. 친수성결합
> 다. 이온결합　라. 이황화 결합

① 가 나 다　② 가 다　③ 나 라
④ 라　⑤ 가 나 다 라

14. **전기영동에서 pH가 등전점보다 클 때, 단백질의 변화에 대한 설명으로 바른 것은?**

① 음극(-)으로 이동
② 양극(+)으로 이동
③ 양성이온 형성
④ 평형이 이루어진다.
⑤ 이동하지 않는다.

15. **펩타이드결합에 대한 설명으로 틀린 것은?**

① 한 아미노산의 아미노기와 다른 아미노산의 카복실기의 결합이다.
② 같은 아미노산에 있는 아미노기와 카복실기의 결합이다.
③ 두 아미노산이 펩타이드 결합한 것을 다이펩티드라라 한다.
④ 펩타이드결합에는 물 한 분자가 빠진다.
⑤ 많은 아미노산이 결합한 것을 폴리펩타이드라 한다.

16. **생체 내 단백질의 기능과 관계 없는 것은?**

① 구조단백질　② 면 역
③ 산소운반　④ 에너지저장
⑤ 촉 매

17. **단백질을 순수분리하는 방법이 아닌 것은?**

① 아세톤 분획법　② 가열침전법
③ 초원심 분리법　④ 크로마토그래피법
⑤ 유안분획법

18. **단백질에 대한 설명으로 틀린 것은?**

① 1만~100만의 분자량을 가지고 있다.
② 가수분해하면 D-아미노산이 된다.
③ 효소나 호르몬 또는 항체로 작용한다.
④ 생체 내에서 직접 세포의 생활에 관여한다.
⑤ 아미노산 단위로 구성되어 있다.

19. **단백질 가수분해시 일어나는 현상은?**

① racemization　② pH 저하
③ 유리 아미노기 증가
④ peptide 결합 형성
⑤ 유리 카복실기 감소

20. **콜라젠에 많은 아미노산은?**

① tyrosine　② cysteine
③ proline　④ lysine
⑤ tryptophan

정답 : 1② 2① 3③ 4⑤ 5② 6④ 7③ 8⑤ 9③ 10② 11① 12① 13⑤ 14② 15② 16④ 17② 18② 19③ 20③

용어해설

1. 2,4-Dinitrofluoro benzene(DNFB) : Sanger가 고안한 단백질의 N-말단잔기를 결정하는데 사용하는 시약. 이 시약으로 Sanger씨가 insulin의 일차구조를 밝혔다.

2. Chromatography : 이동상과 고정상 사이의 분배를 여러 차례 반복함으로써 분자의 복잡한 혼합물을 분리하는 방법

3. Cofactor : 어떤 효소단백질에 요구되는 비단백질 부분을 보결분자족(prothetic group)이라 하며 이 보결분자족이 금속인 경우를 보조인자(cofactor)라 하고 유기화합물인 경우를 보조효소(coenzyme)라 한다.

4. Dansyl chloride(염화단실) : polypeptide사슬의 N-말단을 결정하는데 사용되는 시약

5. Disulfide bond : 두 개의 황원자 사이에서형성되는 일종의 공유결합. 특히 peptide나 단백질의 cysteine잔기의 sulfhydryl기 사이에서 형성된다.

6. Enkephalin : 뇌에서 분비되는 pentapeptide로 뇌의 어떤 특정 수용체와 결합되면 통각 탈실(analgesia)을 일으킨다.

7. Gel filtration(겔 여과) : 일정한 크기 이상의 용질을 제거할 수 있는 다공성 중합체를 사용하여 분자의 혼합물을 크기에 따라 분리하는 chromatography조작

8. Hydrazine : 단백질의 C-말단잔기의 아미노산을 동정할 때 사용되는 시약

9. Peptide bond : 한 아미노산의 α-아미노기와 다른 아미노기의 carboxy1기 사이에서 탈수, 축합반응으로 형성된 결합

10. Phenylisothiocyanate(PITC) : 단백질의 N-말단잔기를 결정하는데 이용되는 시약. Edman씨가 고안

11. Polypeptide : 10개 이상의 아미노산이 peptide결합으로 형성된 아미노산의 중합체

12. 거울상이성질체(enantiomer) : 광학적 이성체(optical isomer)라고도 하며 서로 겹칠 수 없는 거울상의 관계로 되어 있는 2개의 물질

13. 광학적 활성(optical activity) : 어떤 물질이 편광면을 돌릴 수 있는 능력

14. 구상 단백질(globularprotein) : 단백질의 polypeptide사슬이 서로 꼬여 3차원적 구조로 구상모양을 한 것

15. 단백질(protein) : L-amino acid로 구성된 고분자 물질의 polypeptide

16. 등전점(isoelectric point) : 양하전과 음하전을 이루고 있는 아미노산의 용액의 pH를 말하며 실제전하가 0이고 전기장에서 어느 극으로도 이동하지 않는다.

17. 부제탄소원자(asymmetric carbon atom) : 탄소의 결합수 4개가 각각 다른 원자 또는 기와 결합된 탄소

18. 3차구조(tertiary structure) : α-헬릭스 구조, β-병풍 구조 등으로 된 polypeptide사슬이 다시 복잡하게 겹쳐진 3차원의 구조

19. 섬유상 단백질(fibrous protein) : polypeptide사슬이 긴 섬유상 혹은 평면상으로 배열된 단백질로, 사슬사이(interchain)에는 수소결합으로 겹쳐져 있으며 이 단백질은 주로 구조단백질로 작용한다.

20. 아미노산(amino acid) : 염기성인 amino기와 산성인 carboxyl기를 갖는 유기화합물로, α-탄소에 amino기를 갖고 있는 α-아미노산은 α-탄소에 amino기를 갖고 있는 α-아미노산은 peptide 및 protein의 구성단위이다.

21. 쌍극성이온(zwitter ion) : 양쪽성이온(dipolar ion)이라고도 하며 정, 부의 양전하를 동시에 갖고 있는 양성이온

22. 2차구조(secondary structure) : 단백질의 2차구조란 polypeptide사슬이 그 분자의 축을 따라 규칙적으로 굽혀

진 구조로, 사슬내(intra chain) 혹은 사슬사이(inter)에 수소결합으로 형성된 공간구조

23. 1차구조(primary structure) : 화학구조(chemical structure)라고도 하며 아미노산의 배열순서

24. 전기영동(electrophoresis) : 용액상태에 있는 하전입자가 전장중에서 그 하전량에 따라전극을 향하여 이동하는 현상

25. 투석(dialysis) : 반투막을 통해서 물 속으로 확산됨으로써 거대분자 용액으로부터 작은분자를 제거할 수 있다.

26. 효소(enzyme) : 동식물, 미생물에서 생성되어 촉매작용을 하며 세포조직에서 분리되어도 작용을 잃지 않는 고분자의 유기화합물, 즉 생체촉매

27. α−헬릭스(α−helix) : 1회전당 약 3.6개의 아미노산이 들어가서 peptide사슬이 나선 모양으로 꼬여진 구조. 구상단백질에 많으며 α−헬릭스는 사슬내의 −NH와 −CO 간의 수소결합으로 고정되어 있다.

28. β−sheet(β−병풍구조) : Z자형의 polypeptide사슬이 연속된 병풍구조를 형성하듯 서로 이어져 배열된 구조, 사슬사이(interchain)에 수소결합으로 고정되어 있다.

| 제6장 |

효소

Enzymes

효소(enzyme)는 자신은 변하지 않고 생체내 반응의 속도를 높여 주는 생물학적 촉매(biological catalyst)로 대부분 단백질이다. 효소는 그리스어로 '효모의'(in yeast)의 의미로 Kuhne(1878년)가 처음으로 미생물 전체와 미생물의 추출물 (효소)의 구분에 사용하였으며 Buchner(1897년)는 효모 추출물(yeast extract)이 발효를 촉매한다는 것을 증명하였다. 한편, 단백질이 아니라 RNA 절편으로 된 라이보자임(ribozyme)은 RNA를 가수분해하는 촉매이며 이것은 촉매 기능(catalytic function)의 진화 산물이라 여겨진다. Sanger(1969년)는 아미노산 전구물질로부터 효소(ribonuclease, RNase)를 처음으로 화학적으로 합성하였다. 이후 재조합 DNA 기술을 응용한 site-directed mutagenesis를 이용하여 효소의 기질 특이성을 조절할 수 있게 되었다. Lactate dehydrogenase(LDH)의 활성 부위의 3개의 아미노산을 바꾸면 LDH는 malate dehydrogenase(MDH)로 전환된다.

6.1 효소의 종류

동위효소(isoenzyme)는 기능은 같으나 구조(아미노산 서열)가 서로 다른 효소로 MDH와 LDH의 경우이다(그림 6-1). 동위효소 번호부여는 전기영동 후에 음극(anode)쪽으로 가장 멀리 이동한 것부터 번호를 부여한다. 다중효소(multienzyme)는 한 개 이상의 촉매 활성자리를 가진 단백질들이 한 개 이상의 서브유니트(subunit)로 구성된 효소이며 fatty-acid synthase system이 그 예이다. 다기능효소(multifunctional enzyme)는 한 단백질에 두 개 이상의 활성자리를 가진 단백질로 두 개 이상의 EC number를 가진 효소이다. 그 예는 debranching enzyme, homoserine dehydrogenase, aspartate kinase 등이 있다. 지모겐(zymogen, 효소원)은 효소 전구물질로 그 자체로는 활성이 없으나 일부분이 가수분해되면 활성을 갖게 된다.

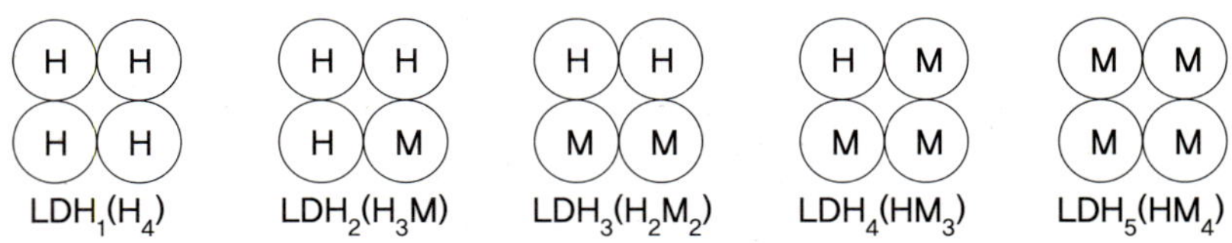

동위효소	심장	근육	간
$LDH_1(H_4)$	60	4	2
$LDH_2(H_3M)$	33	7	6
$LDH_3(H_2M_2)$	7	17	15
$LDH_4(HM_3)$	미량	16	13
$LDH_5(M_4)$	미량	56	64

그림 6-1 lactate dehydrogenase(LDH) 동위효소와 여러 조직에서의 LDH 동위효소의 분포 (193쪽 8.5절 참조)

6.2 효소의 구성

효소는 대부분 단백질이므로 산, 알칼리, 열, 중금속 등에 의하여 변성되면 불활성화된다. 대부분의 효소(holloenzyme)는 복합단백질이며 이들은 단백질 성분인 apoenzyme과 보결성분인 coenzyme으로 되어 있다. 효소는 기질을 운반하는 apoenzyme과 활성기 역할을 하는 coenzyme이 결합하여 분해나 합성의 화학 반응을 촉매한다. Apoenzyme은 단백질이므로 열에 약하고 불투과성이며 coenzyme은 대부분 비타민이어서 열에 강하고 투과성을 가진다. 한편, exoenzyme은 세포 외로 분비되는 효소로 대부분 소화액효소이며 endoenzyme은 세포 내로 분비되는 효소이고 lysoenzyme은 세포가 파괴되면 추출되는 효소이다.

6.3 효소의 활성자리 모델

효소는 반응물인 기질(substrate)과의 결합자리인 활성자리(active site)에는 3 가지 모델이 있다.

6.3.1 자물쇠-열쇠 가설(lock and key hypothesis)

Fisher(1894년)는 효소는 처음부터 상보적인 기질하고만 결합한다고 주장하였다(그림 6-2).

6.3.2 유도 적합론(induced fit theory)

Koshland(1958년)는 효소는 기질과 처음부터 맞는 것이 아니라 만나서 생리적 조건의 변화에 반응하여 서로 맞추어 지는 것이라고 하였다(그림 6-2).

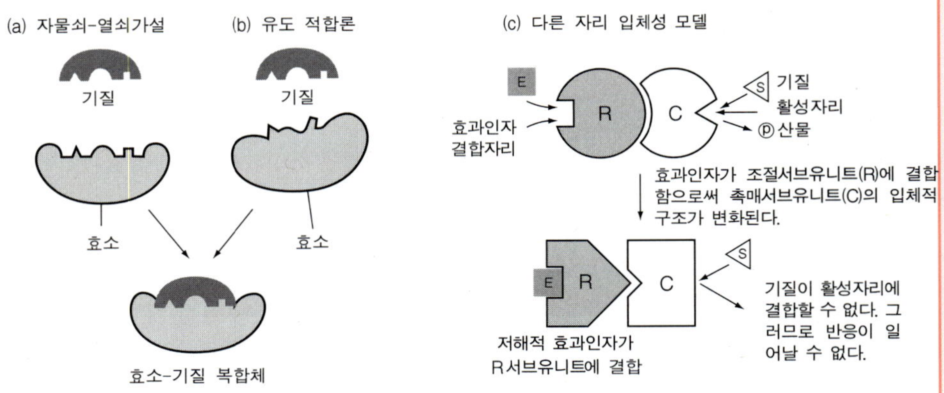

(a) 자물쇠-열쇠가설 : 효소의 활성자리와 기질은 상보적인 "모양"을 갖는다. (b) 유도 적합론 : 효소의 활성자리는 기질과 결합하므로 기질에 대한 상보적으로 된다. (c) 다른 자리 입체성 모델 : 저해적 효과인자가 다른 자리 입체성 효소의 조절 서브유니트에 결합함으로써 그 효소는 문을 닫게 된다.

그림 6-2 효소의 활성자리 모델

6.3.3 다른자리 입체성 모델(allosteric model)

Monod(1960년대 후반)는 효소의 한 부위가 변하면 다른 부위도 변하는, 즉 효소에 효과인자(effector)가 결합하면 구조적 변화가 유도된다고 하였다. 저해적 효과인자(negative effector, inhibitor)는 효소의 기질 결합을 억제하며 촉진적 효과인자(positive effector, activator)는 기질 결합을 증가시킨다고 하였다(그림 6-2).

6.4 효소의 일반적 성질

6.4.1 촉매 능력(catalytic power)

효소는 반응을 일으키는 데 필요한 최소 에너지인 활성화 에너지를 저하시킴으로써 반응 속도를 높인다. 효소는 반응속도론적으로만 영향을 미칠 뿐 열역학적으로 불리한 반응을 유리하게 하는 것이 아니라 안정한 계에 있는 반응을 빨리 진행시킨다. 효소는 반응의 전체 자유에너지 변화, 즉 최종 평형의 위치를 바꾸지 않고 반응 경로를 낮추어 활성화 에너지 장벽을 낮춘다(그림 6-3). 생물학적 촉매인 효소는 대략 반응속도를 10^{14}~10^{20}배 정도 높여주는 반면 화학 촉매는 10^{2}~10^{4}배 정도 증가시킨다.

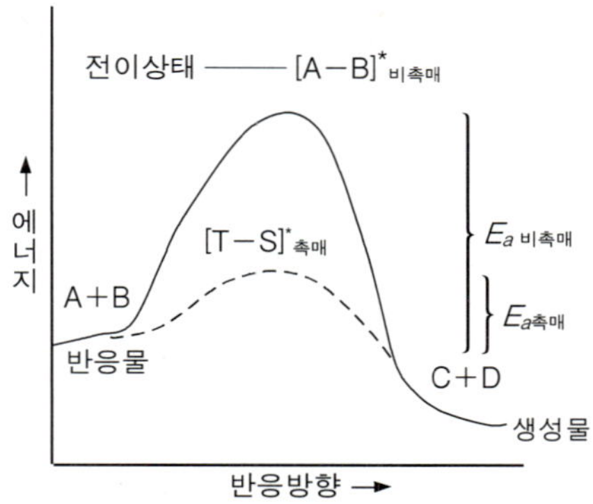

연속된 선은 촉매가 관여하지 않는 반응에 대한 에너지 언덕을 나타내고, 점선은 효소-촉매가 관여한 반응에 대한 에너지 언덕을 나타낸다. 전이상태는 [A-B]*와 [T-S]로 각각 나타내었다. E_a는 활성화에너지를 나타낸다.

그림 6-3 반응 A+B→C+D에 대한 에너지 일람표

6.4.2 특이성(specificity)

효소는 자신에게 맞는 기질만 선택하는 특이성이 있는데 그룹 전체와 반응하는 그룹 특이성, 절대적 기질과 반응하는 절대 특이성, 입체인자와 반응하는 입체 특이성 등 크게 3 가지 종류가 있다(그림 6-4).

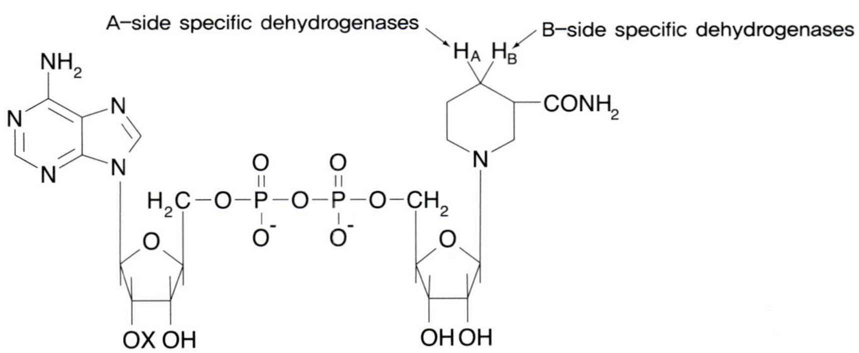

그림 6-4 NAD^+와 $NADP^+$를 요구하는 효소의 입체 특이성 (192쪽 그림 8-2 참조)

6.4.3 조절(regulation)

효소는 이온이나 분자들에 의해 촉매 활성이 조절된다. Phosphorylase는 Ca^{2+}과 호르몬(adrenalin)에 의해, carbamoyl-phosphate synthase와 aspartate carbamoyltransferase는 피리미딘 뉴클레오타이드 생합성 경로의 최종 산물인 UTP, CTP에 의해 조절된다. 조절효소인

다른 자리 입체성 효소(allosteric enzyme)는 기질 결합자리인 활성자리 이외에 조절물질(촉진적 또는 저해적 효과인자)이 결합할 수 있는 자리가 있는 효소로서 생합성 경로의 첫 번째 비가역적 반응을 촉매하여 되먹임 저해로 조절한다. 다른자리 입체성 효소는 서브유니트 사이에 연락을 취하고 효과인자에 의해 저해 또는 촉진되어 Michaelis-Menten 식의 성질에서 벗어나 시그모이드(sigmoid, S 자형) 곡선형태를 갖는다(그림 6-5).

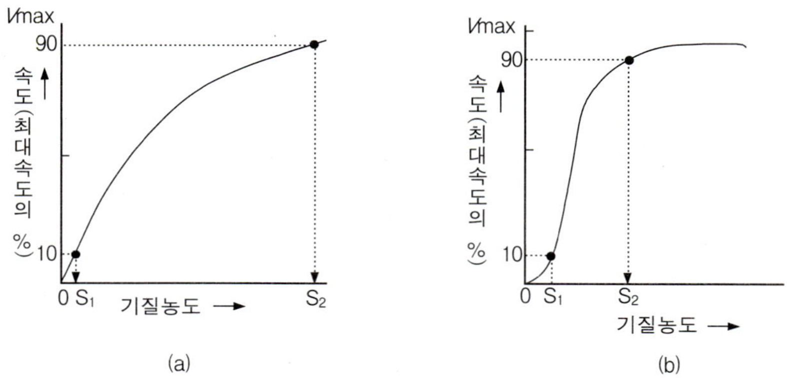

비다른자리 입체성 효소(a)와 다른자리 입체성 효소(S-자형)에 대한 기질포화 곡선(b). (a) 세포는 효소의 최고 속도를 10%에서 90%로 증가시키기 위해서 기질의 농도를 약 18배가량 증가시켜야 한다. (b) 이 세포는 효소의 최고속도를 10%에서 90%로 증가시키기 위해 기질의 농도를 단지 3배만 증가시키면 된다.

그림 6-5 비조절효소와 다른자리 입체성 효소의 기질 포화곡선

6.4.4 조효소(coenzyme)

효소는 주효소(apoenzyme)와 조효소(coenzyme)가 합친 전효소(holloenzyme) 형태이다. 특히 효소에 아주 단단히 결합된 조효소를 보결 원자단(prothetic group)이라 한다. 조효소는 비단백질 성분으로 금속(metal)과 유기 보조인자(organic cofactor)가 있다.

(1) 금속(metal)

금속은 조효소로서 구조 유지와 산화-환원 작용에 관여한다. Zn는 carboxypeptidase, Mg는 kinase의 조효소이다. Mg-ATP^{2-} 복합체는 ATP의 O^-끼리 반발 정도가 심하므로 Mg^{2+}가 들어가 안정한 상태를 형성하는 구조이다. EDTA는 금속제거제로 금속을 잡는 역할을 하며 독성이 강하다. EDTA는 금속을 필요로 하는 효소의 활성을 잃게 한다.

표 6-1 수용성 비타민과 조효소

수용성 비타민	화학 물질명	조효소	주요기능	비 고
비타민 B_1	thiamin	탈탄산반응의 조효소형 : thiamin pyrophosphate (TPP)	· pyruvate dehydrogenase complex의 조효소 · α-ketoglutarate dehydrogenase의 조효소 · 5탄당 인산경로의 transketolase의 조효소	pyruvate dehydrogenase complex의 조효소 · α-ketoglutarate dehydrogenase의 조효소 : TPP, lipoic acid, CoA, FAD, NAD, Mg^{2+}
비타민 B_2	riboflavin	탈수소효소의 조효소형 : flavinmononucleotide (FMN), flavinadeninedinucleotide (FAD)	· TCA 회로의 succinate dehydrogenase의 조효소 · 전자전달계의 NADH dehydrogenase의 조효소	
비타민 B_6	pyridoxine	아미노기전이반응, 탈탄산반응, 유황전이반응 등의 조효소형 : pyridoxal phosphate (PLP) 또는 (PALP)	transaminase(GOT, GPT), decarboxylase (탈탄산), transsufulrase(유황전이), racemase, dehydrase, thiokinase 등	
나이아신	nicotinic acid	탈수소효소의 조효소형 : nicotin adenine dinucleotide(NAD) nicotin adenine dinucleotide phosphate(NADP)	해당과정 중의 ① glyceraldehyde 3-phosphate dehydrogenase ② lactate dehydrogenase TCA회로 중의 ③ isocitrate dehydrogenase ④ α-ketoglutarate dehydrogenase ⑤ malate dehydrogenase 5탄당 인산경로 중의 ⑥ glucose-6-ⓟ dehydrogenase(NADP)	Trp 60mg 중 1mg niacin이 합성
비타민 B_{12}	cobalamine 또는 cyanocob-alamine	coenzyme vitamin B_{12}	· THF로부터 CH_3의 운반시 · 신경섬유의 myelin 합성시 · L-methylmalonyl-CoA가 succinyl-CoA로 될 때 coenzyme vitamin B_{12}가 필요	구조에 Co를 함유하며, 1탄소(단일탄소) 원자의 운반기능이 있다.
판토텐산	pantothenic acid	CoA(coenzyme A), ACP (acyl carrier protein)	CoA : acetyl-CoA 형성에 관여 ACP : 지방산 합성에 관여	
바이오틴	biotin	탄산화반응의 조효소 : 포도당 합성, 지방 합성 등	pyruvate carboxylase acetyl-CoA carboxylase	·
엽산	folate	tetrahydrofolate (THF, FH_4)	1탄소(단일탄소) 원자의 운반 : 메틸기(-CH_3), formyl기 (-CH=O), methenyl기(-CH=) 등	pteridine + *p*-aminobenzoic acid + glutamic acid
비타민 C	ascorbic acid	① 콜라젠의 합성 ② carnitine의 합성 ③ 신경전달 물질의 합성 등	proline → hydroxyproline으로 되는 hydroxylation에서 비타민 C, Fe^{2+} 및 Cu^{+}가 필요 Lys, Met→ carnitine로 되는 hydroxylation에서 비타민 C, Fe^{2+}가 필요	항산화작용
리포산	lipoic acid	TPP와 관련된 반응을 돕는다.	pyruvate dehydrogenase complex의 조효소	항지방간 인자
콜린	choline	인지질의 구성성분	lecithin의 질소화합물	

(2) 유기 보조인자(organic cofactor)

수용성 비타민 대부분은 생체 대사과정의 조효소로 작용하는 데 유기 보조인자는 비타민 B 유도체이다(표 6-1). 예를 들면, 바이오틴(biotin)은 carboxylase, PLP(pyridoxal phosphate)는 aminotransferase의 조효소이다.

(3) 유기 보조인자의 종류

① NAD^+(nicotinamide adenine dinucleotide), $NADP^+$(nicotinamide adenine dinucleotide phosphate)

NAD^+와 $NADP^+$는 니코틴아마이드와 아데닐산을 함유한 물질로 전자전달반응의 전자운반체이며 탈수소반응의 조효소이다(192쪽 그림 8-12 참조).

② FAD(flavine adenine dinucleotide), FMN(flavine mononucleotide)

FAD와 FMN은 전자전달반응의 전자운반체이며 탈수소반응의 조효소이다(234쪽 그림 10-4 참조).

③ CoA(coenzyme A)

CoA는 아실기 운반체로 아데닐산과 -SH기가 분자의 양 말단에 있으며 판토텐산이 구성 성분이다(233쪽 그림 10-3 참조).

④ 엽산(folic acid)

엽산은 일 탄소 단위 운반체이다.

⑤ 바이오틴(biotin)

바이오틴은 CO_2 운반체이며 탄산화 반응의 조효소이다.

⑥ PLP(pyridoxal phosphate)

PLP는 아미노기전달, 탈탄산화, 라세미화 반응 등의 조효소이다.

⑦ TPP(thiamine pyrophosphate)

TPP는 알데하이드 운반체이며 탈탄산화 반응의 조효소이다.

⑧ 리포산(lipoic acid)

리포산은 아실기 운반체로 결손 효소의 라이신 잔기에 아마이드기로 공유결합된 구조이다.

6.5 효소의 분류

효소의 일반적인 명칭(trival name)은 기질 다음에 -ase를 붙여 사용한다. 효소는 International Enzyme Commission(1955, IEC)에 의해 그들이 촉매 하는 반응에 따라 6 가지로 분류되며 효소의 체계적인 분류 명칭은 EC(a, b, c, d) 등으로 사용한다(표 6-2). a는 클래스(class)로 가장 큰 그룹(group)이며, b는 서브클래스(subclass)로 그룹의 특이성(specificity)을 나타내며 c는 서브-서브클래스(sub-subclass)이고 d는 서브-서브클래스의 순차적인 번호(serial number)이다.

표 6-2 효소의 분류

1. 산화환원효소(oxidoreductases) : 산화환원반응을 촉매 Group 1 : lactate dehydrogenase(EC 1.1.1.27) 1.1. CH-OH를 공여체로 하는 것 1.2. Aldehyde 또는 ketone을 공여체로 하는 것 1.3. CH=CH를 공여체로 하는 것 1.4. H_2O_2를 수용체로 하는 것	4. 탈이효소(lyases) : 비가수분해로 화학기의 이탈 반응을 촉매 Group 4 : fructose 1,6-bisphosphate adolase(EC 4.1.2.13) 4.1. CO_2 제거(탈탄산효소, decarboxylase) 4.2. NH_3 제거(탈아미노효소, deaminase)
2. 전이효소(transferases) : 관능기의 전이를 촉매 Group 2 : hexokinase (EC 2.7.1.1) 2.1. 일탄소기를 전이하는 것 2.2. Aldehyde기 또는 ketone기를 전이하는 것 2.3. Acyl기를 전이하는 것(탄화수소 사슬) 2.4. Glycosyl기를 전이하는 것(당) 2.5. 인을 함유한 기를 전이하는 것	5. 이성화효소(isomerases) : 이성화 반응을 촉매 Group 5 : triose phosphate isomerase(EC 5.3.1.1) 5.1. Racemases 및 epimerase 5.2. *Cis-trans* 이성화효소
3. 가수분해효소(hydrolases) : 가수분해 반응을 촉매-물을 가하여 화학결합을 파괴 Group 3 : adenosine triphosphatase(EC 3.6.1.3) 3.1. Ester 결합에 작용하는 것 3.2. Glycoside 결합에 작용하는 것(당분자 사이의) 3.3. Ether 결합에 작용하는 것 3.4. Peptide 결합에 작용하는 것	6. 합성효소(ligases) : ATP를 분해시켜 화학결합을 형성하는 반응을 촉매 Group 6 : isoleucyl t-RNA synthetase(EC 6.1.1.5) 6.1. C-O 결합을 형성하는 것 6.2. C-S 결합을 형성하는 것 6.3. C-N 결합을 형성하는 것 6.4. C-C 결합을 형성하는 것

예를 들어 oxidoreductase의 경우 a는 1이며 b는 oxidoreductase의 specificity, c는 oxidoreductase의 electron acceptor 형태, d는 일련의 번호 순서이다.

1. oxidation-reduction reaction by oxidoreductase(산화환원효소, EC 1.)
   Group 1 : lactate dehydrogenase(EC 1.1.1.27)

2. group transfer reaction by trnasferase(전달효소, EC 2.)
   Group 2 : hexokinase(EC 2.7.1.1)

3. hydrolytic reaction by hydrolase(가수분해효소, EC 3.)
   Group 3 : adenosinetriphosphatase(EC 3.6.1.3)

4. elimination reaction by lyase(분해효소, EC 4.)
   Group 4 : fructose 1,6-bisphosphate adolase(EC 4.1.2.13)

5. isomerization reaction by isomerase(이성질화효소, EC 5.)
   Group 5 : triosephosphate isomerase(EC 5.3.1.1)

6. ATP-requiring join reaction by ligase(synthetase)(연결효소, EC 6.)
   Group 6 : isoleucyl t-RNA synthetase(EC 6.1.1.5)

Ligase(synthetase)는 ATP를 사용하여 합성하는 반응을 촉매하는 반면, synthase는 ATP를 사용하지 않고 합성하는 반응을 촉매 한다.

6.6 효소 활성의 영향 인자

효소 활성에 영향을 미치는 인자는 효소 농도, 기질 농도, pH, 온도 등이 있다.

6.6.1 효소와 기질 농도의 영향

효소 반응속도는 일반적으로 효소 농도에 비례하여 증가하지만 반응생성물이 효소 작용을 억제하는 경우도 있다. 한편, 효소 반응속도는 일정 범위까지는 기질의 농도에 비례하지만 이 범위를 넘었을 때는 비례하지 않는다.

6.6.2 pH의 영향

효소는 단백질이므로 pH에 따라 그 활성이 크게 좌우되며 대부분의 효소는 일정한 pH 범위에서만 특이적 활성을 갖는다. 효소 활성이 항상 pH에 의존하는 것은 효소내의 작용기 또는 기질의 이온화에 영향을 받기 때문이다. 대부분 효소의 K_m값은 pH에 따라 변화한다. 최적 pH(optimum pH)는 효소 활성이 최대값을 가장 잘 나타내는 특정 pH이다. 대부분 효소의 최적 pH는 중성 또는 약산성 범위이지만 pepsin(pH 1.5~2.5), trypsin(pH 7.5~10.0)의 경우도 있다. 대부분 효소의 p$K\alpha$는 아미노산의 곁사슬의 p$K\alpha$가 좌우되며 효소는 종모양(Bell-shape)의 그림을 갖는다(그림 6-6).

6.6.3 온도의 영향

일반적으로 온도가 10℃ 정도 올라갈 때 반응속도는 대략 두 배정도 증가한다. 효소 반응속도도 온도가 상승하면 증가하지만 효소는 단백질이므로 온도가 너무 올라 가면 응고되어 변성된다. 최적 온도(optimum temperature)는 효소 활성이 최대값을 갖는 특정 온도이다(그림 6-7). 대부분 효소는 온도가 40~50℃를 넘으면 효소 활성이 급격히 감소되어 변성되며 60℃ 이상에서는 극소수의 효소만이 활성을 유지할 수 있다.

$k = Ae^{-Ea/RT}$

k : 속도 상수, A : 아레니우스 상수(pre-expotential factor), R : 기체상수, T : 절대 온도(K), Ea : 활성화에너지

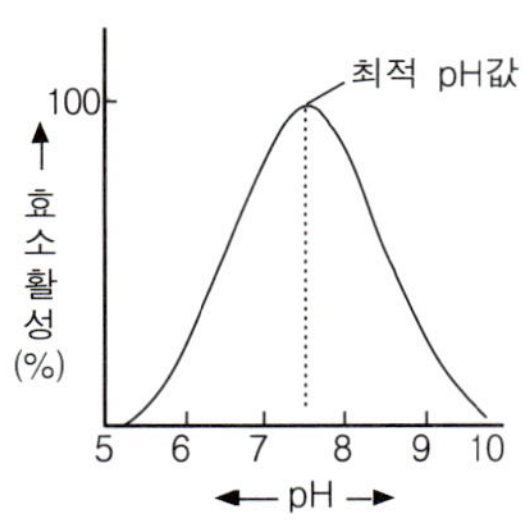

모든 효소는 최적 pH를 갖고 있다(효소가 최대 활성을 나타내는 하나의 pH).

그림 6-6 효소 활성에 미치는 pH의 영향

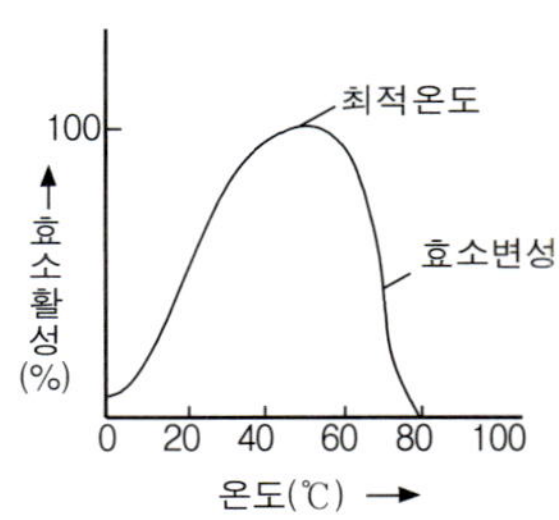

모든 효소는 최적온도(효소가 활성을 100%나타내는 온도)의 범위를 나타낸다. 효소변성은 60~70℃ 초과온도에서 시작된다.

그림 6-7 효소활성에 있어서 온도의 영향

6.7 효소의 분리와 구조

효소는 기질 특이성, 반응 속도론, 조절 양상에 대한 정확한 연구를 위해 순수한 단백질을 분리하기 시작하였다. 효소의 분리목적은 최대 효율, 최대 활성도, 최대 순도의 효소를 얻는 것이다. 효소를 분리하려면 효소원(enzyme source), 균일화(homogenation), 분리 방법(separation method)(표 6-3) 등을 살펴보아야 한다.

표 6-3 효소 정제에 사용되는 주요 분리 방법

특 징	방 법
Size or mass	Centrifugation Gel filtration Dialysis: ultrafiltration
Polarity (a) Charge	Ion-exchange chromatography Chromatofocusing Electrophoresis Isoelectric focusing
(b) Hydrophobic character	Hydrophobic chromatography
Solubility	Change in pH Change in ionic strength Decrease in dielectric constant
Specific binding sites or structural features	Affinity chromatography Affinity elution Dye-ligand chromatography Immunoadsorption Covalent chromatography

효소의 구조 규명 목표는 3차원 구조 결정과 촉매 기능 조사이며 그 단계는 분자량, 아미노산 조성, 1, 2, 3, 4차구조 결정 등이다. 1차구조의 아미노산 배열 순서는 효소의 분자량, 효소에서 특정 아미노산의 위치, 효소의 3차원 구조, 효소사이의 진화 관계 등을 알려 준다. 또한, 효소의 3차원 구조를 통해 거대 분자의 구조 모형, 촉매 기작, 효소사이의 유사성 등을 알 수 있다. 효소는 물 분자로 채워진 약간의 내부공간을 가진 대단히 촘촘한 구상 구조이며 비극성 아미노산 곁사슬

(Leu, Val, Phe)은 효소 안쪽, 극성 아미노산 곁사슬(Lys, Asp)은 효소 바깥쪽에 위치하며 효소 내부의 극성 그룹은 수소결합으로 연결되어 있고 큰 효소 분자는 조각으로 연결된 영역구조이다. 효소의 활성자리는 효소 전체에 대해 적은 부피를 차지하며 복잡한 3차원 구조이고 기질과 효소는 약하고 많은 힘으로 결합되어 있으며 틈새 형태이고 결합 특이성은 원자배치에 의해 결정된다.

6.8 효소의 반응속도론

효소의 반응론의 목적은 효소의 작용기작, 효소의 역할, 효소의 활성 조절에 관한 정보를 구하는 데 있다. 우리가 반응속도론적 결과를 구하는 실험 목적은 생성물의 양을 최적 조건에서 기질의 감소를 측정하는 것이다(그림 6-8). 효소의 측정 단위는 unit(U)이며 분당 생성된 μmol의 생성물(μmol/min)로, 비활성도(specific activity)는 U/mg protein으로 정의한다. Assay(효소 활성도 측정)는 반응 속도가 일정한 시간과 비례 범위의 효소 양으로 초기 속도를 측정한다. 반응속도론적 결과를 구하는 방법은 크게 두 가지가 있다.

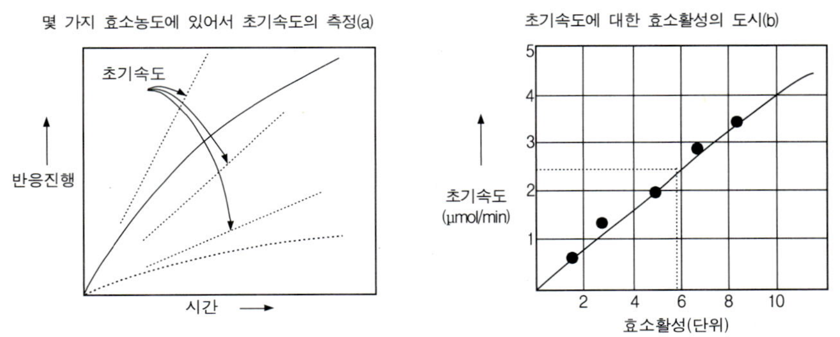

(1) Km의 측정
(2) (a)에 나타낸 것처럼, 기질농도를 포화에 가까운 농도, 예를 들면 Km의 10배에서 각종 효소 농도로 초기속도를 측정한다.
(3) (b)에 나타낸 것처럼, 초기속도를 효소농도에 대하여 도시한다. 도시된 직선 부분을 이용하면, 어떤 초기속도를 나타내는 미지시료내에 있어서 효소의 단위수를 구할 수 있다. 여기에 나타낸 예는 2.5μmol/min의 초기속도를 갖는 미지시료는 5.8단위의 효소활성을 갖는다고 볼 수 있다.

그림 6-8 효소활성의 정량적 측정. 3단계가 있다.

① Discontinuous assay

Hexokinase의 활성을 반응의 생성물인 글루코오스 6-인산(glucose 6-phosphate) 양을 직접 측정하여 결정하는 방법이다.

Discontinuous assay :

$$\text{D-Glucose} + \text{ATP} \xrightarrow{Mg^{2+}} \text{D-Glucose 6-phosphate} + \text{ADP}$$

② Continuous assay

Hexokinase의 활성을 glucose-6-phosphate dehydrogenase의 반응 생성물인 NADPH 양을 측정하여 결정하는 방법이다. 340nm에서 NADPH가 최대 흡광하는 성질을 이용하여 340nm에서 흡광도 증가는 NADPH와 글루코오스 6-인산 증가를 일으켜 hexokinase 활성의 증가를 초래한다.

Continuous assay :

$$\text{D-Glucose} + \text{ATP} \xrightarrow{Mg^{2+}} \text{D-Glucose 6-phosphate} + \text{ADP}$$

$$\text{D-Glucose 6-phosphate} \xrightarrow{NADP^+ \rightarrow NADPH} \text{D-Glucono}-\delta-\text{lactone 6-phosphate}$$

6.8.1 Michaelis-Menten 식

이 식의 가정은 촉매작용을 하는 특이적인 효소-기질 복합체(ES)가 필수적인 중간체이고 생성물은 전혀 초기상태의 기질로 돌아가지 않는다는 것이다.

(1) Michaelis-menten 식의 유도

Michaelis-Menten 식은 평형과 정류상태의 2가지 가정법으로 나누어 유도할 수 있다.

① 평형상태 가정법(equilibrium assumption)

$$E + S \underset{k_{-1}}{\overset{k_1}{\rightleftharpoons}} ES \xrightarrow{k_2} E + P(k_2 = k_{cat} = k_p)$$

평형상태 가정법은 E + S와 ES가 평형상태 후 P가 생기고, $k_{-1} > k_2$ 일 때이다.

K = [E] [S]/[ES] : 평형상수

$V_{max} = k_2$ [E]$_0$

$v = V_{max}$ [S]/(K + [S])

여기서 [S] < K 일 때는 1 차 반응 (first-order kinetics)이며 $v = V_{max}$ [S]/K =V_{max}/K [S], [S] = K일 때는 v = 1/2 V_{max}, [S] > K일 때는 0차 반응이며 $v = V_{max}$이다.

② 정류상태 가정법(steady-state assumption)

정류상태 가정법은 [ES]는 일정하며 [ES] 생성 속도와 [ES] 분해 속도는 같다.

[ES] 생성 속도 = [ES] 분해 속도

k_1[E][S] = k_{-1}[ES] + k_2[ES]

$K_m = (k_{-1} + k_2)/k_1$: Michaelis-Menten 상수

$v = V_{max}$ x [S]/(K_m + [S]) : Michaelis-Menten 식(그림 6-9)

K_m은 k_2가 k_{-1}보다 훨씬 작을 때 반응 속도가 최대 속도의 반이 될 때의 기질 농도이자 활성 자리의 반이 찼을 때의 기질 농도이다(표 6-4). 또한, K_m은 ES 복합체의 해리 상수이며 높은 K_m은 약한 결합을, 낮은 K_m은 강한 결합을 나타낸다.

k_2(k_{cat})는 효소가 기질로 완전히 포화됐을 때 단위시간에 생성물로 전환되는 기질분자의 수, 즉 반응 회전수(turnover number, 1/sec)로 그 값은 10~10^7/sec 정도이다(표 6-5).

$k_{cat} = V_{max}$/ [E]$_o$ ([E]$_o$ = enzyme active site concentration)

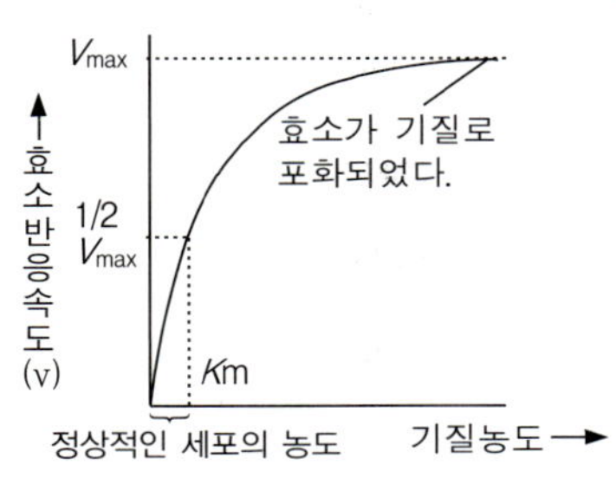

효소는 기질로 포화될 때 최대속도에 도달한다. 효소에 대한 최대속도 1/2에 해당하는 기질의 농도를 Michaelis-Menten 상수, K_m 라 한다.

그림 6-9 효소의 활성(속도)에 미치는 기질농도의 영향

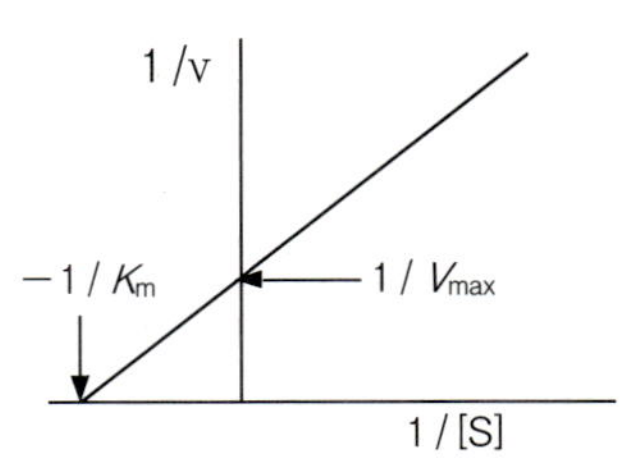

그림 6-10 Lineweaver-Burk 식

회전수가 큰 것은 효소 촉매반응이 대단히 빠른 속도로 진행한다는 것을 의미한다.

(2) Lineweaver-Burk 식 : Michaelis-Menten 식의 역수식

Lineweaver-Burk식은 Michaelis-Menten식의 변형식으로 역수식이다. y 축은 $1/V$, x 축은 $1/[S]$, 기울기는 K_m/V_{max}이다(그림 6-10).

$1/v = (K_m/V_{max}) \times (1/[S]) + 1/V_{max}$: Lineweaver-Burk 식

표 6-4 몇 가지 효소의 K_m값

효소	기질	K_m
Chymotrypsin	Acetyl-tryptophanamide	5×10^{-3}M
Lysozyme	Hexa-N-acetylglucosamine	6×10^{-6}M
β-Galactosidase	Lactose	4×10^{-3}M
Threonine deaminase	Threonine	5×10^{-3}M
Carbonic anhydrase	CO_2	8×10^{-3}M
Penicillinase	Benzylpenicillin	5×10^{-5}M
Pyruvate carboxylase	Pyruvate	4×10^{-4}M
	HCO_3^-	1×10^{-3}M
	ATP	6×10^{-5}M
Arginine-tRNA synthetase	Arginine	3×10^{-6}M
	tRNA	4×10^{-7}M
	ATP	3×10^{-4}M

표 6-5 몇 가지 효소의 반응 회전 수(20~38℃에서 1분간에 변화되는 기질분자 수)

Carbonic anhydrase	36,000,000
β-Amylase	1,100,000
β-Galactosidase	12,500
Phosphoglucomutase	1,240

6.9 효소 저해

6.9.1 비가역적 저해

비가역적 저해는 촉매에 필요한 효소의 작용기를 공유결합으로 영구히 변형시킬 수 있는 물질을 가하여 효소 분자를 불활성화시키는 방해 작용이다(그림 6-11). 이 저해는 EI 또는 ESI 복합체 형성을 가정한 Michaelis-Menten 식을 적용할 수 없다.

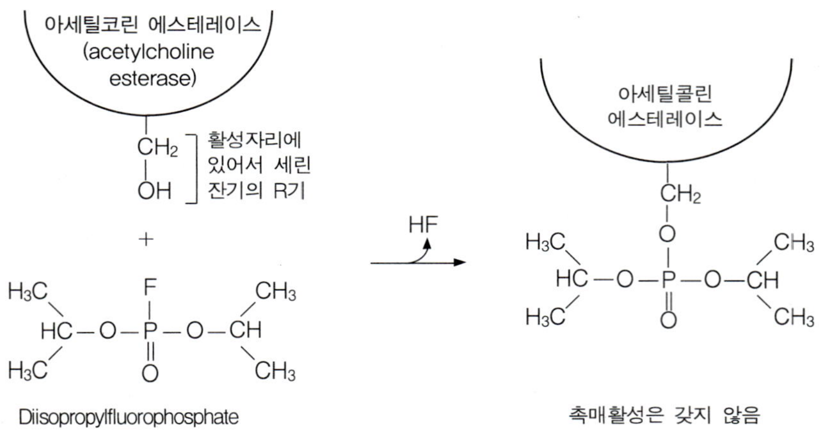

그림 6-11 diisopropylfluorophosphate(DFP)에 의한 acetylcholine esterase의 비가역적 저해

6.9.2 가역적 저해

(1) 경쟁적 저해(competitive inhibition)

경쟁적 저해의 가정은 K_{ESI}값은 무한값으로 S와 I가 서로 경쟁한다. 경쟁적 저해제의 구조가 기질과 비슷하여 효소의 활성자리에 결합, 기질과 결합하는 효소 분자의 비율을 감소시켜 반응속도를 감소시킨다. S의 농도가 충분하면 I(I : substrate analog)의 효과가 없으며 K_m은 증가하고 V_{max}은 일정하여 기울기는 증가한다(그림 6-12). Succinate dehydrogenase의 작용은 말론산(malonate)에 의해 경쟁적으로 저해된다.

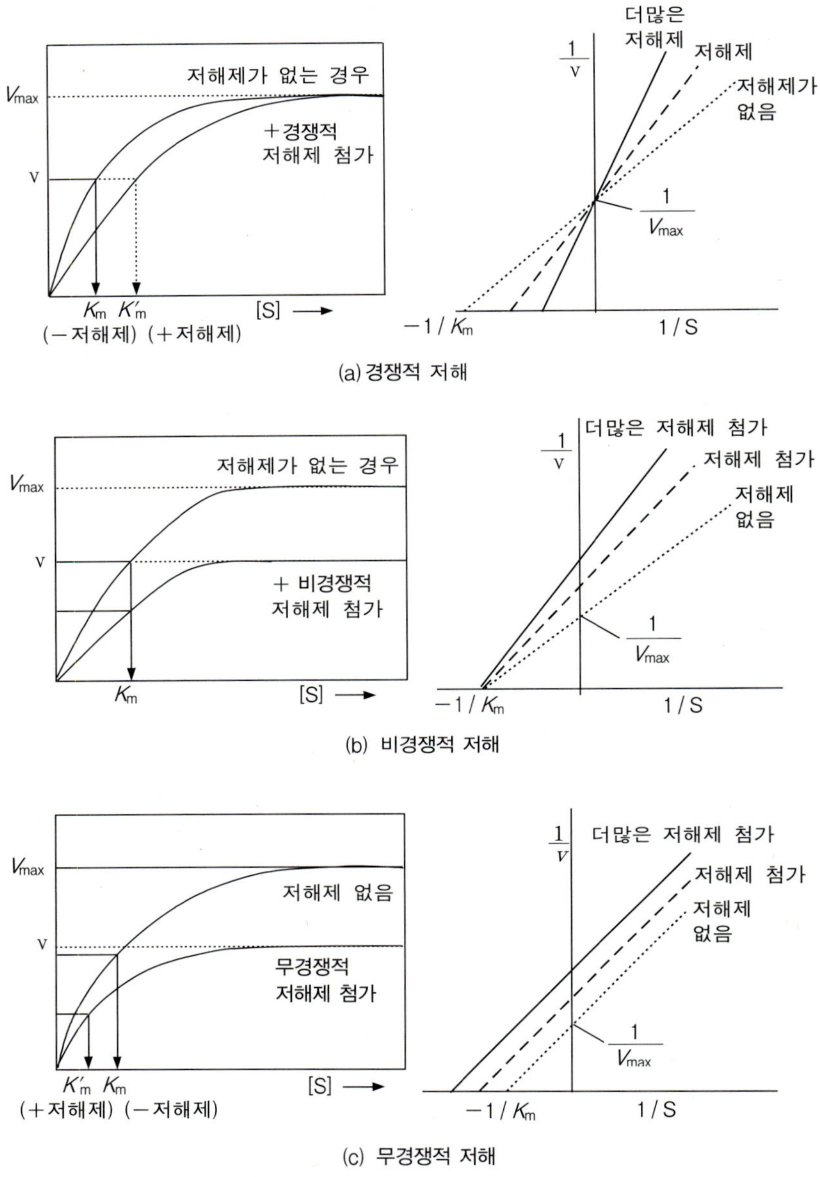

그림 6-12 Michaelis-Menten 식(좌)과 Lineweaver-Burk 식(우)으로 나타낸 저해양식 중 경쟁적 저해(a), 비경쟁적 저해(b), 무경쟁적 저해(c)

(2) 비경쟁적 저해(non-competitive inhibition)

비경쟁 저해의 가정은 $K_{ESI}= K_{ES}$으로 I는 E 또는 ES와 결합한다. 비경쟁적 저해제는 기질과 동시에 효소 분자에 결합하여 결합자리는 중복되지 않아 효소가 기질의 활성자리에 결합하는 것을 방해하지 않는다. 비경쟁적 저해제는 활성자리가 아닌 자리에 결합하여 효소를 변형시켜 정상적인 속도로 ES 복합체를 형성하지 못하여 ES → E + P 속도를 감소시키며 효소 분자 비율을 감소시키지 않고 효소의 반응회전수를 감소시킨다. 기질의 농도를 증가시켜도 저해는 극복되지 않으며 효소의 활성자리를 변형시키지 않으므로 K_m은 일정하고 V_{max}은 감소하여 기울기는 증가한다(그림 6-12). Fructose 1,6-bisphosphatase의 작용은 AMP에 의해 비경쟁적으로 저해된다.

(3) 무경쟁적 저해(uncompetitive inhibition)

무경쟁적 저해의 가정은 K_{EI}값은 무한값으로 I는 ES와만 결합한다. 무경쟁적 저해제는 효소와 결합하지 않고 ES 복합체와 결합하여 ESI를 생성한다. 기질의 농도를 증가시켜도 저해는 극복될 수 없으며 무경쟁적 저해제의 농도를 증가시키면 K_m은 감소하고 V_{max}도 감소하여 기울기는 일정하다(그림 6-12). Alkaline phosphatase의 작용은 페닐알라닌에 의해 무경쟁적으로 저해된다.

6.10 효소 활성 및 합성의 조절

생체에서 중요한 생화학적 작용을 주관하는 대사회로(metabolic pathway)는 수많은 효소 촉매 반응으로 구성되어 있다. 생화학적 대사회로는 효소의 농도와 활성에 따라 조절되는데 중요한 조절작용으로는 (i) 유전적 통제, (ii) 공유결합 변형, (iii) 다른자리 입체성 조절, (iv) 구획화 등이 있다.

6.10.1 유전적 통제(genetic control)

세포 내에서 일어나는 대사의 요구에 반응하여 효소가 생성되는 현상을 효소 유도(enzyme induction)라고 한다. 이러한 유도작용 때문에 세포는 주변 환경의 변화에 대해 신속하게 대응할 수 있다. 예를 들어 락토오스가 전혀 없는 배지에서 자란 대장균은 처음에는 락토오스를 이용하지 못하다가 글루코오스가 없는 상태에서 나중에 락토오스를 이용할 수 있는 효소가 새로 만들어진다. 또 다른 하나의 조절작용으로 억제(repression)작용이 있다. 아미노산 합성 회로에서 볼 수 있듯이 대사회로의 최종생성물이 보통 첫 반응에 관련되는 효소의 활성을 억제하는데, 이를 음성

되먹임 억제라고 한다.

6.10.2 공유결합 변형(covalent modification)

어떤 효소는 활성화 형태와 불활성화 형태 사이의 가역적 상호전환에 의해 조절된다. 공유결합 변형(covalent modification)으로 효소 구조에 변화가 생기면 그 기능이 변한다. 이러한 효소들은 보통 인산화(phosphorylation) 또는 탈인산화(dephosphorylation)될 수 있는 특정 아미노산 잔기를 갖고 있다. 예를 들어 글라이코젠 가인산분해효소(glycogen phosphorylase)의 활성이 인산화 또는 탈인산화에 따라 변하게 된다(219쪽 그림 9-12 참고). 즉 호르몬 작용에 의해 불활성화 형태의 글라이코젠 가인산분해효소 *b*의 세린 잔기가 인산화되면 활성화 형태의 글라이코젠 가인산분해효소 *a*로 전환된다. 가역적 공유결합 변형의 다른 형태로 메틸화(methylation), 아세틸화(acetylation) 및 뉴클레오타이드화(nucleotidylation: 뉴클레오타이드 첨가) 등이 있다.

6.10.3 다른자리 입체성 조절(allosteric regulation)

일반적으로 생합성 회로에서 첫 반응 단계에 관련된 효소가 보통 페이스메이커(pacemaker) 또는 조절효소(regulatory enzyme)로 작용한다. 또 생합성 대사회로의 분기점(branch point)의 첫 단계에 관여하는 효소도 있다. 다른자리 입체성 조절(allosteric regulation)은 공유결합변형과 함께 조절효소를 조절하는 중요한 메커니즘이다(136쪽 그림 6-5 참고).

다른자리 입체성 효소(allosteric enzyme)는 보통 여러 개의 기본 단위체로 구성되며, 그 조절 작용은 효과인자에 의해 영향을 받는다. 효과인자가 효소에 결합하면 효소에 대한 기질의 결합이 증가하거나 감소한다.

효과인자는 촉진적 또는 저해적이다. 다른자리 입체성 효소의 결합곡선은 시그모이드형이다. 효과인자가 결합할 때 촉진적 또는 저해적 효과인자에 따라 곡선은 위 또는 아래로 이동한다. 아스파트산 카바모일 전이효소(aspartate transcarbamoylase, ATCase)는 피리미딘 뉴클레오타이드인 사이티딘 삼인산(cytidine triphosphate, CTP)을 합성하는 대사회로의 첫 반응을 촉매하는 다른자리 입체성 효소이다. CTP는 ATCase 효소의 저해적 효과인자로 작용한다. 이는 대사회로의 최종 생성물이 페이스메이커 효소의 활성을 억제하는 음성 되먹임 저해(negative feedback inhibition)의 대표적인 예이다.

6.10.4 구획화(compartmentation)

대사 회로에서 효소의 기질과 효소, 에너지원과 조절 성분에 대한 정확한 공간적 관계는 주요한 기능적 특징이 된다. 세포가 생화학 반응에 통제하기 위해 사용하는 메커니즘인 구획화(compartmentation)는 이 과정에서 주요한 역할을 한다. 주어진 시간에 수백 또는 수천의 서로 다른 화학 반응이 동시에 일어날 수 있다. 이러한 반응의 대부분은 단백질과 핵산의 합성과 분해 같은 양립하기 어려운 대사과정에서 일어난다. 효소, 기질과 조절 분자를 세포 내 다른 부위 또는 구획으로 분리시킴으로써 비교적 부족한 이 물질을 효율적으로 이용할 수 있도록 한다. 한 구획 안에 어떤 생체 분자를 가두어 넣는 것은 불리한 반응을 열역학적으로 유리한 반응과 결합하는 데 매우 중요하다.

6.10.5 단백질 분해 절단에 의한 활성화

어떤 효소들은 처음에는 불활성화형으로 합성되지만 공유결합 변형을 거쳐 온전한 효소 활성을 얻는다.

여러 중요한 생물학적 반응들이 단백질 분해 절단에 의해 일어날 수 있는데, 즉 그림 6-13에서 보는 것처럼, 효소 선구체인 키모트립시노겐(chymotrypsinogen)이 단백질 분해 절단 반응에 의해 활성화되는 과정을 나타낸 것이다. 반응 첫 단계는 키모트립시노겐의 Arg15-Ile16(아르지닌15-아이소루신16) 펩타이드 결합이 트립신에 의해 가수분해된다. 그 결과 형성된 π-키모트립신(활성화된)은 두 단계의 자체 활성화(autoactivation) 반응을 통해 Ser14-Arg15와 Thr147-Asn148(트레오닌147-아스파라진148) 다이펩타이드를 절단하여 온전히 활성화된 α-키모트립신으로 전환된다.

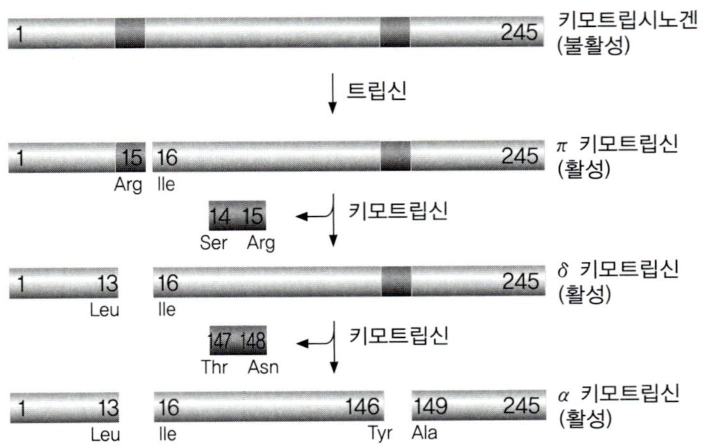

그림 6-13 다백질 분해 절단 반응에 의한 키모트립시노겐의 활성화 과정

요약

효소는 화학반응 속도를 증가시키는 단백질성 촉매이며 촉매반응 중에는 소모도 변형도 되지 않는다. 효소의 폴리펩타이드(polypeptide)사슬은 "활성자리"를 만드는 방식으로 겹쳐져 있다. 기질은 효소의 활성자리에 특이한 방식으로 결합하여 효소-기질(ES)복합체를 형성한다. 그 후, 촉매반응이 일어나, 반응생성물을 형성한다. 효소는 3가지의 기질특이성을 나타내는데, 각각 그룹 특이성, 절대 특이성, 입체 특이성 등이 있다. 활성자리는 기질부위를 활성자리에 결합한 다음 많은 아미노산 잔기로 에워싸여 있는데, 이 아미노산들은 촉매반응을 일으킨다. 효소의 조효소(금속이온과 유기 보조인자)는 활성자리에 결합되어 화학결합을 형성 또는 파괴를 돕는다. 만약 분자들이 서로 반응한다면, 그들은 전이상태에 도달한 후에 화학결합을 형성, 또는 파괴하기 위한 충분한 운동에너지(이동에너지)를 가져야 한다. 효소는 저활성화에너지를 갖는 다른 반응의 경로를 제공함으로써 화학반응을 가속화시킨다. 효소는 기질을 활성자리내로 집결시켜 이러한 일을 수행한다. 과거에는, 효소는 기질의 이름이나 촉매하는 반응의 이름에 "ase"를 붙여 명명하였다. 지금은 효소는 계통명에 의해 분류하고 있다. 계통명에 의한 주된 6개의 분류는 다음과 같다. 즉, 산화환원효소, 전이효소, 가수분해효소, 탈이효소, 이성화효소 그리고 합성효소이다. 효소는 pH의 최적 범위뿐만 아니라 최적온도(일반적으로 25~40℃) 범위를 가지고 있다. 기질의 양은 효소의 활성에 큰 영향을 미친다. 최고속도에서, 효소는 기질과 포화되며 더 이상 빨리 기질이 산물로 전환될 수 없다. 최고속도의 절반에 해당하는 기질의 농도를 Michaelis-Menten 상수(K_m)라 부른다. 실험을 통하여 보다 정확한 K_m값을 구하기 위하여, Michaelis-Menten식의 역수를 취하여 도시하면 직선을 얻을 수 있다. 이 식을 Lineweaver- Burk식이라 한다. 효소의 활성은 비가역적, 가역적 저해제에 의해 저해될 수 있다. 비가역적 저해제(DFP)는 효소의 특이적인 작용기와 공유결합을 형성한다. 가역적 저해제는 가역적으로 효소와 비공유결합으로 결합한다. 어떤 효소는 고농도의 기질(기질저해)에 의해 저해된다. 다른 어떤 효소들은 기질과 모습이 비슷한 물질이 활성자리에 결합하여 저해되며, 생성물이 생성되지 않는다(경쟁적 저해제). 비경쟁적 저해제는 효소표면에 있는 비활성부위에 결합하여 효소의 구조를 변화시켜 결국 효소를 비활성화시킨다. 경쟁적 저해제는 효소의 최고속도 불변이고 K_m 값은 증가한다. 한편, 비경쟁적 저해의 V_{max}는 감소, K_m 값은 불변이다. 효소는 동위효소로서 존재할 수 있다(각각 다른 소단위로 구성된 소중합단백질). 젖산탈수소효소(LDH)는 다섯 가지의 동위효소(H_4, H_3M, H_2M_2, HM_3 및 M_4)가 있다. 이러한 동위효소는 똑같은 화학반응을 촉매 하지만, 각각 다른 촉매활성을 나타내며(즉, V_{max}도 다르고 K_m 값도 각각 다르다) 대사경로를 조절하는 역할을 수행한다. 다른자리 입체성 효소는 기질과 결합하는 활성부위 뿐만 아니라 효과인자가 결합하는 하나 혹은 그 이상의 추가적인 부위를 가진 소중합체이다. 효과인자는 다른자리 부위에 결합하는 조그마한 분자량으로 된 물질로서 효소의 활성을 조절한다. 효과인자에는 효소의 활성을 촉진하는 촉진적 효과인자와 효소의 활성을 저해하는 저해적 효과인자가 있다. 다른 자리 입체성 효소는 되먹임저해에 의해 대사경로를 조절한다.

연습문제

1. 효소는 활성화에 비단백질성 유기물이 필요한데 무엇이라 하는가?
① apoenzyme ② cofactor
③ coenzyme ④ coenzyme A
⑤ holoenzyme

2. 생체계 반응의 속도조절 단계의 특징끼리 묶은 것은?

가. 평형상태의 반응이다.
나. 비가역적이다.
다. 열 흡수반응이다.
라. 대체로 느린 반응이다.

① 가 나 다 ② 가 다 ③ 나 라
④ 라 ⑤ 가 나 다 라

3. 효소에 대한 설명으로 옳은 것은?

가. 효소는 몇 가지 기질에 대하여 특이성이 있다.
나. 주효소(apoenzyme)에 조효소(coenzyme)가 결합한 것을 완전효소(holoenzyme)라 한다.
다. 조절효소(regulatory enzyme)의 효과인자는 반응속도에 영향을 주지 않는다.
라. 동위효소(isozyme)는 같은 효소작용을 하지만 분자구조가 다른 효소를 말한다.

① 가 나 다 ② 가 다 ③ 나 라
④ 라 ⑤ 가 나 다 라

4. 효소의 성질에 대한 설명으로 옳은 것은?
① 효소는 단백질에 비단백질 부분이 결합되어야만 작용한다.
② 한 개의 효소는 몇 가지 기질에 작용한다.
③ 효소는 생체 내 반응속도를 감소시킨다.
④ 효소반응은 일반적인 화학반응보다 활성화 에너지가 낮다.
⑤ 효소의 활성은 대부분 알칼리성에서 가장 크다.

5. 활성화 에너지란?
① 기저상태의 에너지
② 전이상태의 에너지
③ 기저상태와 전이상태의 에너지 차이
④ 반응 후의 에너지
⑤ 반응 전과 후의 에너지 차이

6. 효소반응에 대한 설명으로 가장 옳은 것은?
① K_m은 $1/2v_{max}$에 도달하기 위해 필요한 기질의 농도이다.
② K_m값이 높을수록 기질 친화력이 높다.
③ 경쟁적 저해 시에는 K_m값이 감소한다.
④ 기질 농도가 K_m값보다 높아질수록 효소 반응 속도는 직선적으로 증가한다.
⑤ 반응생성물이 많아질수록 반응속도가 빨라진다.

7. 효소반응의 초기속도(V_o)가 최대 반응속도(V_{max})의 1/2일 때, K_m은?
① [S] ② 1/[S] ③ 1/2[S]
④ 2[S] ⑤ $[S]^2$

8. 효소 분류의 6가지 계통명이 아닌 것은?
① lyase ② transferase
③ oxidoreductase ④ hydrolase
⑤ phosphatase

9. 지모젠(zymogen)은 효소의 비활성화된 전구체인데 지모젠이 아닌 것은?
① phosphorylase *b*
② pepsinogen
③ phosphorylase *a*
④ trypsinogen
⑤ chymotrypsinogen

10. 효소의 지모젠(불활성형 전구체)과 활성화 물질의 연결로 옳은 것은?
① trypsinogen–gastrin
② chymotrypsinogen–rennin
③ pepsinogen–HCl

연습문제

④ phosphorylase *b*–phosphorylase *a*

⑤ fibrinogen–Ca

11. 경쟁적 저해의 특징은?

① V_{max}, K_m 모두감소

② K_m 증가, V_{max} 불변

③ K_m 감소, V_{max} 불변

④ V_{max} 증가, K_m 불변

⑤ V_{max} 감소, K_m 불변

12. 다른자리 입체성 효소(allosteric enzyme)에 대한 설명으로 옳은 것은?

가. Michaelis–Menten 식을 사용한다.
나. 촉진적 효과 인자는 기질의 결합을 증가시킨다.
다. 최종 생성물에 의해 억제되지 않는다.
라. 촉매자리는 조절자리와 구별된다.

① 가 나 다 ② 가 다 ③ 나 라
④ 라 ⑤ 가 나 다 라

13. 동위효소에 대한 설명으로 옳은 것은?

① 작용과 구조가 다른 이성질체이다.

② 효소의 가수분해산물이다.

③ 동일한 기능을 촉매하는 다른 효소이다.

④ 같은 반응을 촉매하지만 분자가 다른 형태이다.

⑤ 다른 종에서 분리한 동일한 기능의 효소이다.

14. 기질량에 따라 효소의 생합성량이 증가되는 현상은?

① 향상성 ② 활성화 ③ 억제
④ 저해 ⑤ 유도

15. 효소 촉매반응에 영향을 주지 않는 것은?

① 효소의 농도 ② pH ③ 압 력
④ 온 도 ⑤ 기질의 농도

16. 산화적 탈탄산화 반응의 조효소는?

① TPP(thiamine pyrophosphate)

② biotin

③ 5′–deoxyadenosylcobalamine

④ PLP(pyridoxal phosphate)

⑤ ascorbic acid

17. 췌액(pancreatic juice)의 소화효소가 아닌 것은?

① chymotrypsin ② lipase
③ trypsin ④ amylase
⑤ pepsin

18. 가수분해효소가 아닌 것은?

① protease

② lipase

③ cytochrome oxidase

④ amylase

⑤ glycosidase

19. 숫자는 각효소의 기질에 대한 K_m값이다. 기질과 가장 친화력이 있는 효소는?

① 5.0 : threonine dehydratase

② 25 : catalase

③ 0.05 : hexokinase

④ 9.0 : carbonic anhydrase

⑤ 4.0 : β–glactosidase

20. 숙신산이 푸마르산으로 될 때 succinate dehydrogenase가 관여하는데 이 효소의 경쟁적 저해제는?

① malonate ② malate ③ citrate
④ acetate ⑤ lactate

정답 : 1③ 2④ 3③ 4④ 5③ 6① 7① 8⑤ 9③ 10③ 11② 12③ 13④ 14⑤ 15③ 16① 17⑤ 18③ 19③ 20①

용어해설

1. Acetylcholinesterase : 기질인 acetylcholine에 작용하여 초산과 choline을 생성하는 가수분해 효소로 신경자극의 전달에 있어서 중요한 역할을 한다.

2. Lineweaver-Burk 식 : 이중역수도시라고도 함.

3. Michaelis-Menten 상수 : 간단히 K_m라고하며 최대속도의 1/2에 해당하는 기질의 농도이다. 또한, 효소-기질복합체(ES)의 해리상수이다.

4. 가수분해 효소(hydrolase) : 가수분해 반응을 촉매하는 효소(물을 가하여 화합결합을 파괴)

5. 가역적 저해(reversible inhibition) : 어떤 저해제가 효소와 가역적으로 결합함으로서 일어나는 저해

6. 경쟁적 저해제(competitive inhibitor) : 어떤 저해제에 의해 저해를 받는 효소가 작용하는 기질의 구조와 너무 비슷하여 원래의 기질과 경쟁하여 저해를 하는 화합물

7. 공유결합 변형(covalent modification) : 화학적, 효소학적으로 효소의 입체구조가 변형됨으로서 활성을 조절하는 한가지의 방법

8. 기질(substrate) : 효소에 의해 작용을 받는 물질

9. 기질포화곡선(substrate satruation curve) : 기질의 농도를 달리했을 때, 그 농도에 따른 효소의 활성속도를 나타낸 곡선. 어떤 효소가 조절효소가 아닐 경우는 쌍곡선, 조절효소일 경우는 S-자형 곡선을 나타낸다.

10. 다른자리 입체성 효소(allosteric enzyme) : 하나 혹은 그 이상의 대사산물의 결합으로 효소의 구조가 변화되어 효소의 촉매활성에 변화가 일어나는 효소, 일반적으로 이 효소는 소중합체 단백질로 그 반응경로에 첫번째 관여하는 효소의 대부분이 다른자리 입체성 효소이다.

11. 효과인자(allosteric effector) : 다른자리 입체성 효소를 조절하는 물질로, 그 대사계의 최종산물이 효과인자로 작용하는 경우가 대부분이다. 조절인자(regulator) 혹은 조절자(modulator)라고도 하며, 촉진적 효과인자(positive effector)와 저해적 효과인자(negative effector)로 나눈다.

12. 단백질 분해효소(proteolytic enzyme) : 단백질을 소화하는 효소

13. 동위효소(isoenzyme) : 동질효소(isozyme)라고도 하며, 한 세포, 한 생물에서 만들어져 구조는 다르더라도 그 기능은 같은 효소

14. 되먹임 저해(feedback inhibition) : 효소촉매반응의 말단산물이 저해적 효과인자로 작용하여, 그 계열에 관여되는 효소의 활성이나 효소의 합성을 저해하는 현상

15. 무경쟁적 저해(uncompetitive inhibition) : 어떤 저해제가 효소와는 결합하지 않고 효소-기질복합체[ES]에만 결합하여 저해제가 없는 반응과 비교하면, 최대속도가 감소하는 저해

16. 반응회전수(turnover number) : 한 개의 효소분자에 의해서 단위 시간당 분해되는 기질분자의 수

17. 보조인자(cofactor) : 효소가 활성을 위하여 요구되는 비단백질성 요소를 말하며, 보조인자는 금속이온도 유기분자도 가능하다. 효소단백질에 단단히 결합된 보조인자를 prosthetic group(보결분자족)이라 하고 느슨히 결합된 보조인자를 조효소(coenzyme)라 한다.

18. 조효소(coenzyme) : 보조인자에서 설명

19. 비경쟁적 저해제(noncompetitive inhibitor) : 효소 또는 효소-기질복합체와 가역적으로 결합하여 저해하는 물질

20. 비활성(specific activity) : 단백질 1mg당의 효소단위수

21. 산화환원효소(oxidoreductase) : 산화환원 반응을 촉매하는 효소

22. 유도적합(induced-fit model) : Daniel Koshland가 주장한 이론으로 기질의 구조에 순응하도록 효소의 형이 변화도는 것.

23. 이성질화효소(isomerase) : 이성질화 반응을 촉매하는 효소

24. 전이상태(transition state) : 반응물 A와 B가 생성물 C와 D로 전환되기 위한 충분한 에너지를 가진 고에너지 중간산물을 말한다.

25. 전이효소(transferase) : 관능기의 전이를 촉매하는 효소

26. 촉매(catalyst) : 화학반응의 율을 증가시키는 어떤 물질

27. 최대속도(maximum velocity, Vmax) : 어떤 효소가 100%로 기질로 포화된 상태에서 얻어지는 효소의 속도

28. 최적온도(optimum temperature) : 어떤 효소가 최고활성(속도)을 나타낼 때의 온도

29. 최적pH(optimum pH) : 어떤 효소가 최고활성(속도)을 나타낼 때의 pH

30. 탈이효소(lyase) : 비가수분해로 화학기의 이탈반응을 촉매하는 효소

31. 특이성(specificity) : 효소가 결합하는 기질의 숫자와 형태뿐만 아니라 이들 반응들의 율과 범위를 고려한 어떤 효소에서 나타나는 선택의 정도를 말한다.

32. 합성효소(ligase) : ATP를 이용하여 화학결합을 형성하는 반응을 촉매하는 효소

33. 활성자리(active site) : 효소분자가 기질과 상호작용하고 결합하는 효소의 부위로서 결과 효소/기질 복합체가 형성된다.

34. 활성화 에너지(activation energy) : 어떤 물질 1몰 속의 모든 분자를 에너지 장벽의 정상에 있는 전이상태로 끌어올리는데 필요한 에너지의 양을 Cal로 나타낸 것

35. 효소(enzyme) : 단백질 분자로서, 생체세포에서 생성되며 화학반응의 촉매로서 작용한다.

36. 효소-기질 복합체(ES complex) : 기질이 효소의 촉매부위에 결합되어 효소와 기질이 하나로 구성된 복합체

37. zymogen(효소원) : 세포내에서 불활성 상태로 존재하는 효소전구체(proenzyme)

38. 효소활성(enzyme activity) : 국제적 단위로 1unit라 하는데, 이는 1분간에 1μmole의 기질의 변화를 촉매하는 효소량을 말한다.

| 제7장 |

대사 개요

Intrduction to Metabolism

생명체의 특성으로 세포는 주위환경으로부터 물질과 에너지를 끌어들이는데, 이 물질들은 세포의 생존에 필요한 화학에너지를 생성하는데 사용되고 여러 가지 세포의 구성성분으로 이용된다. 즉, 세포의 연료인 특정물질이 세포에 전달되고 이 물질 내에 존재하는 화학에너지가 이용 가능한 형태로 전환되며, 세포내의 필요한 곳에 전달되어 여러 가지 과정을 수행하는 에너지로 사용한다. 광합성 식물세포는 이산화탄소와 물을 당으로 전환하는 광합성 과정에 직접 태양 에너지를 사용할 수 있는데 결국, 이 당 분자는 광합성 세포의 화학에너지로 활용된다.

세포내에서 일어나는 화학반응을 세포의 대사(metabolism)라 한다. 대사과정은 주위로부터 화학에너지를 받아들여 여러 가지 영양성분들을 더 큰 생물 구성성분으로 전환하고, 이것들은 세포 자신이나 주위의 세포가 이용할 수 있는 단백질, 핵산, 지방, 복잡한 탄수화물 등의 구성성분으로 합성된다. 대사과정은 다음과 같은 대사경로로 요약된다.

$$A \xrightarrow{E_1} B \xrightarrow{E_2} C \xrightarrow{E_3} D$$

대사경로

이와 같이 A라는 물질은 B로, B는 C로, C는 D로 전환된다. 경로의 각 단계는 연속으로 일어나며 E_1, E_2, E_3와 같은 효소에 의해 촉진된다.

10~20여개의 효소가 관여하는 아주 복잡한 대사경로들도 세포내에서 일어난다. 이 대사경로들은 순간순간마다 조절하에 진행되어, 필요한 여러 가지 영양성분이나 대사산물들을 효과적으로 처리할 수 있다.

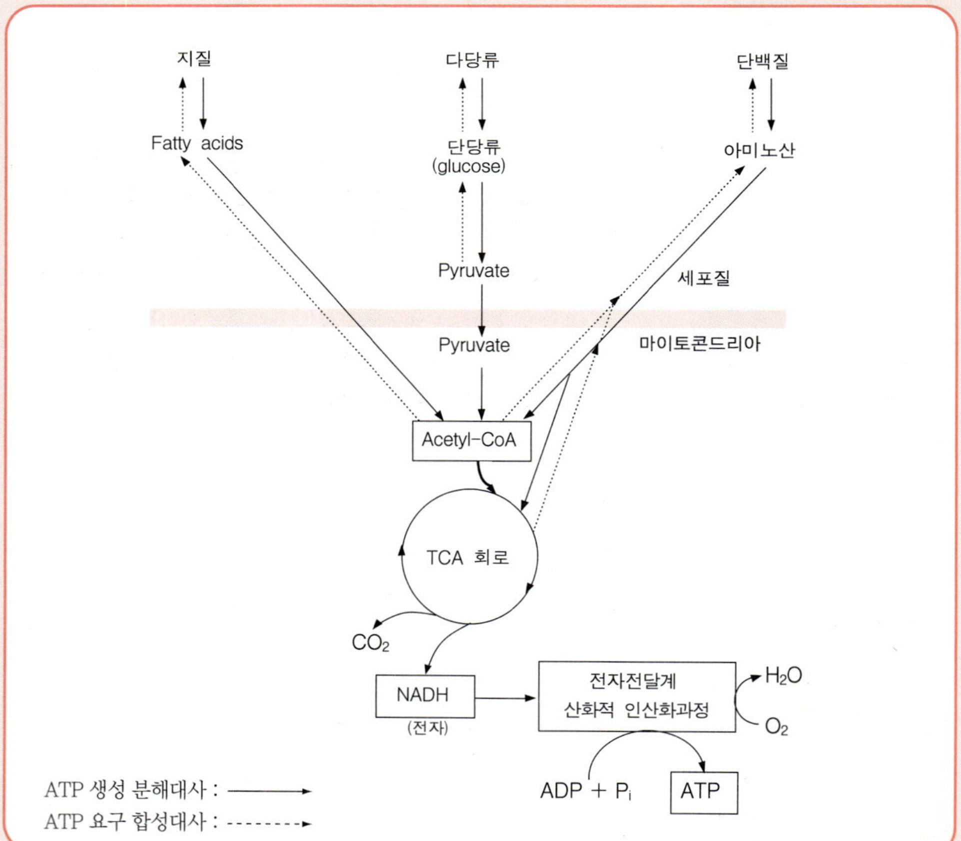

그림 7-1 기본적인 합성 및 분해대사 경로의 요약

대부분의 대사경로는 앞의 그림에서와 같이 물리적으로 조직화되어 있지 않다. 즉, 일반적으로 각각의 효소는 그림에서 나타낸 것과 같이 질서 정연한 배열로 구성되어 있지 않다. 그림으로 나타낸 것은 단순히 우리가 효소 반응단계의 배열을 이해하는데 도움을 주려는 것 뿐이다.

반응물질 A는 효소 E_2, E_3의 개입과정이 없이 직접 생성물 D로 전환될 수 없다. 그러나 어떤 대사과정은 한 효소에 의해 생성된 반응물질이 다음 단계에 관여하는 효소의 활성부위로 확산되어 반응이 일어날 수 있도록 세포벽이나 복합효소체로 효소들이 조직화 되어있다.

일반적으로 세포내에서 일어나는 대사과정은 분해대사(이화작용; catabolic pathway)와 합성대사(동화작용; anabolic pathway)로 대별된다. 분해대사는 보다 복잡한 영양성분을 간단한 분자로 분해하는 분해경로를 말하는데, 이 과정 중에 화학에너지가 발생된다. 합성대사는 단순한 전구물질을 여러 가지 세포 구성성분으로 생합성하는 과정인데 이때는 화학에너지를 필요로 한다. 세포의 주요 분해 및 합성대사를 그림 7-1에 요약하였다.

여러 종류의 지방, 탄수화물, 단백질 등이 아세틸-CoA(acetyl-CoA)라는 물질을 거쳐서 중심대사 경로인 TCA(tricarboxylic acid)회로로 들어간다. 세포의 대사 조절에 있어서 TCA 회로의 중요성에 대해서는 10장에서 더 상세히 설명하도록 한다.

7.1 생체 열역학

화학적 변화나 물리적 변화에서 에너지 변화를 다루는 분야가 열역학이며 생화학에서 에너지 변화를 이해하려면 기초적인 열역학의 개념을 파악하여야 한다.

세포에서는 영양소가 산화될 때 유리되는 에너지를 ATP 형태의 화학에너지로 전환, 저장하였다가 여러 가지 일에 사용한다. 즉 생체에서는 한 형태의 에너지가 다른 형태의 에너지로 전환되고 있다. 생체 안에서의 에너지 전환도 열역학적 법칙을 따르게 된다. 열역학은 반응이 어떤 방향으로 일어날 것인가를 예측하게 하고 반응에 동반되는 에너지 변화를 정량적으로 다룰 수 있게 하므로 매우 유용하다. 열역학은 기본적으로 제 1법칙과 제 2법칙으로 설명한다.

7.1.1 열역학의 법칙

(1) 열역학 제 1법칙

외부에서 열(Q)을 계에 주면 계는 내부 에너지 변화(ΔE)를 일으키고 남은 에너지는 외부로 일(W)을 하여 에너지의 전체량은 변하지 않는다는 법칙이다(식 7.1).

$$Q = \Delta E + W \quad (7\text{-}1)$$

즉 에너지는 한 가지 형태에서 다른 형태로 변화할 수는 있지만 창조되지도 파괴되지도 않는다(에너지 불변의 법칙). 예를 들어 근육이 수축할 때는 ATP의 화학에너지가 기계적 에너지로 전환될 뿐이며 총 에너지량에는 변함이 없다.

(2) 열역학 제 2법칙

열역학 제 1법칙에서 Q를 전부 W로 전환시킬 수 있는 계는 존재하지도 않고 만들 수도 없다는 법칙이 열역학 제 2법칙이다. 총에너지의 일부는 반드시 계의 질서를 유지하는데 이용된다. 따라서 일정한 압력과 온도에서 일어나는 화학반응(예 : 생체반응)에서 총에너지 변화(ΔH, enthalpy)는 일을 하는데 이용될 수 있는 에너지(ΔG, 자유에너지)와 질서를 유지하는데 이용되는 에너지($T \cdot \Delta S$)로 나타낼 수 있다(식 7.2).

$$\Delta G = \Delta H - T \cdot \Delta S \quad (7\text{-}2)$$

식에서 T는 절대온도이고, ΔS는 엔트로피(entropy)로 $\Delta S = (\Delta H - \Delta G) / T$로 정의되며 어떤 계에서의 무질서의 정도를 나타내는 것으로 일에 이용될 수 없는 에너지이다. 따라서 제 2법칙에 의하면 모든 변화는 질서있는 상태에서 무질서한 상태로, 유용한 에너지가 쓸모없는 에너지로 비가역적으로 파괴되는 방향으로 진행되며 엔트로피가 최대가 될 때 평형을 이루며 변화는 정지된다.

세포는 외부로부터 흡수한 글루코오스를 산화하여 에너지를 얻는데 이 때 자유에너지와 엔트로피의 변화는 얼마나 될까? 25℃에서 $C_6H_{12}O_6 + 6\ O_2 \rightarrow 6\ CO_2 + 6\ H_2O$의 반응이 일어날 때 $\Delta G^{o'}$는 −686,000 cal/mole이고 ΔH는 −673,000 cal/mole이다. 따라서

$$\Delta S = \frac{[\Delta H - \Delta G]}{[T]} = \frac{-673{,}000-(-686{,}000)}{298} = +44 \text{ cal/mole}$$

이 반응에서 ΔS는 +44 cal/mole이므로 무질서도(entropy)가 증가한다. 즉 고체 1분자와 기체 6분자에서 12분자의 기체가 생성되므로 무질서도가 증가함을 알 수 있다. 그러나 세포는 외부에서 글루코오스와 산소를 흡수하고 이산화탄소와 물을 다시 외부로 내보내므로 세포 자신의 무

질서도는 변화가 없고 외부의 무질서도만 증가한다.

7.1.2 화학반응의 자유에너지

$$A + B \underset{\text{역반응}}{\overset{\text{정반응}}{\rightleftharpoons}} C + D \tag{7.3}$$

위의 반응에서 반응 전의 각 물질에서의 절대적 자유에너지량(G)은 실험적으로 측정할 수 없기 때문에 반응 자체의 자유에너지 변화량(ΔG)을 취급할 수밖에 없다. 만약 생성물 C+D의 자유에너지 함량(G_{C+D})이 반응물 A + B의 자유에너지 함량(G_{A+B})보다 작다면 ΔG는 음(−)일 것이다. 즉 $\Delta G = G_{C+D} - G_{A+B} < 0$ 이다. ΔG가 음이 되면 자유에너지가 감소하는 에너지방출 반응(exergonic reaction)이 되며 반응의 진행방향은 정방향이 된다(정반응). 반대로 ΔG가 양(+)일 경우는 에너지를 외부에서 공급할 때만 일어나는 에너지흡수 반응(endergonic reaction)이며 반응의 진행방향은 역방향이 된다(역반응). 따라서 ΔG는 일정한 온도와 압력 하에서 화학반응의 진행방향을 결정해 주는 지표가 된다. 그러나 ΔG는 반응의 속도와 기구에 대해서는 아무런 정보도 제공하지 않는다.

그러면 ΔG는 어떻게 구할 수 있겠는가? ΔG는 식 (7.4)와 같이 반응 시의 반응물과 생성물의 농도 및 온도와 밀접한 관계가 있다.

$$\Delta G = \Delta G^{\circ} + 2.303\ RT \log \frac{[C][D]}{[A][B]} \tag{7.4}$$

이 식에서 ΔG°(표준 자유에너지 변화)는 표준상태[1 기압 25℃(298°K), 각 반응물과 생성물의 농도가 1 mole일 때]에서의 자유에너지 변화이며 R은 기체상수(1.987 kcal/mole·K), T는 절대온도이다. 생리적 상태는 $[H^+]$가 1.0 mole(pH=0)이 아니고 pH가 7.0이므로 pH 7.0에서의 반응은 ΔG° 대신 $\Delta G^{\circ\prime}$를 사용한다. 그러므로 세포내에서는

$$\Delta G = \Delta G^{\circ\prime} + 2.303\ RT \log \frac{[C][D]}{[A][B]} \tag{7.5}$$

이다. 만약에 반응이 평형상태에 도달했다면 반응물에서 생성물로 순수한 전환이 일어나지 않으므로 $\Delta G = 0$이 되며 [C][D]/[A][B]는 K_{eq}(평형상태에서 평형상수)가 된다. 따라서 평형상태에서 식 (7.5)는

$$\Delta G^{\circ\prime} = -2.303RT \log K_{eq}$$

가 되고 상수들을 넣어 계산해 보면

$$\Delta G^{o'}(\text{kcal/mole}) = -2.303 \times 1.987 \times 298 \log K_{eq}$$
$$= -1.363 \log K_{eq}$$

가 된다.

그러므로 평형상태에서의 반응물과 생성물의 농도를 측정하면 K_{eq} 및 $\Delta G^{o'}$를 계산할 수 있다. 예를 들어 다음과 같은 반응이 일어나도록 0.02 M 글루코오스 1-인산 용액에 효소를 넣고 반응시켜 평형상태에 도달했을 때 글루코오스 1-인산과 글루코오스 6-인산의 농도를 측정하니 각각 0.001 M과 0.019 M이었다면 이 반응의 $\Delta G^{o'}$는 얼마일까?

$$\text{glucose 1 - phosphate} \rightleftharpoons \text{glucose 6 - phosphate}$$

$$K_{eq} = \frac{[\text{glucose 1-phoshate}]}{[\text{glucose 6-phoshate}]} = \frac{0.019}{0.001} = 19.0$$

$$\Delta G^{o'} = -1.363 \times \log 19.0 = -1.74(\text{kcal/mole})$$

따라서 1.0 M의 글루코오스 1-인산과 글루코오스 6-인산을 혼합하여 반응시키면 정방향으로 반응이 진행된다.

글루코오스 1-인산의 초기농도가 0.01 M이고 글루코오스 6-인산의 초기농도가 1.00M이라면

$$\Delta G = \Delta G^{o'} + 1.36 \log \frac{[\text{glucose 1-phoshate}]}{[\text{glucose 6-phoshate}]}$$
$$= -1.74 + 1.36 \log \frac{1.00}{0.01} = -1.74 + 1.36 \log 100$$
$$= -1.74 + 2.72 = +0.98 \ (\text{kcal/mole})$$

이 되므로 반응은 역방향으로 일어난다. 따라서 ΔG와 $\Delta G^{o'}$는 구별되어야 하며 생체내는 표준상태에 있는 것이 아니므로 반응물과 생성물의 농도비에 따라 반응의 진행방향이 결정됨을 알아야 한다.

7.1.3 ΔG와 산화환원전위(E)

화학반응이 산화환원반응일 경우에는 ΔG를 반응물과 생성물의 산화환원전위의 차이($\Delta E_o'$)로부터 계산할 수 있다(식 7.6). 왜냐하면 산화환원반응은 전자의 흐름이므로 열역학적으로 에너지 변화를 전위차(V; volt)로 나타낼 수 있기 때문이다.

$$\Delta G^{o'} = -nF\ \Delta E_o' \qquad (7.6)$$

이 때 F는 Faraday 상수(23.063 kcal/mole·V), n은 이동된 전자수이다.

$$H^+ + e^- \longrightarrow \frac{1}{2} H_2 \qquad (7.7)$$

각 물질의 산화환원전위를 알기 위해서는 기준이 필요한데 그 기준은 H_2 1 mole이 25℃, pH 0에서의 반쪽 반응(식 7.7)의 H_2 환원전위를 0.00V로 정하였다. 그러나 생체반응은 pH 7 부근에서 일어나므로 pH 7에서 각 물질의 환원전위를 표준 산화환원전위(E_o')라 한다. 식 (7.7)의 E_o'는 $[H^+]$가 1 mole(pH=0)에서 10^{-7} mole(pH=7)로 되었으므로 다음의 Nernst식에 의해 −0.42 V로 계산된다.

$$E = E_o' + \frac{2.303\ RT}{0.01} \log \frac{\text{산화제}}{\text{환원제}} \qquad (7.8)$$

여기서 R은 기체상수(1.987 kcal/mole·K), T는 절대온도이다.

표 7.1 생화학에서 중요한 몇 가지 산화환원 반쪽 반응의 환원전위

반쪽 반응(환원반응으로 표시)	pH 7.0에서 E_o'(V)
$1/2O_2 + H^+ + 2e^- \longrightarrow H_2O$	0.82
$Fe_3^+ + e^- \rightarrow Fe^{2+}$	0.77
cytochrome a-Fe^{3+} + e^- → cytochrome a-Fe^{2+}	0.29
cytochrome c-Fe^{3+} + e^- → cytochrome c-Fe^{2+}	0.25
ubiquinone + $2H^+$ + $2e^-$ → ubihydroquinone	0.10
cytochrome b-Fe^{3+} + e^- → cytochrome b-Fe^{2+}	0.06
dehydroascorbic acid + $2H^+$ + $2e^-$ → ascorbic acid	0.06
산화형 glutathione + $2H^+$ + $2e^-$ → 환원형 glutathione	0.04
fumarate + $2H^+$ + $2e^-$ → succinate	0.03
oxaloacetate + $2H^+$ + $2e^-$ → malate	−0.10
acetaldehyde + $2H^+$ + $2e^-$ → ethanol	−0.16
pyruvate + $2H^+$ + $2e^-$ → lactate	−0.19
FAD + $2H^+$ + $2e^-$ → $FADH_2$	−0.20
1,3-diphosphoglycerate + $2H^+$ + $2e^-$ → glyceraldehyde 3-phosphate	−0.29
NAD^+ + $2H^+$ + $2e^-$ → NADH + H^+	−0.32
acetyl-CoA + $2H^+$ + $2e^-$ → acetaldehyde + CoA-SH	−0.41
H^+ + e^- → 1/2 H_2	−0.42
ferredoxin-Fe^{3+} + e^- → ferredoxin-Fe^{2+}	−0.43
acetate + $2H^+$ + $2e^-$ → acetaldehyde + H_2O	−0.47

이것을 기준으로 하여 수소가 관여하는 산화환원반응에서 각 화합물의 환원전위를 결정할 수 있다. 일반적으로 탈수소에 의해 한번에 2 환원당량을 잃고 산소 1 원자는 2 환원당량을 수용하

기 때문에 $2e^-$의 이동으로 그 값을 나타낸다. 표 7.1의 E_o'는 환원반응으로 나타낸 것이다. 따라서 E_o' 값이 클수록 정반응 즉 환원반응이 일어나고 E_o' 값이 작을수록 역반응 즉 산화반응이 일어난다. 그리고 표 7.1에 나타낸 반응과는 반대방향으로 반응이 진행될 때는 E_o' 값은 반대부호의 값을 갖게 된다.

다음과 같은 반응이 어느 방향으로 일어날 수 있는지를 생각해 보자.

$$\text{pyruvate} + \text{NADH} + \text{H}^+ \rightarrow \text{lactate} + \text{NAD}^+$$

실제로 위의 반응은 다음과 같은 두 반응의 합과 같다.

$$\text{NADH} \rightarrow \text{NAD}^+ + \text{H}^+ + 2e^- \qquad E_o' = 0.32\ \text{V}$$

$$\text{pyruvate} + 2\text{H}^+ + 2e^- \rightarrow \text{lactate} \quad E_o' = -0.19\ \text{V}$$

따라서 $\Delta E_o' = 0.32 + (-0.19) = 0.13$ V가 되며 식 (7.6)에 의해

$$\Delta G^{o'} = -2 \times 23.063\ (\text{kcal/mole}\cdot\text{V}) \times 0.13\ (\text{V})$$

$$= -6.0\ (\text{kcal/mole})$$

$\Delta G^{o'} < 0$ 이므로 이 반응은 정방향으로 진행한다는 것을 알 수 있다. 생체내에서의 산화환원반응은 E_o'가 작은 쪽에서 큰 쪽으로 일어나며 이 때 자유에너지가 생성된다.

7.1.4 연합반응(coupled reaction)

여러 가지 영양소 내에 함유된 화학에너지는 세포에 의해 추출되며, 이 에너지의 일부는 다른 생체분자의 합성에 사용될 수 있다. 이와 같은 형태의 화학적인 작용은 여러 효소에 의해 촉진되는 연합반응(coupled reactions)에 의해 수행된다. 연합반응에 있어서 분자 내에 있던 에너지는 고에너지 화합물 형태로 포집되고 다음 반응을 진행하는데 사용된다.

이 과정을 그림 7-2와 같이 서커스에 사용되는 "뜀틀의 원리"를 반응의 자유에너지 변화로 표시할 수 있다.

그림 7-2에서 A가 반응해서 B로 되면, 15 kcal/mole의 자유에너지가 주위로 방출되며 이 에너지의 일부가 고에너지 화합물인 X~Y의 형태로 포집된다. 여기서 "~" 표시는 고에너지 결합을 의미한다. X와 Y로부터 X~Y로 합성하기 위해서 8 kcal의 에너지가 필요하고 나머지 7 kcal는 합성 과정동안 열로써 버려진다. 고에너지 화합물인 X~Y는 C와 D를 C-D로 합성하는데 사용되는데 이때 5 kcal의 에너지를 필요로 한다.

나머지 3 kcal는 열로 버려진다. 요약하면 물질 A에 포함된 에너지의 일부는 고에너지 화합물

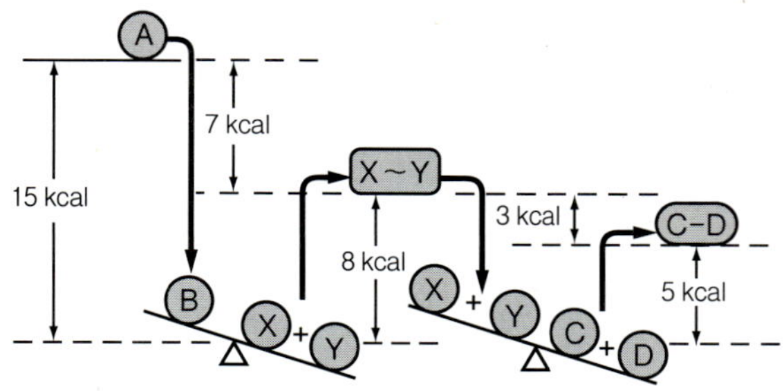

그림 7-2 연합반응에서의 자유에너지 변화

에 포집되고, 이 화합물의 일부 에너지는 C-D 화합물을 만드는데 사용된다. 두 반응에서 주위에 일부의 열에너지를 버린다. 중요한 것은 대부분의 세포반응이 아래 반응의 B와 같은 공통의 중간 산물을 거쳐 에너지를 수송한다는 것이다.

$$\mathrm{A} \xrightarrow{E_2} \mathrm{B}$$

$$\mathrm{B} \xrightarrow{E_2} \mathrm{C}$$

7.2 고에너지 화합물

고에너지 화합물이란 정전기적 반발력을 갖는 관능기와 결합한 화합물로 큰 자유에너지($\Delta G^{\circ\prime}$)를 보유하고 있다. 이 화합물이 분해할 때 화합물이 가진 큰 자유에너지는 외부로 방출되고 그 자신의 자유에너지는 크게 감소하며 이온화, 이성화 또는 공명 등에 의해 보다 안정한 화합물이 된다. 이와 같이 분해시에 외부로 상당히 큰 에너지를 방출할 수 있는 화합물을 고에너지 화합물이라 한다.

거의 대부분의 고에너지 화합물은 인산화합물이며 일부 인산화합물의 가수분해에 의한 ΔG°는 표 7-2에서와 같이 −15~−2 kcal에 분포하는데 ATP는 중간정도의 값을 가진다. 표에서 ATP 위쪽에 있는 것들은 ADP를 인산화하여 ATP를 만들고 아래쪽에 있는 것들을 ATP에 의한 인산화 생성물들이다.

표 7-2 인산화합물들의 가수분해에 의한 자유에너지 변화량

고·저 에너지 인산 화합물	ΔG°(pH 7.0, kcal/mol)	고·저 에너지 에너지 인산 화합물	ΔG°(pH 7.0, kcal/mol)
Phosphoenolpyruvate	-14.8	ATP(ATP → ADP+Pi)	-7.3
Cyclic AMP	-12.0	ATP(ATP → AMP+PPi)	-8.6
1,3-Diphosphoglycerate	-11.8	ADP	-7.8
Phosphocreatine	-10.3	UDP-glucose	-8.0
Acetylphosphate	-10.1	Glucose 1-phosphate	-5.0
S-adenosylmethionine	-10.0	Fructose 6-phosphate	-3.8
Pyrophosphate	-8.0	Glucose 6-phosphate	-3.3
Acetyl-CoA	-7.5	Glycerol 3-phosphate	-2.2

7.2.1 파이로인산(pyrophosphate)형

ATP로 대표되는 형의 화합물로 이 화학구조의 일부에 3 개의 무기인산이 에스터(ester) 결합한 파이로인산이 존재한다. 인산에스터 부분은 P=O 기를 가져 전기음성도의 차이에 의해 $^{\delta+}P=O^{\delta-}$와 같이 분극한다. 3 인산(triphosphate)에서는 $^{\delta+}P-O-P^{\delta+}$로 되며 P 끼리의 정전기적 반발을 극복하고 결합을 유지하기 위해서 분자는 그만큼 여분의 내부에너지를 가지게 된다.

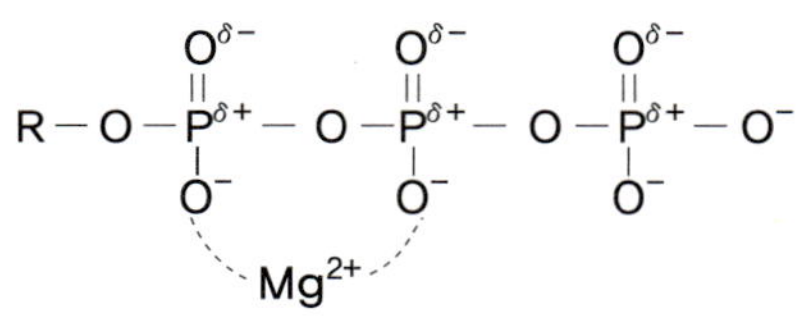

가수분해에 의해 파이로인산 결합이 끊어지면 그 에너지는 외부로 유리된다. Mg^{2+}의 농도가 높은 세포내 액에서 ATP와 ADP는 Mg^{2+}와 착화합물을 형성하여 각각 Mg ATP^{2-}와 Mg ADP^{-} 형으로 안정화되어 존재한다.

7.2.2 아실인산(acyl phosphate)형 및 엔올인산(enol phosphate)형

1,3-다이포스포글리세르산(1,3-diphosphoglycerate)은 아실인산(acyl phosphate)의 한 예로서 분자내 카복시기의 C=O 결합 역시 전기음성도의 차이에 의해 $^{\delta+}C=O^{\delta-}$로 분극된다. 그러므로 C와 P 원자의 부분적인 양전하 사이의 반발을 극복하기 위해서는 그 만큼의 내부에너지를 가져야 한다. 1,3-다이포스포글리세르산이 가수분해 되면 11.8 kcal/mol의 자유에너지를 방출하

므로 해당작용에서 ADP로부터 ATP를 생성하는데 사용된다.

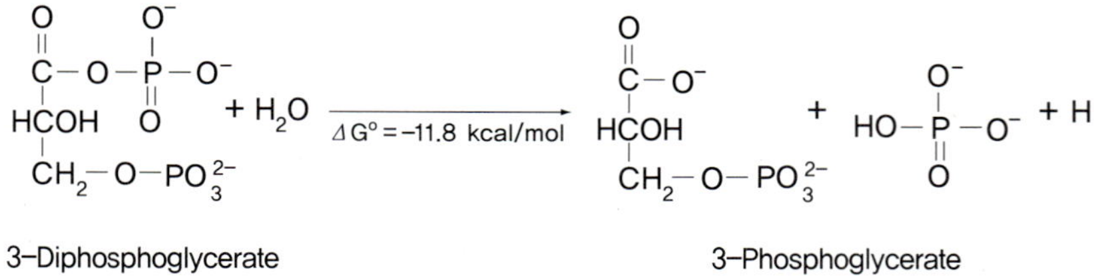

엔올(enol) 화합물은 원천적으로 많은 에너지를 포함하는 불안정한 화합물이다. 따라서 파이루브산의 엔올 형태도 불안정한데, 인산에스터 결합에 의해 포스포엔올파이루브산(phosphoenol-pyruvate)이 되어 안정화되어 있음을 감안하면 이 화합물이 가수분해될 때 매우 큰 에너지를 방출할 수 있다는 것을 이해할 수 있다. 또한 가수분해로 불안정한 엔올(enol)이 형성되지만 이것은 곧 안정한 형태인 케토(keto)형으로 이성화된다. 이러한 호변이성질화 반응(tautomerization)은 약 −8 kcal/mol의 ΔG°를 가지므로 결과적으로 전체 ΔG°는 −14.8 kcal/ mol이 된다. 이 에너지도 해당과정에서 ADP로부터 ATP를 생성하는데 사용된다.

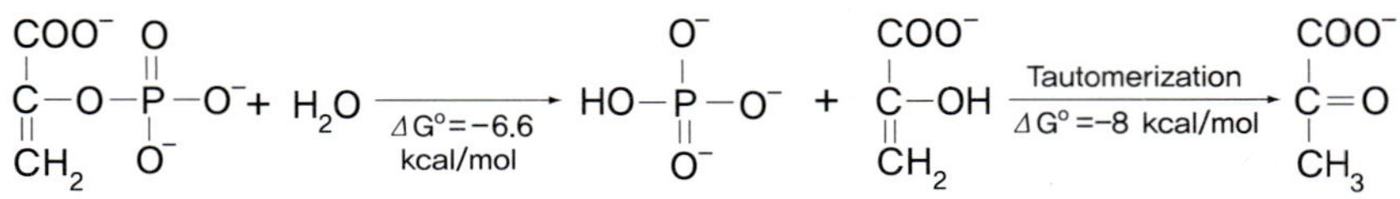

7.2.3 싸이오 에스터(thioester)형

싸이오 에스터를 산소 에스터와 성질을 비교해 보면 싸이오 에스터가 많은 에너지를 함유한다는 것을 쉽게 알 수 있다. 산소 에스터는 에스터 결합의 산소원자가 양전하를 띠고 카복시기의 탄소와 이중결합의 공명현상이 일어날 수 있다.

그러나 황은 이중결합을 형성하는데 필요한 전자방출이 쉽지 않아 싸이오 에스터는 산소 에스터와 같은 공명현상을 나타내지 못한다. 대신에 싸이오 에스터는 부분적 양전하를 카르복시기의 탄소 위에 나타낼 수 있으므로 카복시기의 산소는 부분적 음전하가 되어 카복시기의 탄소는 친전자적 성질을 띠게 된다.

아울러 카복시기의 탄소가 부분적 양전하를 띠므로 인접한 α-탄소에 있는 수소원자는 해리되어 α-탄소는 부분적으로 음전하를 갖는 친핵적 성질을 가질 수도 있다.

이렇듯 싸이오 에스터는 친전자적 및 친핵적 성질을 가질 뿐만 아니라 공명현상을 나타내지 못한다는 점까지 고려하면 싸이오 에스터는 매우 불안정하여 가수분해시 높은 음의 ΔG°를 갖게 된다. 아세틸-CoA는 싸이오 에스터형 화합물의 대표적 화합물로 가수분해될 때 −7.5 kcal/mol의 에너지를 방출한다.

7.2.4 포스포구아니듐(phosuhoguanidium)형

포스포구아니듐형 화합물은 에너지 전이와 저장에 중요한 역할을 하며 척추동물에는 크레아틴인산(phosphocreatine), 무척추동물에는 아르지닌인산(phosphoarginine)이 있다.

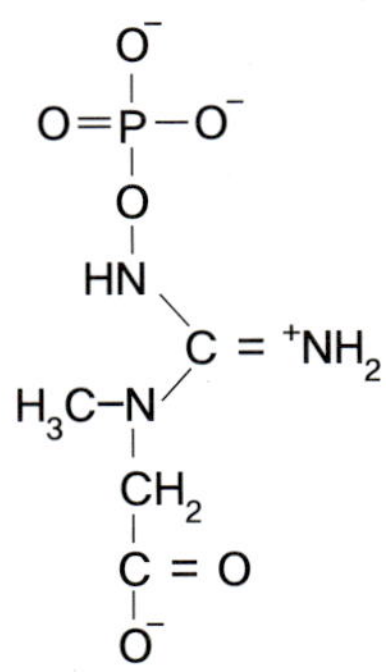

Phosphocreatine

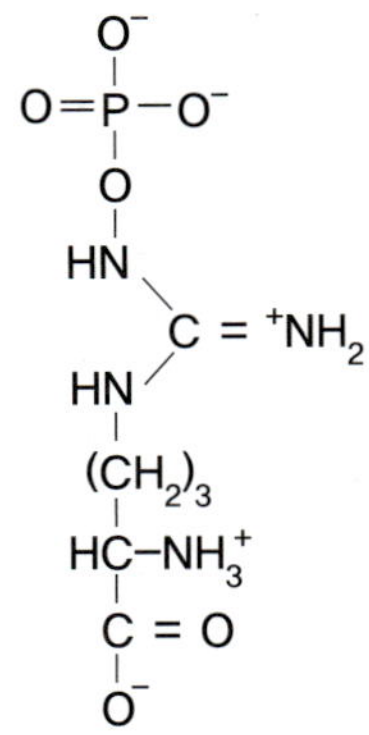

Phosphoarginine

포스포구아니듐 화합물은 본질적으로 불안정한 것이 아니며 아실(acyl)과 엔올인산(enolphosphate)에서 처럼 가수분해시 반응물보다 생성물이 더 안정하게 되는 이온화나 호변이성질화 반응도 없다. 그럼에도 불구하고 반응물보다 생성물이 더 안정한데 이는 생성물이 반응물보다 공명형태가 더 많기 때문이다. 이들 화합물의 가수분해시 자유에너지 변화($\Delta G^{\circ\prime}$)는 −10.3 kcal/mol로 ATP보다 약 3 kcal/mol 정도 더 음의 값을 가지고 있어 평형은 실제로 ATP가 형성되는 정방향으로 진행된다. 그러나 ATP의 농도가 높으면 반응은 역으로 진행되어 인산은 크레아틴인산으로 저장된다.

$$\text{Phosphocreatine} + \text{ADP} \xrightleftharpoons{\text{Creatine kinase}} \text{Creatine} + \text{ATP}$$

요약

세포의 대사는 분해대사와 합성대사로 이루어져 있다. 대사과정은 주위로부터 화학에너지를 추출하고 여러 가지 영양분자들을 더 큰 생물분자인 구성체로 전환하고, 이 구성체를 단백질, 핵산, 지방 복합체, 탄수화물 등으로 수렴한다. 자유에너지 변화(ΔG)는 얼마나 많은 에너지가 유용한 일을 수행하는데 이용될 수 있는가를 의미한다. 자유에너지 변화는 생성물에 함유된 에너지와 반응물에 함유된 에너지 사이의 차로 정의될 수 있다($\Delta G = G_B - G_A$). 발열반응인 자발적인 반응에서는 주위에 자유에너지가 방출되며(ΔG는 음의 값), 흡열반응인 비자발적인 반응은 반응물로부터 생성물로 형성하기 위해 자유에너지를 투입해야만 한다(ΔG는 양의 값). 반응이 평형에 도달하면 일은 일어나지 않게 된다($\Delta G = 0$). 자유에너지의 변화는 식 7.5에 의해 계산할 수 있다. 화학반응이 산화환원반응일 경우에는 ΔG를 반응물과 생성물의 산화환원전위의 차이($\Delta E_o'$)로부터 식 7.6에 의해 계산할 수 있다. 왜냐하면 산화환원반응은 전자의 흐름이므로 열역학적으로 에너지 변화를 전위차(V ; volt)로 나타낼 수 있기 때문이다. 화학반응에서 나온 자유에너지의 일부는 고에너지 중간 생성물을 형성하면서 여기에다 포집할 수 있다(X~Y). X~Y가 X와 Y로 분리될 때 중간 생성물에 포함되어 있던 에너지의 일부는 반응물 C와 D로부터 C-D를 합성하는데 사용 될 수 있다. 아데노신삼인산(adenosine triphosphate; ATP)이 가수분해되어 아데노신이인산(adenosine diphosphate; ADP)와 무기인산이 생성될 때, 상당한 양의 자유에너지가 방출된다(ΔG°=-7.3 kcal/mol). 이 에너지는 다른 화학반응을 유도하는데 사용될 수 있다. ATP는 파이로인산 분해라고 하는 형태의 가수분해를 행할 수 있는데, ATP가 AMP와 무기 파이로인산(PPi)으로 분해되며 이때 -7.3 kcal/mol의 자유에너지를 방출한다. 무기 파이로인산은 가수분해가 더 진행되어 더 많은 자유에너지를 방출하면서 두개의 무기인(Pi)으로 된다. ATP는 인산기의 수용과 전달에 있어서 중간매체로서의 작용을 한다. ATP 분자를 고에너지 화합물이라 부르는데, 그 이유는 3인산기 부분에 고밀도의 음전하를 가진 산소원자가 아주 근접해서 결합되어 있어, 인과 산소의 결합이 분해되기 쉬우며, 가수분해될 때 많은 자유에너지를 생성하게 된다. ATP와 같은 파이로인산 화합물 이외에도 1,3-다이포스포글리세르산과 같은 아실인산, 포스포엔올파이루브산과 같은 엔올인산 화합물, 아세틸-CoA와 같은 싸이오에스터 화합물 및 크레아틴인산과 같은 포스포구아니듐 화합물 등도 고에너지 화합물에 속한다.

연습문제

1. 정상적인 호흡을 하고 있는 세포에 있어서 가장 풍부하게 존재하는 nucleotide는?
① ADP ② ATP ③ GTP
④ UTP ⑤ CTP

2. 다음 인산화합물 중 고에너지 인산화합물이 아닌 것은?
① ADP ② GDP ③ CDP
④ TMP ⑤ UTP

3. 마이토콘드리아 내막을 가로질러 matrix로부터 외부의 수성매질로 H^+(양성자)를 내보내며, 내막을 경계로 H^+ 농도기울기가 생겨나 이 기울기에 따른 삼투압 에너지에 의해서 산화적 인산화가 일어난다는 설은?
① 화학적 짝지음설(chemical coupling hypothesis)
② 형태적 짝지음설(conformational coupling hypothesis)
③ 화학삼투 동반설(chemiosmotic coupling hypothesis)
④ Lac operon 가설
⑤ 탁구반응(ping pong reaction)

4. mitochondria의 ATP 합성부위는?
① outer membrane
② inner membrane
③ cristae
④ matrix
⑤ outer space

5. 근육에 있어서 고에너지 인산기의 일시적인 저장형은?
① phosphocreatine
② glycerol 1-Ⓟ
③ glucose 1-Ⓟ
④ glucose 6-Ⓟ
⑤ fructose 1-Ⓟ

6. X-phosphate + ADP → X + ATP 에 관여하는 효소는?
① kinase ② oxidase ③ reductase
④ lyase ⑤ ligase

7. 다음 화합물 중 phosphagen이라 불리우는 척추동물의 energy 저장형의 화합물은?
① phosphocreatine
② glycogen
③ luciferin
④ glycerol 3-phosphate
⑤ phosphoenolpyruvate

8. 다음은 표준자유에너지의 변화($\Delta G°$)에 관한 설명이다. 틀린 사항은?
① $\Delta G°$가 (+)값을 갖는다는 것은 모든 성분의 농도를 1.0 몰로써 시작하면 반응은 역방향으로 진행
② $\Delta G°$가 (−)값을 갖는다는 것은 모든 성분의 농도를 1.0 몰로써 시작하면 반응은 정방향으로 진행
③ $\Delta G°$가 0이라는 것은 어떤 반응의 평형상수가 1.0이다.
④ 반응의 평형상수(Keq)가 1.0보다 크면 G는 (−)값을 가진다.
⑤ $\Delta G°$가 (+)인 경우에 있어서 반응의 생성물은 반응물보다도 적은 자유에너지를 가지게 된다.

9. 다음 중 고에너지 화합물인 것은?
① glucose 1-phosphate
② AMP
③ glyceraldehyde 3-phosphate
④ 1,3-diphosphoglycerate
⑤ fructose 6-phosphate

10. ATP의 역할과 관계가 있는 것은?
① 아미노기 전이 ② 카복실기 전이
③ 인산기 전이 ④ 알데하이드기 전이
⑤ 메틸기 전이

연습문제

11. **ATP에 대한 설명이다. 틀린 것은?**
① ATP나 creatine phosphate는 고에너지 인산결합을 가지고 있다.
② 기질수준의 인산화에 의해 생성된 ATP는 전 ATP 생성량의 10% 이하이다.
③ 산화적 인산화에 의해 NADH에서는 2.5 분자의 ATP가 생성된다.
④ 산화적 인산화에 의해 $FADH_2$에서는 1.5 분자의 ATP가 생성된다.
⑤ 산화적 인산화에 의한 ATP의 생성은 마이토콘드리아의 matrix에서 일어난다.

12. **다음 중 근육 내에 있는 고에너지 화합물은?**
① UMP
② fructose-6-phosphate
③ creatine-phosphate
④ adenosine monophosphate
⑤ glucose-6-phosphate

13. **세포내에서 산화반응으로 생성된 에너지는 어떤 형태로 존재하는가?**
① NAD ② NADP ③ AMP
④ ADP ⑤ ATP

14. **전자전달계 효소는 세포내 어디에 있는가?**
① 세포질
② mitochondria의 외막
③ mitochondria의 내막
④ mitochondria의 기질
⑤ 소포체

15. **마이토콘드리아의 기능과 관계 없는 것은?**
① 아미노산 산화가 이루어진다.
② electron transport가 이루어진다.
③ 지방산 산화가 이루어진다.
④ 소화효소가 많이 있다.
⑤ TCA cycle 과정이 이루어진다.

16. **ATP가 관여하는 효소의 경우 필요한 금속이온은?**
① Cu^{2+} ② Mg^{2+} ③ Mn^{2+}
④ Co^{2+} ⑤ K^{+}

17. **고에너지 인산결합 화합물이 아닌 것은?**
① ADP
② glucose-6-phosphate
③ creatine phosphate
④ phosphenolpyruvate
⑤ 1,3-diphosphoglycerate

18. **사이토크롬(cytochrome)에 함유되어 있는 금속원소는?**
① Mg ② Co ③ Cu
④ Fe ⑤ Ca

19. **마이토콘드리아 내막을 직접 들어갈 수 없는 것은?**
① 무기인산 ② malate
③ citrate ④ pyruvate
⑤ NADH

20. **전자전달계의 최종 전자 수용체로 작용하는 것은?**
① O_2 ② flavoprotein
③ cytochrome a ④ cytochrome b
⑤ Coenzyme Q

정답 : 1② 2④ 3③ 4② 5① 6① 7① 8⑤ 9④ 10③ 11⑤ 12③ 13⑤ 14③ 15④ 16② 17② 18④ 19⑤ 20①

용어해설

1. 고에너지화합물(high-energy compound) : 표준상태에서 가수분해에 의해 다량의 자유 에너지의 감소를 수반하는 화합물

2. 공명구조(resonance structure) : 단일결합과 이중결합의 중간성질을 가진 혼성에 기여하는 구조

3. 대사(metabolism) : 세포내에서 일어나는 반응

4. 분해대사(catabolic pathways) : 복잡한 영양성분을 간단한 물질로 분해하여 에너지를 방출하는 대사

5. 비자발적 반응(nonspontaneous reaction) : 흡열반응(endergonic)이라고도 하며 반응시에 주위로부터 에너지를 흡수하는 화학 반응

6. 생체열역학(bioenergetics) : 생체 내의 물질에서 화학에너지의 추출 및 전달에 관한 연구 분야

7. 연합 반응(coupled reaction) : 영양성분에서 추출된 화학에너지가 고에너지 중간 생성물로 포집되고 이것이 다음 반응을 유발하는 형태의 반응

8. 자발적 반응(spontaneous reaction) : 발열반응(exergonic)이라고도 하며 반응시에 에너지를 주위로 방출하는 화학 반응

9. 자유에너지(free energy) : 일정한 온도와 압력에서 어떤 계의 전체에너지 중, 일에 이용될 수 있는 에너지

10. 자유에너지 변화(free energy change) : 일정한 온도와 압력에서 반응물과 생성물 사이의 에너지 함량 차이

11. 합성대사(anabolic pathways) : 간단한 전구물질에서 복잡한 세포구성 성분을 합성하는 대사

12. ADP(adenosine triphoshate) : ATP가 가수분해 되어 1개의 인산기가 제거된 물질

13. ATP(adenosine triphosphate) : 라이보오스(ribose), 아데닌(adenine)과 3개의 인산기가 결합한 에너지 전달 물질

14. 엔트로피(entropy) : 어떤 특수한 상태에 있는 계의 무질서한 정도(혼란의 정도)를 나타내는 성질

15. 오르토인산 분해(orthophosphate cleavage) : ATP가 효소적으로 쪼개져 ADP와 인산을 생성하는 반응. 일반적으로 에너지 요구성 과정 또는 반응과 짝지어 일어난다.

16. 파이로인산 분해(pyrophosphate cleavage) : ATP를 AMP와 파이로인산으로 분해시키는 효소분해 과정. 에너지적으로 두 생체분자를 결합시키는 공유결합 형성 반응과 동시에 일어남.

| 제8장 |

탄수화물 대사 : 해당과정

Carbohydrate Metabolism : Glycolysis

먼저 탄수화물의 소화와 흡수과정을 간략하게 설명한 다음 글루코오스의 분해와 ATP의 형태로 화학에너지를 추출하는 대사경로에 대해 살펴보자.

글루코오스는 생체의 모든 세포에서 사용되는 주요한 에너지원이다. 글루코오스는 해당과정(glycolysis)으로 알려진 대사과정에 따라 순차적으로 분해된다. 이 과정에서 글루코오스 분자에 함유된 화학에너지의 일부는 ATP의 형태로 추출된다. 갈락토오스, 만노오스, 프럭토오스 등의 다른 단당류들도 해당과정 중간 생성물로 전환되어 같은 방식으로 대사가 이루어 진다.

이 장에서는 해당과정에 대해서 자세히 알아보고 글루코오스 분자가 효소적으로 어떻게 분해되는가를 살펴본다. 대사경로의 조절에 중요한 해당과정 효소의 화학적인 성질 등을 제시하고 알코올 발효에 대하여 간단히 기술한다.

8.1 탄수화물의 소화

탄수화물은 우리가 섭취하는 총 칼로리의 40~60%를 차지한다. 전분(단순다당류)과 수크로오스는 소화 가능한 섭취 탄수화물의 약 90% 정도를 차지하고, 나머지 10%는 글루코오스, 락토오스 및 다른 단당류 등이다.

셀룰로오스와 같은 소화 불가능한 탄수화물도 채소나 다른 셀룰로오스 식품의 형태로 매일 섭취한다. 사람은 셀룰로오스의 $\beta(1\rightarrow4)$ 결합을 가수분해할 수 있는 효소를 가지고 있지 않기 때문에 셀룰로오스를 세포의 열량소로 이용할 수 없다. 그러나 소화 불가능한 셀룰로오스 성분은 정상적인 장의 운동과 기능에 중요하다.

탄수화물이 많이 함유된 식품을 먹으면 α-아밀레이스(α-amylase)가 들어있는 침과 뒤섞이게 된다. 이 효소는 아밀로펙틴이나 아밀로오스의 $\alpha(1\rightarrow4)$ 결합을 가수분해한다. 식품은 짧은 시간 동안 침과 접촉하기 때문에 침에 들어있는 아밀레이스는 탄수화물의 부분적인 소화만 행한다. 침과 음식 혼합물을 삼키면 위내의 산성 내용물과 접하게 되어 침의 아밀레이스는 불활성화 된다. 위내에서는 더 이상의 효소적 소화가 거의 일어나지 않는다.

위의 내용물이 작은창자에 들어가면 췌장에서 췌액이 분비되기 시작하고 산성인 위의 내용물이 pH 7~8로 중화된다. 췌액에는 췌장 α-아밀레이스가 들어있어 섭취된 전분을 거의 분해한다. 즉 이 효소는 먼저 소화된 전분을 약 6~7개의 글루코오스 잔기로 이루어진 많은 수의 작은 단편으로 분해한 다음 이당류(maltose)와 삼당류(maltotriose) 단편으로 분해시킨다. 이것은 다시 작은창자의 미세 융모에 들어있는 효소에 의해 결국 단당류로 전환된다. 이 미세 융모는 작은창자의 점막세포의 외부표면에 존재한다. 점막세포는 단백질, 당단백질과 가수분해 효소들이 복잡하게 연결되어 구성된다.

그림 8-1은 미세 융모에서 소당류를 단당류로 가수분해하는 여러 효소들을 요약한 것이다. 단당류는 작은창자의 점막세포막을 통하여 흡수되어 혈액으로 이동한다. 따라서 탄수화물 섭취 후 10~20분 내에 혈당량이 증가하게 된다. 대부분의 체세포는 단당류를 에너지원으로 이용하는데 당분자의 화학에너지의 일부를 추출해서 ATP로 전환한다. 어떤 세포는 에너지원으로 당분자나 지방분자 둘 다를 사용하고, 뇌세포와 같은 세포는 에너지원으로 거의 전적으로 글루코오스에만 의존한다.

세포는 당을 혈액으로부터 세포막을 통과하여 세포질로 이동시켜 이곳에서 당을 분해하고 에

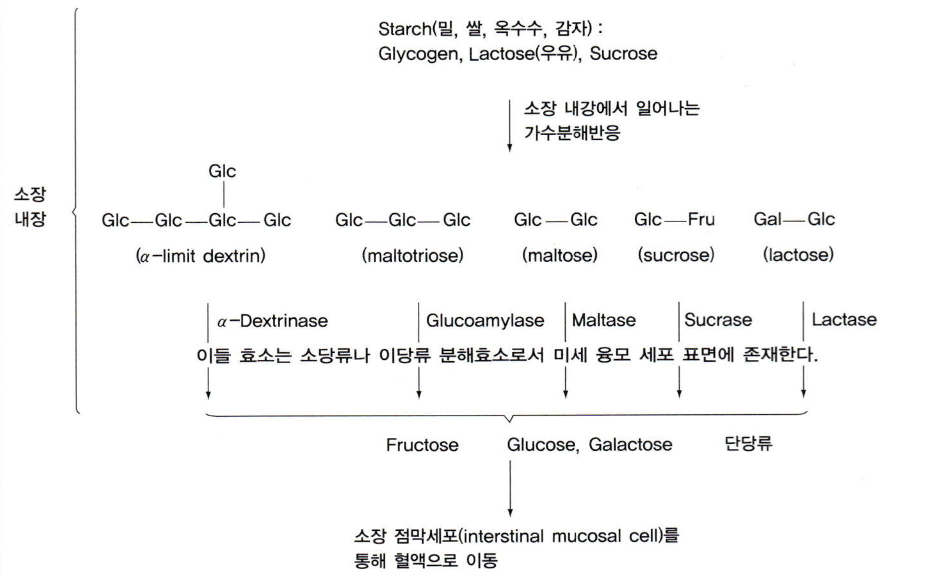

그림 8-1 소장 미세 융모(brush border) 내에서 탄수화물의 소화와 흡수

너지를 추출한다. 글루코오스는 강한 친수성이어서 세포막을 통과하기가 쉽지 않다. 세포막에 있는 어떤 단백질이 글루코오스의 운반체로 작용하는데, 이것은 혈액으로부터 세포내로 글루코오스의 이동을 용이하게 한다. 글루코오스의 이동은 세포 외의 글루코오스 농도가 세포내의 농도보다 높은 농도 기울기에 따라 일어난다. 이 농도 기울기로 당이 세포막을 통과하게 된다. 이를 확산과정(facilitated diffusion)이라 하는데, 운반체 단백질이 세포막을 통한 글루코오스의 이동을 용이하게 한다.

일부 조직 세포로 글루코오스의 운반에는 엄격한 호르몬의 조절을 받는다. 예를 들면 골격근이나 심근세포 내로 글루코오스의 이동은 폴리펩타이드 호르몬인 인슐린에 의해 조절된다. 인슐린은 혈액에서 조직으로 과다한 글루코오스의 이동·운반을 촉진시켜 혈당 글루코오스 농도를 약 80 mg/100 mL 수준으로 유지시켜 준다. 흥미로운 것은 글루코오스가 간으로 운반될 때에는 호르몬 조절을 받지 않는다는 점이다.

8.2 해당과정과 알코올 발효

Embden-Meyerhof-Parnas 경로(EMP)로 알려진 해당과정은 육탄당의 글루코오스 분자를 혐기적인 조건에서 효소에 의해 분해하는 것이다. 이 때 탄소원자 3 개로 된 물질 2 분자와 ATP 2 분자가 생성된다.

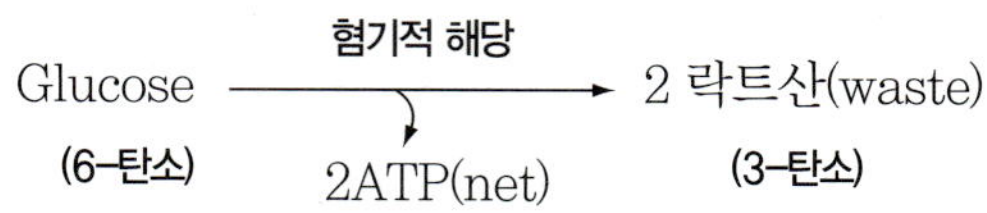

이 과정은 산소가 없는 혐기적인 조건(anaerobic condition)에서 진행된다. 혐기적인 해당과정(글루코오스→2 락트산)은 세포의 세포질에서 일어나고 이 때 표준 조건하에서 47.0 kcal/mol의 자유에너지를 방출할 수 있고 자유에너지의 일부는 ATP 형태로 전환된다.

우리 몸에는 심한 운동을 할 때 발생할 수 있는 일시적인 산소 부족기간 동안 혐기적 해당과정은 근육수축을 위한 추가적인 ATP를 제공하기 위한 수단으로 사용된다.

진핵세포는 일반적으로 호기적인 조건(aerobic condition)에서 글루코오스를 이용하는데, 파이루브산(pyruvate)을 형성한다. 이 파이루브산은 세포질에서부터 마이토콘드리아로 옮겨져서 TCA 회로(또는 Krebs 회로)라는 과정을 통하여 이산화탄소와 물로 완전 산화된다.

전자가 TCA 회로의 중간생성물로부터 떨어져나가 전자전달계(electron transport system)에 전달되고 거기서 산화적 인산화(oxidative phosphorylation)를 거쳐 ATP 분자가 만들어진다. 이 과정을 마이토콘드리아성 호흡(mitochondrial respiration)이라 하며 마지막 전자수용체로 산소가 필요하다. 글루코오스가 호기적 해당과정을 거쳐 완전히 산화되면(글루코오스 + 6 O_2 → 6 CO_2 + 6 H_2O), 표준상태 하에서 686 kcal/mol의 자유에너지를 방출한다. 혐기적 해당과정에서 보다는 상당히 많은 자유에너지를 방출하게 되어, 거의 15배 가량이나 되는 많은 ATP분자를 만든다.

혐기적 조건에서는 글루코오스 한 분자당 2개의 ATP를 생성하나 호기적 조건에서는 30 혹은 32개의 ATP를 형성한다. 호기적 해당과정과 마이토콘드리아와의 관계에 대해서는 10장과 11장에서 더 자세히 설명하겠다. 호기적 해당과정과 혐기적 해당과정의 중요한 차이점을 그림 8-2에 요약하였다.

호기적 해당과정은 ATP 생산면에서 보면 혐기적 해당과정에 비해 훨씬 효과적이다. 그러나 앞

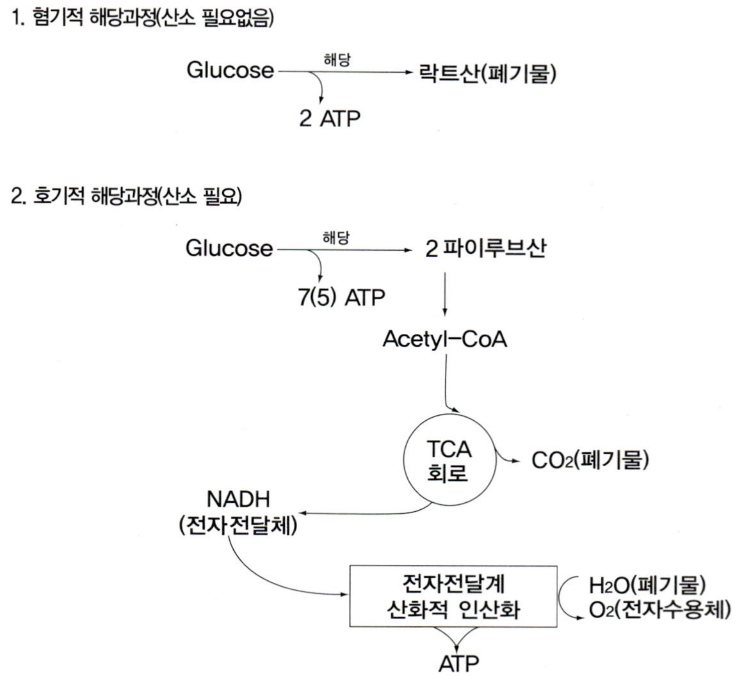

전자전달체는 NADH[환원형 니코틴아마이드 아데닌 다이뉴클레오타이드(nicotinaminde adenine dinucleotide)]이다.

그림 8-2 혐기적 및 호기적 해당과정의 비교

에서도 언급한 바와 같이 혐기적 경로도 사람에게는 중요한데 심한 운동과 같은 산소 부족 기간 동안에 ATP를 계속적으로 생산해 주기 때문이다.

모든 종속영양세포(heterotrophic cell)는 산화-환원반응을 통하여 에너지를 추출한다. 종속영양세포는 탄소와 에너지원으로 글루코스와 같은 여러 가지 유기물을 사용한다. 산화-환원반응은 전자공여체(electron donor), 즉 환원제로부터 전자수용체(electron acceptor), 즉 산화제로 전자를 이동시키는 것을 의미한다.

세포호흡 동안 글루코스와 같은 에너지원으로부터 나온 전자가 중간 대사물로부터 다른 물질로 이동되고 결국에는 산소분자에 옮겨진다. 산소는 최종 전자수용체로 작용한다. 에너지원에 함유된 에너지의 일부는 ATP형태로 전환된다. 혐기적 해당과정 동안에는 전자수용체로 산소를 사용하지 않지만 산화-환원 반응은 일어난다.

효모와 같은 미생물은 글루코스를 2분자의 아세트알데하이드(acetaldehyde)를 거쳐 알코올과 2분자의 CO_2로 전환하는 몇 개의 효소를 추가적으로 가지고 있다. 이 과정을 알코올 발효

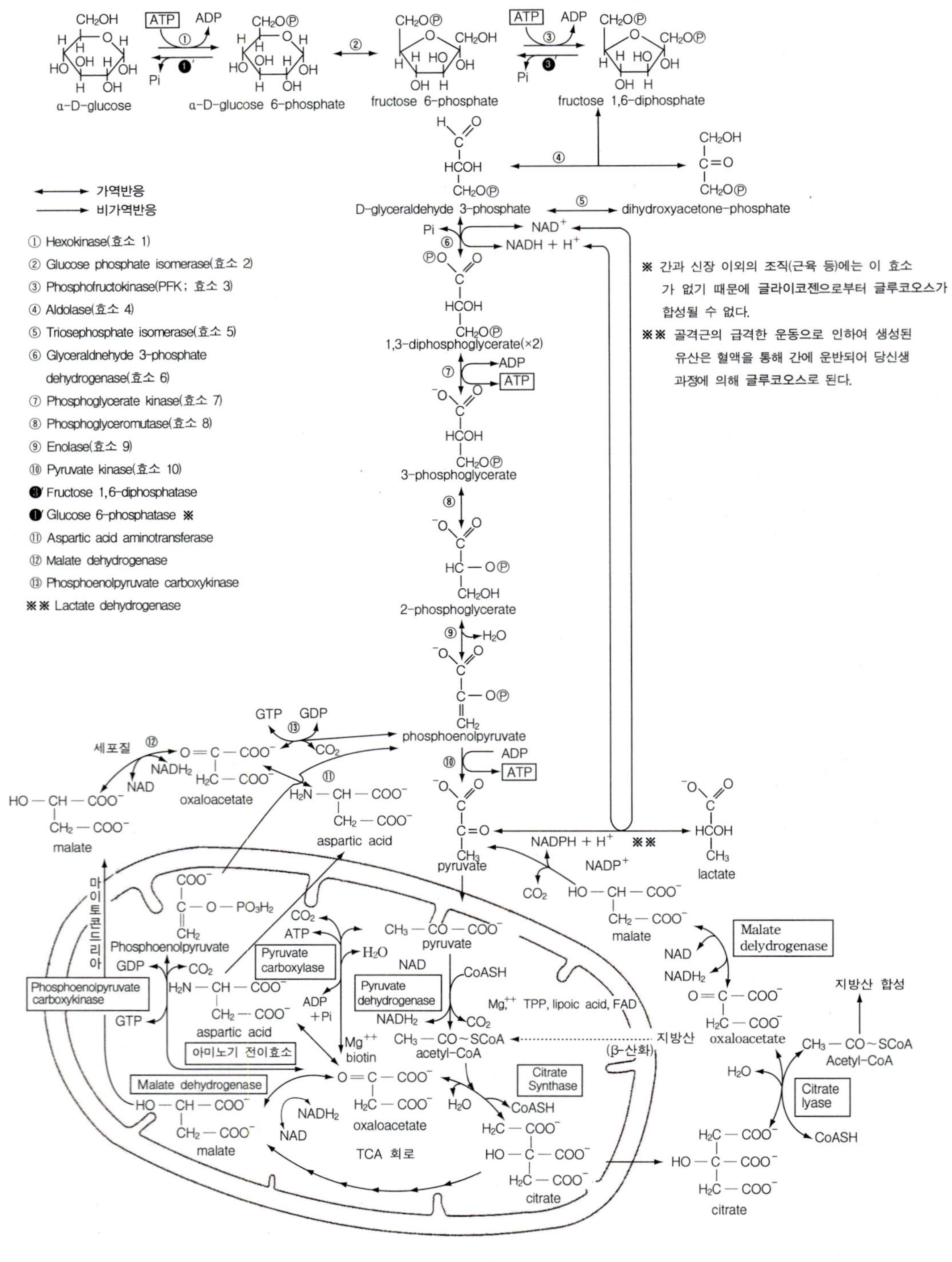

그림 8-3 혐기적 해당과정과 당신생 과정

(alcoholic fermentation)라고 하는데 다음과 같다.

$$\underset{(6\text{-탄소})}{\text{Glucose}} \xrightarrow[\text{2 ATP(net)}]{\text{혐기적 해당과정}} \underset{(3\text{-탄소})}{\text{2 Ethanol}} + 2\,CO_2 \text{ 폐기물}$$

포도주, 맥주, 음료산업 등에는 알코올을 생산하기 위해 이 대사경로를 이용한다.

8.3 상세한 해당과정

상세한 해당과정 경로를 그림 8-3에 나타내었다. 해당과정을 상세히 알아보기 전에 우선 개략적으로 살펴보자. 탄소원자 6개의 글루코오스가 탄소원자 3개의 파이루브산 2분자로 분해되는 반응은 10 종의 효소가 단계적으로 작용하여 일어난다. 5 단계까지는 전반부로 글루코오스는 ATP에 의해서 2번의 인산화로 프럭토오스 1,6-이인산(fructose 1,6-diphosphate)을 생성한다. 이것은 1/2로 분해되어 글리세르알데하이드 3-인산(glyceraldehyde 3-phosphate)을 생성한다. 글루코오스 분자를 활성화시켜 탄소원자 3개로 분해하는 준비로서 2분자의 ATP를 공급하여야 한다. 이 ATP의 투자는 후에 충분히 회수하게 된다. 다른 육탄당, 특히 D-프럭토오스, D-갈락토오스, D-만노오스 역시 후술하게 되는 것처럼 각각 인산화되어 해당과정의 전반부에 들어가게 된다. 이상을 정리해 보면 해당과정의 전반부는 육탄당의 탄소사슬을 공통 생성물인 글리세르알데하이드 3-인산 형으로 모으는 일이다. 나머지 5 종류의 효소로 촉진되는 해당과정의 후반부는 2 분자의 글리세르알데하이드 3-인산이 2분자의 파이루브산으로 변화됨과 동시에 4 분자의 ADP가 ATP로 인산화된다(그림 8-3). 해당과정의 후반부에서 4분자의 ATP가 생성되지만 전반부에서 2분자의 ATP가 사용되었으므로 이를 빼면 전체의 수율로서 1분자의 글루코오스가 대사됨으로써 2분자의 ATP가 생성되게 된다.

8.3.1 글루코오스의 원료와 세포내로의 운반

글루코오스를 생성하는 2가지 물질은 전분 형태로 섭취하는 글루코오스와 글라이코젠

(glycogen) 형태로 저장되어 있는 글루코오스이다. 음식의 글루코오스는 소장의 점막세포를 통해서 혈액으로 운반되고 직접 혹은 인슐린의 영향 하에서 조직으로 흡수된다.

간이나 근육에서 발견되는 글라이코젠은 동물에 있어서 글루코오스의 중요한 저장형태이다. 글라이코젠은 무게비로 약 5% 정도 간에 함유되어 있고 근육에는 약 1% 정도 함유되어 있다. 따라서 사람에 있어서 즉시 이용 가능한 형태로 저장되어 있는 탄수화물은 0.23 kg 정도가 된다. 간이나 근육에 있는 글라이코젠은 포스포릴레이스(phosphorylase)라고 하는 가인산분해효소에 의해 글루코오스 1-인산으로 분해된다(제9장 글라이코젠 대사 참조). 포스파테이스(탈인산효소; phosphatase)에 의해 글루코오스 6-인산은 인산기가 제거되어 유리 글루코오스가 되고, 이것은 혈액에 의해 운반되어 조직세포에 흡수된다. 또한 글루코오스 1-인산은 직접 포스포글루코무테이스(phosphoglucomutase)에 의해 글루코오스 6-인산으로 전환될 수 있는데 이 과정을 그림 8-4에 요약하였다(포스파테이스는 근육에는 없고 간세포에만 존재).

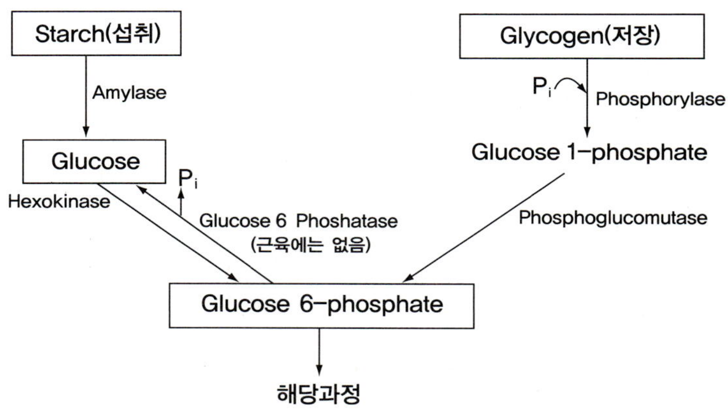

그림 8-4 섭취 또는 저장형태의 글루코오스로부터 해당과정으로 이행

8.3.2 글루코오스 분자의 인산화와 효소에 의한 변형

(1) 헥소오스 인산화효소(hexokinase) 단계(단계 1)

글루코오스가 세포의 세포질로 운반되면 즉시 헥소오스 인산화효소에 의해 인산화된다. 이 단계에서 ATP 분자에 있는 인산이 글루코오스의 6번 탄소의 OH기에 전달되어 ADP와 α-D-글루코오스 6-인산이 생성된다.

이 반응은 반응물과 생성물의 생리적 농도에서는 비가역적이다. 헥소오스 인산화효소는 글루코오스 뿐만 아니라 다른 육탄당도 인산화할 수 있는 특이성이 낮은 효소이다. "Kinase"라는 말은 "인산기 전이효소(phosphotransferase)"라는 의미가 있다. 이 효소는 반응 생산물인 글루코오스 6-인산에 의해 비경쟁적 저해를 받는다.

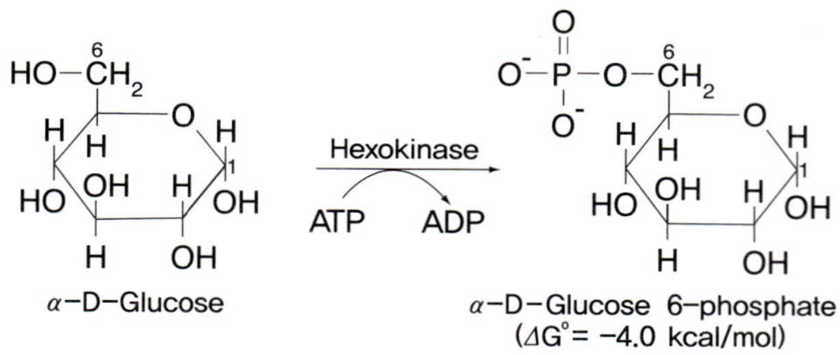

글루코오스가 ATP에 의해 인산화되어야 하는 2가지 이유가 있다. 첫째 글루코오스와 같은 전기적인 중성분자는 쉽게 세포막을 통해서 확산될 수 있어 세포질에 있는 일부의 글루코오스가 확산에 의해 세포 밖으로 빠져 나갈 수가 있다. 그러나 전하를 가진 분자는 세포막을 통한 확산이 쉽지 않으므로 세포내의 글루코오스가 음전하를 가진 글루코오스 6-인산으로 되면 세포내에 갇혀 있게 된다. 사실 세포내의 글루코오스 자체의 농도는 아주 낮은 수준인데 이것은 글루코오스가 세포내에 들어오는 즉시 인산화되기 때문이다. 둘째, 글루코오스에 인산기가 첨가되면 화학에너지가 높아져서 반응을 시작할 수 있게 된다. 고에너지로 인산화 된 중간물질의 형성은 추가적인 ATP 분자를 생성할 수 있게 된다.

(2) 이성화효소(isomerase) 단계(단계 2)

D-글루코오스 6-인산은 글루코오스 인산 이성화효소(glucose phosphate isomerase; phosphohexose isomerase)에 의해 D-프럭토오스 6-인산(D-fructose 6-phosphate)으로 전환된다. 즉, 이 효소에 의해 알도오스(aldose)형의 글루코오스가 케토오스(ketose)형의 프럭토오스로 이성화된다.

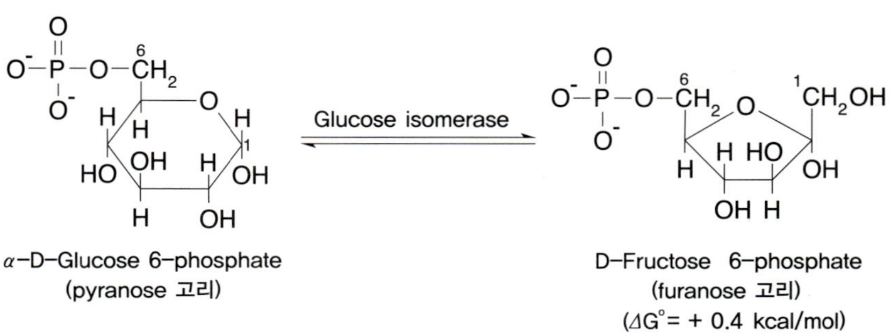

(3) 포스포프럭토오스 인산화효소(phosphofructokinase; PFK) 단계(단계 3)

포스포프럭토오스 인산화효소는 D-프럭토오스 6-인산의 1 번 탄소의 OH기에 인산기를 하나 더 첨가하는 반응을 촉매하여 D-프럭토오스 1,6-이인산(D-fructose 1,6-diphosphate)을 생성한다. 2 번째의 ATP 분자가 여기에서 사용되며 이 반응은 비가역적이다.

포스포프럭토오스 인산화효소는 ATP, 시트르산(citrate)에 의해 저해되고 AMP, 프럭토오스 2,6-이인산(fructose 2,6-diphosphate)에 의해 촉진되는 다른자리 입체성 효소(allosteric enzyme)이다. 해당과정의 조절에 있어서 포스포프럭토오스 인산화효소의 중요성에 대해서는 8.4절에서 자세히 설명할 것이다.

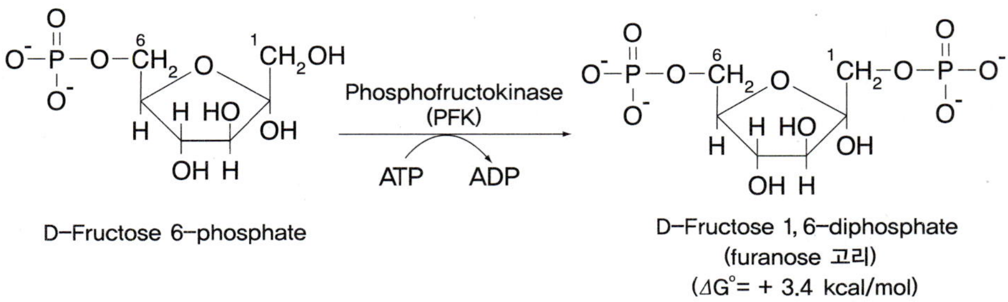

(4) 알돌레이스(aldolase)(단계 4)와 트리오스 인산 이성화효소(triosephosphate isomerase) 단계 (단계 5)

단계 4의 알돌(aldol) 분해반응은 알데하이드나 케톤과 같은 카보닐기를 가진 분자 사이에서 일어나는 알돌 축합반응의 역반응으로 알돌레이스라는 효소에 의해 촉매된다. 알돌레이스의 염기성 측쇄 중 라이신 잔기는 이 반응의 촉매작용에 필수적인 역할을 한다. 알돌레이스에 의한 프럭토오스 1,6-이인산의 알돌 분해반응은 라이신 잔기의 ε-아미노기가 기질과 반응하여 시프 염기(Schiff's base)를 형성함으로써 진행된다(그림 8-5). 이 반응으로 육탄당인 프럭토오스 1,6-이인산은 삼탄당인 글리세르알데하이드 3-인산(glyceraldehyde 3-phosphate)과 다이하이드록시아세톤 인산(dihydroxyacetone phosphate) 2 분자로 분해된다.

다이하이드록시아세톤 인산은 해당과정의 다음 단계에서 사용될 수 없어서 트리오스 인산 이성화효소에 의해 또 하나의 D-글리세르알데하이드 3-인산으로 전환된다(단계 5). 육탄당인 D-프럭토오스 1,6-이인산은 알돌레이스와 트리오스 인산 이성화효소에 의해서 2분자의 D-글리세르알데하이드 3-인산으로 전환된다. 알돌레이스와 트리오스 인산 이성화효소에 의한 반응은 가역적이다. 알돌레이스에 대한 표준자유에너지 변화는 ΔG°=5.7 kcal/mol로써 큰 양의 값을 나타내어 표준조건 하에서는 비자발적인 반응이다. 그러나 실제적인 세포내의 반응물과 생성물의 농도는 1.0 M 보다 훨씬 적기 때문에 실제적인 자유에너지변화(ΔG°)는 음의 값을 가져 자발적으로 반응이 일어나 D-프럭토오스 1,6-이인산은 50% 이상이 생성물로 바뀌게 된다.

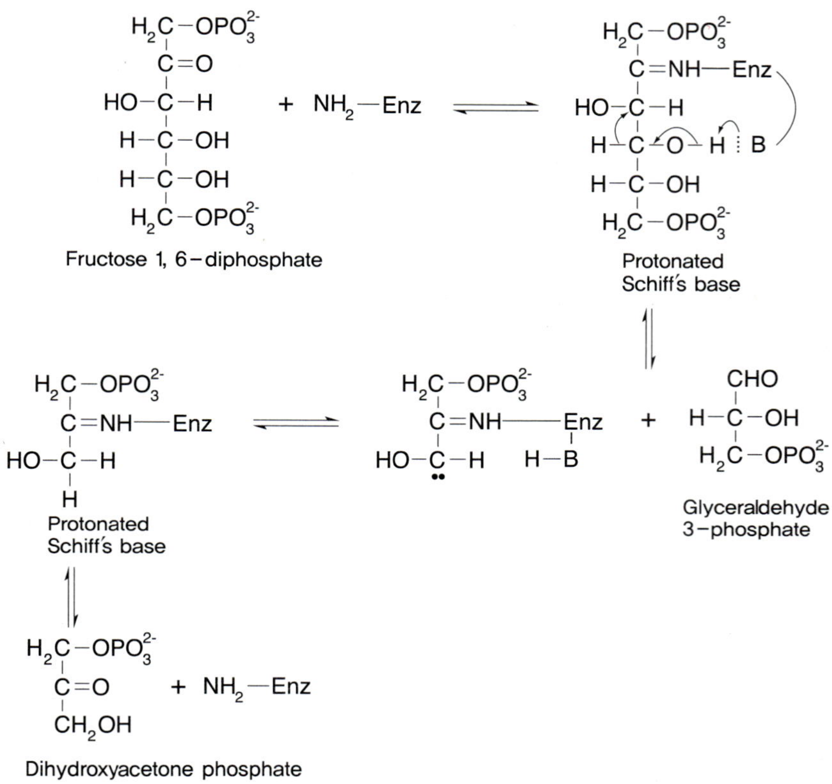

라이신 잔기의 ε-아미노기는 기질과 반응하여 시프 염기를 형성한다(Enz는 효소, B는 효소의 염기성 기를 나타낸다).

그림 8-5 aldolase에 의한 fructoase 1,6-diphosphate의 알돌 분해반응

(5) 글리세르알데하이드 3-인산 탈수소효소(glyceraldehyde 3-phosphate dehydrogenase) 단계(단계 6)

D-글리세르알데하이드 3-인산은 글리세르알데하이드 3-인산 탈수소효소에 의해 전자가 떨어져나가 산화된다. 니코틴아마이드 아데닌 다이누클레오타이드(nicotinamide adenine dinucleotide; NAD^+)는 기질로부터 전자를 받아들이는 산화제로 작용하여 NADH로 환원된다. 글리세르알데하이드 3-인산 탈수소효소 반응은 흡열 인산화 반응(ΔG°= +11.8 kcal/mol)과 발열 산화반응(ΔG°=-10.3 kcal/mol)이 동시에 작용한다. 글리세르알데하이드 3-인산의 알데하이드기가 카복실기로 산화되고 이 때 발생되는 산화 에너지는 무기인산(Pi)과 생성물 간의 인산

화반응에 이용되어 1,3-다이포스포글리세르산(1,3-diphosphoglycerate)이 얻어진다. 고에너지 인산기의 공여체(ΔG°=-11.8 kcal/mol)인 이 생성물은 다음 단계에서 ATP 분자 생성을 돕게 된다. 이 반응에서는 무기인산이 직접 반응물에 부가된다.

글리세르알데하이드 3-인산 탈수소효소 단계는 무기인산에 의한 인산화반응과 동시에 일어나는 유일한 산화반응이기 때문에 해당과정에 있어서 가장 중요한 반응단계의 하나이다.

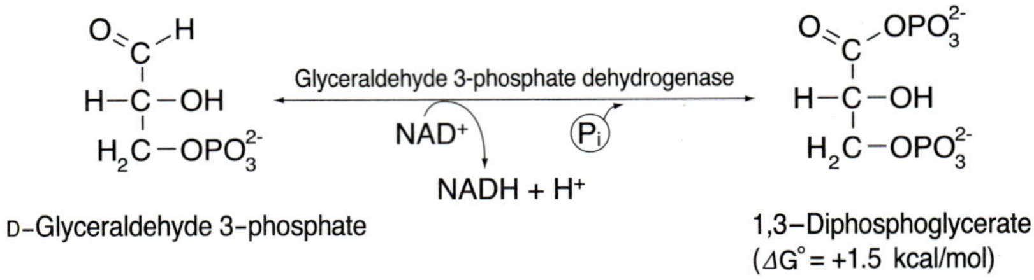

(6) 포스포글리세르산 인산화효소(phosphoglycerate kinase) 단계(단계 7; 첫 번째의 ATP 생성)

이 반응에서 포스포글리세르산 인산화효소가 1,3-다이포스포글리세르산의 1번 탄소의 인산기를 ADP에 전이시켜 ATP를 형성한다.

앞에서 말한 바와 같이 표준상태 하에서 ADP와 Pi에서 ATP를 만들려면 7.3 kcal/mol의 자유에너지를 필요로 한다. 1,3-다이포스포글리세르산은 고에너지 인산기 공여체(ΔG° = -11.8kcal/mol)로 ADP에 인산을 주어 ATP를 만드는데 필요한 충분한 자유에너지를 방출한다. 이 반응은 큰 발열반응(ΔG°=-4.5 kcal/mol)이다. 따라서 이 반응은 쉽게 오른쪽으로 반응이 진행되어 ATP를 생성한다. 이 과정에서 고에너지 화합물이 ADP를 ATP로 만들기 때문에 기질수준 인산화(substrate level phosphorylation)라 한다. 또 다른 형태의 인산화는 산화적 인산화(oxidative phosphorylation)라 하는데 마이토콘드리아에서 일어나며 전자의 이동이 요구되는데 이것에 대해서는 11 장에서 자세히 살펴볼 것이다.

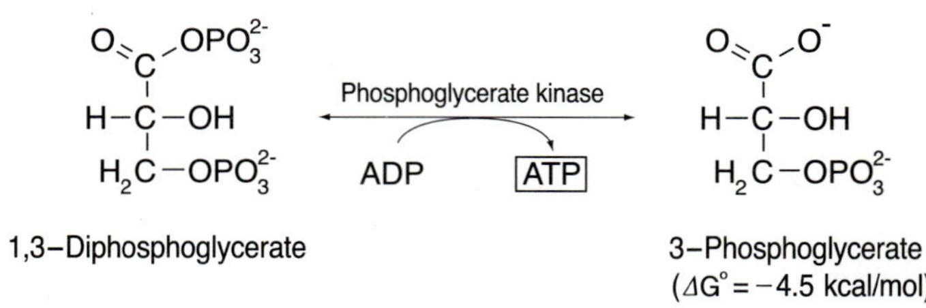

(7) 포스포글리세르산 뮤테이스(phosphoglyceromutase) 단계(단계 8)

포스포글리세르산 뮤테이스는 이성화효소의 한 종류로 3-포스포글리세르산의 3번 탄소에 있는 인산기를 2번 탄소에 전달하여 2-포스포글리세르산(2-phosphoglycerate) 형성을 촉매한다. 이 이동은 간단한 것이지만 중요한데, 2-포스포글리세르산은 다음 단계에서 생성되는 고에너지 중간 생성물인 포스포엔올파이루브산(phosphoenolpyruvate)의 전구체가 된다.

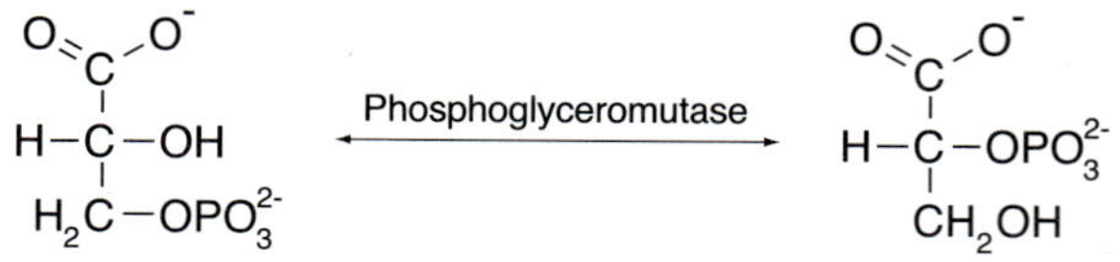

3-Phosphoglycerate

2-Phosphoglycerate
(ΔG° = +1.06 kcal/mol)

(8) 엔올레이스(enolase) 단계(단계 9)

포스포엔올파이루브산(phosphoenolpyruvate; PEP)을 형성하기 위해 물 분자 제거반응(dehydration reaction)을 수행한다. 포스포엔올파이루브산은 가수분해 시에 아주 큰 표준 자유에너지(ΔG°=-14.8 kcal/mol)를 가지므로, ADP로부터 ATP를 생성할 때 인산기를 줄 수 있는 고에너지 인산기 공여체이다.

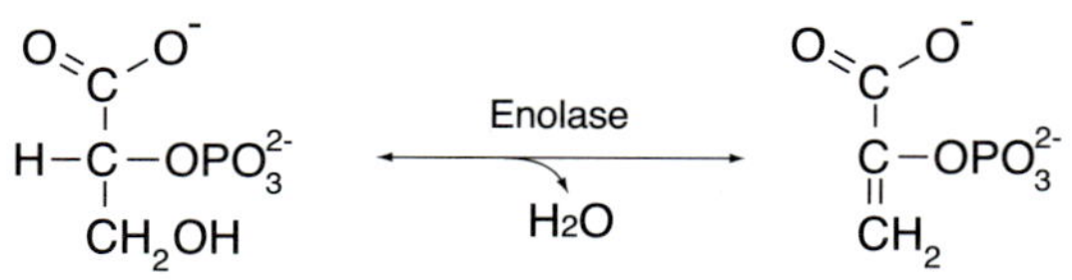

2-Phosphoglycerate

Phosphoenolpyruvate
(ΔG° = +0.44 kcal/mol)

포스포엔올파이루브산은 보다 안정한 상태인 케토(keto)형 대신에, 불안정한 엔올(enol)형이 분자내에 존재하기 때문에 큰 표준 자유에너지를 나타낸다. 엔올형(보다 불안전)에서 케토형(보다 안정)으로의 전환은 포스포엔올파이루브산 분해의 중요한 추진력으로 작용한다.

(9) 파이루브산 인산화효소(pyruvate kinase) 단계(2번째 ATP의 생성, 단계 10)

파이루브산 인산화효소는 포스포엔올파이루브산으로부터 2번째 ATP를 형성하기 위해, ADP에 인산기의 전달을 촉진한다.

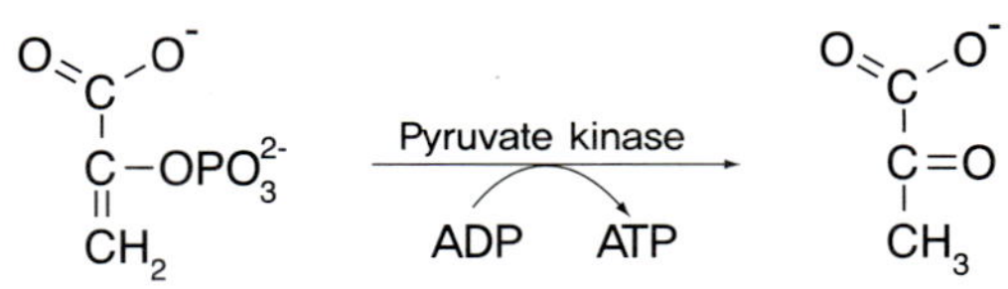

Phosphoenolpyruvate
(Enol 형)
(보다 불안정)

Pyruvate
(keto 형)
(보다 안정)

이 반응은 큰 음의 표준 자유에너지 변화(ΔG°=−7.5 kcal/mol)가 생겨 비가역적이다. 처음의 글루코오스 1 분자당 2 개의 PEP 분자가 형성되어 글루코오스 1 분자당 2 개의 ATP 분자가 이 단계에서 만들어진다. 이 효소는 ATP와 아세틸-CoA에 의해 저해되고 AMP 및 프럭토오스 1,6-이인산에 의해 촉진되는 다른자리 입체성 효소(allosteric enzyme)이다.

(10) 락트산 탈수소효소(lactate dehydrogenase; LDH) 단계(단계 ※※)

락트산 탈수소효소는 파이루브산을 환원하여 L-락트산을 형성한다. 이 반응에서 환원형 NADH는 전자/수소의 공여체이고 NAD^{+}로 산화된다. 글리세르알데하이드 3-인산 탈수소효소에 의해 사용된 NAD^{+} 분자는 락트산 탈수소효소 단계에서 재생산되어 전체적으로 NAD^{+}나 NADH의 생산이나 소비는 없다(그림 8-6). 이 단계에서 생산된 락트산은 폐기물로써 세포 밖으로 확산되어 배출된다. 이 폐기 락트산이 심한 운동을 할 때 근육의 피로나 통증의 원인이 된다. 간세포와 같은 진핵세포에서는 당신생과정(gluconeogenesis)을 통해 락트산이 글루코오스로 재합성되어 다시 사용할 수 있게 된다. 당신생에 대해서는 9장에서 더 자세히 설명할 것이다.

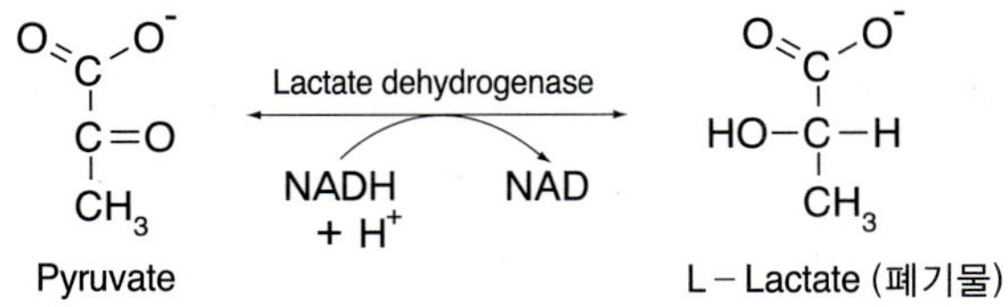

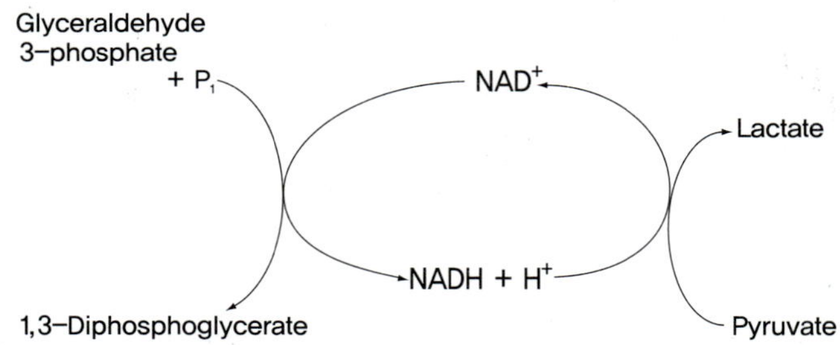

그림 8-6 혐기적 해당과정에서 NAD^{+}와 NADH의 재순환

8.3.3 알코올 발효

효모와 같은 생물체는 알코올 발효 경로를 통해서 글루코오스를 대사한다. 이 과정에서 글루코

오스가 2 분자의 에탄올과 2 분자의 CO_2로 분해되며 동시에 2개의 ATP가 생성된다. 다음의 반응을 제외하고는 해당과정에서 설명된 것과 동일하다.

첫째, 이 생물들은 락트산 탈수소효소를 가지고 있지 않아 최종 폐기물로 락트산을 만들 수가 없다. 둘째, 이 생물들은 파이루브산을 대사하는 파이루브산 탈탄산효소(pyruvate decarboxylase)와 알코올 탈수소효소(alcohol dehydrogenase)라는 2개의 또 다른 효소를 가지고 있다. 파이루브산 탈탄산효소는 파이루브산을 탈탄산, 즉 CO_2를 제거하여 아세트알데하이드(acetaldehyde) 형성을 촉매한다. 이 효소는 Mg^{2+}와 싸이아민(thiamine)의 조효소 형태인 TPP(thiamine pyrophosphate)를 요구한다. 이러한 반응들에서 공통된 점은 싸이아졸(thiazole) 고리의 C-2가 된다. C-2의 수소원자는 프로톤(proton)으로서 해리되어 탄소 음이온(carbanion)을 형성한다. 이 탄소 음이온은 그림 8-7에서 처럼 파이루브산의 탈탄산화에 관여한다. 싸이아민의 싸이아졸 고리와 파이루브산 간에 형성된 화합물은 적절한 전자의 이동을 거쳐 탈탄산화가 일어나고 아세트알데하이드가 해리되면서 탄소 음이온은 재생된다. 알코올 탈수소효소는 아세트알데하이드를 에탄올로 환원하는 반응을 촉매한다. NADH는 전자공여체가 된다. 탈수소효소는 해당과정이나 알코올 발효 경로에 있어서 최종 효소로 작용한다.

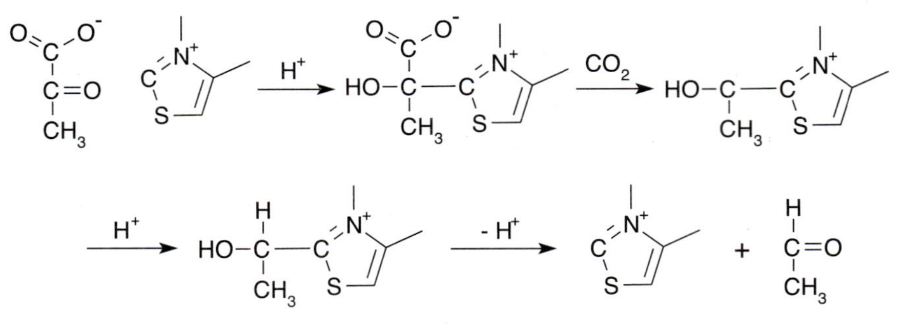

TPP의 싸이아졸 고리의 탄소 음이온 형은 강한 친핵성(nucleophilic)이다. 탄소 음이온은 파이루브산의 카보닐 탄소를 공격하여 부가산물이 형성된다. CO_2가 유리되면서 2-탄소 단편(활성화된 아세트알데하이드)이 조효소에 공유결합으로 남게 된다. 전자의 이동으로 아세트알데하이드가 유리되고, 탄소 음이온이 재생된다.

그림 8-7 pyruvate decarboxylase의 반응의 기작

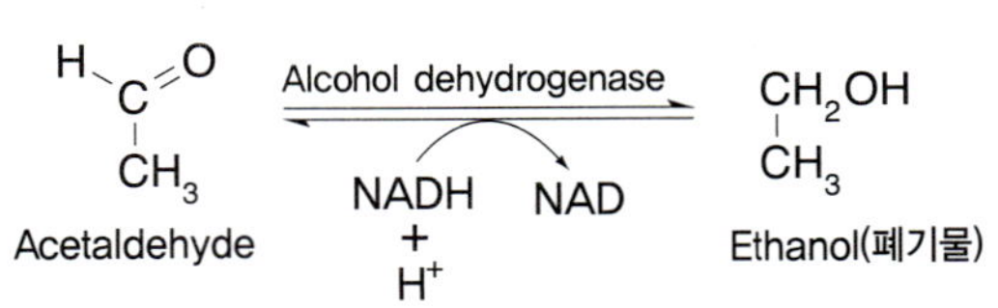

8.3.4 글라이코젠, 단당류 및 이당류의 해당과정으로의 도입

글라이코젠의 분해 및 합성대사에 관해서는 9장에서 설명할 것이다. 사람에 있어서 에너지원으로 가장 쉽게 이용되는 단당류는 글루코오스이고 그 다음이 프럭토오스(과일이나 수크로오스로부터)와 갈락토오스(우유의 락토오스로부터)이다. 척추동물에서 D-프럭토오스는 간에서 일어나는 일련의 반응을 통해서 D-글리세르알데하이드-3-인산과 다이하이드록시아세톤 인산이 되어 해당과정에 들어간다(그림 8-8). 글루코오스에서와 같이 프럭토오스를 완전히 분해하는데 ATP 두 분자의 소모가 요구된다.

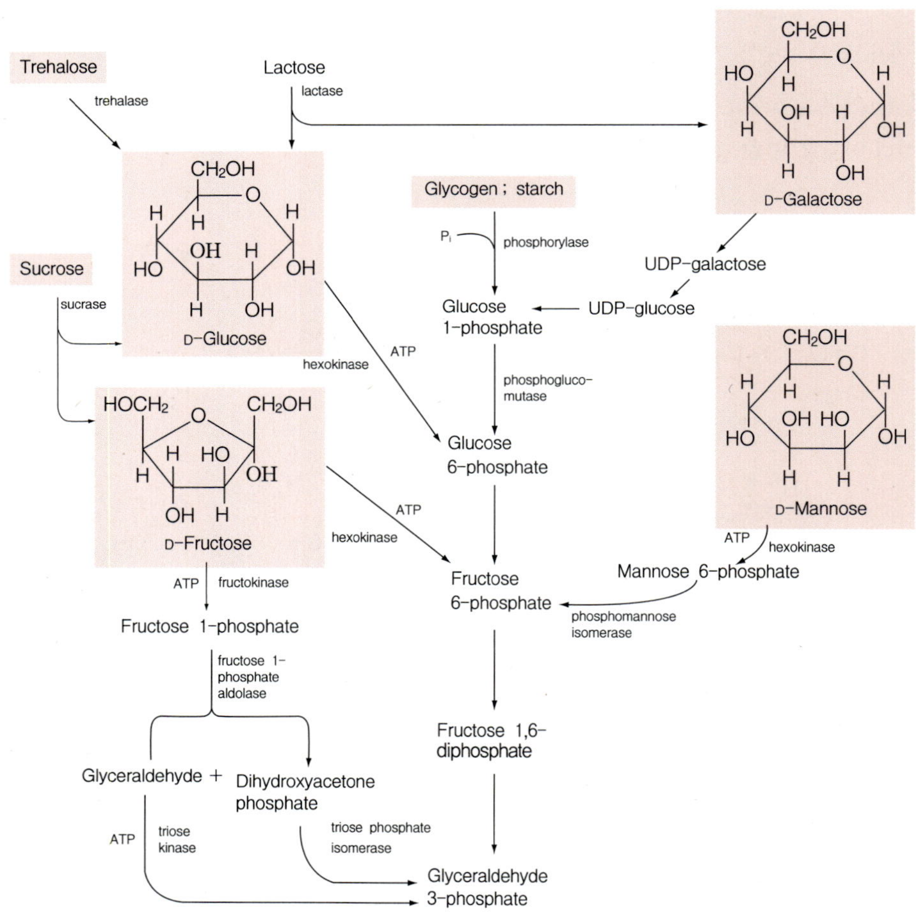

그림 8-8 글라이코젠, 이당류와 헥소오스의 해당과정으로의 도입과정

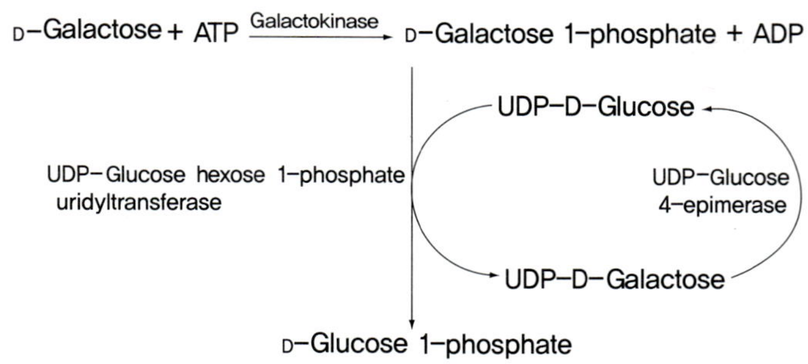

그림 8-9 D-갈락토오스의 이용

D-갈락토오스를 이용하기 위해서는 D-갈락토오스 1-인산(D-galactose 1-phosphate)으로 인산화하는 것과 D-글루코오스 1-인산(D-glucose 1-phosphate)으로 전환하는 과정이 필요하다. 이 두 반응은 글루코오스와 갈락토오스의 운반체로서 UDP를 사용한다(그림 8-9).

UDP-글루코오스 헥소오스 1-인산 우리딜트랜스퍼레이스(UDP-glucose-hexose 1-phosphate uridyltransferase)가 D-갈락토오스 1-인산을 전환하는데 관여하지만 실제적으로 갈락토오스로부터 글루코오스의 생산은 UDP-글루코오스 4-에피머레이스(UDP-glucose 4-epimerase)에 의하여 촉매되는 반응에서 일어난다.

이당류는 해당과정에 바로 들어갈 수 없으며, 사실상 이것들을 혈액 속으로 주입시켜도 이용할 수가 없다. 섭취한 이당류가 체내에서 이용되기 위해서는 먼저 소장내벽의 세포에 있는 효소에 의해서 단당류 단위로 가수분해되어야 한다. 이렇게 해서 생성된 단당류는 혈액 속으로 들어가 간을 통과하여 이곳에서 인산화되어 해당과정의 중간체로 변환되어 대사된다.

$$\text{Maltose} + H_2O \xrightarrow{\text{maltase}} \text{D-Glucose} + \text{D-glucose}$$

$$\text{Lactose} + H_2O \xrightarrow{\text{lactase}} \text{D-Glucose} + \text{D-galactose}$$

$$\text{Sucrose} + H_2O \xrightarrow{\text{sucrase}} \text{D-Glucose} + \text{D-fructose}$$

8.3.5 탄수화물 대사이상

가장 일반적으로 나타나는 유전적 결함증인 갈락토오스혈증(galactocemia)은 UDP-글루코오스-헥소오스 1-인산 우리딜트랜스퍼레이스(그림 8-9)가 유전적으로 결함되어 있어 전체적으로

D-갈락토오스가 D-글루코오스로 변환되는 것이 방해된다. 그 결과 D-갈락토오스와 D-갈락토오스 1-인산이 대사되지 않고 혈액이나 조직 중에 축적된다. 간을 비롯한 장기는 비대되고, 백내장으로 인하여 시력은 떨어지고 정신박약을 가져오게 된다. D-갈락토오스의 주된 공급원은 우유에 함유되어있는 갈락토오스이므로 이 유전적 결함증은 유아에 나타난다. 다른 유형의 갈락토오스혈증은 갈락토오스 인산화효소(galactokinase) 또는 UDP-글루코오스 4-에피머레이스에 유전적으로 결함이 있는 경우에도 나타난다.

8.4 해당과정의 조절

다른 대사과정과 마찬가지로 해당과정도 순간순간마다 일정한 조절이 일어난다. 대사중간 생성물 농도의 정확한 조절은 효율이라는 면에서 뿐만 아니라 필요가 증대될 때 경로의 배출 수준을 신속히 변화시킬 수 있게 해준다.

6장에서 언급한 바와 같이 대부분의 대사경로는 항상 100% 수준에서 가동되는 것이 아니다. 세포가 어떤 최종 생산물이 필요치 않으면, 이 생성물의 생산을 감소시키거나 중지해서 에너지나 출발물질의 낭비를 방지한다.

해당과정은 대사경로를 따라 다른자리 입체성 효소(allosteric enzyme)들에 의해서 조절되는데 촉진적 또는 저해적 효과인자(allosteric effector)들의 존재에 따라 반응을 나타낸다. 해당과정은 (1) 헥소오스 인산화효소(다른자리 입체성), (2) 포스포프럭토오스 인산화효소(PFK)(다른자리 입체성 및 속도조절 효소), (3) 파이루브산 인산화효소(다른자리 입체성) 등 3개의 효소에 의해 조절된다. 또한 저장 글라이코젠을 글루코오스로 전환하는 글라이코젠 포스포릴레이스(phosphorylase)도 AMP, ADP, ATP 등에 의해서 다른자리 입체성에 의해 조절된다.

그림 8-10은 해당과정의 조절과정을 보여준다. ATP는 포스포프럭토오스 인산화효소와 파이루브산 인산화효소에 대해 저해적 효과인자이다. 해당과정이 최대로 작용할 때 많은 양의 ATP가 생성된다. 이 과정은 세포 내에서 ATP가 소모되는 동안 계속 일어난다. 그러나 ATP 소모가 멈춰지면 농도가 증가되어 ATP에 감수성이 있는 효소의 다른자리 입체성 부분(조절부위)으로 확산되어, 이 효소의 작용을 중지시킬 것이다. 포스포프럭토오스 인산화효소의 작용이 중지되면 전체 해당과정이 느려지거나 중지되어 ATP 생성도 감소되거나 중지된다. TCA 회로의 시트르산도 저

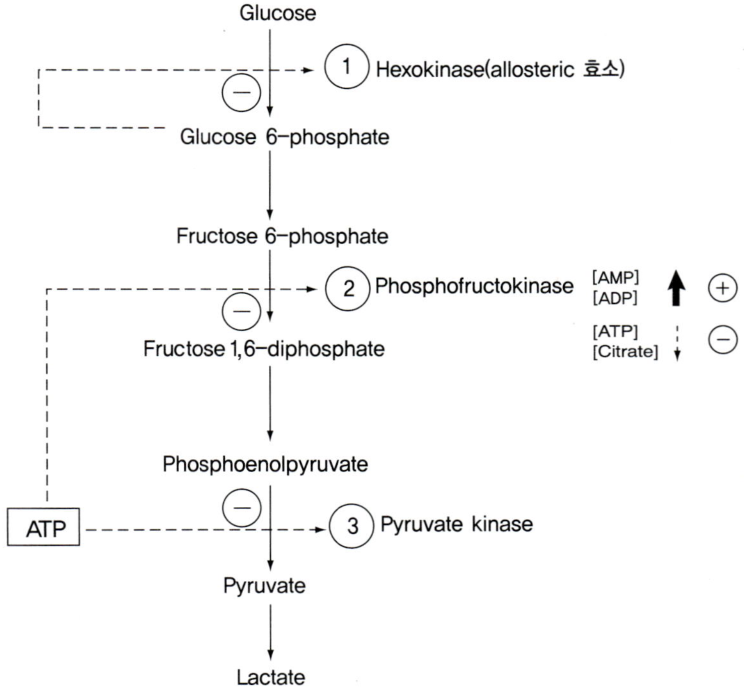

그림 8-10 해당과정의 조절

해적 효과인자로 작용하여 포스포프럭토오스 인산화효소를 저해한다. 이러한 과정을 되먹임(feedback) 저해라 한다.

반대로 ATP 농도가 낮아지고 촉진적 효과를 보이는 ADP나 AMP의 농도가 높아지면 포스포프럭토오스 인산화효소의 작용이 촉진된다. 그리고 프럭토오스 2,6-이인산(fructose 2,6-diphosphate)도 촉진적 효과인자로 작용한다.

그림 8-11에 포스포프럭토오스 인산화효소의 작용에 있어서 AMP, ADP, ATP의 효과에 대하여 정리하였다.

파이루브산 인산화효소는 여러 효과인자에 응답하는 다른자리 입체성 효소이다. ATP와 아세틸-CoA는 저해적 효과인자이고, AMP, ADP 및 프럭토오스 1,6-이인산은 촉진적 효과인자이다. 글루코오스 6-인산은 헥소오스 인산화효소의 비경쟁적 저해제로 작용하여 효소의 활성을 조절한다.

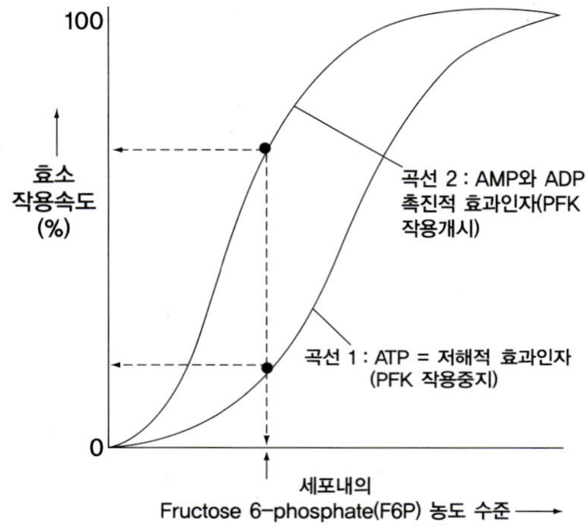

ATP는 저해적 효과인자이고 PFK의 작용을 억제한다. ADP와 AMP는 촉진적 효과인자이고, PFK의 작용을 촉진한다.

그림 8-11 효과인자(촉진적 혹은 저해적) 작용에 의한 효소의 포화곡선

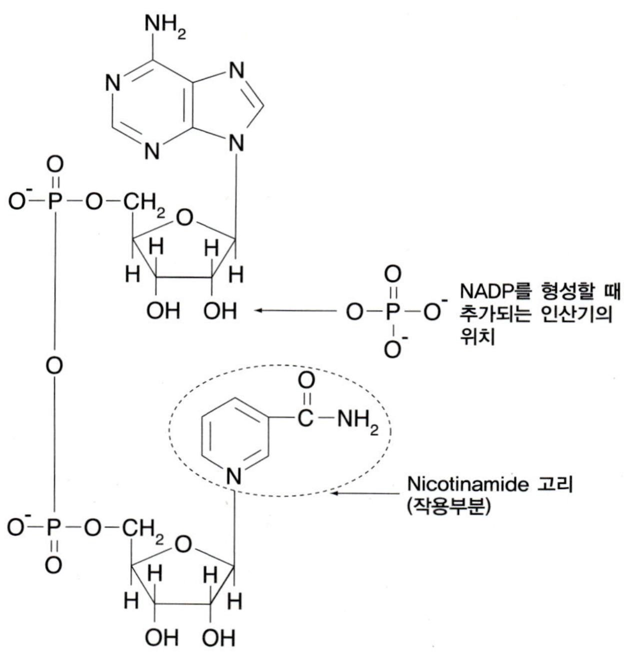

Nicotinamide adenine dinucleotide(NAD^+)

그림 8-12 NAD 및 NADP의 구조

8.5 락트산 탈수소효소의 기작

락트산 탈수소효소(LDH)는 조효소로 니코틴아마이드 아데닌 다이누클레오타이드(nicotinamide adenine dinucleotide; NAD^+)가 필요하다. 이 조효소는 전자/수소수용체로 작용하고 환원형인 NADH가 전자/수소공여체로 작용한다. NAD 구조는 다음 그림 8-12에서와 같이 비타민인 나이아신으로부터 유도된다.

탈수소효소에 의해 전자가 첨가되거나 제거되는 부분은 니코틴아마이드(nicotinamide) 고리부

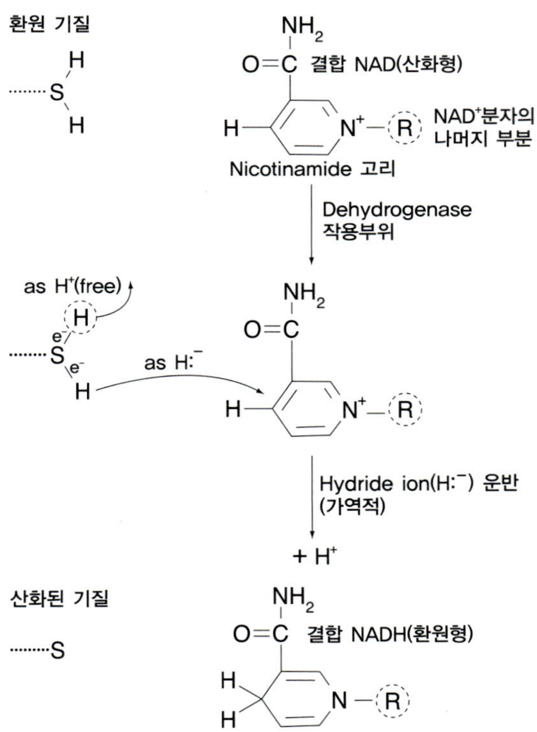

두 개의 전자는 기질(수소화물 이온(H:⁻)로부터 제거되어 NAD^+의 니코틴아마이드 고리에 부가되어 결국, 기질은 산화되고 NAD^+는 NADH로 환원된다. 이 과정을 다음과 같이 요약할 수 있다.

$$SH_2 + NAD^+ \longleftrightarrow S + NADH + H^+$$

환원형 산화형

그림 8-13 탈수소효소에 의한 NAD^+의 환원

분이고 NAD^+ 분자의 나머지 부분은 조효소가 탈수소효소와 결합하는데 작용한다. 탈수소효소는 반응 중에 기질로부터 떨어져 나온 두 개의 전자를 받아 NAD^+의 니코틴아마이드 고리에 전달하여 NADH로 환원하는 전자수용체로 NAD^+를 사용한다. 두 전자의 운반은 그림 8-13에서와 같이 전자 두 개를 가진 양성자($H:^-$) 즉, 수소화물(hydride) 이온이라 부르는 중간물질을 통해서 일어난다. 탈수소효소는 NADH가 기질에 2개의 전자를 내어 주어 기질을 환원하는 역반응도 촉매한다.

락트산 탈수소효소는 혐기적 해당과정의 마지막 단계에서 파이루브산을 락트산으로 환원하기 위해서 NADH를 사용한다. 6장에서 언급한 바와 같이 LDH는 다섯 가지 형태의 동위효소(isoenzyme)로 존재한다. 각각의 효소는 같은 반응을 촉매하나 구조가 다르다. 그림 8-14에서 보는 바와 같이 LDH는 두 종류의 서브유니트("H" 서브유니트와 "M" 서브유니트) 4개가 조합되어 5 종류의 동위효소로 존재한다.

각각의 효소는 전기적 전하가 서로 다르기 때문에 전기영동으로 분리할 수 있다. LDH_1과 LDH_2는 양극 쪽으로 매우 빨리 이동하는 경향이 있어 "빨리 움직이는" 동위효소라 하고, LDH_4와 LDH_5는 쉽게 움직이지 않아서 처음 위치 부근에 머물게 되어 "느리게 움직이는" 동위효소라 한다.

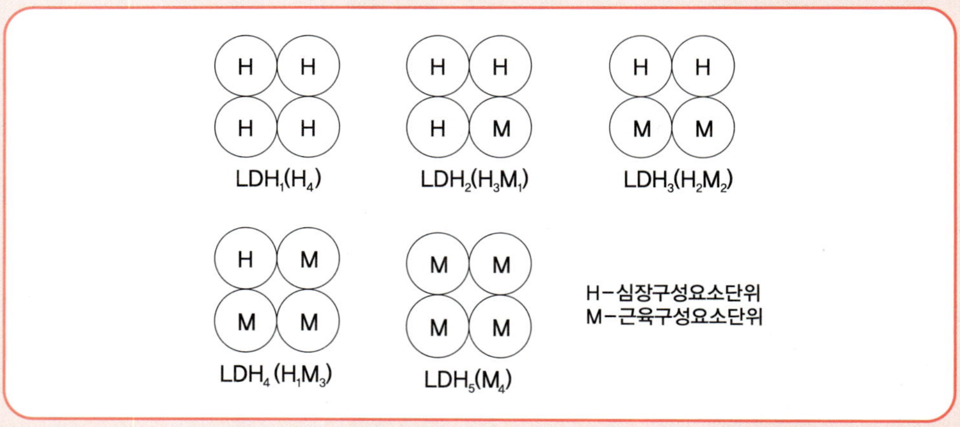

그림 8-14 락트산 탈수소효소 동위효소

표 8-1에서와 같이 기관에 따라 5종류의 LDH 동위효소의 농도가 다르다. 심근에는 주로 H(심장; heart) 서브유니트로 이루어진 LDH_1과 LDH_2가 많이 있고, 간이나 근육에는 M(근육; muscle) 서브유니트로 된 LDH_4와 LDH_5가 많이 존재한다.

질병이 특정한 기관에 발생되면, 병든 기관의 세포의 일부가 죽게 되고, 파괴가 일어나 혈액 속으로 LDH 동위효소가 유리된다. 예를 들어 심근경색(myocardial infarction)이 일어나면 심근의 세포가 산소결핍증으로 죽게 되고 혈액으로 많은 LDH_1과 LDH_2가 방출되는데 전기영동에 의해 혈액을 분석하면 쉽게 감지할 수 있다. 그림 8-15는 심근경색이 일어났을 때의 전기영동 상태를 보이는 것이다. LDH_1부터 LDH_2까지의 전체 LDH의 활성도가 증가되는 것을 발견할 수 있고 발병 후 24~28시간에서 최대값을 보인다. 다른 기관의 질병에서는 LDH 동위효소의 양상이 다르게 나타나는데, 간염(liver hepatitis)인 경우에는 LDH_5의 양이 많이 검출된다.

표 8-1 여러 조직에서의 LDH 동위효소의 분포

동위효소	심장	근육	간
$LDH_1(H_4)$	60	4	2
$LDH_2(H_3M)$	33	7	6
$LDH_3(H_2M_2)$	7	17	15
$LDH_4(HM_3)$	미량	16	13
$LDH_5(M_4)$	미량	56	64

*참고 H = 심장(heart)형 서브유니트, M = 근육(muscle)형 서브유니트

5개의 LDH 동위효소는 같은 화학반응에 있어서 서로 다른 반응속도를 나타낸다. 즉, K_m과 V_{max} 값이 다르다. 그래서 이들이 해당과정 동안 파이루브산에서 락트산으로의 전환속도를 조절한다. 예를 들어 LDH_5 동위효소는 파이루브산에 대한 낮은 K_m과 높은 V_{max} 값을 가진다. 이것은 LDH_5는 빠른 속도로 파이루브산을 락트산으로 전환한다는 것을 의미한다. 그러므로 많은 양의 LDH_4와 LDH_5를 함유하고 있는 조직은 글루코오스를 락트산으로 전환하면서 2개의 ATP를 형성하는 혐기적 해당과정을 통해서 글루코오스를 이용하는 경향이 있다. 반대로 LDH_1 효소는 파이루브산에 대하여 높은 K_m 값을 나타내는데 이것은 이 효소가 낮은 속도로 파이루브산을 락트산으로 전환한다는 것을 의미한다. 파이루브산이 락트산으로 전환되지 않기 때문에 농도가 증가되어 TCA 회로의 원료가 많아지게 된다. 호기적 해당과정은 글루코오스를 CO_2와 H_2O로 완전히 산화시켜 글루코오스 분자당 30 혹은 32개의 ATP를 형성한다. LDH_1과 LDH_2를 많이 함유한 조직은 호기적 해당과정을 하고 LDH_4와 LDH_5를 많이 함유한 조직은 혐기적 해당과정을 할 것이다.

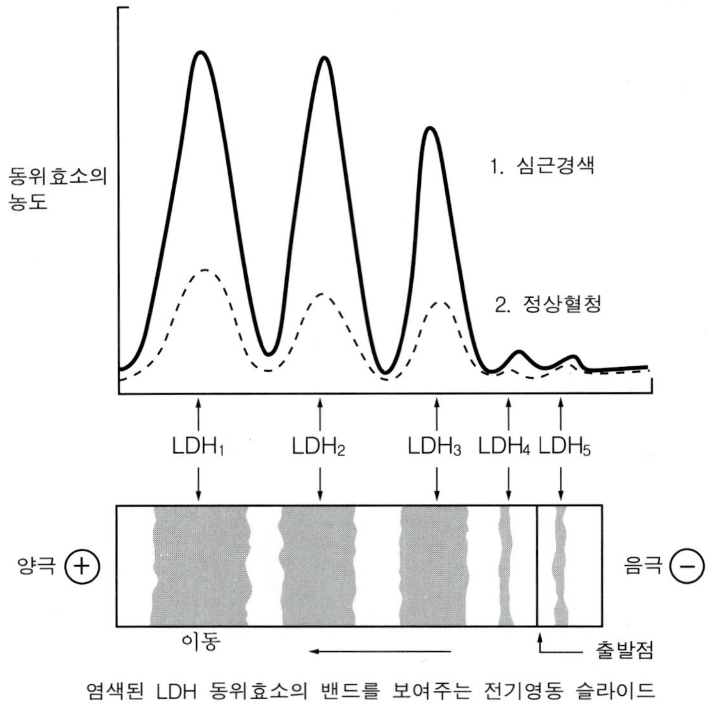

그림 8-15 심근경색이 일어났을 때의 LDH 동위효소의 전기영동 양상

요약

글루코오스에 함유된 화학에너지는 해당과정을 통해서 ATP의 형태로 추출된다. EMP(Embden-Meyerhof-Parnas) 경로인 해당과정은 혐기적 조건에서 육탄당을 삼탄당으로 효소적으로 분해하여 ADP로부터 2분자의 ATP를 형성한다. 해당과정이 호기적으로 작용하면 글루코오스 1분자당 총 30개의 ATP가 생성된다. 알코올 발효는 혐기적 해당과정이 변화된 것으로 이 과정에서는 글루코오스 분자가 2분자의 에탄올, 2분자의 CO_2 및 2분자의 ATP가 만들어진다. 해당경로는 그림 8-3에 나타내었는데, 첫째, 글루코오스가 세포내로 운반된다. 둘째, 글루코오스 분자가 인산화되고, 셋째, 육탄당이 글리세르알데하이드 3-인산이라는 삼탄당 중간 생성물로 분해된다. 넷째, 고에너지 인산기 공여체인 1,3-다이포스포글리세르산으로부터 ATP가 만들어지고, 다섯째, 고에너지 인산기 공여체인 포스포엔올파이루브산으로부터 두 번째 ATP가 형성된다. 여섯째, 최종 폐기물인 락트산이 생성된다.

해당과정은 (1) 헥소오스 인산화효소, (2) 포스포프럭토오스 인산화효소(PFK)와 (3) 파이루브산 인산화효소 등에 의해 조절된다. ATP는 PFK와 파이루브산 인산화효소에 저해적 효과인자로 작용하여 이 효소들의 작용을 억제한다. ATP 농도가 낮고 AMP나 ADP의 농도가 높으면 PFK 효소의 작용을 촉진하여 해당과정을 원활하게 한다.

해당과정에 작용하는 2개의 탈수소효소는 글리세르알데하이드 3-인산 탈수소효소(GPDH)와 락트산 탈수소효소(LDH)이다. 이 두 효소는 조효소로 NAD^+를 필요로 한다. 산화형인 NAD^+는 전자수용체로 작용하는데 기질로부터 2개의 전자를 받아들여, 환원형인 NADH가 생성된다. 반대로 NADH는 전자공여체로 작용하여 기질을 환원한다. 락트산 탈수소효소는 혐기적 해당과정의 마지막 단계로 파이루브산을 환원하여 락트산으로 만드는데 NADH를 사용한다. 이 효소는 5 종류(LDH_1~LDH_5)의 동위효소 형태로 존재하며, 각 동위효소는 같은 화학반응을 촉매하지만 반응속도가 다르다. 혈청의 총 LDH 양을 분석하고 각각의 LDH 동위효소의 양을 알아내어 여러 가지 질병을 진단하는데 사용되고 있다. 심근경색이 일어나면 혈청의 LDH_1과 LDH_2의 양이 증가하는데 이는 심근세포가 손상을 받았음을 나타낸다.

연습문제

1. 해당과정 첫단계에서 인산화에 관여하는 효소는?

① glucose phosphate isomerase
② enolase
③ aldolase
④ hexokinase
⑤ phosphofructokinase

2. Glucose $\underset{나}{\overset{가}{\rightleftarrows}}$ 2 lactate의 반응에서 (가)에서 2 ATP가 생성되고, (나)에서는 6 ATP(4 ATP와 2 GTP)가 소모된다. (가)의 반응은?

① Phosphorylation
② Glycolysis
③ Gluconeogenesis
④ Glycogenolysis
⑤ Glycogenesis

3. 파이루브산을 탈탄산하여 acetaldehyde로 만드는 효소는?

① alcohol carboxylase
② pyruvate carboxylase
③ pyruvate decarboxylase
④ alcohol decarboxylase
⑤ alcohol dehydrogenase

4. 글루코오스가 락트산 두 분자로 전환될 때 생성되는 ATP 수는?

① 2 ② 3 ③ 4 ④ 5 ⑤ 1

5. 해당과정의 속도조절 단계 효소는?

① hexokinase ② enolase
③ pyruvate kinase ④ aldolase
⑤ phosphofructokinase

6. 해당경로 중에서 ATP를 생성하는 반응으로 옳은 것은?

가. glucose
→ glucose 6-phosphate
나. phosphoenolpyruvate
→ pyruvate
다. fructose 6-phosphate
→ fructose 1,6-diphosphate
라. 1,3-diphospoglycerate
→ 3-phosphoglycerate

① 가 나 다 ② 가 다 ③ 나 라
④ 라 ⑤ 가 나 다 라

7. 해당과정에 대한 설명으로 틀린 것은?

① 글루코오스에서 파이루브산까지의 분해이다.
② 산소가 필요 없다.
③ 글루코오스가 락트산이 된다.
④ 산소가 있으면 락트산이 다량 축적된다.
⑤ 당신생과정과 부분적으로 가역적 관계이다.

8. 해당과정에서 ATP + 글루코오스 → ADP + 글루코오스 6-인산의 반응을 촉매하는 효소는?

① hexokinase ② enolase
③ isomerase ④ fructokinase
⑤ aldolase

9. 해당과정에서 phosphofructokinase의 촉진적 효과인자는?

① citrate ② Mg^{++} ③ Ca^{++}
④ AMP ⑤ ATP

10. 마이토콘드리아와 관계없는 것은?

① 지방산 산화 ② 해당과정
③ TCA-회로 ④ 산화적 인산화
⑤ 전자운반

11. 해당과정에서 산소가 충분히 공급되지 못하면 생기는 물질은?

① pyruvate ② lactic acid
③ formic acid ④ phosphoric acid
⑤ amino acid

12. 해당과정에서 기질수준인산화는?

연습 문제

① diphydroxyacetone phosphate
→ glyceraldehyde 3-phosphate
② fructose 6-phosphate
→ fructose 1, 6-phosphate
③ phosphoenolpyruvate
→ pyruvate
④ pyruvate → lactate
⑤ 3-phosphoglycerate
→ 2-phosphoglycerate

13. ATP, citrate 또는 긴사슬 지방산 농도가 높을 때 해당과정의 phosphofructokinase 활성은?

① 관계 없다 ② 촉진된다
③ 방해된다 ④ 영향받지 않는다
⑤ 처음에 방해 후 곧 촉진된다

14. 혐기적 해당시 ATP는 주로 (　　)로 생긴다.

① 광인산화(photophosphorylation)
② 기질수준인화(substrate level phosphorylation)
③ 산화적 인산화(oxidative phosphorykation)
④ 산화적 환원(oxidative reduction)
⑤ 기질환원(substrate reduction)

15. 글루코오스 한 분자가 호기적 조건과 혐기적 조건으로 생성된 ATP 비율은?

① 15:1 ② 1:4 ③ 2:1 ④ 4:1 ⑤ 9:1

16. 당의 해당과정과 관계없는 것은?

① 파이루브산, 락트산 생산
② 초기에 인산화
③ 라이보오스 생성
④ 트리오스 변화 과정
⑤ 산화, 고에너지인산결합

17. 탄수화물 가수분해효소의 설명으로 옳은 것은?

가. β-amylase는 α-1, 4결합을 말토오스로 분해한다.
나. glucoamylase는 α-1, 4와 α-1, 6 결합을 안쪽에서 불규칙하게 절단한다.
다. ptyalin은 타액의 α-amylase이다.
라. α-amylase는 α-1, 4 결합을 비환원성 말단에서 글루코오스로 절단한다.

① 가 나 다 ② 가 다 ③ 나 라
④ 라 ⑤ 가 나 다 라

18. 알돌레이스(aldolase)의 기질은?

① glucose
② frutose 6-phosphate
③ fructose 1,6-diphosphate
④ 1,3-diphosphoglycerate
⑤ PEP

19. 해당과정에서 ATP를 소모하는 반응에 관여하는 효소로 옳은 것은?

가. hexokinase
나. glucose phosphate isomerase
다. phosphofructokinase
라. enolase

① 가 나 다 ② 가 다 ③ 나 라
④ 라 ⑤ 가 나 다 라

20. 동위효소(isozyme)의 설명 중 옳은 것은?

① 효소의 촉매적으로 활동적인 가수분해산물이다.
② 동일한 기능의 촉매적으로 다른 효소이다.
③ 같은 반응을 촉매하고 한 분자형태 이상으로 존재한다.
④ 다른 종에서 분리한 동일한 기능의 효소이다.
⑤ 여러 배위체의 조절단백질의 형태학적 이성질체이다.

정답 : 1④ 2② 3③ 4① 5⑤ 6③ 7④ 8① 9④ 10② 11② 12③ 13③ 14② 15① 16③ 17① 18③ 19② 20③

용어해설

1. 기질수준 인산화(substrate-level phosphoryl-ation) : 전자전달계를 통하지 않고 ATP를 생성하는 인산화 과정
2. 동위효소(isoenzyme) : 세포내에서 똑같은 반응을 촉매하지만 서로 다른 단백질의 분자 형태를 가진 효소
3. 마이토콘드리아성 호흡 : 전자전달계를 통하여 ATP를 생성하고, 이 때 전자수용체로서 산소가 요구되는 일련의 과정
4. 산화적 인산화(oxidative phosphorylation) : 전자 1쌍이 NADH로부터 산소까지 이동하면서 2.5 분자의 ATP를 생성하는 반응으로 기질의 산화과정과 ADP의 인산화 과정이 연합하여 일어남
5. 알코올 발효(alcoholic fermentation) : 글루코오스로부터 2ATP, 2 에탄올, $2CO_2$를 생성하는 발효
6. 전기영동(electrophoresis) : 높은 전기장 내에 단백질을 두어 이동거리의 차이로 단백질을 분리하는 방법
7. 전자전달계(electron transport system) : 전자수용체인 NADH나 NADPH의 전자가 보효소 Q로부터 사이토크롬 산화효소(cytochrome oxidase)까지 전달되고 결국 O_2에 결합하여 물을 형성하는 단계
8. 종속영양세포(heterotrophic cell) : 포도당과 같은 복잡한 영양분자를 에너지 및 탄소원으로 이용하는 세포
9. 해당과정(glycolysis) : 당이 혐기적 조건하에서 파이루브산을 거쳐 락트산으로 분해되는 과정
10. 혐기적 조건(anaerobic condition) : 산소가 없는 대사조건
11. 호기적 조건(aerobic condition) : 산소가 요구되는 대사조건
12. 알돌 분해반응 : 알돌 축합반응의 역반응으로 중간산물로 시프 염기(Schiff' s base)를 형성한다.
13. 알돌 축합반응 : 2개의 케톤 혹은 2개의 알데하이드 혹은 하나의 케톤과 하나의 알데하이드 사이의 부가반응
14. EMP 경로(Embden-Meyerhoff Parnas pathway) : 당이 혐기적 조건에서 효소에 의해 분해되어 2개의 삼탄당과 2개의 ATP를 생성하는 과정
15. 갈락토오스혈증 : 갈락토오스 1-인산 헥소오스 우리딜트랜스퍼레이스의 결핍으로 젖당으로부터 유래된 갈락토오스의 대사에 이상이 있는 유전적인 질환
16. 당신생과정(gluconeogenesis) : 비당질인 전구체로부터 새로운 당질의 생합성

17 NAD(nicotinamide adenine dinucleotide) : 니코틴아마이드를 함유하는 보조효소로 산화환원 반응에서 수소원자 및 전자의 운반체로서 작용된다.

18. 프스포프럭토오스 인산화효소(phosphofrutokinase; PFK) : 프럭토오스 6-인산을 프럭토오스 1,6-이인산으로 전환시키는 효소
19. 포스포릴레이스(phosphorylase) : 글라이코젠을 가인산분해하여 글루코오스 1-인산을 생산하는 반응을 촉매하는 효소

| 제9장 |

기타 탄수화물 대사

Additional Carbhydrate Metabotism

해당과정은 8장에서 상세히 설명하였다. 이 장에서는 탄수화물 대사의 또 다른 중요한 경로에 대해 설명한다. 즉, (1) 락트산으로부터 글루코오스가 재합성되는 당신생과정(gluconeogenesis), (2) 오탄당 인산경로(HMP)로 알려진 글루코오스 대사의 다른 경로, (3) 글라이코젠의 합성과 분해, (4) 우론산 경로 등에 대하여 설명한다.

9.1 코리(Cori) 회로와 당신생과정

근육이 심한 운동을 할 때 많은 양의 락트산을 생성한다. 이 폐기물인 락트산은 근육세포로부터 확산되어 혈액으로 들어간다. 휴식하는 동안 과다한 락트산은 간세포에 의해 흡수되고 당신생과정(gluconeogenesis)을 거쳐 글루코오스로 합성된다. 당신생과정이라는 용어는 "새로운 글루코오스의 합성"이라는 의미를 가진다. 해당과정과 당신생과정과의 관계는 1930년대에 C. Cori와 G. Cori에 의해 처음으로 정립되었기 때문에 이 관계를 코리(Cori) 회로라 하는데 그림 9-1과 같다.

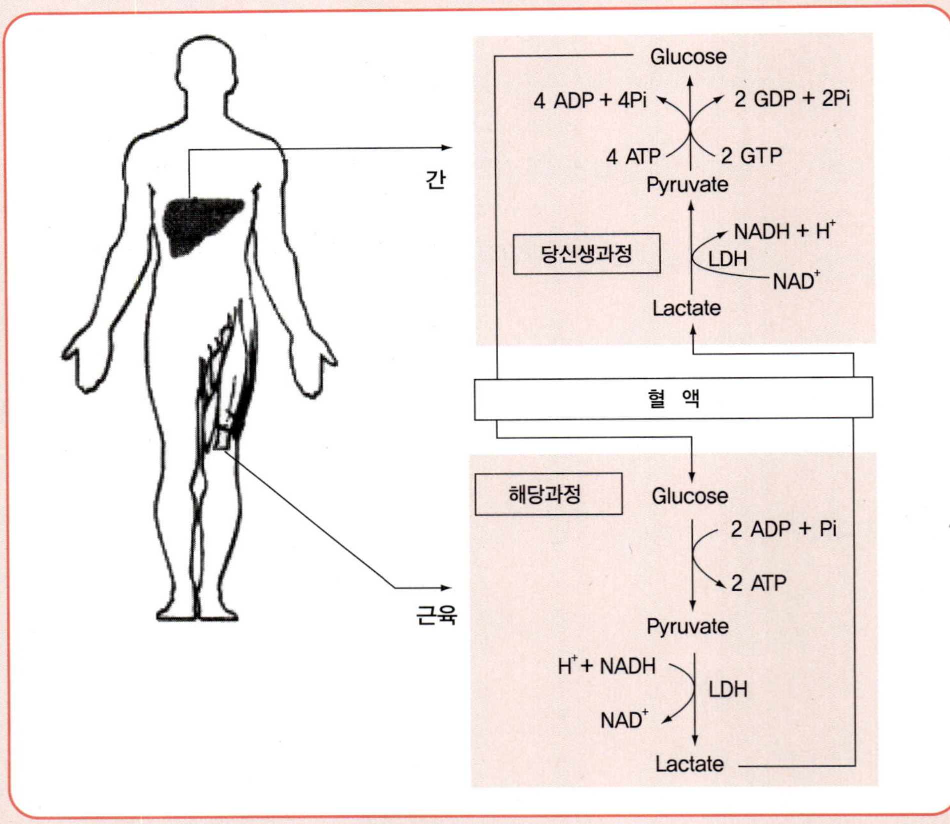

그림 9-1 코리 회로

해당과정에 의해 근육에서 생성된 락트산은 혈액에 의해 간으로 운반된다. 간에서의 당신생과정은 락트산을 다시 글루코오스로 바꾸고, 이 글루코오스는 혈액에 의해 다시 근육으로 되돌아

갈 수 있다. 글루코오스는 글라이코젠 분해반응에 의하여 다시 분해될 때까지 글라이코젠으로 저장되어 있을 수 있다.

당신생과정은 단순히 해당과정을 반대로 거슬러 올라가는 가역반응이 아니다. 해당과정 중에서 육탄당 인산화효소(hexokinase), 포스포프럭토오스 인산화효소(phosphofructokinase), 파이루브산 인산화효소(pyruvate kinase) 등이 관여하는 3 가지 단계는 비가역적이다. 폐기물 락트산으로부터 글루코오스를 재합성하려면 그림 8-3(제8장 참조)에서와 같이 몇 가지 효소집단에 의해 이 비가역적인 단계가 극복되어야만 한다.

일단 락트산이 혈액으로부터 간세포의 세포질로 확산되어 들어가면 락트산 탈수소효소에 의해 파이루브산으로 전환된다. 이 파이루브산은 마이토콘드리아에 운반되고, 그곳에서 다음 반응과 같이 파이루브산은 파이루브산 카복실레이스(pyruvate carboxylase)에 의해 옥살아세트산(oxaloacetate)으로 전환된다. 파이루브산 카복실레이스는 활성을 위해 바이오틴(biotin)을 조효소로 필요로 한다. 이 효소는 HCO_3^-에서 생성된 CO_2를 파이루브산의 메틸기(CH_3^-)에 부착해 주는 탄산화반응(carboxylation)을 촉매한다. 이 반응을 진행하기 위해서는 ATP 분자의 분해가 수반되어야 한다(그림 9-2).

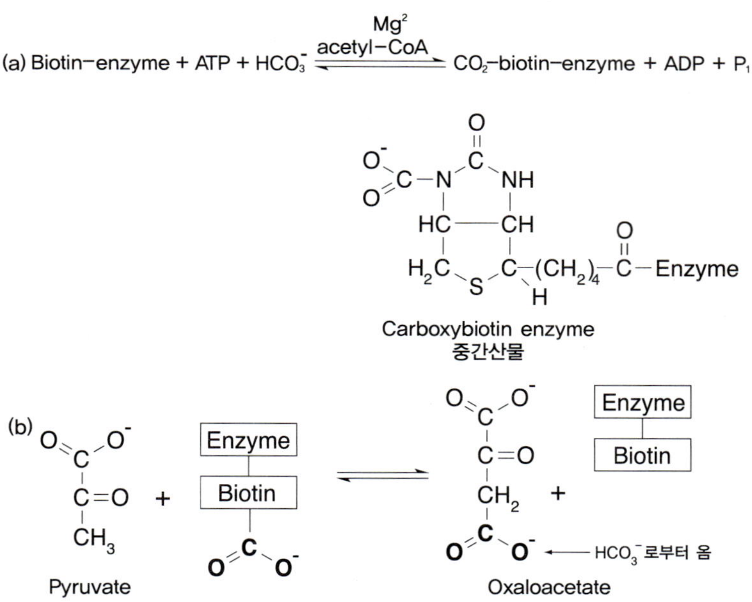

CO_2는 바이오틴 효소(biotin enzyme)에 붙어 있다(a). CO_2는 바이오틴 효소에서 파이루브산으로 전이되어 옥살아세트산 형성한다(b). 이 효소는 다른자리 입체성 효소로 촉진적 효과인자인 acetyl-CoA에 의해 촉진된다.

그림 9-2 pyruvate 탄산화반응의 두 단계

옥살아세트산은 말산 탈수소효소(malate dehydrogenase)에 의해 말산으로 환원되어 마이토콘드리아에서 나와 세포질 속으로 운반된다. 세포질에서 말산은 옥살아세트산으로 다시 산화된다.

옥살아세트산은 포스포엔올파이루브산 카복시인산화효소(phosphoenolpyrurate carboxy-kinase)에 의해 포스포엔올파이루브산(PEP)으로 전환된다. 이 효소는 옥살아세트산을 인산화하기 위해 고에너지 인산기 공여체로 구아노신 삼인산(guanosine triphosphate; GTP)을 사용한다. 인산화 반응은 옥살아세트산의 카복실기중 하나로부터 CO_2가 제거되는 탈탄산반응(decarboxylation)과 동시에 일어난다.

세포질과 마이토콘드리아에서 일어나는 이 일련의 단계는 고에너지 해당 중간 생성물인 포스포엔올파이루브산을 재생산하는데 필요한 것이다. 일단 포스포엔올파이루브산이 만들어지면 다른 해당과정 중간 생성물을 형성하는데 사용될 수 있다.

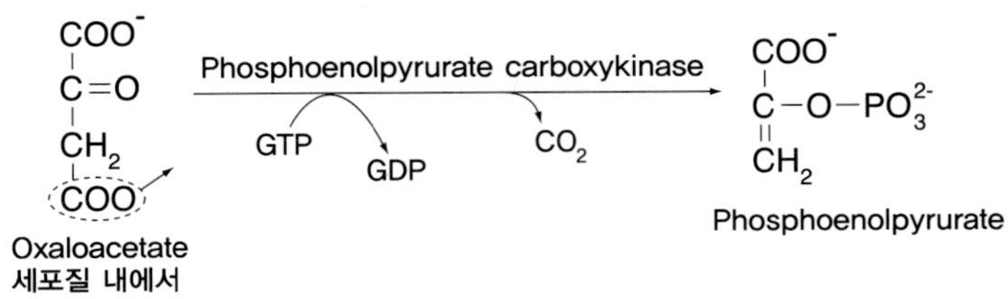

포스포엔올파이루브산으로부터 D-프럭토오스 1,6-이인산까지의 반응은 해당과정의 역반응에 의해 일어난다. D-프럭토오스 6-인산은 D-프럭토오스 1,6-이인산으로부터 포스포프럭토오스 인산화효소(PFK)의 역반응에 의해서 만들어질 수 없기 때문에 프럭토오스 1,6-다이포스파테이스(fructose 1,6-diphosphatase)에 의해서 D-프럭토오스 1,6-이인산으로부터 D-프럭토오스 6-인산이 만들어진다.

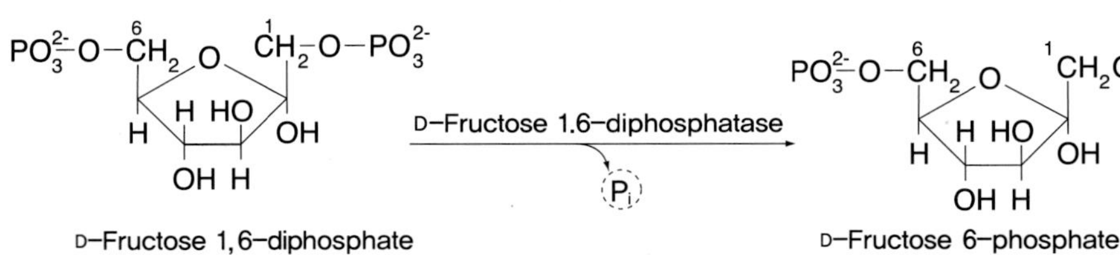

다음에 D-글루코오스 6-인산은 D-프럭토오스 6-인산으로 부터 글루코오스 인산 이성화효소의 역반응으로 형성된다. 마지막으로 D-글루코오스는 D-글루코오스 6-인산으로부터 D-글루코오스 6-포스파테이스(D-glucose 6-phosphatase)에 의해 해당과정 중 3번째 비가역 단계를 우회하여 형성된다.

새로 형성된 글루코오스는 간세포에서 배출되어 저혈당 수준을 회복하거나 글라이코젠으로 저장된다. 2분자의 락트산으로부터 1분자의 글루코오스를 만드는데 전체적으로 6개의 고에너지 인산결합이 필요하다(그림 8-3, 제8장 참조).

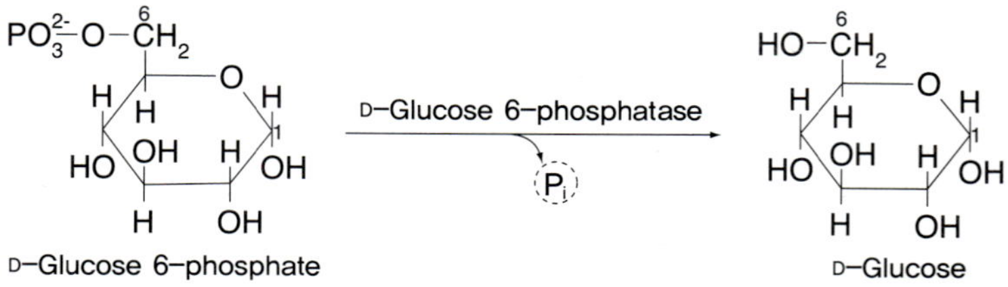

9.2 오탄당 인산경로

오탄당 인산경로(pentose phosphate shunt)는 어떤 조직에서 글루코오스의 산화에 대한 대체 경로로 이용된다. 이 경로를 육탄당 일인산(hexose monophosphate; HMP) 경로, 포스포글루콘산(phosphogluconate) 산화경로 등으로 부른다(그림 9-3). 간, 유선, 뇌, 부신피질 등의 조직에 이 경로에 필요한 효소들이 함유되어 있다.

일반적으로 이 기관에서 대사되는 글루코오스의 30~60% 정도가 오탄당 인산경로에 의해 산화된다. 오탄당 인산경로는 NADPH와 오탄당을 생성하는 연속된 산화반응으로 시작되며, 이 경로의 나머지 반응은 비산화적으로 순환된다. 비산화적 반응으로 생성된 물질은 해당과정에서 중요한 역할을 하는 프럭토오스 6-인산과 글리세르알데하이드 3-인산이다.

9.2.1 오탄당 인산경로의 산화적 반응

이 경로의 첫 번째 반응에서 글루코오스 6-인산은 글루코오스 6-인산 탈수소효소(glucose 6-phosphate dehydrogenase)의 작용으로 6-포스포글루코노-δ-락톤(6-phosphoglucono-δ-lactone)으로 산화된다(그림 9-4). 이 반응에서 NADPH가 생성됨을 유의하라.

글루코오스 6-인산이 락톤(lactone)으로 산화되어 카복시기(-COOH)와 5번 탄소의 하이드록시기(-OH) 사이에서 다시 환상의 에스터가 형성된다.

환상 에스터 구조의 6-포스포글루코노-δ-락톤은 락토네이스(lactonase)의 촉매작용으로 가수분해되어 이온형의 사슬구조인 6-포스포글루콘산(phosphogluconate)이 생성된다(그림 9-4).

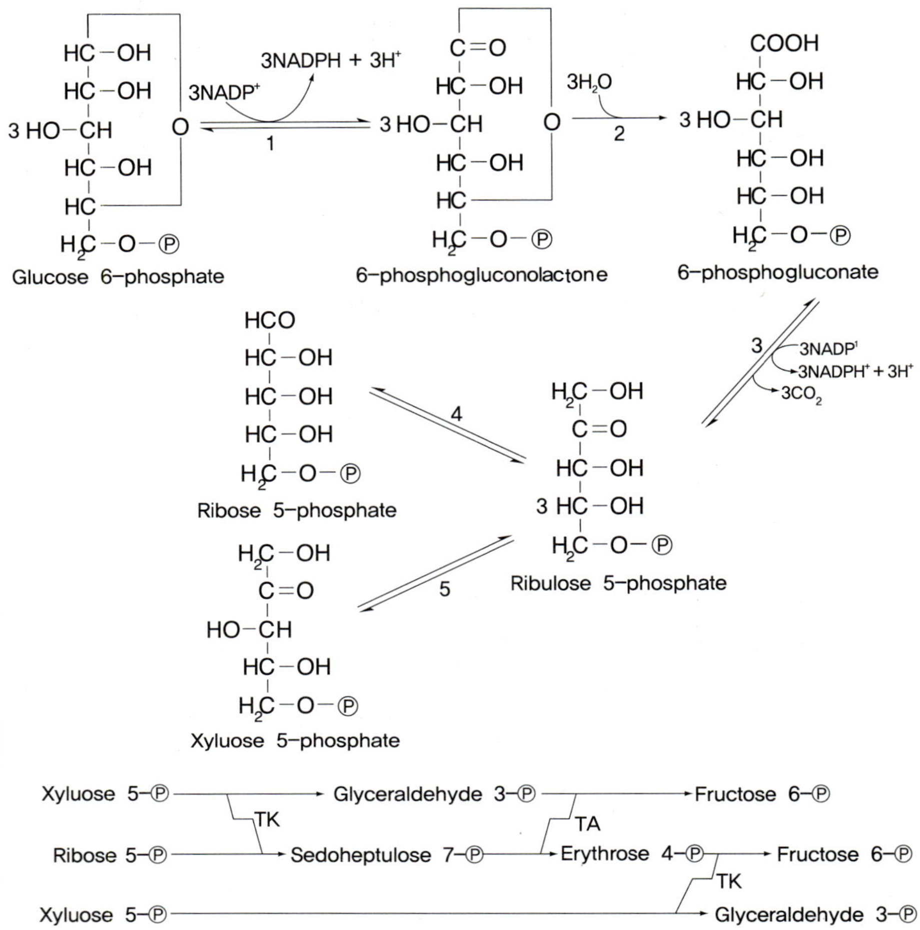

1. 글루코오스 6-인산 탈수소효소(glucose 6-phosphate dehydrogenase); 2. 락토네이스(lactonase); 3. 6-포스포글루콘산 탈수소효소(phosphogluconate dehydrogenase); 4. 라이보오스 5-인산 이성화효소(ribose-5-phosphate isomerase); 5. 라이불로오스 5-인산 3-에피머레이스(ribulose-5-phosphate 3-epimerase). 생성된 라이불로오스 5-인산은 효소 4, 5가 존재한다면 라이보오스 5-인산과 자일룰로오스 5-인산(xylulose 5-phosphate) 등과 같이 평형상태를 유지한다. TK:트랜스케톨레이스(transketolase); TA: 트랜스알돌레이스(transaldolase).

그림 9-3 오탄당 인산경로

다음 반응은 산화적 탈탄산반응으로 2 번째로 NADPH가 생성된다. 6-포스포글루콘산은 CO_2 형태로 카복실기(-COOH)를 잃고 케토펜토오스(ketopentose)인 라이불로오스 5-인산(ribulose 5-phosphate)이 생성된다. 이 반응에 관여하는 효소는 6-포스포글루콘산 탈수소효소(phosphogluconate dehydrogenase)이다. 이 과정에서 6-포스포글루콘산은 C-3 하이드록

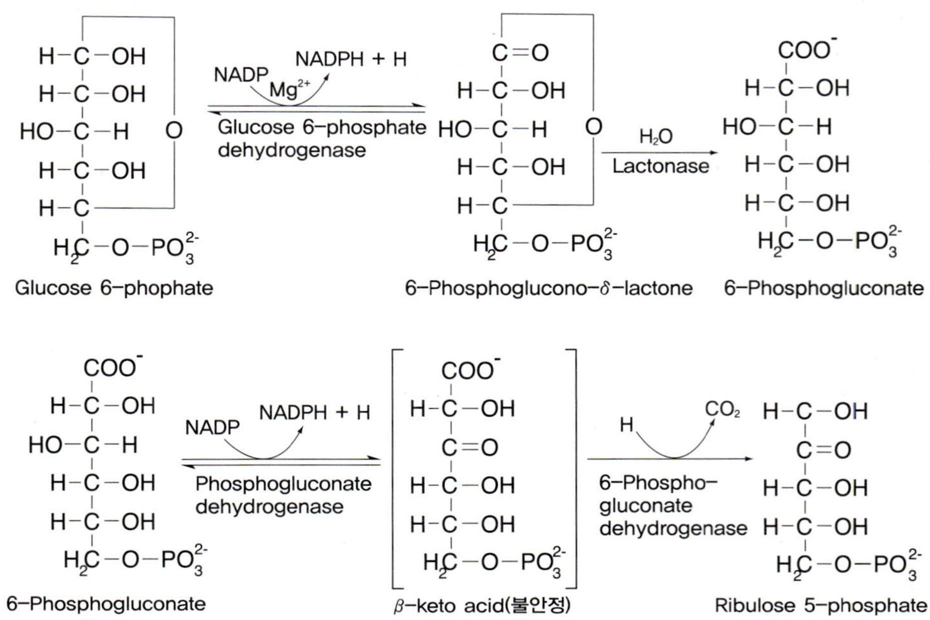

그림 9-4 오탄당 인산경로의 산화적 반응

실기가 탈수소되어 매우 불안정한 β-케토산(keto acid)으로 되며, 이것은 매우 불안정하므로 쉽게 탈탄산되어 라이불로오스 5-인산을 형성한다.

9.2.2 오탄당 인산경로의 비산화적 반응

오탄당 인산경로의 나머지 단계에서는 2탄소와 3탄소 단위가 전달되는 여러 반응이 일어난다. 당의 탄소골격과 알데하이드나 케톤과 같은 기능기들을 추적하기 위해 쇄상구조로 구조식을 나타내었다.

라이불로오스 5-인산이 이성화되는 반응은 2개의 다른 반응이 있다. 그 중 하나는 라이불로오스 5-인산 3-에피머레이스(ribulose 5-phosphate 3-epimerase)가 촉매하는 반응으로 케토오스 계열인 자일룰로오스 5-인산(xylulose 5-phosphate)이 생성되는데, 3번 탄소원자의 배위가 다르다(그림 9-5). 또 다른 이성화반응은 라이보오스 5-인산 이성화효소(ribose 5-phosphate isomerase)에 의해 촉매되는데 알데하이드기를 가진 라이보오스 5-인산(ribose 5-phosphate)이 생성된다(그림 9-5). 라이보오스 5-인산은 RNA 생합성과 NADH와 같은 조효소의 골격구조에 필수적이다.

이들 반응에서 첫번째 반응으로 자일룰로스 5-인산으로부터 3-탄소 단위가 라이보오스 5-인산으로 전이되어 세도헵툴로오스 7-인산(sedoheptulose 7-phosphate; 7-탄소의 케토오스 계열)과 글리세르알데하이드 3-인산이 생성 된다(그림 9-5). 이 반응은 트랜스케톨레이스(transketolase)에 의해 촉매되며 자일룰로오스 단위의 1번과 2번 탄소원자가 라이보오스의 1번 탄소원자로 전이된다. 일반적으로 이 3가지 반응에서 케토오스는 언제나 기 전이반응에서 공여체로 작용하고 알도오스는 언제나 수용체이다.

트랜스알돌레이스(transaldolase)에 의해 촉매되는 반응에서는, 3-탄소 단위는 7-탄소 케토오스인 세도헵툴로오스 7-인산에서부터 3-탄소 알도오스인 글리세르알데하이드 3-인산으로 전이된다(그림 9-5). 결국, 세도헵툴로오스 7-인산의 1번에서 3번 탄소는 글리세르알데하이드 3-인산의 1번 탄소에 전이되어 프럭토오스 6-인산과 에리쓰로오스 4-인산(erythrose 4-phosphate)을 생성한다.

이 경로의 마지막 반응에서 공여체 케토오스는 자일룰로오스 5-인산이고 수용체 알도오스는 에리쓰로오스 4-인산이다. 이 반응은 트랜스케톨레이스에 의해 촉매되며, 한 번 더 2-탄소 단위가 전이된다. 그 반응의 산물은 프럭토오스 6-인산과 글리세르알데하이드 3-인산이다(그림 9-5).

해당과정과 함께 오탄당 인산경로와 연결된 기 전이반응에는 라이불로오스 5-인산의 이성화반응에 의해 생성된 오탄당 2분자가 요구된다.

자일룰로오스 5-인산 2분자와 라이보오스 5-인산 1분자가 재배열되어 2분자의 프럭토오스 6-인산과 글리세르알데하이드 3-인산 1분자가 생성된다. 다시 말해서, 오탄당 3분자(각각 5 탄소 원자를 가진)로부터 육탄당 2분자와 삼탄당 1분자가 만들어진다. 전체적으로 탄소수의 변화는 없지만, 기 전이의 결과로 중요한 재배열이 이루어진다. 오탄당 인산경로의 그 다음 반응에서 라이보오스 5-인산 및 자일룰로오스 5-인산과 같은 당의 탄소원자의 재배열(reshuffing)은 트랜스케톨레이스와 트랜스알돌레이스의 두 효소에 의해 이루어진다.

트랜스케톨레이스는 2-탄소 단위를 전이하고 트랜스알돌레이스는 3-탄소 단위를 전이한다. 이 두 효소에 의해 나머지 3 반응이 촉매되는데 트랜스케톨레이스는 첫 번째와 세 번째의 재배열 반응을, 트랜스알돌레이스는 두 번째의 반응을 촉매한다. 이들 전이반응을 요약하면 표 9-1과 같다.

표 9-1 오탄당 인산경로에서 기 전이 반응들

	반응물	효 소	생성물
	$C_5 + C_5$	Transketolase(2 탄소 전이)	$C_7 + C_3$
	$C_7 + C_3$	Transaldolase(3 탄소 전이)	$C_6 + C_4$
	$C_5 + C_4$	Transketolase(2 탄소 전이)	$C_6 + C_3$
전반응	$3\ C_5$		$2\ C_6 + C_3$

9.2.3 오탄당 인산경로의 중요한 기능

오탄당 인산경로의 중요한 기능을 요약하면 첫째 이 경로에서는 여러 가지 생합성에서 필요로

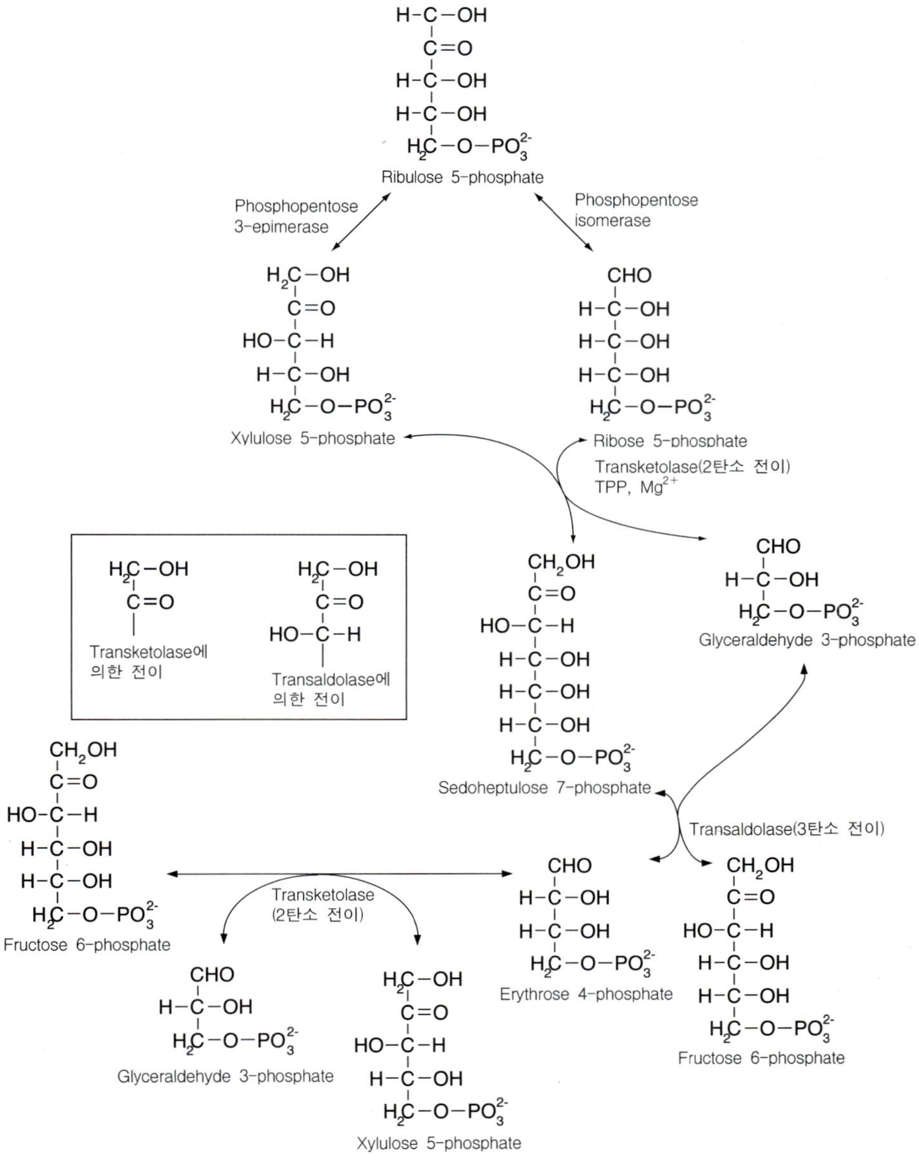

그림 9-5 오탄당 인산경로의 비산화적 반응

하고 세포질에서 환원력을 나타내는 NADPH를 생성한다. 8장(그림 8-12)에서 본 바와 같이 NADH의 라이보오스에 인산기가 하나 더 첨가되어 NADPH가 된다. NADPH는 여러 가지 환원적 생합성 반응에서 수소공여체로 작용하는 특수한 탈수소효소의 조효소가 된다. 예를 들면 지방산이나 스테로이드(steroid) 물질 생합성, 환원형 글루타싸이온(glutathione) 생성, 엽산으로부터 테트라하이드로엽산(tetrahydrofolate)을 만들 때 필요로 한다. 간, 유선, 뇌나 부신피질 등은 이러한 화합물을 활발히 생성하는 기관으로서 NADPH를 만드는 효소들을 함유하고 있다.

둘째, 오탄당 인산경로는 육탄당을 오탄당으로 전환하며 3-, 4-, 5-, 6- 그리고 7탄당을 상호변환하는 수단으로 쓰인다.

셋째, 이 경로는 오탄당인 라이보오스 5-인산을 생합성하는데 이것은 RNA 합성에 사용된다. 또한 데옥시라이보오스 형태로 전환되어 DNA 구성에도 이용된다.

넷째, 어떤 조직에서는 글루코오스 산화의 대체경로가 되는데, 글루코오스 6-인산의 각 탄소원자는 CO_2로 산화되며 2개의 NADPH 분자를 만든다. 전술한 바와 같이 이 NADPH 분자는 여러 가지 생합성 반응의 중간 생성물을 환원하는데 사용된다. 또한 NADPH는 트랜스하이드로제네이스(transhydrogenase) 반응을 통해서 NADH 분자를 만들 수도 있다.

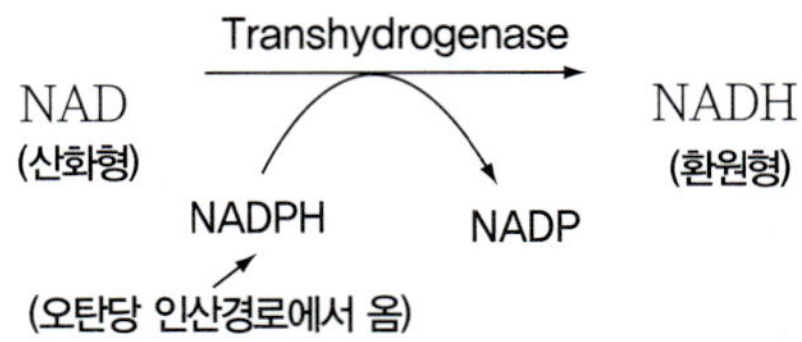

11장에서 설명하겠지만 NADH 분자당 2.5개의 ATP분자가 만들어질 수 있다. 만약 육탄당인 글루코오스로부터 12분자의 NADPH가 생성되면 (2NADPH/탄소×6 탄소원자) 트랜스하이드로제네이스 단계를 거쳐 12개의 NADH 분자가 만들어 질 것이다. 한 분자의 글루코오스가 오탄당 인산경로를 통해서 CO_2로 완전 산화되면 30 ATP 분자가 만들어진다. 따라서 오탄당 인산경로는 글루코오스 1분자에서 생성될 수 있는 ATP 분자의 수적인 면에서 호기적 해당과정과 같다.

9.2.4 오탄당 인산경로의 조절

앞에서 살펴보았듯이 트랜스케톨레이스와 트랜스알돌레이스에 의해 촉매되는 반응은 가역적이다. 우리는 여기서 어떻게 오탄당 인산경로가 생물의 요구에 대응하는지 이들 효소의 특별한 특징을 설명하고자 한다.

이 경로의 출발물질인 글루코오스 6-인산은 라이보오스 5-인산 혹은 NADPH 중 어느 쪽을 더 필요로 하느냐에 따라 각 다른 반응을 경유한다. 생물이 NADPH를 많이 요구하면 오탄당 인산경로의 산화적 반응이 주로 작동되는데 오탄당 인산경로의 산화적 반응 없이도 해당경로의 중간산물로부터 라이보오스 5-인산이 획득될 수 있기 때문에 이 라이보오스 5-인산은 산화적 반응이 주로 일어나더라도 생물의 요구에 별 무리없이 공급할 수 있다(그림 9-6).

만약 생물이 라이보오스 5-인산 보다도 NADPH를 더 많이 요구할 경우, 이미 설명했듯이 오탄당 인산경로의 전체적인 경로(complete reaction)를 통하여 NADPH를 생성하는데 이 반응의 초기에 산화적 반응을 통하여 결국 NADPH가 생성된다. 오탄당 인산경로 중 산화적 반응의 순반응(net reaction)은 다음과 같다.

$$\text{6 glucose 6-phosphate} + 12\ \text{NADP} + 6\ H_2O \rightarrow$$
$$\text{6 ribose 5-phosphate} + 6\ CO_2 + 12\ \text{NADPH} + 12\ H^+$$

여기서 라이보오스 5-인산은 오탄당 인산경로의 비산화적 반응을 통하여 프럭토오스 6-인산과 글리세르알데하이드 3-인산이 생성된다. 이 계열의 반응을 통하여 더 많은 NADPH의 생성이나 이용은 없고, 또한 더 많은 ATP의 생성이나 이용도 없다. 프럭토오스 6-인산과 글리세르알데하이드 3-인산과 같은 당인산 화합물은 해당과정의 다음 단계를 경유하지 않고 해당과정의 역반응을 통하여 글루코오스 6-인산으로 재순환된다. 오탄당 인산경로의 완전한 경로를 거치는 동안 글루코오스 6-인산 한 분자당 CO_2 1분자가 방출된다.

만약 6몰 글루코오스 6-인산이 오탄당 인산경로를 거친다면 6몰의 CO_2가 생성되어 마치 1몰의 글루코오스 6-인산이 완전히 CO_2로 산화되는 것과 똑같은 결과로 보인다.

오탄당 인산경로에 의해 생성된 글리세르알데하이드 3-인산에 대한 또 다른 가능한 경로(NADPH와 ATP 모두가 필요할 경우)는 글루코오스 6-인산을 생성하기 위해 재순환되기 보다는 오히려 파이루브산의 생성을 위해 해당과정을 겪는다. 이러한 상황에서는 생물은 후반의 해당과정에서처럼 글리세르알데하이드 3-인산으로부터 ATP를 생성할 뿐만 아니라 오탄당 인산경로에서는 NADPH가 생성된다. 글루코오스 6-인산이 파이루브산으로 되는 전 단계에 대한 순반응(오탄당 인산경로와 글리세르알데하이드 3-인산이 분해되는 해당과정을 포함)은 다음과 같다.

$$\text{3 glucose 6-phosphate} + 6\ NADP^+ + 5\ NAD^+ + 5\ Pi + 8\ ADP \rightarrow$$
$$\text{5 pyruvate} + 3\ CO_2 + 6\ \text{NADPH} + 5\ \text{NADH} + 8\ \text{ATP} + 2\ H_2O + 8\ H^+$$

글리세르알데하이드 3-인산이 글루코오스로 재순환 되지 않고 해당과정을 통할시 NADPH가 12몰이 생성되지 않고 6몰이 생성됨을 명심하라. 그러나 생물은 또한 ATP을 얻는다.

만약 생물이 NADPH보다 라이보오스 5-인산을 더 많이 요구할 경우 프럭토오스 6-인산과 글리세르알데하이드 3-인산은 트랜스케톨레이스와 트랜스알돌레이스의 연속적인 작용으로 라이보오스 5-인산으로 전환되며 오탄당 인산경로의 산화적 단계는 우회한다(그림 9-6).

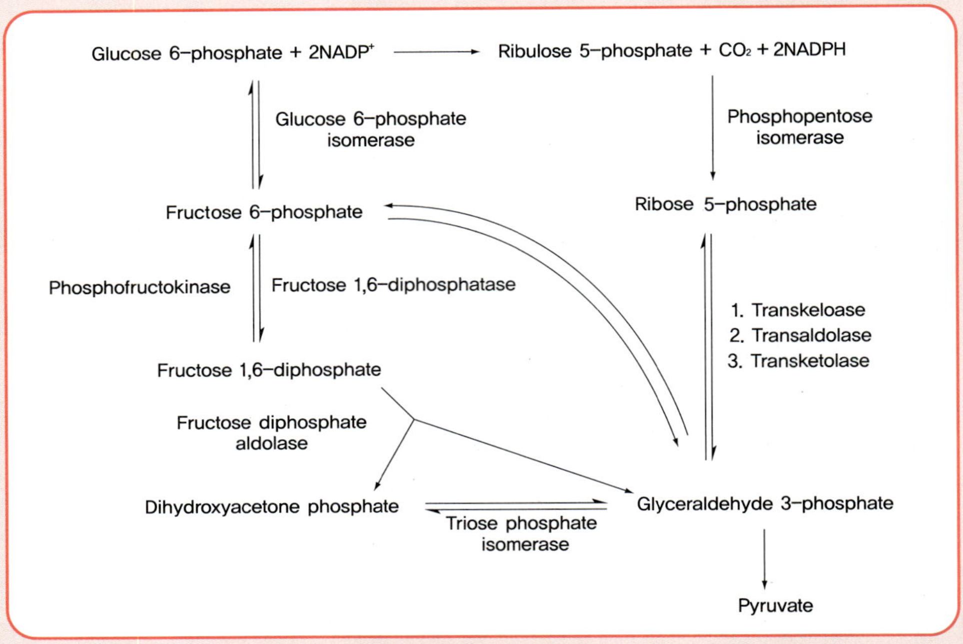

그림 9-6 오탄당 인산경로와 해당과정 사이의 관계

만약 생물이 라이보오스 5-인산 보다 NADPH를 더 필요로 하면 완전한 오탄당 인산경로(전체적인 경로)가 작동한다. 만약 생물이 NADPH보다 라이보오스 5-인산을 더 필요로 하면 오탄당 인산경로의 비산화적 반응이 가역적으로 작용하여 라이보오스 5-인산을 생성한다.

트랜스케톨레이스와 트랜스알돌레이스에 의해 촉매되는 반응들은 가역적이며, 이러한 사실은 생물에 엄청난 중요한 일인데, 환경에 따라 생물이 대사의 조절을 할 수 있는 능력을 부여한다.

트랜스알돌레이스는 이미 해당과정에서 살펴본 알돌레이스와 공통된 특징을 많이 갖고 있다. 트랜스케톨레이스는 파이루브산을 아세트알데하이드로의 전환에 필요한 효소 파이루브산 탈탄산효소(pyruvate decarboxylase)와 유사하며 Mg^{2+} 이온과 TPP를 요구한다. TPP는 싸이아졸(thiazole) 고리의 C-2 원자에서 프로톤(proton)이 해리되어 탄소 음이온(carbanion)으로 기능을 한다(제8장 그림 8-7 참조). 이 탄소 음이온은 이제 케톨(ketol) 공여체와 반응하여 부가산물(Ⅰ)을 형성하고 이 부가산물이 전자의 재배치로 해리될 때 알데하이드가 생성물로 떨어져 나오고 케톨기는 TPP에 붙어서 α, β-다이하이드록실에틸-TPP(α, β-dihydroxylethyl-TPP)(Ⅱ)로 된다. 케톨-TPP 부가산물(Ⅱ)은 이제 수용체 알데하이드와 반응하여 케톨 공여체를 산물로 생성하고 탄소 음이온이 재생된다(그림 9-7).

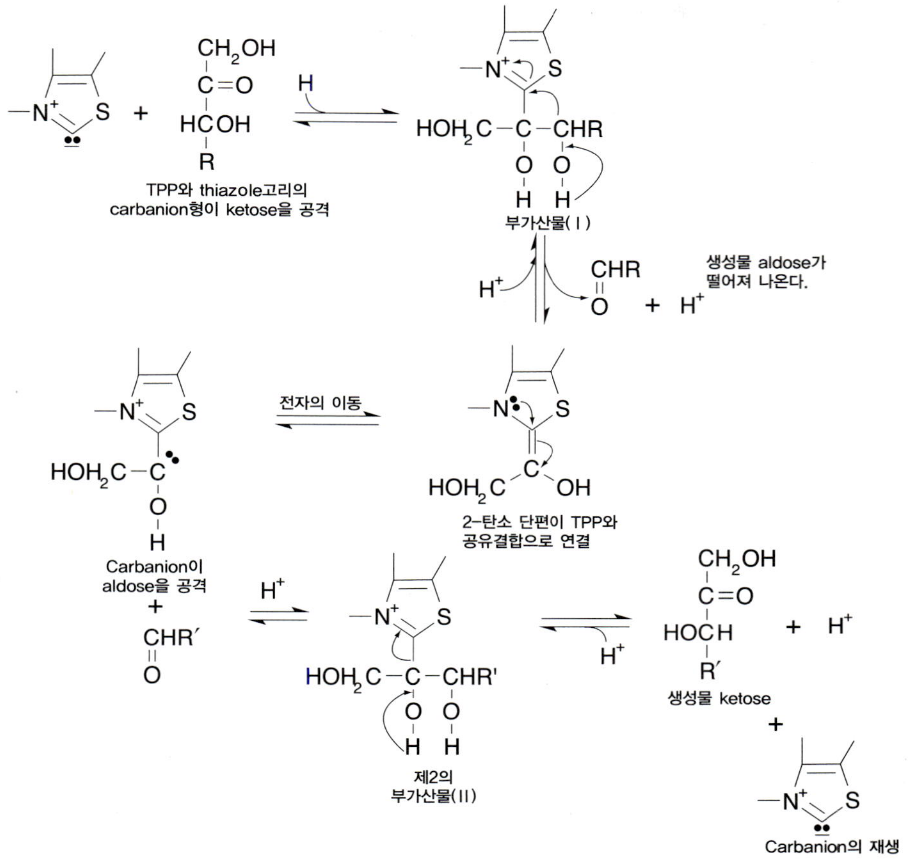

그림 9-7 transketolase의 반응기작

9.3 글라이코젠 대사

탄수화물이 다량 함유된 식사를 하면 체내는 즉시 필요한 양 이상의 글루코오스를 공급받게 된다. 이 글루코오스는 글라이코젠 형태로 체내에 저장되는데 글라이코젠은 전분의 아밀로펙틴과 분지 정도만 다르다. 글라이코젠의 대사를 살펴보면 어떻게 이런 형태로 저장되고 요구에 따라 사용될 수 있게 되는지 알게 될 것이다. 글라이코젠의 분해에서 많은 글루코오스가 여러 개의 가지로부터 한꺼번에 유리되는데 만약 선상 중합으로 되어 있는 경우라면 한 번에 한 개씩의 글루코오스 밖에 유리되지 못할 것이다. 이러한 글라이코젠의 구조적 특징은 가능한 빨리 많은 글루코오스의 공급을 증가시켜 단기간의 에너지 요구에 부응할 수 있다는 점에서 생물체에 유용하다(그림 5-11 참조). 글라이코젠의 구조는 빠르게 또 가장 오랫동안 에너지를 저장하고 공급할 수 있도록 최적화되어 있다. 이런 최적화의 핵심은 그 가지의 길이이다(13 잔기). 만약 사슬의 평균 길이가 그보다 더 길거나 더 짧으면 글라이코젠은 에너지를 저장하거나 필요시 방출시킬 수 있는 효과적인 수단이 되지 못할 것이다.

9.3.1 글라이코젠의 분해(glycogenolysis)

글라이코젠이 글루코오스 1-인산으로 분해되는데는 복잡한 일련의 효소적 단계를 거친다. 즉 (1) 글루코오스 6-인산으로 전환되거나, (2) 저혈당 수준을 회복하기 위해 유리 글루코오스로 전환된다. 완전한 글라이코젠 분해과정은 그림 9-8에서 보는 바와 같다. 이 경로를 케스케이드 연

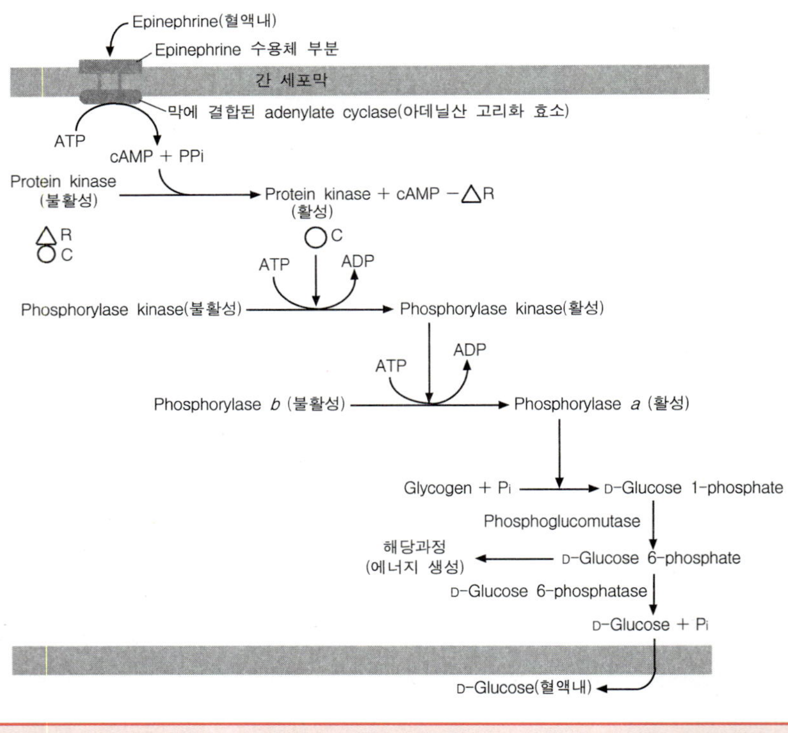

그림 9-8 glycogen 분해의 케스케이드 연속반응(cascade sequence) 모식도

속반응(cascade sequence)이라 부르는데 과정의 한 효소가 다른 효소를 활성화시키고 활성화된 이 효소는 또 다른 효소를 활성화시켜 글라이코젠이 글루코오스 1-인산으로 완전히 분해될 때까지 이 과정이 순차적으로 이루어진다. 인체 내에는 이와 같이 폭포와 같은 활성기작에 의해 작용하는 다른 효소 경로들이 있는 데 그 예가 혈액의 응고이다. 혈액의 응고에는 파이브린(fibrin) 응고가 형성되기까지 11 단계의 과정이 필요하다.

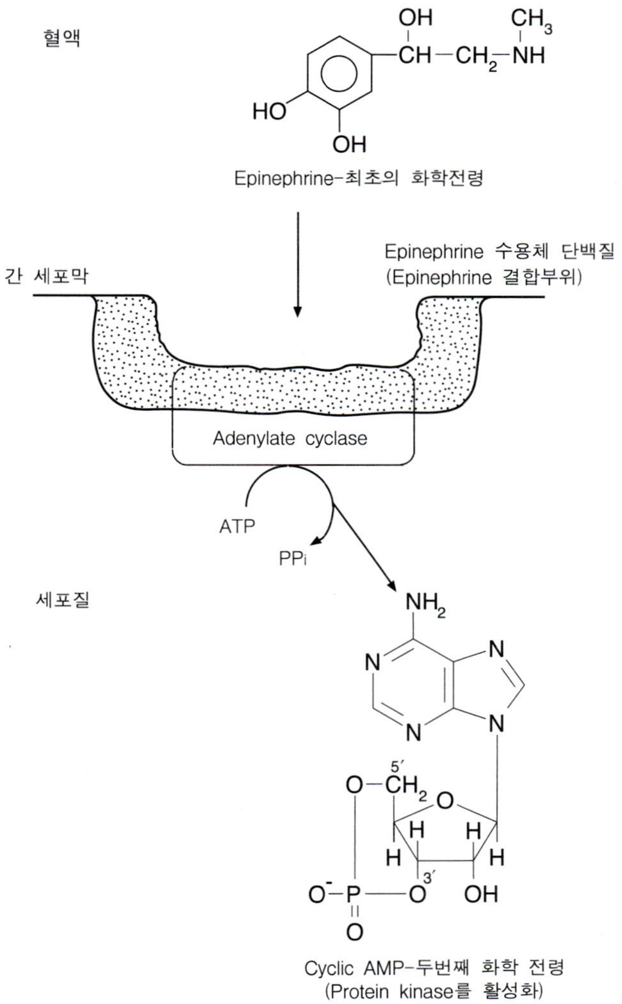

에피네프린이 에피네프린 수용체 단백질에 결합하면 곧장 아데닐산 고리화효소의 입체구조가 변하여 활성화된다. 이 아데닐산 고리화효소는 ATP로부터 cAMP의 형성을 촉매한다. 그 다음 cAMP는 단백질 인산화효소(protein kinase)를 활성화시킨다.

그림 9-9 adenylate cyclase의 활성화와 cAMP의 생성

동물은 놀라거나 스트레스를 받으면 에피네프린(epinephrine; adrenaline)을 분비한다. 부신피질에서 에피네프린을 분비하면 글라이코젠 분해가 개시되어 즉시 필요한 에너지를 공급할 수 있는 글루코오스 1-인산을 생성한다. 에피네프린 분자는 부신피질에서 혈액의 흐름을 통해서 간이나 근육세포로 운반된다. 여기서 이 분자는 세포의 외부 표면에 특수한 수용체 단백질에 결합되어 아데닐산 고리화효소(adenylate cyclase)라는 세포막에 부착된 효소를 활성화한다. 아데닐산 고리화효소는 ATP로부터 고리형 AMP(cyclic AMP ; cAMP)라는 물질을 만든다. 에피네프린은 세포 밖에서부터 화학적 메시지를 전달해 주기 때문에 "최초의 화학전령(messenger)"이라 한다. 두 번째 화학전령인 cAMP는 세포 내에서 화학적인 메시지를 전달한다. 이때까지의 과정과 에피네프린 및 cAMP의 구조를 그림 9-9에 나타내었다.

일단 cAMP가 세포막에 결합되어 있는 아데닐산 고리화효소에 의해 생성되면 이것은 다시 단백질 인산화효소(protein kinase)를 활성화시킨다. 단백질 인산화효소는 불활성 상태의 두 개의 서브유니트로 이루어진 효소이다. 한 개의 서브유니트를 촉매적(C) 소단위라 하는데 이것이 효소 활성을 가진다. 다른 하나를 조절(R) 서브유니트라 하는데 이것은 cAMP 분자와 결합한다. cAMP 분자가 조절(R) 서브유니트와 결합하면 C 서브유니트와 R 서브유니트가 서로 떨어져 분리되어 C 서브유니트는 활성화되며, 순서에 따라 다음 효소의 활성을 촉매하게 된다.

단백질 인산화효소가 활성화되면 다음 반응과 같이 포스포릴레이스 인산화효소(phosphorylase kinase)의 활성화를 촉매한다.

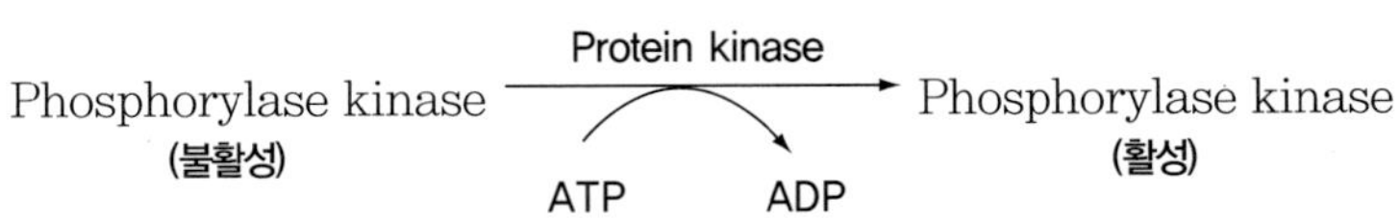

단백질 인산화효소는 포스포릴레이스 인산화효소에 있는 특정 세린의 인산화를 촉매하게 되어 포스포릴레이스 인산화효소를 활성화한다. 이 반응이 일어날 때 고에너지 인산기의 공여체로 ATP가 필요하다. 인산화가 일어나면 분자 구조의 변화로 효소가 활성화된다.

포스포릴레이스 인산화효소가 활성화되면, 글라이코젠을 분해하는 효소인 포스포릴레이스(phosphorylase)를 활성화 한다. 역시 특정 세린이 ATP에 의한 인산화 반응으로 효소가 활성화된다. 이 경우 그림 9-10에서와 같이 불활성 이량체(dimer)인 포스포릴레이스 *b*는 활성 사량체(tetramer)인 포스포릴레이스 *a*가 된다. 근육 세포내에서 이 효소는 이량체로만 존재한다는 사실이 최근에 제시되었으며, 이 이량체가 인산화 되면 활성을 가진다.

이렇게 해서 형성된 활성 포스포릴레이스는 글라이코젠을 가인산분해하여 글루코오스 1-인산을 생성한다.

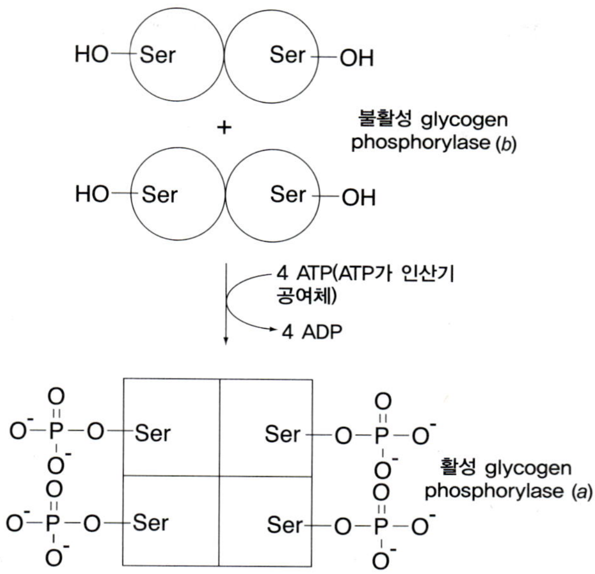

그림 9-10 glycogen phosphorylase의 공유결합에 의한 변형

포스포릴레이스는 $a(1\rightarrow4)$ 결합은 가수분해하나 $a(1\rightarrow6)$ 결합은 가수분해하지 못한다. 따라서 글라이코젠의 완전 분해를 위해 포스포릴레이스와 함께 작용할 탈분지 효소(debranching enzyme)라는 또 다른 효소가 요구된다. 이 효소는 $a(1\rightarrow6)$의 분지 부분을 제거하여 포스포릴레이스가 글라이코젠 사슬을 계속해서 분해할 수 있게 한다.

따라서 글라이코젠의 분해에는 포스포릴레이스와 탈분지 효소가 함께 작용하여 글루코오스 1-인산을 생성한다(그림 9-11).

마지막으로 글루코오스 1-인산은 글루코오스 6-인산으로 전환되어 해당과정으로 직접 들어

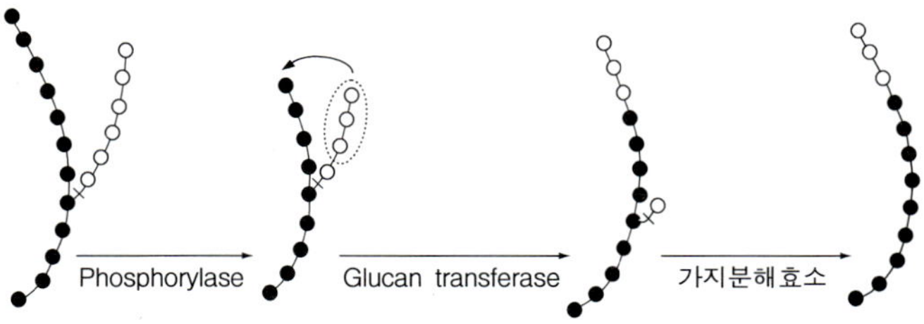

그림 9-11 글라이코젠의 탈분지 과정

가거나 글루코오스-6 포스파테이스에 의해 유리 글루코오스로 전환될 수 있다.

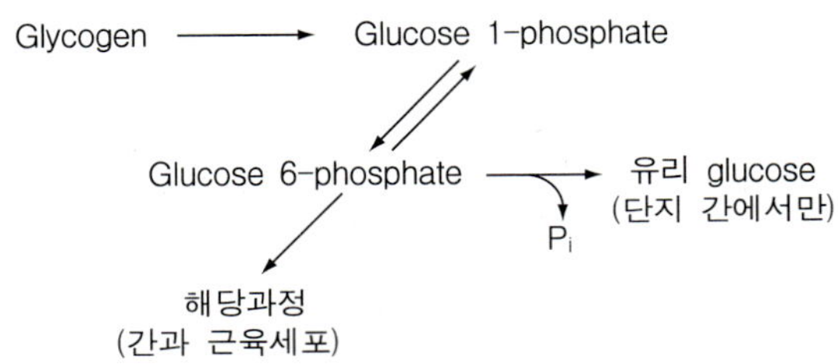

또한 근육의 불활성 글라이코젠 포스포릴레이스는 효과인자인 AMP가 비공유결합으로 결합됨으로써 촉진된다. 활성형 글라이코젠 포스포릴레이스는 AMP에 의해 영향을 받지 않기 때문에 활성형을 AMP 비의존형이라 하고, 불활성 글라이코젠 포스포릴레이스는 AMP에 촉진되어 영향을 받으므로 AMP-의존형이라고 부르기도 한다.

그래서 글라이코젠 포스포릴레이스는 다음과 같은 두 가지 기작으로 조절되고 있다. (1) 효소 단백질 내의 세린에 있는 -OH기의 인산화와 탈인산화에 의한 공유결합 변형, (2) AMP 혹은 ATP의 비공유결합에 의한 포스포릴레이스의 효과인자에 의한 다른자리 입체성 조절 등이다(그림 9-12).

근육세포는 글루코오스 6-포스파테이스을 함유하고 있지 않기 때문에 글루코오스 6-인산을 유리 글루코오스로 바꿀 수 없다.

9.3.2 글라이코젠의 합성(glycogenesis)

글루코오스 잔기가 글라이코젠으로 되는 생합성 과정을 알아보자. 동물에 있어서 글라이코젠의 합성은 실제적으로 모든 조직에서 일어나지만 특히 간이나 골격근에서 현저하다. 유리 글루코오스로부터 글라이코젠 합성의 출발점은 헥소오스 인산화효소(또는 글루코오스 인산화효소; glucokinase)에 의해 글루코오스를 글루코오스 6-인산으로 인산화 하는 것이다.

$$\text{ATP + Glucose} \rightarrow \text{D-Glucose 6-phosphate + ADP}$$

다음 단계에서 D-글루코오스 6-인산은 포스포글루코무테이스(phosphoglucomutase)에 의해서 가역적으로 D-글루코오스 1-인산으로 변환된다.

$$\text{D-Glucose 6-phosphate} \rightarrow \text{D-Glucose 1-phosphate}$$

여기서 글라이코젠 생합성의 관문이 되는 반응에 도달하게 되는데 이 반응은 D-글루코오스 1-인산 유리딜트랜스퍼레이스(D-glucose 1-phosphate uridyltransferase)의 작용으로

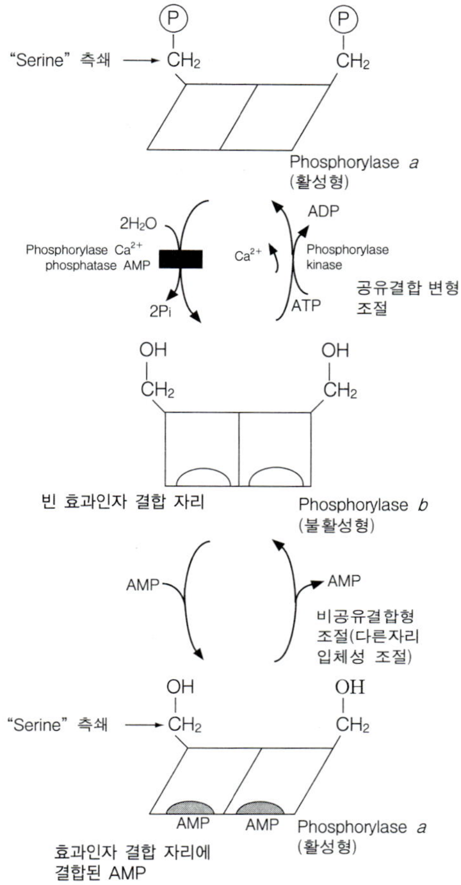

이 효소는 두 개의 서브유니트(subunit)를 가지고 있으며 각각은 포스포릴레이스 인산화효소에 의해 세린의 하이드록실기(-OH)가 인산화되어 활성형인 포스포릴레이스 a로 되며, 이 반응은 Ca^{2+}에 의해 촉진된다. 한편 포스포릴레이스 a의 탈인산화는 Ca^{2+}와 AMP에 의해서 저지된다. 포스포릴레이스 b는 그의 효과인자 결합 자리에 AMP가 비공유 결합을 통해서 결합됨으로서 활성화된다.

그림 9-12 glycogen phosphorylase의 조절

UDP-글루코오스(UDP-glucose)를 생성하게 된다.

$$\text{UTP + glucose 1-phosphate} \rightarrow \text{UDP-glucose + PPi}$$

이 반응은 파이로인산(PPi)을 오로토인산(Pi)으로 가수분해하는 파이로포스파테이스(pyrophosphatase)의 작용으로 오른쪽으로 진행된다. UDP-글루코오스는 글라이코젠 합성효소(glycogen synthase)에 의하여 글라이코젠이 효소적으로 생성되는데 있어서 글루코오스 잔기를 직접 제공하는 공여체이다. 이 효소는 UDP-글루코오스로부터 글루코오스 잔기를 글라이코젠 분자의 비환원성 말단으로 전이되는 것을 촉매한다. 이 반응에 있어서 새로이 들어간 글루코오스의 탄소원자-1번과 글라이코젠의 가지사슬의 말단 글루코오스 잔기의 탄소원자-4번 사이에 새로운 α(1→4) 결합이 형성된다.

$$\text{UDP-glucose} + (\text{glycogen})_n \rightarrow \text{UDP} + (\text{glycogen})_{n+1}$$

글라이코젠 가지 사슬　　　　신장된 글라이코젠 가지 사슬

이 3반응의 전체 평형은 글라이코젠 합성 쪽으로 매우 치우쳐 있다. 글라이코젠 합성효소는 시발물질(primer)로서 α(1→4) 폴리글루코오스(polyglucose) 사슬, 혹은 적어도 4개의 글루코오스 잔기를 갖는 사슬을 필요로 하며 그의 비환원성 말단에 연속적으로 글루코오스 잔기가 부가된다.

글라이코젠 합성효소는 글라이코젠의 분지점에 존재하는 α(1→6) 결합을 형성할 수가 없고 글라이코젠에 가지를 만드는 효소인 글라이코실 (4→6)-트랜스퍼레이스[glycosyl (4→6)-transferase; transglycosylase]가 적어도 11 잔기를 갖는 글라이코젠 사슬의 비환원성 말단으로부터 6~7 글루코오스 잔기의 말단 올리고당 부분을 보다 내부의 부위에 존재하는 동일한 혹은 다른 글라이코젠 주 사슬의 글루코오스 잔기의 6-OH기에 전이되어 새로운 사슬을 형성한다(그림 9-13). 이 새로운 사슬에 글루코오스 잔기가 글라이코젠 합성효소에 의해 부가된다.

동물조직의 글라이코젠 합성효소는 글라이코젠 포스포릴레이스처럼 인산화형과 탈인산화형으로 존재하며, 이것은 세포에서 글라이코젠 양을 조절하는데 있어서 글라이코젠 포스포릴레이스와 조절방법이 비슷하지만 반대로 작용한다. 탈인산화된 *a* 형은 활성형이며 글루코오스 6-인산 농도와 무관하다.

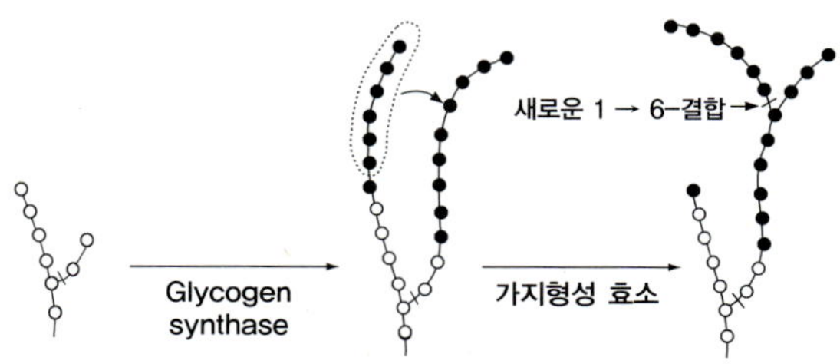

그림 9-13 글라이코젠 생합성에서 분지형성 과정

한편 인산화된 *b* 형은 활성이 낮으며, 글루코오스 6-인산의 농도가 충분히 높아지면 그 활성이 조절적으로 더 높아진다. 그러므로 글라이코젠 합성효소 *a* 형은 글루코오스 6-인산에 의해서 촉진되지 않고 여기에 의존하지 않기 때문에 글라이코젠 합성효소 I이라 하고 글라이코젠 합성효소 *b*는 글루코오스 6-인산에 의존하기 때문에 글라이코젠 합성효소 D라고도 한다(그림 9-14).

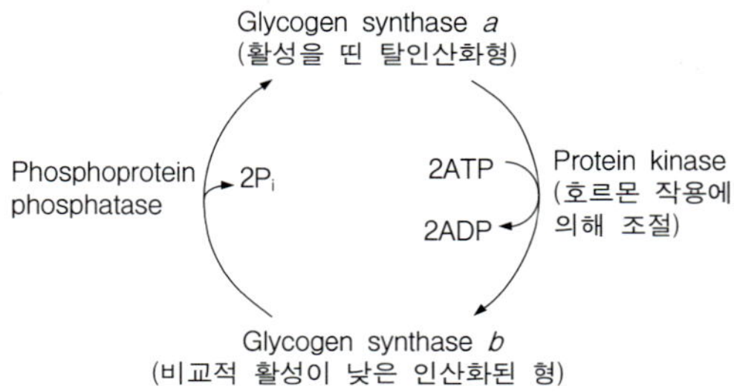

단백질 인산화효소 자체 역시 활성형과 불활성형 두 가지가 있으며 그의 비율은 호르몬에 의해 조절되고 있다.

그림 9-14 glycogen synthase의 효소적 인산화와 탈인산화에 의한 활성의 조절

9.3.3 글라이코젠 저장질환

글라이코젠 저장질환은 글라이코젠의 대사나 저장상의 비정상으로 초래되는 질병이다. 폰 기에르케(Von Gierke)의 질환이라고도 하는데, 간이 커진다거나 정신적 저능 등의 증상이 나타난다. 혈액의 화학검사의 결과로는 저혈당, 높은 지질이나 지방산 함량, 고콜레스테롤 함량, 고락트산, 고요산 수준을 보인다. 그리고 여러 가지 생화학적인 비정상을 나타낸다.

간은 과다한 글라이코젠 함량으로 커지게 된다. 저혈당 증상은 글라이코젠이 정상적으로 대사되지 못하기 때문에 나타나는데 간에 저장된 글라이코젠으로부터 혈액으로 글루코오스가 배출되지 못하기 때문이다. 비정상적 글라이코젠 저장은 글루코오스 6-포스파테이스의 결핍 때문이다.

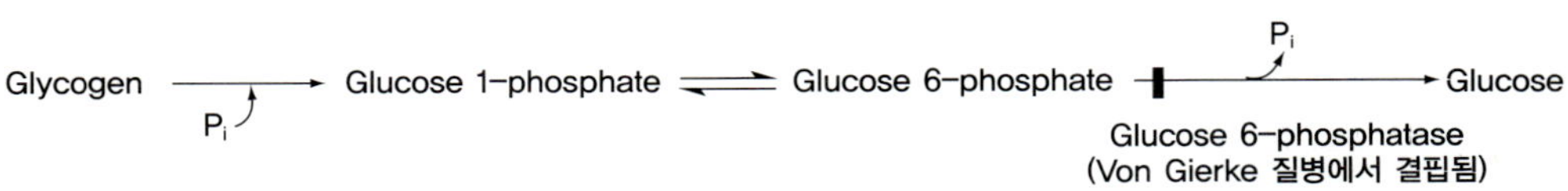

이 효소의 결핍으로 글루코오스 6-인산 수준이 올라가고 따라서 많은 양의 글라이코젠이 합성되고 저장된다.

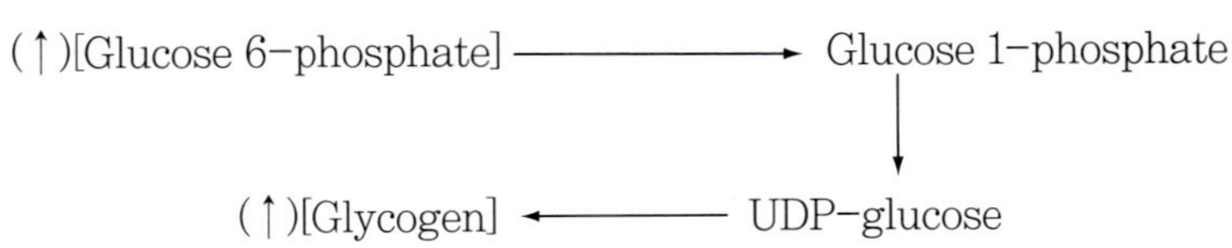

그 외에도 높은 글루코오스 6-인산 수준은 간의 당대사에서 많은 양의 글루코오스 6-인산을 락트산으로 분해하여 혈액에 락트산의 함량이 높아지게 된다. 또한 심한 저혈당 증상을 유발한

다. 저혈당으로 인하여 부신피질이 자극받아 에피네프린을 분비하고 이것은 다시 지방체(fatty tissue)를 중성지방으로 전환하게 한다. 그 결과 혈액에는 중성지방과 유리지방산의 수준이 높아지게 되는 것이다. 또한 9.2절에서 보는 바와 같이 높은 글루코오스 6-인산 수준으로 오탄당 인산경로를 통해서 과다한 양의 라이보오스 5-인산을 생성하게 된다. 라이보오스 5-인산은 퓨린(purine)의 합성을 자극하고 퓨린의 분해로 요산(uric acid)의 생성이 증가된다.

많은 양의 요산이 혈액이나 관절 부분에 존재하면, 결정이 형성되어 일반적으로 통풍(gout)이라고 알려진 심한 고통을 주는 질병이 생긴다. 글라이코젠 저장질환은 아주 심각한데, 한 대사경로에서 효소 하나의 결핍으로 인하여 얼마나 많은 다양한 대사경로에 영향을 주는가를 기억할 필요가 있다.

9.4 우론산(uronate) 경로

글루코오스 대사의 한 경로로서 글루코오스가 D-글루쿠론산(D-glucuronate)으로 되고 자일리톨(xylitol)을 거쳐 자일룰로오스 5-인산(xylulose 5-phosphate)으로 되는 우론산(uronate) 경로가 있다(그림 9-15). 이 경로는 글루코오스의 산화경로이나 오탄당 인산경로처럼 ATP를 생산하지는 않는다.

글루코오스의 활성형이라 할 수 있는 UDP-글루코오스의 산화로 글루쿠론산이 얻어지며 이 반응은 UDP-글루코오스 탈수소효소(UDP-glucose dehydrogenase)에 의해 촉매된다. 이 때 생긴 UDP-글루쿠론산(UDP-glucuronate)은 글라이코사미노글라이칸(glycosaminoglycan) 합성과 빌리루빈(bilirubin) 또는 일부 스테로이드의 접합에 의한 불용성 화합물의 해독에 사용된다. 글루쿠론산은 알데하이드기가 환원되어서 L-굴론산(L-gulonate)으로 되며 락톤화를 거쳐 산화를 받으면 L-아스코브산(L-ascorbate; 비타민 C)으로 된다. 그러나 사람, 원숭이, 기니피그(guinea pig)의 경우는 L-굴로노락톤 산화효소(L-gulonolactone oxidase)가 존재하지 않아서 비타민 C가 합성되지 않는다. 비타민 C 대사는 동물 종에 따라서 다르며 기니피그, 개 등에서는 디하이드로아스코브산(dehydroascorbate), 2,3-다이케토-L-굴론산(2,3-diketo-L-gulonate)을 거쳐서 대사되는 것으로 알려져 있다. 사람의 경우 거의 대사되지 않고 과잉의 비타민 C는 대부분 요 중으로 배설된다. 한편 L-굴론산은 3-케토-L-굴론산(3-keto-L-gulonate)

으로 되고 이것이 탈탄산을 받아 L-자일룰로오스(L-xylulose)로 되어서 오탄당 인산경로에서 대사되기도 한다. 이 경로에 관여하는 효소인 L-자일룰로오스 환원효소(L-xylulose reductase)가 선천적으로 결핍되면 요 중에 대량의 L-자일룰로오스가 배설되는 선천성 펜토오스뇨증(essential pentouria)이 발생한다.

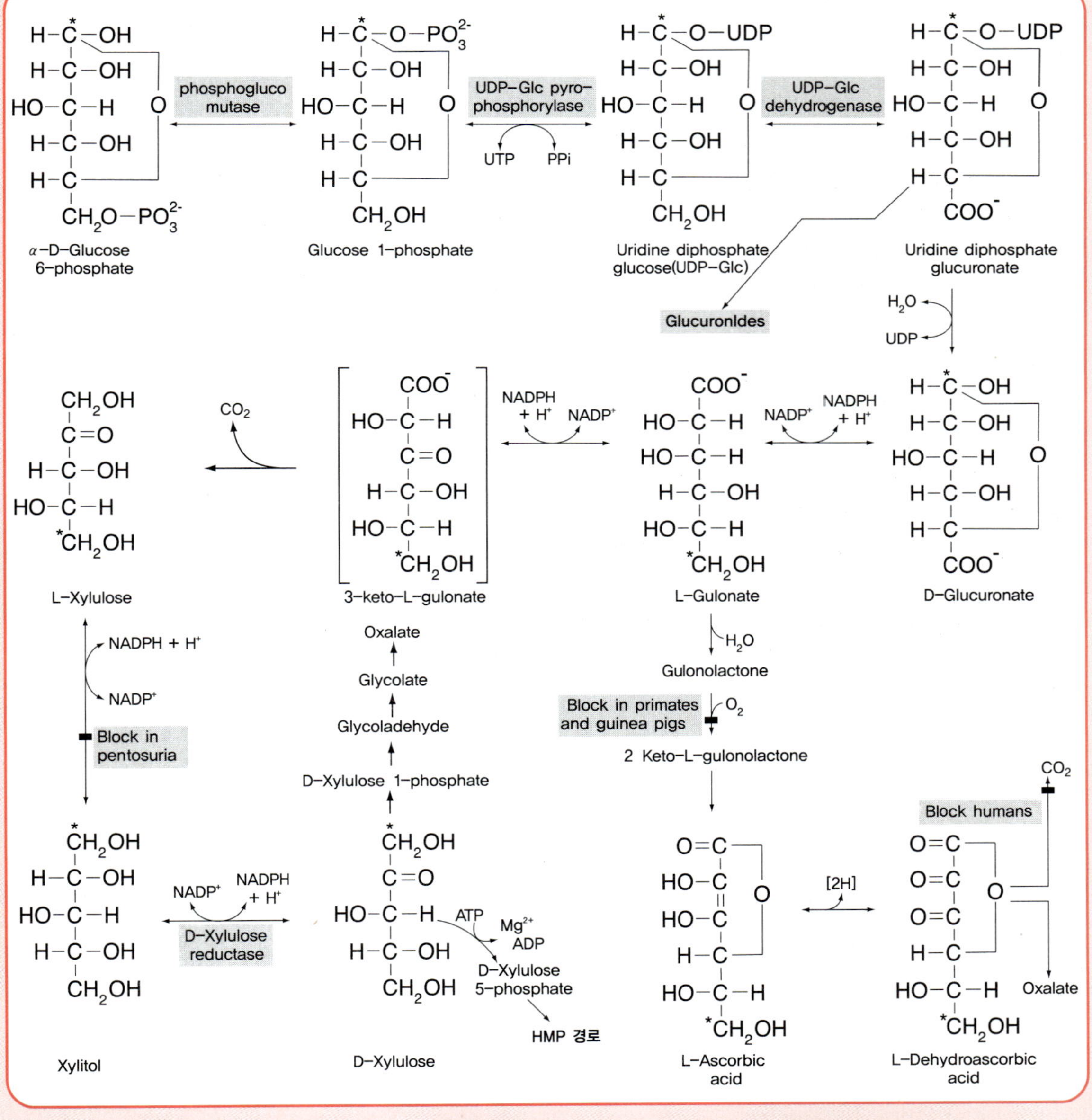

그림 9-15 우론산 대사경로

요약

락트산은 활발하게 운동하는 근육에서 혈액으로 확산되어 간에 운반된다. 락트산이 당신생 과정을 통하여 글루코오스로 재합성되려면 해당과정의 비가역적 단계를 우회해서 진행되어야 한다. 파이루브산 인산화효소 단계는 마이토콘드리아에 있는 파이루브산 카복실레이스에 의해 우회해서 진행된다. 포스포프럭토오스 인산화효소 단계는 프럭토오스 1,6-다이포스파테이스에 의해서, 헥소오스 인산화효소 단계는 글루코오스 6-포스파테이스에 의해서 우회해서 진행된다. 글루코오스는 오탄당인산경로로 알려진 또 다른 경로를 통해서 CO_2와 물로 산화될 수 있다. 오탄당인산경로에서는, 여러 가지 생합성 반응에서 중간대사산물을 환원하는데 사용되는 NADPH를 생성한다. 그 외에도 이 경로는 육탄당을 오탄당으로 전환시켜 라이보오스 5-인산을 합성하게 되는데, 이 물질은 핵산인 RNA나 DNA를 만드는데 사용된다. 오탄당인산경로는 호기적 해당과정과 ATP 생성수가 거의 비슷한데, 즉 글루코오스 한 분자를 완전히 산화하여 30개의 ATP분자를 만들 수 있다. 또한 라이보오스 5-인산과 NADPH의 요구에 따라 생물은 오탄당 인산경로를 적절히 조절한다. 글라이코젠은 간이나 근육에서 글루코오스의 중요한 저장형태이다. 글라이코젠은 다음과 같이 요약되는 복잡한 케스케이드 연속반응을 통해서 분해된다. 부신피질에서 에피네프린이 분비되어 혈액을 통해 간이나 근육세포에 운반된다. 거기서 에피네프린 수용체 부분에 결합하여 아데닐산 고리화효소를 활성화 하여 cAMP를 생성한다. cAMP는 단백질 인산화효소를 활성화하고, 이것은 포스포릴레이스 인산화효소를 활성화 하고, 포스포릴레이스 인산화효소는 포스포릴레이스를 활성화한다. 포스포릴레이스 인산화효소는 탈분지 효소와 함께 글라이코젠이 글루코오스 1-인산으로 분해되는 것을 촉매한다. 글루코오스 1-인산은 글루코오스 6-인산으로 전환될 수 있고, 간에서는 혈액으로의 운반을 위해 유리 글루코오스로 전환된다. 글라이코젠 합성은 글라이코젠의 분해가 일어나는 동안에는 일어나지 않는다. 글라이코젠 합성은 글라이코젠 합성효소가 탈인산화에 의해 활성화 되었을 때 일어난다. 글라이코젠 저장질환인 폰 기에르케의 질병은 글루코오스 6-포스파테이스의 결핍이 원인이다. 많은 양의 글루코오스 6-인산이 생성되고 따라서 과다한 양의 글라이코젠이 합성되어 간에 축적된다. 저혈당증으로 인하여 지방의 유동이 증가되고, 또한 관절부분에 요산이 결정으로 형성되어 심각한 질병 상태를 동반한다. 글루코오스 대사의 한 경로로서 글루코오스가 D-글루쿠론산으로 되고 자일리톨을 거쳐 자일룰로오스 5-인산으로 되는 우론산 경로가 있다.

연습문제

1. 코리회로(Cori cycle)에 관한 설명이다. 옳은 것은?

> 가. 말초조직에서 아미노산의 분해와 간에서의 요소 합성
> 나. glycogen과 glucose 1-phosphate 사이의 상호전환
> 다. 근육조직의 pyruvate가 alanine으로 되는 상호전환
> 라. 말초조직에서 혐기적 해당과 간에서의 당신생과의 관계

① 가 나 다　② 가 다　③ 나 라
④ 라　⑤ 가 나 다 라

2. 각 항에 해당하는 내용이 맞는 것은?

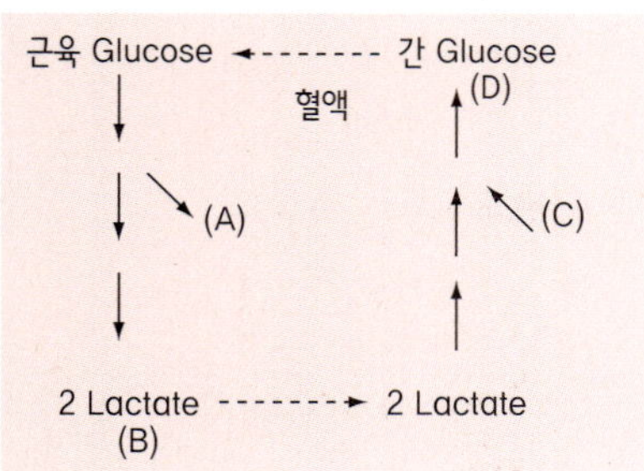

① (A) 3ATP　(B) Glycolysis
　(C) 6ATP　(D) Glycogenolysis
② (A) 2ATP　(B) Glycolysis
　(C) 6ATP　(D) Gluconeogenesis
③ (A) 3ATP　(B) TCA cycle
　(C) 3ATP　(D) Gluconeogenesis
④ (A) 2ATP　(B) TCA cycle
　(C) 6ATP　(D) Glyoxylate회로
⑤ (A) 3ATP　(B) Glycolysis
　(C) 6ATP　(D) Glyoxylate회로

3. 당신생(gluconeogenesis)은 해당과정(glycolysis)의 역방향으로 진행된다. 그러나 3 단계가 역반응이 성립되지 <u>않으므로</u> 다른 효소에 의해 진행되어야 한다. 그 중 하나는?

① lactate→pyruvate
② 2-phosphoglycerate→3-phosphoglycerate
③ fructose 6-ⓟ→glucose 6-ⓟ
④ 1, 3-diphosphoglycerate→glyceraldehyde 3-ⓟ
⑤ glucose 6-ⓟ→glucose

4. Pyruvate로부터 oxaloacetate를 생성하는 탄산화반응의 <u>조효소</u>는?

① thiamine　② carnithine
③ biotin　④ riboflavin
⑤ ascorbic acid

5. 다음 화합물 중 <u>글루코오스</u>로 될 수 <u>없는</u> 것은?

① pyruvate　② acetyl-CoA
③ oxaloacetate　④ citrate
⑤ lactate

6. 당신생(gluconeogenesis)에 관여하는 조절효소는?

> 가. hexokinase
> 나. pyruvate carboxylase
> 다. phosphofructokinase
> 라. fructose 1,6-diphosphatase

① 가 나 다　② 가 다　③ 나 라
④ 라　⑤ 가 나 다 라

7. RNA 합성에 관여하는 ribose-5-phosphate을 합성해 주는 회로는?

① TCA　② EMP　③ HMP
④ DCA　⑤ Cori cycle

8. 오탄당인산경로(HMP shunt)와 관계가 <u>없는</u> 것은?

① ribose 5-phosphate
② glyceraldehyde 3-phosphate
③ xylulose 5-phosphate
④ sedoheptulose 7-phosphate

연습문제

⑤ mannose 6-phosphate

9. 오탄당인산경로(phosphogluconate pathway : HMP)의 특징은?

가. NADPH를 생성
나. RNA의 전구체를 생성
다. transketolase가 관여
라. 근육에서 활발히 일어남

① 가 나 다 ② 가 다 ③ 나 라
④ 라 ⑤ 가 나 다 라

10. 간에서 글루코오스는 대부분 글라이코젠으로 변한다. 글라이코젠 합성을 위해 글루코오스를 운반하는 물질은?

① ATP ② UTP ③ GTP
④ CTP ⑤ TTP

11. 혈당의 공급과 직접 관련이 먼 것은?

① 간의 저장 glycogen
② 근육의 저장 glycogen
③ 소장으로부터의 glucose흡수
④ glycerol로부터의 glucose합성
⑤ 아미노산으로부터 glucose합성

12. 글라이코젠이 글루코오스로 분해되는 것을 촉진하는 화학제1전령인 adrenaline이 간세포의 수용체부위에 결합되면 제일 먼저 활성을 띄는 효소는?

① glycogen phosphorylase
② phosphorylase kinase
③ protein kinase
④ adenylate cyclase
⑤ glucose 6-phosphatase

13. 근육 글라이코젠 분해 과정에서 glucose 1-phosphate는 글루코오스로 되지 못한다. 그 이유는?

① hexokinase의 부족
② glucose 6-phosphatase의 부족
③ glucokinase의 부족
④ phosphorylase의 부족
⑤ protein kinase의 부족

14. 에피네프린(epinephrine)이 세포에 작용하여 신호를 전달하면 글라이코젠의 분해가 촉진된다. 신호가 전달되는 과정으로 옳은 것은?

가. phosphorylase a
나. phosphorylase b
다. adenylate cyclase
라. protein kinase
마. β-receptor

① 가→나→다→라→마
② 다→라→마→가→나
③ 라→다→나→가→마
④ 마→다→라→나→가
⑤ 나→가→마→라→다

15. 글루코오스로부터 글라이코젠의 합성에 관련된 효소는?

가. glucokinase
나. phosphoglucomutase
다. glucose 1-phosphate uridyltransferase
라. glycogen synthase

① 가 나 다 ② 가 다 ③ 나 라
④ 라 ⑤ 가 나 다 라

정답 : 1④ 2② 3⑤ 4③ 5② 6③ 7③ 8⑤ 9① 10② 11② 12④ 13② 14④ 15⑤

용어해설

1. 통풍(goat) : 많은 양의 요산이 관절이나 혈액에 존재하므로써 요산이 결정화되어 나타나는 질병
2. 당신생과정(gluconeogenesis) : 해당과정이나 TCA 회로의 중간 생성물 또는 아미노산 등과 같은 글루코오스가 아닌 전구 물질로부터 글루코오스가 생합성 되는 것
3. AMP-비의존형 : 활성형 글라이코젠 포스포릴레이스는 AMP에 영향을 받지 않으므로 AMP-비의존형이라 한다.
4. AMP-의존형 : 글라이코젠 분해시 불활성 글라이코젠 포스포릴레이스는 AMP에 의해 촉진된다. 그러므로 불활성 글라이코젠 포스포릴레이스를 AMP 의존형이라 한다.
5. 바이오틴 : 파이루브산 카복실레이스에서 보효소로 작용하는 비타민 B 복합체의 한 종류
6. 카복실화 : 이산화탄소를 파이루브산의 메틸기에 부가하는 반응
7. 코리 회로 : 글라이코젠의 분해와 재합성 등의 일련의 반응
8. cAMP : Adenosine 3′, 5′-cyclic monophosphate
9. 탈분지 효소 : 글라이코젠의 가지 부분을 분해하는 효소
10. 글라이코젠 저장질환 : 글라이코젠의 비정상적인 대사나 저장으로 일어나는 질병
11. 글라이코젠 합성효소 D : 글라이코젠 합성시 글라이코젠 합성효소 b는 글루코오스 6-인산에 의존하기 때문에 글라이코젠 합성효소 D라고도 한다.
12. 글라이코젠 합성효소 α : 글라이코젠 합성효소 α는 글루코오스 6-인산에 의해서 촉진되지 않으므로 글라이코젠 합성효소 a를 일명 글라이코젠 합성효소 α라 한다.

| 제10장 |

TCA 회로

Tricarboxylic Acid Cycle

탄수화물, 단백질, 지질 등이 분해되어 에너지원으로 이용되는 과정은 3단계로 나눌 수 있다. 1단계는 이들 고분자물질들이 분해되어 단당류, 아미노산, 지방산 등의 구성성분으로 되는 것이고, 2단계는 각각 해당과정(glycolysis), 아미노기전이(transamination), β-산화(β-oxidation) 등을 거쳐 아세틸-CoA가 되는 것이며, 3단계는 이것이 TCA 회로에서 완전히 산화 분해되는 것이다. 여러 가지 에너지원이 대사되어 아세틸-CoA가 되고 이것이 CO_2와 H_2O로까지 산화되는 반응(TCA 회로)은 모두 마이토콘드리아의 매트릭스(matrix)나 내막에 존재하는 효소군에 의해 일어난다.

이 장에서는 세포의 발전소에 해당하는 마이토콘드리아의 구조와 기능을 알아보고, 세포질에서 생성된 파이루브산이 마이토콘드리아에 운반 되어 아세틸-CoA로 전환되는 과정을 살펴본다. 또한 TCA 회로를 구성하는 효소의 각 단계와 화학적 조절인자에 대해 학습하고, 대사경로의 중심부에 위치한 TCA 회로가 에너지를 생성하는 분해대사의 역할로 작용 할 뿐만 아니라 생합성 대사 경로의 출발점이 되는 점을 이해하도록 한다. 한분자의 글루코오스가 호기적 해당과정을 거쳐 완전히 산화 되었을 때 생성되는 ATP 분자의 수를 살펴보자.

10.1 마이토콘드리아의 구조

전자현미경의 발견으로 세포의 내부 구조를 보다 명확하고 자세히 사진으로 얻을 수 있게 되었다. 전형적인 진핵세포의 여러 가지 세포기관들 중 마이토콘드리아는 내부의 자세한 구조를 볼 수 있다.

그림 10-1은 마이토콘드리아의 3차원적 구조를 보여주는 것이다. 간세포는 세포질내에 800개나 되는 마이토콘드리아가 흩어져 있다. 다른 세포에는 이것보다는 적게 들어있다. 마이토콘드리아는 세포질 전체에 임의로 흩어져 있거나, 일정한 줄로나 다발로 된 것도 있다. 근육섬유는 마이토콘드리아에서 생성되는 ATP에 의해서 수축력을 얻게 된다. 정자의 꼬리세포에는 마이토콘드리아가 꼬리의 길이를 따라 차곡차곡 포개어져 들어 있다.

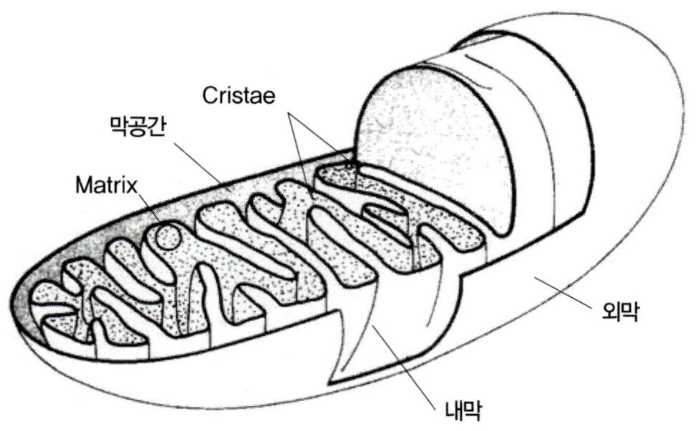

그림 10-1 마이토콘드리아의 3차원적 구조

마이토콘드리아는 지방과 단백질로 된 두 막이 있는데, 외막과 내막이다. 외막은 분자량이 작은 분자와 이온은 자유롭게 통과할 수 있으나, 내막은 단백질이 풍부(단백질 4 : 지질 1)하고, 당이나, 이온, NAD^+, NADH, CoA 등의 물질이 통과하지 못한다. 두 막사이의 공간(막공간)에서 마이토콘드리아의 내부공간으로 여러 가지 물질의 이동은 특수한 운반기작에 의해 조절된다. 내막은 고도로 주름져 있다. 이 주름을 크리스테(cristae)라 부르는데, 이것의 내부표면(내막 안쪽 의미)에는 전자전달계와 ATP 합성에 관여하는 효소가 분포되어 있다.

마이토콘드리아의 내막으로 둘려 쌓인 안쪽 용액 부분을 매트릭스(matrix)라 부른다. 매트릭스는 단백질, 효소, 분자량이 작은 물질이 용해되어 있는 용액상태이다. 여기에 TCA 회로를 촉매하는 대부분의 효소가 들어 있다. ATP 합성 동안 매트릭스 부분이 팽창되었다가 수축되거나, 수축되었다가 팽창하는 과정을 반복한다.

10.2 아세틸-coenzyme A(CoA)의 생성

호기적 해당과정에서는 파이루브산이 락트산으로 전환이 잘 일어나지 않기 때문에 세포질에 파이루브산의 농도가 높아진다. 이 파이루브산이 마이토콘드리아에 운반된 다음 내부 막에 들어 있는 특수한 파이루브산 전달 조직에 의해 파이루브산이 세포질에서 마이토콘드리아의 매트릭스 부분으로 운반된다.

마이토콘드리아의 매트릭스에 들어온 파이루브산은 다음 반응과 같이 파이루브산 탈수소효소 복합체(pyruvate dehydrogenase complex)에 의해서 아세틸-CoA로 전환된다.

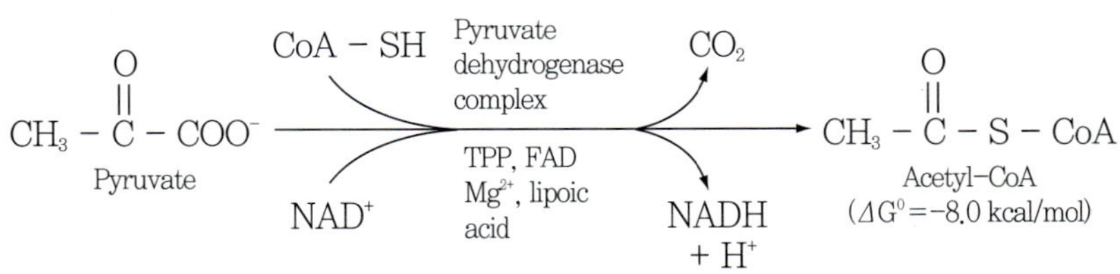

파이루브산 탈수소효소 복합체의 반응을 좀 더 자세히 살펴보자. 파이루브산 탈수소효소 복합체는 분자량이 수백만 달톤(dalton)에 해당하는 다섯 가지 효소로 이루어진 다중합 효소복합체이다. 심장과 신장에 있는 마이토콘드리아의 파이루브산 탈수소효소 복합체 효소의 분자량은 7백만 달톤 이다. 그림 10-2는 이 효소 복합체를 나타내었다.

파이루브산에서 아세틸-CoA로 전환되는 동안 많은 중요한 효소적 반응이 일어난다. 파이루브산의 카복실기에서 CO_2가 제거되고 파이루브산 분자의 나머지 2개의 탄소를 코엔자임 A(coenzyme A, CoA)에 전하여 아세틸-CoA를 형성한다. 이 전체 과정을 산화적 탈탄산작용(oxidative decarboxylation)이라 하는데 산화-환원 반응을 통하여 CO_2가 제거된다.

5개의 다른 보효소가 파이루브산 탈수소효소 복합체에 결합되어 있는데, 각각은 파이루브산에서 이세틸-CoA로 전환되는데 필요한 생화학적 반응에 참여한다. 이들 보효소는 비타민의 유도체들이다.

첫번째 단계는 효소 E_1인 파이루브산 탈수소효소(pyruvate dehydrogenase)에 의한 촉매 반응이다.

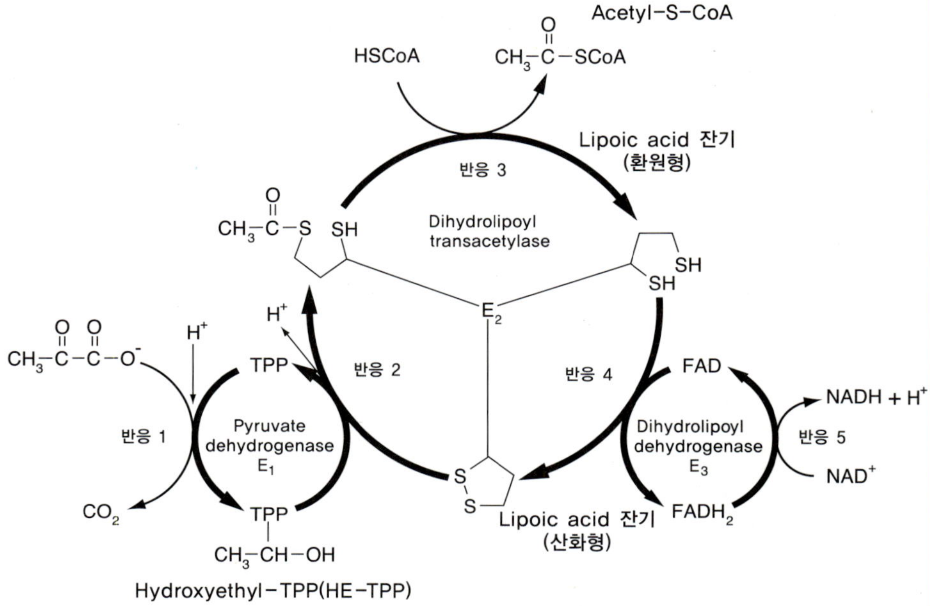

파이루브산 탈수소효소 복합체의 작용 기작을 설명한다. 즉, 파이루브산은 파이루브산 탈수소효소(E_1)와 TPP에 의해 탈탄산된다. Lipoyllysyl측쇄(흔들팔)는 나머지 2탄소를 코엔자임 A에 운반하여 이를 아세틸-CoA로 변화시킨다. 흔들팔은 다이하이드로리포일 탈수소효소(dihydrolipoyl dehydrogenase)(E_3)에 의해 재산화된다.

그림 10-2 pyruvate dehydrogenase complex

싸이아민 파이로인산(thiamine pyrophosphate, TPP)이라고 부르는 조효소는 파이루브산 탈수소효소의 활성부분에 결합되어 파이루브산의 탈탄산작용을 촉매한다(그림 10-3).

나머지 탄소 2개의 물질부분은 리포산(lipoic acid)의 5각형에 있는 황에 의해 산화된다. 이 리포산를 흔들팔(swinging arm)이라고도 하는데, 탄소 2개의 물질인 아세틸기를 CoA에 운반하여 아세틸-CoA를 형성한다. 이 전체 반응은 중심 효소복합체인 효소 E_2 즉, 다이하이드로리포일 아세틸 전이효소(dihydrolipoyl transacetylase)에 의해 진행된다. 아세틸-CoA가 형성되면 E_2의 활성부분에서 떨어져 나가서 TCA 회로로 들어간다. 이 때 리포산 조효소는 환원상태가 되는데 닫쳐진 이황화작용기(disulfide)로 다시 산화되어야만 한다.

이 산화과정은 3번째 효소인 다이하이드로리포일 탈수소효소(dihydrolipoyl dehydrogenase, E_3)에 의해 이루어진다. 이 효소에도 FAD가 조효소로 결합되어 있는데, 환원형 리포산 흔들팔에서 2개의 수소와 2개의 전자를 받아들인다. 결과적으로 5각형의 닫혀진 고리를 형성하게 되어 리포산 흔들팔은 다음에 일어날 회로를 준비하여 파이루브산 탈수소효소(E_1)로부터 아세틸기를

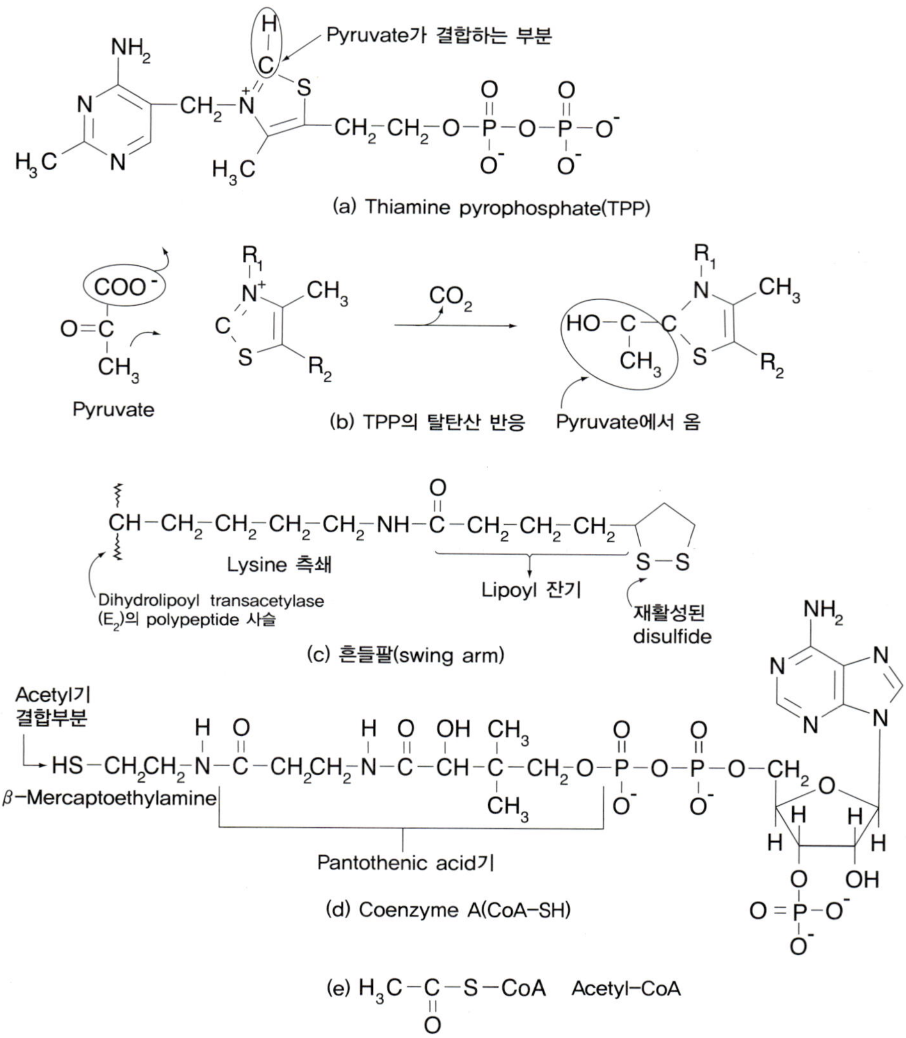

(a) TPP 및 (b) TPP의 탈탄산 반응기작, (c) 흔들팔, (d) Coenzyme A, (e) Acetyl-CoA 의 구조

그림 10-3 pyruvate dehydrogenase 복합체의 조효소들의 구조

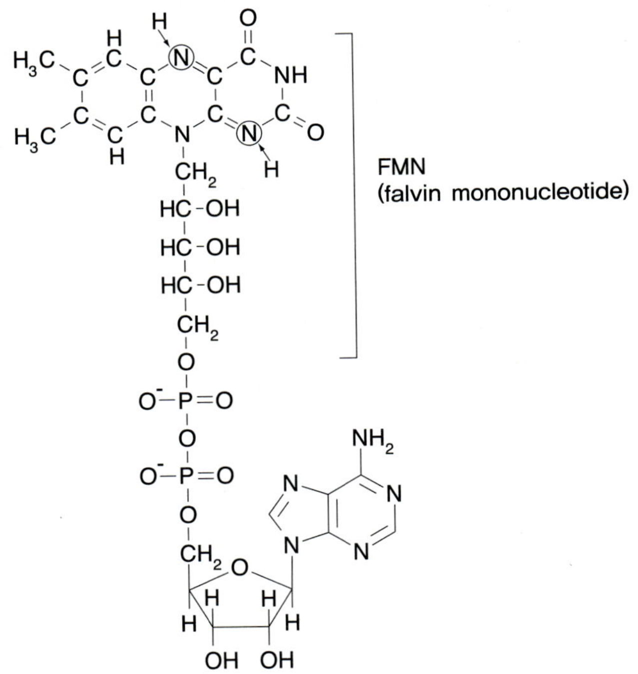

그림 10-4 FAD의 구조

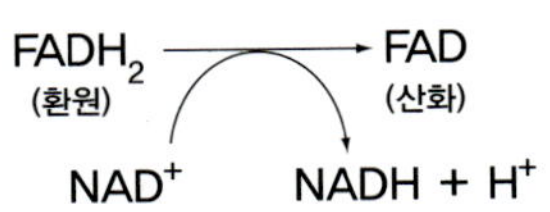

다시 받아들일 수 있게 된다. FAD의 구조는 그림 10-4에서 나타내었다. 마지막으로, $FADH_2$에 포함된 2개의 전자는 왼쪽 반응에서 처럼 NAD^+에 운반되어 NADH를 형성한다.

10.3 TCA 회로

TCA(tricarboxylic acid) 회로란 반응의 중간생성물의 하나인 시트르산에 3개의 카복실기를 가지고 있기 때문에 명명되었다.

이 과정을 시트르산(구연산) 회로 또는 이 경로의 효소적 순서를 처음으로 밝힌 생화학자 이름을 딴 Krebs 회로라고도 부른다. TCA 회로의 중요한 기능은 (1) 아세틸-CoA를 완전히 산화하여 CO_2와 H_2O로 만들고 (2) 아세틸-CoA의 자유에너지의 일부를 생화학적으로 유용한 형태인 NADH나 $FADH_2$로 회수된다. 탄수화물에서 만들어진 아세틸-CoA와 지방이나 단백질이 분해되어 생성된 아세틸-CoA도 마이토콘드리아에서 TCA 회로를 통해서 완전산화 될 수 있다(그림 7-1 참조).

TCA 회로는 그 경로가 순환하는 형태이기 때문에 특수한 대사경로이다. 즉, 개시단계에서 사용된 옥살로아세트산(oxaloacetate)은 마지막 단계에서 재생성 된다. 완전한 경로는 그림 10-5와 같이 요약된다.

대사경로 중 유의해야 할 사항은 (1) TCA 회로의 중간 생성물의 탄소골격이 어떻게 변하는지, (2) CO_2가 어디에서 떨어져 나가는지, (3) NADH(혹은 $FADH_2$)가 어디에서 생성되는지를 알아야 한다는 것이다. NADH나 $FADH_2$는 TCA 회로의 중간생성물로부터 얻은 전자를 ATP합성을 위한 전자전달계에 운반된다. NADH 각 분자당 2.5분자의 ATP가 만들어 질 수 있고 $FADH_2$ 분자로부터 1.5개의 ATP가 형성될 수 있다. ATP 생성에 있어서의 차이에 대해서는 뒷부분(10.6절)에서 설명한다. TCA 회로의 각 단계는 다음과 같이 요약된다.

단계 1 : 시트르산 합성효소(citrate synthase) 단계

축합효소로 알려진 이 효소는 아세틸-CoA를 옥살로아세트산에 부착시켜 시트르산과 CoA를 생성시킨다. 이 반응은 아세틸-CoA의 메틸기가 다음과 같이 옥살로아세트산의 카보닐기를 공격하는 알돌(aldol) 축합반응으로 분류된다.

고에너지 싸이오에스터 결합이 가수분해 될 때 CoA가 분리되면서 시트르산이 쉽게 형성되는 발열반응(exergonic reation)이다. 시트르산 합성효소는 다른자리 입체성 효소로서, TCA 회로의 속도를 조절하는 역할을 담당한다.

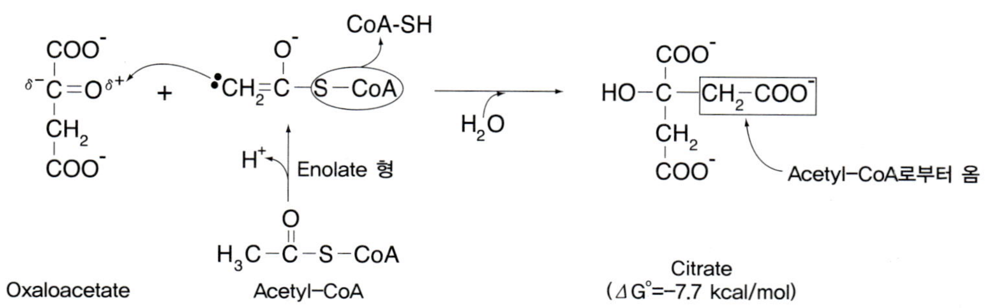

단계 2 : 아코니테이스(aconitase) 단계

시트르산은 아코니테이스에 의해 하이드록시기의 위치가 이동되어 아이소시트르산

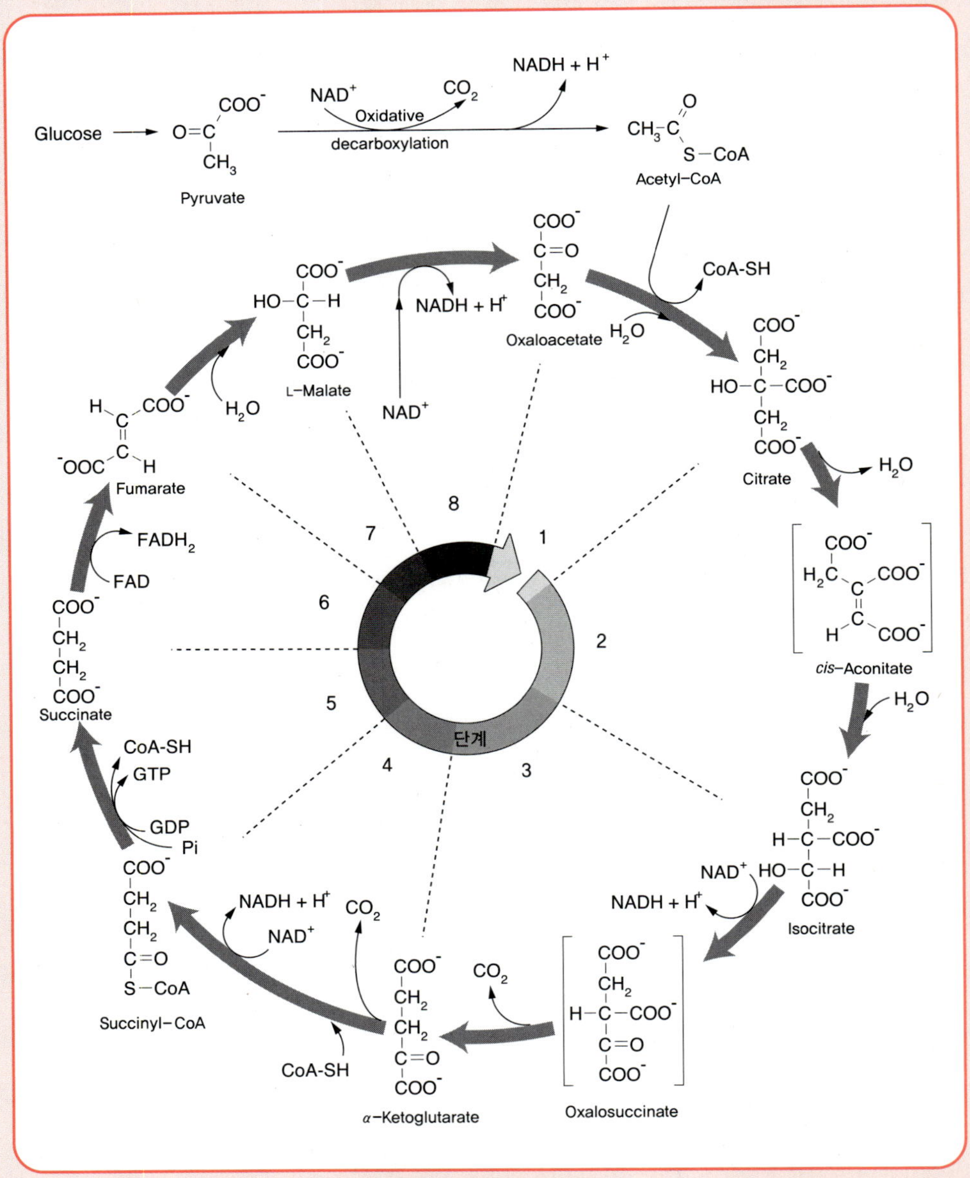

그림 10-5 TCA 회로

(isocitrate)으로 되는데 이 효소는 보조인자로 Fe^{2+}를 함유하고 있다. 먼저 시트르산의 3번 탄소의 OH기를 물분자로 방출하고, 시스-아코니트산에 물분자를 첨가하여 4번 탄소에 OH기가 붙는 아이소시트르산으로 전환된다. 이 과정을 다음식과 같이 표시할 수 있다. TCA 회로를 저해하는 독성물질로 플루오르아세트산(FCH_2COO^-)이 있는데, 이것은 체내에 들어가면 플루오르아세틸-CoA가 된 후 플루오로시트르산이 되며 이것은 아코니테이스의 강력한 저해제로 작용한다.

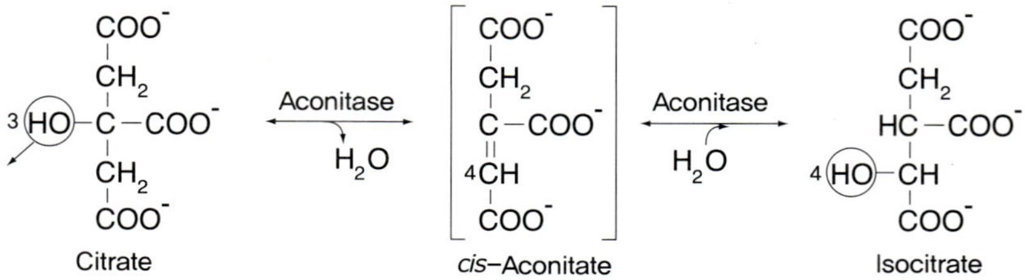

Citrate가 isocitrate로의 전환에 있어서
효소와 결합된 일시적인 중간산물

단계 3 : 아이소시트르산 탈수소효소(isocitrate dehydrogenase) 단계

이 효소는 아이소시트르산으로부터 CO_2를 제거하여 α-케토글루타르산을 생성하는 산화적 탈탄산 반응을 일으킨다. 2개의 전자와 함께 수소 2개를 옮겨, 1분자 NADH를 생성한다. 이 반응은 TCA 회로의 두 개의 산화적 탈탄산 반응 중 첫번째 반응으로 아이소시트르산 탈수소효소에 의해 촉매된다. 이 반응은 두 단계로 일어나는데, 먼저 아이소시트르산이 옥살로석신산(oxalosuccinate)으로 산화되고(이는 효소에 결합된 일시적 중간산물이다) 이것은 곧바로 CO_2와 α-케토글루타르산으로 분해된다.

아이소시트르산 탈수소효소는 다른자리 입체성 효소로서 ATP와 NADH(저해적 효과인자) 그리고 ADP(촉진적 효과인자)에 의하여 조절된다. NADH(또는 NAD^+)에 의한 다른자리 입체성 조절은 ATP, ADP 및 AMP에 의한 조절과 마찬가지로 ATP의 생성을 조절할 수 있는 또 다른 방법인 것이다. 세포내의 NADH 농도가 높으면 TCA 회로가 활발하게 진행되고 있고, 따라서 ATP의 호기적 생성이 충분함을 의미한다고 할 수 있으며, 반대로 NAD^+농도가 높으면 ATP의 합성이 더 이루어져야 하는 상태를 나타낸다고 할 수 있다. 따라서 어떤 조절 효소들은 NADH 또는 NAD^+농도를 세포내의 에너지 상태를 표시하여 주는 분자성 지시물질로서 활용할 수 있는 것이다.

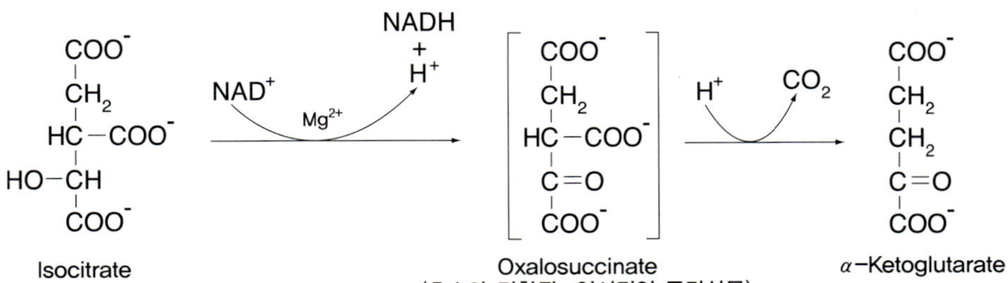

(효소와 결합된 일시적인 중간산물)

단계 4 : α-케토글루타르산 탈수소효소 복합체(α-ketoglutarate dehydrogenase complex) 단계

이 효소는 α-케토글루타르산를 산화적으로 탈탄산시켜 석시닐-CoA를 만든다. 이 반응은 비가역적이다. 두번째 CO_2와 NADH 분자가 이 단계에서 생성된다. α-케토글루타르산 탈수소효소 복합체는 10.2절에서 기술한 바 있는 파이루브산 탈수소효소 복합체의 구조와 비슷하다. 즉 TPP, 리포산 흔들팔, CoA, FAD 그리고 NAD^+와 같은 동일한 조효소를 가지고 있으며 비슷한 반응을 일으킨다.

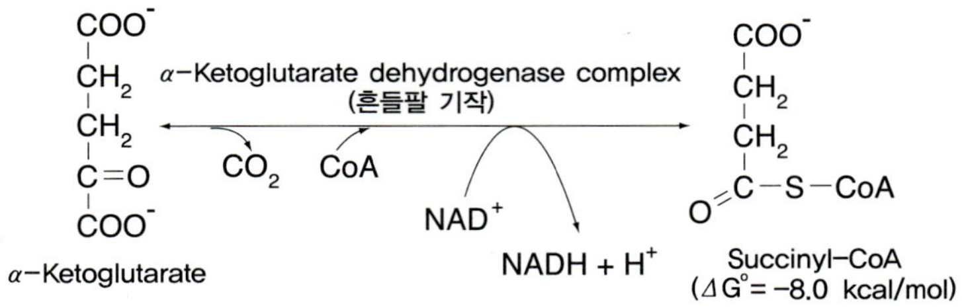

산화 에너지의 일부는 고에너지 싸이올 화합물인 석시닐-CoA에 저장된다.

단계 5 : 석시닐 Co-A 합성효소(succinyl-CoA synthetase) 단계

이 효소는 석시닐-CoA로부터 석신산를 생성한다. 석시닐-CoA는 고에너지 싸이오에스터 결합을 포함하고 있기 때문에 이 결합이 가수분해 될 때 방출되는 자유에너지는 기질수준 인산화 과정으로 저장된다. 이 반응에서 GDP가 무기인에 의해 인산화되어 GTP를 생성한다.

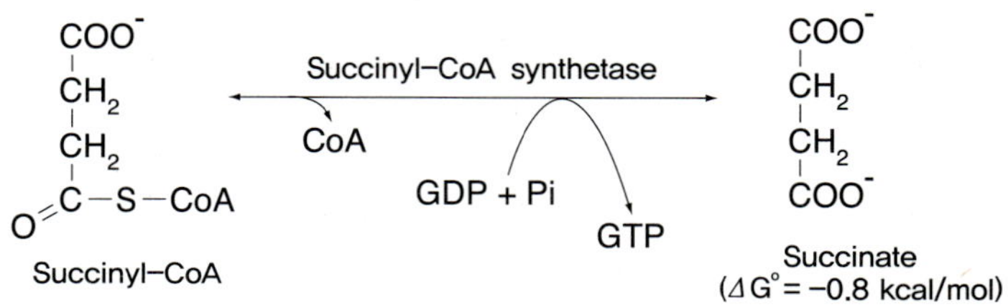

생성된 GTP는 ATP 분자와 동일한 에너지를 가지고 있어 다음 반응을 통하여 고에너지 인산기의 이동이 가능하다.

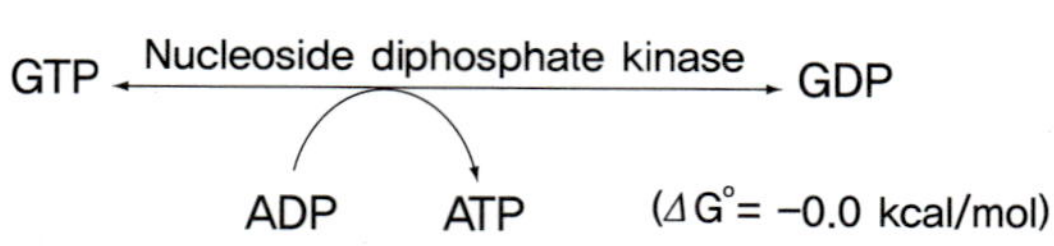

석시닐-CoA 합성효소에 의해 일어나는 이 반응은 가역적으로 고에너지 인산기를 투입하면 (GTP → GDP+Pi) 석신산과 CoA로부터 석시닐-CoA를 만들 수 있다. 그래서 그 명칭이 석시닐- CoA 합성효소로 사용하게 되었다.

단계 6 : 석신산 탈수소효소(succinate dehydrogenase) 단계

이 효소는 석신산를 산화시켜 푸마르산으로 만든다. 특별히 2개의 수소와 2개의 전자가 석신산으로부터 떨어져 나와 전자 수용체인 FAD에 전달되어 $FADH_2$를 생성한다. FAD는 효소에 단단히 결합되어 있다. $FADH_2$에 있는 전자는 전자전달계에 들어가 1.5분자의 ATP를 생성할 수 있다.

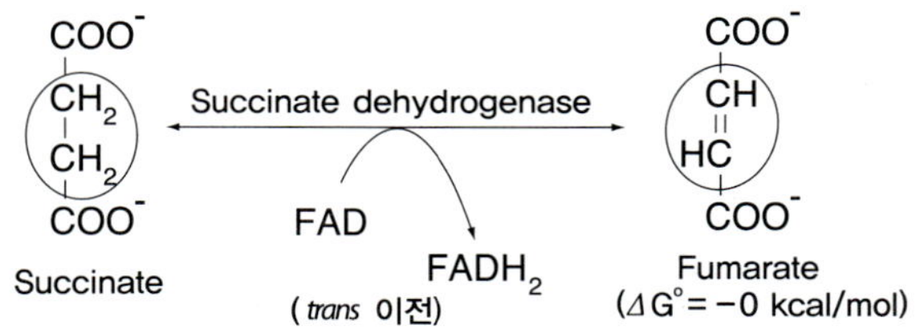

이 반응은 가역적이다. 말론산(malonate)은 석신산과 구조가 비슷하여 이 효소의 활성부분에 결합할 수 있다. 말론산은 경쟁적 저해제로 석신산이 석신산 탈수소효소에 결합하는 것을 방해하여 석신산에서 푸마르산으로의 전환을 차단, TCA 회로를 저해한다.

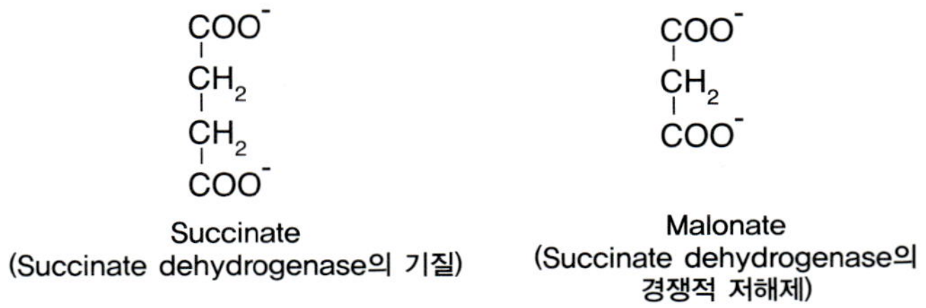

단계 7 : 푸마레이스(fumarase) 단계

이 효소는 푸마르산으로부터 L-말산(L-malate)을 생성하기 위해 수화작용을 일으킨다.

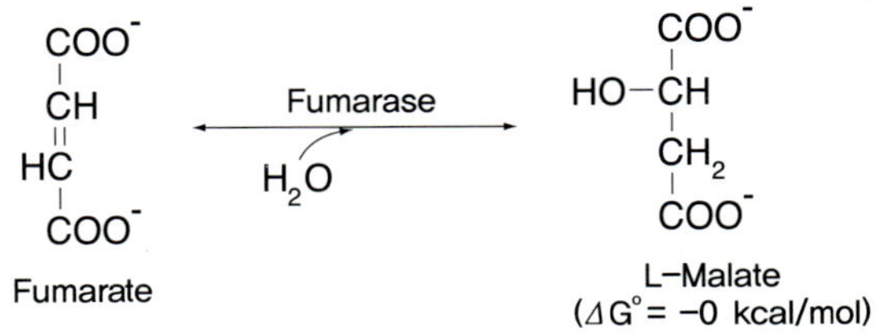

단계 8 : 말산 탈수소효소(malate dehydrogenase) 단계

이 효소는 L-말산으로부터 2개의 수소를 제거하는 산화반응으로 옥살로아세트산을 재생성하게 된다. 이 단계에서도 1 분자의 NADH가 만들어진다.

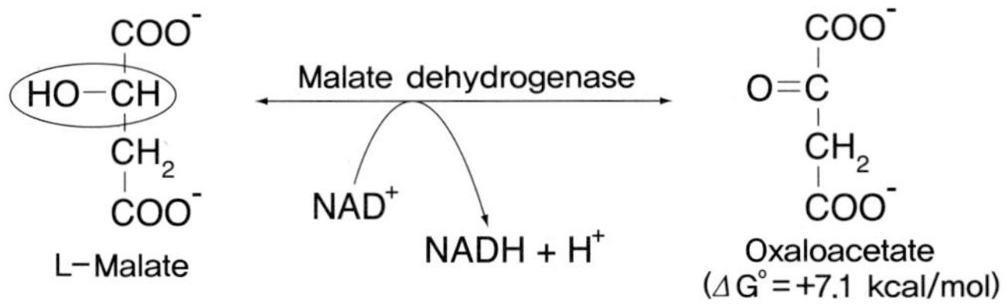

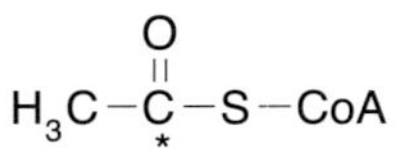

표식된 Acetyl−CoA

옥살로아세트산는 즉시 시트르산 합성효소에 의해서 소비되기 때문에, 말산 탈수소효소 반응은 오른쪽으로 치우쳐져 쉽게 옥살로아세트산를 형성한다.

지금 아세틸−CoA가 어떻게 완전히 CO_2와 물로 산화되는가를 설명하기 위해 그림 10−5와 그림 10−6을 참고한다. 아세틸−CoA의 카보닐탄소에 ^{14}C 방사선 동위원소를 첨가한다. 이것을 왼쪽위 그림에서처럼 별표로 나타내었으며, 표식된 아세틸−CoA를 마이토콘드리아 현탁액에 첨가하여 TCA 회로가 일어나도록 하였다.

아세틸−CoA에 들어있는 2개의 탄소는 TCA 회로로 들어가 결국에는 탈탄산 반응을 거쳐 CO_2로 없어진다. 그림 10−6에서 보는 바와 같이 아세틸−CoA의 탄소원자의 행로를 추적할 수 있다. TCA 회로를 시계 방향으로 진행해 가면 아세틸−CoA 유래의 탄소원자는 시트르산의 1번과 2번 탄소가 된다.

석신산은 대칭적 분자로 그림 10−6에서와 같이 L−말산의 50%와 나머지 50%는 다른 형태로 표식 되어 있다. 표식된 옥살로아세트산은 다시 아세틸−CoA를 받아들이게 되어 두 번째 TCA 회로가 시작된다. 처음 아세틸−CoA 분자에 들어 있었던 카보닐기의 ^{14}C 원소는 두 번째 TCA 회로 중 아이소시트르산 탈수소효소 단계나 α−케토글루타르산 탈수소효소 단계에서 CO_2로 떨어져 나간다.

처음 아세틸−CoA 분자의 메틸기의 탄소원자는 또 한번의 회로가 진행될 때 CO_2로 빠져나간다. 아세틸−CoA에 함유되어 있던 일부의 전자는 탈수소효소 단계를 통해서 NADH 또는 $FADH_2$ 형태로 떨어져 나온다. 이 전자들은 전자전달계로 운반되어 ATP를 합성한다. 산소는 최종 전자 수용체인데, 2개의 전자와 2개의 H^+를 받아들여 물을 형성한다. 그러므로 이산화탄소와 물은 호기적 해당과정의 최종 폐기물이 된다.

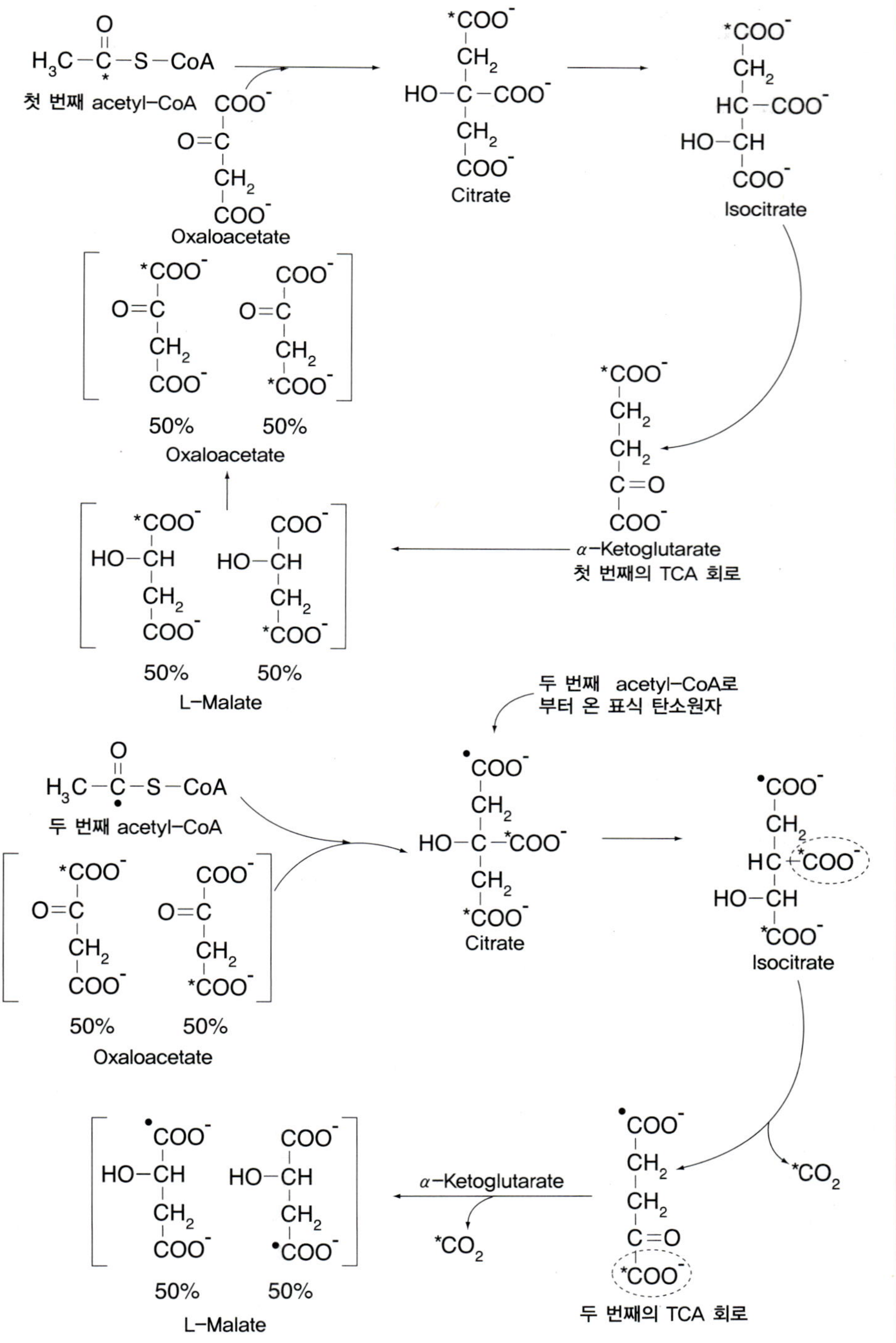

그림 10-6 TCA 회로가 두번 진행될 동안 방사선으로 표식된 탄소원자의 이동

10.4 TCA 회로의 조절

TCA 회로는 탄수화물, 지방, 아미노산 대사 등의 모든 경로들이 이 회로 내로 유입되어 정확한 대사조절 하에서 진행된다. TCA 회로의 효소들은 여러 가지 효소 저해제와 다른자리 입체성 효과를 나타내는 분자들에 대해 반응을 나타낸다. 그림 10-7은 TCA 회로의 조절에 대한 그림이다.

시트르산 합성효소(특히 속도 조절효소)나 아이소시트르산 탈수소효소 및 α-케토글루타르산 탈수소효소 복합체는 TCA 회로의 조절효소(pacemaker enzyme)라 한다. 시트르산 합성효소는 다른자리 입체성 효소로서 ATP, NADH, 석시닐-CoA를 비롯하여 자신의 생성물인 시트르산에 의해 저해된다.

둘째 조절 부위는 아이소시트르산 탈수소효소 반응이다. 이 경우에는 ADP, NAD^+가 효소의 촉진적 효과인자이고, ATP와 NADH는 저해적 효과인자로 작용한다.

α-케토글루타르산 탈수소효소 복합체가 세번째 조절 부위이다. 앞의 경우와 마찬가지로 ATP

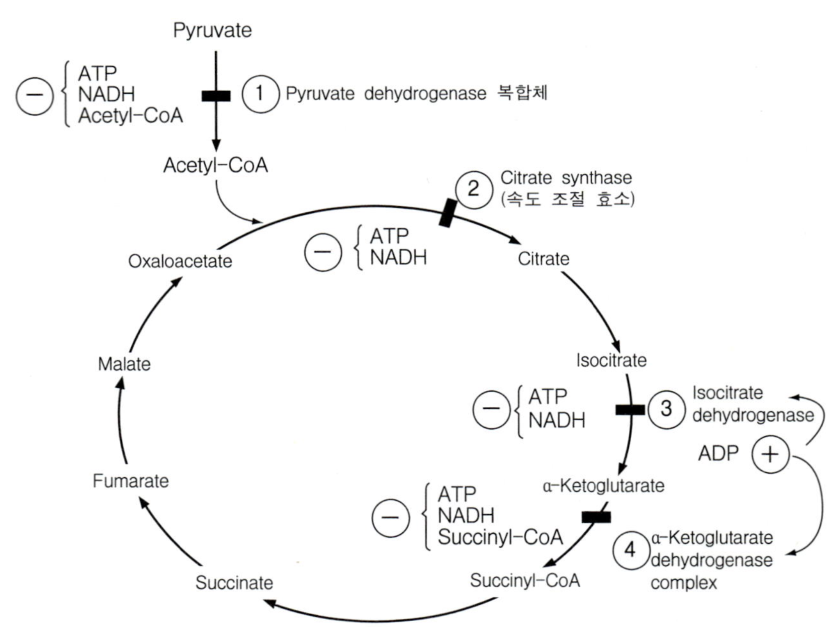

그림 10-7 TCA 회로의 조절

와 NADH는 저해적 효과인자이다. 그리고 석시닐-CoA도 이 반응의 저해적 효과인자이다.

대사가 활발히 일어날 때에는 세포가 아주 빠른 속도로 ATP와 NADH를 소모하면서 많은 양의 ADP와 NAD^+가 생성된다. 다시말해 , ATP/ADP의 비가 낮을 때에는 세포가 에너지를 사용하고 있는 중이며 저장된 영양분에서 더 많은 에너지를 생산할 필요가 있다는 뜻이다. $NADH/NAD^+$의 비가 낮다는 것도 대사가 활발히 일어나고 있는 상태를 나타내는 하나의 특징이 된다. 한편 휴식 중인 세포에는 ATP와 NADH가 고농도로 있다. 따라서 휴식중인 세포에서는 ATP/ADP의 비와 $NADH/NAD^+$ 비도 높아서, 이런 세포는 에너지를 생산하기 위해서 산화반응을 높은 수준으로 유지할 필요가 없다.

그리고 파이루브산 탈수소효소 복합체는 직접 TCA 회로에 들어가지는 않지만 여러 가지 저해제에 의해 조절되는데, 이 효소의 생산물인 NADH나 아세틸-CoA는 저해작용을 나타낸다. 또한 6장에서 본 바와 같이 효소복합체가 ATP, NADH, 아세틸-CoA 등에 의해 공유결합 변형이 일어나 효소작용이 조절을 받는다(그림 10-8). 아세틸-CoA의 농도가 높으면 파이루브산 탈수소효소 복합체가 저해를 받는 것은 대사 측면에서 굉장히 중요한 의미가 있다. 지방이 풍부하여 에너지 생산을 위해 분해되면 많은 아세틸-CoA가 생성된다. 따라서 아세틸-CoA가 풍부하다면 탄수화물을 TCA 회로로 보낼 이유가 없게 된다. 파이루브산 탈수소효소는 저해되며, TCA 회로에 필요한 아세틸-CoA는 다른 공급원에서 제공받는다.

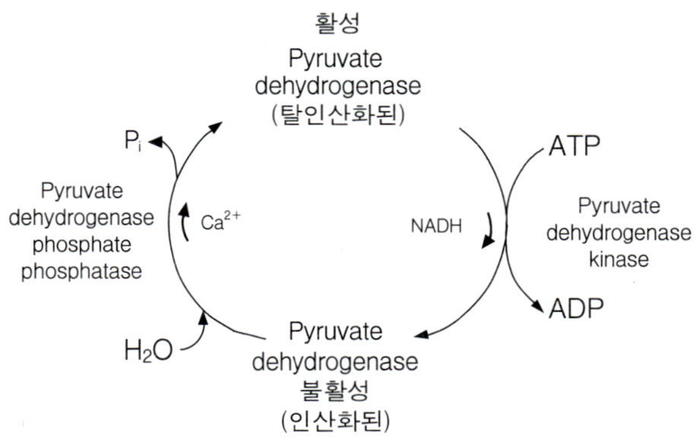

Ca^{2+}은 pyruvate dehydrogenase phosphate phosphatase를 자극함으로써 활성형 효소생성을 촉진한다.

그림 10-8 활성형과 불활성형 사이의 공유결합 변형에 의한 pyruvate dehydrogenase comprex의 조절

10.5 TCA 회로의 양용성

TCA 회로는 양용성 대사경로(amphibolic metabolic pathway; amphi는 양쪽의 뜻)의 한 예이다. 그렇게 부르는 이유는 다음 두 가지로 작용할 수 있기 때문이다. 즉 (1) 분해대사로 에너지

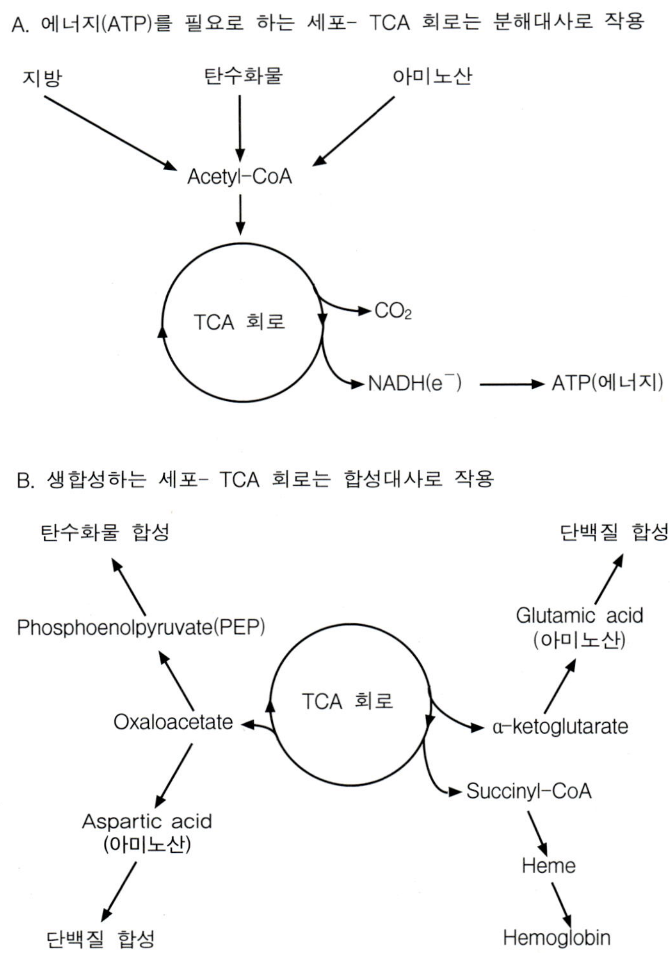

TCA 회로는 세포의 특별한 요구에 따라 분해대사로 혹은 합성대사로 회로가 진행될 수 있다.

그림 10-9 TCA 회로의 양용성

를 얻기 위해 아세틸-CoA를 분해하여 NADH나 FADH를 생성할 수 있다. (2) 합성대사로 생합성에 필요한 중간대사 산물을 공급할 수 있다.

세포에서 에너지를 필요로 하면, TCA 회로는 분해대사로 작용하여 NADH를 만들고, 전자를 이동시켜 산화적 인산화과정을 통해 ATP를 생산한다. 지방, 탄수화물, 아미노산 모두 TCA 회로의 원료 물질로 작용하는 아세틸-CoA로 분해가 된다. 어떤 아미노산은 TCA 회로의 중간 대사산물로 직접 분해된다.

반면에 세포에 적절한 양의 ATP가 공급되면 다음에는 생합성 활동이 일어난다. 즉 TCA 회로는 합성대사로 작용하여 세포 자체나 다른 세포에서 필요로 하는 물질을 생합성하는데 필요한 중간 대사산물을 제공한다. 예를 들면, 옥살로아세트산은 아미노산의 한 종류인 아스파트산의 직접적인 전구체이고, α-케토글루타르산은 글루탐산의 전구체, 석시닐-CoA는 헤모글로빈의 주요한 부분인 헴의 생합성에 필요하다. TCA 회로의 양용성을 그림 10-9에 도시하였다. TCA 회로가 다른 생합성 단계를 위해 중간 대사물을 공급하기만 한다면 중간 대사물이 결핍될 것이다.

그래서 TCA 회로의 중간 대사물을 재공급하는 보충반응(anaplerotic reaction)이 존재한다. 가장 일반적인 보충반응이 파이루브산 탄산화효소(pyruvate carboxylase)에 의해 진행된다. 이 반응은 HCO_3^-와 ATP를 사용하여 파이루브산이 탄산화되어 옥살로아세트산을 형성한다. 파이루브산 탄산화효소는 바이오틴이 필요한데, 바이오틴의 반응과 구조는 9.1절을 참조하기 바란다.

10.6 ATP 수지

호기적 해당과정 동안 ATP 분자 몇 개가 생성되는가를 살펴보자. 혐기적 해당과정에서는 1분자의 글루코오스에서 2분자의 ATP가 생성한다. 호기적 해당과정은 혐기적 해당과정에 비해 훨씬 효율적인데, 1분자의 글루코오스에서 세포에 작용하는 세포질의 이동계(shuttle system)의 형태에 따라 30 혹은 32 분자의 ATP가 생성될 수 있다. 표 10-1은 글루코오스 1분자에서 호기적 해당과정을 통해서 생성되는 파이루브산 1분자의 ATP 분자의 수를, 표 10-2는 TCA 회로를 통하여 생성되는 파이루브산 1분자의 ATP 분자수를 요약한 것이다.

표 10-1을 보면 어디에서 ATP 분자가 만들어지며 몇 개가 생성되는지를 알 수가 있다. 2개의 ATP가 6탄당 인산화효소나 포스포프럭토오스 인산화효소에 의해 글루코오스의 인산화를 위해

표 10-1 글루코오스 1 분자의 완전산화시 생성되는 ATP 분자(glucose → 2 pyruvate → 6 CO_2 + 6 H_2O)

반 응	중간생성물	ATP 분자수
1. hexokinase	—	−1[a]
2. phosphofructokinase	—	−1[a]
3. glyceraldehyde 3-phosphate dehydrogenase	2 NADH	3[b]
4. phosphoglycerate kinase	—	2
5. pyruvate kinase	—	2
6. TCA 회로[c]	2 pyruvate	25
합 계		30

a. 준비단계 b. 이것은 세포질의 글리세롤 이동경로가 작동한 것으로 계산하였다. 만약 말산 이동경로가 수행된다면, 세포질의 각 NADH 쌍으로부터 5ATP가 생성, 전체 ATP수는 30개 대신 32개가 얻어질 것이다. c. 표 10-2를 참조하라.

표 10-2 파이루브산 1분자의 완전산화시 생성되는 ATP 분자(pyruvate → acetyl-CoA → 2 CO_2 + 2 H_2O)

반 응	중간생성물	ATP분자수
1. pyruvate dehydrogenase complex	1 NADH	2.5
2. isocitrate dehydrogenase	1 NADH	2.5
3. α-ketoglutarate dehydrogenase	1 NADH	2.5
4. succinyl-CoA synthetase	—	1[a]
5. succinate dehydrogenase	1 $FADH_2$	1.5
6. malate dehydrogenase	1 NADH	2.5
합 계		12.5

[a]1 GTP = 1 ATP

필요하다. 호기적 해당과정에서는 글루코오스 1분자당 세포질에서 2분자의 NADH가 글리세르알데하이드 3-인산 탈수소효소(glyceraldehyde 3-phosphate dehydrogenase)단계에서 생성된다. 세포질내의 NADH에 존재하는 전자는 2가지 이동경로 중에서 어느 한 방법을 통해서 마이토콘드리아의 매트릭스에 이동된다. 즉, 근육세포에서 볼 수 있는 글리세롤 이동경로(그림 10-10)와 간세포에서 볼 수 있는 말산 이동경로(그림 10-11)이다.

글리세롤 이동경로가 작용하면, 세포질내의 NADH 분자당 1.5분자의 ATP가 형성되며, 말산 이동경로가 작용하면, 2.5분자의 ATP가 형성된다. 글루코오스 1분자당 세포질내에서 2 분자의 NADH가 만들어지기 때문에 어느 형태의 이동경로가 작용하는가에 따라 이 단계에서 3 혹은 5 분자의 ATP가 형성된다.

포스포글리세르산 인산화효소(phosphoglycerare kinase) 단계에서 2분자의 ATP와 파이루브산 인산화효소(pyruvate kinase) 단계에서 2분자의 ATP 등, 해당과정의 2단계에서 ATP가 만들어진다. 이 ATP 분자는 기질수준 인산화에 의해서 형성된다. 나머지 2분자의 파이루브산이 세포질에서 마이토콘드리아의 매트릭스에 운반되고, 여기서 파이루브산 탈수소효소 복합체에 의해 2개의 아세틸-CoA로 전환된다. 표 10-2에서 보는 바와 같이 TCA 회로내의 탈수소효소나 파이루브산 탈수소효소 복합체가 많은 NADH(그리고 $FADH_2$)를 생성하기 때문에, ATP 분자가 많이 만들어진다. 파이루브산 탈수소효소 복합체에서 생성된 NADH를 포함하여 TCA 회로에서 만들어진 NADH(그리고 $FADH_2$)에서 25개의 ATP 분자가 형성된다. 총괄적으로 글루코오스 한 분자가 산화되면 30 혹은 32개의 ATP 분자를 형성한다.

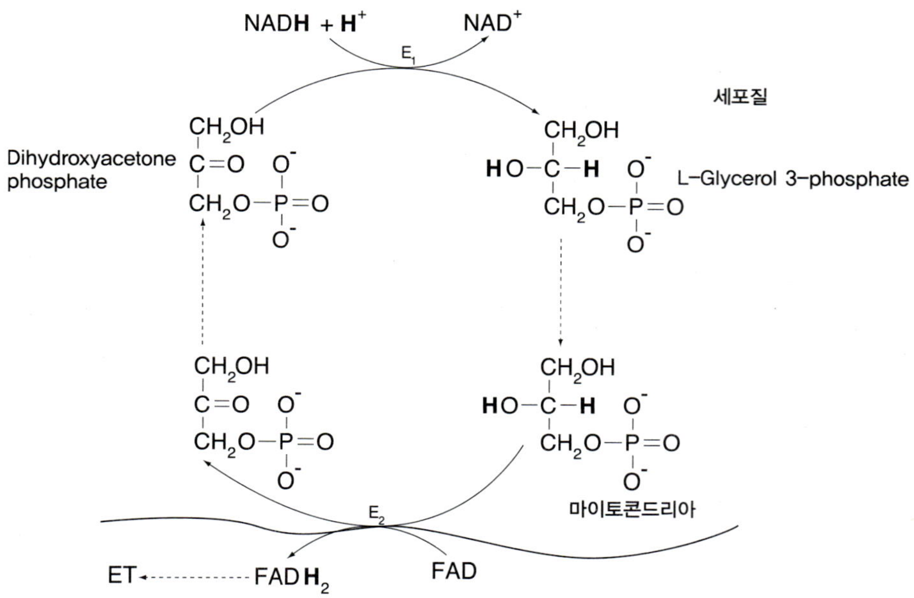

E_1은 세포질에서 발견되는 글리세롤 인산 탈수소효소(glycerol phosphate dehydrogenase)이다. E_2는 마이토콘드리아의 내막에서 발견되는 효소이다. ET는 전자전달사슬을 말한다.

그림 10-10 세포질 NADH의 마이토콘드리아 내부로의 이동을 위한 글리세롤 이동경로

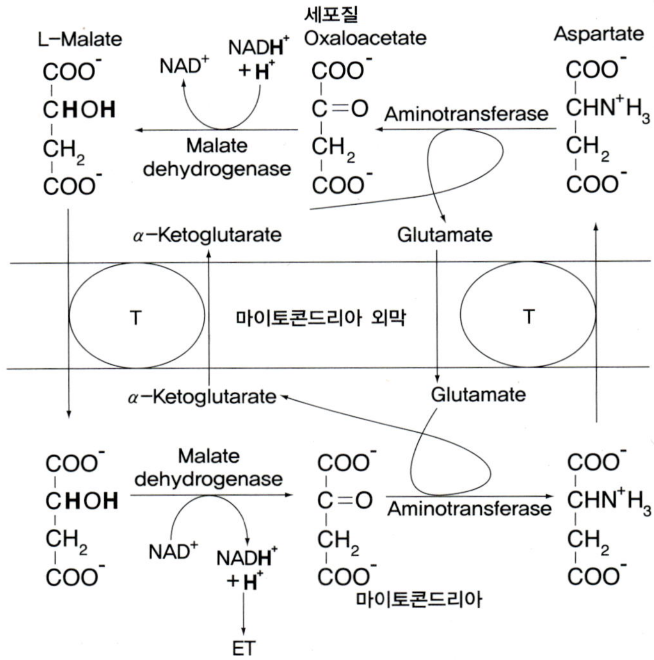

이 경로에 관여하는 효소는 세포질 및 마이토콘드리아의 malate dehydrogenase와 aspartate aminotransferase이다. ET는 전자전달사슬이다. T는 막담체를 나타내고 Asp-Glu 교환은 막전위에 의해 일어난다.

그림 10-11 malate (oxaloacetate) 이동경로

10.7 글라이옥실산 회로(glyoxylate cycle)

식물과 몇몇 박테리아에서는 아세틸-CoA가 탄수화물 생합성의 출발물질로 작용할 수 있다(동물에서는 불가). 동물은 탄수화물을 지방으로 전환시킬 수 있으나, 지방을 탄수화물로 전환시키지 못한다. 식물과 몇몇 박테리아가 지방을 탄수화물로 전환시킬 수 있는 것은 두 가지 효소가 있기 때문이다. 아이소시트르산 분해효소(isocitrate lyase)는 아이소시트르산을 분해하여 글라이

옥실산과 석신산을 생성한다. 말산 생성효소(malate synthase)는 글라이옥실산이 아세틸-CoA와 반응하여 말산이 생성되는 반응을 촉매한다. 이 두 반응이 연속적으로 일어나면 TCA 산회로의 두 가지 산화적 탈탄산화 반응을 우회하게 된다. 이렇게 생긴 또 다른 경로를 글라이옥실산 회로라고 한다(그림 10-12).

두 분자의 아세틸-CoA가 글라이옥실산 회로에로 들어가면, 말산 한 분자가 생성되고 결국은 옥살로아세트산으로 된다. 그 다음에 옥살로아세트산은 글루코오스 신생과정에 의해 글루코오스로 만들어 질 수 있다.

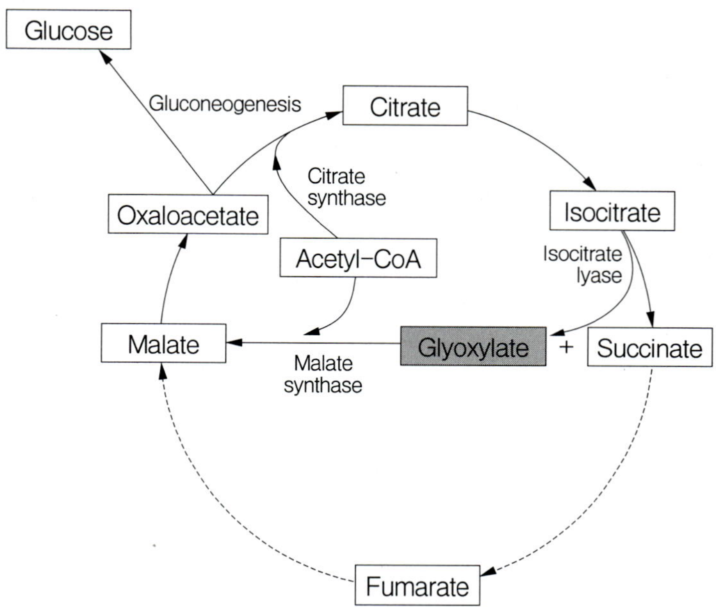

그림 10-12 glyoxylate cycle

10.8 글루코오스 6-인산, 파이루브산 및 아세틸-CoA의 역할

10.8.1 글루코오스 6-인산

세포 내에서 글루코오스는 글루코오스 6-인산으로 쉽게 전환된다. 생성된 글루코오스 6-인산은 글루코오스 6-인산과 ATP가 풍부하면 글루코오스 1-인산를 거쳐 글라이코젠으로 저장되며, ATP 또는 생합성 반응을 위한 탄소 골격들이 필요할 때는 해당 과정을 거쳐 파이루브산으로 전환된다. 또한 6-포스포글루콘산(6-phosphogluconate)를 거쳐 NADPH와 뉴크레오타이드 합성에 필요한 라이보오스 5-인산를 공급한다. 글루코오스 6-인산은 필요시 글라이코젠, 파이루브산 및 몇 종의 아미노산로부터 합성될 수 있으며, 혈액에 글루코오스의 농도가 낮으면 간과 신장에서 글루코오스 6-인산으로부터 글루코오스 6-포스파테이스에 의해 글루코오스를 합성하여 혈액으로 방출한다(그림 10-13).

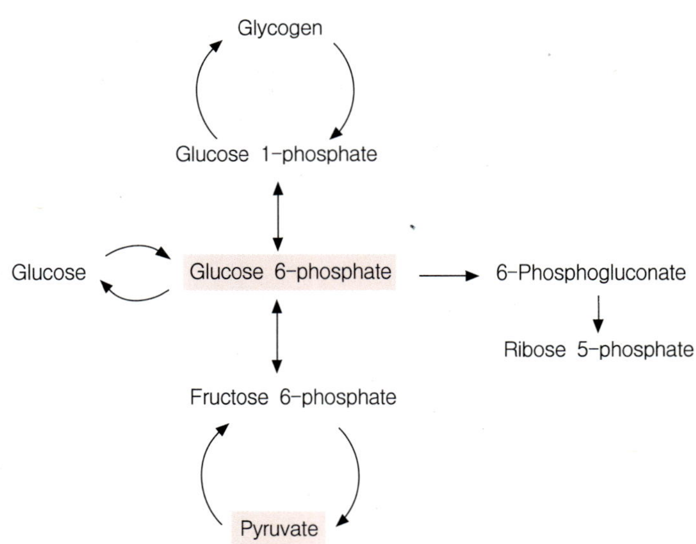

그림 10-13 glucose 6-phosphate의 전환

10.8.2 파이루브산

파이루브산은 글루코오스 6-인산, 알라닌 및 락트산으로부터 생성되며, 락트산 탈수소효소의 반응을 통하여 NAD^+를 재생시키며, α-케토산인 파이루브산과 글루탐산이 반응하여 아미노기전이반응에 의해 알라닌을 형성한다. 이 경로를 통하여 몇 종의 아미노산들은 탄수화물 대사와 연결될 수 있다. 또한 파이루브산은 마이토콘드리아 내에서 옥살로아세트산으로 전환되어 TCA 회로의 중간물질을 보충해 주거나 당신생과정을 통해 글루코오스가 만들어진다. 파이루브산의 또 다른 중요한 경로는 산화적 탈탄산작용에 의해 아세틸-CoA로 전환되어 TCA 회로로 도입되거나 지방산의 합성에 사용된다(그림 10-14).

10.8.3 아세틸-CoA

아세틸-CoA는 파이루브산의 산화적 탈탄산작용, 지방산의 β-산화 및 몇 종의 아미노산에서 생성된다. 아세틸-CoA는 TCA 회로에서 CO_2로 완전히 산화되며, 콜레스테롤과 케톤체의 전구물질이 된다. 또한 아세틸-CoA는 지방산의 합성을 위하여 시트르산으로 전환되어 세포질로 방출된다. 포유동물에서는 아세틸-CoA를 파이루브산으로 전환할 수 없기 때문에, 포유동물은 지방질을 탄수화물로 전환시킬 수 없다(그림 10-14).

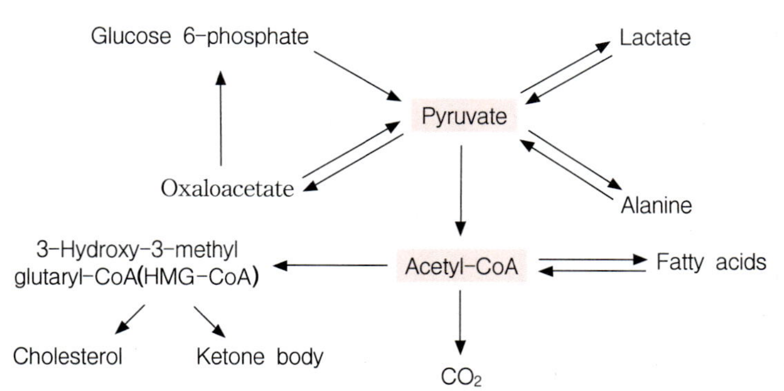

그림 10-14 pyuvate의 전환

요약

호기적 해당과정은 글루코오스가 파이루브산으로 부분적으로 산화가 일어난 다음, 이산화탄소와 물로 완전히 산화시키기 위해 마이토콘드리아에 운반된다. 파이루브산 분자에 함유되어 있던 전자중의 일부가 NADH와 $FADH_2$ 형태로 추출된다. 이 전자들은 전자전달과 산화적 인산화 과정을 통하여 ATP의 합성을 유도한다. 마이토콘드리아는 2개의 막으로 비교적 투과성 있는 외막과 투과성이 없는 내막으로 구성되어 있다. 내막은 심하게 주름져 있는데, 이 주름부분을 크리스테라 부른다.

이 막의 내부 표면에 전자전달계에 관계되는 단백질이 붙어 있다. 미토콘드리아의 막공간에는 매트릭스라 부르는 단백질의 젤 용액 비슷한 것이 들어 있다. 파이루브산은 마이토콘드리아의 매트릭스에 운반되며 파이루브산 탈수소 효소복합체는 파이루브산의 산화적 탈탄산 작용을 촉매하는 분자량이 큰 다중의 효소 복합체로 흔들팔 기작에 의한 산화과정에는 FAD와 NAD^+가 필요하다. TCA 회로는 아세틸-CoA를 CO_2와 물로 산화하는 과정인데 과정 중 아세틸-CoA에 함유되어 있는 자유에너지의 일부를 NADH 혹은 $FADH_2$로 회수된다. 탄수화물, 지방, 아미노산 등은 모두 아세틸-CoA로 분해되기 때문에 여러 가지 세포내의 열량원은 이 중요한 중추적 경로인 TCA 회로로 들어가게 된다.

이 경로는 순환적이다. 간단히 말해 아세틸-CoA는 옥살로아세트산와 축합되어 시트르산을 형성한다. 이 시트르산은 아코니테이스를 통해 아이소시트르산으로 전환되며, 아이소시트르산은 α-케토굴루타르산로 바뀌며 이 과정에서 1분자의 NADH가 형성된다. α-케토글루타르산은 석시닐-CoA로 되며 다시 NADH 1분자가 만들어진다. 석시닐-CoA는 석신산이 되면서 기질수준의 인산화과정에 의해 1분자의 GTP가 생성된다. 석신산이 푸마르산으로 되면서 $FADH_2$ 한 분자가 생성되고, 푸마르산은 말산으로 되고, 다시 옥살로아세트산으로 되돌아가면서 NADH 1분자가 만들어진다. 두 번째 아세틸-CoA 분자가 TCA 회로에 들어가서 이 과정이 반복된다. 결국 아세틸-CoA의 탄소는 TCA 회로가 2번 돌면 CO_2로 모두 없어진다. TCA 회로는 정확한 대사 조절 하에서 이루어진다. 시트르산 합성효소나 아이소시트르산 탈수소효소는 그 과정의 다른자리 입체성 효소라 부르는데, NADH나 ATP 양이 많으면 이 효소를 억제되어 경로의 속도는 느려진다. 따라서 다른 TCA 회로 효소들도 다른자리 입체성 조절 작용의 영향을 받는다. 또한 파이루브산 탈수소효소 복합체도 ATP나 NADH 그리고 아세틸-CoA 등에 의해 효소가 변형되어 조절작용을 나타낸다.

TCA 회로는 양용성이 있는 대사경로이다. 즉, 세포의 필요에 따라 합성, 혹은 분해대사로 작용할 수 있다. TCA 회로는 합성대사적으로 작용할 때는 파이루브산 탄산화효소에 의한 보충반응으로, 새로운 TCA 회로의 중간 대사물인 옥살로아세트산과 같은 물질을 축적하게 된다.

호기적 해당과정은 혐기적 해당과정에 비해 훨씬 효율적인데, 글루코오스 분자당, 세포내로 운반하는 세포질 운반체계에 따라 30 혹은 32ATP를 생성한다.

연습문제

1. 파이루브산(pyruvate)이 TCA 회로로 들어가기 전에 먼저 무엇으로 전환되어야 하나?

① lactate ② oxaloacetate
③ fumarate ④ propionyl-CoA
⑤ acetyl-CoA

2. 파이루브산(pyruvic acid)의 운명으로 옳은 것은?

① 적혈구는 혐기적 해당시 젖산을 만든다.
② 근육조직은 호기적 해당시 젖산을 만든다.
③ 근육조직은 혐기적 해당시 acetyl-CoA를 만든다.
④ 에틸알코올 발효도 일종의 파이루브산의 운명으로 근육에서 생성된다.
⑤ 파이루브산의 운명은 오로지 젖산, 알코올 및 acetyl-CoA의 이 3가지만 존재한다.

3. pyruvate ⇒ acetyl-CoA로 되는 반응에 관련이 없는 비타민은?

① pantothenic acid ② thiamine
③ riboflavin ④ niacin
⑤ biotin

4. 파이루브산(pyruvic acid)은 혐기적 과정에서 (A)로 되며 호기적 과정에서 (B)가 생성되어 시트르산회로를 거쳐서 (C)와 (D)로 분해된다. ( )에 알 맞는 말은?

	(A)	(B)	(C)	(D)
①	lactic acid	acetyl-CoA	CO_2	H_2O
②	succinic acid	acetyl-CoA	NH_3	H_2O
③	citric acid	acetyl-CoA	CO_2	NH_3
④	acetyl-CoA	lactic acid	NH_3	CO_2
⑤	acetyl-CoA	citric acid	CO_2	H_2O

5. 구연산(citric acid) 회로에 관한 설명은?

가. 그 과정은 호기적이다.
나. 이 회로는 마이토콘드라아에서 일어난다.
다. glycolysis보다 ATP 생성량이 많다.
라. 비타민 B군의 도움 없이도 일어난다.

① 가 나 다 ② 가 다 ③ 나 라
④ 라 ⑤ 가 나 다 라

6. 구연산 회로(TCA cycle)에서 CO_2가 생성되는 반응은?

가. pyruvate→acetyl-CoA(TCA cycle에 포함시킬 경우)
나. α-ketoglutarate→succinyl-CoA
다. isocitrate→α-ketoglutarate
라. succinate→fumarate

① 가 나 다 ② 가 다 ③ 나 라
④ 라 ⑤ 가 나 다 라

7. 구연산 회로(citric acid cycle)와 관련 있는 효소는?

가. citrate synthase
나. succinate dehydrogenase
다. fumarase
라. pyruvate carboxylase

① 가 나 다 ② 가 다 ③ 나 라
④ 라 ⑤ 가 나 다 라

8. succinate ⇒ fumarate로 산화될 때 산화제 역할을 하는 조효소는?

① NAD ② FAD ③ FMN
④ TPP ⑤ NADP

9. 구연산 회로(TCA cycle) 중에서 NAD^+을 NADH로 환원되는 반응은?

가. isocitrate ⇒ oxalosuccinate (α-ketoglutarate)
나. malate ⇒ oxaloacetate
다. α-ketoglutarate ⇒ succinyl-CoA
라. succinate ⇒ fumarate

① 가 나 다 ② 가 다 ③ 나 라
④ 라 ⑤ 가 나 다 라

연습문제

10. 구연산 회로(TCA cycle)가 일어나는 세포의 소기관은?

① 핵 ② 소포체 ③ 리보솜
④ 마이토콘드리아 ⑤ 세포막

11. 근육에 있어서 탄수화물의 호기적 산화는 malonate에 의하여 저해되는데, 이 malonate의 효과는 무엇인가?

① condensing enzyme의 저해
② 해당과정의 저해
③ succinate dehydrogenase의 저해
④ pyruvate dehydrogenase의 저해
⑤ cytochrome에 의한 전자이동의 차단

12. 구연산 회로(TCA cycle) 1 회전으로 생합성되는 물질은?

가. CO_2 2 몰	나. ATP 12 몰
다. $FADH_2$ 1 몰	라. NADH 4 몰

① 가 나 다 ② 가 다 ③ 나 라
④ 라 ⑤ 가 나 다 라

13. 구연산 회로(tricarboxylic acid cycle)의 중간체가 아닌 것은?

① malate ② fumarate
③ succinate ④ acetate
⑤ oxaloacetate

14. 글리옥실산 회로(glyoxylate cycle)의 특징이 아닌 것은?

① CO_2가 생성되지 않는다.
② 2 mole의 acetyl-CoA가 필요하다.
③ 시트르산 회로와 효소가 전부 다르다.
④ isocitrate가 isocitrate lyase에 의해 glyoxylate가 된다.
⑤ glyoxylate가 acetyl-CoA와 반응하여 malate를 생성한다.

15. 구연산 회로(TCA cycle)의 속도 조절 인자(rate limiting factor)는?

① citrate synthase
② aconitase
③ fumarase
④ succinate dehydrogenase
⑤ malate dehydrogenase

16. 파이루브산(pyruvate)이 시트르산 회로(citric acid cycle)를 거쳐 이산화탄소와 물로 산화될 때 생성되는 ATP수는?

① 15.5 ② 12.5 ③ 10.5
④ 8.5 ⑤ 5.5

정답 : 1 ⑤ 2 ① 3 ⑤ 4 ① 5 ① 6 ① 7 ① 8 ② 9 ① 10 ④ 11 ③ 12 ② 13 ④ 14 ③ 15 ①
16 ②

용어해설

1. 산화적 탈탄산반응(oxidative decarboxylation) : 파이루브산으로부터 아세틸-CoA가 생성될 때 CO_2 한 분자가 떨어져 나가게 되는 반응

2. 양용성 대사과정 : TCA 회로와 같이 분해대사와 합성대사 둘다로 작용하는 대사

3. 아세틸-CoA : Coenzyme A가 아세틸화된 형태로써, TCA 회로, 지방산 산화, 지방산 합성 등과 같은 대사 반응에 있어 중요한 중간생성물임.

4. Anaplerotic reaction(보충반응) : TCA 회로의 중간체 공급을 보충하는 효소반응

5. Coenzyme A : 아세틸기나 아실기를 운반하는 대사기능을 갖는 판토텐산의 조효소 형태

6. FAD(flavin adenine dinucleotide) : 어떤 산화환원 효소의 조효소로, 라이보프라빈의 조효소형이다.

7. 글리세롤 이동경로 : 호기적 해당과정시 세포질에서 생성된 NADH는 전자전달계를 통하기 위해 마이토콘드리아로 들어가기 위한 한 방법으로 1.5ATP가 생성된다. 이 왕복회로는 근육세포에서 발견된다.

8. 리포산 : 비타민 B 그룹으로 분류되는 화합물로 파이루브산의 산화적 탈탄산반응을 촉매하는 복합효소내에서의 한 조효소로 작용함. 흔들팔(swinging arm)으로 불림.

9. 말산 이동결로 : 호기적 해당과정시 세포질에서 생성된 NADH는 마이토콘드리아로 운반되어 결국 2.5ATP가 생성된다. 이 왕복회로는 간세포에서 주로 발견된다.

10. 마이토콘드리아 : 진핵세포의 세포질에 존재하는 막으로 둘러싸인 세포 소기관. TCA, 전자운반 및 산화적 인산화에 필요한 효소계를 가지고 있다.

11. 싸이아민 파이로인산(TPP) : α-케토산의 탈탄산에 작용하는 씨이아민의 조효소 형태

| 제11장 |

전자전달과 산화적 인산화

Electron Transport and Oxidative Phosphorylation

영양분의 산화로 방출되는 에너지는 ATP라는 화학에너지 형태로 생물체에 이용된다. 영양분의 분해과정에서 생성된 아세틸-CoA는 TCA 회로에 의하여 완전히 산화된다. 이 과정동안에 생성된 중간 대사산물로부터 추출된 전자는 NAD^+ 또는 FAD에 옮겨져, NADH와 $FADH_2$를 생성한다. 이 전자운반체는 마이토콘드리아의 전자전달계로 확산된다. 이 계에 관여하는 효소는 매트릭스에 근접해 있는 마이토콘드리아 내막에 박혀 있는 4가지 효소복합체들로서, 이 복합체들은 서로 밀접한 관계를 갖고 있다. 일련의 산화-환원성 전달과정에서는 이 효소 복합체들이 막을 따라 한 복합체에서 다른 복합체로 전자를 전달해서 NADH와 $FADH_2$로부터의 전자들은 이 계를 통하여 전달된다. 산소가 최종 전자수용체로서 작용하며 이 과정에서 물로 환원된다. 이 전자전달 에너지는 세 가지 효소 복합체에 의해 사용되어 양성자를 마이토콘드리아 내막을 가로질러 막간 공간으로 퍼내는 데 쓰인다. 퍼낸 이 양성자가 막을 통하여 내부 매트릭스로 거꾸로 흘러 들어오면 ATP 생성이 추진된다. 내막에 박혀 있는 ATP 생성효소 복합체는 ADP와 인산을 결합하여 ATP 생성 반응을 촉매한다. 이 같은 방법으로 ATP를 합성하는 과정을 산화적 인산화 반응(oxidative phosphorylation)이라고 한다.

이 장에서는 전자전달계의 각 구성성분과 이 계를 통하여 어떻게 전자들이 전달되는지를 설명할 것이며 또한, 어떻게 ATP가 합성되는지도 설명할 것이다.

11.1 산화환원반응

산화-환원반응(oxidation-reduction reaction)은 전자의 이동을 유발시킨다. 환원제(reducing agent)는 전자 공여체로 되며, 산화제(oxidizing agent)는 전자 수용체로 정의된다. 환원제가 그의 전자를 제공하였을 때, 이 과정을 환원이라고 하며 환원제는 산화되었다고 말한다(즉 자신의 전자를 잃었다). 한편 산화제가 전자를 수용하였을 때 환원된다.

환원제가 전자를 제공하거나 또는 산화제가 전자를 받아들이는 경향을 실험실에서 측정할 수 있으며 표준산화-환원전위[standard oxidation-reduction potentials(E_0')]라는 용어로 정의한다. 표준산화-환원전위는 환원제가 전자를 제공하거나 산화제가 전자를 수용하는 상대적 경향으로 정의할 수 있다. 예를 들면, 수소(H^+)가 전자를 받아들이는 경향은 다음 식으로 나타낼 수 있다.

$$\underset{\text{산화제}}{2H^+ + 2e^-} \longleftrightarrow \underset{\text{환원}}{H_2(g)}$$

$$(E_0' = -0.42 \text{ volts})$$

E_0'의 Prime(′)은 산화-환원반응이 pH7.0에서 일어났다는 것을 의미한다.

아주 큰 음의(−) 표준 산화-환원전위를 나타내는 물질들은 전자를 공여하려는 경향이 아주 큼을 나타낸다. 그러므로 환원제로서 정의된다. 아주 큰 양의(+) 표준산화-환원전위를 나타내는 물질들은 전자를 수용하려는 경향이 아주 크다는 것을 의미하는데, 이를 산화제로서 정의한다.

예를 들면, 수소($E_0' = -0.42$ volts)는 아주 강한 환원제이다. NADH($E_0' = -0.32$ volts)는 역시 아주 강한 환원제이며, 적절한 전자 수용체에게 쉽게 전자를 제공한다. 산소($E_0' = +0.82$ volts)는 아주 강한 산화제이며, 적절한 전자 공여체로부터 전자를 쉽게 수용한다.

이와 같이 NADH는 전자전달계의 적절한 전자 운반체에게 그의 전자를 제공할 수 있다. 이러한 전자 운반체들은 NADH에 대한 값과 비교하였을 때 아주 강한 양의(+) 표준 E_0'를 갖는다. 즉 그들은 NADH로부터 전자를 수용할 수 있다. 전자전달계의 성분들은 점차적으로 양의 E_0' 값으로 증가되고, 아주 큰 양의 E_0' 값(+0.82 volts)을 나타내는 산소가 최종적으로 전자를 받아들인다.

산소는 최종 전자수용체이며 전자전달계로부터 전자를 받아들인다. 산소는 두 개의 전자와 두 개의 양성자를 받아들여서 물로 환원된다. 이것이 왜 우리들이 산소호흡을 해야 하는지를 설명해 준다.

전자전달계는 산화환원전위의 증가의 변화를 나타내며 NADH는 전자전달계로 전자를 제공하고 전자전달계는 이러한 전자를 산소(아주 큰 양의 E_0' 값을 가짐)에 공여하는 것을 의미한다. 이 과정을 다음과 같이 나타낸다.

$$\underset{\text{(강한 환원제)}}{\text{NADH}} \xrightarrow{e^-} \underset{\text{(전자전달계)}}{\text{전자전달체}} \xrightarrow{e^-} \underset{\text{(강한 산화제)}}{O_2}$$

전자는 한 효소에 의하여 다음 과정의 전자전달계로 전달되기 때문에 일정한 양의 자유에너지가 방출된다. 우리들은 다음 식에 의하여 방출되는 실제적인 칼로리를 계산할 수 있다. 이것은 전자 이동수와 표준 자유에너지변화(ΔG°)와 관계가 있다.

$$\Delta G^\circ = -nF\Delta E_0' \qquad (11\text{-}1)$$

여기에서 ΔG°는 표준 자유에너지변화; n=전자 이동수; F=Farady의 상수=23062 cal/volt;

$$\begin{aligned} \Delta E_0' &= [E_0'\,(\text{전자 수용체}) - E_0'\,(\text{전자 공여체})] \qquad (11\text{-}2) \\ &= [E_0'\,(O_2) - E_0'\,(\text{NADH})] \\ &= [(+0.82\ \text{volts}) - (-0.32\ \text{volts})] \\ &= +1.14\ \text{volts} \end{aligned}$$

$$\begin{aligned} \text{그러므로;}\ \Delta G^\circ &= -(2)\,(23{,}062\ \text{cal/volt})(+1.14\ \text{volts}) \qquad (11\text{-}3) \\ &= -52{,}700\ \text{cal/mol} \\ &= -52.7\ \text{Kcal/mol} \end{aligned}$$

이 자유에너지의 일부는 ADP와 인산으로부터 ATP를 합성하는 데 사용된다. ATP 생합성의 기작은 11.3절에서 설명 될 것이다.

11.2 전자전달계

세포에서 분리한 온전한 마이토콘드리아는 전자전달 사슬의 모든 반응을 수행할 수 있으며, 또한 전자전달 기구를 분별 분리과정을 거쳐 그 구성성분들로 분해할 수도 있다. 네 가지 다른 호흡 복합체(respiratory complex)들을 마이토콘드리아 내막에서 분리할 수 있다. 이 복합체들은 다중효소 시스템이다. 바로 전 장에서 이런 다중효소 복합체에 대한 다른 예를 접했는데, 파이루브산 탈수소효소 복합체와 α-케토글루타르산 탈수소효소 복합체와 같은 것들이다. 호흡 복합체들은 각각 전자전달 사슬의 일부 반응을 수행할 수 있다(그림 11-1).

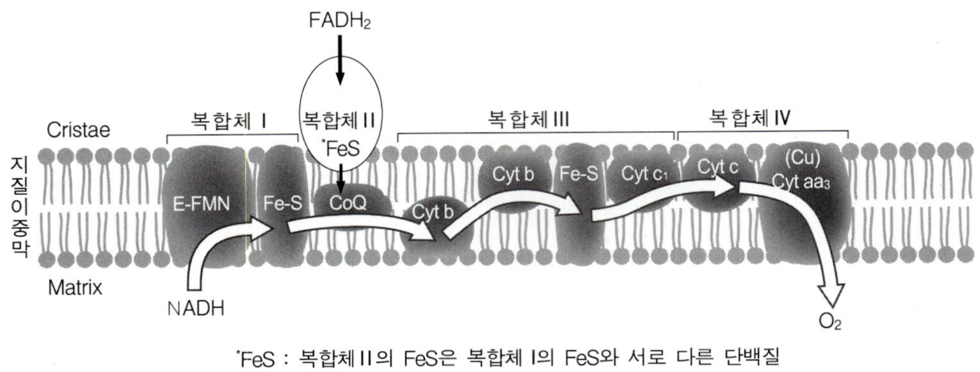

그림 11-1 마이토콘드리아 내막에 있는 전자전달계의 성분과 위치

11.2.1 복합체 I

첫 번째 복합체는 NADH-CoQ 산화환원효소 (NADH-CoQ oxidoreductase)로 전자전달의 첫 단계, 즉 NADH에서 조효소 Q(coenzyme Q)로의 전자전달을 촉매한다. 이 복합체는 마이토콘드리아 내막에 내재되어 있는데, 다른 소단위체들 중에서도 철-황 클러스터(cluster)를 가지고 있는 몇 가지 단백질과 NADH를 산화시키는 플라보단백질 등을 포함하고 있다. 플라보단백질은 플라빈 모노뉴클레오타이드(FMN)라고 불리는 플라빈 조효소를 가지고 있다(그림 11-2).

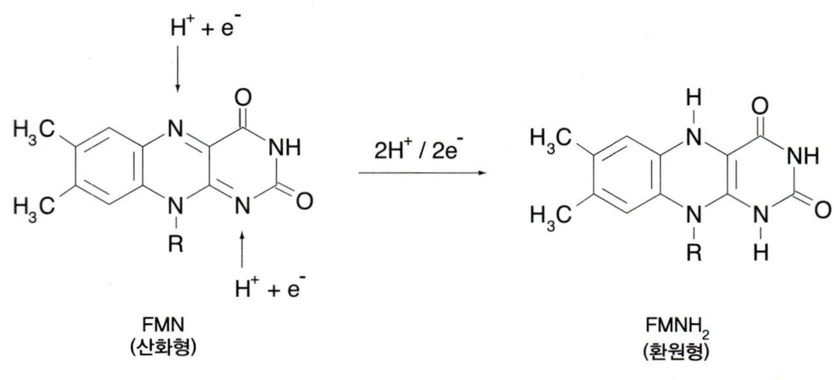

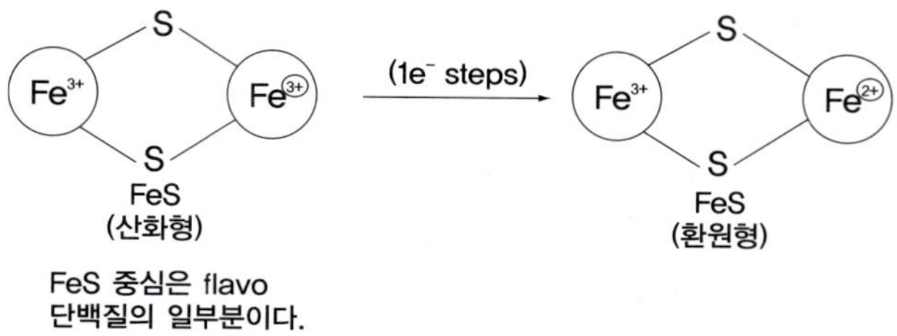

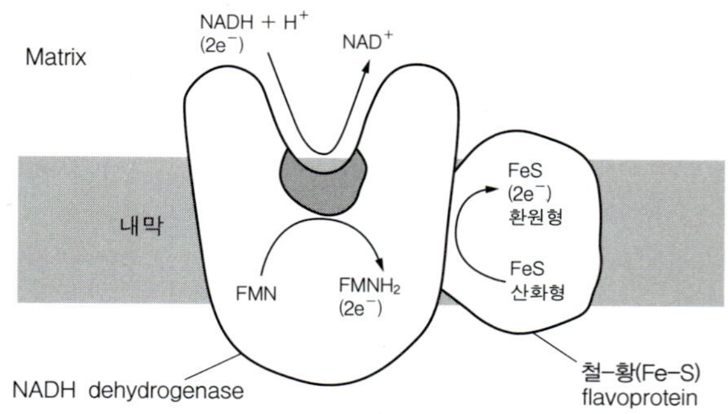

그림 11-2 마이토콘드리아 내막에 들어있는 NADH 탈수소효소와 철-황 플라보단백질을 나타내는 가상적인 모식도

이 반응은 몇 단계로 이루어져 있으며, 플라보단백질 및 철-황 부분의 산화와 환원이 연속적으로 일어난다. 첫 번째 단계는 전자가 NADH에서 플라보단백질의 플라빈 부분으로 전달되는 것이다.

$$NADH + H^+ + E - FMN \rightarrow NAD^+ + E - FMNH_2$$

두 번째 단계에서는 환원된 플라보단백질이 다시 산화되고, 산화된 상태의 철-황 단백질은 환원된다. 그 다음에 환원된 철-황 단백질이 자신의 전자를 조효소 Q에 주어, 이것이 $CoQH_2$로 환원된다. 조효소 Q는 유비퀴논(ubiquinone)이라고도 불리워진다. 왜냐하면 이것은 여러 종류의 생물계에 편재되어 있기 때문이다(ubiquitous는 어디든지 존재 한다는 것을 의미한다). 조효소 Q는 소수성인 아이소프레노이드 꼬리를 갖고 있기 때문에 마이토콘드리아 내막의 소수성 2중층에서는 쉽게 녹는다(그림 11-3). 그러므로 조효소 Q는 막 안에서 높은 운동성을 지니며 플라보단백질에서 사이토크롬(cytochrome)으로 전자를 전달한다.

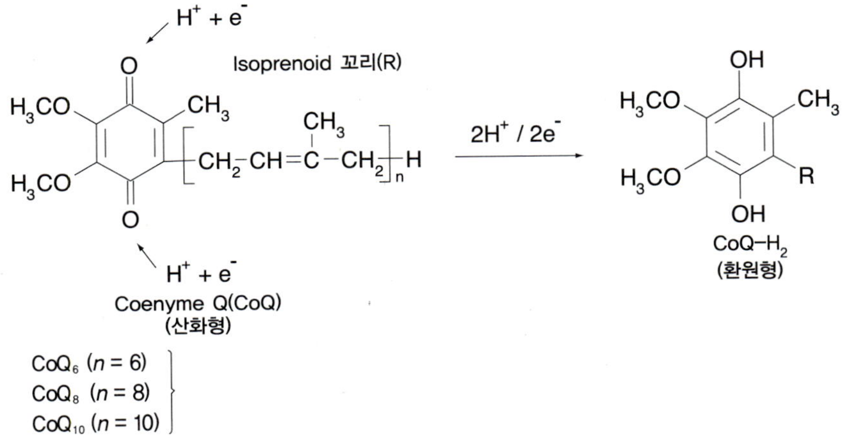

n는 곁사슬 isoprenoid 단위의 수를 나타낸다. 산화형 유비퀴논이 환원되면, ubiquinol로 된다.

그림 11-3 ubiquinone(coenzyme Q)

$$2Fe - S_{환원형} + CoQ + 2H^{+} \rightarrow 2Fe - S_{산화형} + CoQH_2$$

이 반응은 pH(양성자) 기울기를 형성하는 세 가지 양성자 펌프 반응 중 하나이다. 표준 자유에너지 값 (ΔG° = −19.4 kcal/mol)을 보면, 이 반응은 매우 강한 에너지 방출성 반응이며 ADP를 ATP로 인산화시키는 반응을 추진시킬 만큼 충분한 에너지를 방출한다는 것을 알 수 있다(그림 11-6 참고). 양성자 펌프와 전자전달에 대해 고려할 때에는 전자 운반체들 사이의 미묘한 차이점이 중요하다. 전자 운반체들은 모두 산화형과 환원형으로 존재할 수 있지만 그림 11-5에서 보듯이 운반체들 간에 순서가 있어서 그 순서에 따라 한 운반체가 다른 운반체를 환원시키는 경향이 있다. 다시 말하면, 환원되 NADH는 자신의 전자를 조효소 Q로는 주지만 다른 것에는 주지 않는다.

또 다른 중요하고 미묘한 차이점은, NADH와 같은 일부 운반체들은 환원형 상태에서 전자와 수소이온을 운반하지만, 앞서 예기한 철-황 단백질과 같은 다른 운반체들은 전자만을 운반할 수 있다는 점이다. 이 점은 양성자 펌프작용이 궁극적으로 ATP 생성으로 이어지게 되는 기본이 된다. NADH와 같은 운반체가 철-황 단백질을 환원시킬 때에는, NADH가 자신의 전자는 전달하지만, 자신의 수소이온은 전달하지 않는다. 수소 이온은 마이토콘드리아 내막의 구조와 전자 운반체들 덕분에 막의 반대편으로 통과할 수 있다.

복합체 I 의 마지막 전자수용체는 조효소 Q인데, 막에서 자유롭게 이동할 수 있어서 가지고 있던 전자를 세 번째 복합체(복합체 Ⅲ)로 전달하여 결국 산소까지 전달되게 한다.

11.2.2 복합체 II

네가지 막-결합 복합체 중 두 번째는 석신산-CoQ 산화환원효소(succinate-CoQ oxidoreductase)인데, 이것도 조효소 Q로의 전자전달을 촉매한다. 이 경우에는, TCA 회로에서 나오는 석신산이 기질인데, 이것은 플라빈 효소에 의해 푸마르산으로 산화된다.

$$석신산 + E - FAD \rightarrow 푸마르산 + E + FADH_2$$

플라빈 작용기는 다음 단계의 반응에서 다른 철-황 단백질이 환원될 때 다시 산화된다. 이 환원된 철-황 단백질은 자신의 전자를 산화형 조효소 Q로 주어서 조효소 Q가 환원된다.

복합체Ⅱ의 또 다른 구성성분은 *b* 형 사이토크롬과 두 가지 철-황 단백질이다. 복합체 전체가 마이토콘드리아 내막에 내재되어 있다. 표준 자유에너지 변화(ΔG°)는 -3.2 kcal/mol이다. 전체 반응은 에너지 방출성이지만, 이 반응에서 나오는 에너지는 ATP 생성을 추진하기에는 충분하지 못하며, 이 단계가 진행되는 동안에는 수소이온을 매트릭스 밖으로 퍼내지 못한다.

전자전달 사슬의 그 다음 단계에서는 조효소 Q가 다시 산화되면서 전자가 조효소 Q에서 사이토크롬이라 불리는 일련의 매우 유사한 단백질들 중 첫 번째 것으로 전달된다. 이 단백질들은 각각 헴 작용기를 가지고 있는데, 각각의 헴 작용기에서는 철이 연속적으로 Fe(Ⅱ)로 환원되었다가 Fe(Ⅲ)로 다시 산화된다(그림 11-4).

사이토크롬의 연속적인 산화-환원반응은 다음과 같다.

$$Fe(Ⅲ) + e^- \rightarrow Fe(Ⅱ)(환원)$$
$$Fe(Ⅱ) \rightarrow Fe(Ⅲ) + e^-(산화)$$

반응은 서로 다른 반응인데, 그 이유는 여러 가지 유형의 헴과 단백질 구조의 영향으로 인한 반응의 자유에너지(ΔG°)가 서로 다르기 때문이다. 각 사이토크롬들은 구조가 서로 약간 다르므로, 그 특성도 약간씩 달라서 산화-환원 반응에 참가하는 경향도 서로 다르다. 서로 다른 형의 사이토크롬들은 소문자(*a*, *b*, *c*)를 붙여서 구분하고, 그림 11-5처럼 아래첨자를 붙여 자세히 세분 할 수 있다.

사이토크롬 c의 철의 5번과 6번 결합위치는 히스티딘과 메싸이오닌 잔기와 배위결합으로 결합되어 있다. 전자전달을 중재하는 사이토크롬은 다음 오른쪽 그림에서와 같이 나타낼 수 있다. Fe^{3+} 원자가(原子價) 상태의 철은 전자를 수용하여 Fe^{2+} 원자가(原子價) 상태로 변화된다.

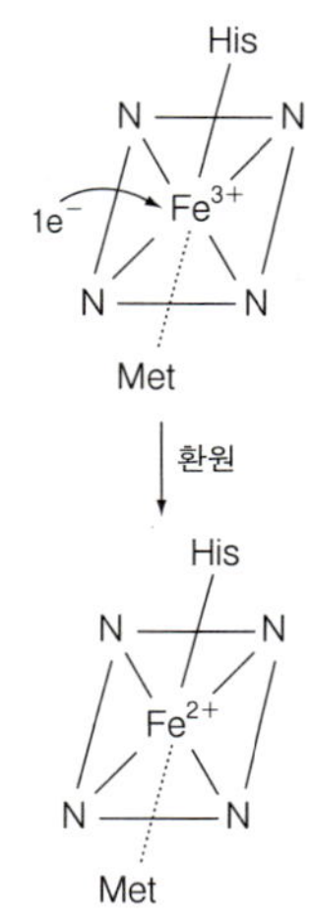

Cytochrome *c*의 heme기

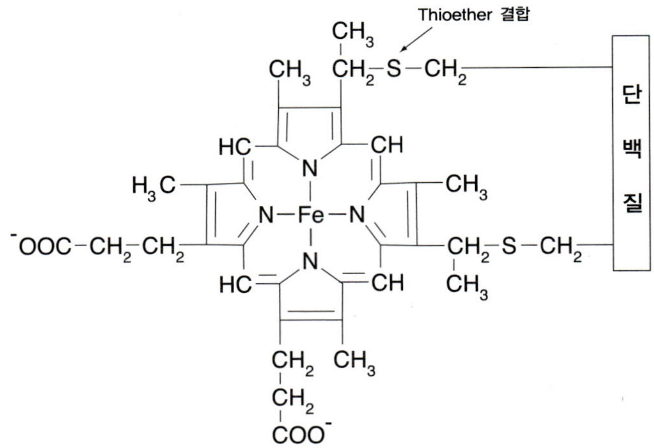

Heme 기는 단백질과 thioether 결합을 하고 있다.

그림 11-4 cytochrome *c*의 heme 기의 구조

11.2.3 복합체 III

세 번째 복합체인 $CoQH_2$ 사이토크롬 *c* 산화환원효소($CoQH_2$ cytochrome *c* oxidoreductase), 사이토크롬 환원효소라고도 부른다)는 환원형 조효소 Q의 산화를 촉매 한다. 이 산화 환원반응에서 생성된 전자들은 여러 단계의 과정을 거쳐 사이토크롬 c로 전달된다.

조효소 Q의 산화에는 2개의 전자가 관여되어 있지만 Fe(Ⅲ)가 Fe(Ⅱ)로 환원되는 데에는 1개의 효소만이 필요하다는 것을 상기하라. 따라서 조효소 Q 한 분자마다 두 분자의 사이토크롬 *c*가 필요하다. 사이토크롬은 전자를 운반할 수는 있지만, 수소이온을 운반하지는 못한다. 이 곳이 바로 수소이온이 매트릭스 밖으로 나가는 또 다른 지점이다. 환원형 $CoQH_2$가 CoQ로 산화될 때 수소이온이 막의 반대쪽으로 빠져나간다.

세 번째 복합체는 마이토콘드리아 내막에 있는 내재성 단백질이다. 조효소 Q는 마이토콘드리아 내막의 지질성분에 용해되어 있다. 이 조효소 Q는 전자전달 기구를 구성 성분별로 분해하여 분별 분리 과정을 거쳐 복합체에서 분리되지만, 온전한 상태의 막에서는 호흡 복합체에 가깝게 위치해 있는 것 같다. 사이토크롬 *c* 자체는 복합체의 구성성분은 아니지만 마이토콘드리아 내막의 바깥쪽 표면에 약하게 결합되어 있어서, 막간 공간 쪽을 향하고 있다. 이 중요한 두 가지 전자 운반체, 즉 조효소 Q와 사이토크롬 *c*는 호흡 복합체의 구성성분이 아니지만, 막 안에서 자유롭게 움직일 수 있다는 것은 주목할 만한 일이다. 호흡계 복합체들은 그 자체가 막 안에서 움직이고,

이 복합체들이 움직이면서 한 복합체가 호흡사슬 내의 그 다음 복합체를 만나게 되면 전자전달이 일어난다.

두 가지 b 형 사이토크롬들이 환원되었다가 그 다음에 산화되는 순환과정에 환원형 및 산화형의 조효소 Q와 함께 세미퀴논이 참여한다. 또 하나의 조효소 Q 분자가 이 과정에 관여하여 또 하나의 전자를 사이토크롬으로 전달하고, 그곳에서 이동성 운반체인 사이토크롬 c로 전달한다. 조효소 Q에서 사이토크롬으로 한 번에 하나씩 전자가 전달되는 메커니즘을 제공한다는 점이다.

양성자를 퍼내는 작용은 ATP 생성이 동반되어 일어나는데, 이 복합체의 여러 반응들의 결과로서 일어나는 것이다. 이 세 번째 복합체에 의해 촉매되는 전자 전달과정에서 ATP 생성을 추진하는 데 충분한 에너지를 공급한다.

11.2.4 복합체 Ⅳ

네 번째 복합체는 사이토크롬 c 산화효소(cytochrome c oxidase)로 전자전달의 마지막 단계인 사이토크롬 c에서 산소로의 전자 전달을 촉배한다. 전자 흐름의 순서를 보면, 구리 이온은 2개의 a 형 사이토크롬들 사이에 놓여있는 중간 전자 수용체이다.

$$\text{Cyt } c \rightarrow \text{Cyt } a \rightarrow Cu^{2+} \rightarrow \text{Cyt } a_3 \rightarrow O_2$$

사이토크롬 a와 a_3가 서로 모여 사이토크롬 산화효소라 알려진 복합체를 형성한다. 그 다음에 환원된 사이토크롬 산화효소가 산소에 의해 산화되고, 산소는 그 자체가 환원되어 물이 된다. 산소의 환원에 대한 반쪽-반응(산소가 산화제로 작용하는 반응)은 다음과 같다.

$$\frac{1}{2}\ O_2 + 2H^+ + 2e^- \rightarrow H_2O$$

호기성 대사에서 산소분자와의 연결을 마침내 이 마지막 반응에서 볼 수 있다.

전자 전달 사슬로 들어간 NADH 1 몰당 표준자유에너지 변화(ΔG°)는 −26.3 kcal/mol이다. 이렇게 하여 호흡 사슬에서 전자전달이 양성자 펌프에 의한 ATP 생산과 동반되어 일어나는 세 곳을 살펴보았다. 이 세 곳은 NADH 탈수소효소 반응, 사이토크롬 b의 산화반응, 사이토크롬 산화효소의 산소와의 반응 등이다.

완전한 전자전달계는 그림 11-5에 도시하였다. 이 계를 구성하는 많은 효소들은 마이토콘드리아 크리스타를 구성하는 내막(inner membrane)에 묻혀있다. 각각의 성분들은 그림 11-5에 설명한 것과 같이 보기 좋게 나란히 배열되어 있는 것이 아니라, 오히려 무질서한 모양으로 내막에 존재해 있다.

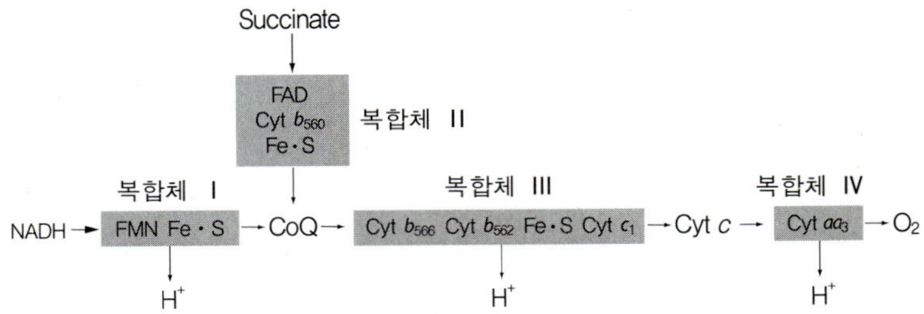

그림 11-5 NADH와 $FADH_2$로부터 산소분자로의 전자전달과정

11.3 산화적 인산화 : ATP의 합성

11.3.1 ATP 합성장소

전자가 전자전달계를 통해 전달될 때, 많은 양의 자유에너지가 방출된다(−52.7 kcal/mol;식 11−3 참조). 전자전달계는 이 자유에너지의 일부를 ADP와 Pi로부터 ATP로 합성하여 보전한다. 7.3 kcal/mol의 자유에너지가 1 mole의 ATP를 합성하는데 필요하다. ATP합성에 대해 3개의 확실한 장소가 있다는 실험적 증거가 있다(그림 11−6의 장소 1, 2, 3과 같이). NADH 1분자로부터 전자전달계를 통해 2개의 전자가 전달되기 때문에 장소 1과 3에서 1분자씩, 장소 2에서 0.5개, 모두 2.5분자의 ATP가 만들어 진다.

전자전달계의 성분에 대한 표준산화−환원전위를 표 11−1에 요약하였다. 표 11−1을 보면, 전자전달계의 각 구성요소 사이에 표준산화환원전위에 상당한 차이를 관찰할 수 있다. 만약 이들 차이가 크다면 그들은 자유에너지의 변화가 크게 되어 ATP 합성을 야기 할 수 있을 것이다(그림 11−6). ATP 합성에 관여하는 3개의 장소는 전자전달계의 특정한 장소에 연결되어 있다. 장소 1은 NADH dehydrogenase/flavoprotein 복합체가 관계하며, 장소 2는 사이토크롬 b와 c_1, 그리고 장소 3은 사이토크롬 산화효소 복합체가 관계된다.

표 11-1 pH 7.0에서 전자전달계의 구성성분에 대한 표준산화-환원전위

구 성 성 분	E_0' (volts)	
1. NADH	− 0.32	장소 1 : 1 ATP
2. NADH dehydrogenase($FMNH_2$, FeS)	− 0.11	
3. Coenzyme Q	+ 0.10	
4. Cytochrome *b*	+ 0.06	장소 2 : 0.5 ATP
5. Cytochrome c_1	+ 0.22	
6. Cytochrome *c*	+ 0.25	
7. Cytochrome a/a_3	+ 0.28	장소 3 : 1 ATP
8. Oxygen	+ 0.82	

주의 : $\Delta G^{0'} = nF\Delta E_0'$ (식 10-1)

그리고

$\Delta E_0' = E_0'\text{(전자 수용체)} - E_0'\text{(전자 공여체)}$ (식 10-2)

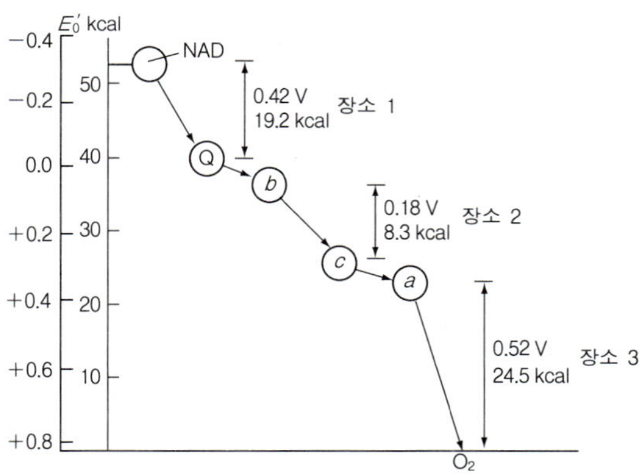

각 단계의 차이를 구하여 $\Delta E_0'$가 +0.158 V 이상 차이가 생기는 곳 ⇒ ATP 합성부위

그림 11-6 전자가 전자전달계를 통하여 전달될 때의 자유에너지의 감소를 나타내는 그림

결국, 전자전달계를 통해 전달되는 각 쌍의 전자들에 대하여 NADH는 2.5분자의 ATP를 생성하는데 반해, 전자공여체 $FADH_2$는 1.5분자의 ATP를 생성할 수 있다는 것을 주목하여야 한다. 왜 이렇게 될까? TCA 회로에 관해 한번 더 회상해 보면, $FADH_2$는 succinate dehydrogenase 단계에서 생성된다. Succinate dehydrogenase는 물리적으로 전자전달계의 장소 2와 연결되어 있다. 그러므로 전자들은 NADH dehydrogenase 복합체를 그냥 지나가 전자전달계의 flavoprotein을 통하여 사이토크롬 b/c_1 영역으로 전달된다. 따라서 장소 1의 ATP 합성장소는

역시 그냥 지나간다. 전자가 장소 1 다음의 전자전달계에 들어가면, 단지 1.5 분자의 ATP가 만들어진다(그림 11-7).

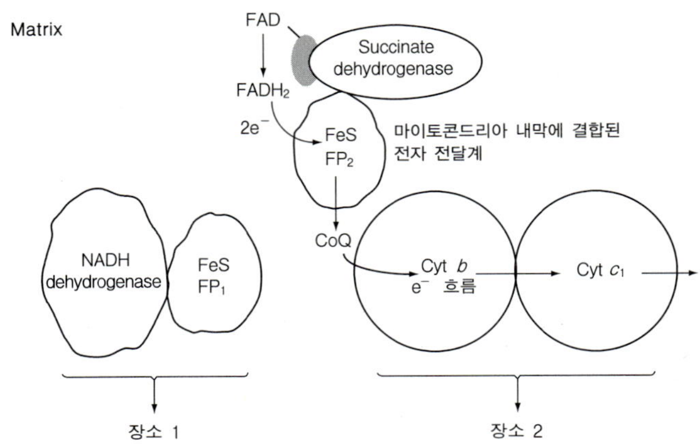

$FADH_2$로부터 나온 전자는 FeS flavoprotein과 coenzyme Q를 경유하는 장소 2로 흘러 들어간다. 그러나 장소 1은 그냥 통과된다. 그러므로 각 2 개의 전자가 전달될 때, 단지 1.5 분자의 ATP만이 생성된다.

그림 11-7 $FADH_2$가 전자전달계로 유입

11.3.2 산화적 인산화

ATP는 두개의 인산화, 즉 (1) 기질수준인산화(substrate-level phosphorylation) 또는 (2) 산화적 인산화(oxidative phosphorylation)에 의하여 ADP와 Pi로부터 합성될 수 있다. 기질수준인산화는 제7장(대사개요)에서 설명하였다. 기질수준인산화에 있어서 포스포에놀파이루브산(phosphoenol pyruvate)과 같은 고에너지 인산화합물은 ADP에 인산기를 제공하여 ATP와 같은 고에너지 결합을 형성케 한다. 한편, 산화적 인산화에서는 전자가 전자전달계를 통하여 공여반응과 수여반응을 반복하면서 ADP와 Pi로 부터 ATP의 합성을 유도한다. 이미 설명한 바와 같이 이 과정은 전자전달계의 특정의 구성요소에 연관된 각각 다른 3개의 장소에서 일어난다.

11.3.3 화학삼투 동반작용

화학삼투 동반설(chemiosmotic coupling hypothesis)은 1961년 피터 미첼(Peter Mitchell) 박사에 의하여 처음으로 만들어졌다. 이것을 간단히 말하면 다음과 같다. 즉 전자전달계를 통한 전자의 이동은 마이토콘드리아 내막을 통한 양성자의 이동에 의한 것이다. 양성자들은 매트릭스로부터 내막으로 “퍼내어져” 마이토콘드리아의 막공간(내막과 외막사이)으로 들어간다. 이것은 막공간의 수소이온 농도를 증가시키며 반대로 매트릭스의 수소이온농도를 감소시킨다. 그러므로, 마이토콘드리아 내부에 양자기울기(pH 기울기 또는 pH의 차이)가 생기고 따라서 전위차(electrical potential difference)가 발생된다. 이러한 pH 기울기와 전위차는 ATP의 합성을 야기한다. 이러한 화학과정을 그림 11-8에 요약하였다.

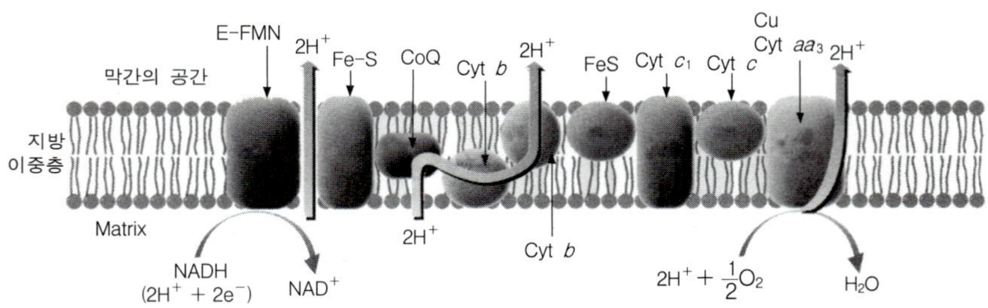

(a)

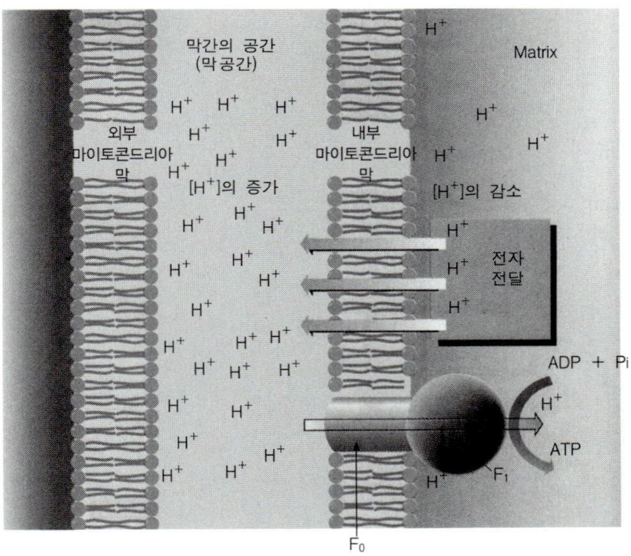

(b)

전자전달이 매트릭스로부터 양성자를 마이토콘드리아 막공간으로 퍼내어, pH 기울기가 형성된다. 이 pH 기울기(막전위차)가 F_1-ATP 생성효소로 하여금 ATP 합성을 유발시킨다.

그림 11-8 화학삼투 동반설에 의한 양성자 기울기의 생성(a)과 F_1-ATP 생성효소에 의한 ATP의 합성(b)

ADP와 Pi로부터 ATP의 합성은 전자전달계에 관계하는 F_1-ATP 생성효소(그림 11-9)라고 불리우는 효소에 의하여 촉매된다. F_1-ATP 생성효소는 다음과 같이 ATP가 ADP와 Pi로의 가수분해도 촉매한다.

$$\text{ATP} \xrightarrow[\text{(가수분해)}]{F_1\text{-ATPase}} \text{ADP} + P_i$$

전자전달에 의하여 생성되는 pH 기울기와 막 전위차는 반응이 역으로 진행되는 원인이 된다고 생각된다.

$$\text{ATP} \xleftarrow{F_1\text{-ATPase}} \text{ADP} + P_i$$

H^+가 F_1-ATPase 분자를 통과하여 이동된다.

막을 통과하여 퍼내어진 양성자(매트릭스에서 막공간으로 이동된 양성자)는 F_1-ATP 생성효소 효소내의 통로(내막과립)를 거꾸로 통과하여 ATP 생합성을 야기한다.

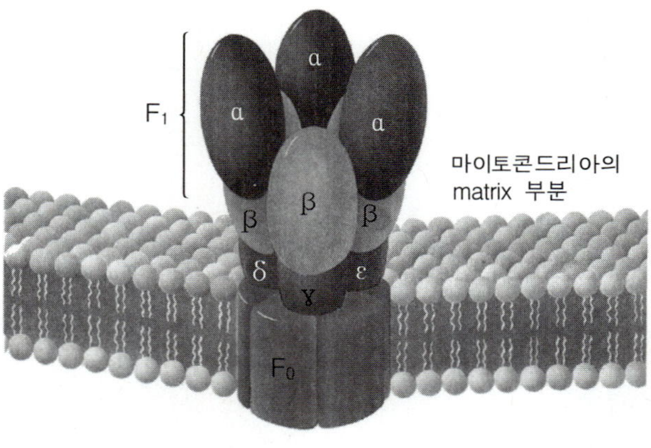

ATP 생성효소 혹은 F_1-F_0 ATP 생성효소라고도 하며 마이토콘드리아 내막에 박혀있는 F_0 부분과 매트릭스로 돌출되어 있는 F_1 부분으로 구성되어 있는데, 이는 5종의 단백질 사슬, $\alpha_3\beta_3\gamma\delta\varepsilon$으로 구성되어 있다.

그림 11-9 F_1-ATP 생성효소의 구조

11.3.4 마이토콘드리아의 ATP 수송

산화적 인산화로 만들어진 ATP는 매트릭스에 산재해 있다. 마이토콘드리아 내막에서 발견되는 ATP 수송단백질은 ATP를 매트릭스를 가로질러 내막과 외막사이의 막공간으로 운반한다. ATP가 퍼내어진 자리에는 ADP 분자가 매트릭스에 채워져야만 한다. 마이토콘드리아 외막은 ATP를 투과한다. 그러므로 ATP는 마이토콘드리아로부터 세포질로 쉽게 확산될 수 있다. 이 전달기구를 그림 11-10에 나타내었다.

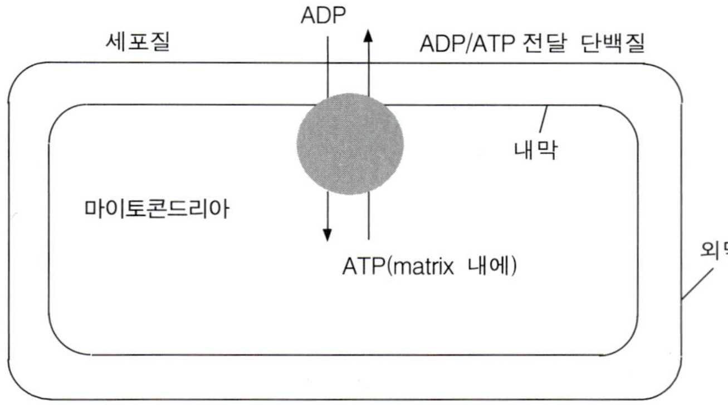

그림 11-10 마이토콘드리아 매트릭스에서부터 세포질로의 ATP 수송

11.4 산소의 불완전한 환원

산소분자가 4개의 전자를 받아서 $2H_2O$로 완전하게 환원된다는 점은 세포에 있어서 매우 중요하다. 만일, O_2가 전자 두 개를 받아서 부분적으로 환원되면, 그의 생성물은 과산화수소(H_2O_2)가 된다. 또한 O_2가 단 한개의 전자를 받으면, 그의 생성물은 초과산화물(superoxide radical, $:O_2^-$)로 된다.

과산화수소나 초과산화물은 막지질의 불포화지방산을 공격하여 막구조를 파괴하기 때문에 세포에 있어서 매우 유독하다. 호기성 세포는 초과산화물을 과산화수소로 바꾸는 금속함유 효소인 수퍼옥사이드 디스뮤테이스(superoxide dismutase) 및 H_2O_2를 H_2O와 O_2로 바꾸는 카탈레이스(catalase)의 작용에 의해서 초과산화물과 H_2O_2로부터 자신을 보호한다.

$$2O_2^- + 2H^+ \xrightarrow{\text{Superoxide dismutase}} H_2O_2 + O_2$$

$$2H_2O_2 \xrightarrow{\text{Catalase}} 2H_2O + O_2$$

11.5 전자전달계의 저해제와 그의 작용부위

전자전달계의 어떤 부위에 특이적으로 작용하는 저해제는 전자전달계의 연구에 큰 도움을 준다. 그 중 (1) 전자전달을 저지하는 저해제와 (2) 전자전달은 하지만 산화적 인산화를 방해하는 저해제가 있다.

로테논(rotenone)은 남미에 사는 인디언들이 어독에 이용하는 맹독한 식물성분으로 이는 NADH로부터 유비퀴논으로 전자가 전달되는 것을 방해한다. 이외에도, 유비퀴논에서 사이토크롬 c로의 전자전달을 방해하는 안티마이신 A(Antimycin A), 그리고 사이토크롬 a, a_3에 의한 산소의 환원을 저지하는 사이아나이드(cyanide)와 CO 등이 있다(그림 11-11).

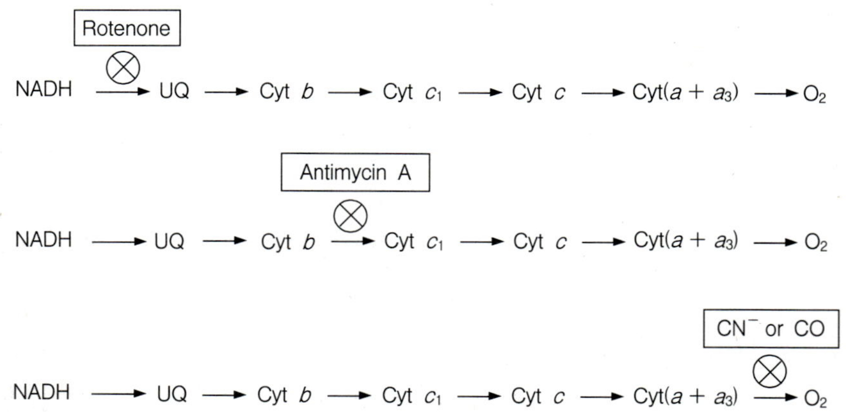

아미탈은 진통제로 쓰이는 바르비투르산제의 약이다. 시안화물의 이외에, H_2S나 CO 역시 사이토크롬 산화제의 강력한 저해제이다.

그림 11-11 각종 전자전달 저해제에 대한 작용부위

2, 4-다이니트로페놀(2, 4-dinitrophenol)과 같은 어떤 화학물질(그림 11-12)은 마이토콘드리아에 있어서 전자전달은 막지 않지만, 전자전달과 ATP 합성 사이에 필요한 동반작용을 못하게 함으로써 ADP가 ATP로 되는 인산화를 저지한다. 여기에 관여하는 물질을 동반작용억제제(uncoupling agents)라고 부른다.

이온투과담체(ionophores)는 특정한 이온을 결합하여 막을 통해서 운반할 수 있는 지용성 물질이다. 이것은 동반작용억제제와는 달리, H^+ 이외의 이온이 막을 통해서 수송되는 것을 촉진한다. 독성항생물질인 발리노마이신(valinomycin)은 K^+와 지용성의 복합체를 형성하여, K^+가 마이토콘드리아 내막을 통과하는 것을 용이하게 하지만, 발리노마이신이 없는 경우에는 K^+는 매우 서서히 통과하게 된다. 이온투과담체인 글라미시딘(gramicidin)은 K^+ 뿐만 아니라, Na^+ 이외에 여러 종류의 1가 이온에 대한 내막투과를 유발한다. 이처럼, 동반작용억제제 혹은 이온투과담체에 의한 H^+, K^+, Na^+의 마이토콘드리아막에 대한 투과성의 증가는 산화적 인산화를 저지한다.

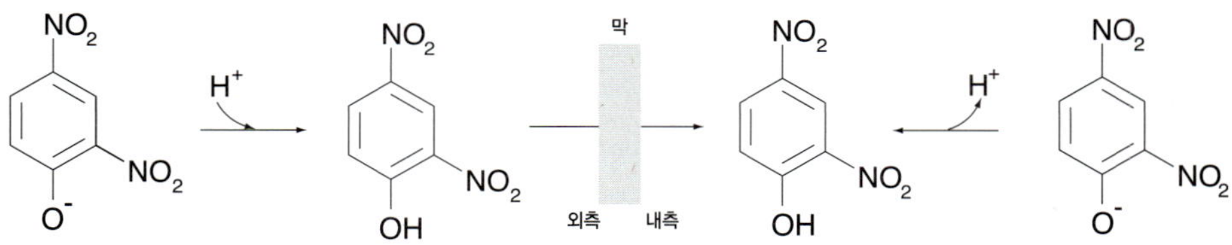

pH 7 부근에서, 이 약제는 대부분 음이온으로 존재하며, 지질에는 녹지 않는다. 그러나 그의 양성자화된 형은 지용성으로 막을 통과할 수가 있어, 양성자를 수송할 수가 있다. 이렇게 해서 운반된 H^+는 막의 다른쪽에서 방출된다. 이와 같이 하여 동반작용억제제 약제는 막을 건너지르는 H^+기울기의 형성을 저지하기 때문에, 이와 같은 H^+전도 동반작용 억제제를 양성자 투과담체(protonphore)라고 부른다.

그림 11-12 전형적인 동반작용 억제제인 2, 4-다이니트로페놀의 작용

요약

산화-환원반응은 전자의 이동을 수반한다. 환원제는 전자 공여체, 산화제는 전자 수용체이다. 환원제가 전자를 공여하거나 산화제가 전자를 수용하는 경향은 표준산화-환원전위(E_0')의 수단으로 양을 정한다. NADH는 좋은 환원제($E_0' = -0.32$ V) ; 산소는 아주 좋은 산화제 ($E_0' = +0.82$ V)이다. NADH는 전자를 전자전달계에 제공하며 전자전달계는 이 전자들을 산소에 제공한다. 최종전자 수송체인 산소는 물로 환원된다.

NADH(그리고 $FADH_2$에서도 역시)에 함유된 전자들은 전자전달계를 통하여 전달된다. 이계는 마이토콘드리아 내막에 배열되어 있는 일련의 막결합효소들이다. 이 계를 통하여 전달된 전자들 때문에 약간의 자유에너지는 보존되며 ATP 합성에 사용된다. 연속된 전자전달계는NADH 탈수소효소, FeS 플라보단백질, coenzyme Q, 사이토크롬 *b*, c_1, *c*와 사이토크롬 oxidase (a/a_3)를 포함한다. ATP 생합성에 대한 3장소가 전자전달계에 관계있다. 장소 1은 NADH 탈수소효소 복합체와 관계가 있으며 장소 2는 사이토크롬 b와 c_1복합체와 장소 3은 사이토크롬 산화효소 복합체이다. $FADH_2$의 전자들은 전자전달계의 첫 번째 장소 다음으로 들어감으로 $FADH_2$로부터 전달되는 2개의 전자로부터 오직 1.5개의 ATP분자만을 만든다. Adenosine triphosphate(ATP)는 두가지 형태의 인산화, (1) 기질수준인산화 또는 (2) 산화적 인산화에 의하여 합성된다. 산화적 인산화에 있어서 전자들은 전자전달계(NADH와 같은 전자제공물질의 산화를 통하여)를 통하여 전달되어 ADP와 Pi로부터 ATP 합성을 야기한다.

화학삼투 동반설은 매트릭스와 막공간의 pH 기울기를 만들어, 이 기울기(전위차에 따라서)가 ATP 합성효소로 ADP와 Pi로부터 ATP를 형성케 한다는 가설이다. 일단 형성된 ATP는 ATP수송단백질을 통하여 마이토콘드리아 외부로 퍼내어진다. 전자전달계에서 만약 산소분자가 4개의 전자를 받지 못하고 즉, 2개 혹은 1개의 전자를 받으면, 전자는 H_2O_2가, 후자는 초과산화물($:O_2^-$)이 형성되어 세포에 있어서 매우 유독하다. 호기성 세포는 초과산화물(superoxide dismutase로)을 H_2O_2로, 이는 다시 카탈레이스에 의해 H_2O와 O_2로 분해된다.

전자전달계로의 전자전달을 방해하는 저해제로서, 로테논, 안티마이신 A, 시안화물 및 CO가 있다. 전자전달계의 산화적 인산화를 방해하여 ATP의 합성을 저해하는 2, 4-다이니트로페놀은 동반작용억제제로 알려져 있다.

연습문제

1. pyruvate⇒acetyl-CoA로 되는 반응에서 생성되는 NADH의 전자가 흐르는 순서로 옳은 것은?

① NAD⇒FMN⇒FeS⇒CoQ⇒Cyt b⇒FeS⇒Cyt c_1⇒Cyt c⇒Cyt aa_3⇒O_2

② FMN⇒NAD⇒FeS⇒ CoQ⇒Cyt b⇒FeS⇒Cyt c_1⇒Cyt c⇒Cyt aa_3⇒O_2

③ FMN⇒NAD⇒FeS⇒CoQ⇒Cyt c_1⇒FeS⇒Cyt b⇒Cyt c⇒Cyt aa_3⇒O_2

④ NAD⇒FMN⇒FeS⇒CoQ⇒Cyt c_1⇒FeS⇒Cyt b_1⇒Cyt c⇒Cyt aa_3⇒O_2

⑤ NAD⇒FMN⇒FeS⇒CoQ⇒Cyt c_1⇒FeS⇒Cyt b_1⇒Cyt aa_3⇒Cyt c⇒O_2

2. 1 몰의 NADH가 전자전달계를 통하고 나면 생성될 수 있는 ATP 몰수는?

① 1.5 몰 ② 2 몰 ③ 2.5 몰
④ 3 몰 ⑤ 3.5 몰

3. 전자전달계에서 동반작용 억제제(uncoupling agents)로 옳은 것은?

가. 로테논(rotenone)
나. 안티마이신 에이(antimycin A)
다. 일산화탄소(CO)
라. DNP(2,4-dinitrophenol)

① 가 나 다 ② 가 다 ③ 나 라
④ 라 ⑤ 가 나 다 라

4. 산화적 인산화(oxidative phosphorylation)에 있어서의 특수한 기질은?

① AMP ② ADP ③ ATP
④ UTP ⑤ UDP

5. 전자전달계에서 사이토크롬 산화효소(cytochrome oxidase, Cyt aa_3)의 금속이온은?

가. 철 나. 망간
다. 구리 라. 주석

① 가 나 다 ② 가 다 ③ 나 라
④ 라 ⑤ 가 나 다 라

6. 전자전달사슬에 관여하지 않는 것은?

① NAD ② TPP ③ CoQ
④ Cyt ⑤ Fe-S protein

7. 사이토크롬(cytochrome)에서 가장 중요한 필수 원소는?

① Mn^{++} ② NAD ③ FAD
④ Fe^{++} ⑤ Mg^{++}

8. 마이토콘드리아(mitrochondria)에서 일어나는 ATP생성 반응은?

① 산화적 탈탄산(oxidative decarboxylation)
② 산화적 인산화(oxidative phosphorylation)
③ 환원적 산화(reductive oxidation)
④ 환원적 수화(reductive hydration)
⑤ 호기적 탈수소(aerobic dehydrogenation)

9. $2H_2O_2 \rightarrow 2H_2O + O_2$에 관여하는 효소는?

① catalase ② hexokinase
③ pyruvate kinase
④ amylase ④ pepsin

10. 마이토콘드리아성 호흡시 최종 전자 수용체는 ( )이다.

① 유기물 ② cytochrome
③ pyruvic acid ④ oxygen
⑤ glucose

정답 : 1① 2③ 3④ 4② 5② 6② 7④ 8② 9① 10④

용어해설

1. 기질수준 인산화(substrate level phosphoryla-tion) : 어떤 유기질의 탈수소에 짝지은 ADP, 또는 다른 뉴클레오사이드-5′ 이인산의 인산화. 이는 전자전달계와는 독립적으로 일어난다.
2. 산화적 인산화(oxidative phosphorylation) : 이 기질로부터 분자상 산소로의 전자운반에 짝지워진 ADP의 ATP로 효소적 인산화
3. 산화제(oxidizing agent) : 산화환원 반응에서의 전자수용체
4. 산화환원반응(oxidation-reduction reaction) : 전자가 공여체 분자로부터 수용체 분자로 옮겨지는 반응
5. 전자전달계(electron transport system) : 기질에서 산소로 전자의 이동을 나타내는 계
6. 동반작용억제제(uncoupling agent) : 마이토콘드리아의 양성자 기울기를 훼손시키는 물질 예컨데, 2,4-다이니트로페놀
7. 표준산화환원전위(standard oxdation, reduction potential[E_0']) : 25℃, pH 7.0에서 1 M의 환원제와 그 산화형에 의해서 전극에 주어지는 기전력을 말한다. 환원제의 전자가 상실되는 상대적 경향을 나타낸다.
8. 환원제(reducing agent) : 산화환원반응에서 전자공여체
9. 카탈레이스 : H_2O_2를 분해하여 H_2O과 O_2를 만드는 효소
10. 조효소 Q(coenzyme Q) : 다양한 길이의 아이소프레노이드 측쇄를 가지고 전자전달계에서 전자를 운반하는 기능을 가진 벤조퀴논의 유도체의 일종
11. 사이토크롬 : 호흡 및 광합성에 있어서 전자를 운반하는 역할을 하는 헴 단백질
12. F_1-ATPase : 마이토콘드리아내에서 ADP와 Pi로부터 ATP를 합성하는 효소로 F_0F_1 ATPase 또는 ATP 생성효소라고도 한다.
13. 유비퀴논 : Conenzyme Q라고도 한다.

| 제 12 장 |

지질 대사

Lipid Metabolism

지질은 생체막 구성성분, 지용성비타민, 호르몬 등으로 작용할 뿐만 아니라 체내에 다량으로 저장할 수 있는 에너지가 풍부한 연료물질이기 때문에 생체내에서 대단히 중요한 역할을 한다. 단순지질인 트라이아실 글리세롤(triacylglycerol)은 사람이나 동물에서는 지방조직에 저장되며 세포내에서 필요에 따라 가수분해 되어 지방산과 글리세롤로 되고, 지방산은 마이토콘드리아 내에서 β-산화를 받아 다수의 아세틸-CoA를 생산한 다음 TCA 회로에서 다량의 ATP를 만들어 내어 열량소 중에서 최대의 에너지원으로 된다. 지질은 탄수화물이나 단백질에 비해 화학에너지를 2.5배 정도 내포하고 있다. 콜레스테롤은 동물세포막의 구성성분이고 스테로이드 호르몬과 지방의 정상적인 소화에 필요한 담즙산의 근원이다. 지방산과 콜레스테롤 합성의 공통 전구물질은 아세틸-CoA이며 탄수화물이나 아미노산으로부터 공급될 수 있다. 이외의 복합지질도 이들을 근원으로 하여 체내에서 합성될 수 있다.

이 장에서는 섭취 지질이 어떻게 몸속으로 흡수되고, 수송되며, 저장되는가를 살펴본다. 지질 흡수 불량질환과 비정상적인 지단백질에 관하여 설명한다. 또한 지질 분해에 수반되는 효소적 단계와 지질 생합성에 수반되는 단계를 비교 설명하고 관상동맥 경화증 발생에 있어서 지질의 역할을 알아보고, 마지막으로, 콜레스테롤과 인지질의 생합성 과정에 대해서도 살펴본다.

12.1 지질의 흡수와 운반

지질은 당질이나 단백질의 소화 흡수과정과는 다른 특징을 갖고 있다. 지질의 소화 흡수과정을 그림 12-1에 나타내었다.

췌장 지질분해효소는 트리아실글리세롤을 완전히 가수분해하지 않고 글리세라이드(glyceride)의 1위치와 3위치에서만 가수분해하는 특이성이 있어, 주로 지방산과 2-모노아실글리세롤(2-monoacylglycerol)을 생성하고 소량의 1,2-다이아실글리세롤(1,2-diacylglycerol)도 생성한다. 이들 생성물은 주로 담즙산염과 인지질의 계면활성 작용에 의해 혼합 마이셀(complex micelle) 상태로 되어 흡수된다. 이 마이셀은 소장 점막표면에서 파괴되어 소화된 생성물이 소장의 세포내로 들어가게 한다. 이 때 담즙산염은 소장내에 남아 있다가 소장의 하부에서 재흡수 되어 순환한

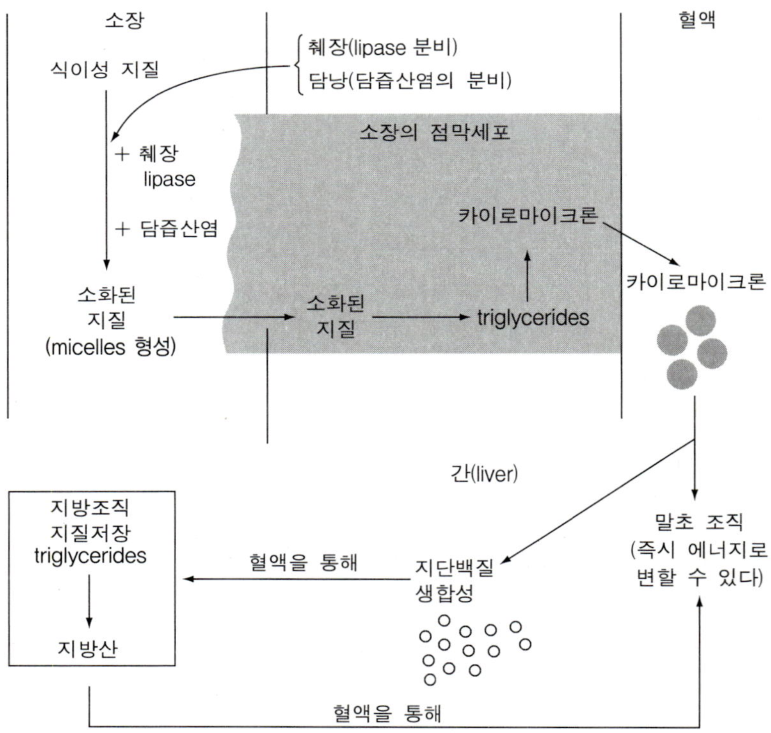

그림 12-1 지질의 흡수, 수송 및 저장

다. 췌장의 기능, 담즙산염의 형성 또는 분비, 장점막 세포의 기능 등에서 어느 곳에서라도 이상이 있으면 지질의 흡수가 감소되어 지방변(steatorrhea)이 생긴다.

소장세포의 소포체는 모노아실글리세롤 경로를 통해 흡수된 지질의 소화 생성물로부터 트라이아실글리세롤을 재합성한다. 또 소장의 세포는 지단백질을 구성하는 아포프로테인(apoprotein)을 생산한다. 소장의 세포는 흡수된 지질과 이들 아포프로테인으로 구성된 카이로마이크론(chylomicron)을 형성한다. 다음에 이것은 림프 순환으로 흡수되고 이어서 흉관을 경유하여 순환혈 중으로 들어간다. 식이 중의 지방 약 90%가 이 카이로마이크론 경로로 흡수된다. 또 지용성 비타민, 콜레스테롤, 인지질 등도 트리아실글리세롤(triacylglycerol)과 같은 경로로 소장에서 흡수되어 카이로마이크론을 형성한다.

내부 소수성 부분에 트리아실글리세롤이 용해되어 있는 아주 큰 마이셀을 카이로마이크론으로 생각할 수 있다. 인지질과 단백질은 소수성인 내부핵 부분을 둘러싸고 있는 친수성 껍질 부분이 된다. 그래서 카이로마이크론은 수용액 상태에서 소수성인 트리아실글리세롤을 운반하는 수단으

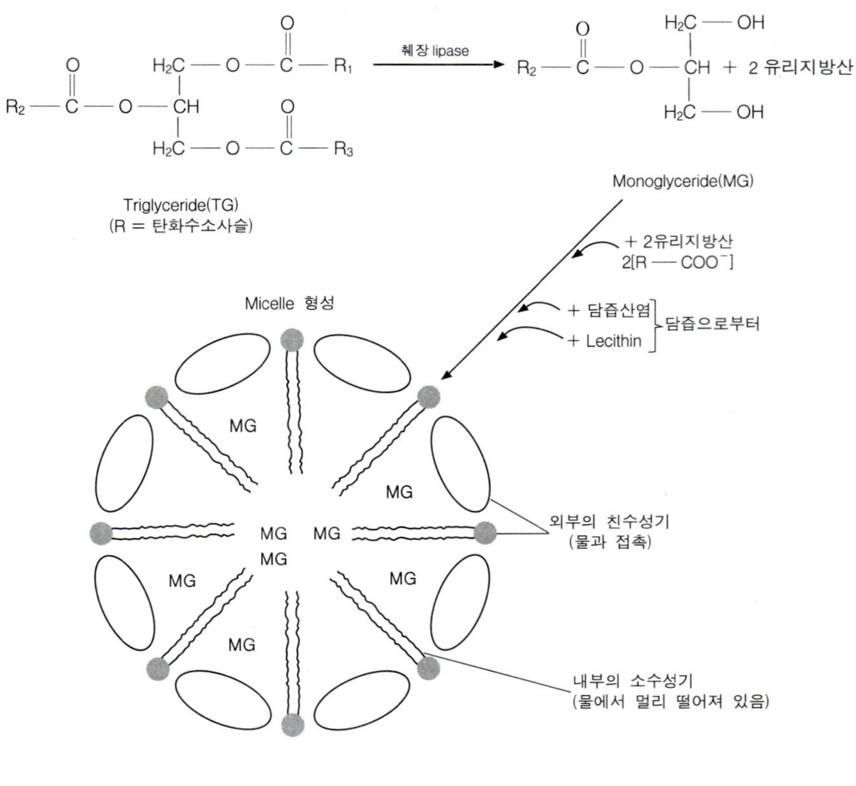

그림 12-2 triglyceride의 분해와 유화

로 작용한다. 일단 형성된 카이로마이크론은 임파선으로 이동되고 결국 혈액으로 들어간다. 따라서 혈액이나 림프관의 카이로마이크론의 함량은 지방 섭취 후 현저하게 증가한다. 예를 들어, 지방질 식품을 섭취한 후에 혈청의 탁도가 증가하는데, 이같은 현상을 식후 지방혈증(postprandial lipemia)이라 한다. 중간사슬 트리아실글리세롤(medium chain triacylglycerol, MCT, C_6~C_{10})은 마이셀이나 카이로마이크론 형성과는 관계없이 가수분해되고 흡수되어 알부민-지방산 복합체로서 문맥혈관을 거쳐 간으로 직접 수송된다.

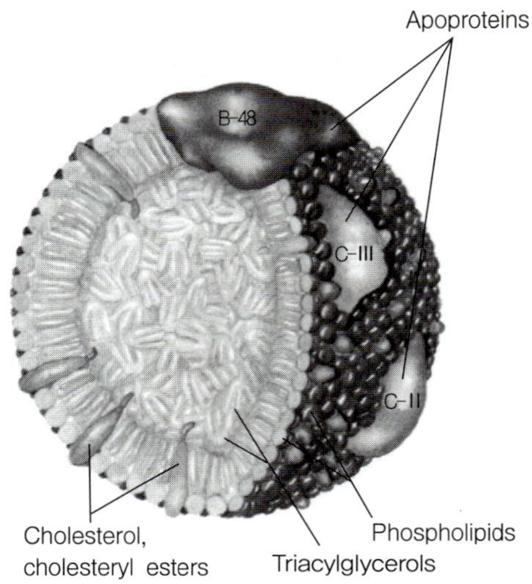

표면은 인지질로 덮여 있는데, 그 인지질의 친수성기가 액상을 향하고 있다. TG는 무게의 약 80%를 차지하고 내부에 모여 있다. 여러 개의 apoprotein은 표면으로부터 돌출되어 있으며 카이로마이크론의 내용물은 흡수되고 대사되는데 signal로 작용한다. 카이로마이크론의 직경은 약 100~500 nm에 이른다.

그림 12-3 chylomicron의 분자구조

카이로마이크론은 (1) 즉시 에너지가 필요한 말초조직(peripheral)으로 운반, 지단백질 가수분해 효소(lipoprotein lipase, LPL)에 의한 가수분해로 지방산이 유리되어 에너지원으로 소비되거나 다시 트리아실글리세롤로 되어 지방조직의 세포에 축적되며 이것은 필요에 따라 침착과 용출을 반복한다. 또는 (2) 간의 지단백질 합성에 사용되기 위해 간으로 운반된다. 간은 3 종류의 지단백질을 생산한다. 초저밀도 지단백질(very low density lipoprotein, VLDL), 저밀도 지단백질(low density lipoprotein, LDL), 그리고 고밀도 지단백질(high density lipoprotein, HDL)이다.

합성후 지단백질은 혈액을 통해서 저장을 위해 지방조직에 운반된다. 지방조직은 피하, 혈관의 주변, 복강의 장기 주변 및 골격근 등에 있다. 일반 성인의 경우, 지방조직은 약 15 kg의 트리아실글리세롤을 함유하고 있으며, 중요한 모든 인체 기관에 들어 있다. 이 조직은 대사적으로 매우 활동적이며, 내부에 트리아실글리세롤을 내장한 특수 지방세포로 구성되어 있다.

그림 12-4는 전형적인 지방조직의 세포를 보여주는데, 트리아실글리세롤을 내포한 아주 큰 지방 액포가 있다. 이 액포가 세포질 부피의 상당한 부분을 차지한다.

마지막으로, 우리가 에너지가 필요할 때 지방조직이 이동되어 글리세롤과 유리지방산으로 분해된다. 이들 유리지방산은 에너지 생성을 위해 지방조직에서 말초조직으로 이동되어 진다. 유리지방산은 정상적으로 혈액으로 운반되기 위하여 단백질인 혈청 알부민에 결합된다.

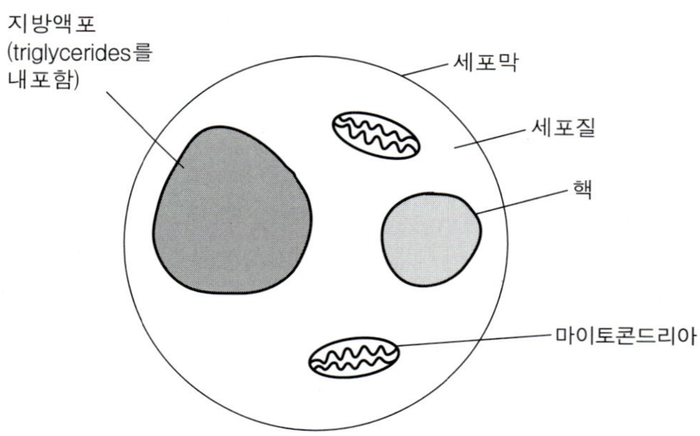

triglyceride를 내포한 매우 큰 지방액포가 있다.

그림 12-4 지방조직 세포

12.2 비정상적 지단백질 화학과 건강

12.2.1 과지단백 혈증(과지질 혈증)

전 절에서 언급한 것과 같이, 인체는 4가지 종류의 지단백질을 합성한다. 카이로마이크론, 초저밀도 지단백질, 저밀도 지단백질 및 고밀도 지단백질이 그것이다. 이 4가지는 밀도, 크기, 지질과 단백질의 조성 비율이 다르며 이들은 크기, 밀도, 하전량에 따라 서로 분리가 가능하다.

VLDL은 간에서 합성된 중성지방을 지방조직이나 말초조직으로 수송을 담당하고, LDL은 콜레스테롤과 그 에스터를 간, 소장에서 말초조직으로 수송하며, HDL은 혈관벽에 축적된 유리 콜레스테롤에 전이하여 에스터화하고 이를 간으로 운반하는 역할을 한다.

각 혈청의 지단백질 함량이 비정상적이면 과지단백 혈증 질환이 발생할 수 있다. 과지단백 혈증(hyperlipoproteinemia)은 5종류가 있으며, 이들 모두 지단백질 대사의 결함에 기인한다. 표 12-1에 과지단백 혈증을 요약하였다.

표 12-1 과지단백 혈증

Type	혈청 triglycerides	혈청 콜레스테롤	혈청 지단백질	유전적 결함
I	증가	약간 증가	카이로마이크론의 증가	지단백질의 lipase의 결핍
II[a]	정상	증가	VLDL와 LDL의 증가	알려져 있지 않음
III	증가	증가	VLDL의 증가	알려져 있지 않음
IV	증가	약간 증가	VLDL의 증가 카이로마이크론 거의 없음	VLDL 대사의 손상
V	증가	증가	카이로마이크론과 VLDL의 증가	지단백질 대사에 있어서의 여러 가지 유전적 결함

[a]5 종류 중 가장 일반적임

12.2.2 고밀도(HDL) 콜레스테롤과 관상동맥 심장질환

표 4-7(교과서 98쪽)에 언급한 바와 같이 혈청 저밀도 지단백질(LDL)에는 많은 양의 콜레스테롤과 콜레스테롤 에스터가 포함되어 있다. 콜레스테롤과 콜레스테롤 에스터를 혈관세포가 흡수하면 죽상동맥경화증을 유발한다. 이것은 아마 LDL 입자가 혈관의 세포벽에 결합되기 때문으로 생각된다. 혈관벽의 표면에 콜레스테롤이 집적되어 콜레스테롤 반(plaque)을 형성한다. 고밀도 지단백질(HDL)은 이와 같은 LDL 입자의 결합을 방해하여, 혈관벽에 콜레스테롤이 집적되는 것을 방지한다.

최근의 연구에 의하면 혈청 HDL 콜레스테롤 수준의 증가는 인체의 건강에 확실히 유익하다는 것을 입증했다(표 12-2). HDL 콜레스테롤 수준이 높을수록 관상동맥 심장질환에 의한 사망위험은 적어진다. HDL 입자는 입자의 소수성 부분인 내부에 콜레스테롤을 포집하므로, 혈관 세포벽에 반(斑)이 형성되는 것을 방지시킨다.

표 12-2 관상동맥 심장질환에 대한 HDL 콜레스테롤과 위험 계수

혈청 HDL 콜레스테롤 (mg/100mL)	위험 계수	
	남 자	여 자
30	1.82	–
40	1.22	1.94
50	0.82	1.25
60	0.55	0.80
70	–	0.52

(주의 : 위험 정도는 국내의 평균에 비교한 관상동맥 질환에 대한 상대적인 위험을 가리킨다. 예를 들면, HDL 콜레스테롤이 30 mg/100 mL인 사람은 평균적인 관상 동맥 심장 질환에 의한 사망율에 비해 1.82 배가 된다.

12.3 지질 분해대사

저장지질을 이동시켜 분해하기 위해서는 몇 단계의 효소적 단계를 거쳐야 한다. 이 단계들을 그림 12-5에 요약하였다.

단계 1과 2 : 이동과 수송

지질은 지방조직에 저장되어 있으므로, 지방이 분해되어 ATP를 생성하기 위해서는 먼저 지질이 지방조직에서 이동되어 말초조직에 수송되어야만 한다. 트리아실글리세롤 동원시에는 에피네피린의 분비에 의해 호르몬 감수성 리페이스(hormone sensitive lipase)가 생성되어 트리아실글리세롤을 글리세롤과 유리지방산으로 분해하면 그 유리지방산은 다음 단계로 혈청 알부민에 결합되어 지방조직에서 말초조직으로 운반된다. 호르몬 감수성 리페이스는 프로테인 카이네이스(protein kinase)에 의해 활성화된다(제9장 참조). 또한 프로테인 카이네이스 활성은 에피네피린이란 호르몬에 의하여 조절된다. 지방조직에는 호르몬 비감수성 리페이스도 존재하며, 이것은 호르몬 조절을 받지 않는다.

지방산이 혈액을 통하여 말초조직에 수송된 후 몇 단계의 분해(이화)작용이 일어난다. 여기에는 (1) 지방산을 세포내로 수송, (2) 세포질내의 지방산의 활성화, (3) 활성화된 지방산(즉, 지방산 아실-CoA)을 마이토콘드리아의 매트릭스에 운반, (4) 지방산 중간체 산화로 $FADH_2$와 NADH의

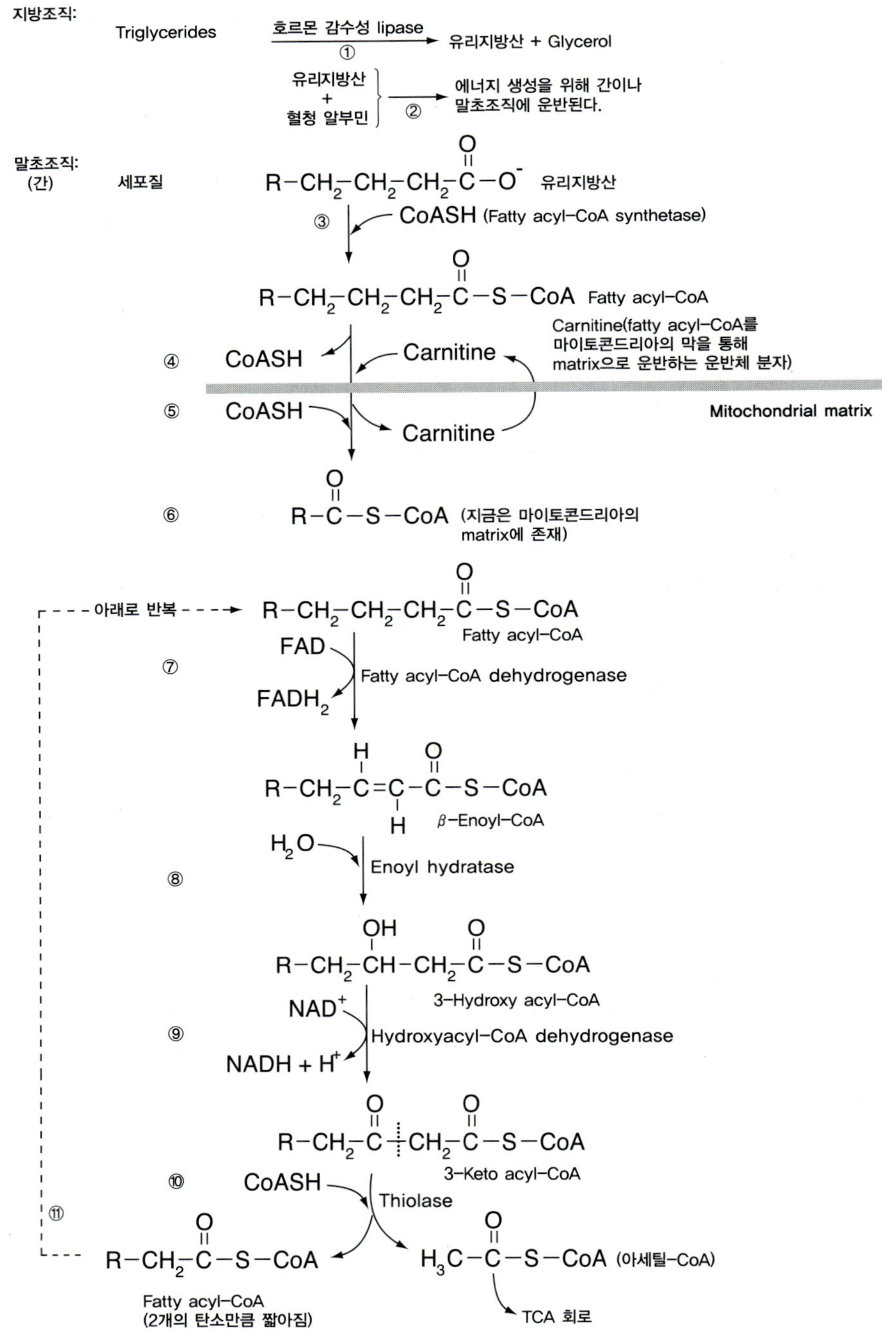

지질 분해효소 : 식이중의 TG는 췌장 lipase, 혈중 지단백질은 lipoprotein lipase, 또 지방조직 중의 저장된 것은 호르몬 감수성 lipase의 작용으로 유리지방산과 글리세롤로 가수분해 된다.

그림 12-5 지방산 분해(β-산화)의 요약

생성, (5) 지방산 사슬의 연속된 분해로 아세틸-CoA를 생성 등이 있다. 여기서 생성된 $FADH_2$와 NADH의 전자는 전자전달계로 들어가 ATP를 합성한다. 끝으로, 지방산 분해 중에 생성된 아세틸- CoA는 TCA 회로로 들어가 ATP 생성을 위해 NADH나 $FADH_2$를 생성한다.

단계 3 : 활성화

세포의 세포질 속으로 운반된 지방산은 CoA와 ATP에 의해 활성화되어야만 한다. 이것을 시발단계(priming step)라 말하는데, 다음 반응과 같이 아실-CoA 합성효소(acyl-CoA synthetase)에 의해 촉매된다.

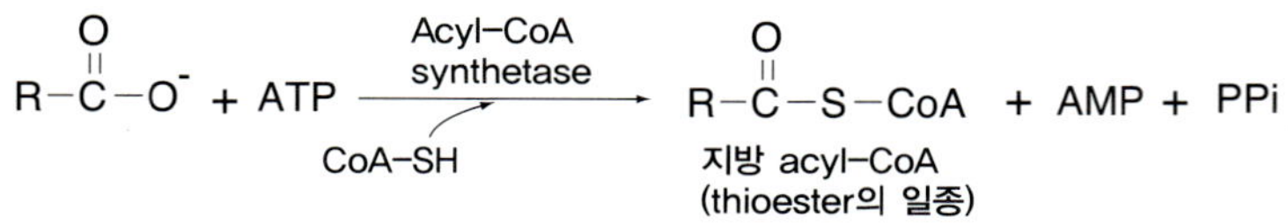

"아실"이란 지방산의 긴 탄화수소 사슬을 의미한다. 이 반응은 ATP가 AMP와 PPi를 생성하는 파이로인산분해에 의해 아실-CoA 생성 방향으로 기울어져 있다. 또한 PPi는 무기 파이로인산분해효소(inorganic pyrophosphatase)에 의해 2개의 무기인으로 분해되어 아실-CoA의 형성을 돕게된다. 따라서 한 분자의 지방산 분자를 활성화 하는데 2개의 고에너지 인산 결합이 소요된다. 짧은 사슬을 위한 아실-CoA 합성효소와 또는 중간 및 긴사슬을 위한 아실-CoA 합성효소가 있으며, 이들 각각은 어떤 범위사슬을 가진 지방산에 대해 특이적으로 작용한다.

단계 4 : 운반체 형성

긴 사슬의 지방산은 마이토콘드리아 내막을 쉽게 통과할 수 없기 때문에, 막을 통과하여 마이토콘드리아의 매트릭스 내로 운반되는 데는 운반체가 요구된다. 이 운반체를 카니틴(carnitine)이라 한다. 지방 아실 카니틴(fatty acyl carnitine)은 다음과 같이 카니틴 아실 전달효소(carnitine acyl transferase)에 의해 촉매되어 생성된다.

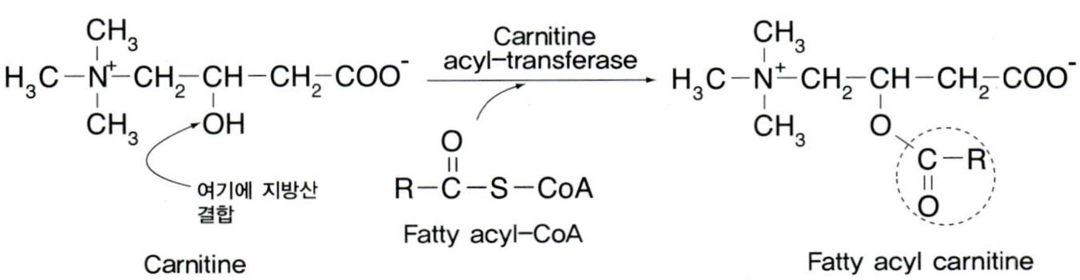

단계 5 : 마이토콘드리아로의 운반

지방 아실 카니틴은 카니틴 운반체를 통하여 마이토콘드리아 매트릭스로 운반된다. 이와 같이 아세틸-CoA, $FADH_2$ 및 NADH 등의 모든 분자는 마이토콘드리아 매트릭스에서 생성되고 그곳에서 마이토콘드리아의 효소에 의해 ATP 생성에 이용된다.

단계 6 : 마이토콘드리아내의 지방 아실-CoA의 생성

일단 지방 아실 카니틴 분자가 마이토콘드리아 내에 들어가면 카니틴이 지방산으로부터 가수분해 되어 떨어져 나가고 지방 아실-CoA가 다시 생성된다. 카니틴은 그 후 재사용을 위해 세포질내로 다시 확산되어 되돌아간다.

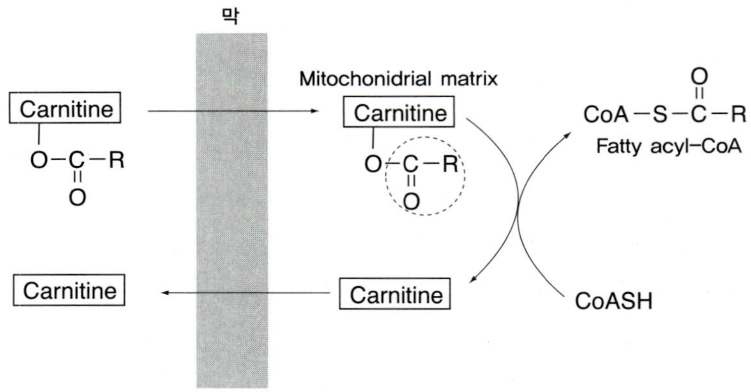

단계 7 : 첫번째 탈수소반응

지방 아실-CoA 탈수소효소는 지방산에서 2개의 수소를 제거한다. 전자가 제거되기 때문에 이 과정을 산화반응이라 말한다. 지방산의 β 탄소가 산화되기 때문에 이 과정을 지방산의 β-산화라고도 한다. 조효소 FAD는 수소 전자 수용체로 작용하여 $FADH_2$가 생성된다. $FADH_2$의 전자는 전자전달계로 들어가 ATP를 생성한다.

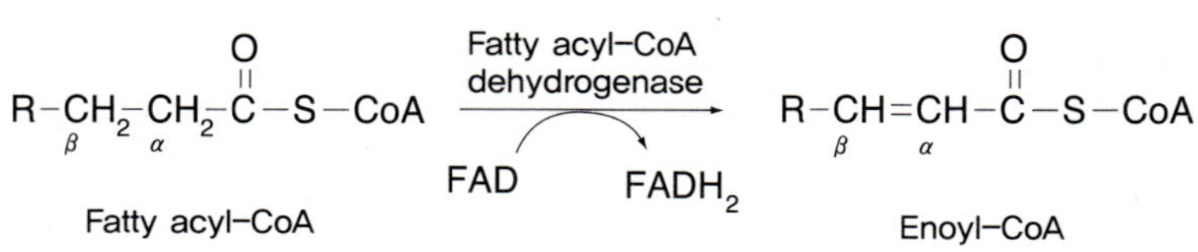

단계 8 : 가수반응

다음 단계로 에노일-CoA 수화효소(enoyl-CoA hydratase)에 의해 탄소-탄소 이중결합에 물 분자가 첨가된다.

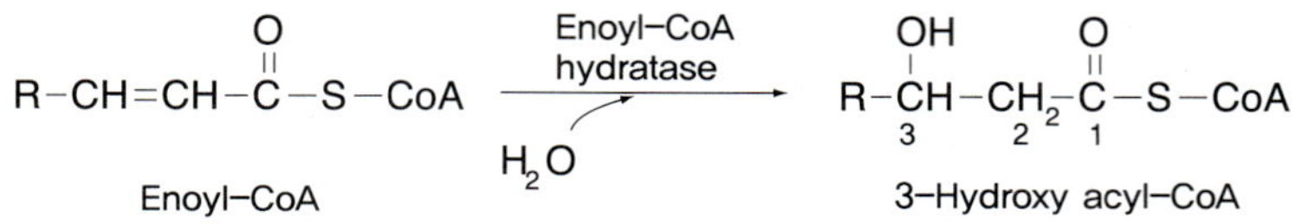

단계 9 : 두번째 탈수소반응

하이드록시아실-CoA 탈수소효소(hydroxyacyl-CoA dehydrogenase)에 의해 두번째 탈수소반응(산화)이 일어난다. 2개의 수소(즉, 2개의 전자)가 전자 수용체인 NAD^+에 옮겨진다. 이 반응으로 생성된 NADH는 ATP 생성을 위해 전자전달계로 운반된다.

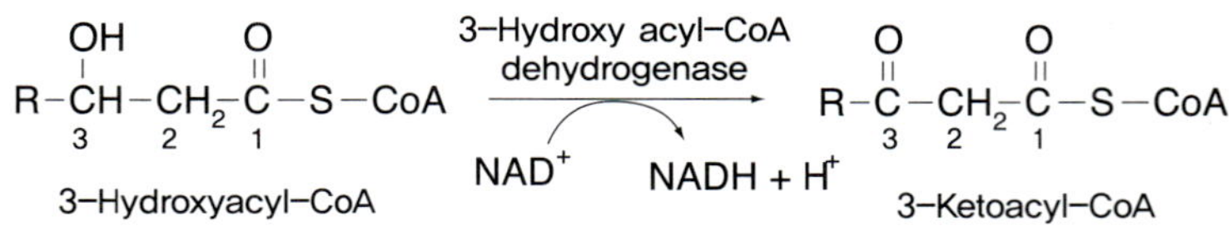

단계 10 : 분해반응

케토아실-CoA(ketoacyl-CoA)는 싸이오레이스(thiolase)에 의해 분해가 일어난다. 이 반응에서 한개의 아세틸-CoA 분자가 떨어져 나가서 2개의 탄소수 만큼 짧아진 지방산이 된다. 또한 CoA가 이 반응에 관여하므로 탄소수가 2개 적은 새로운 지방 아실-CoA 분자가 생성된다. 이 반응은 아주 자발적인 반응이기 때문에 큰 표준 자유에너지 변화($\Delta G^\circ = -6.7$ kcal/ mol)가 일어난다. 따라서 이 반응은 분해하는 방향으로 진행된다.

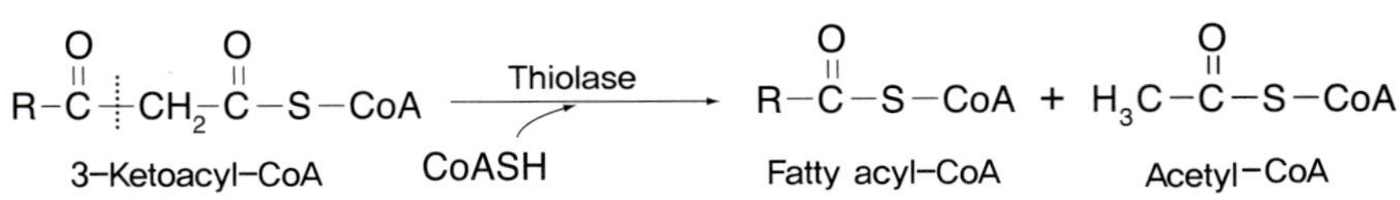

단계 11 : 순차적 분해

나머지 지방 아실-CoA 분자(탄소 2개만큼 짧아진)는 탈수소/가수/탈수소/싸이오레이스 단계(단계 7~10)를 거쳐 $FADH_2$, NADH, 아세틸-CoA를 생성한다. 이렇게 하여 매우 긴 탄화수소 사슬인 지방산 분자가 β-산화 과정에 의해서 한 회전에 탄소 2개씩 순차적으로 분해된다.

예를 들면, β-산화에 의한 지방 아실-CoA의 분해는 다음과 같다.

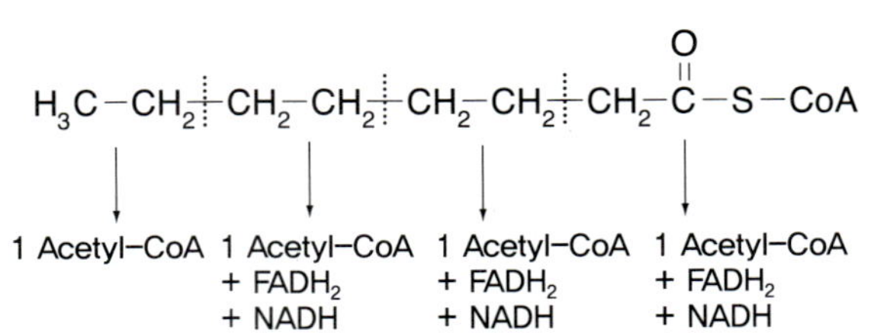

표 12-3에 1분자의 지방산으로부터 생성될 수 있는 ATP 분자수를 요약하였다. 표에서 보는 바와 같이 지방 한 분자에 ATP가 많이 생성된다.

표 12-3 triglyceride 한 분자로부터 생성되는 ATP 분자

가정 : Tripalmitin은 glycerol에 3개의 palmitic acid가 결합되어 있다. 각각의 palmitic acid는 8개의 아세틸-CoA 분자로 분해되어 TCA 회로로 들어간다(glycerol 분자로부터의 ATP생성은 계산에서 제외하였다).

반 응	ATP의 생성/7번의 β산화
첫번째 탈수소화 반응=7 $FADH_2$ (1.5 ATP/$FADH_2$)	10.5
2번째 탈수소화 반응=7 NADH (2.5 ATP/NADH)	17.5
생성된 8 아세틸-CoA (10 ATP/아세틸-CoA)	80
총 ATP 수	108
초기 시발단계=2개의 고에너지 결합 (ATP → AMP + PP_i → $2P_i$)	-2

106 ATP/palmitic acid
Tripalmitin 1분자당 3개의 palmitic acid가 있기 때문에
ATP의 순 생성량/tripalmitin=3×106=318 ATP
호기적 해당과정에서 글루코오스로부터 생성되는 ATP의 수와 비교해 보면,
왜 지질이 매우 에너지가 풍부한 연료인가를 알 수 있을 것이다.

12.3.1 홀수개의 탄소원자로 된 지방산의 산화

천연에 존재하는 대부분의 지질은 짝수개의 탄소원자를 갖는 지방산을 함유하고 있지만, 많은 식물이나 어떤 해산 생물의 지질 중에는 홀수개의 탄소원자를 갖는 지방산이 상당량 존재한다. 또한 소를 비롯한 반추동물은 제1위에서 당질을 발효시켜 3-탄소인 프로피온산을 다량으로 생성한다. 이렇게 해서 생성된 프로피온산은 혈액으로부터 흡수되어 간이나 그 밖의 조직에 의해서 산화된다. 홀수개의 탄소원자로 된 긴 사슬 지방산의 산화는 짝수개의 탄소원자로 구성된 지방산의 경우와 마찬가지로 사슬의 카복실 말단으로부터 시작된다. 그러나 지방산 산화경로의 최종 회전에 들어가는 기질이 되는 것은 탄소수가 5개인 지방 아실-CoA이다. 이것이 최종적으로 산화 분해되면 그의 생성물은 아세틸-CoA와 프로피오닐-CoA로 된다. 후자는 홀수개의 탄소원자로 된 긴사슬 지방산의 최후 5-탄소원자로부터 유래된 것이다. 이 아세틸- CoA는 당연히 시트르산을 거쳐 산화되지만, 홀수개의 탄소원자인 지방산이나 다른 기원으로부터 생성된 프로피오닐-CoA는 어느 정도 독특한 효소반응 경로를 거친다.

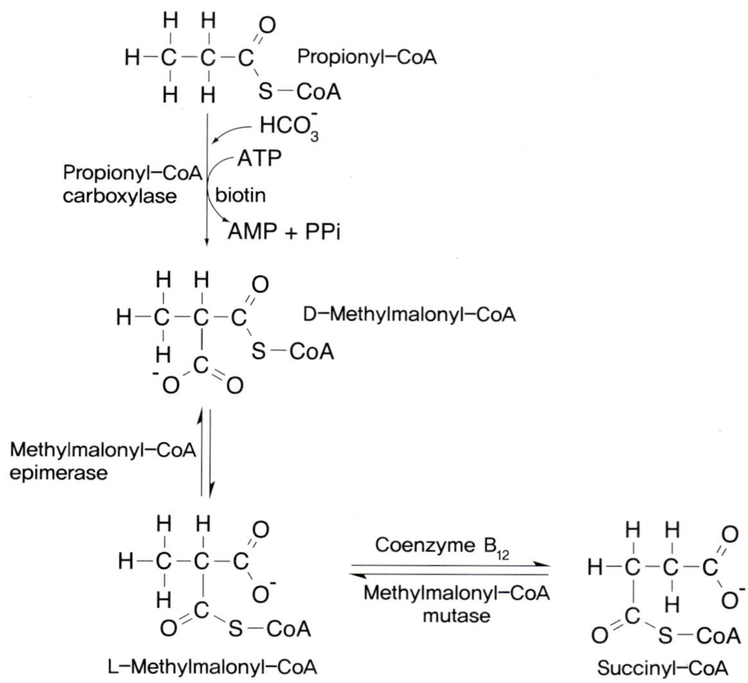

그림 12–6 propionyl–CoA로부터 D–methylmalonyl–CoA로의 탄산화반응과 D–methylmalonyl–CoA로부터 succinyl–CoA로의 전환

즉, 프로피오닐–CoA 카복실화효소(propionyl–CoA carboxylase)라고 불리우는 바이오틴 함유효소에 의해서 메틸말로닐–CoA(methylmalonyl–CoA)의 D–입체이성질체로 카르복시화 된다(그림 12–6). D–메틸말로닐–CoA는 L–메틸말로닐–CoA가 되었다가 석시닐–CoA로 되고, β–산화로 2개의 아세틸–CoA로 분해되어 TCA 경로로 들어간다.

12.3.2 불포화 지방산의 산화

불포화 지방산의 아세틸–CoA로의 전환은 포화지방산의 산화에서는 일어나지 않는 두 가지 보조적인 반응인 시스–트랜스 이성화반응(*cis–trans* isomerization)과 에피머화 반응(epimerization)을 더 필요로 한다(그림 12–7).

예를 들면, 탄소수가 18인 리놀레산은 2개의 *cis*–이중결합을 가지며, 이중결합 중 하나는 9번째와 10번째 탄소사이(Δ^9)이며, 다른 하나는 12번째와 13번째 탄소사이(Δ^{12})이다. 리놀레일–CoA는 표준적인 지방산 산화경로를 3회전 한 다음, 아세틸–CoA 3분자와 3번째와 4번째 탄소

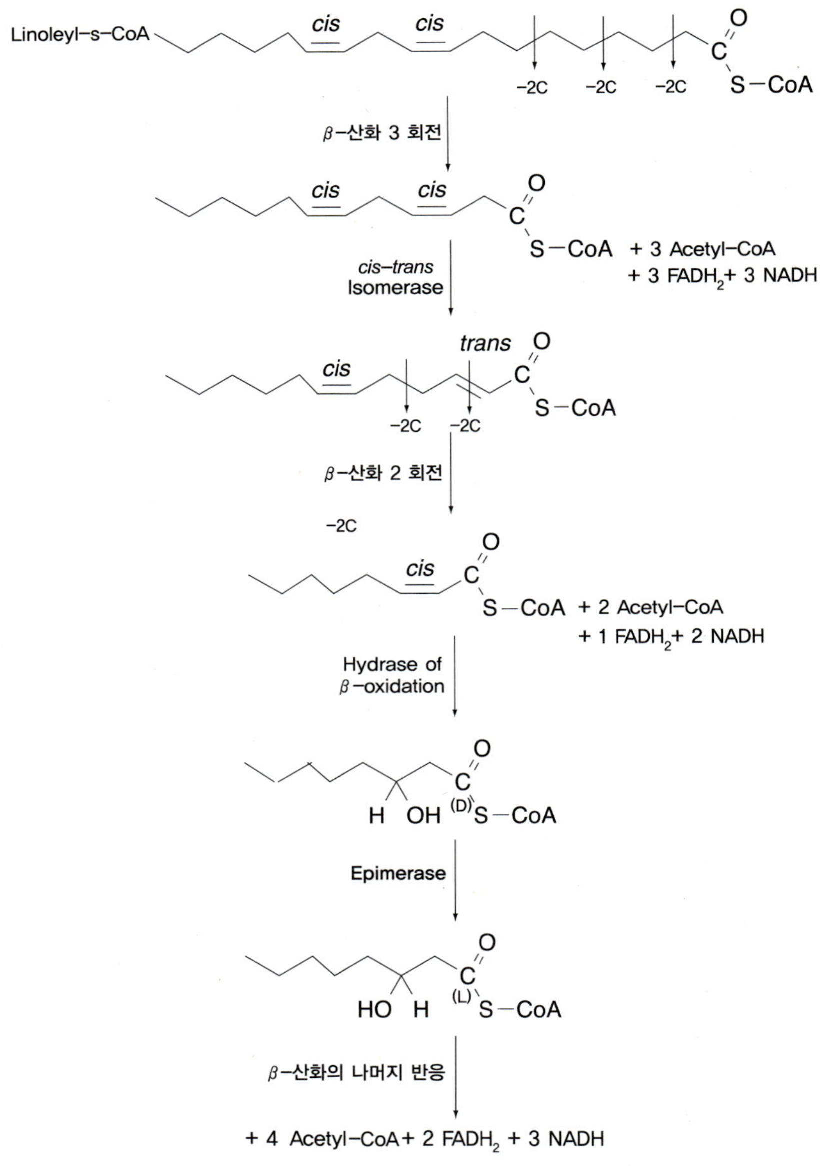

그림 12-7 불포화 지방산의 산화

사이의 *cis*–이중결합과 아울러 6 번째와 7 번째의 탄소 사이의 이중결합을 갖는, 탄소수가 12 개인 불포화지방산의 CoA 에스터를 생성한다. 이 Δ^3의 *cis*–이중결합은 에노일–CoA 이성화효소(enoyl–CoA isomerase)에 의해서 *trans*–Δ^2–에노일–CoA로 이성화된 다음, 표준적인 산화경로를 거쳐 2분자의 아세틸-CoA와 $cis\Delta^2$ 이중결합을 갖는 탄소수 8인 불포화지방산 아실-CoA를 생성한다. 이것은 다시 에노일-CoA 수화효소(enoyl-CoA hydrase)의 작용을 받지만, 이 경우는 포화지방산의 산화의 경우에 주로 생성되는 L-입체이성체가 아니라 3-하이드록시아실-CoA(3-hydroxyacyl-CoA)의 D-입체이성체로, 여기에는 제2의 보조 효소인 3-하이드록시아실-CoA 에피머효소(3-hydoxyacyl-CoA epimerase)가 작용한다. 이 효소는 D-3-하이드록시아실-CoA를 L-3-하이드록시아실-CoA로 이성화시켜 일반적인 반응을 통하여 아세틸-CoA와 포화 아실-CoA를 생성하며, 후자는 다시 표준적인 산화과정을 통하여 3분자의 아세틸-CoA를 생성하게 된다. 전체적인 반응을 통하여 리놀레산은 두 가지의 보조효소(isomerase와 epimerase)의 도움으로, 9분자의 아세틸-CoA, 6개의 $FADH_2$, 8개의 NADH 전환된다(그림 12-7).

12.4 지질 합성대사

지방산 생합성(지질 합성대사)은 간과 지방조직에서 주로 일어난다. 과다한 탄수화물이나 아미노산이 존재하고, 그것이 ATP 생성에 사용될 필요가 없을 때에 일어난다. 탄수화물과 아미노산은 아세틸-CoA로 분해되기 때문에 인체가 이 과다한 아세틸-CoA를 지방산 생합성에 이용하게 된다. 복잡한 여러 단계를 거쳐 아세틸-CoA로부터 지방산이 합성되는 과정을 그림 12-8에 요약하였다. 지방산 생합성은 단순히 지방산 분해대사의 역과정이 아니다. 다른 효소계와 보조인자가 이용되며, 이 과정은 세포질 내에서 일어나는데 분해대사 과정과는 분리되어 있다. 표 12-4에 지방산 합성과 분해의 차이점을 요약하였다.

지방산의 탄소원자는 결국 아세틸-CoA에서 유래된다. 이 아세틸-CoA는 정상적으로 탄수화물이나 아미노산이 분해될 때 마이토콘드리아에서 형성된다. 아세틸-CoA가 마이토콘드리아에서 세포질로 빠져나가지 못하기 때문에, 먼저 시트르산으로 전환되어야만 한다. 그 후에 마이토콘드리아에서 빠져나가 세포질로 운반될 수 있다. 세포질로 나온 시트르산는 시트르산 분해효소(citrate lyase)에 의해 세포질에서 아세틸-CoA와 옥살로아세트산으로 분해된다(그림 12-9).

단계 1 : 말로닐-CoA(malonyl-CoA) 합성

말로닐-CoA는 아세틸-CoA 카복실화효소에 의해 아세틸-CoA와 HCO_3^-로부터 형성된다. 이 세포질 효소는 비타민 조효소인 바이오틴을 이용하며 탄산화 반응(기질에 CO_2를 첨가)을 촉매한다. 이 반응에서 CO_2기가 아세틸-CoA의 메틸기에 첨가된다. 아세틸-CoA 카복실화효소는 다른 자리 입체성 효소로써 시트르산은 촉진적 효과인자이고 지방 아실-CoA는 저해적 효과인자이다. 이 단계가 지방산 생합성의 속도조절 반응이다.

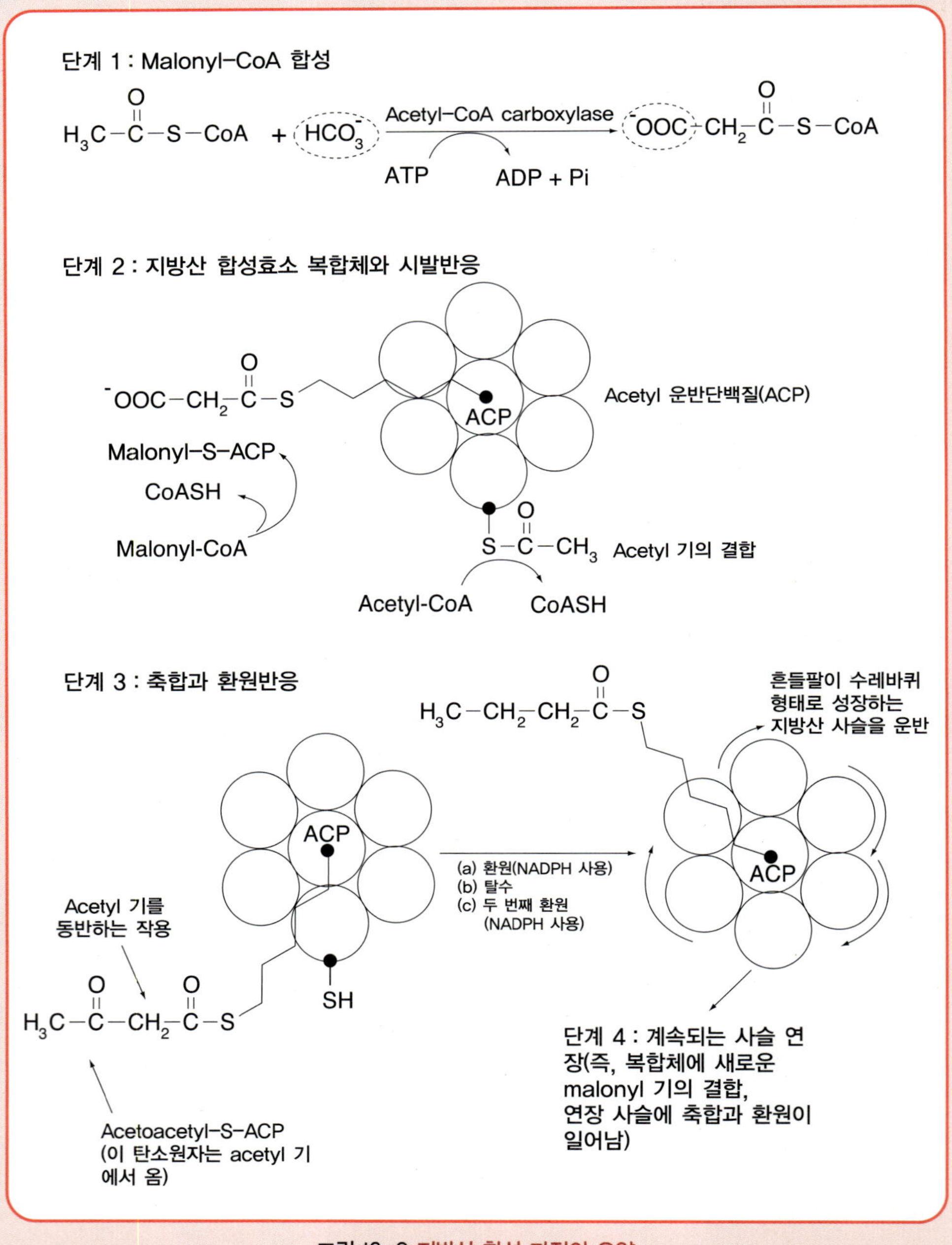

그림 12-8 지방산 합성 과정의 요약

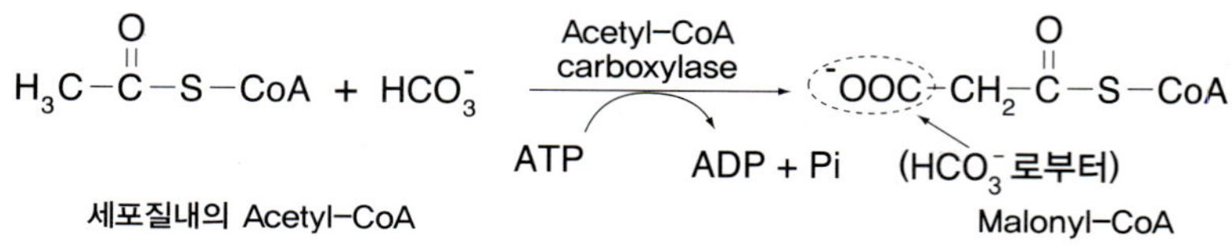

표 12-4 지방산 생합성과 분해의 차이점

특 성	생 합 성	분 해
위치	세포질	마이토콘드리아 matrix
효소	Multienzyme 복합체	분리 효소
Acyl 기 운반체	Acyl-운반단백질(ACP-SH)	Coenzyme A(CoA-SH)
Cofactors	NADPH 사용	NADH(그리고 $FADH_2$) 생성

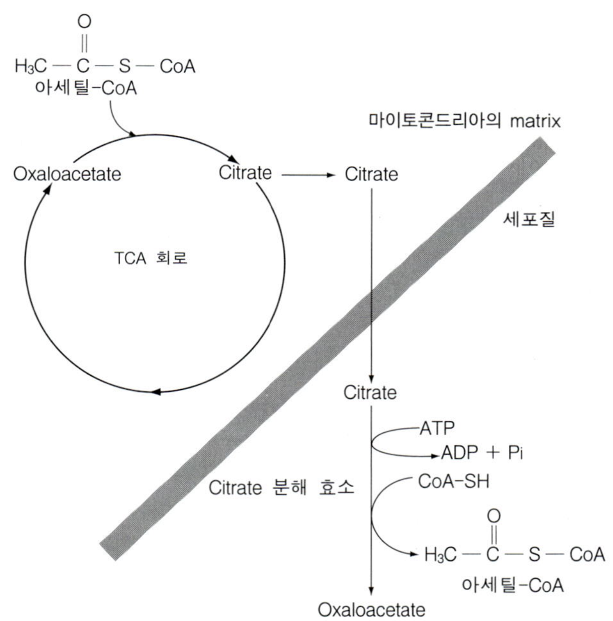

그림 12-9 마이토콘드리아의 아세틸-CoA가 세포질 속으로 운반

단계 2 : 지방산 합성효소 복합체(fatty acid synthetase complex)와 시발반응

지방산 합성효소 복합체는 세포의 세포질 속에 들어있는 다중효소 복합체이다. 분자량은 2.3 $\times 10^6$ dalton인 6 개의 서로 다른 효소로 이루어져 있다. 이 효소의 활성은 효소들이 서로 분리되

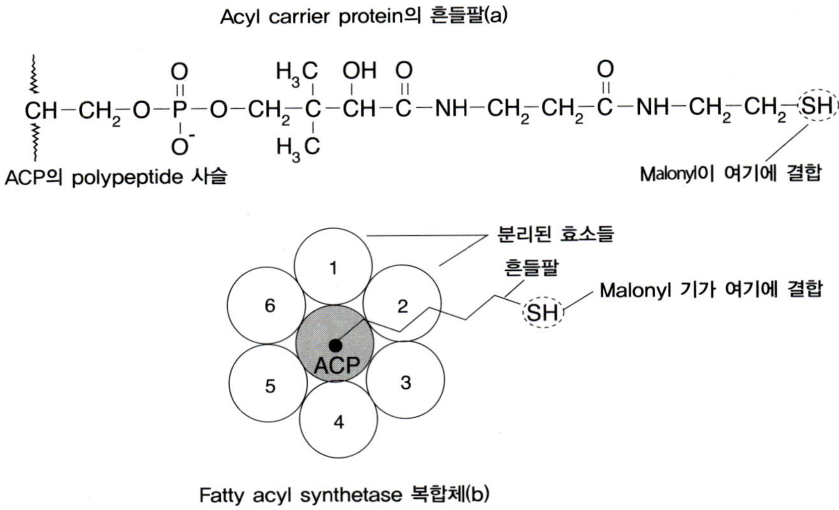

그림 12-10 흔들팔(a)과 fatty-acid synthetase 복합체(b)

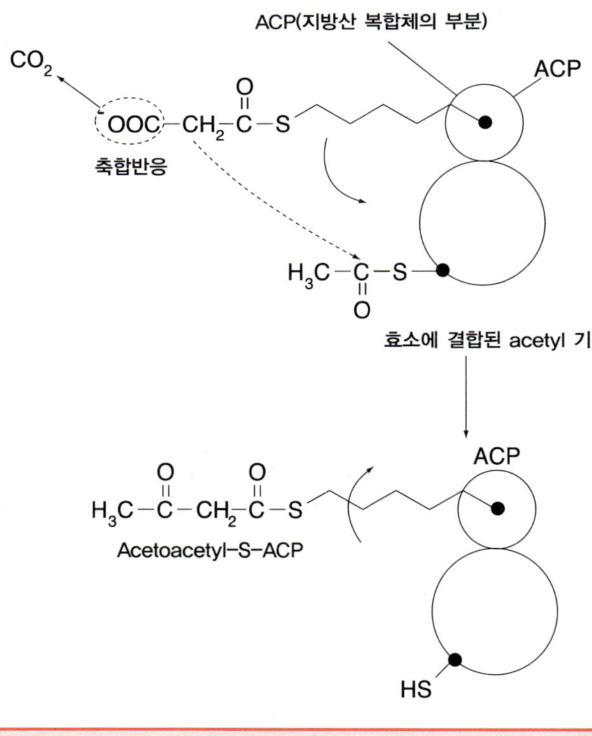

그림 12-11 malonyl-S-ACP와 효소에 결합된 acetyl 기 사이의 축합반응

면 없어지며 지방산 합성효소 복합체 중심에는 아실 운반 단백질(acyl carrier prorein, ACP)라 부르는 단백질이 있다. 판토텐산에 SH기가 붙는 유도체가 ACP의 폴리펩타이드 사슬에 공유결합으로 결합되어 있으면서, 지방산 생합성 동안(그림 12-10) 말로닐기와 다른 지방산 중간체를 운반하는 흔들팔로 작용한다. 판토텐산은 CoA의 한 부분이다(제10장 그림 10-3 참조). 지방산 합성효소 복합체의 기능은 파이루브산 탈수소효소 복합체의 흔들팔과 아주 유사하다. 즉 여러 가지 중간체를 결합하여 이들을 한 효소로부터 인근 다른 효소에 이동시킨다.

먼저 한 개의 아세틸-CoA 분자가 ACP의 흔들팔에 결합되어, 지방산 복합체 효소 중의 하나에 전달된다. 이 단계를 시발반응(priming reaction)이라 부른다. 다음에 ACP 흔들팔은 말로닐-CoA 분자와 결합한다. 말로닐-CoA 혹은 아세틸-CoA 어느 것이라도 ACP 흔들팔에 결합하면 CoA는 세포질 속으로 방출된다.

단계 3 : 축합반응과 수소첨가(환원) 반응

일단 지방산 합성효소 복합체에 말로닐과 아세틸 기가 결합되면, 아세틸 기가 말로닐-S-ACP에 전달되는 축합반응이 일어난다. 이 때 유리 카복실기가 CO_2 상태로 분리된다(탈탄산반응). 탈탄산반응(decarboxylation reaction)이 축합반응을 유도하므로서 사슬연장이 된다.

CO_2 분자는 단계 1에서 아세틸-CoA 카복실화효소의 기질로 사용된 HCO_3^-에서 유입된 탄소 원자이다. 축합반응의 생성물은 아세토아세틸-S-ACP(acetoacetyl-S-ACP)라 부르며, 탄소 원자 4개가 된다(그림 12-11).

아세토아세틸-S-ACP 기는 흔들팔에 의해 복합체의 다른 효소의 활성부위에 옮겨진다. 다음 아세토아세틸-S-ACP는 환원(수소첨가), 탈수(물분자의 제거), 두번째 환원반응 등이 행해진다. 이 연속반응의 산물이 탄소 원자 4개인 부티릴-S-ACP(butyryl-S-ACP)가 만들어진다(그림 12-12). 환원반응에서 수소/전자 공여체는 조효소인 NADPH(nicotinamide adenine dinucleotide phosphate, 환원형)이다.

단계 4 : 사슬의 연장

일단 탄소 4개의 중간 생성물이 형성되면, 지방산 아실 사슬은 지방산 합성효소 복합체의 반복된 반응으로 더 길게 연장된다. 즉 또 다른 말로닐 기와 축합이 일어나고, 연이어 탈탄산작용, 환원, 탈수, 두번째의 환원 반응이 일어난다. 그래서 지방산 사슬이 16개의 탄소수가 될 때까지 연장된다. 16개의 탄소사슬이 형성되면, 지방산은 복합체에서 떨어져 나와 팔미틸-CoA가 된다. 이보다 더 긴 사슬이나 불포화 지방산의 형성은 다른 효소계에 의해 행하여진다.

12.4.1 지방산 사슬의 연장과 불포화 지방산의 합성

포유동물들은 마이토콘드리아와 마이크로좀에서 팔미트산보다 긴 지방산을 합성할 수 있다. 마이토콘드리아에서의 포화 또는 불포화지방산의 연장은 효소복합체의 촉매작용으로 아실-CoA에 아세틸-CoA의 C_2 단위를 부가하여 지방산을 생합성할 때와 같이 환원(NADPH), 탈수, 환원(NADPH)되는 반응을 거쳐서 일어난다. 이 효소 복합체는 아실-ACP 대신 아실-CoA 유도체를 사용하는 것이 팔미트산 합성 효소계와 다른 점이다.

마이크로좀의 반응기구 역시 포화 또는 불포화지방산의 길이를 연장시키는 작용을 하며 기질로 아실-CoA 유도체를 사용한다. 그러나 마이토콘드리아계와는 달리 C_2 공여체로 말로닐-CoA를

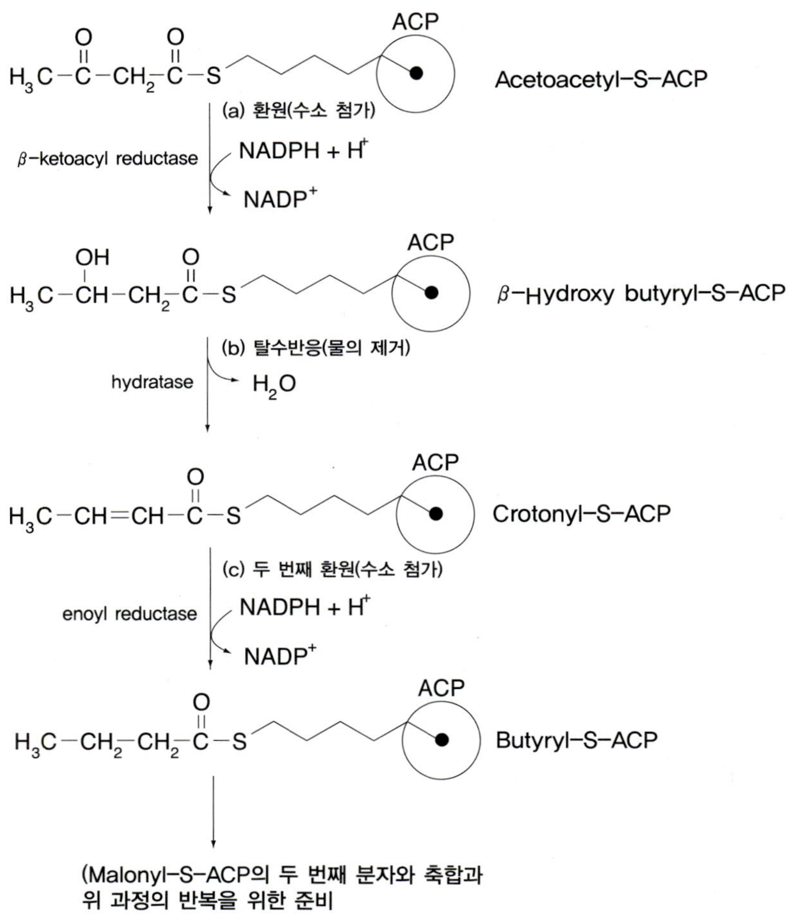

그림 12-12 지방산 합성의 환원과 탈수소 반응의 개요

사용한다. 따라서 ACP와 결합된 중간체가 없는 것을 제외하고는 팔미트산 합성계와 비슷하다.

간의 마이크로좀에는 팔미트산 및 스테아르산 등의 포화지방산에 특이적으로 Δ^9 위치에 이중결합을 도입하는 효소계가 있어 스테아로일-CoA를 오레오일-CoA로 전환한다. 이 불포화 반응에는 NADPH와 분자상 산소를 필요로 하며 동시에 사이토크롬 b_5를 전자운반체로 사용한다.

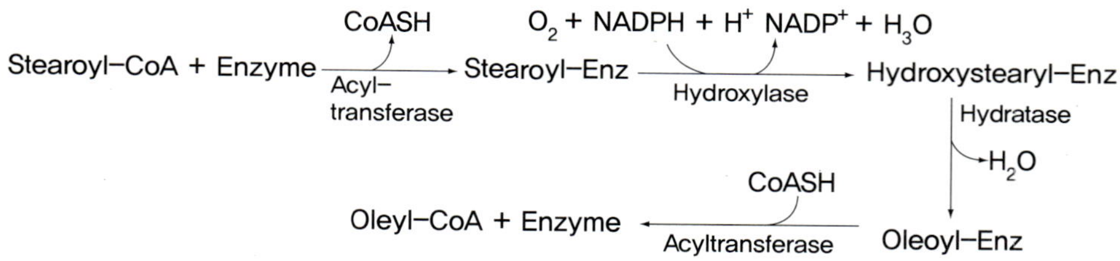

1개의 이중결합을 갖는 불포화지방산에 부가적으로 이중결합을 도입함에 있어서 동물은 모두 기존 이중결합과 ω-C(methyl) 사이에 이중결합의 도입은 불가능하나 식물은 기존 이중결합과 ω-C(methyl) 사이에 도입한다. 즉 동물은 사슬의 연장과 불포화 과정을 통해 ω-9(oleic acid) 계열의 불포화지방산은 합성할 수 있지만 리놀레산 및 아라키돈산과 같은 ω-6 계열이나 리롤렌산

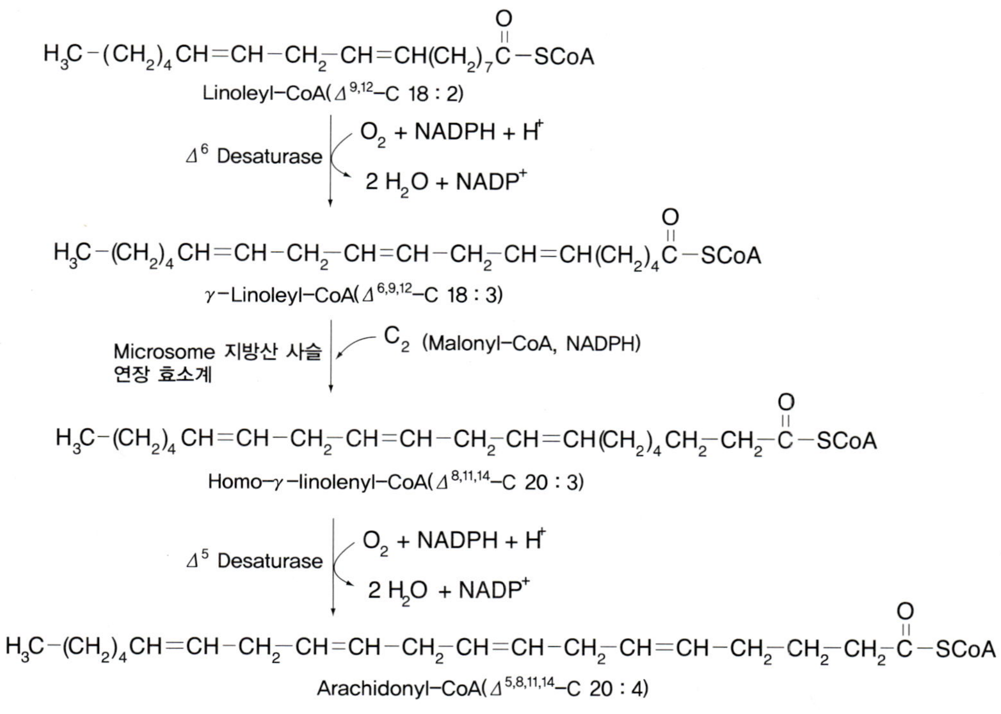

그림 12-13 linoleic acid로부터 arachidonic acid의 합성

과 같은 ω-3 계열의 지방산은 합성할 수 없다. 그러므로 ω-6 및 ω-3 계열의 여러 가지 화합물을 합성하기 위해서는 리놀레산 및 리롤렌산이 식이로부터 공급되어야 하며 이들을 필수지방산이라 한다. 그러나 소포체의 반응계에 의하여 리놀레산은 γ-리롤렌산과 아라키돈산으로 변환될 수 있으므로 실제적인 필수지방산은 리놀레산 뿐 이라고 할 수 있다(그림 12-13). 아라키돈산은 강력한 생리활성을 나타내는 프로스타그란딘류의 합성에 이용되며 이에 대한 상세한 내용은 4.10절을 참조하라.

12.4.2 트라이글리세라이드 생합성

지방산-CoA가 합성되면 지방산 합성효소 복합체로부터 분리되어, 다음과 같은 반응기작에 따라 모노(mono-), 다이(di-), 트라이(tri-)글리세라이드 등이 합성될 수 있다.

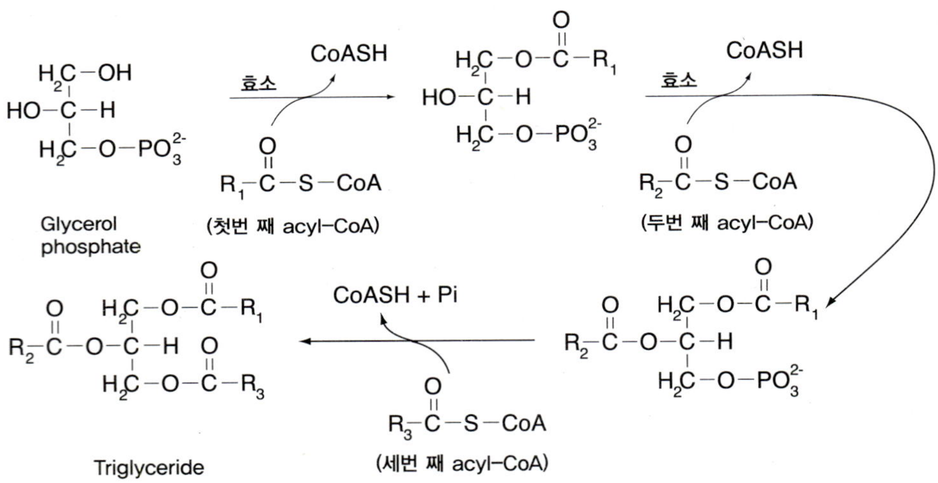

12.4.3 인지질 생합성

인지질은 다이글리세라이드와 사이티딘 3인산(cytidine triphosphate, CTP)이라는 물질로부터 합성된다. 포스파티딜에탄올아민(phosphatidylethanolamine), 포스파티딜세린(phosphatidylserine), 그리고 포스파티딜콜린(phosphatidyl choline)은 대표적인 예이다(제4장 참조). 포스파티딜에탄올아민의 생합성에 대하여 살펴보자.

포스파티딜에탄올아민은 인산화효소에 의하여 에탄올아민이 ATP와 인산화되는 반응기작에 따라 합성되어 포스포에탄올아민을 만든다. 그 다음 포스포에탄올아민은 사이티딘 2인산 에탄올아민을 생성하기 위하여 CTP와 반응한다. CTP는 ATP와 유사한 것으로, 가수분해될 때 자유에너지를 방출할 수 있는 고에너지 3인산 "꼬리"를 가지고 있다.

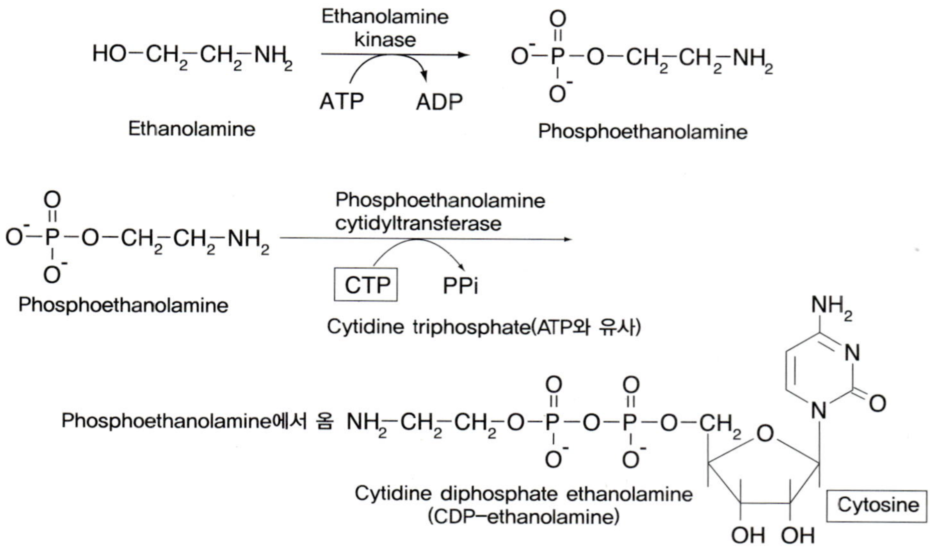

마지막으로, CDP-에탄올아민은 포스파티딜에탄올아민을 생성하기 위해 다이글리세라이드와 반응한다.

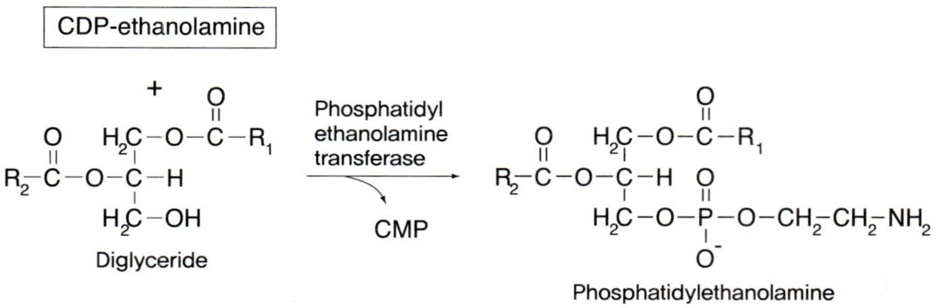

12.5 콜레스테롤 대사

인체에서는 정상적으로 하루 1.5~2.0 g 정도의 콜레스테롤이 합성되는데 주로 아세틸-CoA를

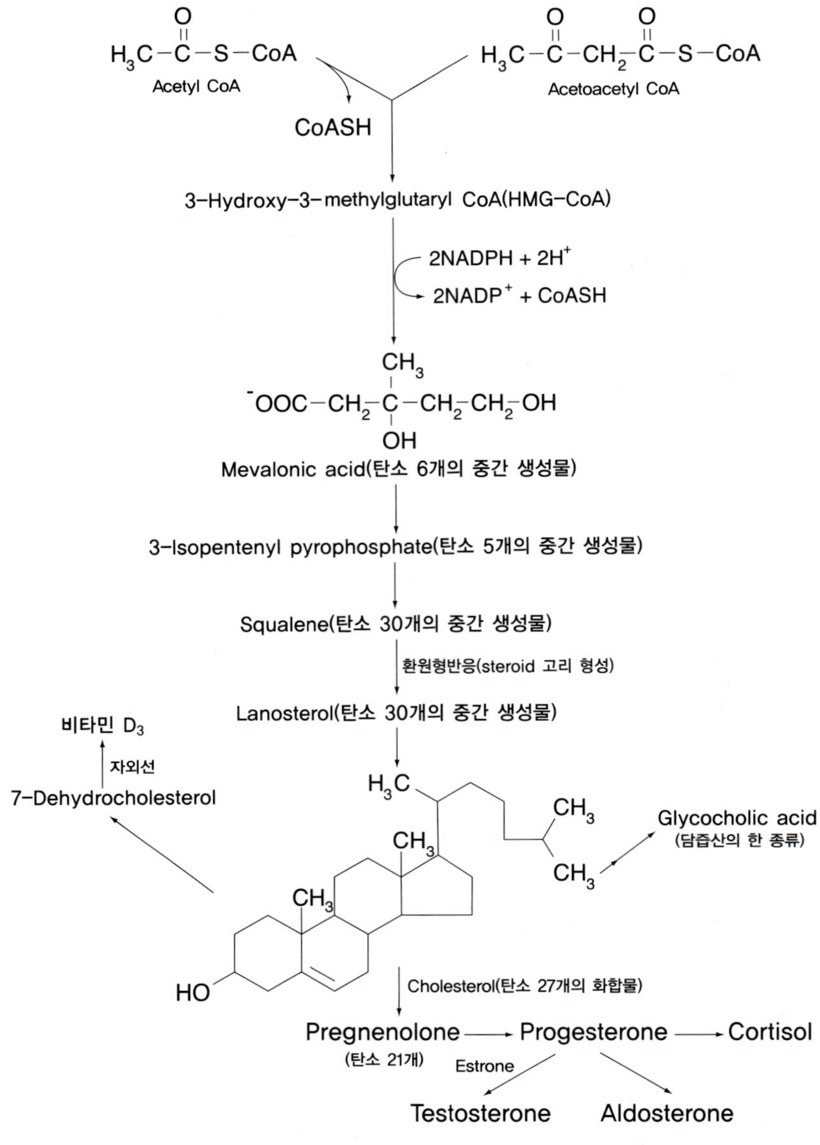

그림 12-14 콜레스테롤의 생합성 과정

원료로 하여 생합성 된다. 기타 피부, 장점막, 부신, 신장, 난소, 고환 등에서도 합성된다. 콜레스테롤은 인지질과 같이 생체의 막을 형성하는데 이용되고, 특히 막구조를 강화한다. 그래서 막 내의 콜레스테롤이 과잉되면 오히려 생체막에 이상이 생겨서 동맥경화의 원인이 된다.

콜레스테롤의 탄소원자와 콜레스테롤에서 유래된 기타 스테로이드들 내에 있는 모든 탄소원자들의 궁극적인 전구체는 아세틸-CoA의 아세틸기이다. 3개의 아세틸기가 축합되어 탄소 6 개짜리 메발론산(mevalonic acid)이 만들어진다. 메발론산이 탈탄산되면 지질 구조에서 흔히 접하게 되는 탄소 5개짜리 아이소프린 단위체(isoprene unit)가 만들어진다. 아이소프린 단위체 6개가 축합되어 탄소원자 30개짜리 스쿠알린(squalene)이 만들어진다. 스쿠알린은 탄소원자 27개인 콜레스테롤로 전환된다.

이 합성반응의 속도 결정 단계는 3-하이드록시-3-메틸글루타릴-CoA(3-hydroxy-3-methylglutaryl-CoA , HMG-CoA)에서 메발론산를 합성하는 반응으로서 HMG-CoA 환원효소(HMG-CoA reductase)가 관여한다(그림 12-14). 이 효소는 콜레스테롤, 담즙산, 메발론산에 의해 활성이 조절되며 체내의 콜레스테롤 량이 언제나 일정하게 유지된다. 그러나 콜레스테롤 섭취량이 과다하게 되어 조절 가능한 한계를 넘어서면 혈중이나 콜레스테롤 농도가 증가하게 된다.

콜레스테롤의 분해는 간에서 일어나며, 그 대부분이 담즙산(cholic acid와 chenodeoxycholic acid)이 되어 담관에서 장관으로 배설되나 대부분의 담즙산은 소장에서 재흡수되어 장과 간의 순환을 되풀이한다.

담즙산은 강한 표면장력을 갖고 있어서 지질을 유화시켜 소화와 흡수를 돕는다.

콜레스테롤은 모든 조직 장기의 막성분 이외에 부신피질호르몬(glucocorticoid, mineralocorticoid) 및 성호르몬(androgen, estrogen 등)의 합성에 사용되며, 일부는 비타민 D_3로 변해서 이용된다.

12.6 지방대사와 다른 대사 경로와의 상호관계

지질과 탄수화물 대사는 밀접한 연관이 있으며 모든 기관에서 항상 일정한 조절을 받고 있다. 균형 있는 식사를 하는 정상인은 지질과 탄수화물 대사간에는 균형을 잘 이루고 있다. 어떤 기관이 에너지를 필요로 할 때 지질이나 탄수화물 모두를 사용하지만 이들을 이용하는 양은 다르다. 특정 대사 연료의 사용 비율은 개인의 생리적 상태에 달려있다. 예를 들면, 휴식중인 근육은 ATP 생성을 위해 유리지방산을 사용한다. 그러나 근육이 활동하는 동안에는 에너지 요구량이 많아지게 되므로 탄수화물 산화(호기나 혐기적 해당과정)로 증가된 에너지 수요를 충족시킨다. 심장근육 조직은 정상적인 기능을 위해 유리지방산, 탄수화물, 심지어 케톤체(ketone body)까지 이용한다. 뇌는 에너지 생성을 위해 유리지방산을 사용하지 못하고 단지 글루코오스만 연료로 사용한다. 단식 등의 심한 대사 충격이 있는 경우, 뇌는 필요한 에너지로 글루코오스 뿐만 아니라 케톤체를 사용할 수 있다.

케톤체(acetoacetic acid와 β-hydroxybutyric acid)는 단식을 하거나 당뇨병 증상이 있는 경우 간에서 생성된다. 단식 동안에는 탄수화물 섭취가 일어나지 않아, 저장 글라이코젠 량이 낮아지며 동시에 지질의 동원과 분해가 높아진다. 당질을 이용 할 수 없으면 옥살로아세트산이 감소되고, 따라서 과다한 아세틸-CoA는 TCA 회로에 들어가지 못해 분해할 수 없게 되어, 간은 과다한 량의 아세틸-CoA를 케톤체로 만든다. 이 케톤체는 저 탄수화물 섭취 기간동안 대체 에너지원으로 뇌와 말초조직(peripheral tissues)에 의해 이용될 수 있다. 과잉의 케톤체는 소변으로 배설되거나 아세톤으로 분해되어 아세톤 호흡취를 만든다. 이 대사 증상을 케톤증(ketosis)라 한다. 만약 혈액내 케톤체의 농도가 너무 높게되면 케톤산증(ketoacidosis)이 유발되어 혈액의 pH가 낮아진다. 케톤체의 형성과 이용과정을 그림 12-15에 요약하였다.

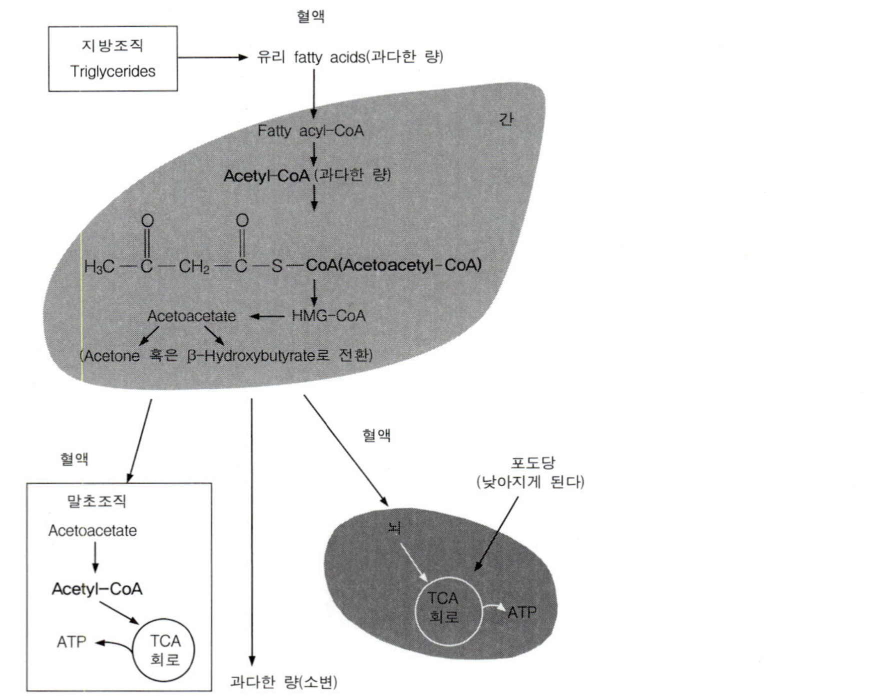

D-β-Hydroxybutyrate + NAD $\overset{①}{\rightleftharpoons}$ Acetoacetate + NADH

Acetoacetate + Succinyl-CoA $\overset{②}{\rightleftharpoons}$ Succinate + Acetoacetyl-CoA

Acetoacetyl-CoA + CoA $\overset{③}{\rightleftharpoons}$ 2 Acetyl-CoA

① β-Hydroxylbutyrate dehydrogenase
② 3-Ketoacyl-CoA transferase
③ Thiolase

그림 12-15 단식이나 당뇨병에 있어서 케톤체의 형성과 뇌조직 및 말초조직에서의 재이용

요약

지질은 몇가지 중요한 기능을 가지며 에너지가 풍부한 세포 연료로 작용한다. 많은 양이 지방조직에 저장되어 있다. 지질은 유화작용(췌장 lipase나 담즙산, 연동운동의 도움으로)으로 마이셀을 생성한다. 이 마이셀은 소장 점막세포에 의하여 흡수된다. 소장 점막세포에서 트라이글리세라이드로 재합성되고 카이로마이크론으로 만들어진다. 카이로마이크론은 혈액을 통해서 운반된다. 간에서는 카이로마이크론은 3가지 형태의 간 지단백질(VLDL, LDL 그리고 HDL)을 형성하기 위해 변형된다. 이들 물질은 저장을 위해 지방조직에 트라이글리세라이드를 운반한다. 음식의 지질이 몸으로 흡수되지 못할 때, 남은 양의 지질은 대변으로 버려지게 된다(지방 설사). 따라서 혈액의 카이로마이크론의 양이 적어진다. 지질의 흡수불량은 다음과 같은 원인에 기인한다. (1) 소장에서의 트라이글리세라이드 분해의 결함, (2) 트라이글리세라이드와 카이로마이크론의 형성을 저해하는 소장 점막세포의 결함, (3) 지질의 흡수와 운반과정에 관여하는 기관 사이의 비정상적인 연결 결함 등이다. 혈액의 지단백질이 비정상적인 수준으로 상승하는 것은 과지단백 혈증과 관계있다. 고밀도 지단백질(HDL)은 혈관 세포벽에 콜레스테롤이 집적되는 것을 방지하여 준다. 혈청 HDL 콜레스테롤 양이 많으며 인체의 건강에 유익하다. 이것은 관상 동맥 심장 질환에 걸릴 가능성을 낮추어 주게된다. 트라이글리세라이드는 지방조직내에 있는 호르몬 감수(혹은 호르몬 불감수) 리페이스에 의해 유리지방산과 글리세롤로 분해된다. 이 유리지방산과 글리세롤은 말초조직으로 운반되어, 거기서 β-산화인 지방산 사슬의 연속되는 분해가 일어나 아세틸-CoA, $FADH_2$ 그리고 NADH 등을 생성한다. 그래서 지방산 분자의 분해를 통해 많은 ATP분자가 만들어진다. 불포화 지방산의 산화에는 두 가지의 효소작용이 더 필요하다. 즉, 에노일-CoA 이성화효소와 β-하이드록시아세틸-CoA 에피머레이스는 하이드록시아세틸-CoA의 D-입체이성질체를 L-체로 변환시키는데 필요하다. 홀수개의 탄소로 된 지방산은 기본적으로 동일한 경로를 통해서 산화되지만, 이 경우는 한 분자의 프로피오닐-CoA를 생성하며, 이것은 메틸말로닐-CoA로 카르복시화된 다음, 보효소형 B_{12}를 필요로 하는 메틸말로닐-CoA 뮤테이스가 관여하는 매우 복잡한 반응에 의해서 석시닐-CoA로 이성질화된다. 지방산은 β-산화 경로와는 다른 경로를 통하여 아세틸-CoA로부터 합성된다. 지방산 생합성은 세포질에서 일어나는데, 지방산 합성효소 복합체라 알려진 큰 다중 효소 복합체가 관여한다. 먼저, 말로닐-CoA가 아세틸-CoA와 HCO_3^-로부터 형성된다. 말로닐-CoA와 아세틸-CoA 둘 다 지방산 합성효소 복합체를 시발하기 위해 사용된다. 아세틸기가 말로닐-S-ACP에 축합되고, 이어서 탈탄산작용, 환원, 탈수, 그리고 두번째의 환원 반응 등이 일어난다. 그래서 4개의 탄소 사슬이 형성되어 수화된다. 그 사슬은 탄소수가 16개의 길이가 될 때까지 연장된다. 그 다음 새로 합성된 지방산은 지방산-CoA형태로 복합체로부터 분리된다. 사슬이 더 커진다거나 불포화 지방산을 형성하기 위해서는 다른 효소 체계에 의하여 행하여진다. 인체는 리롤레산이나 리롤렌산과 같은 불포화 지방산을 합성하지 못한다. 일단 적절한 지방산이 세포내에서 형성되면, 글리세롤 인산과 지방산-CoA 분자를 이용하여 트라이글리세라이드를 합성할 수 있다. 인지질은 다이글리세라이드, 사이티딘 3인산(CTP)) 그리고 에탄올아민 혹은 세린과 같은 물질로 만들어진다.

인체는 주로 간에서 하루 1.5~2.0 g의 콜레스테롤을 합성한다. 복잡한 25단계의 대사과정을 그림 12-14에 요약하였다. 콜레스테롤은 많은 수의 아세틸-CoA분자로 만들어진다. 메발론산, 3-아이소펜테닐 파이로인산, 스쿠알린 등이 중간 대사물이다 .메발론산에서 만들어진 아이소프린(탄소 5개) 6개가 30개의 탄소로 된 스쿠알린 분자를 구성하는데 사용된다. 스쿠알린은 환형성 반응을 통하여 라노스테롤로 변하고, 다음 라노스테롤은 몇개의 추가적 단계를 통하여 콜레스테롤로 변한다. 지방대사는 정상인에 있어서는 탄수화물 대사와 밀접한 상관관계가 있다. 대부분의 기관은 그들의 에너지원으로 지방산이나 탄수화물 둘 다를 사용할 수 있다. 그러나 뇌는 에너지원으로 지방산을 사용할 수 없고, 단지 글루코오스에만 의존한다(혹은 단식기간 동안에서 케톤체). 단식과 같은 심한 대사 충격기간 동안에는 지방산의 일부가 에너지 생성을 위해 케톤체로 만들어진다.

연습 문제

1. palmitic acid가 이산화탄소와 물로 완전 산화시 acyl-CoA synthetase는 몇 번 관여하는가?
① 1번 ② 2번 ③ 3번
④ 4번 ⑤ 5번

2. 카일로마이크론(chylomicrons)의 구성물질은?

가. phospholipid	나. apoprotein
다. triglyceride	라. cholesterol

① 가 나 다 ② 가 다 ③ 나 라
④ 라 ⑤ 가 나 다 라

3. 사슬이 긴 지방산 β-산화의 첫 단계는 마이토콘드리아 밖에서 일어나며 더 산화되기 위하여 마이토콘드리아 matrix 안으로 들어가야 한다. 이 이동에 필요한 물질은?
① creatine ② ornithine ③ carnitine
④ t-RNA ⑤ glycine

4. 지방산 활성화에 필요한 효소로 옳은 것은?
① fatty acyl-CoA dehydrogenase
② fatty acyl-CoA synthetase
③ enoyl-CoA hydratase
④ hydroxyacyl-CoA dehydrogenase
⑤ thiolase

5. 지방산의 β-산화과정에서 탄소 몇 분자씩 산화분해되는가?
① 2 ② 3 ③ 4
④ 5 ⑤ 6

6. 1몰의 stearic acid가 지방산의 β-산화를 거친 후 생성되는 Acetyl-CoA 수는?
① 8 ② 9 ③ 7
④ 6 ⑤ 10

7. 지방산의 β-산화에 관한 설명이다. 옳은 것은?
① acetoacetyl-CoA를 생성한다
② 세포질에서 주로 일어난다
③ β-산화를 하면 지방산은 탄소수가 1개 적은 acyl-CoA가 생성된다
④ 지방산의 활성화단계에서 ATP는 ADP로 전환된다
⑤ 불포화 지방산의 이중결합 cis-형은 trans-형으로 전환된 후 계속 진행된다.

8. fatty acyl-CoA로부터 2-탄소단위의 제거는 다음 4 반응의 연속이다. 순서가 맞는 것은?
① oxidation, dehydration, oxidation, cleavage
② reduction, dehydration, reduction, cleavage
③ dehydrogenation, hydration, dehydrogenation, cleavage
④ hydrogenation, dehydration, hydrogenation, cleavage
⑤ reduction, hydration, dehydrogenation, cleavage

9. 카일로마이크론(chylomicron)이 근육에서 이용되기 위하여 그 내부의 중성지방이 유리지방산으로 분해 될 때 필요한 효소는?
① lipoprotein lipase ② 췌장 lipase
③ acyl-CoA transferase
④ acyl-CoA dehydrogenase
⑤ ligase

10. 불포화지방산의 β-산화는 포화지방산의 β-산화 반응 이외에 보조반응이 필요하다. 이 보조반응은?
① 아미노기전이 반응 ② 축합반응
③ 수화반응 ④ 이성화반응
⑤ 탈탄산화반응

11. linoleic acid(C18:2)의 베타산화(β-oxidation) 시 acyl-CoA 탈수소효소(dehydrogenase)의 작용회수는?
① 9회 ② 8회 ③ 6회

④ 3회 ⑤ 1회

12. 홀수지방산의 베타산화로 생성되는 산물은?

가. acetyl-CoA
나. malonyl-CoA
다. propionyl-CoA
라. NADPH

① 가 나 다 ② 가 다 ③ 나 라
④ 라 ⑤ 가 나 다 라

13. 갈색지방조직(brown adipose tissue)이 흰색 지방조직(white adipose tissue) 보다 ATP 생성이 적은 이유는?

① 혈색소가 많다.
② 산소발생이 적다.
③ 전자전달이 안된다.
④ 마이토콘드리아가 많다.
⑤ 산화적 짝풀림이 풀려있다.

14. 화합물 중 케톤체(ketone body)는?

가. acetoacetate
나. β-hydroxybutyric acid
다. acetone
라. ether

① 가 나 다 ② 가 다 ③ 나 라
④ 라 ⑤ 가 나 다 라

15. 케톤체(ketone body)에 대한 설명은?

가. 산화되면 해롭지 않는 물질로 된다.
나. 굶주리거나 당뇨병환자에게 많이 발생한다.
다. 케톤체는 산성이므로 과량 생성시에는 acidosis를 일으킨다.
라. 케톤체는 주로 근육에서 만들어 진다.

① 가 나 다 ② 가 다 ③ 나 라
④ 라 ⑤ 가 나 다 라

16. 케톤체(ketone body)가 생성되는 조건은?

가. 필수지방산 섭취가 부족할 때
나. 포도당을 과다하게 섭취할 때
다. 식물성 단백질만 섭취할 때
라. 지속적인 기아 상태일 때

① 가 나 다 ② 가 다 ③ 나 라
④ 라 ⑤ 가 나 다 라

17. 동물체내에서 지방산이 합성될 때 이중결합의 생성이 불가능한 곳은?

① 이미 존재하는 이중결합과 맨 끝의 (CH_3^-) 탄소 사이
② 이미 존재하는 이중결합과(COOH)탄소 사이
③ 탄소수 16 이상의 지방산에서 9번 탄소
④ 탄소수 18 이상의 지방산에서 9번 탄소
⑤ 탄소수 18 이상의 지방산에서 9번과 12번 탄소

18. 체내에서 콜레스테롤과 palmitic acid(C16 : 0)합성에 있어서 가장 적합한 전구체는?

① propionic acid ② lecithine
③ butyric acid ④ acetyl-CoA
⑤ cholic acid

19. 세포질에서 해당으로부터 생성된 pyruvic acid가 지방산의 합성에 이용되려면 pyruvate가 일단 마이토콘드리아로 이동된다. 그곳에서 pyruvate는 acetyl-CoA로 되고 이는 다시 ( )로 되어 다시 세포질로 나와 지방산 합성에 이용된다. 괄호안에 들어갈 말은?

① malate ② citrate ③ oxaloacetate
④ pyruvate ⑤ CoA

20. palmitic acid 1분자를 합성할려면 malonyl-CoA는 몇몰이 필요한가?

① 2 몰 ② 6 몰 ③ 4 몰
④ 7 몰 ⑤ 8 몰

21. palmitic acid 1mole이 합성되는데 필요한

연습문제

NADPH의 몰 수는?

① 12 몰 ② 14 몰 ③ 16 몰
④ 16 몰 ⑤ 18 몰

22. 지방산 합성에 관련이 있는 것은?

가. NADPH 나. acetyl-CoA
다. malonyl-CoA 라. ACP 단백질

① 가 나 다 ② 가 다 ③ 나 라
④ 라 ⑤ 가 나 다 라

23. 다음 아래 표는 지방산의 분해와 합성의 차이를 비교하였다. 틀린 것은?

분 해	합 성
① acetyl-CoA를 생성한다.	acetyl-CoA를 필요로 한다.
② niacin을 필요로 한다.	biotin을 필요로 한다.
③ NADH와 ATP가 생성된다.	NADPH와 ATP가 요구된다.
④ 세포질에서 일어난다.	마이토콘드리아에서 일어난다.
⑤ 각각 분리된 효소가 관여한다.	multienzyme 복합체가 관여한다.

24. prostaglandin의 생합성에 이용되는 지방산은?

① stearic acid ② oleic acid
③ linoleic acid ④ palmitic acid
⑤ arachidonic acid

25. cholesterol 생합성의 중간 생성물이 아닌 것은?

① acetoacetyl-CoA ② HMG-CoA
③ squalene ④ malonyl-CoA
⑤ mevalonic acid

26. 콜레스테롤(cholesterol)분자의 탄소는 무엇으로부터 유래되는가?

① vitamin ② acetyl-CoA
③ bile acid
④ glucogenic amino acid
⑤ glutathione

27. 콜레스테롤 생합성 중간과정에서 처음으로 스테로이드(steroid)의 환상구조가 형성되는 것은?

① HMG -CoA ② mevalonic acid
③ squalene ④ lanosterol
⑤ desmosterol

28. 콜레스테롤(cholesterol)의 분해산물을 열거하였다. 옳은 것은?

가. cholic acid 나. choline
다. chenodeoxycholic acid
라. mevalonic acid

① 가 나 다 ② 가 다 ③ 나 라
④ 라 ⑤ 가 나 다 라

29. LDL 수용체를 통해 콜레스테롤이 세포내로 들어오면 활성이 억제되는 효소는?

① HMG-CoA reductase
② HMG-CoA synthase
③ mevalonate kinase
④ squalene epoxidase
⑤ lanosterol cyclase

30. cyclooxygenase의 관여로 생성되는 물질은?

① cholesterol
② prostaglandin
③ cholic acid
④ arachidonic acid
⑤ estrogen

정답 : 1 ① 2 ⑤ 3 ③ 4 ② 5 ① 6 ② 7 ⑤ 8 ③ 9 ① 10 ④ 11 ③ 12 ② 13 ⑤ 14 ① 15 ① 16 ④ 17 ① 18 ④ 19 ② 20 ④ 21 ② 22 ⑤ 23 ④ 24 ⑤ 25 ④ 26 ② 27 ④ 28 ② 29 ① 30 ②

용어해설

1. 과지단백 혈증(hyperlipoproteinemia) : 혈액의 지단백질 수준이 지나치게 높은 상태를 말한다.

2. 연동(peristalsis) : 소장의 내용물을 운반하거나 혼합시키는 운동의 일종을 말함.

3. 유미뇨증(chyluria) : 요관과 소장의 임프계가 비정상적으로 연결되어, 지질 흡수 저해로 인하여 지방산뇨를 배설하는 증상

4. 카이로마이크론 : 지방을 소화할 때, 혈액 중에서 발견되는 유미화한 지방소체로서 트라이글리세라이드, 인지질, 콜레스테롤 에스터, 특수 단백질이 모여 큰 구상을 형성한 것을 말함.

5. 지방산 생합성 : 간이나 지방조직에서 지방산의 생합성이 일어나며 아세틸-CoA가 기본물질이 되어 여러 반응 단계를 거쳐 지방산이 생합성됨.

6. 지방산의 β-산화 : 지방산-CoA분자가 아세틸-CoA, $FADH_2$, NADH등을 생성하면서 한번에 탄소 2개씩 순차적으로 분해되는 과정

7. 지방조직 : 이 조직의 구성 세포 내에는 많은 트라이글리세라이드를 내포한 공포가 들어 있으며, 에너지 저장을 위하여 피하, 혈관주위, 장기에 많이 분포되어 있는 조직

8. 지방흡수 불량 : 지방설사가 일어나는 질환을 말하며, 소장의 트라이글리세라이드의 분해와 점액세포의 결함이나 지질의 흡수 전달에 관여하는 기관의 연결 잘못으로 일어난다.

9. 탄산화 반응 : 기질 물질에 CO_2를 첨가하는 반응으로 지방 합성 과정에서는 아세틸-CoA의 메틸기에 CO_2기를 첨가하는 반응이 일어난다.

10. 필수지방산 : 리롤레산와 리롤렌산를 말하는데 인체 내에서 합성되지 못하기 때문에 외부에서 섭취하여야 하는 지방산이다.

11. 지방산 합성효소 복합체 : 세포질에 들어 있는 다중 효소 복합체로 존재 지방산을 합성하는 여러 효소가 결합되어 있다.

12. 케톤체 : 단식이나 당뇨병인 경우 간에서 생성되는 아세토아세트산나 β-하이드록시부티르산 등을 말함.

13. 케톤증 : 과잉의 케톤체가 소변으로 배설되거나, 아세톤으로 분해되어 숨쉴 때 아세톤이 배출되는 상태를 말함.

| 제13장 |

아미노산 대사

Amino Acid Metabolism

단백질은 아미노산이 펩타이드 결합으로 연결된 폴리펩타이드이므로 위와 소장에서 가수분해 되어 아미노산으로 된 다음 체내에 흡수된다. 흡수된 아미노산은 퓨린이나 피리미딘 등의 핵산염기나 헴, 그리고 조직단백질 합성에 이용된다. 간에서 아미노산의 아미노기는 아미노기 전이반응으로 α-케토산에 전이되어 새로운 아미노산을 만들거나 요소로 되어 배설된다. 아미노산의 카복시기는 탈탄산반응으로 이산화탄소로 제거되고 나머지 아민화합물은 폴리아민이나 신경전달물질로 된다. 그리고 아미노산의 탄소골격부분은 당질, 지질의 합성에 이용되거나 TCA 회로의 중간 대사물질로 되어 에너지 대사에 이용된다. 일단 아미노산에서 α-아미노기를 제거하면 나머지 탄소 골격은 효소촉매 반응에 의해 아세틸-CoA, 파이루브산, 혹은 옥살로아세트산, α-케토글루타르산, 석시닐-CoA 등으로 된다. 아미노산 분해대사의 이와 같은 대사산물은 탄수화물이나 지방과 같이 TCA 회로의 연료가 되어 ATP합성을 위한 NADH, FHDH$_2$를 생성시킨다. 또한 아미노산은 아세틸-CoA나 파이루브산, 혹은 TCA 회로의 중간 대사물로 분해되기 때문에, 이러한 분해산물은 많은 다른 세포 구성 성분의 전구물로서 이용된다. 예를 들면, 아세틸-CoA는 지방산을 만드는데 이용되고, 파이루브산 등은 글루코오스를 만드는데 사용된다.

아미노산 대사는 극히 복잡하기 때문에 20개의 서로 다른 아미노산의 분해와 합성을 고려하여야 한다. 어떤 경로는 아주 단순하여 한 두 개의 효소만이 관여하는 아미노산이 있는가 하면, 10단계 이상의 반응을 거쳐 대사되는 아미노산도 있다.

이 장에서는 단백질이 어떻게 유리 아미노산으로 분해 되는가 또한 아미노산이 혈액내로 어떻게 운반되는 가에 대하여 설명한다. 다음에 세포가 어떻게 아미노산으로부터 α-아미노기를 분리시켜 요소회로에 의하여 질소를 배설하는가에 대하여 설명한다. 또한 아미노산의 분해와 합성대사에 관해 간략히 기술한다.

13.1 단백질 소화와 아미노산 운반

단백질을 섭취하면 위는 위액 분비를 시작한다. 위액 분비로 산도가 증가하여 위액 중의 단백질 분해 효소원(zymogen)인 펩시노젠(pepsinogen)이 위산의 H^+에 의해 제한적으로 분해되어 활성형의 펩신이 되면 산성영역(pH 1~2)에서 단백질이 소화되기 시작한다.

펩신은 케라틴(keratin), 견피브로인(silk fibroin),뮤신(mucin), 오브알부민(ovalbumin) 등은 소화할 수 없으나 글로부린(globulin), 알부민, 헤모글로빈, 카제인 등은 대부분 소화한다. 일

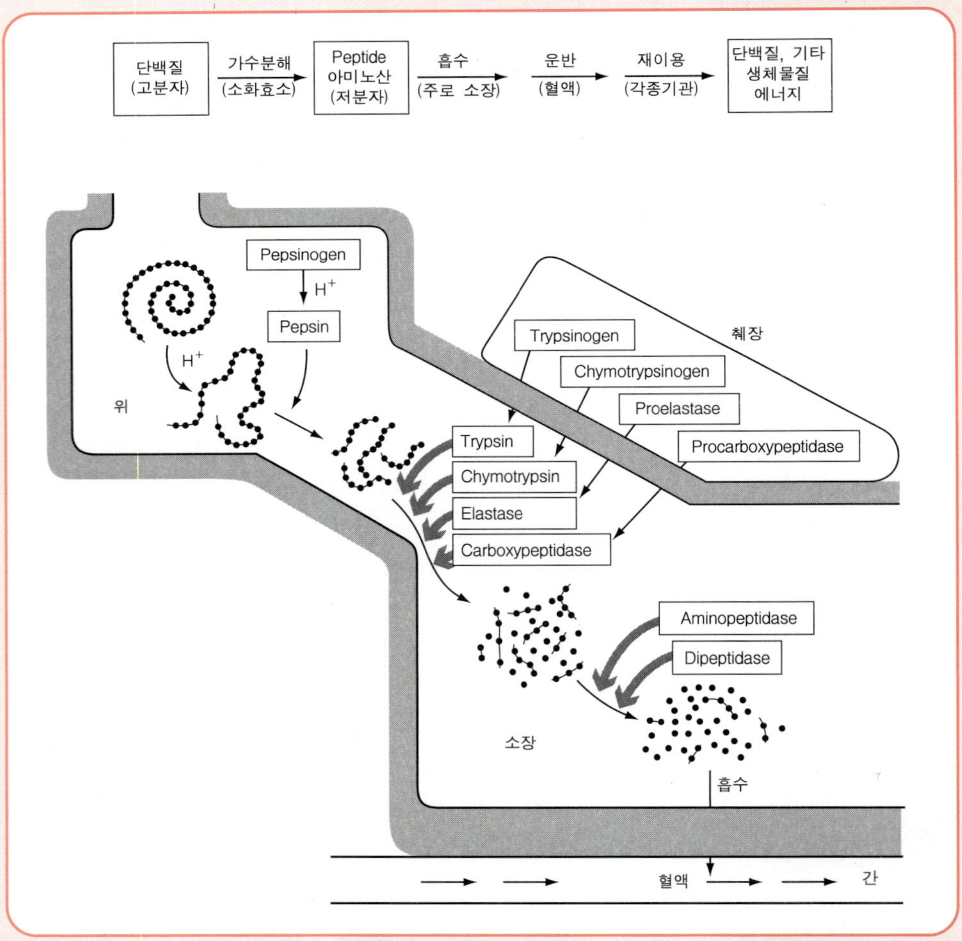

그림 13-1 단백질의 소화

부 소화된 단백질이 십이지장으로 운반되면 pH 7~8로 중화되며 췌액의 분비를 자극한다.

췌액 중의 트립시노젠(trypsinogen)은 소장에서 분비된 엔테로키네이스(enterokinase)에 의해 활성형의 트립신이 되고 활성화된 트립신은 카이모트립시노젠(chymotrypsinogen), 프로카복시펩티데이스(procarboxypeptidase), 프로에라스테이스(proelastase) 등의 효소원을 각각 활성형의 카이모트립신(chymotrypsin), 카복시펩티데이스(carboxypeptidase), 에라스테이스(elastase)로 전환되어 단백질을 소화한다. 이들 단백질 소화효소는 단백질 내의 특정부위의 펩타이드 결합을 가수분해하며 그 기질특이성을 표 13-1에 나타내었다.

펩신, 트립신, 카이모트립신 등은 단백질을 펩타이드로 가수분해하는 엔도펩티데이스(endopeptidase)들이고 아미노펩티데이스(aminopeptidase), 카복시펩티데이스(carboxypeptidase)는 펩타이드를 아미노산으로 가수분해하는 엑소펩티데이스(exopeptidase) 들이다. 단백질이 아미노산으로 가수분해 되면 소장에서 흡수되어 혈관으로 들어가고 문맥을 거쳐서 간장에 이른다. 최근에 다이펩타이드(dipeptide)나 트리펩타이드(tripeptide) 형으로 단백질 가수분해물의 70~80%가 소장에서 흡수되고 혈류 중에서 아미노산으로 된다는 것이 밝혀졌다.

표 13-1 위장에서의 단백질 가수분해 효소의 특이성

효 소	단백질 내의 peptide 결합의 분해 지점
Trypsin	R_1 = Arg 혹은 Lys R_2 = 어떤 아미노산 잔기라도 가능
Chymotrypsin	R_1 = 방향족 아미노산(Phe, Tyr, Trp) R_2 = 어떤 아미노산 잔기라도 가능
Carboxypeptidase A	R_1 = 어떤 아미노산 잔기라도 가능 R_2 = Arg, Lys, 혹은 Pro 제외한 어떤 C-말단 잔기라도 가능
Elastase	R_1 = 하전하지 않은 잔기(중기 잔기) R_2 = 어떤 아미노산 잔기라도 가능
Aminopeptidase	R_1 = Polypeptide 사슬의 대부분의 N-말단 잔기 R_2 = Pro를 제외한 어떤 잔기라도 가능
Pepsin	R_1 = Trp, Phe, Tyr, Met, Leu R_2 = 어떤 아미노산 잔기라도 가능

주 :

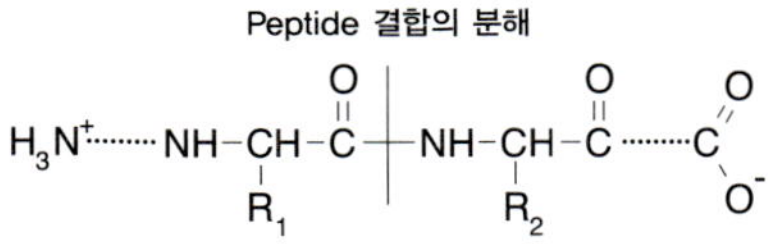

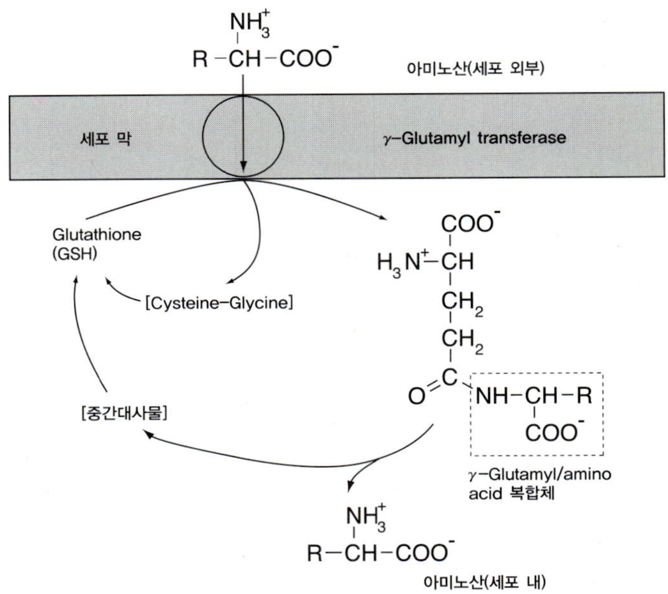

그림 13-2 아미노산 운반을 위한 γ-glutamyl 회로

소장 점막세포에는 존재하지 않는 또 다른 전달계는 γ-글루타밀(glutamyl) 회로로 알려져 있다. 이 회로는 아미노산을 혈액에서 체내의 여러 기관으로 운반한다. 그림 13-2에 글루타밀 회로를 나타내었다. γ-글루타밀 전이효소(glutamyl transferase)라 부르는 막 결합 효소가 아미노산을 세포막을 통과하여 세포내로 운반한다. 이 효소는 글루타싸이온(glutathione, GSH)이라 부르는 물질을 이용한다.

글루타싸이온은 아미노산 운반시 γ-글루타밀(glutamic acid) 잔기를 공급한다. 아미노산이 γ-글루타밀 잔기에 결합되어, 이 γ-글루타밀/아미노산 복합체는 세포질 속으로 운반된다. 세포질에서는 아미노산이 γ-글루타밀 잔기에서 분리되고, γ-글루타밀 잔기는 다시 글루타싸이온을 만드는데 재사용된다.

지금까지는 식이성의 단백질에 대하여 살펴보았지만 인체는 조직 단백질에서부터 아미노산을 재사용할 수 있다. 사실 인체의 조직은 계속적으로 대사회전(turning over)을 하고 있다. 조직 단백질이 합성되고, 일정한 수명을 가진 후에는 분해되어 아미노산으로 되돌아간다. 또한 새로운 아미노산이 합성된다(주로 간에서). 간장으로 운반된 각종 아미노산은 아미노산 풀(pool)을 형성하여 그림 13-3과 같은 경로를 거친다.

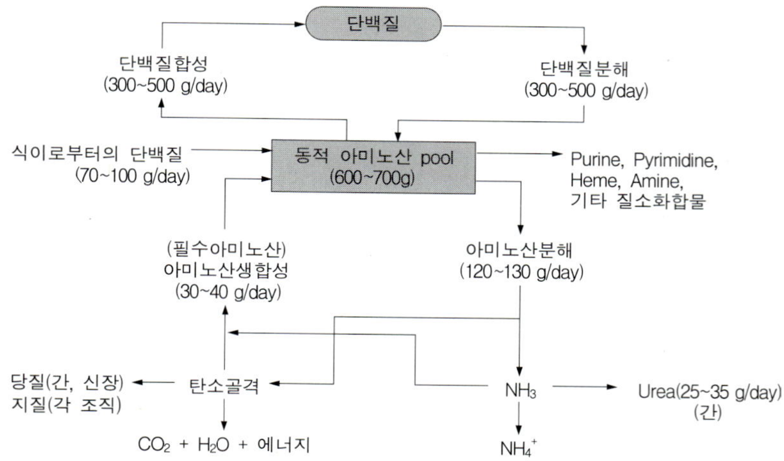

그림 13-3 아미노산의 공급과 이용

(1) 단백질 재합성

아미노산은 간장에서 단백질로 재합성되어 효소, 호르몬(somatomedin), 혈장단백질(albumin, globulin, fibrinogen 등)이나 혈액응고인자(prothrombin, proaccelerin, proconvertin, Christmas 인자 등) 등의 보급과 유지에 이용된다.

(2) 당신생과정, 지질합성

아미노산의 일부는 간에서 암모니아와 탄소골격으로 분해된다. 암모니아는 요소로 합성되어 요를 통해 배설되고 탄소골격 부분은 당질(glucose를 거쳐 glycogen)이나 지질(지방산, triacylglycerol, cholesterol, ketone체, 담즙산, VLDL, HDL 등)로 전환된다. 간의 특유한 반응에는 요소합성, 피리미딘(pyrimidine) 합성, 당신생과정, 케톤체 생성, 담즙산 생성, 지단백질 합성 등이 있다. 또 요산 합성, 크레아틴 합성, 헤모글로빈으로부터 담즙색소의 합성도 간에서 일어난다.

(3) 간을 통과하여 각 조직에서 이용

일부 아미노산은 그대로 간을 통과하여 주로 뇌와 근육으로 들어가 분해된다. 이 때 생성된 암모니아가 글루탐산과 결합하여 글루타민으로 되어 신장으로 운반되면 요중에 NH_4^+형으로 배설된다. 사람 혈장 중의 아미노산 질소는 공복시 3~5.5 mg/dℓ, 단백질 섭취 후 5~9.5 mg/dℓ이다.

13.2 아미노기의 분해

아미노산은 산화적 분해를 통해 상당량의 대사 에너지를 세포에 제공한다. 아미노산은 분해에 앞서 $-NH_2$기를 제거해야 하는 점에서 탄수화물과 지방의 분해와 다르다. 아미노산이 식이성 단백질 또는 조직 단백질로부터 유래하든 간에 아미노산의 분해로부터 발생하는 대사에너지는 생명체의 종류와 대사 상태에 따라 크게 변한다.

일반적으로 동물에서 아미노산의 분해는 3개의 공통적인 반응단계를 거친다.

1. 아미노기가 NH_3 또는 아스파르트산의 $-NH_2$기로 전환되는 탈아미노화(deamination)반응
2. NH_3 와 아스파르트산 질소가 요소로 편입
3. 탈아미노화 반응에 의해 형성된 α-케토산의 대사 중간물질(예: 피루브산, 아세트산, 옥살로아세트산, α-케토글루타르산 등)로의 전환.

아미노산 분해 경로는 대부분의 생물에서 거의 유사하고 탈아미노화 반응을 통해 형성된 NH_4^+는 요소회로로 진입하여 요소를 생산하는 한편, α-케토산은 구연산회로로 진입하여 옥살로아세트산과 포도당을 생산한다.

13.2.1 아미노기의 대사 운명

대부분의 아미노산은 간에서 대사되고 아미노산의 $-NH_2$기를 제거하는데, 아미노기 교환 또는 아미노기 전달(transamination) 반응과 산화적 탈아미노화(oxidative deamination) 반응이 관여한다. 대부분의 아미노산은 아미노기 전달효소(aminotransferase 또는 transaminase)에 의해 촉매되는 아미노기 교환 반응(아미노산의 $-NH_2$기를 α-케토산에 전달하여 새로운 아미노산과 원래의 아미노산으로부터 α-케토산을 합성하는 반응)에 의해 탈아미노화된다. 강력한 $-NH_2$기 수용체는 α-케토글루타르산이고 새로운 아미노산으로 글루탐산을 합성한다.

$$\text{아미노산} + \alpha\text{-케토글루타르산} \rightleftharpoons \alpha\text{-케토산} + \text{글루탐산}$$

다음에는 글루탐산의 $-NH_2$기가 두번째 아미노기 교환 반응에서 옥살로아세트산에 전달되어 아스파르트산을 합성한다.

$$\text{글루탐산} + \text{옥살로아세트산} \rightleftharpoons \alpha\text{-케토글루타르산} + \text{아스파르트산}$$

탈아미노화 반응은 글루탐산 탈수소효소(glutamate dehydrogenase)에 의한 글루탐산의 산화적 탈아미노화를 통해 일어나고 이 과정에서 NH_4^+가 발생한다. 이 반응은 NAD^+ 또는 $NADP^+$를 산화제로 사용하고,

$$\text{글루탐산} + NAD(P) + H_2O \rightleftharpoons \alpha\text{-케토글루타르산} + NH_4^+ + NAD(P)H$$

그 다음 아미노기 교환 반응을 위해 사용할 α-케토글루타르산을 재 생산한다.

(1) 아미노기 전이반응

탈아미노 반응의 가장 중요한 형태 중의 하나가 아미노기전이 효소(transaminase)라는 효소들에 의해 일어나는 아미노기 전이반응(transamination)이다. 이 아미노기전이 효소들은 아미노산의 α-아미노기를 α-케토산에 전달하여 새로운 아미노산을 생성한다. 아미노기 전이효소는 탈아미노 반응과 아미노화 반응을 동시에 촉매한다. 이 반응은 가역적으로 다음과 같다.

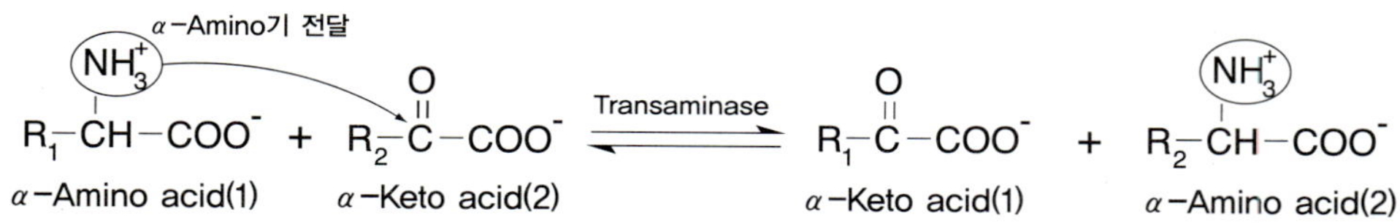

많은 아미노기 전이효소가 여러 조직에 존재하고 있다. 아스파트산 아미노기전이효소(aspartate aminotransferase(AST), glutamate- oxaloacetate transaminase (GOT)라고도 함)와 알라닌아미노기전이효소(alanine aminotransferase(ALT), glutamate-pyruvate transaminase(GPT)라고도 함) 등은 중요한 아미노기 전이효소 이다. 아스파트산 아미노기 전이효소는 아스파트산의 α-아미노기를 α-케토글루타르산(TCA 회로의 중간 대사물)에 전달한다. 그래서 글루탐산은 α-케토글루타르산의 아민화로 만들어진다. 탈아미노된 아스파트산은 옥살로아세트산(OAA, TCA 회로의 중간 대사물)을 생성한다. 이 반응은 가역적이다.

$$\text{L-Alanine} + \alpha\text{-Ketoglutarate} \xleftrightarrow{\text{Alanine transaminase}} \text{Pyruvate} + \text{L-Glutamate}$$

$$\text{L-Aspartate} + \alpha\text{-Ketoglutarate} \xleftrightarrow{\text{Aspartate transaminase}} \text{Oxaloacetate} + \text{L-Glutamate}$$

$$\text{L-Leucine} + \alpha\text{-Ketoglutarate} \xleftrightarrow{\text{Leucine transaminase}} \alpha\text{-Ketoisocaproate} + \text{L-Glutamate}$$

$$\text{L-Tyrosine} + \alpha\text{-Ketoglutarate} \xleftrightarrow{\text{Tyrosine transaminase}} p\text{-Hydroxyphenylpyruvate} + \text{L-Glutamate}$$

모든 아미노기 전이효소는 효소의 조효소로 피리독살 인산(pyridoxal phosphate, PALP 또

는 PLP)를 요구한다. 피리독살 인산은 비타민 피리독신(pyridoxine, 비타민 B_6)으로부터 유도된다. 피리독신과 피리독살 인산의 구조는 다음과 같다.

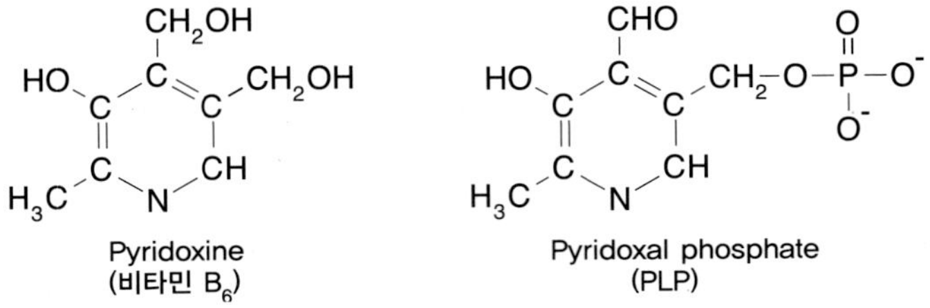

피리독살 인산은 아미노기 전이효소의 활성 부위에 결합해 있으며 기질인 아미노산의 α-아미노기가 여기에 결합한다. 반응결과 쉬프 염기(Schiff base)가 형성된다(즉 -HC=N- 결합구조).

아스파트산 아미노기 전이효소((AST)와 알라닌 아미노기 전이효소 (ALT)는 특히 임상적으로 중요하다. 이 효소들은 세포의 세포질과 마이토콘드리아에 존재한다. 표 13-2에서 보는 바와 같이 여러 기관에 이 효소들이 다양한 양으로 내포되어 있다. 특정 기관의 조직이 손상을 받으면 세포가 분해되어 AST와 ALT가 세포로부터 혈액으로 방출된다. 그러므로 이 효소들의 활성도의 증가를 혈액을 분석하여 감지할 수 있다. 예를 들어 심근 조직에는 AST의 함유량이 매우 높으며 심근 경색증(심장마비)이 원인이며 혈청내의 AST 농도가 증가한다. 심장마비가 일어난 후 24~36 시간 사이에서 AST의 농도가 가장 높게 나타나며 혈청 효소 활성이 비정상적으로 높게 나타나면 심장마비의 위험성이 있다.

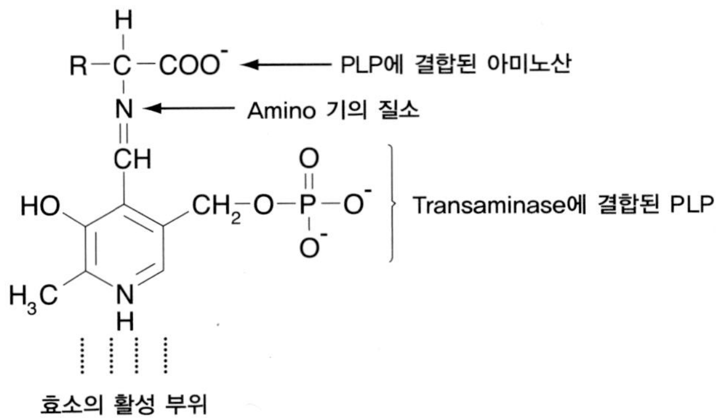

이것은 혈청 락트산 탈수소효소(LDH)의 동위효소(제7장 참조)의 작용과 유사하다. 심근경색 이외의 다른 질병상태에 있어서도 아미노기 전이효소의 농도가 높아진다. 예를들면, 심근경색(AST증가), 바이러스 간염(AST증가) 등을 볼 수 있다.

표 13-2 여러 기관에서의 transaminase의 활성도

기관	AST	ALT
심장	156	7
간	142	44
골격근	99	5
콩팥	91	19
혈청	0.02	0.02

주의 : AST=Aspartate aminotransferase, glutamate-oxaloacetate transaminase(GOT)로 알려져 있음. ALT=Alanine aminotransferase, glutamate pyruvate transaminase(GPT)로 알려져 있음. 위의 단위는 $\times 10^{-4}$/g(생체조직의 무게)

(2) 산화적 탈아미노화

간세포에서 글루탐산은 세포질로부터 미토콘드리아로 수송되어 미토콘드리아 지질에서 글루탐산 탈수소효소(glutamate dehydrogenase)에 의해 산화적 탈아미노화(oxidative deamination)된다. 글루탐산 탈수소효소는 NAD^+ 또는 $NADP^+$를 산화-환원 조효소로 사용할 수 있는 유일한 효소이다. 산화 반응은 글루탐산의 C_α로부터 수소 음이온(H^-)이 $NAD(P)^+$로 전달됨으로써 일어나고, 그 결과 α-아미노글루타르산(α-iminoglutarate)을 형성한다. α-아미노글루타르산은 α-케토글루타르산과 NH_4^+로 가수분해 된다(그림 13-4). 입체성 다른자리효소인 글루탐산 탈수소효소는 GTP, NADP, 팔미토일-CoA와 스테로이드 호르몬에 의해 억제되고 ADP, NAD^+와 류신에 의해 활성화된다.

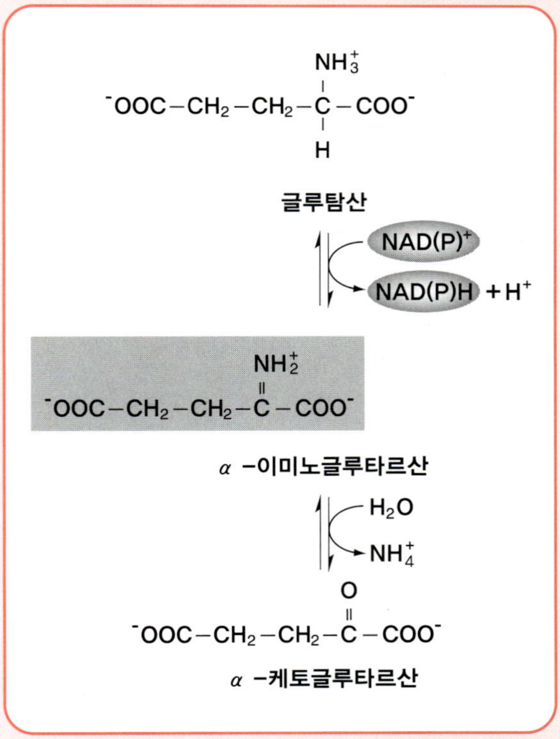

그림 13-4 글루탐산 탈수소효소에 의해 촉매되는 글루탐산의 산화적 탈아미노화

13.3 아미노산의 탈탄산 반응

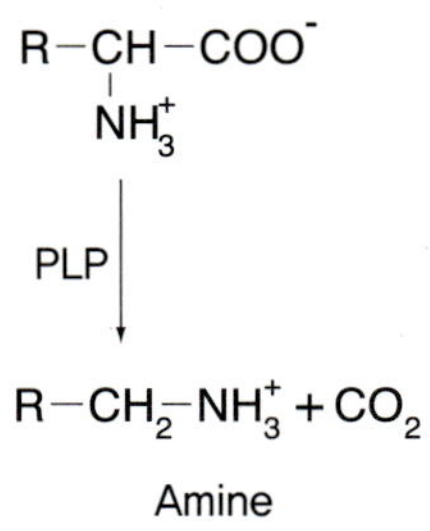

여러 동물 조직에는 아미노산 탈탄산 효소(amino acid decarboxylase)가 들어 있으며 이들은 아미노산에서 CO_2를 방출시켜 탈탄산 반응(decarboxylation)을 일으킨다. 즉, 탈탄산 효소(decarboxylase)는 α－아미노산을 아민으로 변하게 하고, CO_2를 방출한다.

장내 세균의 작용으로 아미노산이 탈탄산 반응으로 독성의 아민이 생성된다. 또한 이 탈탄산 반응으로 생성된 아민은 여러 가지 약리작용을 가질 뿐만 아니라 호르몬의 전구물질과 또 다른 생리학적으로 중요한 물질로서의 역할도 한다. 몇 가지 아미노산의 탈탄산 반응 생성물과 그 의의를 보면 표 13－3와 같다. 이 때 조효소로서 피리독살 인산이 필요하다(표 13－5).

표 13－3 아미노산의 탈탄산 반응 생성물질

아미노산	탈탄산 생성물(아민)	존재와 의의
Histidine	Histamine	혈관 투과성 증대물질
Tyrosine	Tyramine	혈압상승(동물조직)
Glutamic acid	γ－Aminobutyric acid	억제성 신경전달물질
Aspartic acid	β－Alanine	Coenzyme A의 구성성분
Tryptophan	Tryptamine	－
5－Hydroxytryptophan	Serotonin	평활근 수축
	Melatonin	송과체 호르몬
Serine	Ethanolamine	Phosphatidic acid 구성성분
Lysine	Cadaverine	세균(어류 및 육류의 부패독)
Ornithine	Putrescine	세균(어류 및 육류의 부패독)
DOPA	Dopamine	Adrenaline의 전구물질

13.4 요소 회로(urea cycle)

아미노산의 α－아미노기는 (1) 특정 탈아미노 반응에 의하여 유리 암모니아(NH_3 혹은 NH_4^+)로 떨어져 나가거나, 혹은 (2) 아미노기 전이반응에 의하여 α-keto 산에 전달된다. 암모니아(실제는 NH_4^+이온)는 뇌세포에 심한 독이 된다. 따라서 체외로 배설되기 전에 독이 없는 물질로 전환되어져야만 한다. 그림 13-4와 같이 각 조직에서 암모니아를 제거하는 방법은 글루타민과 같은 아민을 생성하는 것, 요소 회로에서 요소로 합성, α-keto 산에서 아미노산 합성, 직접 배설하는 방법 등이 있다.

표 13-4 PLP를 필요로 하는 효소들

1. Transaminase
2. Decarboxylase
3. Racemase
4. Thiokinase
5. Dehydrase
6. Deaminase 등

첫째, 암모니아는 주로 글루타민과 알라닌에 결합되어 혈액을 통하여 운반된다. 글루타민의 합성은 다음 반응과 같다.

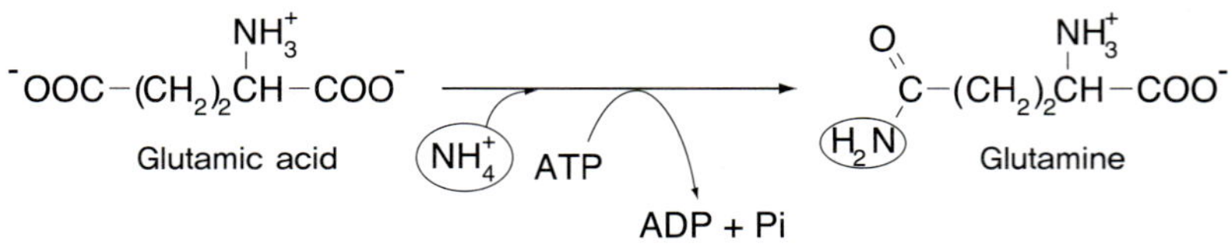

그러므로, 글루타민과 알라닌은 암모늄 이온의 전달체로 작용한다.

둘째, 글루타민은 글루타미네이스(glutaminase, 간이나 콩팥 세포에 존재)에 의하여 아미노기가 떨어져 유리 암모니아(NH_4^+)와 글루탐산을 생산한다. 유리 암모니아는 간에서 요소로 합성된다. 마지막으로, 요소는 간에서 콩팥으로 운반되어 소변으로 배설된다.

셋째, 알라닌은 암모니아를 독성이 없는 형태로 간으로 수송하는 특별한 역할을 한다. 근육은 다른 조직과 마찬가지로 아미노산의 분해 과정에서 암모니아를 생성한다.

그림 13-4에 말초조직에서 생성된 아미노산 질소의 배설에 관여하는 중요한 단계를 요약하였다.

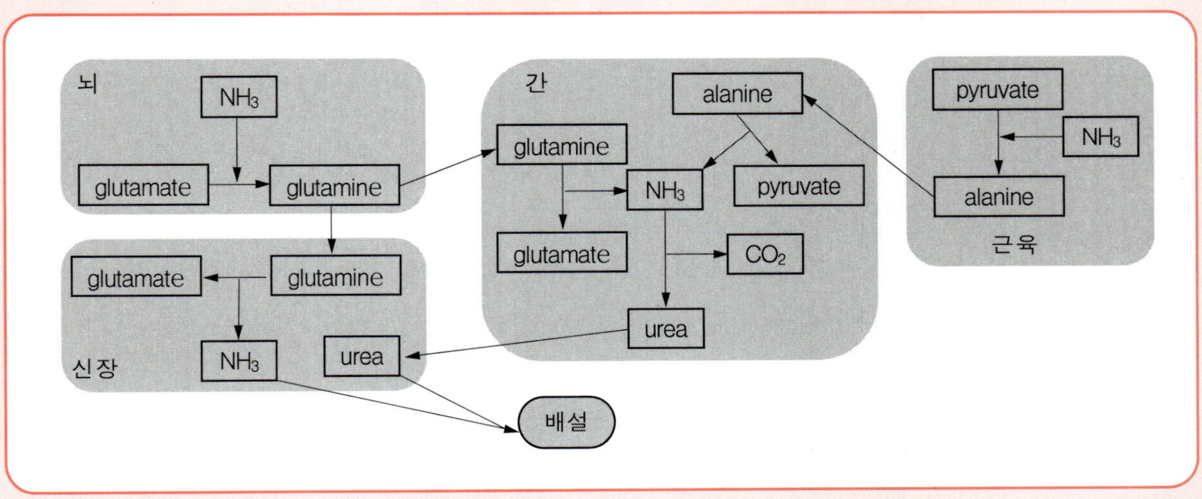

그림 13-4 아미노산 질소의 배설에 관한 개요

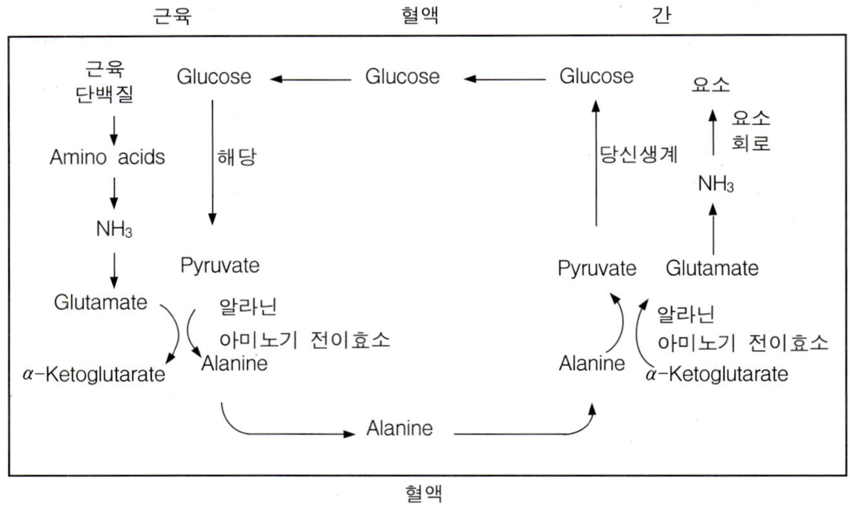

이 회로는 다음과 같은 두 가지 방식으로 작용한다. (1) 아미노기를 골격근에서 간으로 운반하여, 여기에서 요소로 변화시킨다. (2) 간에서 알라닌의 탄소골격으로부터 생성된 혈당(glucose)을 활동하고 있는 근육에 제공한다.

그림 13-5 글루코오스-알라닌 회로

이들로부터 생성된 암모니아는 아미노산인 알라닌에 의해서 간으로 운반되며, 여기에는 글루코스-알라닌(glucose-alanine)회로가 관여한다(그림 13-5).

이 회로에서 암모니아는 글루탐산 탈수소효소에 의하여 글루탐산의 아미노기로 변환된다.

$$NH_4^+ + \alpha\text{-ketoglutarate}^{2-} + NADPH + H^+ \longrightarrow \text{glutamate} + NADP^+ + H_2O$$

이렇게 해서 생성된 글루탐산는 알라닌 아미노기 전이효소의 작용으로 그의 α-아미노기를 파이루브산으로 전달시킨다.

$$\text{Glutamate} + \text{pyruvate} \longleftrightarrow \alpha\text{-ketoglutarate} + \text{alanine}$$

전하를 띠지 않는 중성 아미노산인 이 알라닌은 혈중으로 방출되어 간으로 운반된다. 간에서 알라닌은 알라닌 아미노기 전이효소의 작용에 의해서 그의 아미노기를 α-케토글루타르산으로 전달시켜 글루탐산를 생성한 다음, 글루탐산 탈수소효소의 작용에 의해서 탈아미노화되어 α- 케토글루타르산과 암모니아를 생성한다. 이렇게 해서 생성된 암모니아는 간에서 요소로 변환된다.

요소는 요소 회로를 구성하는 일련의 효소들에 의하여 간에서 만들어진다. 이 중요한 대사 경로는 1932년에 처음으로 H. A. Krebs와 K. Henseleit에 의해 밝혀져 Krebs-Henseleit 회로로도 알려져 있다.

요소 분자는 2개의 아미노기를 가진 단순한 구조를 하고 있다. 이들 아미노기는 아미노산 분해대사에서 온 것이다. 요소 회로를 그림 13-6에서 볼 수 있다. 이 경로에 있어서 중요한 3가지 점을 지적하면 다음과 같다. (1) 이 경로에 관여하는 효소는 서로서로 분리되어 있다. 즉 어떤 반응은 세포질에서 일어나고 또 다른 반응은 마이토콘드리아의 매트릭스에서 일어난다. (2) 이 반응은 에너지의존 반응으로 ATP와 같은 형태의 에너지를 소비해야만 한다. (3) 이 경로는 TCA 회로와 직접적으로 연결되어 있어, TCA 회로의 중간 대사물을 이용한다. 요소 회로의 첫 단계의 반응은 마이토콘드리아의 매트릭스에서 카바모일 인산합성효소(carbamoyl phosphate synthetase)에 의하여 반응이 일어난다. 이 효소는 암모니아(NH_3), 이산화탄소(CO_2), 그리고 물(H_2O) 등이 축합하여 카바모일 인산이라 부르는 불안정한 화합물을 합성한다. 이 반응은 비가역적 반응으로 2ATP 분자를 소비하여야 하는데 다음 식과 같이 요약된다.

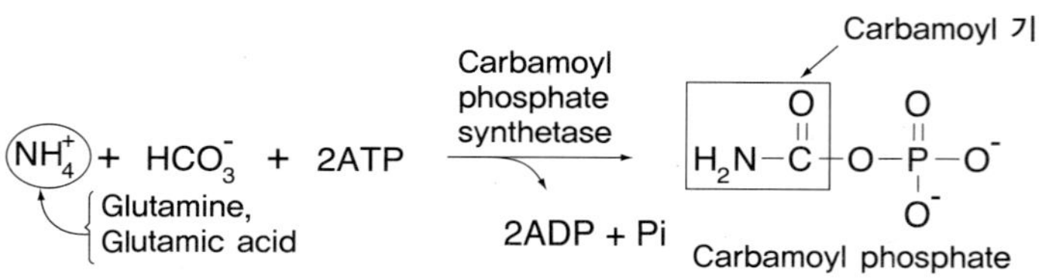

유리 암모니아는 글루타민과 글루탐산(글루탐산 탈수소효소의 작용에 의한 산화적 탈아미노반응을 통하여)에서 온 것이다.

다음에 카바모일기는 오르니틴(ornithine)과 축합하여 시트루린(citrulline)을 만든다. 이 반응은 오르니틴 카바모일 전이효소(ornithine carbamoyl transferase)에 의하여 일어난다. 오르니틴은 세포질에서 생성되어 마이토콘드리아로 운반된다. 일단 시트루린이 마이토콘드리아에 만들어지면 즉시 세포질로 다시 운반된다.

세포질 속의 시트루린은 아스파트산과 축합하여 아지니노석신산(argininosuccinate)를 만든다. 이 반응도 아지니노석신산 합성효소(argininosuccinate synthetase)에 의하여 일어나고, 이때 ATP 분자가 사용된다. 이 단계에서 사용되는 아스파트산은 요소의 두 번째 아미노기 질소를 운반한다. 이 질소는 아스파트산 아미노기 전이효소(aspartate aminotransferase)에 의하여 글루탐산으로부터 아스파트산에 운반된다.

다음은 아지니노석신산이 아지니노석시네이스(argininosuccinase)에 의해 분해되어 아지닌과 푸마르산(TCA 회로 중간대사물)으로 된다. 아지닌은 마이토콘드리아에 있는 유리아미노기 한 개와 아스파트산으로 부터 온 또 다른 하나 등, 2개의 아미노기를 운반한다.

아지네이스(arginase)는 아지닌을 가수분해하여 요소와 오르니틴을 생성한다. 요소는 간에서 나와 혈액을 통하여 콩팥에 운반되며 소변으로 배설된다. 오르니틴은 세포질로부터 마이토콘드

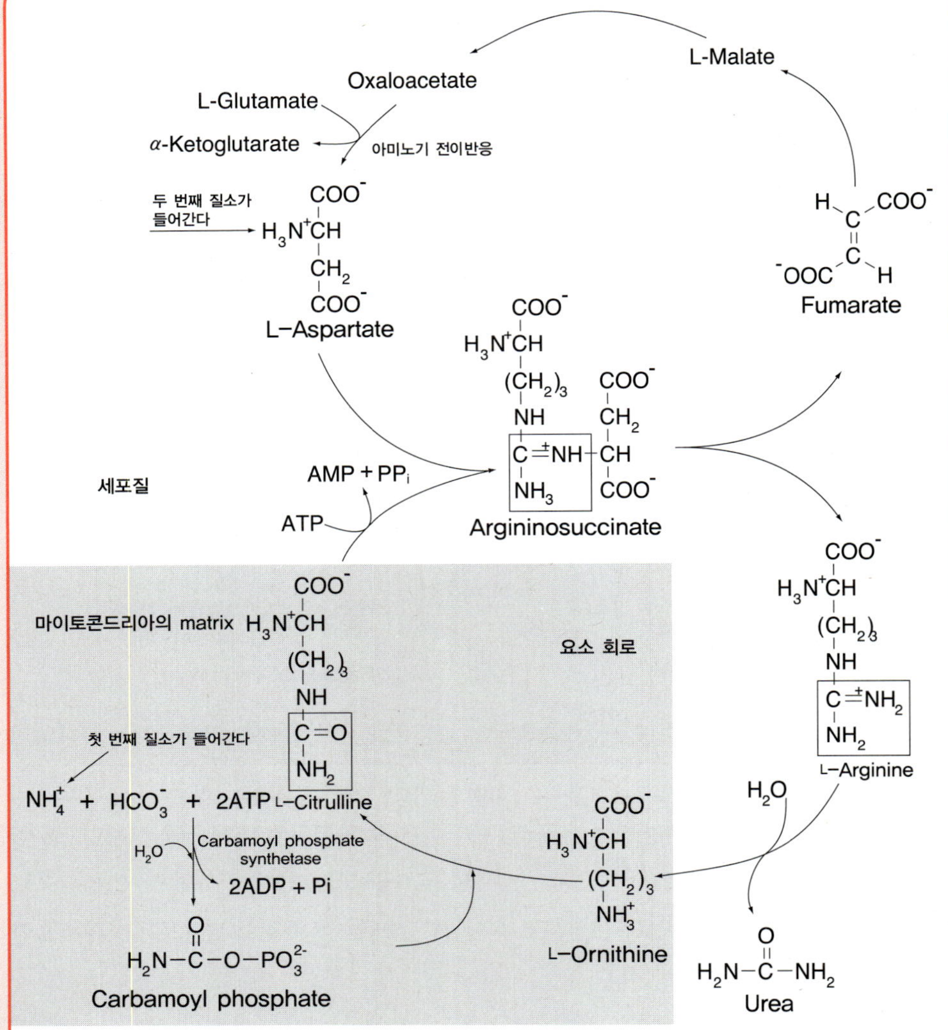

요소 회로의 반응을 촉매하는 효소는 마이토콘드리아와 세포질 사이에 대사적인 협력관계를 이루면서 분포되어 있다. 한 아미노기는 마이토콘드리아 내에서 이 회로에 들어가고, 또 하나는 세포질에서 아스파트산에 의해서 제공된다.

그림 13-6 **요소 회로**

리아로 운반되어 카바모일 인산과 반응한다. 1분자의 요소를 만드는데 고에너지 인산화합물인 ATP 분자 총 4개가 필요하다.

요소 회로는 아지니노석신산 단계에서 푸마르산를 생산하기 때문에 TCA 회로와 연결되어 있다. 이 단계에서 만들어진 푸마르산은 말산으로 전환되고(fumarase에 의하여), 다시 말산은 옥살로아세트산으로 전환된다(malate dehydrogenase에 의하여). 옥살로아세트산은 아스파트산으로 전환 될 수 있고(transaminase에 의하여), 탄소 골격은 TCA 회로를 통해 분해된다.

(1) 암모니아 독성과 고암모니아 혈증

암모니아는 세포에 심한 독성 물질이다. 암모니아의 독성은 글루탐산 탈수소효소에 의해 α-케토글루타르산이 환원적 아미노화반응을 받아, 글루탐산을 생성한다.

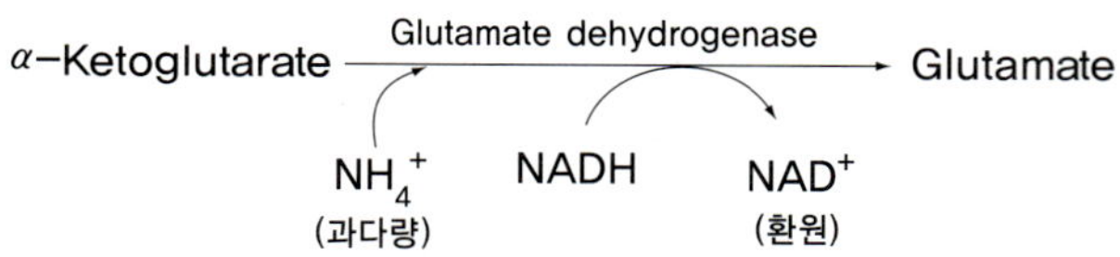

이와 같이, α-케토글루타르산이 글루탐산로 되어버리면, α-케토글루타르산이 고갈되어 TCA 회로가 심한 저해를 받게 되며, NADH와 ATP의 생성도 현저히 감소된다. 특히 뇌세포는 세포적 호흡 저해에 민감하다. 이와 같이 과다한 암모니아(고암모니아 혈증, hyperammonemia)는 특히 중추신경계에 영향을 미친다. 암모니아 독성 증상은 시각이 흐려지고, 언어장해, 기력쇠약, 경련, 간질발작, 혼수 등이 오게되며 결국 사망하게 된다.

고암모니아 혈증은 혈액의 암모니아 수준이 매우 상승하는 증상을 기술하는 임상용어이다. 암모니아의 정상적인 수준은 40~80 mg/100mL 혈액 사이의 값이다. 고암모니아 혈증은 여러 가지 질환에 원인이 있는데, 요소 회로의 특정 효소의 유전적인 결함(즉, 부분적 혹은 완전한 불활성 효소)이 있는 경우와 또한 과도한 간 손상으로 암모니아를 해독할 수 있는 능력이 없을 때 등이다. 요소 회로에 관여하는 특정효소가 유전적인 결함이 있으면 회로의 특정 효소에 부분적인 혹은 완전한 결함이 유발된다. 이것이 회로를 차단시켜 암모니아의 축적이 일어난다. 혼수나 사망은 완전히 차단되었을 때 생긴다. 부분적인 차단의 경우는 정신운동 장애와 연관된 지능 발육 장애, 구토, 발작, 혼수상태 등의 증상이 일어난다.

간 조직에 심한 손상을 받으면 암모니아 해독능력에 저해를 받게된다. 지나친 음주(간경변을 초래, 여러 가지 독성화합물(CCl_4와 같은것)을 섭취하거나 또는 바이러스 간염 등은 중증의 간질환의 원인이 되어 고암모니아 혈증을 일으킨다.

고암모니아 혈증의 치료방법은 (1) 단백질 섭취를 줄이고, (2) 하루에 단백질 섭취량을 적게 나누어 몇번에 걸쳐 섭취(암모니아가 쌓이는 것을 방지하기 위하여), 혹은 (3) 항생제 치료 등이 있다(많은 양의 암모니아를 생산하는 소화관 세균을 저해하는 항생제).

13.5 질소평형

요소는 정상적으로 콩팥에 의하여 체외로 배설된다. 혈액내의 요소의 정상 농도는 15~39 mg 100mL혈액(7~18 mg 요소 질소/100mL 혈액)이다. 혈중 요소 질소(Blood Urea Nitrogen: BUN)란 혈액내에 존재하는 실제 질소의 양을 나타내는데 사용된다.

질소평형(nitrogen balance)이란 섭취질소 총량과 배설질소 총량(대 소변, 피부, 손톱, 발톱, 모발)의 차이를 말한다(그림 13-7). 정상적인 생활을 하고 있는 성인에서는 섭취질소 총량과 배설질소 총량이 같으며 이 경우는 질소평형의 상태이다. 성장기의 어린이, 임산부, 회복기의 환자는 배설질소 총량이 섭취질소 총량보다 작으며 이 경우에는 양(positive)의 질소평형이 된다. 단백질의 섭취부족, 열성질환, 전염병, 소모성 질환 등으로 조직단백질이 분해되거나 화상, 수유, 사망 직전, 갑상선기능 항진 등일 때는 배설질소 총량이 섭취질소 총량보다 많아지며 이 경우에는 음(negative)의 질소평형이 된다.

질소평형에 영향을 주는 인자에는 단백질의 합성을 촉진하는 성장호르몬, 안드로젠(androgen), 인슐린, 갑상선호르몬 등이 있으며 양의 질소평형으로 유도한다. 또 글루코코르티코이드는 단백질의 분해를 촉진하기 때문에 음의 질소평형으로 유도한다.

사람은 단백질을 섭취하지 않는 상태에서도 체내질소를 대 소변, 피부, 손톱, 발톱, 모발 등으로 배설한다. 이것을 불가피 질소손실이라 하며 성인남자의 경우 하루에 체중 1 kg당 대변으로 12 mg, 소변으로 34 mg, 피부와 모발 등으로 1 mg의 불가피 질소손실이 일어난다.

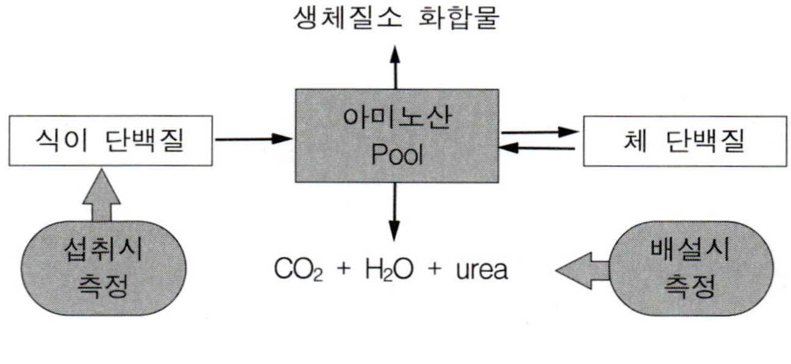

그림 13-7 질소평형(nitrogen balance)

13.6 아미노산 분해대사

아미노산의 합성 및 분해 대사에는 많은 효소반응들이 관여함으로 아주 복잡하여 이들에 대한 설명은 여기에서 상세히 다룰 수가 없다. 그러므로 주요 아미노산의 분해와 합성대사를 요약하고, 어떤 질환 상태에 대한 유전적인 근거를 밝혀 주는 몇 가지 대표적이고 흥미로운 경로를 설명하고자 한다.

앞 절에서 α–아미노산에서 아미노기가 제거되는 단계에 대하여 살펴보았다. 지금은 아미노산의 "탄소골격"에 대하여 설명한다. 간단히 말해서, 20종류의 아미노산은 (1) 파이루브산, (2) 아세틸–CoA, (3) 아세토아세틸–CoA(아세틸–CoA로 분해됨), (4) 여러 TCA 회로의 중간 산물(α–ketoglutaric acid, succinyl–CoA, fumarate, oxaloacetate) 등으로 분해된다. 이들 물질들은 각각 TCA 회로에 직접 들어가 에너지원으로 쓰인다. 그림 13–8은 20가지의 아미노산의 탄소골격의 TCA 회로상 진입 경로를 요약하였다.

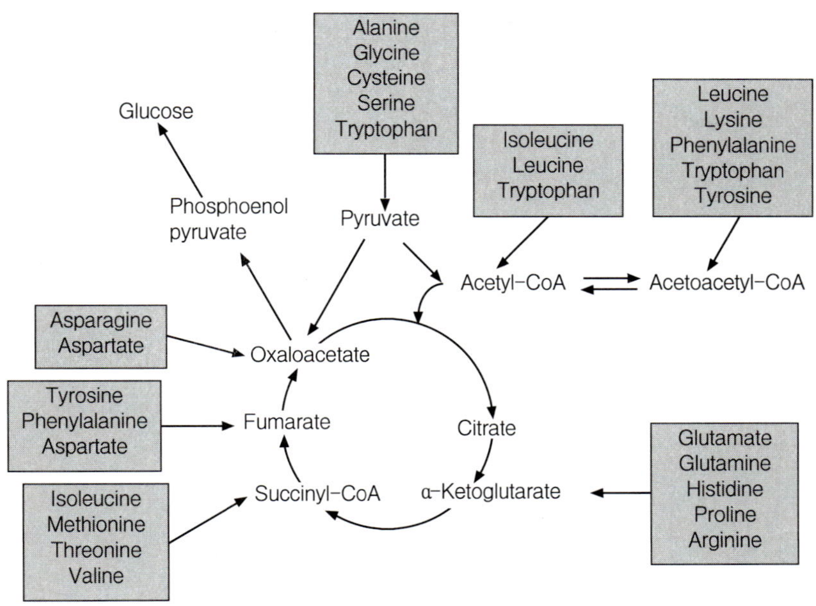

20종류의 아미노산의 탄소 골격의 분해 과정의 요약하였다.

그림 13–8 아미노산 분해대사

파이루브산이나 TCA 회로의 중간 대사물로 분해되는 아미노산은 체내에서 쉽게 글루코오스를 합성하는데 사용될 수 있다. 이와 같은 아미노산을 글루코오스 생성형(glucogenic) 아미노산이라 말한다. 아세토아세틸-CoA나 아세틸-CoA로 분해되는 아미노산은 케톤체(또는 지질)를 만드는데 사용된다. 이와 같은 아미노산을 케톤 생성형(ketogenic) 아미노산이라 말한다. 표 13-5은 20개의 아미노산의 분해경로를 요약하여 분류하였다. 루신과 라이신은 케톤 생성형에 속하는 아미노산이다. 페닐알라닌, 타이로신, 트립토판, 아이소루신 등은 케톤 생성형과 글루코오스 생성형 양쪽성 성질을 다 갖고 있으며 나머지 14개의 아미노산은 글루코오스 생성형에 속한다.

기아상태(탄수화물 섭취가 낮거나 없는 경우)에서는 지방이 동원되고, 지방산은 산화되어 ATP를 생성한다. 또한 케톤체(제12장 참조)가 만들어지고, 뇌의 에너지로 사용된다. 뿐만 아니라 단백질과 아미노산의 분해대사가 크게 증가한다. 소화관과 골격근육의 단백질이 에너지 생성을 위해 아미노산으로 분해된다. 글루코오스 생성형 아미노산의 상당 부분이 당신생 합성에 사용된다. 이것은 뇌에 필요한 적절한 혈당량 수준을 유지시키기 위함이다.

표 13-5 분해경로에 따른 아미노산의 분류

Ketogenic	Ketogenic 및 glucogenic	Glucogenic
Leucine	Iosleucine	Alanine
Lysine	Phenylalanine	Arginine
	Tryptophan	Aspartic acid
	Tyrosine	Asparagine
		Cysteine
		Glutamic acid
		Glutamine
		Glycine
		Histidine
		Methionine
		Proline
		Serine
		Threonine
		Valine

(1) 방향족 아미노산 대사

페닐알라닌과 타이로신의 분해경로를 자세히 설명하면 그림 13-9와 같이 페닐알라닌은 먼저 페닐알라닌 4-모노옥시제네이스(monooxygenase)에 의하여 타이로신으로 전환된다. 이 반응은 방향족 고리에 OH기를 붙인다. 이때 산소와 NADPH가 필요하다. 다음에 타이로신 아미노기 전이효소(tyrosine aminotransferase)가 α-아미노기를 제거하여, 타이로신을 α-케토산인 4-하이드록시페닐 파이루브산(4-hydroxyphenylpyruvic acid)으로 만든다. α-케토글루타르산은 α-아미노기의 수용체가 된다. 이 반응에서 글루탐산도 생성된다. 4-하이드록시페닐 파이루브산 다이옥시제네이스(4-hydroxyphenylpyruvic acid dioxygenase)는 탈탄산 작용과 더불어 방향족 고리에 OH기를 매달아 호모젠티스산(homogentisic acid)을 생성한다. 이 반응은 방향족 고리를 파괴하는데 필수적인 반응이다. 다이옥시제네이스는 방향족 고리를 파괴시켜 4-말레일아세토아세트산(4-maleylacetoacetate, *cis* 이성체)를 생성하는 반응을 촉매한다. 이성화효소는 트렌스 이성체(4-fumarylacetoacetate)를 만든다. 다음에 푸마릴 아세토아세테이스(fumaryl acetoacetase)는 푸마릴 아세토아세트산(4-fumarylacetoacetate)을 가수분해시켜 푸마르산과 아세토아세트산을 생성한다. 이 푸마르산은 TCA 회로로 들어가거나 또한 이 탄소는 당신생과정에 기질로 이용될 수 있다. 그러므로 페닐알라닌과 타이로신은 글루코오스 생성형 아미노산이다. 아세토아세트산은 경로의 마지막 단계로 아세토아세틸-CoA로 전환된다. 아세토아세틸-CoA는 2개의 아세틸-CoA로 분해되어, TCA 회로로 들어 갈 수 있다. 또한, 페닐알라닌과 타이로신 분자로부터 생성된 아세토아세트산은 케톤체를 합성하는데 사용될 수도 있기 때문에 이 경우는 케톤 생성형 아미노산이 된다.

페닐알라닌과 타이로신의 9개 탄소원소 중 4개는 유리의 아세토아세트산으로 된 다음, 아세토아세틸-CoA로 변환된다. 제2의 4-탄소 단편은 TCA 회로의 중간체인 푸마르산으로 전환된다. 이 두 아미노산의 9개 탄소원자 중 8개는 TCA 회로로 들어가지만, 나머지 한 개는 CO_2로 소실된다(그림 13-9).

아세토아세틸-CoA를 통하여 TCA 회로로 들어가는 트립토판 분해 중간체의 어떤 것은 신경호르몬인 혈관수축에 관여하는 세로토닌(serotonin), 신경전달물질인 멜라토닌(melatonin)(송과체), 비타민인 니코틴산 등의 중요한 생체분자의 생합성에 필요한 전구체이며, 식물에서 형성되는 식물성장 호르몬인 인돌아세트산(indoleacetate)도 트립토판에서 만들어진다. 아미노산에서 유도된 유기질소화합물은 표 13-6과 같다.

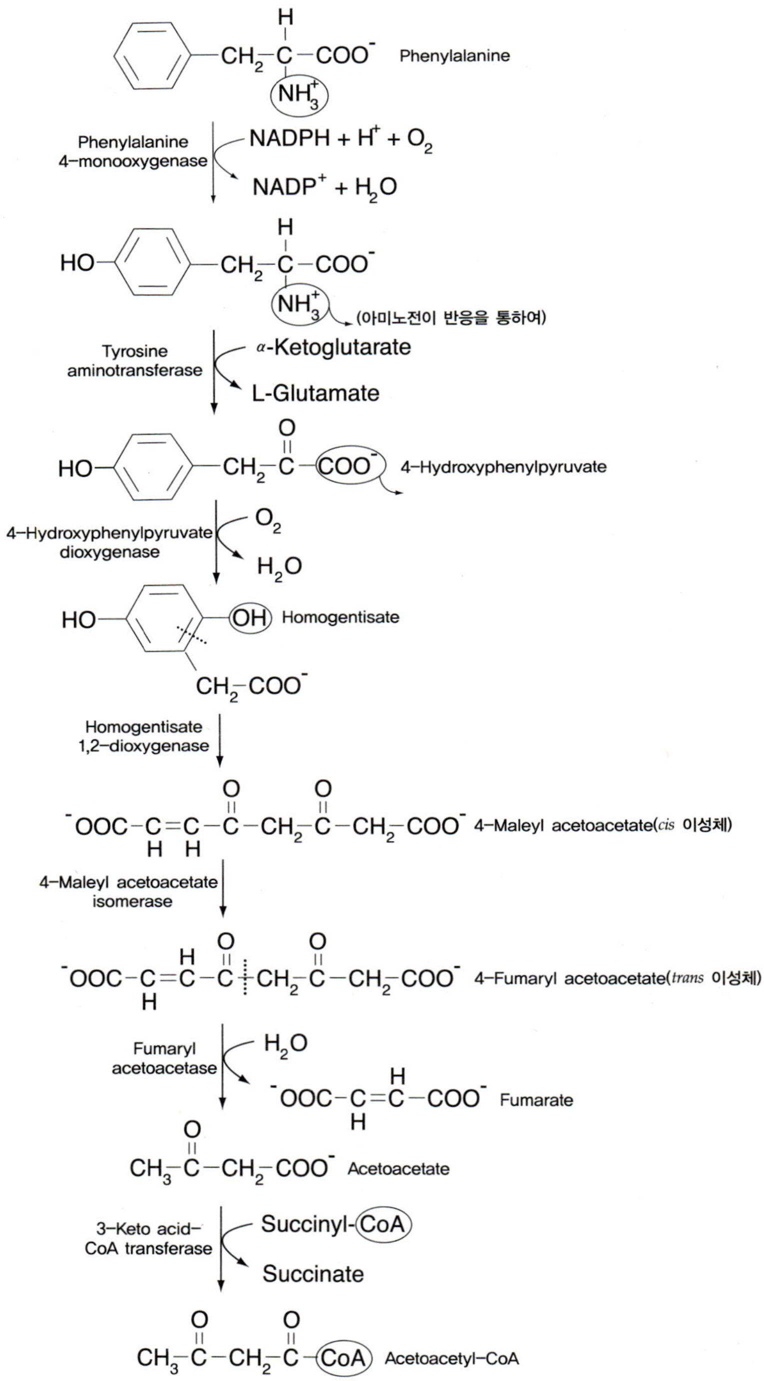

Phe와 Tyr의 탄소골격은 fumarate와 acetoacetyl-CoA로 분해된다.

그림 13-9 phenylalanine과 tyrosine의 분해대사

표 13-6 아미노산에서 유도된 유기질소화합물

아미노산	유기질소화합물
Arginine	creatine, spermine
Aspartate	purine, pyrimidine
Glutamate	γ-aminobutyrate(GABA), folate
Glycine	porphyrin(heme), purine, creatine, glutathione, hippurate
Histidine	histamine, carnosine
Lysine	cadaverine(polyamine), carnitine
Serine	choline
Tryptophan	niacin(NAD), serotonin, melatonin
Tyrosine	epinephrine, norepinephrine, thyroxine, melanin

(2) 방향족 아미노산 분해대사의 유전적 질환

페닐케톤뇨증(phenylketonuria, PKU)와 알캅톤뇨증(alkaptonuria)은 비정상적인 방향족 아미노산 대사와 연관된 유전적인 질환이다. 페닐케톤뇨증의 경우는 페닐알라닌 4-모노옥시제네이스(Phenylalanine 4-monooxygenase, 페닐알라닌 하이드록실레이스로 알려짐)의 유전적 결핍증상이다. 결과적으로 페닐알라닌이 타이로신으로 전환되지 못한다. 페닐알라닌 분해대사 경로가 이 효소 결핍으로 차단되어, 조직이나 혈액에 페닐알라닌과 페닐알라닌 대사물이 축적된다(그림 13-10).

페닐알라닌과 페닐알라닌 대사물의 수준이 높아지면 뇌세포의 발달을 저해하여 심한 저능(IQ=20)의 원인이 된다. 또 다른 증상은 신경의 수초 발생에 결함이 생기거나 과민 반사 그리고 뇌 무게가 비정상이 된다. PKU를 앓는 사람의 수명은 정상인에 비해 훨씬 짧다(20세까지 50%가 죽고 30세까지 75%가 사망한다). PKU가 발생하는 확율은 20,000명 중의 1명 정도로 추정된다. 손상의 기작은 현재 알려져 있지 않다. 이 질환은 페닐알라닌이나 그 대사물 중의 하나에 대하여 혈액이나 소변 시료를 분석함으로써 쉽게 검출할 수 있다. 일반적으로, 이 검사는 생후 6~10일 되었을 때 행한다. 페닐알라닌의 정상적인 농도는 100 mL 혈액에 1.2~3.4 mg 정도이다. 현재 실험실에서 사용되는 페닐알라닌에 대한 매우 민감한 시험인 diaper 시험법은 PKU를 선별해내기 위해 사용되고 있다. $FeCl_3$ 용액에 소변을 적신 천(diaper)을 넣는다. 녹색 혹은 청록색이 나타나면 페닐알라닌 대사물인 페닐파이루브산의 농도가 매우 높다는 것을 의미한다. 미생물 정량법인 Guthrie 시험법도 PKU에 대한 선별에 사용된다.

이 질환은 생후 2~3 주 후부터 시작하여 음식에 페닐알라닌의 양을 제한함으로써 치료될 수 있다. 약간의 페닐알라닌은 계속 섭취가 허용되어야만 한다. 왜냐하면 이것은 단백질 구성에 요

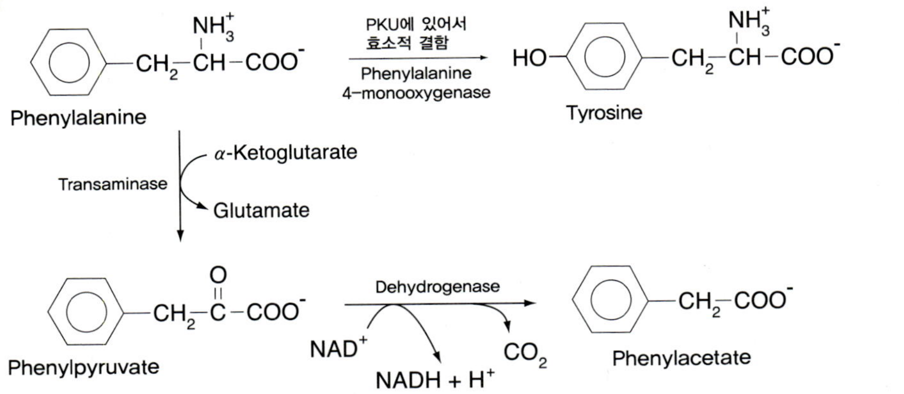

페닐알라닌 4-monooxygenase의 결함은 혈액과 소변에 페닐알라닌, phenylpyruvic acid, phenylacetic acid 등의 수준이 높아지는 원인이 된다.

그림 13-10 페닐케톤뇨증(PKU)에 있어서 효소적 결함

구되는 필수 아미노산이다. 엄격한 식사 관리는 임상적으로 6세 이후에는 중요하지 않다. 그 이유는 이 때가 되면 뇌가 성숙되어 페닐알라닌과 그 대사물의 독작용에 영향을 받지 않는다.

마지막으로, 페닐알라닌과 타이로신은 많은 다른 물질의 필수적인 전구체이다. 예를 들면, 도파민(dopamine), 에피네피린(epinephrine), 노르에피네피린(norepinephrine), 타이록신(thyroxine, 기본적 대사율을 조절하는 호르몬)과 멜라닌(melanin, 피부 색소) 등은 모두 타이로신에서 유도된다. 피부와 머리카락의 색소 결함은 PKU의 특징적인 임상적 증상이다. 확실히 높은 페닐알라닌 수준은 피부에 멜라닌 색소의 생성을 저해한다.

또 다른 유전적 질환인 알켑톤뇨증 증상은 호모젠티스산 산화효소(homogentisate oxidase) 효소의 결핍에 기인한다. 따라서 이런 사람은 소변에 호모젠티스산이 축적된다. 소변이 공기에 노출되면, 검게 변하는데 이는 호모젠티스산의 분해 산물이 중합체로 변하기 때문이다.

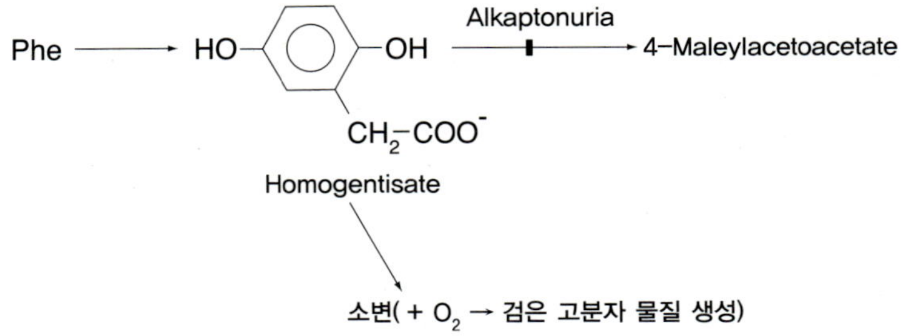

표 13-7에서 보는 바와 같이 아미노산 대사에 있어서 많은 다른 결함이 있다는 것이 알려져 있으며, 아주 보기 드문 임상적 증상의 여러 가지 질환을 일으킨다. 이들 대부분은 아주 심각하고 (저능의 원인), 때로는 사망하게 된다.

표 13-7 아미노산 대사와 선택적 대사 이상

임상상태	발생빈도 (십만명중)	결함과정	결함효소	증상 및 결과
알비니즘 (Albinism)	<3	타이로신으로 부터 멜라닌 합성	Tyrosine 3-monooxygenase (tyrosinase) I	색소부족, 흰 머리카락, 피부홍조
알켑토뇨증	<0.4	타이로신 분해	Homogentisate 1,2-dioxygenase	소변의 검은 색소, 관절염
아지닌혈증 (Argininemia)	<0.5	요소합성	Arginase	정신발달지체
Argininosuccinic 산혈증	<1.5	요소합성	Argininosuccinase	구토, 경련
Carbamoyl phosphate synthetase I 결핍	<0.5	요소합성	Carbamoyl phosphate synthetase I	혼수, 경련, 조기사망
호모시스틴뇨증 (Homocystinuria)	<0.5	메싸오닌 분해	Cystathionine β-synthase	뼈발육 결함, 정신발달지체
단풍시럽뇨증 (Maple syrup urine disease)	<0.4	Isoleucine, leucine과 valine 분해	가지달린 α-keto acid decarboxylase complex	구토, 경련, 정신발달지체, 조기사망
Methylmalonic 산혈증	<0.5	석시닐-CoA가 프로피오닐-CoA로 전환	Methylmalonyl-CoA mutase	구토, 경련, 정신발달지체, 조기사망
페닐케톤뇨증	<8	페닐알라닌에서 타이로신으로 전환	Phenylalanine hydroxylase	신생아의 구토, 정신발달지체

13.7 아미노산 합성대사

20가지의 아미노산이 어떤 복잡한 대사 경로를 거쳐 여러 기관에서 합성된다. 그래서 이 절에서는 아미노산 생합성의 개요만 밝힌다. 성인은 20가지의 아미노산 중에서 소위 비필수 아미노산이라 부르는 11종류만 합성할 수 있다. 합성하지 못하는 9종류의 아미노산은 균형된 식사에서 획득하여야만 한다. 따라서 이 9가지의 아미노산을 필수 아미노산(essential amino acid)이라 부른다(제5장 표 5-1 참고).

20종류의 모든 아미노산은 단지 몇 개의 전구물질로부터 만들어진다. 2개의 TCA 회로 중간대사물(α-ketoglutaric acid, oxaloacetate), 여러 가지 탄수화물의 분해물(3-phosphoglycerate, pyruvate, phosphoenolpyruvate, erythrose 4-phosphate, ribose 5-phosphate)로부터 생성될 수 있다. 그림 13-11에 이들 전구물질로부터 20종의 아미노산이 생합성되는 것을 요약하였다. 모든 생물이 20종의 아미노산을 전부 합성할 수 있는 것은 아니다. 앞에서 언급한 것처럼 사람은 그 중 9종의 아미노산을 합성할 수 없다. 비필수 아미노산은 필수아미노산에 비하여 합성하는 것이 쉽다.

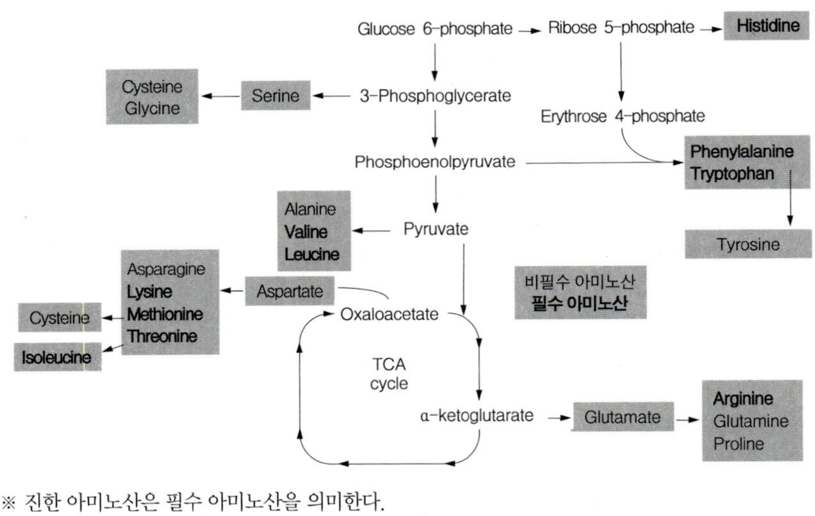

그림 13-11 아미노산의 생합성의 개요

그림 13-12는 6종류의 비필수 아미노산의 생합성을 요약하였다. 이들 중 5가지는 옥살로아세트산 혹은 α-케토글루타르산으로부터 몇 가지의 효소적 단계로 만들어 질 수 있다. 이것은 세포의 놀라운 간단함과 경제성을 대변해 주는 것이다. 알라닌은 파이루브산에서 합성된다.

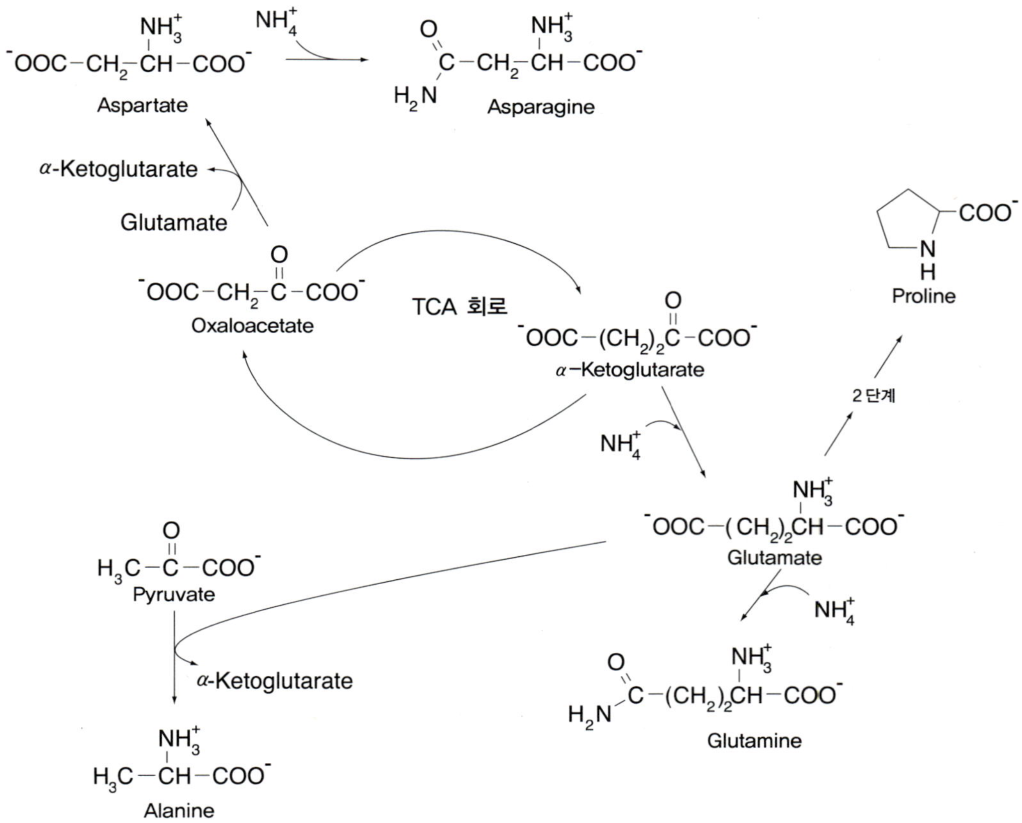

그림 13-12 6개의 비필수 아미노산의 생합성의 개요

요 약

아미노산은 에너지를 얻기 위하여 분해되고, 탄소골격은 다른 생물학적 분자를 합성하는데 이용된다. 음식의 단백질은 활성화된 췌장 단백질 가수분해 효소에 의하여 작은 펩타이드나 아미노산으로 완전히 소화된다. 이들 효소들은 특정 지점의 펩타이드 결합을 가수분해 시킨다. 아미노산은 소장에 운반되고 5개의 특수 수송계를 통하여 혈액에 운반된다. γ-글루타릴 회로는 글르타싸이온(GSH)을 사용하여 혈액으로부터 조직세포로 아미노산을 운반한다. 산화적 탈아미노 반응, 탈수에 의한 탈아미노 반응 그리고 아미노기 전이반응 등은 아미노산의 아미노기를 제거하는 3가지의 효소적 반응이다. 아미노산 전이효소는 아미노산의 아미노기를 α-케토산에 전달하는 반응을 촉매하여, 새로운 아미노산을 만든다. 아미노산 전이효소는 활성을 위해 피리독살인산이 필요하다. 아스파트산 아미노기 전이효소(AST, GOT)와 알라닌 아미노기 전이효소 (ALT, GPT)는 임상적으로 중요성이 있는 아미노기 전이효소이다. 암모니아(NH_3 혹은 NH_4^+)는 세포에 독작용을 나타낸다. 따라서 글루타민이나 알라닌 등으로 혈액을 통해 세포외로 방출하여 간으로 운반시켜야만 한다. 간은 암모니아를 요소로 전환시킨다. 이 요소는 콩팥을 통하여 배설된다. 요소는 요소 회로를 통하여 간에서 만들어진다. 요소 회로는 세포질에서와 마이토콘드리아 매트릭스에서 분리되어 반응이 일어난다. 에너지 의존 반응으로 TCA 회로와 연결되어 있다. 그 회로를 그림 13-6에 기술하였다. 아미노기의 질소는 (1) 탈아미노 반응과 (2) 아스파트산를 생성하는 아미노기 전이효소 반응에서부터 온 것이다. 이 회로는 아지닌을 생성한다. 요소는 아지닌에서 가수분해 되어 간세포 밖으로 운반되어 혈액으로 들어가 콩팥을 통하여 배설된다. 암모니아의 독성은 α-케토글루타르산의 환원적 아민화에 원인이 있다. 즉 이 반응은 α-케토글루타르산를 고갈시켜, 세포 호흡을 저해한다. 과암모니아 혈증은 요소 회로에 관여하는 효소의 유전적인 결함에 의하거나 심한 간 손상에 원인이 있다. 혈액에 요소 질소(blood urea nitrogen/ BUN)에 대하여 설명하였는데, BUN수준의 증가 혹은 감소는 여러 가지 질환상태를 나타내 주는 것이 된다.

20가지의 아미노산은 (1) 파이루브산, (2) 아세틸-CoA, (3) 아세토아세틸-CoA, (4) 여러 가지 TCA 회로의 중간대사물(α-ketoglutaric acid, succinyl-CoA, fumarate, oxalo-acetate) 등으로 분해된다. 그림 13-8에 20종류의 아미노산의 분해 과정을 요약하였다. 파이루브산이나 혹은 TCA 회로의 중간대사물로 분해된 아미노산은 글루코오스를 만드는데 사용될 있다(글루코오스 생성형). 그리고 아세틸-CoA나 아세토아세틸-CoA로 분해된 아미노산은 케톤체를 만드는데 사용된다(케톤 생성형). 단식을 하면 아미노산 분해 대사가 증가하는 원인이 되며, 글루코오스 생성형 아미노산의 탄소골격은 글루코오스를 만드는데 사용되고, 이는 정상적인 뇌 기능을 수행하는데 필요한 혈당량 수준을 유지한다. 방향족 아미노산인 페닐알라닌과 타이로신은 아세토아세틸-CoA와 푸마르산으로 분해된다. 그래서 그것들은 케톤 생성형과 글루코오스 생성형 둘 다로 작용할 수 있다. 페닐케톤뇨증(PKU)는 페닐알라닌 4-모노옥시제네이스가 결핍된 유전적인 질환으로, 페닐알라닌이 타이로신으로 전환되는 것이 불가능하다. 결국, 페닐알라닌(그리고 다른 대사 중간산물)의 혈액 내의 농도가 높아지게 되어 뇌세포에 손상을 주어 심한 정신적 저능의 원인이 된다. 알켑톤뇨증은 호모젠티스산 산화효소라는 효소의 결핍에 기인한다. 호모젠티스산이 혈액이나 소변에 축적된다. 소변의 호모젠티스산 대사물은 공기에 노출되면 검게 변한다. 성인은 20종류의 아미노산 중에서 11개의 아미노산만 합성할 수 있다. 이 11종류를 비필수 아미노산이라 한다. 9가지의 필수 아미노산은잘 균형잡힌 식사를 통해서 섭취해야만 한다. 20가지의 아미노산 합성을 그림 13-11에 요약하였다. α-케토글루타르산, 옥살로아세트산, 3-포스포글리세르산, 파이루브산, 포스포엔올파이루브산, 에리스로스 4-인산, 그리고 라이보스 5-인산 등은 20가지의 아미노산을 합성하는 필요한 전구물질이다. 6종류의 비필수 아미노산의 생합성을 그림 13-12에 제시하였다. 많은 비필수 아미노산은 아민화와 아미노기 전이반응을 통하여 서로 전환될 수 있다.

연습문제

1. glutathione의 구성 아미노산은?

가. glycine	나. cysteine
다. glutamic acid	라. arginine

① 가 나 다 ② 가 다 ③ 나 라
④ 라 ⑤ 가 나 다 라

2. 동물체내에서 아미노산으로부터 아미노기의 제거는 다음 중 어느 반응에 의하여 행해지는가?

가. oxidative deamination
나. decarboxylation
다. transamination
라. reductive amination

① 가 나 다 ② 가 다 ③ 나 라
④ 라 ⑤ 가 나 다 라

3. transaminase(아미노기 전이효소)의 조효소는?
① NAD ② FAD ③ FMN
④ PLP ⑤ TPP

4. 임상적으로 중요한 AST(GOT)는 어떤 효소냐?
① hydrolase ② transferase
③ isomerase ④ lyase
⑤ ligase

5. 아미노기 전이반응으로부터 생성된 α-keto acid의 이름으로 서로 옳은 짝은?

가. alanine – pyruvic acid
나. aspartic acid – oxaloacetate
다. leucine – α- ketoisocaproate
라. tyrosine – p-hydroxyphenyl-pyruvate

① 가 나 다 ② 가 다 ③ 나 라
④ 라 ⑤ 가 나 다 라

6. 아미노산의 탈탄산반응의 생성물은?
① NH_3 ② amine
③ α-keto acid ④ NH_4
⑤ 요소

7. 근육의 아미노산이 산화적 탈아미노화되어 생성된 NH_3는 (a)으로 되어 간으로 운반된다. 그곳에서 아미노기전이 반응으로 pyruvate와 glutamate로 되고, pyruvate는 (b) 반응으로 glucose로, glutamate dehydrogenase의 작용으로 생성된 NH_3는 (c) 회로로 들어간다.

	(a)	(b)	(c)
①	Ala	glycolysis	TCA
②	Glu	gluconeogenesis	EMP
③	Ala	gluconeogenesis	Urea
④	Glu	gluconeogenesis	Urea
⑤	Ala	glycogenolysis	HMP

8. 생체내에서 아미노산으로부터 생성된 NH_4^+의 처리과정으로서 옳은 것은?

가. 요소생성
나. 산아마이드 합성
다. α-keto acid으로부터 아미노산 합성
라. creatine 생성

① 가 나 다 ② 가 다 ③ 나 라
④ 라 ⑤ 가 나 다 라

9. 인간에 있어서 단백질 질소 대사의 주요 부산물은?
① creatine ② uric acid ③ citrate
④ ammonia ⑤ urea

10. 요소 회로 중에 마이토콘드리아에서 일어나는 반응으로 옳은 것은?
① arginine → ornithine + urea
② oxaloacetate + glutamate
→ aspartate + α-ketoglutarate
③ citrulline + aspartate
→ argininosuccinate

연습문제

④ fumarate → malate

⑤ carbamoyl phosphate + ornithine → citrulline

11. 요소합성시 ATP를 요구하는 반응은?

① arginine → ornithine + urea

② oxaloacetate + Glu → Asp + α-ketoglutarate

③ citrulline + Asp → argininosuccinate

④ fumarate → malate

⑤ 위의 어떤 것도 아니다

12. ketogenic amino acid은?

가. alanine	나. arginine
다. glycine	라. leucine

① 가 나 다 ② 가 다 ③ 나 라
④ 라 ⑤ 가 나 다 라

13. 생체내에서 phenylalanine으로부터 합성되는 물질이 아닌 것은?

① epiephrine ② norepiephrine
③ serotonin ④ thyroxine
⑤ melanin

14. methionine의 분해 생성물이 아닌 것은?

① S-adenosyl methionine
② homocysteine
③ cystathionine
④ cysteine ⑤ tyrosine

15. serotonin의 전구물질은?

① Trp ② Lys ③ Glu
④ oleic acid ⑤ Phe

16. phenylalanine을 tyrosine으로 산화시키는 효소(a)의 유전적 결함으로 정상일 때는 거의 사용되지 않는 phenylalanine은 α-ketoglutarate와의 사이에서 아미노기전이 반응을 일으켜 (b) 생성한다. 이것이 조직이나 혈액에 축적되어 오줌으로 배설된다. 유아기에 이것이 과잉으로 축적되면 뇌의 발달이 저해되어 심한 정신박약증을 일으킨다. 이 유전적인 병을 (c)라한다.

	(a)	(b)	(c)
①	tyrosinase	phenylpyruvate	alkaptonuria
②	Phe hydroxylase	phenylpyruvate	phenylketonuria
③	Phe hydroxylase	pyruvate	phenylketonuria
④	arginase	pyruvate	albinism
⑤	xanthine oxidase	phenylpyruvate	phenylketonuria

17. 3-phosphoglycerate로부터 합성되는 아미노산은?

가. serine	나. glycine
다. cysteine	라. aspartate

① 가 나 다 ② 가 다 ③ 나 라
④ 라 ⑤ 가 나 다 라

18. 세린(serine)의 전구체로 만들어지는 아미노산은?

① aspartate ② glutamate
③ glycine ④ alanine
⑤ proline

19. 체내 대사과정에서 CH_3기를 공급하는 활성화된 중간물질은?

① S-adenosylmethionine
② glutathione ③ glycine
④ choline ⑤ hemoglobin

20. 근육에서 탈아미노반응(deamination)으로 생성된 암모니아(NH_3)을 간으로 운반하는데 이용되는 회로(cycle)는?

① 해당과정(glycolysis)
② 구연산회로(citrate cycle)
③ 코리회로(cori cycle)
④ 5탄당회로(HMP shunt)

⑤ 포도당-알라닌회로(glucose-alanine cycle)

21. cysteine 합성에 탄소골격을 공급하는 아미노산은?

① aspartate ② serine
③ valine ④ tyrosine
⑤ phenylalanine

연습 문제

정답 : 1 ① 2 ② 3 ④ 4 ② 5 ⑤ 6 ② 7 ③ 8 ⑤ 9 ⑤ 10 ⑤ 11 ③ 12 ④ 13 ③ 14 ⑤ 15 ① 16 ② 17 ① 18 ③ 19 ① 20 ⑤ 21 ②

용어해설

1. 고 암모니아 혈증(hyperammonemia) : 간이 손상을 받거나 요소 사이클에 관여하는 효소의 결함 등으로 암모니아가 요소로 전환되지 못하여 혈액의 암모니아 수준이 매우 상승하는 증상

2. 요소 회로 : 아미노산 분해대사에서 생기는 질소를 요소로 합성하는 과정을 말한다.

3. 췌장 효소원(pancreatic zymogen) : 췌장에서 분비되는 단백질 분해효소원으로 자체는 활성이 없다가 트립신의 작용을 받게 되면 효소의 활성을 갖게된다.

4. 알캅톤뇨증 : 호모젠티스산 산화효소라는 효소의 결핍으로 호모젠티스산이 혈액이나 소변에 축적되는 증상

5. 글루코오스 생성형 : 파이루브산이나 TCA 회로의 중간대사물로 분해되어 글루코오스를 만들 수 있는 아미노산종류를 말함.

6. 케톤 생성형 : 아세토아세틸-CoA나 아세틸- CoA로 분해되어 케톤체를 만들 수 있는 아미노산 종류를 말함.

7. 페닐케톤뇨증 : 페닐알라닌의 분해과정에 관여하는 효소의 유전적인 결핍으로 페닐알라닌이나 그 대사물이 조직이나 혈액에 축적되는 증상

8. 피리독살 인산 : 아미노기전이효소의 보조인자로 작용하는 물질로, 비타민 Bb, 즉 피리독신에서 유도된 것이다.

9. 아미노기 전이효소 : 아미노산의 α-아미노기를 α-케토산에 전달하는 작용을 하는 효소.

| 제 14 장 |

핵산

Nucleic Acids

핵산(nucleic acid)은 생물체의 성장과 진화, 복제에 필요한 모든 유전정보를 지니고 있는 정보저장 분자이다. 핵산은 19세기 후반경에 Friedrick Miescher에 의해 처음으로 분리, 연구되었다. Miescher는 고름의 핵에서 어떤 물질(그때, 그는 이 물질을 nuclein이라 불렀다)을 분리하였다. 이 물질은 인산을 함유하고 산성을 띠었기 때문에 핵산이란 이름을 부여하였던 것이다. 더 많은 연구와 분석결과, 이 물질은 당, 인산 그리고 질소를 함유한 퓨린(purine)과 피리미딘(pyrimidine)이라 부르는 유기분자로 구성되어 있음이 밝혀졌다.

수세기 동안 인간은 부모로부터 자손에 전달되는 유전형질과 발생과정에 관한 기작을 잘 이해하지 못하였다. 19세기 들어 비로서 유전현상을 체계적으로 연구하는 유전학(genetics)이 등장하게 되었다. 20세기 초 과학자들은 유전형질이 유전자(gene)에 의해 전달되고 핵속의 염색체가 모든 유전정보의 집합소인 것을 알게 되었다. 그리고 DNA(deoxyribonucleic acid) 자체가 유전정보의 청사진(blue print)인 것으로 판명되었다. 생물체내 이러한 정보의 온전한 셋트를 지놈(genome)이라고 한다. 대부분의 진핵세포는 각 염색체에 대한 두 개의 카피(copy)를 갖고 있는 이배체 지놈(diploid genome)을 갖고 있다. 그러나 난자나 정자 같은 생식세포(sex cell)는 각 염색체에 대한 한 개의 카피를 갖고 있는 반수체 지놈(haploid genome)으로 되어 있다.

이 장에서는 핵산과 뉴클레오타이드(nucleotide)의 화학 및 구조, 그리고 뉴클레오타이드 생합성과 분해뿐만 아니라 DNA와 RNA(ribonucleic acid)의 화학과 구조도 함께 취급하기로 한다.

14.1 뉴클레오타이드의 구조와 분류

핵산은 뉴클레오타이드의 중합체(polymer)로, 뉴클레오타이드는 생체분자에 있어서 아주 중요한 구성요소이다. 예를 들면, 유전정보를 저장하고 전달하는 DNA와 RNA 및 에너지를 저장하고 전달하는 ATP(adenosine triphosphate)도 하나의 뉴클레오타이드이다. 또한 많은 조효소(예를 들면 NAD^+, FAD^+ 및 Coenzyme A)도 아데닌(adenine) 뉴클레오타이드로부터 유도된다. cAMP와 같은 환상의 뉴클레오타이드 유도체는 호르몬 작용의 매개체로 작용한다. 이와 같은 뉴클레오타이드는 질소를 함유한 염기(퓨린 혹은 피리미딘 형으로), 당 그리고 하나 혹은 그 이상의

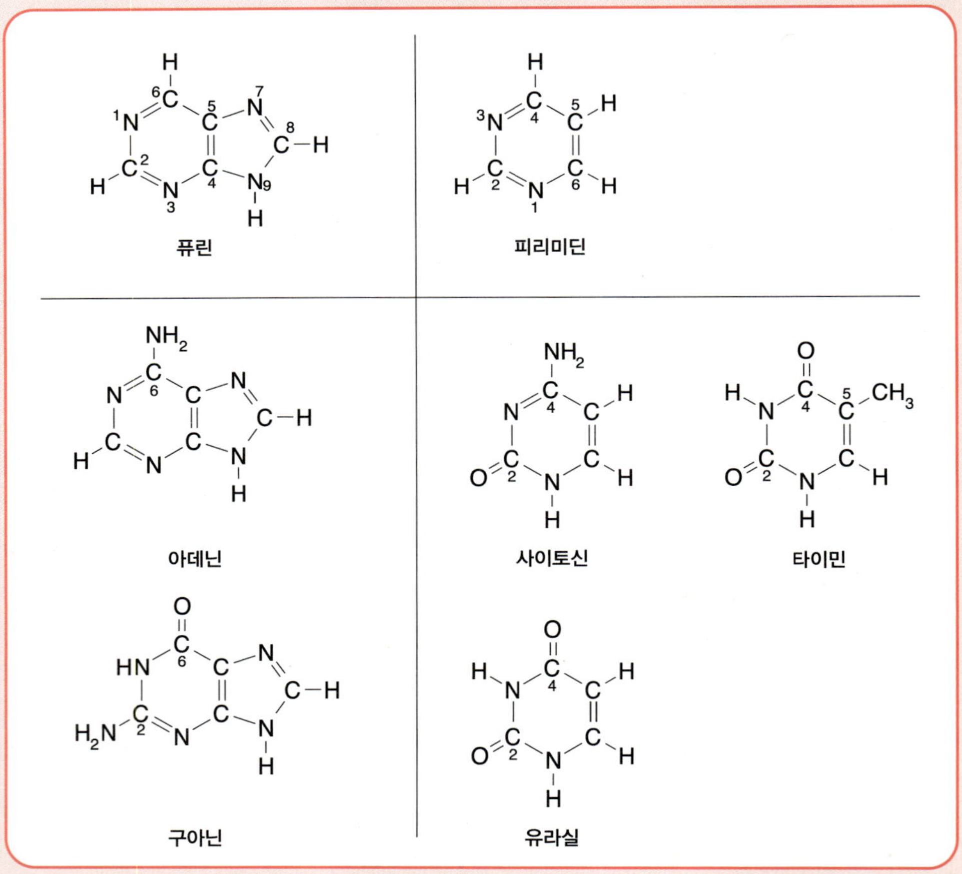

그림 14-1 퓨린과 피리미딘 염기의 종류와 구조

인산기로 구성되어 있다.

질소성 염기는 중요한 두 가지로 분류된다. 즉 퓨린 염기와 피리미딘 염기이다. 퓨린 염기에는 아데닌(adenine, A)과 구아닌(guanine, G)이 있고, 피리미딘 염기에는 사이토신(cytosine, C), 타이민(thymine, T) 및 유라실(uracil, U)이 있다(그림 14-1).

DNA 분자는 아데닌, 구아닌, 타이민 및 사이토신으로 구성되어 있으며, 반면에, RNA 분자는 아데닌, 구아닌, 사이토신 및 유라실로 구성되어 있다. 타이민 염기는 오로지 DNA, 유라실 염기는 RNA에만 있다는 것을 유의하라.

뉴클레오타이드는 2종류의 당으로 구성되어 있는데, D-라이보스(D-ribose)와 D-2-데옥시라이보스(D-2-deoxyribose)이다. 이 두 오탄당의 구조는 그림 14-2와 같다. 수소원자가 D-2-데옥시라이보스의 D-말단 위치에 수산기(OH) 대신에 수소(H)가 들어가 있는 것이 다른 점이다. 다시 말해서, RNA는 라이보스로, DNA는 D-2-데옥시라이보스로 구성되어 있다.

그림 14-2 RNA와 DNA를 구성하는 오탄당 구조

뉴클레오사이드(Nucleoside)는 5탄당인 라이보스나 데옥시라이보스 어느 당과 퓨린이나 피리미딘 염기가 결합된 것을 말한다. 당의 β-구조(1번 탄소)에 피리미딘 염기의 1번 질소가, 퓨린 염기의 9번 질소가 연결되어 있다. 그러므로, 아데노신(adenosine), 구아노신(guanosine), 사이티딘(cytidine) 및 유리딘(uridine)은 주요한 라이보뉴클레오사이드(ribonucleoside)이다(그림 14-3).

데옥시아데노신(deoxyadenosine), 데옥시구아노신(deoxyguanosine), 데옥시사이티딘(deoxycytidine) 및 데옥시타이미딘(deoxythymidine)은 주요한 데옥시라이보뉴클레오사이드(deoxyribonucleoside)이다(그림 14-4). 데옥시유리딘은 유라실이 보통 라이보스에 결합되어 유리딘을 형성하기 때문에 DNA에서는 발견되지 않는다.

뉴클레오타이드(nucleotide)는 그림 14-5에서 처럼 당의 5′-말단 탄소에 일반적으로 에스터 결합으로 하나 혹은 그 이상의 인산이 결합되어 있다.

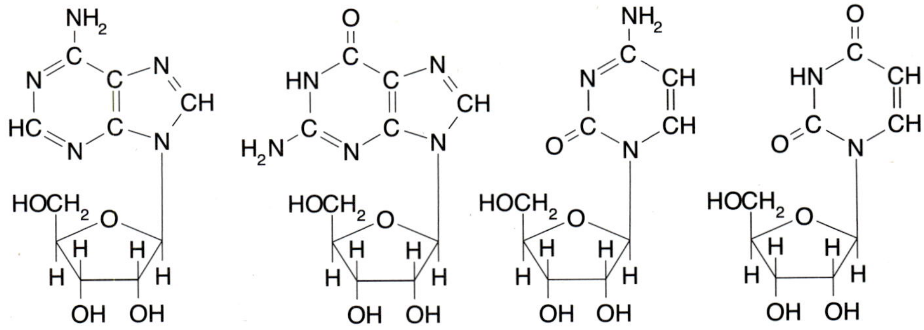

아데노신　　구아노신　　사이티딘　　유리딘

그림 14-3 주요한 라이보뉴클레오사이드의 구조와 종류

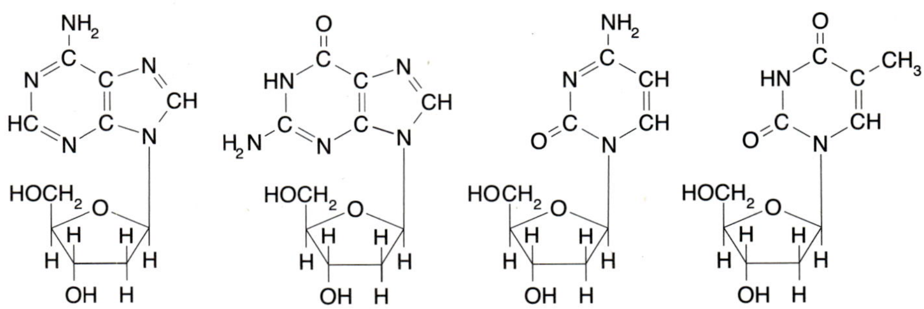

데옥시아데노신　　데옥시구아노신　　데옥시사이티딘　　데옥시타이미딘

그림 14-4 주요한 데옥시라이보뉴클레오사이드의 구조와 종류

표 14-1은 중요한 뉴클레오사이드와 뉴클레오타이드를 요약하였다.

라이보뉴클레오사이드 5′-인산　　데옥시라이보뉴클레오사이드 5′-인산

그림 14-5 뉴클레오타이드의 구조

표 14-1 뉴클레오사이드와 뉴클레오타이드의 종류

염기 (Base)	라이보뉴클레오사이드	라이보뉴클레오타이드 (5′-일인산, 5′-monophosphate)[a]
아데닌(A) 구아닌(G) 유라실(U) 사이토신(C)	아데노신 구아노신 유리딘 사이티딘	Adenylate(AMP) Guanylate(GMP) Uridylate(UMP) Cytidylate(CMP)
염기 (Base)	**데옥시라이보뉴클레오사이드**	**데옥시라이보뉴클레오타이드[b] (5′-일인산, 5′-monophosphate)**
아데닌(A) 구아닌(G) 타이민(T) 사이토신(C)	데옥시아데노신 데옥시구아노신 데옥시타이미딘 데옥시사이티딘	Deoxyadenylate(dAMP) Deoxyguanylate(dGMP) Deoxythymidylate(dTMP) Deoxycytidylate(dCMP)

a. 만약 하나의 인산기가 당의 5′-말단 탄소에 에스터(ester) 결합으로 이루어지면, 그 결과 뉴클레오타이드를 5′-일인산(5′-monophosphate)이라 부른다.
b. 소문자 "d" 접두사는 데옥시라이보스를 의미한다.

뉴클레오사이드 1인산 에스터 화합물의 구조에 대하여 설명했으나 세포내에는 뉴클레오사이드 2인산과 뉴클레오사이드 3인산 에스터 화합물도 존재한다. 만약 하나의 인산기가 5′ 위치에 에스터화되면, 그 결과 뉴클레오타이드를 뉴클레오사이드-5′-1인산(NMP)이라 부른다. 만약 두 개의 인산기가 그렇게 인산화 되면, 그 화합물을 뉴클레오사이드- 5′-2인산(NDP)이라 하며, 만약 인산기가 3 개이면, 뉴클레오사이드- 5′-3인산(NTP)이라 한다. 아데노신 1, 2 및 3인산을 그림 14-6에 나타내었다.

14.2 퓨린과 피리미딘 대사

14.2.1 퓨린 생합성

퓨린 고리계는 아주 흥미있는 생합성 경로를 통해 여러 가지의 전구체로부터 만들어진다. 퓨린 고리의 각 원자의 기원은 그림 14-7에서와 같다. 글라이신, CO_2 및 테트라하이드로엽산(tetrahydrofolate, TH_4)이 탄소원자를 제공하고 반면에 글루타민과 아스파트산은 질소원자를 제공한다.

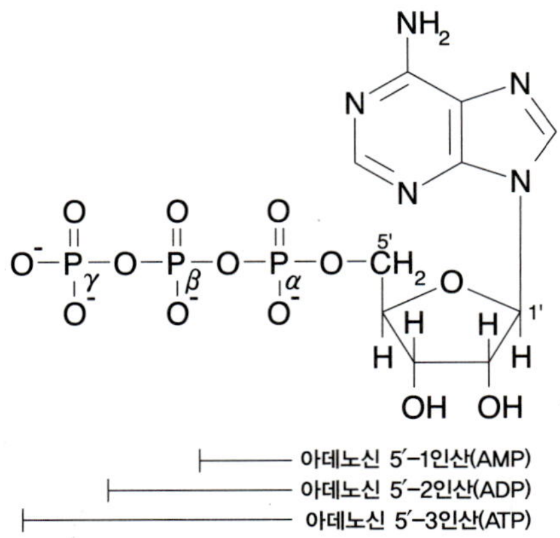

그림 14-6 뉴클레오사이드 1, 2, 3인산 화합물의 구조

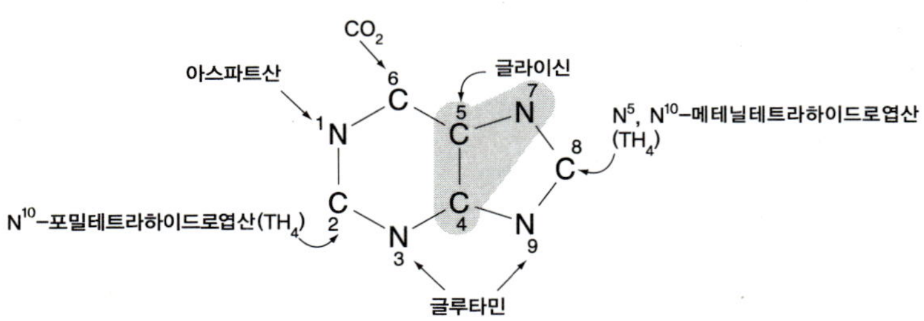

그림 14-7 퓨린 고리계의 원자들의 기원

퓨린 고리계와 주요한 퓨린 뉴클레오타이드의 생합성은 그림 14-8에서 보는 바와 같다. 흥미롭게도, 퓨린 고리계는 그림 14-8에서 처럼 라이보스 인산으로 출발하여 합성된다. 이미 언급한 바와 같이 라이보스 5′-인산은 오탄당인산 경로(HMP 경로)를 통하여 만들어진다. 라이보스 5′-인산은 ATP에 의해 인산화되어 5′-인산라이보실 1′-피로인산(phosphoribosyl 1-pyrophosphate, PRPP)이 생성된다. 피로인산기의 가수분해로 반응들이 계속 진행된다. 먼저, 퓨린 고리계가 만들어지는데, 5-각형 고리가 만들어지고 그 다음으로 6-각형 고리가 만들어진다. 즉, 라이보스의 고리 5′-말단 위치에 피로인산이 글루타민의 아미노기로 치환, 글라이신의 축합(그 고리의 4와 5번 탄소 및 7번 질소원자를 공급), 메테닐-테트라하이드로엽산(methenyl-

TH4)에 의한 8번 탄소의 첨가, 글루타민에 의한 3번 질소의 첨가, 그리고 난 다음 고리(5각형)가 완성된다. 이상의 반응들이 일어난 다음 6각형 고리가 만들어지기 시작하는데, CO_2 분자는 6번 탄소를, 아스파트산은 1번 질소(Asp.의 아미노기)를, 그리고 포밀-테트라하이드로엽산(formyl-

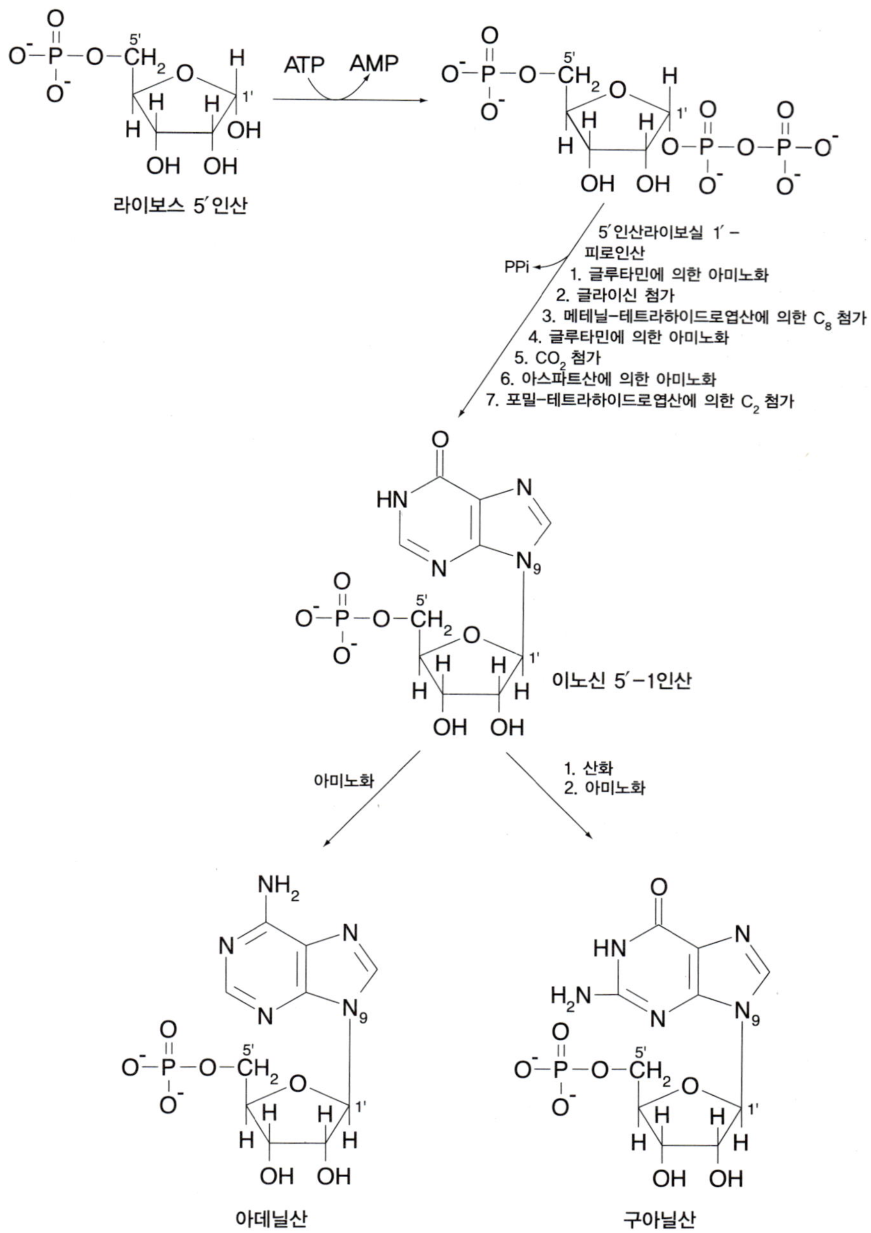

그림 14-8 퓨린 뉴클레오타이드의 생합성 반응의 요약

TH_4)은 2번 탄소를 공급하고 환상(6각형) 구조가 종결된다.

이노신-5′-1인산(Inosine-5′-monophosphate, IMP) 또는 이노신산(inosinate)으로 알려져 있다]은 그 경로의 최종산물이며, 이노신산은 아데닐산과 구아닐산의 전구체로, 이노신산의 퓨린 고리의 6번 탄소가 아스파트산의 아미노기에 의해 아미노화되어 아데닐산이 생성되고, 동시에 이노신산 고리의 2번 탄소는 산화 및 아미노화(글루타민에 의해)되어 구아닐산이 형성된다.

14.2.2 피리미딘 생합성

피리미딘 뉴클레오타이드는 퓨린 뉴클레오타이드와는 다른 방법으로 합성된다. 즉, 피리미딘 고리가 먼저 만들어진 다음 라이보스 인산에 연결되어 뉴클레오타이드가 만들어진다. 피리미딘 뉴클레오타이드의 생합성은 글루타민, ATP 및 CO_2가 필요하며, 피리미딘 고리를 구성하는 원자들의 기원은 그림 14-9와 같다. 그리고 피리미딘 고리의 생합성(그림 14-10)은 카바모일 인산이 형성되는 반응으로부터 시작되며 이 반응은 세포질의 카바모일 인산 신테테이스 II(carbamoyl phosphate synthetase Ⅱ)에 의하여 촉매된다(Carbamoyl phosphate는 요소합성의 중간물질이기도 한데 요소 합성에 쓰이는 카바모일 인산은 간의 마이토콘드리아에 존재하는 카바모일 인산 신테테이스 I에 의하여 형성되며 이 때 질소원으로는 NH_4가 쓰인다).

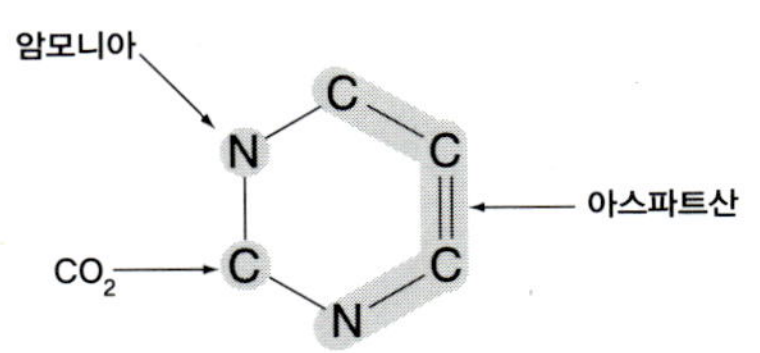

그림 14-9 피리미딘 고리를 구성하는 원자들의 기원

다음 카바모일 인산과 아스파트산이 아스파트산 카바모일전이효소(aspartate transcarbamoylase)에 의해 축합되어 N-카바모일아스파트산이 만들어진다. 앞에서 설명한 바와 같이, 카바모일 인산은 요소 회로(제 13장 그림 13-6 대사참고)의 중요한 중간산물이다. N-카바모일아스파트산은 환상구조로된 다음, 산화되어 오로트산(orotate)이 형성된다. 이어 오로트산은 PRPP와 반응하여 오로티딜산이 되고 다시 이는 탈탄산되어 유리딜산(uridylate, UMP)이 된다. 다른 종류의 피리미딘 뉴클레오타이드는 다음 반응을 통해 유리딜산으로부터 만들어진다. 사이티딘

뉴클레오타이드는 유리딜산에서부터 만들어지지 않고 UTP에서 만들어 진다. UMP가 인산화 되

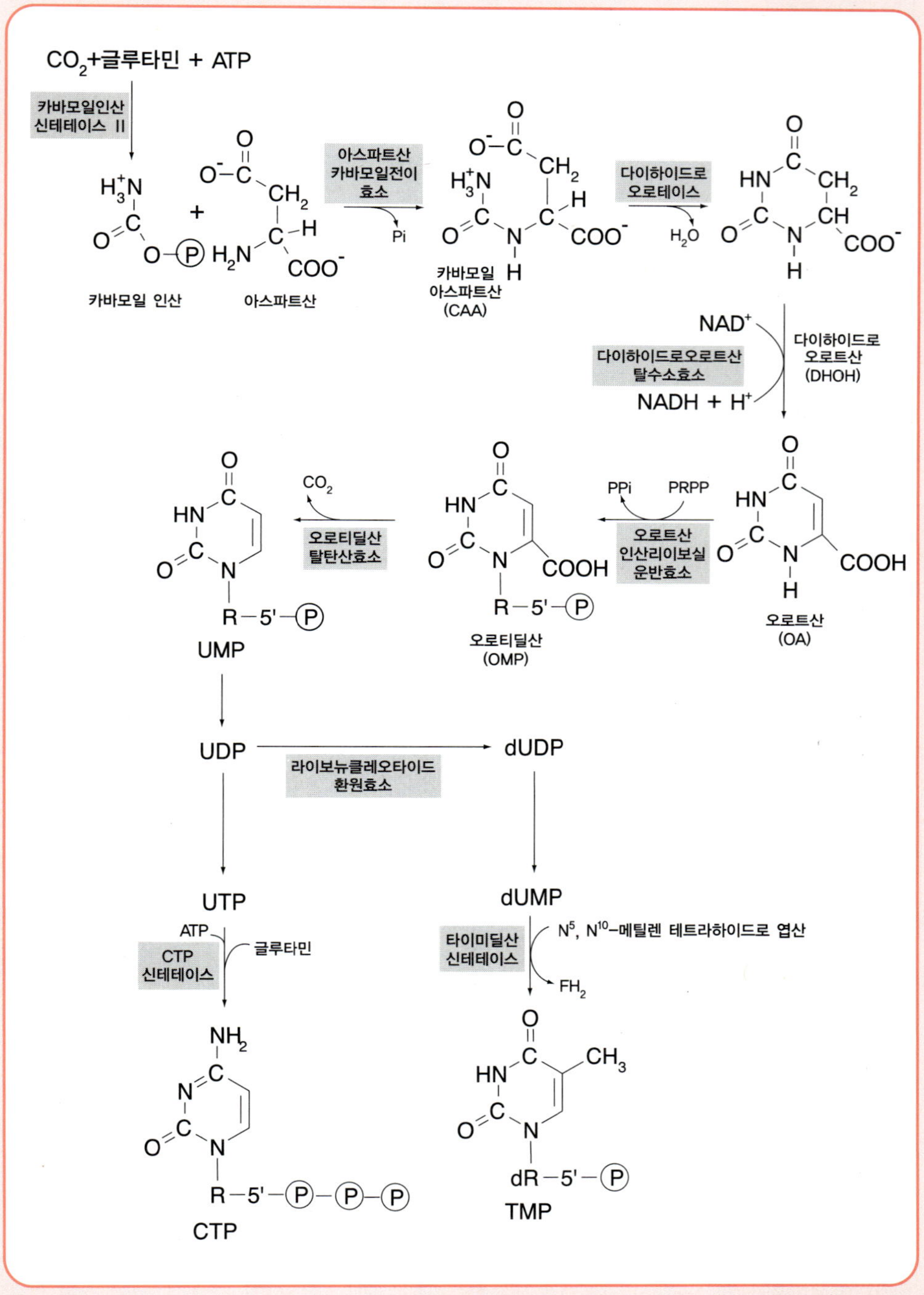

그림 14-10 피리미딘 뉴클레오타이드의 생합성 경로

어 UTP가 된 다음 CTP 신테테이스에 의해 4위치가 아미노화 되면 사이티딘-3인산(CTP)이 생성된다. 그리고 타이미딘 5′-1인산(TMP)은 데옥시유리딘 5′-1인산(dUMP)이 타이미딜산 신테테이스(thymidylate synthetase)의 작용으로 메틸화되어 생성되며 N_5, N_{10}-메틸렌-테트라하이드로엽산이 메틸기 공여체로 이용된다.

14.2.3 퓨린과 피리미딘의 분해

음식물 중의 핵산은 췌장 뉴클리에이스에 의해 소장에서 모노뉴클레오타이드로 소화된다. 라이보뉴클리에이스는 RNA를 구성 모노뉴클레오타이드로 분해하고 데옥시라이보뉴클리에이스는 DNA를 구성 데옥시모노뉴클레오타이드로 분해한다. 뉴클레오사이드 인산화효소(Nucleoside phosphorylase)는 뉴클레오타이드를 유리 염기(퓨린 혹은 피리미딘)와 인산화당(라이보스 1인산 혹은 데옥시라이보스 1인산)으로 분해한다. 이 당은 세포에서 재이용될 수 있다.

퓨린이 분해되어 요산(uric acid)이 생성된다(그림 14-11). 아데닌은 하이포잔틴으로, 또한 구아닌은 잔틴으로 분해된다. 하이포잔틴은 잔틴 옥시데이스(xanthine oxidase)에 의해 잔틴으로 전환되고, 잔틴은 요산으로 분해된다. 사람은 퓨린을 요산으로 분해하여 오줌으로 배설한다. 대부분의 포유류와 파충류는 요산을 더욱 분해하여 알란토인으로, 그리고 물고기는 요소로 배설한다.

통풍(gout)은 혈액내의 요산 농도의 상승으로 일어나는 일종의 관절병이다. 요산나트륨 결정이 비정상적으로 관절활액(synovial fluid)에 침착되기 때문에 관절이 염증을 일으키고, 통증을 일으키는 관절염 증상이 나타난다. 통풍의 정확한 원인을 알 수 없지만, 퓨린 대사에 관련된 어떤 효소의 유전적 결함에 의한 것 같다.

유리 상태의 퓨린 및 피리미딘 염기는 뉴클레오타이드가 대사적으로 분해될 때에 끊임없이 생성된다. 그러나, 퓨린 뉴클레오타이드의 분해에 의해 생성된 퓨린 대부분은 회수, 재이용되어 뉴클레오타이드를 재생산하는데 이용된다. 이 과정은 전술[이 과정을 신생합성경로(*de novo* pathway)라 한다]한 긴 일련의 반응에 의해서 퓨린 고리가 라이보스 5′-인산 위에 차곡차곡 쌓여 올라가는 퓨린 생합성과는 전혀 다르다. 즉, 회수경로(*salvage* 경로라고 함)는 보다 간단하다.

아데닌 + PRPP → AMP + PPi

구아닌 + PRPP → GMP + PPi

하이포잔틴 + PRPP → IMP + PPi

다음으로, 피리미딘 염기인, 사이토신은 가수분해 반응에서 탈아미노화되어 유라실을 생성하며, 이것이 N-카바모일프로피온산으로 환원된다. 마지막 단계에서 N-카바모일프로피온산은 가수분해되어 β-알라닌, NH_4^+ 및 CO_2를 생성한다. 타이민은 β-아미노이소부티르산, NH_4^+ 및 CO_2가 된다.

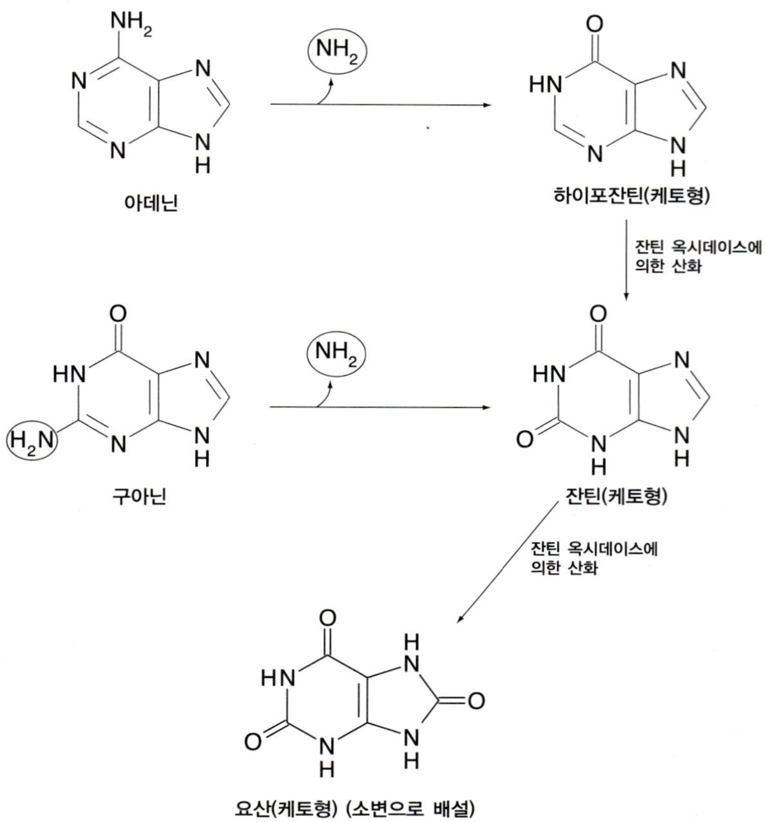

그림 14-11 퓨린 염기의 분해대사 요약

14.3 DNA의 구조

간단히 말해서, DNA는 아주 많은 데옥시라이보뉴클레오타이드로 구성된 긴 이중나선 모양을 한 중합체 분자이다. 퓨린과 피리미딘 염기의 배열순서가 하나의 코드(code)를 구성한다(이를 유전코드 : genetic code라 한다). 사실, DNA 분자는 세포의 복제, 성장, 발생 및 정상적인 기능 등에 필요한 단백질, 효소 그리고 핵산 모두를 암호화하는 단위를 갖고 있다. 다시 말해서, 인체의 각각 모든 세포의 핵은 DNA를 갖고 있어, 이 분자가 각 개체를 특징짓는 생화학적, 생리학적 및 물리적 특징을 나타낸다.

1950년 초 DNA가 유전물질이라는 것이 판명되었으며, 1962년 J. Watson, F. Crick과 Wilkins는 DNA 구조 발견으로 노벨 생리화학상을 수여 받았다. 그들이 DNA 모형을 만드는데 사용한 기초적인 정보는 다음과 같다.

그림 14-12는 DNA 분자 한 가닥의 화학적 구조 일부를 나타내었다. 인산과 당(데옥시라이보스)의 기본골격은 이 그림에서 쉽게 알 수 있다. 그러나 이 골격은 구조적 역할을 담당하나 유전정보는 갖고 있지 않다. 각각의 인산 당 잔기가 5′-말단과 3′-말단 탄소사이에서 인산다이에스터 결합에 의해 이루어져 있으며, 3′-말단 탄소에 연결된 인산은 다음 데옥시라이보스 단위의 5′-말단 탄소에 연결되어 있다. 이 구조의 가장 윗 부분은 5′-말단에 인산기가 있고 반면에, 가장 아래 부위는 3′-말단이 열린 연결부위로 되어 있다. 그러므로, 인산 당 골격은 5′→3′ 방향성을 나타낸다. 각각의 퓨린과 피리미딘 염기는 데옥시라이보스의 1′-말단에 연결되어 있다. 퓨린

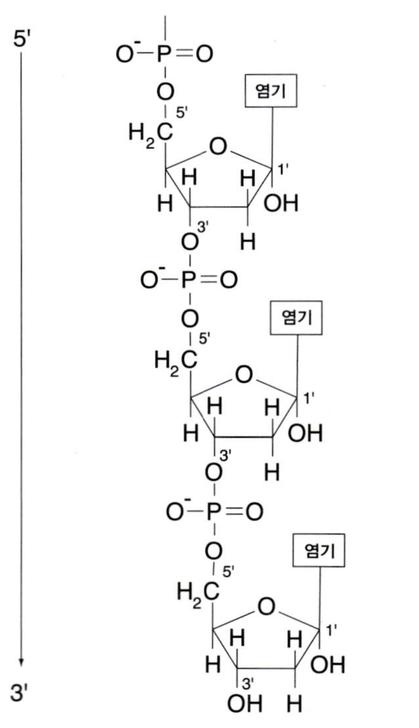

그림 14-12 DNA 사슬의 단편의 구조

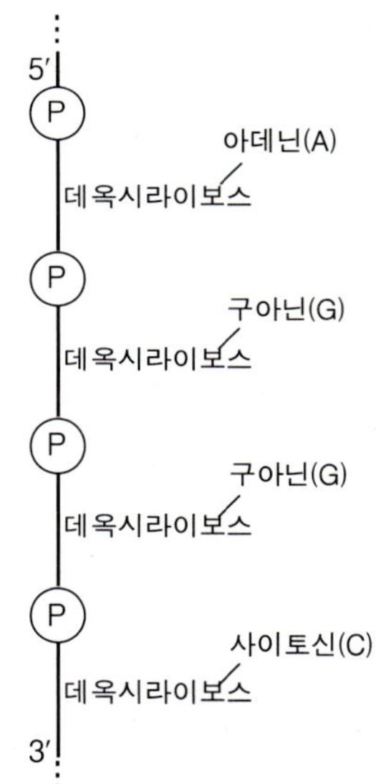

이 염기배열은 5′-말단에서부터 읽고, 5′-A-G-G-C-3′로서 표시한다. 세포내의 DNA 염기배열은 길이가 수백개의 뉴클레오타이드로 되어 있다.

그림 14-13 가상적인 염기배열

표 14-2 사람 DNA의 염기조성

염 기	조성(%)	염기비
아데닌	30.9	1.05(A/T)
타이민	29.4	
구아닌	19.9	1.00(G/C)
사이토신	19.8	

과 피리미딘 염기 배열순서는 대단히 중요하다. 이 배열순서가 유전코드이기 때문이다. 가상적인 염기배열은 그림 14-13과 같다.

여러 생물체로부터 분리한 DNA를 분석해 보면, 4개의 염기 함량비가 생물종에 따라 일정하며, 퓨린과 피리미딘 염기의 양이 특이한 비율로 존재한다는 것도 확인되었다. 즉 아데닌 잔기 수와 타이민 잔기 수는 같고(A=T), 구아닌 잔기 수와 사이토신 잔기 수는 언제나 똑같다(G≡C). 이러한 관계를 표 14-2에 요약하였다.

이러한 자료와 X-선 회절분석법에 따라, Watson과 Crick은 아데닌은 타이민과 오로지 수소결합(A=T ; 2개의 수소결합)을, 구아닌은 사이토신과 오로지 수소결합(G≡C ; 3개의 수소결합)을 할 수 있을 것이라는 가정을 하였다. 수소결합의 관계는 그림 14-14에 나타내었다.

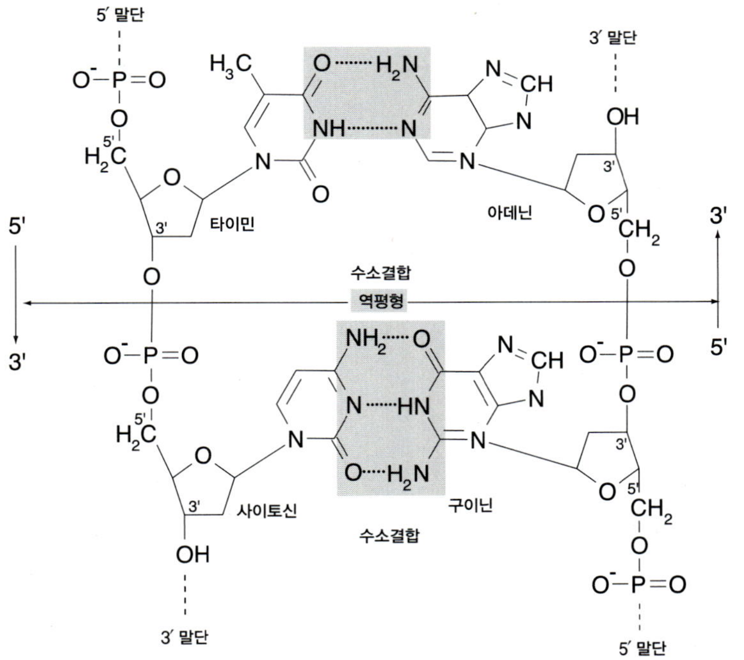

각각 두 사슬은 역평형 관계이다.

그림 14-14 DNA 분자의 퓨린과 피리미딘 염기쌍 사이의 수소결합

X-선 회절의 연구결과 DNA 분자가 나선구조라는 것이 입증되었으며, Watson과 Crick은 이 결과를 이용하여 퓨린/피리미딘 염기짝을 지어보고, 가능한 구조를 제창하였는데, 즉 각 두 사슬이 상보적으로 꼬인 오른손감기 이중나선구조(right-handed double helix)를 하고 있다는 것이다. 두 가닥의 인산 당 골격은 친수성이므로 이중나선 구조상에서 외부(outside)로 돌출되어 있으며, 물과 접촉을 한다. 소수성인 퓨린-피리미딘 염기쌍은 나선의 내부(inside)로 향하여 물과 멀리 떨어져 있다. 염기쌍은 나선의 긴 축을 따라 수직을 하고 있다. 이미 언급한 바와 같이, 각 사슬은 5′→3′ 방향을 하고 있다.

Watson과 Crick은 이중나선이 역평형(antiparallel), 즉 한 가닥의 방향이 다른 가닥의 방향과 서로 반대로 되어 있다고 주장하였다. 더 간단히 말해서, 그림 14-14와 14-15에서 보는 바와 같이 서로 반대방향으로 달린다. 두 가닥은 퓨린/피리미딘 염기쌍 수천개로 구성된 수소결합으로 서로 결합되어 있다(그림 14-14). 마지막으로, X-선 회절로 관찰된 주기성을 해석하기 위해서

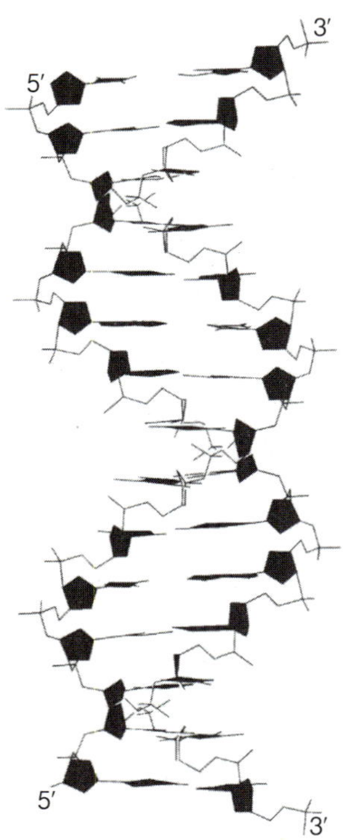

그림 14-15 DNA 분자의 구조

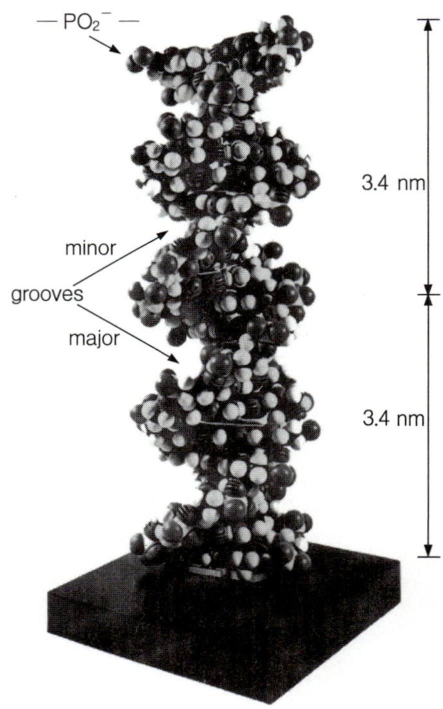

이중나선구조에 틈(groove)이 있다. 나사선의 완전한 1 회전시 10 개의 염기쌍이 요구되고, 그 거리는 3.4 nm이다.

그림 14-16 DNA 분자의 공간을 채운 모델 구조

Watson과 Crick은 이중나선 속에서 수직으로 쌓인 염기들은 0.34 nm 떨어져 있을 것이라는 것을 분자모델을 이용하여 나타내었다. 이중나선의 각각이 1회전하는데는 약 10 뉴클레오타이드 잔기가 존재하기 때문에, 약 3.4 nm라는 두번째 반복거리도 이 모델로 설명할 수 있다(그림 14-16). 이중나선의 두께는 약 2 nm이다.

이중나선 DNA의 두 개의 역평형된 폴리뉴클레오타이드 사슬은 염기배열에 있어서나 염기조성에 있어서나 동일하지 않다는 점에 주목해야 한다. 동일하지 않더라도 이들은 서로 상보적(complementary) 관계로 되어 있다. 한쪽 사슬 속에 아데닌이 존재하면 반드시 여기에 대응되는 다른쪽 사슬 속에 타이민이 존재한다. 마찬가지로, 한쪽 사슬에 구아닌이 존재하면 반드시 여기에 대응된 위치에 사이토신이 존재한다. 아래쪽 그림 (A) 염기배열을 고려하여 설명하면, 다른 가닥의 염기배열 순서는 틀림없이 (B)와 같다.

(A)

(B)

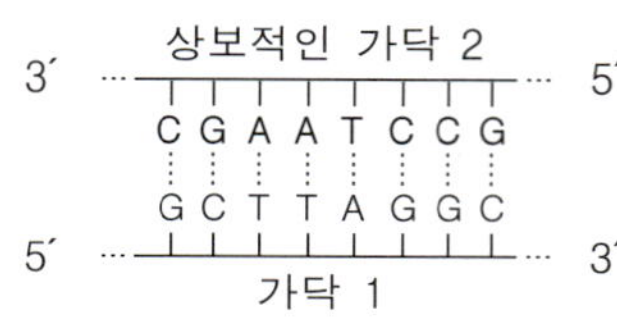

우리가 지금까지 토론해 왔던 형태의 DNA를 B-DNA라 부른다. B-DNA는 자연에서 발견되는 주된 형태로 생각된다. 그러나 DNA와 결합된 양이온의 성질 등의 환경조건에 따라 다른 이차구조가 생길 수 있다. 다른 형태 중의 하나는 나선 1회전당 11개의 염기쌍을 가지고 있는 A-DNA이다. 이중나선을 1회전하는데 필요한 거리는 3.4 nm 대신 2.5 nm가 되고 분자의 직경은 2.6 nm이다. A-DNA는 알코올로 추출했을 때 얻어진다. Z-DNA(직경 1.8 nm)는 B-DNA(직경 2.4 nm)보다 훨씬 가늘다. 그리고 1회전 하는데 필요한 12개의 염기쌍이 왼쪽으로 선회하는 지

오른손감기와 왼손감기의 나선 관계는 오른손과 왼손의 관계와 같다.

그림 14-17 오른손 감기와 왼손 감기 나선구조

그재그(zigzag) 구조이다. A-DNA와 B-DNA의 중요한 공통된 특징은 모두 오른손 감기나선이라는 것이다. 이것은 엄지손가락이 위쪽을 가리킬 때 오른손가락들이 감아지는 방향을 가지며 각 나선이 위쪽으로 감긴다(그림 14-17).

14.4 DNA의 담색효과와 변성

14.4.1. 담색효과

핵산계 화합물의 구성성분인 퓨린 염기와 피리미딘 염기는 260 nm 부근의 자외선을 강하게 흡수한다(그림 14-18). 이와 같은 분광학적 특징은 핵산의 분석, 물리화학적 성질 연구에 이용되고 있다. 그러나 이중나선 구조를 가지고 있는 핵산의 흡수강도는 그것을 구성하고 있는 뉴클레오타이드의 흡광도를 합한 것보다 약 10% 낮은 값을 나타낸다. 이것은 이중나선 구조 중의 염기쌍이 평면구조를 가져 높은 밀도로 쌓여 겹쳐진 결과 각 염기의 π전자가 상호작용하여 일어나는 현상으로 담색효과(hypochromic effect)라 한다. 그러므로 이중나선 구조를 파괴하면 흡광도가 증가하며 이 현상을 농색효과(hyperchromic effect)라 한다. 이러한 현상은 핵산의 구조상태를 알기 위한 중요한 수단이 된다.

14.4.2. 핵산의 변성

이중나선(double strand) 구조를 가진 DNA를 가열하면 이중나선 DNA 사이의 수소결합이 절단되어 단사 DNA(single strand)로 된다. 단사 DNA로 변성(denaturation)되면 이중나선 구조에 의한 긴 막대형의 구조를 잃고 분자 전체가 둥굴게 뭉쳐진 모양으로 되기 때문에 보통 점도가 저하하고 원심분리에서는 저항이 적어져 침전하기 쉽게 된다(부유밀도가 크게 된다).

또 앞서 설명한 농색효과가 나타나 260 nm에서의 흡광도가 증가한다. DNA가 변성하는 온도를 농색효과로 추적하면 비교적 명백하게 변성점을 포착할 수 있다(그림 14-19). 보통 260 nm에서의 흡광도 증가가 최대값의 1/2에 도달했을 때의 변성온도를 DNA의 용해온도(melting temperature, *Tm*)라 한다. DNA의 용해온도는 생물종에 따라 다르고 GC 함량이 많으면 용해온도가 높게 나타나므로 용해온도를 측정하면 GC 함량을 산출할 수 있다. 열로 변성한 DNA를 천천히 냉각하면 상보적인 단사 DNA가 다시 수소결합하여 이중나선 구조로 재생되며, 이 조작을 스루기라 한다.

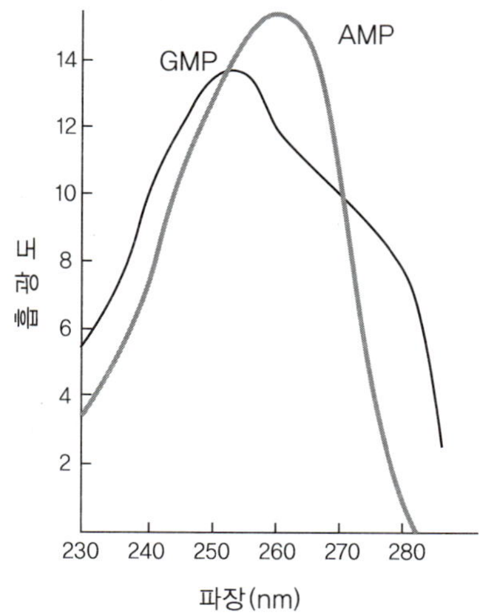

그림 14-18 AMP와 GMP의 자외선 흡수

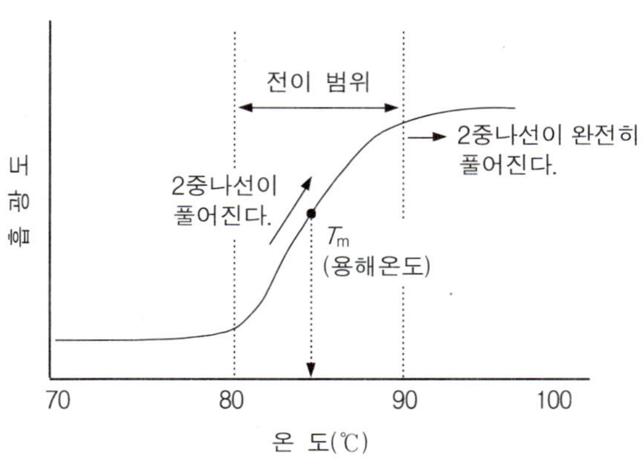

이것은 DNA의 전형적인 용해곡선이며 열을 가하면 자외선 흡광도가 증가(hyperchromins)한다. 용해(전이) 온도인 Tm은 구아닌과 사이토신의 비율(GC양)이 증가함에 따라 변경된다. 높은 GC를 함유하는 DNA는 오른쪽으로, 낮은 GC를 함유하는 DNA는 왼쪽으로 곡선 전체가 이동한다.

그림 14-19 DNA 변성의 실험적 결정

14.5 RNA의 구조와 종류

RNA는 3′, 5′-인산다이에스터 결합으로 연결된 라이보뉴클레오타이드의 대단히 긴 중합체이다. 이 핵산은 D-2-데옥시라이보스 대신 D-라이보스로 되어 있으며, 그 분자는 아데닌과 구아닌(퓨린) 그리고 사이토신과 유라실(피리미딘)로 구성된 한 가닥의 사슬이다. 염기는 라이보스의 1′-말단에 결합되어 있다. RNA는 타이민 염기는 없으며, 구조의 일부분을 그림 14-20에 나와 있다.

비록 RNA 분자가 한 가닥으로 되어있지만, RNA 분자는 부분적으로 수소결합에 의해 머리핀(hairpin loop) 모양으로 이중나선 구조를 취한다. 다음 그림처럼(그림 14-21), 퓨린 염기와 피리미딘 염기간의 수소결합(A=U와 G≡C)으로 상보적 구조를 하고 있다. 외가닥을 한 RNA분자는 많은 머리핀 모양의 구조를 취하여, 복잡한 3차원적 구조를 취할 수도 있으며, 이때 RNA의 나선 구조는 A-형(A-form)이다.

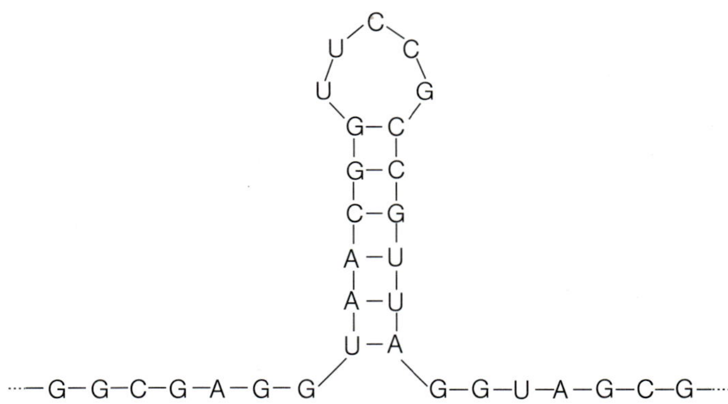

RNA 분자가 부분적으로 수소결합에 의해 머리핀 모양의 이중나선 구조를 취할 수 있다.

그림 14-20 RNA의 구조의 일부분

RNA 분자에는 rRNA(라이보솜 RNA), mRNA(메신저 RNA), 그리고 tRNA(전달 RNA)가 있다. 표 14-3은 대장균에서 발견되는 각각의 RNA의 양을 나타내었다.

rRNA는 세포내에서 가장 많은 농도로 발견된다. 왜냐하면, rRNA는 단백질 합성이 일어나는

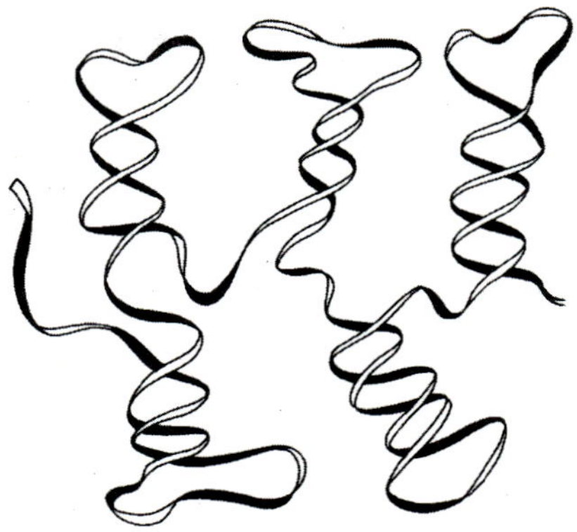

그림 14-21 한 가닥으로 된 고리 구조와 3차원적 구조를 한 가상적인 RNA 분자

표 14-3 대장균에 있어서 RNA의 여러 가지 형태

RNA의 종류	세포내에서의 양(%)	RNA 형태의 수	뉴클레오타이드의 개수
rRNA	82	3	~120
			~1700
			~3700
tRNA	16	60	73~93
mRNA	25	많음	75~3000

라이보솜의 주요한 주된 구성 성분이기 때문이다. 각각 다른 크기를 한 rRNA가 분리되고 많이 연구되어 왔다. mRNA는 세포질에서 단백질 합성이 일어나기 전에 핵내에 있는 DNA로부터 화학정보를 라이보솜으로 전달하는 단명의 RNA이다(그림 14-22).

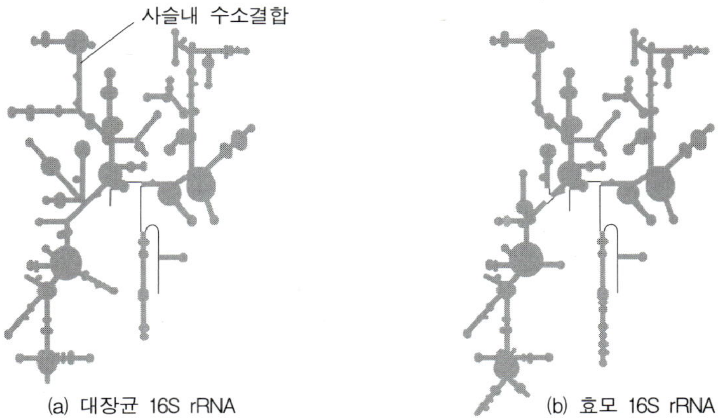

그림 14-22 rRNA 구조

tRNA는 단백질 합성을 위해 아미노산을 라이보솜으로 운반한다. 세포전체 RNA중 15%를 차지하고 평균 길이는 75개 뉴클레오티드이다. tRNA가 특정 아미노산과 결합하기 때문에 세포속에는 20개 아미노산 각각에 대한 적어도 한 타입의 tRNA가 존재하여야 한다. 뒤틀린 클로버 잎(clover leaf) 모양의 tRNA의 3차구조는 동일한 사슬내 염기쌍 결합이 주로 많이 형성되어 나타난다(그림 14-23, 24). 그리고 tRNA는 다양하게 변형된 염기들 즉, 슈도유리딘(pseudouridine),

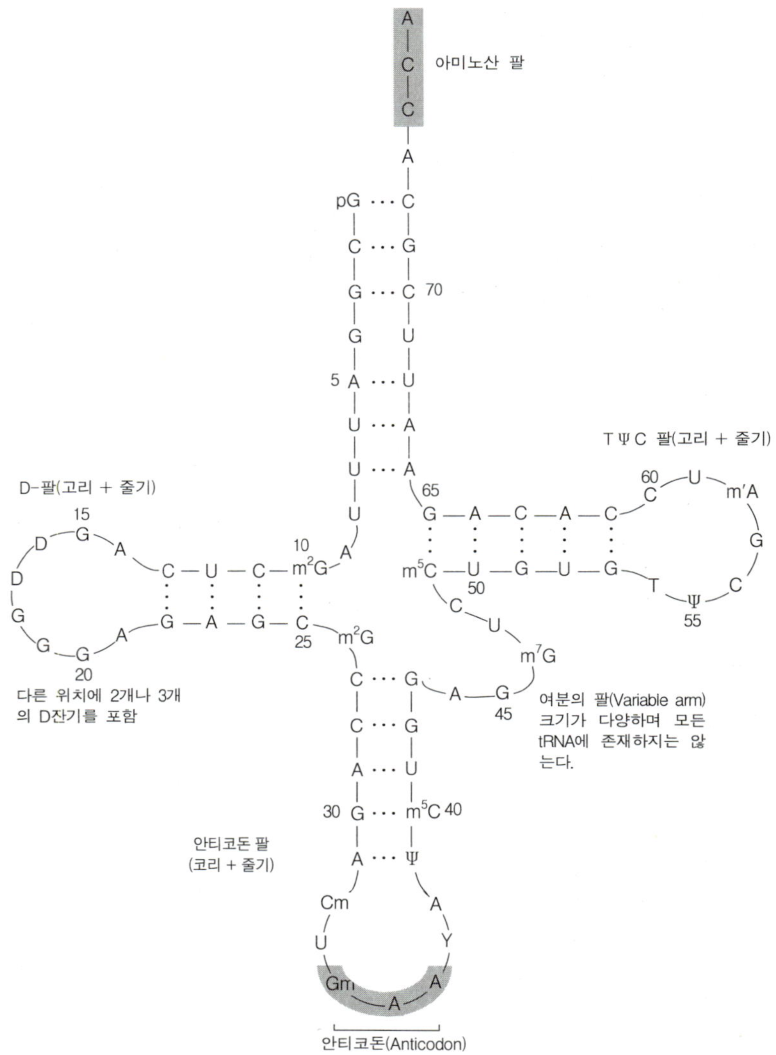

그림 4-23 효모의 페닐알라닌 tRNA의 구조의 뉴클레오타이드 배열 순서

4-싸이오유리딘(4-thiouridine), 1-메틸구아노신(1-methylguanosine), 다이하이드로유리딘(dihydrouridine)의 염기도 갖는다. tRNA 구조의 중요한 성분은 3′-말단(terminus)과 안티코돈 팔(anticodon loop)이다. 3′-말단에 특정 아미노산이 공유결합으로 결합하고, 안티코돈 팔은 tRNA가 단백질 합성 중 부착한 아미노산을 적절히 배치해 주는 3 염기쌍을 가지고 있다. 또한 tRNA는 D 팔, TΨC 팔, 여분의 팔(variable loop) 등과 같은 독특한 구조를 갖고 있다. 이러한 팔 구조의 기능은 알려져 있지 않으나, 아마도 라이보솜 내 tRNA 배열과 아미노산 부착 등에 관련되는 것으로 생각된다. 대부분의 tRNA(80%)는 4~5개 뉴클레오티드나 20개 뉴클레오티드를 갖고 있는 여분의 팔을 갖고 있다.

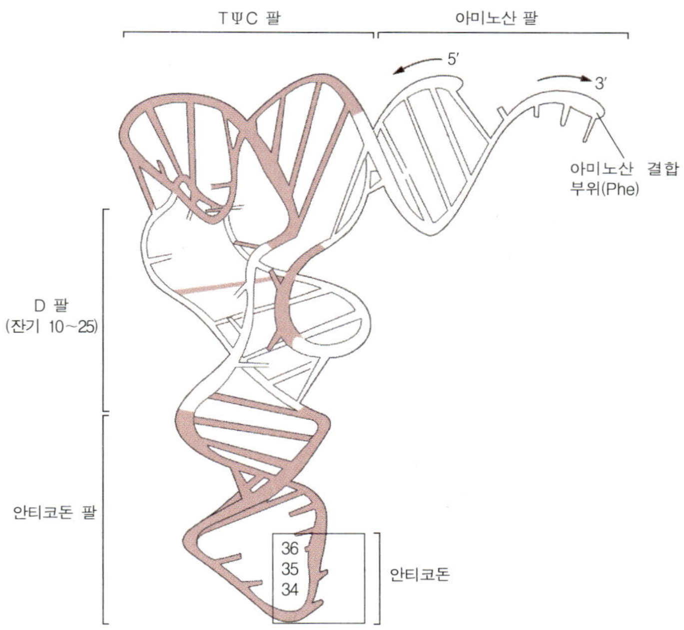

그림 4-24 tRNA의 3차구조

요약

핵산(DNA와 RNA)은 생명체의 성장, 발달 및 증식을 위한 필요한 화학적 정보를 갖고 있다. 뉴클레오타이드는 퓨린 혹은 피리미딘 염기, 당 그리고 하나 혹은 그 이상의 인산으로 구성되어 있다. 아데닌과 구아닌은 주요한 퓨린이고, 사이토신, 타이민 그리고 유라실은 주요한 피리미딘이다. RNA는 D-라이보스로, DNA는 D-2-데옥시라이보스로 구성되어 있다. 뉴클레오사이드 1, 2, 그리고 3인산에스터 화합물들을 구조와 함께 정의하였다.

다음은 퓨린 고리계를 만드는데 요구된다. 즉 글라이신, CO_2, 테테라하이드로엽산(TH_4)의 유도체, 그리고 아미노산인 글루타민과 아스파트산 등이다. 라이보스 5′-인산은 먼저 5′-인산-라이보실-l 피로인산(PRPP)으로 전환되고, 그 후에 퓨린 고리가 합성된다. 피리미딘은 카바모일 인산과 아스파트산으로부터 합성되는데, 중간산물로 오로트산이 만들어진다. UMP는 오로티딜산으로부터 만들어진다. CTP는 UTP로부터 합성되고, dTMP는 dUMP로부터 만들어진다. 퓨린 염기 아데닌과 구아닌의 분해는 잔틴을 형성하는 탈아미노화와 산화반응이 관여하는데, 그것이 다시 배설되기 위해 요산으로 전환된다. 요산이 많이 만들어지면 통풍을 겪게 되는데, 이 질병은 관절에 요산-나트륨 결정이 침착되어 관절염이 되는 병이다. DNA 분자는 3, 5′-인산다이에스터 결합으로 연결된 데옥시라이보뉴클레오타이드의 중합체 가닥으로 구성되어 있다. 두 가닥은 서로서로 연결되어 이중나선 구조를 하고 있다. 또한 그 두 사슬은 서로 반대방향으로 달린다. 즉, 역평형이다. 염기 아데닌은 타이민과 수소결합을 하고, 구아닌은 사이토신과 수소결합을 할 수 있다. 유전정보는 DNA 분자의 염기배열에 내포되어 있다. 염기쌍은 DNA 나선 내부에서 물과 떨어져 있다. 각각 사슬은 상보적인데, 즉, 한 사슬의 염기순서가 다른 가닥의 상보적인 염기순서로 복제된다. A-DNA 및 B-DNA의 이중나선 구조는 두 가닥이 폴리데옥시라이보뉴클레오타이드가 오른손감기 나선으로 공동의 축을 감고 있다. DNA의 세번째 형태인 Z-DNA는 왼손감기 나선을 한 두 가닥으로 되어 있다.

세균에 있어서 단일 염색체는 훨씬 거대한 공유결합으로 이어진 원형의 두 가닥 사슬이다. 세균의 DNA는 수많은 고리로 주름 잡혀 있으며, 그의 각각은 독립적으로 초고도로 꼬여 있다. DNA가 변성될 때, 2중나선 구조는 파괴되고, 자외선 흡수가 증가된다. 열에 의해 변성되는 온도는 DNA의 염기조성에 의존되는데 GC 염기쌍이 풍부한 DNA의 변성에는 더 높은 온도가 필요하다. RNA는 3, 5′-인산다이에스터 결합으로 연결된 한 가닥의 라이보뉴클레오타이드의 중합체이다.

아데닌, 구아닌, 사이트신 및 유라실은 4개의 중요한 염기이다. RNA 분자는 이중나선 구조로서 존재는 불가능하다. 그러나, 상보적인 염기쌍의 수소결합을 하여 부분적인 나선구조를 형성할 수 있다. RNA에는 라이보솜에서 주로 발견되는 rRNA, 유전정보를 전달하는 mRNA, 및 단백질 합성시 아미노산을 운반하는 tRNA 등 중요한 3종류가 있다.

연습문제

1. RNA에는 존재하나 DNA에는 존재하지 않는 것은?
① adenine ② guanine
③ thymine ④ uracil
⑤ cytosine

2. 생체내의 에너지를 저장하는 ATP 중 A는 다음 중 어느 것이냐?
① adenine ② adenosine
③ adenylic acid ④ AMP
⑤ NH_4

3. 핵단백질의 가수분해 순서로 옳은 것은?
① 핵단백질–핵산–nucleotide–nucleoside–base
② 핵단백질–핵산–nucleoside–nucleotide–base
③ 핵단백질–핵산–base–nucleotide–nucleo side
④ 핵산–핵단백질– base–nucleotide–nucleoside
⑤ 핵산–핵단백질– nucleoside–nucleotide

4. 만약 DNA 이중나선 구조에서 adenine의 함량이 30%이라면, cytosine의 함량은 약 얼마인가?
① 10% ② 20% ③ 30%
④ 40% ⑤ 50%

5. messenger RNA에 관한 설명 중 틀린 것은?
① 비교적 수명이 짧다.
② 한 가닥으로 되어 있다.
③ DNA의 유전정보를 단백질합성에 반영한다.
④ mRNA는 세포질(cytoplasm)에서 주로 합성된다.
⑤ m–RNA 유전부호(codon)는 세개의 nucl–eotide로 구성되어 있다.

6. 생리적으로 중요한 뉴클레오타이드로 구성된 물질이 아닌 것은?
① NAD ② CoA ③TPP
④ FAD ⑤ cAMP

7. 퓨린염기(purine base) 배설시 잔틴(xanthine) → 요산(uric acid) 반응에 관여하는 효소는?
① tyrosinase ② xanthine oxidase
③ arginase ④ urease
⑤ uricase

8. 퓨린(purine) 염기 중의 4개의 질소원자는 어떤 성분에 유래되는가?

가. Asp	나. Gln
다. Gly	라. THF

① 가 나 다 ② 가 다 ③ 나 라
④ 라 ⑤ 가 나 다 라

9. 요산(uric acid)을 생성하는 물질로 옳은 것은?

가. AMP	나. GMP
다. IMP	라. CMP

① 가 나 다 ② 가 다 ③ 나 라
④ 라 ⑤ 가 나 다 라

10. 세포질에서 carbamoyl phosphate synth–etase II는 다음 중 어떤 물질을 합성하는 효소이냐?
① pyrimidine base
② purine base
③ urea ④ DNA ⑤ RNA

11. purine 생합성에서 formyl(–CHO)기의 운반체(carrier)는?
① orotate ② THF
③ ribose–5′–ⓟ ④ ammonia
⑤ biotin

12. purine 고리의 C_6 탄소의 전구체는?
① aspartate ② glycine

연습문제

③ CO_2 ④ THF ⑤ NH_3

13. pyrimidine 염기 분해시 소변에서 검출되는 것은?

가. β-alanine	나. uric acid
다. β-aminoisobutyric acid	
라. urea	

① 가 나 다 ② 가 다 ③ 나 라
④ 라 ⑤ 가 나 다 라

14. DNA 단편구조의 염기배열이 pCpApG-pTpTpApGpC이라면, 다음 어느 것이 상보적인 염기 배열인가?

① pGpCpTpApApCpTpG
② pGpTpCpApApTpCpG
③ pCpGpApTpTpGpApC
④ pTpApGpCpCpApGpT
⑤ pCpApGpTpTpApGpC

15. 다음 물음에 답하라.

1) 일반적으로 다음의 4종류의 염기 조성식은 어떤값을 나타내는가?

$$\frac{\text{아데닌의 몰비} + \text{구아닌의 몰비}}{\text{타이민의 몰비} + \text{사이토신의 몰비}} = (?)$$

① 1 ② 2 ③ 3 ④ 4 ⑤ 5

2) 다음 중 생물의 종류에 따라 달리 나타나는 것은?

① $\frac{A+C}{G+T}$ ② $\frac{G+C}{A+T}$ ③ $\frac{A+G}{C+T}$
④ $\frac{G}{C}$ ⑤ $\frac{T}{A}$

16. 바이러스 DNA의 2중나선구조가 융해점(Tm)이 높다는 것은 무엇을 의미하는가?

① A=T쌍이 많다. ② G≡C쌍이 적다.
③ A=T쌍이 적다. ④ G≡C쌍이 많다.
⑤ 위의 어떤 것도 아니다.

17. DNA와 RNA는 pentose의 어떤 위치에 nucleotide가 연결되어 있나?

① 2와 3 ② 2와 4 ③ 3과 1
④ 3과 5 ⑤ 4와 5

18. 핵산을 구성하는 기본단위는 (A)이고, DNA를 구성하는 당은 (B)이고, RNA 구성하는 당은 (C)이다. 그리고 RNA 구조에는 thymine 대신에 (D) 염기가 있다.

	(A)	(B)	(C)	(D)
①	nucleoside	ribose	deoxyribose	uracil
②	nucleotide	deoxyribose	ribose	uracil
③	nucleotide	deoxyribose	ribose	guanine
④	nucleoside	ribose	ribose	guanine1
⑤	nucleotide	deoxyribose	ribose	guanine

19. 뉴클레오타이드와 뉴클레오사이드의 차이점은?

① P 유무 ② Fe 유무 ③ Zn 유무
④ Cu 유무 ⑤ Co 유무

20. 핵산은 다음 중 어떤 것의 중합체인가?

① ATP ② nucleotide
③ nucleoside ④ NAD ⑤ FAD

정답 : 1 ④ 2 ② 3 ① 4 ② 5 ④ 6 ③ 7 ② 8 ① 9 ① 10 ① 11 ② 12 ③ 13 ② 14 ① 15 1) ① 2) ② 16 ④ 17 ④ 18 ② 19 ① 20 ②

용어해설

1. A-DNA : 탈수된 DNA에서 볼 수 있으며 상대습도가 75%이하로 떨어졌을 때 나타난다.

2. B-DNA : Watson과 Crick에 의해 제안된 DNA모델

3. DNA 변성(DNA denaturation) : DNA 이중결합을 하고 있는 수소결합이 끊어져서 3차구조가 변화하는 현상

4. Z-DNA : Pyrimidine과 purine의 교대배열 (예: CGCGCG)에 의해 기인된다.

5. 농색효과(hyperchromic effect) : DNA 이중나선이 용해될 때 260 nm에서의 광흡수가 크게 증가하는 것

6. 뉴클레오타이드(nucleotide) : Nucleoside에 pentose hydroxyl기가 하나 인산화 된 것

7. 데옥시라이보핵산(deoxyribonucleic acid, DNA) : Deoxyribonucleotide 단위의 특이한 배열을 하고 있는 polynucleotide이며, 유전정보의 운반자 역할을 한다.

8. 라이보솜(ribosome) : rRNA와 단백질로 이루어진 지름 약 20nm인 거대분자의 집합체. 단백질합성의 부위로서 작용한다.

9. 라이보핵산(ribonucleic acid, RNA) : 연속된 3′, 5′-phosphodiester결합에 의해 연결된 특이적 배열의 polyribonucleotide

10. 상보적인(complementary) : 한쪽 사슬 속에 adenine이 존재하면 반드시 여기에 대응되는 다른쪽 사슬 속에 thymine이 존재한다. 마찬가지로 한쪽 사슬 속에 guanine이 존재하면 여기에 대응된 위치의 다른쪽 사슬에 cytosine이 존재하는 경우를 서로 상보적이다라고 말한다.

11. 슈퍼코일(supercoil) : 고리모양의 2중나선형 DNA가 전체적으로 꼬인 구조. 그러나 분자가 선상 DNA 2중나선구조보다 나선이 적게 감기고 있으면 보상효과로 나사선 구조끼리 또 나사선의 반대방향으로 꼬임이 일어난다.

12. 역평형(antlparallel) : 극성 혹은 방향성이 반대되는 것(2가닥의 직사슬 중합체의 경우)

13. 요산(uric acid) : 질소 함유 화합물. 특히 퓨린의 분해 대사 생성물. 사람의 경우 관절에 요산이 축적되면 통풍이 걸린다.

14. 유전코드(genetic code) : 단백질의 아미노산을 규정하는 DNA중의 삼 염기쌍 암호물

15. 인산다이에스터([hosphozdiester)결합 : 1분자의 인산에 ester화된 알콜을 2개 포함하는 결합

16. 통풍(gout) : 혈액 조직내의 요산 농도의 상승에 의해서 일어나는 관절병

17. 퓨린(purine) : Nucleotide나 핵산중에 존재하는 염기성 헤테로 고리형 질소 화합물

18. 피리미딘(pyrimdine) : Nucleotide나 핵산중에 존재하는 염기성 헤테로 고리형 질소 화합물

19. 핵산(nucleic acid) : 뉴클레오타이드가 중합되어서 생성되는 거대 분자

| 제 15 장 |

DNA 복제와 RNA 전사

DNA Replication and RNA Transcription

핵산의 구조에 관해서는 이미 전장(14장)에서 소개되었다. 이 장에서는 이들 분자에서 어떻게 유전정보가 저장되고 전달되는가를 알아보기로 하자. 이런 분야에는 아직도 불충분한 지식이 너무도 많다. 독자들은 중요하고 아주 흥미있는 더 많은 정보를 얻기 위해서는 다른 참고서 등을 참고 해 주시기를 바란다.

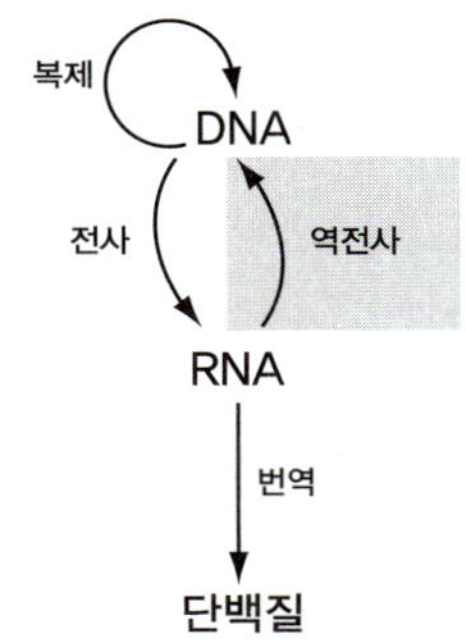

그림 15-1 세포내의 정보전달 메커니즘

기본적으로, 이 장에서는 한 종류의 생물학적 분자에서 다른 분자에 이르는 유전정보의 전달(flow of genetic information)을 다루고자 한다. 이 정보의 흐름은 다음과 같이(그림 15-1) 나

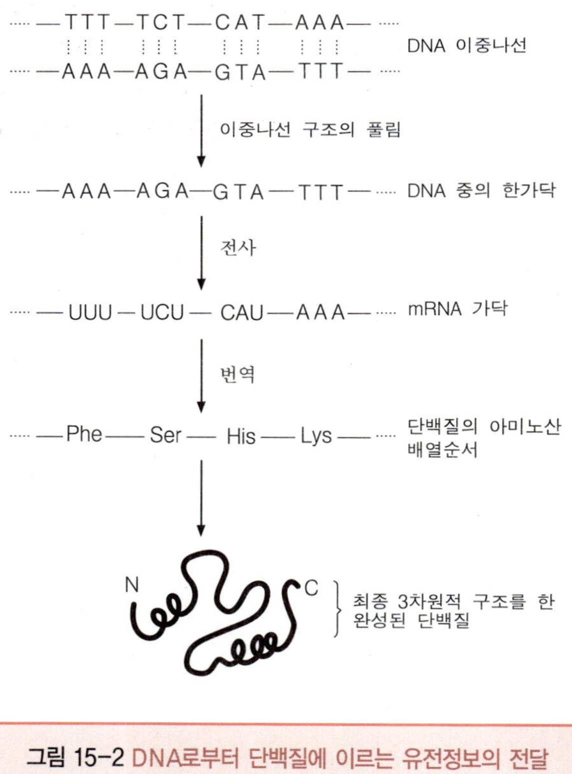

그림 15-2 DNA로부터 단백질에 이르는 유전정보의 전달

타낼 수 있다.

DNA 분자(염기배열 순서)에 함유된 이 정보는 전사라는 과정을 통하여 mRNA로 전달된다. mRNA는 주형(template)으로서 DNA 염기 배열을 사용하여 조립된, 상보적인 염기 배열을 하고 있다. mRNA 분자에는 특정의 3개의 염기로 배열된 코돈(codon)은 하나의 특별한 아미노산에 상당한다. 그러므로 mRNA 분자의 3개의 염기 배열의 연속은 어떤 단백질을 구성하고 아미노산 배열을 규정한다. 이미 전에 단백질의 구조(제5장, 아미노산과 단백질)에서 단백질의 아미노산 배열순서가 그 분자의 3차원적 형태를 규정한다고 강조한 바 있다. 단백질의 생물학적 기능은 주로 단백질의 형태와 화학적 특성으로 결정된다. 그러므로, 단백질의 3차원적 형태(입체적 구조)는 궁극적으로 DNA 분자의 뉴클레오타이드 염기 배열순서에 준하여 결정된다. 유전정보의 흐름은 그림 15-2에 상세히 설명하였다.

이 장에서는, 먼저 DNA 분자가 어떤 식으로 딸 DNA 사슬을 연속적으로 복제하는가를 설명하고 또한 mRNA가 합성되는 전사(transcription) 과정을 설명코자 한다(복잡한 단백질의 합성과정(번역 ; translation)은 제16장에서 언급할 것이다). 여기서는 또한 DNA 교정과 수선 및 재조합 DNA의 기술을 설명한다.

15.1 DNA의 복제

DNA 복제는 아주 복잡하며 동시에 매력적인 하나의 현상이다. 어떻게 DNA는 간단히 복제될 수 있을까? 즉, 어떻게 염기배열(유전코드)이 DNA의 한 세대에서 다른 세대로 전달되는 것일까? 이에 대한 답은, DNA 복제는 DNA 분자의 독특한 구조(제14장 14.3절 참조)에 의존된다. 상보적인 사슬이란 개념이 이 중요한 점을 멋지게 설명해 주고 있다. 즉, 복제시, DNA 분자의 이중나선이 풀리어 그 각자의 사슬이 서로 분리된다. 그러므로, 각 사슬의 염기쌍은 유리되고, 더 이상 상보적인 염기쌍을 형성하는 수소결합을 형성하지 않는다. 새로운 염기는 새로운 사슬을 형성하기 위해 삽입된다. 예를 들면, 만약 한 사슬의 염기가 유리 아데닌 잔기를 갖고 있다면, 타이민 뉴클레오타이드가 그 잔기와 수소결합을 할 것이다. 이러한 과정이 계속되어 염기배열을 제한하는 주형(template)으로서의 DNA의 양친(옛날) 사슬을 이용하여 새로운(딸) 사슬이 만들어진다. 그러므로, 새로 만들어진 이중나선 분자는 양친의(원래의) DNA 분자의 한 사슬과 새로운(딸) 사슬로 구성된다. 이러한 과정을 반보존적 복제(semiconservative replication)라 하며 그림 15-3에 잘 나와 있다.

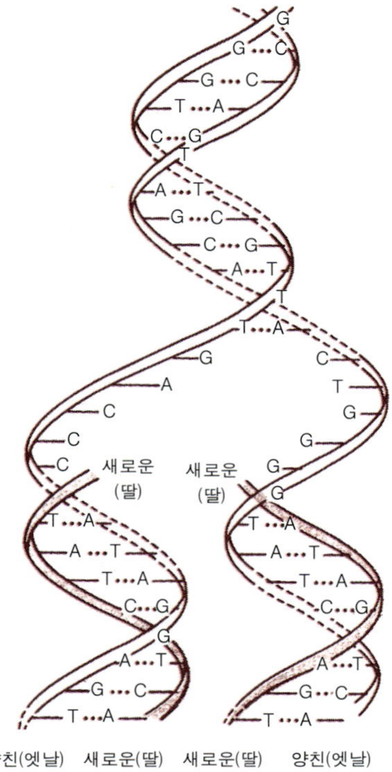

DNA 분자가 복제될 때, 이중나선이 풀리어, 각각의 사슬이 표출된다. 새로운 상보적인 사슬이 합성되고, 나선으로 감기어 새로운 DNA 분자가 만들어진다.

그림 15-3 DNA 분자의 반보존적 복제

생체 내에서 확실히 이 형식에 의해서 복제가 이루어진다는 것을 입증한 사람은 Meselson과 Stahl이었다. 대장균을 ^{15}N와 ^{1}H의 무거운 동위원소가 들어있는 배지속에서 생육시켜 어버이 DNA를 보통의 것보다 밀도를 더 크게 한다. 어떤 시점에서 이것을 보통의 질소원자(^{14}N, 가벼운)와 수소원자를 함유하고 있는 배지속에 옮겨 생육 분열시킨다. 각 세대 마다 균을 모아, 이것으로부터 DNA를 추출하여 그에 대한 밀도를 염화세슘 밀도기울기 원심분리법(CsC1 density gradient equilibrium sedimentation)에 의해서 조사해 보면(그림 15-4), 1세대에서의 DNA의 밀도는 무거운 DNA와 가벼운 DNA의 중간에 형성된다. 제2세대에 있어서는 가벼운 DNA와 중간층의 DNA의 비가 1:1로 나타나고, 그 이후의 세대에서는 가벼운 DNA의 양이 늘었지만, 중간 밀도의 DNA는 결코 없어지지 않았다. 이 실험은 고등생물을 재료로 하였을 때도 마찬가지였다.

DNA의 복제는 염색체 상에 있는 특정의 복제 개시점으로부터 시작되어, 이것으로부터 양쪽 방향으로 진행된다. 대장균과 같은 고리모양의 DNA에 있어서는 복제의 도중에 그리스문자 쎄타(θ)형을 취하는 쎄타형 중간체를 거치는 것이 전자현미경으로부터 확인되었다. 고등생물의 염색

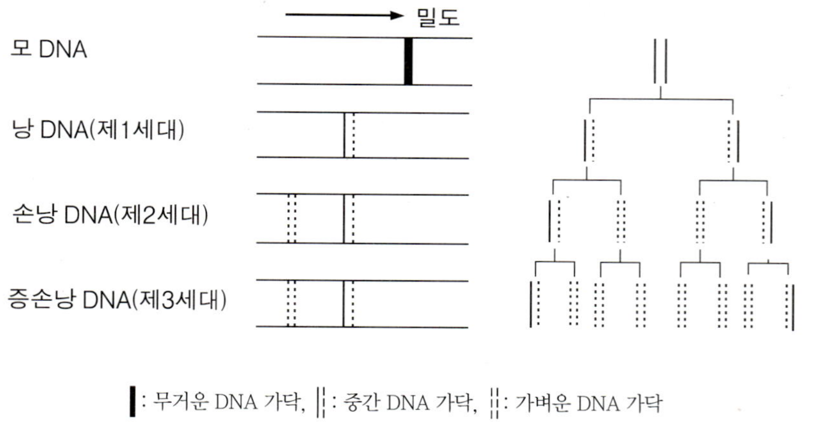

그림 15-4 반보존적 복제에 대한 실험적 증거

체에 있어서는 하나의 염색체 속에 수많은 복제개시점이 존재하며, 이것으로부터 동시에 두 방향으로 복제가 진행되는 식으로 일어나 복제를 요하는 시간이 길어지지 않는다. 어떤 종의 파지(phage)에 있어서는 회전고리라고 하는 형식으로 복제가 일어난다는 사실도 알려져 있다(그림 15-5). 적어도, 15종류의 단백질과 효소가 DNA 복제에 관여한다. 이 복잡성은 유전코드 단위 복제시 정확히 암호되도록 하기 위해서는 아마도 필연적인 것이다. 세포는 $10^{9\sim10}$ 염기쌍당 오로지 한개 이상으로 오류를 범하지는 않는다. 이 외에도 세포는 손상되었거나 결함이 있는 DNA 분자를 교정과 수선할 수 있는 많은 효소를 갖고 있다.

1956년에, Kornberg와 그의 공동연구자들은 DNA의 새로운 사슬을 합성할 수 있는 하나의 효소를 발견하였다. 그들은 그 효소를 DNA 중합효소(DNA polymerase ; 그것은 후에 DNA 중합효소 I이라 불리게 되었다)라 불렀다. 그 효소는 하나의 새로운 염기의 첨가시 주형으로 작용하는 DNA 이중나선 중 한 사슬을 필요로 한다. 또한 DNA 합성에 필요한 데옥시라이보뉴클레오타이드 3인산(dATP, dGTP, dTTP 및 dCTP), RNA 프라이머(RNA primer), 및 Mg^{2+}도 요구한다. DNA 중합효소는 자라고 있는 DNA 사슬의 유리 3′-말단에 모노뉴클레오타이드를 연속적으로 첨가해 간다. 새로운 DNA 사슬의 합성은 5′→3′ 방향이다.

데옥시라이보뉴클레오타이드 3인산 삽입시, 피로인산(PPi)의 분열로 동반되는 자유에너지는 새로운 3′, 5′ 인산다이에스터 결합을 형성하는데 충분히 공급된다. DNA 중합효소는 DNA 복제시 분당 약 1,000개의 뉴클레오타이드를 첨가 할 수 있다. 이러한 반응을 그림 15-6에 나타내었다.

다른 DNA 중합효소(DNA polymerase II와 III)가 또한 세포내에 존재하며 유사한 기작을 통하여 추가적인 효소적 기능을 수행한다. 최근 연구에 의하면, DNA 중합효소 III가 DNA의 새로

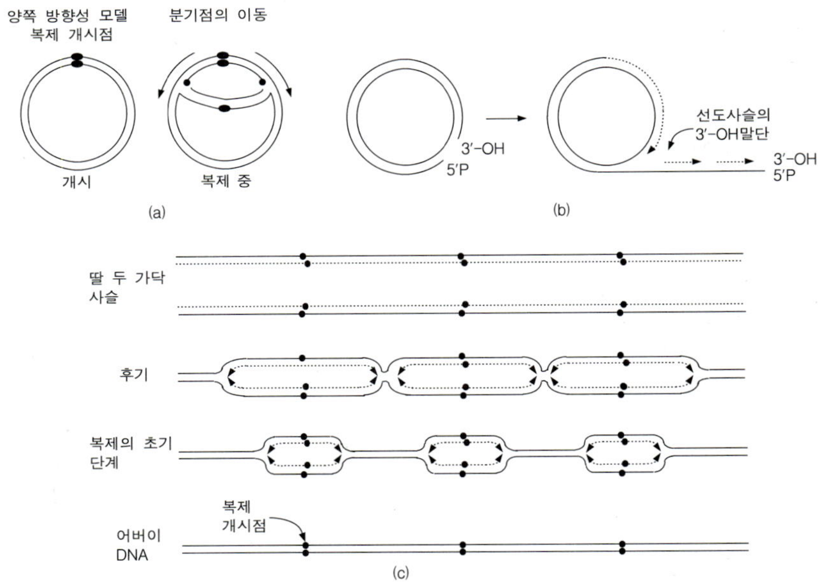

(a) 양쪽성 복제 모델. 양쪽 방향성 모델에 있어서는 두 개의 분기점이 복제개시점에서 출발하여 양자가 만날 때까지 역 방향으로 진행한다. 대장균과 여러 세균의 염색체 및 많은 DNA 바이러스의 염색체는 양쪽 방향성의 복제를 한다.

(b) 회전굴림복제(rolling circle mechanism). 새로 합성된 DNA는 점선으로 나타내었다.

(c) 진핵생물 염색체의 복제. 양쪽방향성 복제는 수천에 이르는 복제 개시점에서 동시에 시작된다. 이것은 딸 DNA 사슬(점선)이 완결될 때까지 진행된다. 이로부터 새로운 두 가닥 사슬은 분리된다. 즉, 각각은 한 가닥의 어버이 사슬(검은색)과 한 가닥의 딸 사슬(점선)을 함유하고 있다.

그림 15-5 DNA 복제 형식

운 사슬을 합성하는데 책임을 지는 "진정한" DNA 중합효소임이 밝혀졌다. DNA 중합효소 I은 RNA 프라이머를 제거하며 새로운 DNA 사슬 사이의 빈 공간을 채우는 일을 맡고 있다(그림 15-9 참고).

흥미롭게도, DNA 중합효소 I은 두 가지의 추가적인 반응을 촉매할 수 있다. (1) 3′→5′ 엑소뉴클리에이스(exonuclease) 활성과 (2) 5′→3′ 엑소뉴클리에이스 활성이 그것이다. 3′→5′ 엑소뉴클리에이스는 5′ 말단을 향하여, 그 사슬의 3′ 말단을 가진 뉴클레오타이드를 연속적으로 가수분해를 촉매한다. 이 효소는 반드시 이중사슬의 일부분이 아닌 유리형의 3′-말단의 뉴클레오타이드를 분해할 수 있다. 이 엑소뉴클리에이스는 성장 중에 있는 DNA 사슬에 첨가된 잘못된 뉴클레오타이드를 절단한다(15.2절 참고). 그러므로 이 효소는 새로 형성된 염기배열의 정확성을 검사하고 편집하는 특성을 가지고 있다. 5′→3′ 엑소뉴클리에이스는 여전히 이중나선 구조를 하고 있

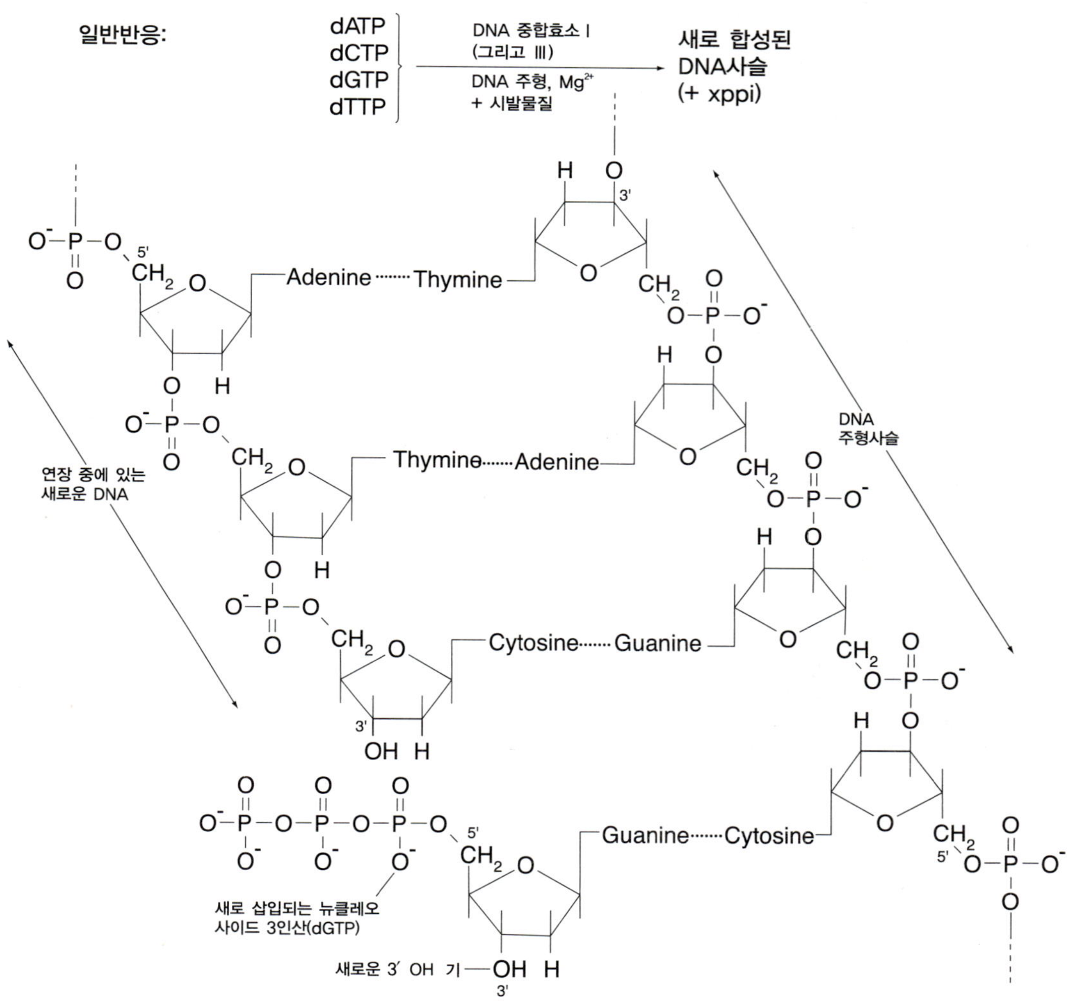

DNA의 한 사슬은 새로운 사슬의 삽입을 위한 주형으로서 작용한다.

그림 15-6 DNA 중합효소 I (그리고 III)에 의해 촉매되는 새로운 DNA의 합성

는 DNA 한 사슬의 3′, 5′ 인산다이에스터 결합의 분해를 촉매한다. 사실상, 이 효소는 교정과 수선과정의 일부로서 DNA의 한 부분을 절단하는데 관여한다(표 15-1).

표 15-1 대장균 DNA 중합효소의 특성

	중합효소 I	중합효소 II	중합효소 III
기능			
중합반응 : 5′→ 3′	+	+	+
엑소뉴클리에이스 : 3′→ 5′	+	+	+
엑소뉴클리에이스 : 5′→ 3′	+	−	+
분자량	109,000	120,000	140,000
세포당 분자수	400		10–20
37℃에서 효소 한 분자에 의해 분당 중합되는 뉴클레오타이드의 수	600	30	9,000

반보존적 복제시, 양친(원래) DNA 분자는 그림 15-7에서 처럼 두 개의 역평형 사슬로 분리된다. 한 사슬은 5′→ 3′ 방향으로 합성되고 반면에 다른 한 사슬은 3′→ 5′ 방향(그림 15-7)으로 합성된다고 주장되어 왔다. 그러나 DNA 중합효소 I (그리고 III)은 새로운 DNA사슬을 5′→ 3′ 방향으로 만 합성할 수 있다.

레이지 오카자키(Reiji Okazaki)는 새로 합성된 DNA가 조그마한 단편이고(후에 오카자키 단편이라 명명하였음) 이러한 단편들이 하나의 완전한 DNA 사슬을 형성하기 위해 DNA 연결효소에 의해 서로 연결됨을 발견하였다.

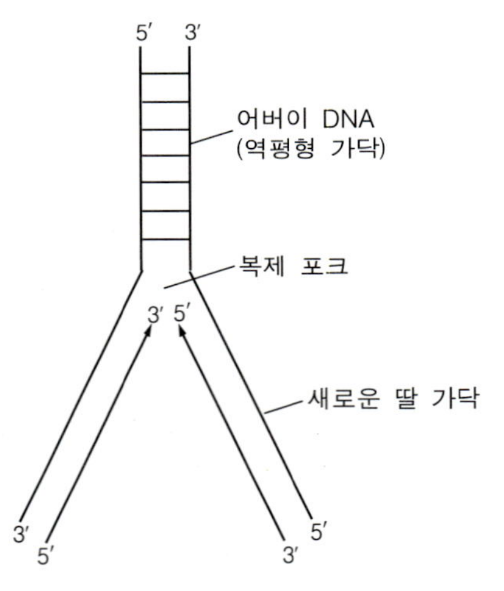

한 가닥은 5′→ 3′ 방향으로 합성되고 다른 한 가닥은 3′→ 5′ 방향으로 합성된다.

그림 15-7 DNA의 반보존적 복제를 중시한 최초의 가설

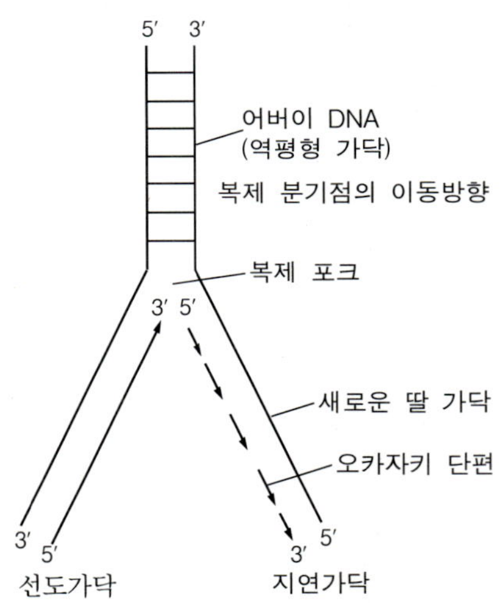

선도가닥은 5′→ 3′ 방향으로 합성된다. 지연가닥은 5′→ 3′ 방향으로 부분적으로 합성되어, 그 부분(오카자키 단편)이 DNA 연결효소에 의해 연결된다.

그림 15-8 DNA가 복제되는 기작의 최근의 개념

이 발견은 궁극적으로 다음과 같은 결론을 내렸다. 즉, DNA 중의 한 사슬은 그림 15-8에서와 같이, 5′→3′ 방향에 연속적으로 복제되어 복제 분기점과 같은 방향으로 이동해 가는 것으로, 이 사슬을 선도가닥(leading strand)이라 하며, 다른 사슬은 작은 단편으로 불연속적으로 합성되며 그의 3′-말단에 뉴클레오타이드를 첨가하는 방법으로, 복제 분기점의 이동과 역방향으로 합성된다. 이어서 이 오카자키 단편들은 DNA 연결효소(DNA ligase)로 이어 맞춰져서 두 번째 딸 사슬이 된다. 이 사슬을 지연가닥(lagging strand)이라 부른다. 오카자키 단편은 보통 세균에서는 약 1,000~2,000개로, 동물세포에는 200개 이하의 뉴클레오타이드로 되어 있다. DNA 복제에 관여하는 각 단계를 그림 15-9에 간단히 요약하였다.

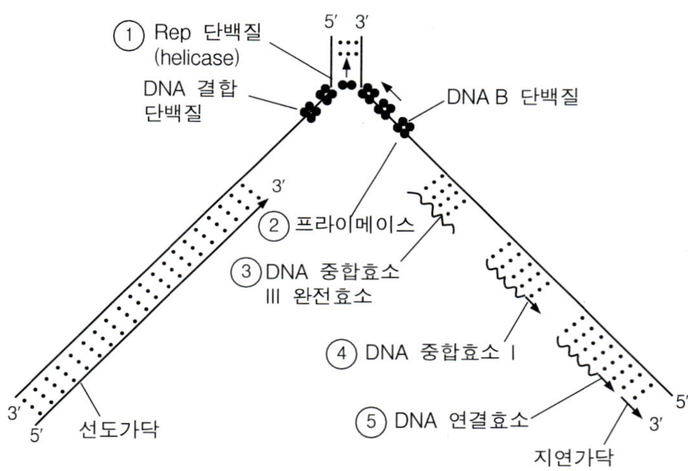

세균의 원형 DNA는 세포안에서 밀집된 초고도로 꼬인(supercoil) 분자로 존재하기 때문에 복제되기 위해서는 그 분자가 풀려야(relaxed) 한다. 이 과정은 DNA의 인산다이에스터 결합을 절단(nicking)한 후 이 결합을 다시 형성하여 꼬인 DNA을 푸는 DNA gyrase(진핵은 topoisomerase)에 의해 수행된다.

그림 15-9 DNA 복제시 발생하는 효소적 단계를 나타내는 그림

단계 1 : DNA 이중나선 구조의 풀림

DNA 분자의 염기쌍이 이중나선 구조의 내부에 존재하므로, 그 나선구조가 먼저 풀어져 새로운 가닥의 합성을 위해 주형으로 작용해야만 한다. 풀리는 과정은 아직 완전히 이해되지는 않았지만, 풀어주는 단백질(Rep 단백질 혹은 Helicase이라고도 함)이 관여하고 있음이 틀림없다. 짧은 염기배열이 풀어지자마자 수 분자의 DNA 결합단백질(DNA B 단백질)이 분리된 사슬의 각각에 단단히 결합되어 사슬이 다시 염기쌍을 형성하는 것을 막는다(그림 15-10).

선도가닥은 먼저 DNA 중합효소 III에 의해 하나의 단위로(연속적으로) 계속해서 합성된다(5′→3′ 방향으로). 반면, 지연가닥은 그림 15-9의 ②에서 ⑤까지의 보다 복잡한 방법으로 합성된다.

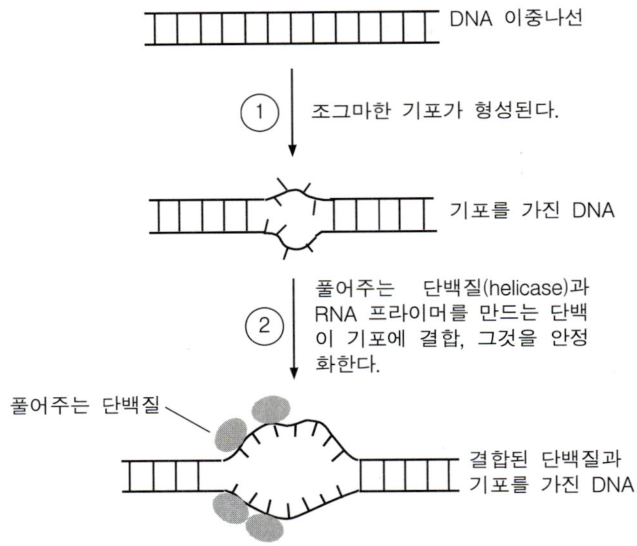

그림 15-10 DNA 이중나선 구조가 풀리는 기구의 설명

단계 2 : RNA 프라이머 가닥의 형성

흥미롭게도, 만약 DNA 지연가닥이 합성되려면, 먼저 10~30개의 뉴클레오타이드로 구성된 짧막한 RNA 사슬이 합성되어야만 된다. 이 짧은 RNA 사슬은 DNA 합성을 위한 프라이머(primer)로서 작용한다. 프라이메이스(Primase, DNA 지령에 따르는 RNA 중합효소로 알려져 있다)라 불리우는 이 효소는 짧은 RNA 사슬의 형성을 촉매한다. RNA 사슬은 DNA 원래의 사슬의 염기배열에 대하여 상보적이다.

단계 3 : 새로운 DNA 가닥의 합성

다음, DNA 중합효소 III는 RNA 프라이머 가닥 상에서(3′-말단에) 주형 DNA와 상보적 관계에 있는 데옥시라이보뉴클레오타이드를 연속적으로 첨가하여 새로운 DNA 가닥의 복제를 촉매한다. RNA 프라이머는 DNA 중합효소 I에 의해 가수분해되어, 새로 합성된 DNA 가닥에서 떨어져 나간다. 즉, DNA 중합효소 I의 5′→3′ 핵산 엑소뉴클리에이스 활성(그림 15-13 참조)에 의해서 RNA 프라이머는 한 뉴클레오타이드씩 제거된다.

단계 4 : 빈틈을 채움

RNA 프라이머의 제거로 형성된 빈틈은 DNA 중합효소 I에 의해 다시 채워진다(fill gaps).

단계 5 : 단편의 연결

마지막으로, 새로 합성된 오카자키 단편들은 DNA 연결효소(ligase)에 의해서 지연가닥에 결합된다. DNA 연결효소는 연장되고 있는 DNA 말단의 3′-수산기와 신생된 오카자키 단편의 5′ 인산기와의 사이에 인산다이에스터 결합을 형성한다(그림 15-11). 이 새로운 결합의 형성에는 에너지의 도입이 필요하며, 이 에너지는 NAD^+(세균에 있어서), 혹은 ATP(동물세포에 있어서)의 파이로인산 결합의 가수분해와 짝지어 생산된 것이다.

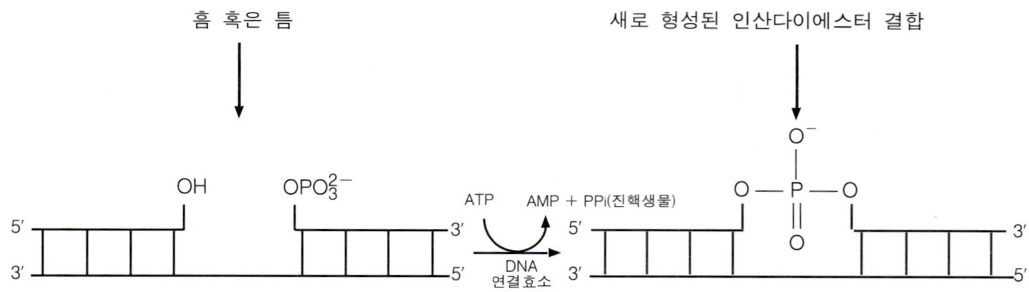

그림 15-11 오카자키 단편의 인산다이에스터 결합 형성

15.2 DNA의 교정과 수선

RNA 합성이나 단백질 합성과 같이 여러 번 일어나는 다른 대사과정들과는 달리 DNA 복제는 각 세포내에서 한 세대당 한 번씩만 일어난다. 복제시에 오류가 생기면 돌연변이가 일어나는데 이를 방지하기 위해 되도록이면 복제과정의 정확도를 높이는 것이 필수적이다. 돌연변이는 종종 생물체에 해로우며 치명적이기까지 하다. 자연은 DNA 염기서열이 정확히 복제되도록 확실히 하기 위하여 여러 방법들을 고안해 냈다.

15.2.1 교정작용

복제과정 중 자연적으로 일어나는 오류는 $10^{9\sim10}$ 염기쌍당 한번 정도에 불과하다. 교정작용(proofreading)이란 복제과정 동안에 합성 중인 DNA에 잘못된 뉴클레오타이드가 첨가되면 이를 즉시 제거하는 것을 말한다. 한스 클레나우(Hans Klenow)가 증명했듯이, DNA 중합효소 Ⅰ은 활성부위가 세 곳 있으며, DNA 중합효소 Ⅰ은 2개의 주요 부분으로 나눠질 수 있다. 이들 중 하나(클레나우 조각)가 중합효소 활성과 교정 활성을 갖고 있다. 다른 부분은 5′ → 3′ 수선 활성을 갖고 있다. DNA 중합효소 Ⅰ이 갖고 있는 교정 활성은 그림 15-12에 나타냈다.

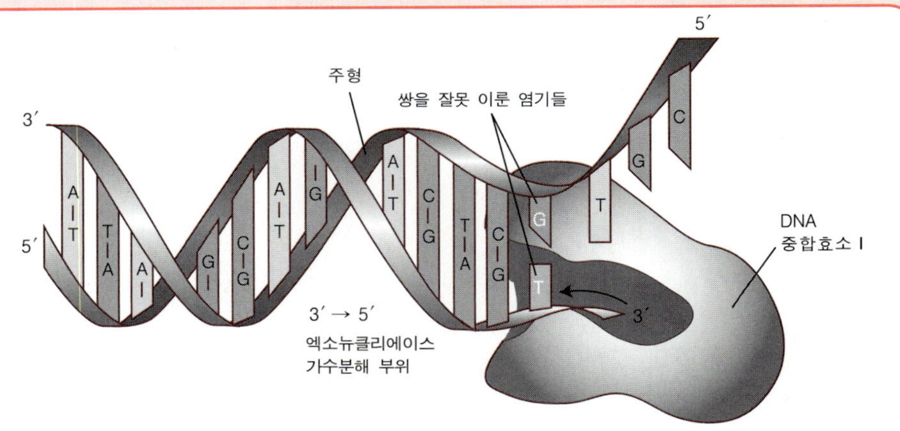

DNA 중합효소 Ⅰ은 합성중인 DNA 사슬의 3′ 말단에서 잘못 들어간 뉴클레오타이드를 제거한다.

그림 15-12 DNA 중합효소의 3′→5′ 엑소뉴클리에이스 활성

합성중인 DNA 사슬에 $10^{4\sim5}$ 개의 염기쌍마다 한번씩 수소결합의 오류가 일어나서 잘못된 뉴클레오타이드가 삽입되게 된다. DNA 중합효소 Ⅰ은 자신의 3′-엑소뉴클리에이스 활성을 이용하여 잘못된 뉴클레오타이드를 제거한다. DNA 중합효소 Ⅰ에 의해 올바른 뉴클레오타이드가 삽입되면 복제가 재개된다. 수소결합을 이용한 염기쌍 형성작용의 특이성 덕분에 오류가 일어나는 정도가 $10^{4\sim5}$ 염기쌍마다 한번 정도 밖에 안 되지만, DNA 중합효소의 교정 기능이 복제의 정확성을 향상시켜서, 오류가 일어나는 정도는 $10^{9\sim10}$ 염기쌍마다 한번 정도로 줄어든다.

15.2.2 잘라 붙이기 과정

복제가 일어나는 동안에는 DNA 중합효소 Ⅰ에 의해 촉매되는 잘라 붙이기 과정(cut-andpatch process)이 일어난다. 예를 들면 DNA 복제시에 RNA 프라이머를 제거하고 필요한 데옥시뉴클레오타이드를 같은 효소 내에 있는 중합효소 기능을 사용하여 삽입시키는 과정이다. 이 과정은 DNA 중합효소 Ⅲ이 새로운 폴리뉴클레오타이드 사슬을 합성한 후에 일어난다는 점을 주목하라. 이미 존재하고 있는 DNA도 잘라 붙이기 방법을 이용하여 DNA 중합효소 Ⅰ에 의해 수선될 수 있다. 이런 경우는 1개 이상의 염기들이 외부요인으로 손상을 입었거나 쌍을 잘못 이룬 염기를 교정 기능이 놓친 경우 등이다. DNA 중합효소 Ⅰ은 DNA를 따라 이동하면서 자신이 갖고 있는 5′→3′ 엑소뉴클리에이스 활성을 이용하여 RNA 프라이머나 DNA 손상을 제거할 수 있다. 이 틈 부분은 곧이어서 DNA 중합효소 Ⅲ를 사용하여 메워진다. 이 과정을 닉 번역(nick translation)이라고 부르기도 한다(그림 15-13).

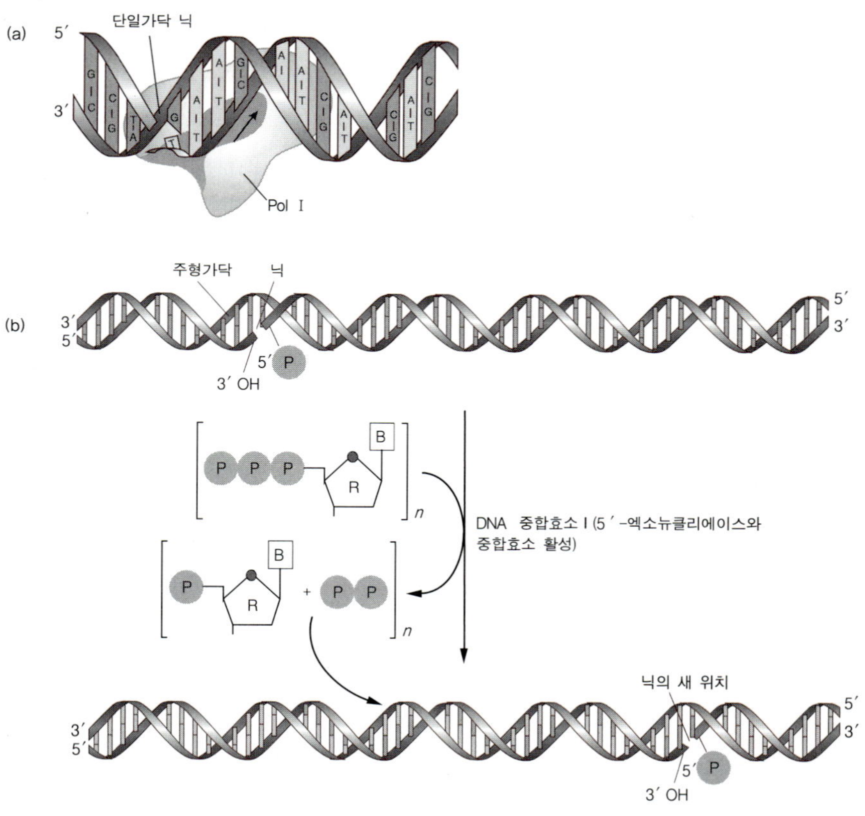

(a) DNA 중합효소 Ⅰ이 갖고 있는 5′→3′ 엑소뉴클리에이스 활성은 단일가닥 닉의 3′-OH로부터 그 하류 부위에 있는 뉴클레오타이드를 5′ 쪽에서 10 개 까지 제거할 수 있다. (b) 5′→3′ 중합효소 활성이 공백을 메운다면, 최종적인 순 효과는 DNA 중합효소에 의한 닉 번역(nick translation)이 되는 셈이다.

그림 5-13 DNA 중합효소 Ⅰ의 5′→3′ 엑소뉴클리에이스 활성

15.2.3 이량체의 절개수리

생물체들은 유전암호를 잘못 읽어서 생기는 자연돌연변이를 접하기도 하지만, 돌연변이를 일으키는 물질인 돌연변이원(mutagen)에 종종 노출되기도 한다. 자외선에 의한 가장 보편적인 돌연변이는 피리미딘 2량체의 생성이다(그림 15-14). 2개의 피리미딘 각각에서 탄소 2 개씩 전부 4 개의 탄소에서 유래한 파이(π)전자들이 사이클로부틸 고리를 형성하면 정상적인 DNA 모양이 뒤틀려서 복제와 전사가 방해된다. 만약 이것이 제거 및 회복되지 않으면, 이와 같은 타이민 이량체는 DNA 중합효소가 손상된(dimer와 같은) 곳으로부터 복제되는 것을 방해한다. 타이민 이량체가 절개(excision)되어 생겨난 틈은 연속된 4가지의 작용효소에 의해 메꾸어져 회복된다(그림 15-15).

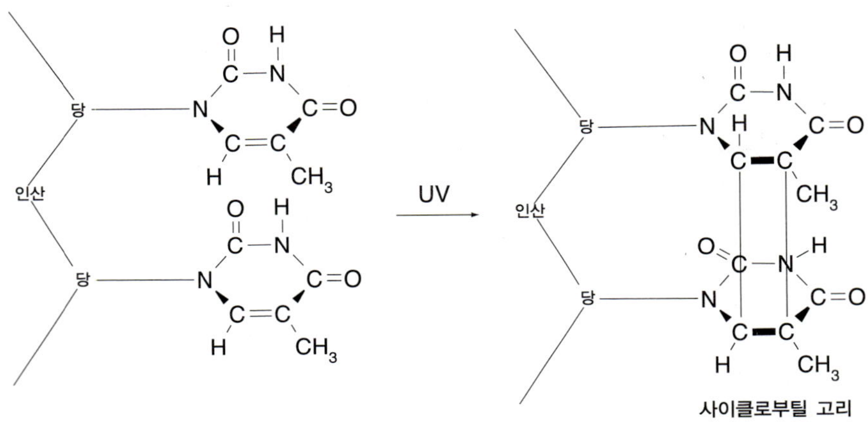

같은 사슬에 맞는 피리미딘(타이민) 고리들의 5 번과 6 번 탄소 사이에서 사이클로부틸 고리가 형성된다. 이런 2량체가 존재하면 정상적인 염기쌍이 파괴된다.

그림 15-14 UV에 의한 같은 사슬의 타이민 염기들이 2량체를 형성

맨 먼저 자외선 또는 UV-엔도뉴클리에이스에 의해서 타이민 이량체의 5′ 측에 손상된 사슬이 절단된다. 제 2단계로, DNA 중합효소 I 이 손상된 사슬의 절단된 3′ 말단에 적당한 데옥시라이보뉴클레오타이드를 부가하고, 주형사슬과 상보적인 관계에 있는 DNA를 합성한다. 이 단계에서, 타이민 이량체를 갖고 있는 사슬은 주형으로부터 떨어져 나간다. 제 3단계에서는 DNA 중합효소 I 혹은 II에 의해 5′→3′ 방향으로 모노뉴클레오타이드 단위로 하나씩 절단한다. 마지막 단계로, 올바른 염기쌍을 만든 새로운 DNA가 DNA 연결효소의 작용에 의해 본래의 DNA에 이어 맞춰진다(그림 15-15).

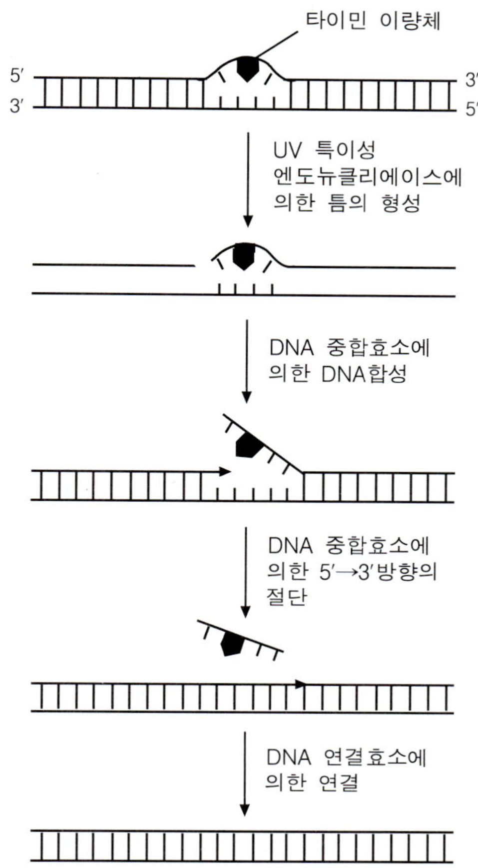

그림 15-15 DNA로부터 타이민 이량체를 제거하는 절개-수리기구

15.2.4 미스매치수선

손상 부위가 DNA 중합효소 I과 Ⅲ의 정상적인 엑소뉴클리에이스 활성을 어떻게든 벗어났을 때에 원핵생물은 이것들을 처리할 수 있는 또 다른 다양한 수선 기작을 갖고 있다. 미스매치 수선(mismatch repair)에서 효소들은 염기 2개가 잘못된 쌍을 이루고 있는 것을 인식한다. 염기쌍이 잘못 연결된(미스매치 된) 구역이 제거되면 DNA 중합효소가 그 구역을 다시 복제한다. 염기쌍이 잘못 형성된 곳이 존재할 때에 수선 기구의 입장에서 어려운 일은 두 가닥 중 어느 가닥이 올바른 것 인지를 판단하는 것이다. 이것이 가능한 이유는 단 한가지로, 원핵생물이 메틸기를 첨가하여

염기를 변형시킴으로서 특정 구역의 DNA를 변형시키기 때문이다. 이런 메틸화(methylation)는 복제된 후에 짧은 시간 내에 일어난다. 따라서 복제가 일어난 직후에는 미스매치 수선 기구가 작동할 수 있는 한정된 시간대가 있다. 그림 15-16에 이 미스매치수선이 어떻게 작동되는 지를 나타냈다.

어떤 세균이 있는데, 이 종은 어떤 독특한 염기서열 내의 아데닌을 메틸화시킨다고 가정해 보

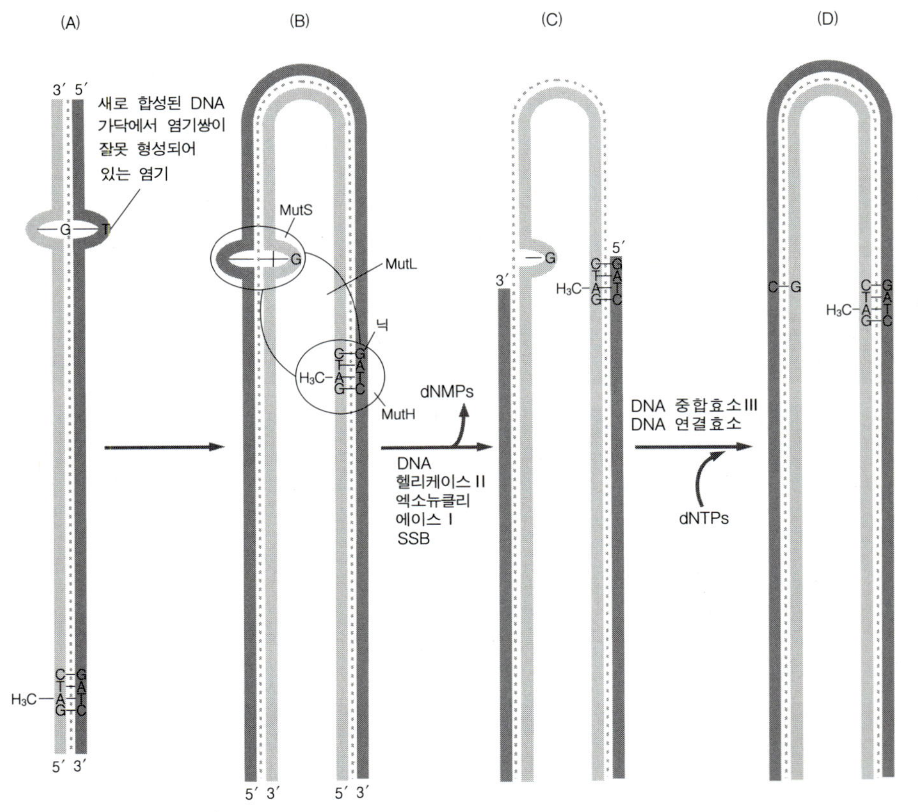

(a) 새로합성된 DNA(진한 가닥으로 표시됨)에 염기쌍이 잘못 형성된(미스매치된) 곳이 있다(G-T).

(b) MutH, MutS, MutL 단백질이 작용하여 미스매치된 부위를 가장 가까이 있는 메틸화되어 있는 부위와 연결시킨다. 연한 가닥이 어버이 가닥(올바른 가닥) 임을 메틸화되어 있는 것으로 구분된다.

(c) 엑소뉴클리에이스가 그 단백질들 사이에 있는 DNA를 진한 가닥에서 제거한다.

(d) DNA 중합효소 Ⅲ가 작용하여 제거된 DNA를 올바른 서열로 대체한다.

그림 15-16 대장균의 미스매치 수선

자. 처음에는 두 가닥이 모두 메틸화되어 있는데, DNA가 복제될 때 오류가 생겨서 G의 맞은편에 T가 위치했다(그림 15-16 a). 어버이 가닥은 메틸화된 아데닌을 갖고 있기 때문에 효소들은 변형된 염기가 없는 새로 형성된 딸 가닥을 어버이 가닥과 구별할 수 있다. 즉, T가 오류이고 G는 오류가 아닌 것이다. 그 후 몇 가지 단백질과 효소들이 수선과정에 관여한다. MutH, MutS, MutL 단백질이 오류가 일어난 곳과 메틸화된 부위 사이에 고리를 형성한다(그림 15-16 b). DNA 헬리케이스 Ⅱ는 DNA가 풀리는 것을 돕는다. 엑소뉴클리에이스 Ⅰ(exonuclease Ⅰ)은 오류가 있는 부분의 DNA를 제거한다(그림 15-16 c). 단일가닥 결합 단백질들은 주형(연한)가닥이 분해되는 것을 막아준다. 그 다음에 DNA 중합효소 Ⅲ이 작용하여 빠진 조각을 채워준다(그림 15-16 d).

15.3 재조합 DNA

1970년대는 DNA에 관한 생화학적 연구로 많은 지식을 얻은 기간이었다. 새롭고 권위있는 연구기술들이 이 기간동안 개발되었으며, 이들 기술을 이용하여 많은 유전자의 배열순서와 구조가 결정되었고, 재조합 DNA(recombinant DNA)와 유전자 클로닝(gene cloning)과 같은 그런 새로운 기술들이 개발되었다.

새로 발견된 상업적 이용가치가 있는 제한효소(제한핵산 내부 가수분해 효소 : restriction endonucleases)가 DNA 연구에 신시대를 여는 필수품이었다. 원핵세포에 존재하는 이 제한효소는 DNA 가닥의 뉴클레오타이드 염기배열내의 특이한 점에서 인산다이에스터 결합의 가수분해를 촉매한다. 아래 그림에서 나타난 바와 같이, DNA의 어떤 부위의 염기배열은 뚜렷한 대칭으로 나타나는 경우가 있다.

```
5′—G—G—A—T—C—C—3′
   :  :  :  :  :  :
3′—C—C—T—A—G—G—5′
```

염기순서(5′→3′ 방향으로 읽어서)는 상보적인 다른 가닥에서도 반복되지만, 역순으로는 그렇지 않다. DNA 사슬은 역평형이기 때문에, 염기순서는 다른 가닥에서 처럼 똑같이 5′→3′ 방향으로 읽는다. 이와 같은 부위(region)를 회문구조(palindrome)라 한다. 회문구조란 오른쪽에서 왼쪽으로 읽을 때 처럼 왼쪽에서 오른쪽으로 읽을 때와 똑같은 단어, 문장, 구 혹은 코드(code)를 말한다. 하나의 특수한 제한효소는 DNA 이중나선 구조의 회문구조 모양의 부위를 인식하여 그 부위에 결합, 염기배열내의 특이한 인산다이에스터 결합을 절단한다. 표 15-2에 몇 개의 회문구조를 한 염기배열을 나타내었고, 동시에 제한효소가 인식하여 절단하는 부위를 나타내었다.

표 15-2 몇 가지 제한효소의 특성

엔도뉴클리에이스	염기 배열을 인식하고 자르는 곳(↓)
Bam H I	5′—G↓G—A—T—C—C—3′ 3′—C—C—T—A—G↑G—5′
Eco R I	5′—G↓A—A—T—T—C—3′ 3′—C—T—T—A—A↑G—5′

주의: 각 제한효소는 처음으로 분리된 세균의 이름을 줄여서 명명한다. 예를 들면, Eco R I 효소는 *E. coli*에서 분리되었다. 화살표는 엔도뉴클리에이스가 인산다이에스터 결합을 절단하는 곳을 가리킨다.(⊺)

이러한 세균성 엔드뉴클리에이스의 생물학적 역할은 들어온 외래성 DNA(foreign DNA)를 분해하는 것이다. 만약 제한효소가 세균 세포에 존재한다면, 세포 자신의 DNA는 어떻게 보호받을 수 있을까? 세균의 DNA는 어떤 염기배열내에 메틸화된 염기를 갖고 있다. 외래성 DNA는 또한 메틸화된 염기를 갖고 있지만, 세균 DNA의 메틸화된 부위의 염기배열이 각각 다르다. 그래서, 외래성 DNA는 각종 세균에 의해서 만들어진 그들 중 특이의 제한효소에 의해서 파괴된다. 메틸화된 아데닌 염기를 가지고 있는 어떤 DNA 염기 배열순서를 왼쪽 그림에 나타내었다.

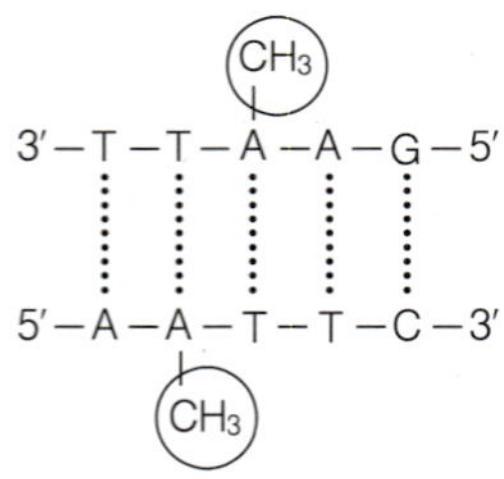

제한효소는 DNA 이중나선 구조의 위 아래에 있는 특이한 부위에 작용하여 DNA 분자를 절단한다. 그 결과 유리염기를 가진 한 가닥으로 된 말단의 단편이 만들어진다. 이러한 유리염기는 상보적인 염기와 수소결합을 할 수 있다. 그러므로 각 사슬의 유리염기들을 가진 말단을 접착말단(sticky end or cohesive end)이라 한다(그림 15-17).

또한, 접착말단은 효소의 작용으로 생성된 반복되는 폴리데옥시아데노신(poly dA)이나 폴리데옥시타이민(poly dT) 뉴클레오타이드 꼬리단위로 만들어질 수 있다.

5′……dA−dA−dA−⋯−dA−OH−3′←poly dA 꼬리, 혹은 접착말단 3′……5′

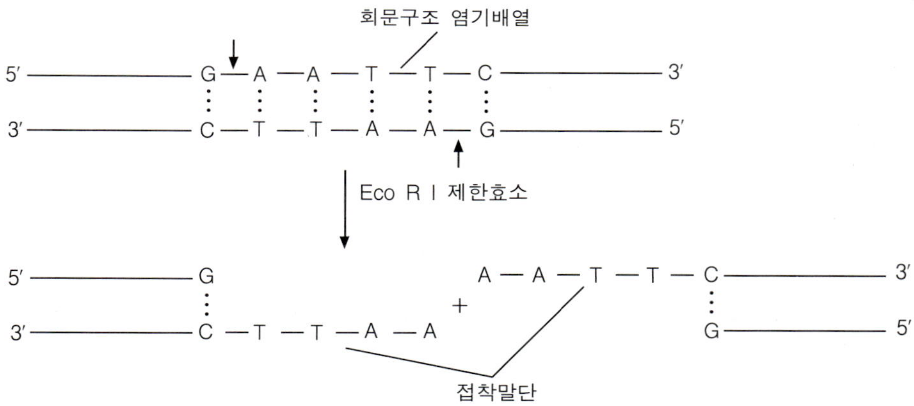

그림 15-17 DNA의 절단과 접착말단의 형성

하나의 폴리데옥시아데노신 꼬리는 하나의 폴리데옥시타이민 꼬리와 결합할 수 있고, 결국 DNA의 두개의 다른 단편들이 연결된다.

이와 같은 정보로부터, 재조합 DNA 기술에 관하여 설명하여 보자. 세균(*E. coli*와 같은)은 두 형태의 DNA를 가지고 있다. 즉 염색체 DNA(고리형의 이중나선 구조)와 플라스미드 DNA(고리형의 이중나선 구조, 크기가 염기체 DNA 보다 훨씬 작다)가 있다. 플라스미드 DNA는 가끔 엑스트라 염색체 DNA(extra chromosoma1 DNA)라고도 한다.

재조합 DNA 기술에 있어서, 플라스미드 DNA는 염색체 DNA로부터 분리, 그 DNA 분자에 제한효소를 처리하여, 접착말단으로 가닥을 짜른다. 다른 유기체로부터 DNA를 분리, 정제하여 또한 제한효소를 처리하였다. 처리된 이 두 DNA 분자를 혼합하면, 서로서로 접착말단끼리 상보적인 결합을 하여 고리 모양의 이중나선 가닥이 된다. 염기와의 수소결합이 형성된 후 DNA 연결효소가 가닥과 가닥의 끝을 연결시켜 결국 새로운 잡종 DNA가 형성된다(그림 15-18).

이러한 과정은 믿을 수 없을 정도의 기술적인 잠재력을 가지고 있다. 유전공학(genetic engineering)이라 불리우는 생화학적인 연구와 발달의 새로운 영역이 벌써 도래하였다. 예를 들면, 사람의 인슐린을 지배하는 DNA 부위를 재조합 DNA 기술을 통하여 세균의 플라스미드 DNA에 결합시켜, 이러한 재조합 DNA 분자를 숙주세포(*E. coli*) 속으로 삽입시킨다. 숙주세포는 자기자신의 DNA와 DNA 복제 및 유전자 표현을 위한 필요한 효소를 가지고 있다. 숙주세균이 증식함과 동시에 사람의 인슐린 유전자를 가진 재조합 DNA 분자도 복제된다. 그러므로, 이들 세균은 증식과 동시에 인슐린을 생산하며, 이 인슐린을 세균과 배지로부터 분리, 정제하여 이용한다.

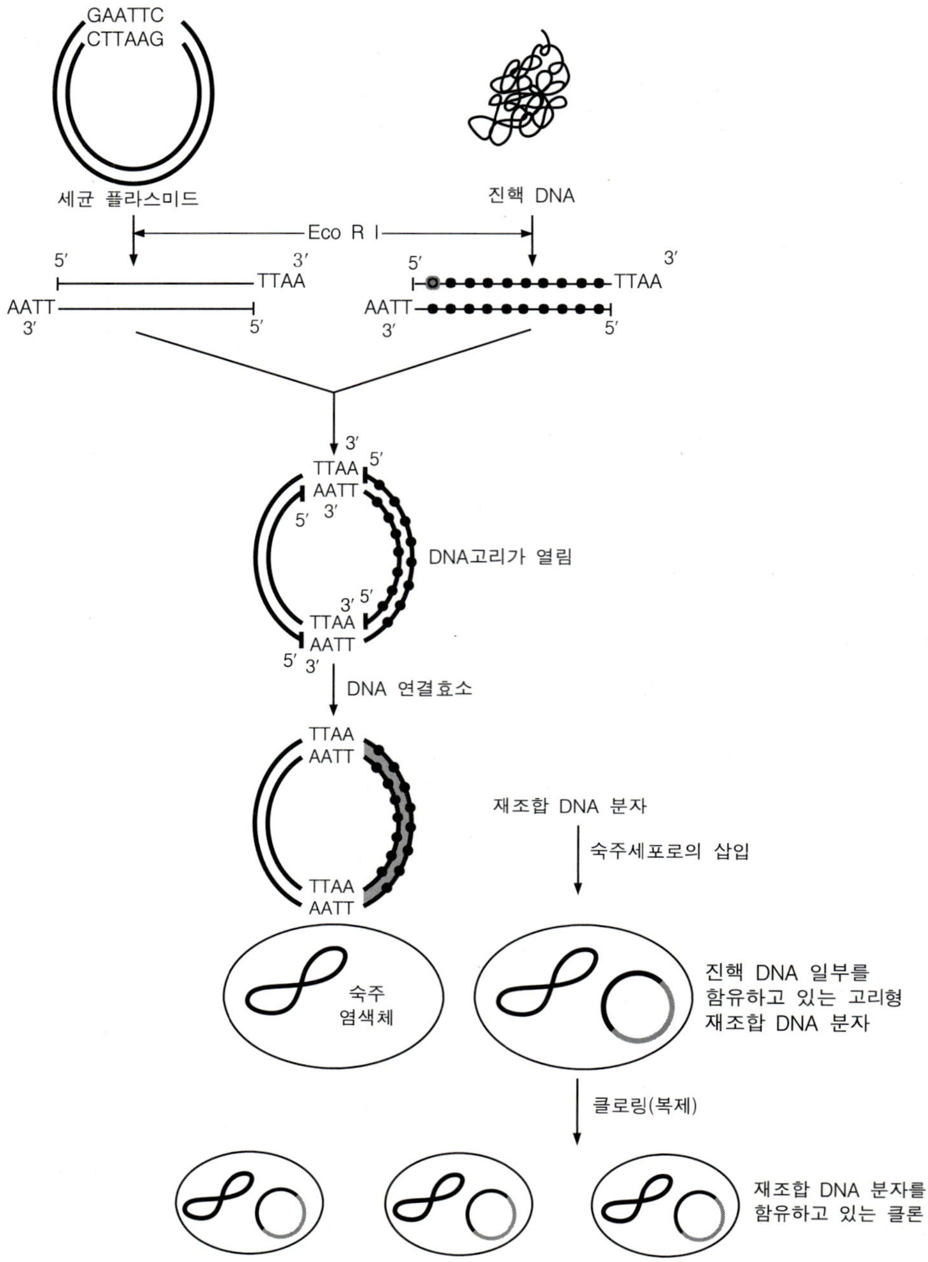

그림 15-18 DNA 재조합 기술

15.4 전사 : RNA의 합성

DNA 주형으로부터 RNA 사슬을 합성하는 과정을 전사(transcription)라 하며 RNA 중합효소

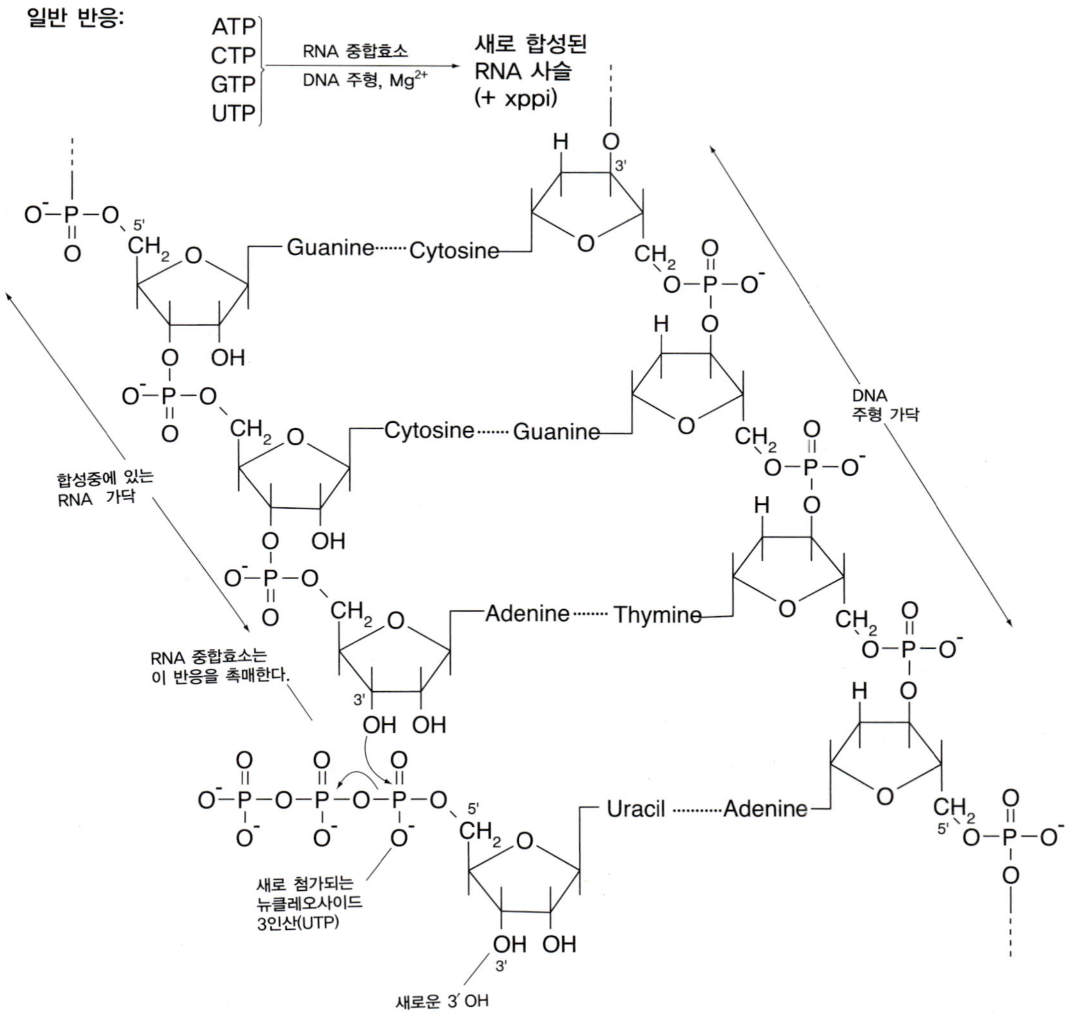

그림 15-19 RNA 중합효소에 의해 촉매되는 RNA의 합성

에 의해 촉매 된다(그림 15-19). 이 효소는 주형으로 이중나선 DNA 중의 한 사슬을 필요로 하므로 진핵세포에서의 전사 반응은 세포핵에서 일어난다. 세포핵에서 rRNA 합성은 핵인에서 일어나고 mRNA나 tRNA는 핵질에서 합성된다.

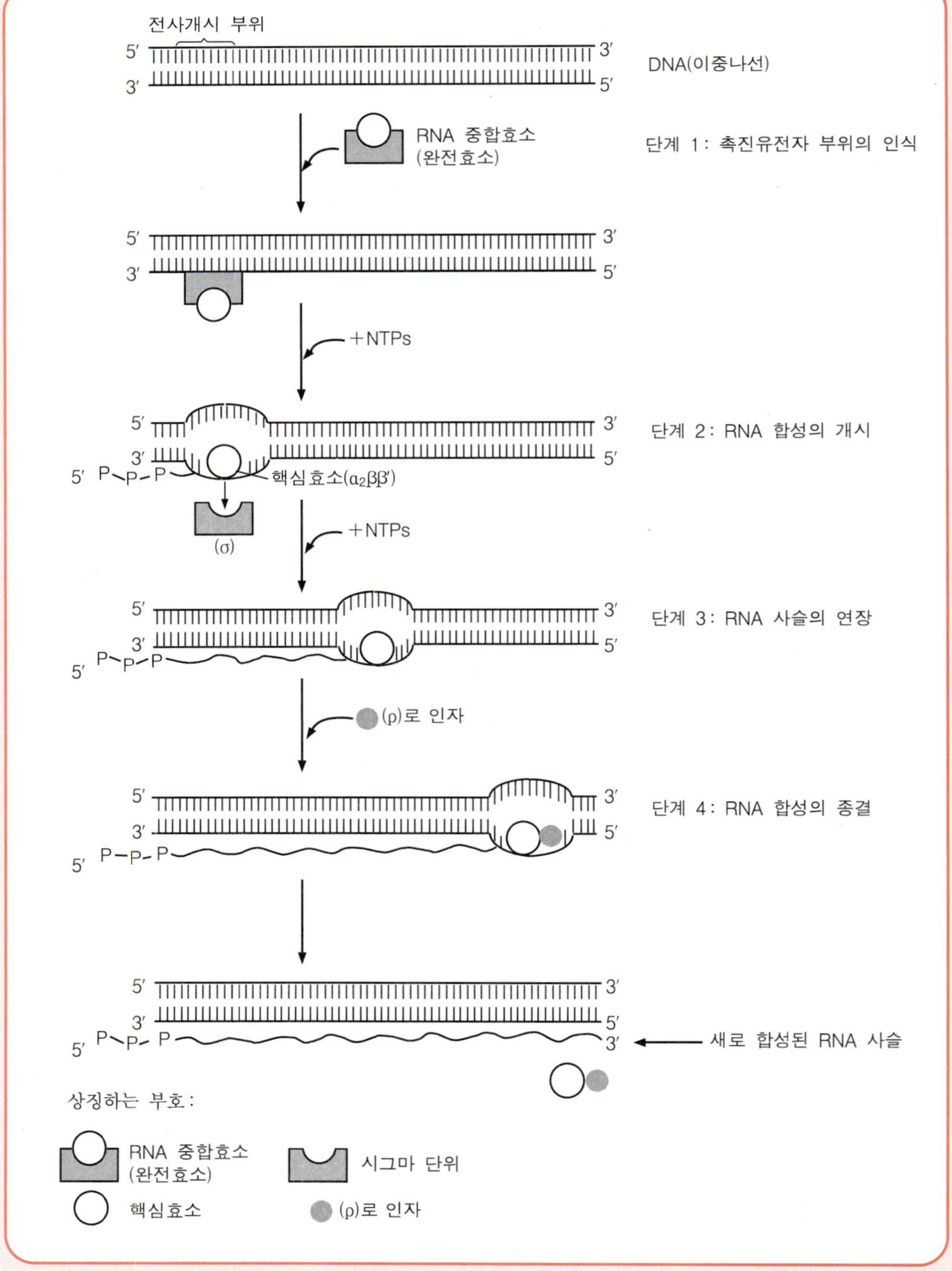

그림 15-20 RNA 합성(전사)동안에 일어나는 효소적 단계의 요약

원핵세포는 세포질의 한쪽에 위치하고 있는 DNA에서 일어나며 플라스미드는 염색체와 독립적으로 스스로 전사된다. 또 4 종류의 라이보뉴클레오사이드 3인산(ATP, GTP, CTP, UTP)과 Mg^{2+}를 필요로 하며 프라이머는 필요로 하지 않는다. RNA 중합효소에 의한 RNA 합성 과정은 유전자의 전사 개시점 인식(시작물질), RNA 합성이 시작되는 개시(initiation), 새로운 염기들이 중합되어 길어지는 신장(elongation), RNA 사슬 합성이 끝나 방출되는 종료(termination)의 4 단계로 구분할 수 있다(그림 15-20).

원핵세포의 RNA 중합효소는 아주 크며, 5개의 서브유니트(subunit)로 구성되어 있다. 그것은 2 개의 α-소단위, β-소단위, β' -소단위 및 시그마(σ)-소단위이다. RNA 중합효소의 완전효소(holoenzyme)는 (α_2, β, β', σ)로 표기되고, 핵심효소(core enzyme)가 RNA 사슬 합성을 촉매 한다. σ-소단위는 DNA 분자 상에서 개시지점을 확인한다(그림 15-20).

단계 1 : 프로모터 부위의 인식

어떻게 RNA 중합효소가 DNA 이중나선 구조상에서 RNA가 전사될 때 전사 개시점을 인식할 수 있을까? 연구결과 DNA 염기배열 내에 존재하는 특수한 프로모터 부위(promoter regions)가 있으며, 여기에 RNA 중합효소 분자가 결합하는 것으로 나타났다. 이 프로모터 부위는 그림 15-21에서와 같이 아데닌-타이민 염기쌍이 풍부하다. RNA 중합효소의 시그마(sigma, σ) 서브유니트는 프로모터 부위를 인식하고, RNA 중합효소를 개시부위(initiation)로 안내한다. 시그마 서브유니트는 또한 RNA 합성시 DNA 이중가닥을 풀어서 주형가닥을 노출시키는 역할도 한다.

5′—T—A—T…… (퓨린) ……A—T—G—3′

3′—A—T—A— (피리미딘) —T—A—C—5′

그림 15-21 DNA 구조상의 프로모터 부위

단계 2 : RNA 합성의 개시

RNA 중합효소(완전효소)가 DNA 분자에 결합 후, 시그마 소단위는 완전효소 복합체로부터 해리된다. 시그마 인자가 이탈된 나머지 핵심효소는 새로운 사슬의 형성과 성장을 촉진한다. 그 사슬의 5′ 말단은 pppA이거나 pppG이다(여기서 ppp는 3인산 꼬리를 나타낸다). 핵심 효소는 라이보뉴클레오타이드를 계속 첨가하여, 3′, 5′-인산다이에스터 결합을 형성시키는 반응을 촉매한다. 한 가지 흥미로운 사실은 DNA 2중나선 가닥 중 오로지 한 가닥만이 전사가 된다는 것이다. 이때, RNA 중합효소는 3′→5′ 방향을 하고 있는 이 가닥을 따라 이동한다. 그러므로, 새로 합성되는 상보적인 RNA 가닥은 5′→3′ 방향으로 합성된다. DNA 합성과는 달리 RNA 합성은 프라이머가 필요하지 않다.

단계 3 : RNA 사슬의 연장

RNA 사슬은 라이보뉴클레오타이드 단위로 계속적으로 첨가, 연장된다(분당, 약 3,000 라이보뉴클레오 단위로). RNA 중합효소 복합체가 DNA 나선구조를 따라 계속 내려가면, 나선구조는 계속 풀리면서 주형가닥을 노출시킨다. 새로 합성된 긴 RNA 가닥은 DNA 나선가닥 측면에 줄지어 늘어서 있다. RNA 중합효소가 어떤 특정부분까지 전사를 끝내면, DNA 이중나선 구조는 재형성된다(그림 15-20 참조).

단계 4 : RNA 합성의 종지

DNA 주형가닥에는 종결부위(termination site)라는 하나의 특이한 부위가 있다. 개시부위에 아데닌-타이민 염기쌍이 풍부하듯이, 이 부위는 풍부한 구아닌-사이토신 염기쌍의 배열을 다량 갖고 있다. RNA 중합효소는 이러한 부위를 인식하고 이 점에서 RNA 합성을 종결하는 것 같다.

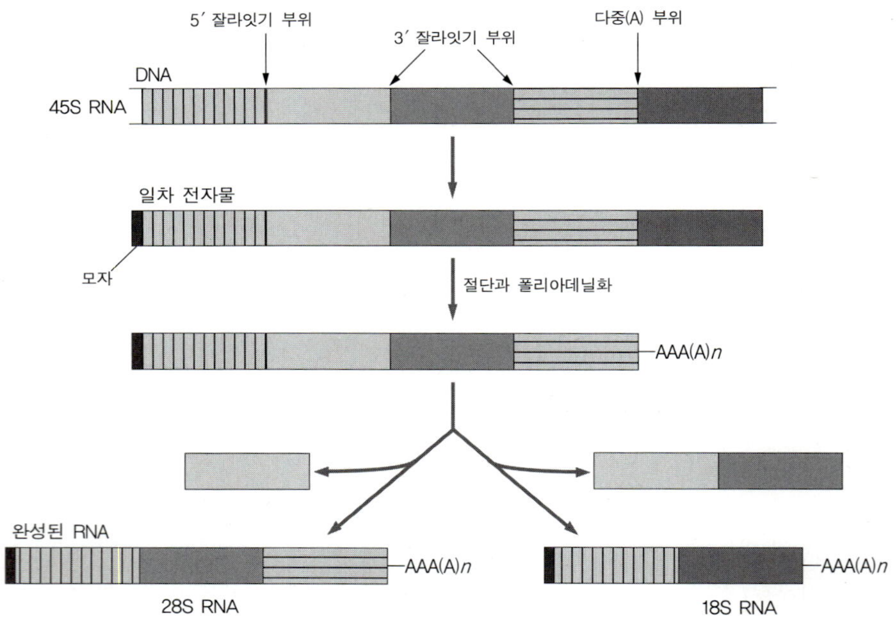

그림 15-22 rRNA의 전사 후 가공

어떤 경우에는 로 인자(rho, ρ)라 불리우는 단백질이 새로 합성된 RNA 사슬에 결합하여 DNA 주형으로부터 RNA 중합효소 분자를 분리시키는 것 같다.

단계 5 : RNA의 전사후 가공

새롭게 합성된 RNA 분자는 일차 전사물(primary transcript) 이라고 부른다. 원핵과 진핵의 RNA는 일반적으로 하나의 특수한 RNA 분자가 전사되고, DNA 주형/RNA 중합효소 복합체가 방출된 후 추가적인 효소적 가공(processing)을 겪는다. 진핵 RNA는 원핵 RNA보다 훨씬 더 강한 가공을 겪는다. RNA 가공에는 4 가지의 중요한 형태가 있다. (1) 커다란 RNA 전구체의 절단(가끔 pre-RNA라 부른다), (2) mRNA 사슬의 3′ 말단에 폴리 아데노신의 첨가 (3) 5′-캡(cap) 형성 (4) 각각의 RNA 뉴클레오타이드 염기와 당 단위들의 변형 등이 그것이다.

rRNA(진핵 ribosomal RNA)는 그림 15-22에서 보는 바와 같이, 하나의 커다란 RNA 분자의 전구체(pre-RNA)의 절단에 의해 만들어진다. RNA 분자의 전구체(45S RNA로 표시, 여기서 S는 분자의 크기를 나타내는 침강상수)는 먼저 41S RNA와 24S RNA로 분해되고, 여기서 41S RNA는 더 분해되어 라이보솜의 구성물로 이용되는 28S와 18S RNA로 된다.

폴리아데노신 염기의 첨가는 RNA의 전사후 변형 단계의 또 다른 한 방법이다. 중합효소는 전사된 mRNA의 3′-말단에 폴리아데노신 잔기를 첨가시킨다. 일반적으로, 이 3′-폴리 A 말단에

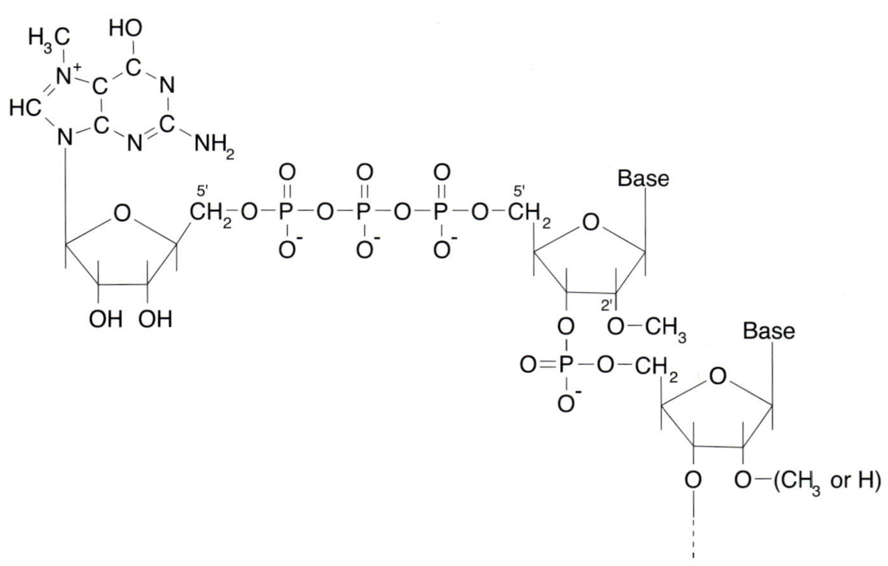

그림 15-23 진핵 mRNA의 5′-말단에서 만들어진 5′-캡

는 아데노신 뉴클레오타이드 수는 50~200 정도이다. 폴리-A 부위는 아마도 핵에서 세포질로 mRNA의 이동에 관여하는 것 같다.

mRNA 분자의 5′-말단은 또한 변형된다. 이것은 주로 5′-3인산 꼬리에 7-메틸구아노신을 함유하고 있는데(그림 15-23), 5′-캡으로 알려져 있다. 이 캡의 생물학적 기능은 아직 알려져 있지 않다.

마지막으로, RNA 사슬의 염기와 당은 가끔 효소적으로 변형되어 유도체를 형성하는 경우가 있다. tRNA는 이와 같이 변화를 받아 많은 수의 특수한 염기를 가진다(그림 15-24).

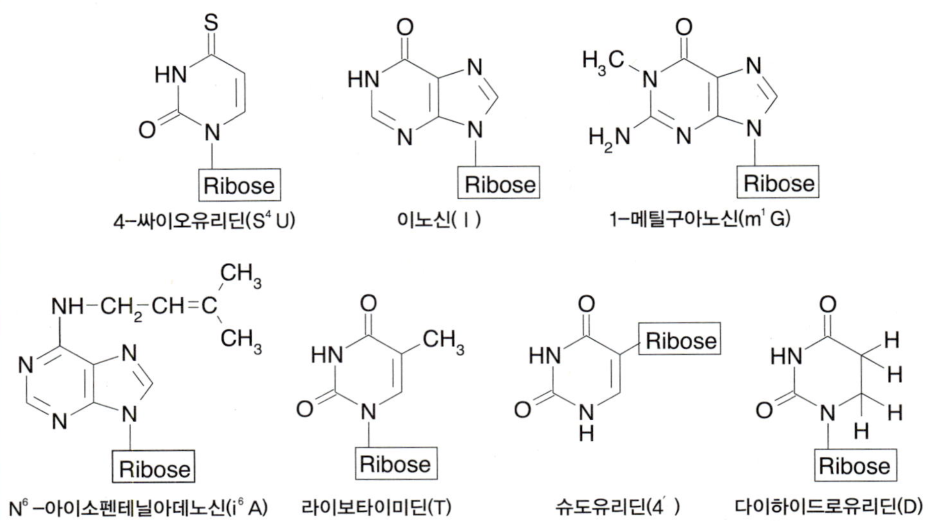

그림 15-24 전사 후 가공에서 생성되는 tRNA의 일부 변형된 염기들

요약

유전정보는 DNA에서 RNA(전사)로, RNA에서 단백질(번역)로 전달된다. 단백질의 3차원적 구조는 DNA를 구성하는 뉴클레오타이드 염기배열 순서에 따라서 결정된다. DNA 분자는 반보존적 그리고 불연속적 복제에 의해 합성된다. DNA의 2중나선 구조는 먼저 풀리고, 복제 포크를 형성한다. 두 개의 분리된 가닥은 새로운 두개의 가닥의 합성을 위해 주형으로서 작용하는데, 이들 두 가닥을 선도가닥과 지연가닥이라 부른다. 선도가닥은 DNA 중합효소에 의해 5′→3′ 방향으로 연속적으로 복제된다. 지연가닥은 아래 반응 순서에 따라 불연속적으로 복제된다. (1) DNA-의존 RNA 중합효소가 지연가닥에 짧은 RNA 프라이머 가닥을 만든다. (2) DNA 분자는 RNA 프라이머 상에서 5′→3′ 방향으로 복제된다. (3) RNA 프라이머가 제거된다. (4) 형성된 DNA 단편(오카자키 단편)은 DNA 연결효소에 의해 연결된다. 손상된 DNA 부분은 절단, 새로 합성되어, DNA 연결효소에 의해 손상되지 않는 가닥과 연결된다. 제한효소는 DNA 내부에 존재하는 회문구조의 염기배열을 인식하여 특이한 염기 사이의 인산다이에스터 결합을 가수분해 한다. 이것은 DNA 분자를 단편화하여 접착말단을 생산한다. 재조합 DNA기술이란 (1) 세균성 플라스미드 DNA와 다른 유기체로부터 DNA를 분리하여, (2) 이를 두 DNA에 제한효소를 처리, 접착말단을 만든 후, (3) DNA 단편들을 혼합하여 재조합 DNA로 조합시키는 기술을 말한다. 다음 재조합 DNA를 DNA 연결효소를 처리하여 닫힌 고리상의 DNA로 만든다. 그 결과 고리형의 구조 중 일부분은 세균성 플라스미드이고, 다른 일부분은 다른 유기체의 DNA이다. 재조합 DNA로 숙주세균으로 주입시켜 보다 많은 재조합 DNA 분자를 복제할 수 있다. RNA는 RNA 중합효소에 의해 합성되며, 그것은 주형으로서 DNA 2중나선 구조 중 한 가닥과 라이보뉴클레오사이드 3인산(ATP, GTP, UTP 그리고 CTP)를 요구한다. RNA 합성은 중요한 3 단계로 나눌 수 있다. (1) 개시단계, 즉 RNA 중합효소가 DNA 프로모터 부위에 결합하여, mRNA의 5′-말단을 만드는 단계이다. (2) 연장단계, 그것은 RNA 사슬이 5′→3′ 방향으로 라이보뉴클레오타이드의 계속적인 첨가로 길어진다. 그리고 (3) 종결단계는 RNA 중합효소가 특이한 종결 염기배열에 응답하여 RNA 사슬의 합성을 멈춘다. 다음 RNA 분자는 DNA 사슬로부터 해리되고 전사 후 가공을 겪게 된다. 예를 들면, RNA 분자의 전구체는 보다 짧은 분자로 쪼개질 수도 있고, 또한 특정의 RNA 사슬이 말단에 첨가되기도 하며(예를 들면, 3′-말단에 폴리-A 꼬리의 첨가), 그리고 RNA 분자 내부에 있는 개개의 뉴클레오타이드의 염기와 당 단위들도 화학적으로 변화될 수 있다.

연습문제

1. 유전정보의 흐름의 과정을 나타낸 것이다. 옳은 것은?
① DNA–RNA–단백질
② RNA–DNA–단백질
③ DNA–단백질–RNA
④ 단백질–RNA–DNA
⑤ 단백질–DNA–RNA

2. 5′–AGCCAT–3′의 상보적 염기배열로 옳은 것은?
① 5′–ATGGCT–3′
② 5′–TCGGTA–3′
③ 3′–ATGGCT–5′
④ 5′–AGCCAT–3′
⑤ 3′–AGCCAT–5′

3. 대장균에서 DNA복제(불연속적 복제)에 관여하는 효소들 중 합성시 이용하는 순서로 맞는 것은?

(A) DNA polymerase III
(B) primase　(C) helicase
(D) DNA ligase
(E) DNA polymerase I

① C–B–A–E–D　② C–A–B–D–E
③ A–B–C–D–E　④ B–A–C–E–D
⑤ B–A–D–E–C

4. DNA복제에 관한 사항 중 타당치 않는 것은?
① 새 DNA사슬의 합성은 5′→3′ 방향이다.
② 연속적으로 복제가 일어나는 가닥을 지연가닥이라 한다.
③ Okazaki단편은 동물세포에서는 200개 이하의 nucleotide로 되어 있다.
④ 진핵의 DNA복제시 수천에 이르는 복제원점에서 동시에 시작된다.
⑤ DNA polymerase III가 주된 효소이다.

5. 다음은 유전정보의 흐름의 과정을 나타낸 것이다. ⓐ, ⓑ, ⓒ에 맞는 사항은?

DNA
↓ⓐ
* DNA →(ⓑ) m–RNA →(ⓒ) protein

	ⓐ	ⓑ	ⓒ
①	replication	translation	transcription
②	translation	translation	replication
③	translation	replication	transcription
④	replication	transcription	translation
⑤	transcription	translation	replication

6. RNA 전사 개시를 인식하는 DNA 주형 가닥의 공통 염기 배열을 지닌 부위는?
① codon　② primer　③ promoter
④ operon　⑤ exon

7. RNA 전사 후 가공 (processing)에 관한 설명은?

가. 5′의 cap의 형성
나. 3′의 poly(A)의 첨가
다. RNA 전구체의 절단
라. RNA 사슬의 연장

① 가 나 다　② 가 다　③ 나 라
④ 라　⑤ 가 나 다 라

8. 5′–AGCCAT–3′의 주형가닥으로부터 DNA polymerase에 의한 복제 후 염기배열로 옳은 것은?
① 5′–ATGGCT–3′
② 5′–TCGGTA–3′
③ 3′–ATGGCT–5′
④ 5′–AGCCAT–3′
⑤ 3′–AGCCAT–5′

9. 5′–AGCCAT–3′의 주형가닥으로부터 RNA polymerase에 의한 전사 후 염기배열로 옳은 것은?
① 5′–AUGGCU–3′

② 5′-UCGGUA-3′
③ 3′-AUGGCU-5′
④ 5′-AGCCAU-3′
⑤ 3′-AGCCAT-5′

10. DNA복제가 일어나는 기전은?
① 보존적 ② 반보존적 ③ 분산적
④ 비례적 ⑤ 혼합적

11. DNA복제에 관여하는 주된 효소는?
① DNA polymerase
② DNA polymerase II
③ DNA polymerase III
④ RNA polymerase II
⑤ RNA polymerase I

12. 핵 DNA의 유전적 정보는 무엇에 의하여 단백질 합성의 장소에 전달되는가?
① r-RNA ② t-RNA ③ m-RNA
④ DNA자신 ⑤ sn-RNA

13. RNA 전사 개시를 인식하는 DNA 주형 가닥의 공통 염기 배열을 지닌 부위는?
① codon ② primer ③ promoter
④ operon ⑤ exon

14. t-RNA와 반응하는 것은?
① amino acid ② lipoic acid
③ cyclic AMP ④ soluble RNA
⑤ microsomes

연습 문제

15. tRNA의 antocodon의 3번째 염기는 mRNA에서 결코 발견될 수 없는 염기가 자주 발견된다. 예를 들어 코돈 CUU는 anticodon AAG 혹은 IAG가 사용되는데 이 현상을 무엇이라 하는가?
① 퇴화성 ② 공통성 ③ 동요성
④ 개시 코돈 ⑤ 종결 코돈

16. 다음에서 DNA가 유전자라는 직접적인 증거가 될 수 있는 것은?
① 형질도입 ② 형질전환
③ T_2파지의 증식
④ DNA X선 회절 사진

17. 대장균을 N^{15}(중질소)가 들어있는 배지에 길러 모든 DNA를 N^{15}로 표지한 다음 N^{14}(가벼운 질소)만 포함된 배지로 옮겨 분열을 시킨후, 염화세슘 밀도기울기 초원심분리를 하여 DNA비중을 조사하였다. 제3분열(제3세대)후 만들어진 DNA의 비율은?

	가벼운 DNA	중간 DNA	무거운 DNA
①	1	1	1
②	2	2	1
③	3	1	0
④	0	0	1
⑤	6	2	0

정답 : 1 ① 2 ① 3 ① 4 ② 5 ④ 6 ③ 7 ① 8 ① 9 ① 10 ② 11 ③ 12 ③ 13 ③ 14 ① 15 ③ 16 ② 17 ⑤

용어해설

1. 5′-캡(5′-cap) : 진핵생물 mRNA의 5 말단에서 발견되는 구조

2. DNA 중합효소(DNA polymerase) : DNA를 주형으로하여 데옥시라이보뉴클레오타이드로부터 DNA를 만들어 내는 효소

3. RNA 중합효소(RNA polymerase) : 주형으로 DNA 사슬 또는 RNA사슬을 사용하여 ribonucleoside-5′-triphospha-te로부터 RNA를 생성하는 효소

4. 교정작용(proofreading) : DNA 복제가 진행중일 때 올바르지 않은 뉴클레오타이드를 제거하는 과정

5. 닉번역(nick translation) : 손상된 DNA를 수선하는데 필요한 과정

6. 미스매치 수선(mismatch repair) : 손상된 DNA를 수선하는 과정

7. 반보존적 복제(semiconservative replication) : 세포의 두 세대에 걸친 각 딸 DNA 두 가닥사슬은 한 가닥의 어버이 사슬과 또 한 가닥의 신생사슬로 구성된다는 하나의 복제방법

8. 번역(translation) : 분자중에 존재하는 유전정보가 단백질 합성에 있어서 아미노산배열을 지시하는 반응과정

9. 불연속복제(discontinuous replication) : DNA복제시 먼저 가닥이 풀리어 복제 fork를 형성하고 선도가닥은 5′→3′ 방향으로 연속적으로 복제되고 Okazaki 단편을 만드는 지연가닥은 DNA ligase에 의해 연결된 후 복제된다. 이와 같이 Okazaki 단편을 만드는 복제를 불연속복제라 한다.

10. 선도가닥(leading strand) : DNA 복제시 하나로 길게 뻗어 연속적으로 만들어 지는 가닥

11. 오카자키 단편(okazaki fragment) : 복제 시 지연가닥에서 형성되는 짧은 DNA조각으로, 이것들은 그 다음에 DNA연결효소에 의해 연결된다.

12. 유전 정보의 흐름(the flow of genetic inform-ation) : DNA가 전사되어 RNA가 되고 RNA가 번역되어 단백질이 만들어지는 과정을 말한다.

13. 재조합 DNA(recombinmant DNA) : 유전자가 새로이 결합하여 형성된 DNA

14. 전사(transcription) : DNA의 1개 사슬에 함유되어 있는 유전정보가 mRNA사슬의 상보적인 염기배열을 규제한 효소적 반응

15. 접착말단(sticky ends) : 이중가닥 DNA의 말단에 뻗어있는 짧은 단일가닥. 접착성 말단을 갖고 있는 다른 DNA 분자와 연결될 때 이 짧은 단일가닥이 연결부위가 된다.

16. 제한효소(restriction endonuclease) : 핵심부 주위에 있는 염기 배열의 2회 대칭에 의해서 신호가 보내 절단점에서 DNA의 두 개의 가닥을 분비하는 부위특이성을 deoxyrib-onucleic acid 제한 내부 가수분해 효소라 한다.

17. 주형(template) : 정보 거대분자의 합성에 필요한 거대 분자로 이루어지는 주형, 또는 패턴

18. 지연가닥(lagging strand) : DNA 복제시 작은 절편 형태로 만들어 지는 가닥. 그 다음에 DNA 연결효소에 의해 이어진다.

19. 촉진유전자 부위(promoter region) : RNA 중합효소가 결합하여 전사를 개시하는 DNA뒤의 배열부위

20. 타이민 이량체(thymine dimer) : 자외선 작용에 의해 유발되는 DNA 결함

21. 폴리-A 꼬리(poly a tail) : 진핵생물(그리고 때때로 원핵생물)에서 많은 mRNA들의 3말단에 더해지는 아데노신 잔기의 길이

22. 플라스미드 DNA (plasmid DNA) : 보통 항생제 내성 유전

자를 포함하고 있는 작고, 동그란 DNA 분자. 클로닝에 종종 이용된다.

23. 헬리케이스(helicase, 혹은 rep 단백질) : 복제 과정 중에서 DNA 이중나선을 푸는 효소

24. 회문구조(palindrome) : 2개 사슬의 염기배열이 회전 대칭의 중심 주위에 반복하여 줄지어 있는 두 가닥, 사슬 DNA단편

| 제16장 |

단백질 합성

Protein Synthesis

세포가 가지고 있는 단백질의 성질에 따라 생물의 형질 및 기능이 결정된다. 이러한 단백질의 성질을 결정하는 것은 단백질의 아미노산 순서에 달려 있고, 이 순서에 관한 정보는 DNA가 지니고 있다. 따라서 DNA의 유전정보는 mRNA의 중계를 받아 최종 산물인 단백질을 합성한다.

이 장에서는 유전코드와 이 유전코드가 어떻게 읽혀지는가에 대해서 설명하고, 단백질 합성 과정에서 일어나는 복잡한 효소적 단계들에 대해 기술한다. 또한 원핵세포와 진핵세포의 유전자의 구조, 조절기능, 표현에 대해 살펴본다.

16.1 코돈(codon)

단백질 생합성에 필요한 유전정보는 사람의 언어가 단어나 문장을 구성하는 문자의 배열로 구성되는 것과 비슷하다고 할 수 있으며 유전정보는 오직 4개의 핵산염기 A, G, C, U로 되어 있다. 그러나 단백질은 20종류의 아미노산으로 되어 있으며 4문자 언어가 몇 개씩 조합되어 20문자 언어로 번역되어야 한다. 만약 유전코드가 3개의 염기로 조합되어 있다면 4^3=64개의 유전코드를 만들 수 있게 된다.

실제로 유전정보는 mRNA에서 3개의 염기 조합으로 이루어져 있으므로 20종류의 아미노산과 개시 및 종결신호를 지정하기에 충분하며 각 아미노산은 최소한 1개 이상 여러 개의 유전코드를 갖게 된다. 이 3개의 염기배열을 코돈(codon)이라 한다. 유전정보는 한번에 1개의 코돈으로 순차적으로 읽혀지며 겹쳐서 읽혀지지 않고 건너뛰어 읽지도 않는다.

유전코드는 표 16-1에서처럼 64개의 코돈으로 구성되어 있으며 5′→3′ 방향으로 읽도록 되어 있다. 61개의 코돈이 20개의 아미노산을 암호화한다. 그리고 단백질 생합성의 개시신호(start signal)는 대부분 AUG이지만 드물게 GUG가 이용되기도 하며 종결신호(stop signal)는 UAA,

표 16-1 유전코드(genetic code)

첫 번째 염기 (5′ 말단)	두 번째 염기				세 번째 염기 (3′ 말단)
	U	C	A	G	
U	Phe	Ser	Tyr	Cys	U
	Phe	Ser	Tyr	Cys	C
	Leu	Ser	종료	종료	A
	Leu	Ser	종료	Trp	G
C	Leu	Pro	His	Arg	U
	Leu	Pro	His	Arg	C
	Leu	Pro	Gln	Arg	A
	Leu	Pro	Gln	Arg	G
A	Ile	Thr	Asn	Ser	U
	Ile	Thr	Asn	Ser	C
	Ile	Thr	Lys	Arg	A
	Met 개시	Thr	Lys	Arg	G
G	Val	Ala	Asp	Gly	U
	Val	Ala	Asp	Gly	C
	Val	Ala	Glu	Gly	A
	Val	Ala	Glu	Gly	G

UAG 및 UGA이다. 이들은 특정한 아미노산을 인식하지 않으므로 난센스코돈(nonsense codon)이라고 한다.

유전정보의 중요한 특징의 하나가 중복성(degenerate)이다. 표 16-1을 보면 트립토판과 메싸이오닌을 제외한 대부분의 아미노산이 1개 이상의 코돈을 가지는 것을 알 수 있다. 각 암호단위를 5′ 말단에서부터 읽어보면 특정 아미노산에 대해서 일반적으로 첫번째와 두번째 염기는 일정하지만 세번째 염기는 유동적인 것을 알 수 있다.

예를 들어 발린의 경우를 보면 첫번째와 두번째는 GU로 일정하고 세번째는 4가지 염기 중 어떤 것이 읽혀지더라도 발린은 새로 합성되는 폴리펩타이드 사슬의 구성요소가 될 수 있다. 이렇게 변할 수 있는 3번째 염기를 워블(wobble, 동요성) 염기라 한다.

mRNA 코돈의 해독은 상보적인 tRNA의 안티코돈(anticodon)과의 짝짓기에 의해 일어나며 안티코돈 단위는 tRNA의 구조에서 아미노산 결합부위와 가장 멀리 떨어져 있는 3개의 염기로 이루어진 안티코돈 팔(anticodon loop)에 존재한다.

16.2 단백질의 합성

단백질 분자의 아미노산 배열 순서는 mRNA 분자내의 코돈의 순서에 따라 정해진다. 다시 말해, DNA 분자의 초기 염기 순서에 의해 결정된다고 할 수 있다. 번역(translation)은 코돈이 순서대로 읽혀져서 폴리펩타이드 사슬로 된 단백질이 형성되는 과정이다. 폴리펩타이드 사슬의 합성에는 다음의 요소들이 필요하다.

(1) 특정 유전정보를 가진 mRNA, (2) 단백질 합성기관인 라이보솜, (3) 아미노산이 결합된 tRNA(aminoacyl-tRNAs) 및 (4) 여러 가지 효소와 폴리펩타이드 사슬 합성의 개시, 연장, 종결에 관여하는 단백질 인자 등이다. 단백질은 mRNA와 라이보솜 복합체에 결합되어 연장되고 있는 폴리펩타이드 사슬에 아미노산을 순차적으로 첨가해서 만들어 진다. mRNA는 5′→3′ 방향으로 읽혀지며, 폴리펩타이드 사슬은 아미노기로부터 카복실(carboxyl)기 쪽으로 합성된다.

단백질 합성에는 다음과 같은 주요 단계가 있다. (1) 아미노산의 활성화(activation), (2) 단백질 합성의 개시(initiation), (3) 단백질 사슬의 연장(elongation), (4) 단백질 합성의 종결(termination) 및 (5) 번역 후 변형(modification)으로 최종 단백질이 생성된다.

16.2.1 아미노산의 활성화 : (아미노아실-tRNA의 형성)

아미노산이 단백질 합성에 이용되기 전에 먼저 tRNA와 결합되어 활성화 상태가 되어야 한다. 아미노아실-tRNA 합성효소(aminoacyl-tRNA synthetase)는 특정 tRNA 분자의 3′ 말단의 수산기와 아미노산을 결합시키는데, 이 반응에는 1개의 ATP 분자와 Mg^{2+}가 필요하다(그림 16-1). 이 합성효소는 아미노아실-AMP(aminoacyl-adenylate) 중간물질의 형성을 촉매한다. 이 중간물질은 실제 효소와 결합되어 있어, 다음 단계로 tRNA의 3′-수산(3′-OH)기에 아미노산을

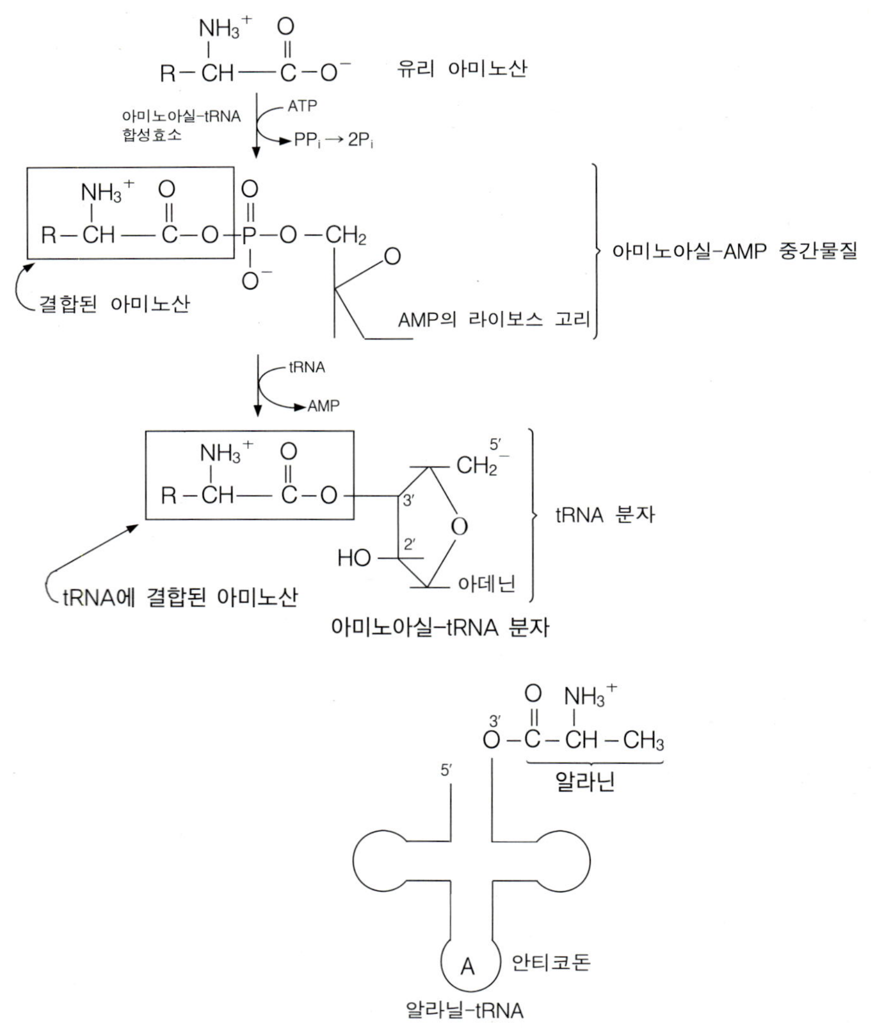

그림 16-1 아미노아실-tRNA의 형성

옮겨주어 아미노아실-tRNA를 형성한다. 아미노산의 카복실기가 에스터 결합에 의해 3′-수산기와 결합된다. 이 반응은 ATP로부터 파이로인산(PPi)으로 분해되고, 이것이 다시 2분자의 무기인산(Pi)으로 가수분해될 때 형성되는 에너지에 의해서 진행된다. 각 아미노산 tRNA 분자에 특이적인 아미노아실-tRNA 합성효소가 있으며, 이 효소는 아미노산을 대응하는 tRNA에 결합시킨다.

16.2.2 폴리펩타이드 사슬 합성의 개시

개시복합체는 다음의 요소들로 구성된다. (1) 라이보솜의 30S와 50S 서브유니트, (2) mRNA 분자, (3) 개시 tRNA(N-formyl-methionine이 결합되어 있는 tRNA) 및 (4) 3개의 개시인자 (IF-1, IF-2 및 IF-3)이다. N-포밀메싸이오닌 tRNA(N-formylmethionyl tRNA, fMet-$tRNA^{fmet}$)는 다음 반응으로 형성된다.

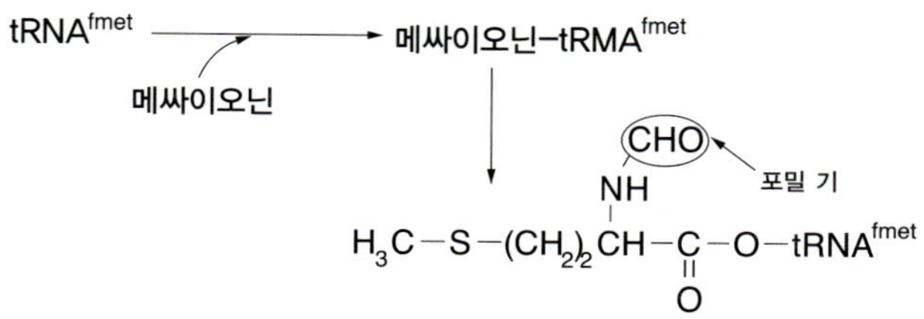

개시복합체의 형성은 그림 16-2와 같다. 30S 서브유니트가 개시인자와 개시 tRNA와 결합한다. 이 때 GTP 분자도 결합하여 30S/(fMet- tRNA)/개시인자 복합체가 mRNA의 5′ 끝부분에 결합한다. N-포밀메싸이오닌-tRNA의 안티코돈은 mRNA의 개시코돈인 AUG와 결합하고, 다음 50S 서브유니트가 결합되어 70S 라이보솜을 형성한다. 이 때 GTP는 GDP와 인산으로 가수분해가 일어나고 개시인자들이 떨어져 나간다. 이렇게 되면 70S 개시복합체는 단백질 합성을 수행할 준비가 완료된다. 단백질 합성에 있어서 mRNA의 출발 신호가 되는 코돈은 AUG 혹은 GUG이다.

16.2.3 폴리펩타이드 사슬의 합성과 연장

폴리펩타이드 사슬의 합성과 연장에 관계되는 반응은 아주 복잡한데, 주요한 3가지의 작용이 일어난다. (1) 아미노실-tRNA와 라이보솜이 결합되고 코돈이 인지되는 과정 (2) 펩타이드 결합의 형성 (3) 결합된 펩타이드 사슬을 갖고 있는 tRNA를 앞으로 전진시키고 라이보솜을 이동시켜 A 자리에 다음의 코돈이 읽혀지도록 하는 자리옮김 과정(translocation)등이 있다(그림 16-3).

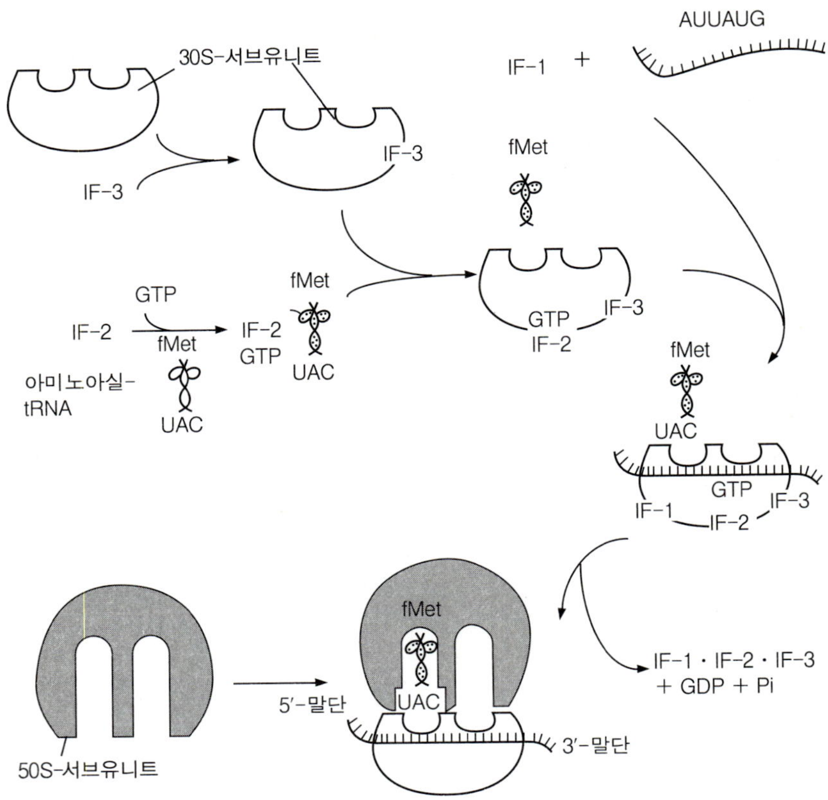

첫째 반응에서는 개시인자 IF-2에 의해 포밀메싸이오닌을 가진 tRNA가 이 서브유니트와 결합한다. 즉 나중에 펩타이드기가 자리잡게 될 P-자리에 들어가게 된다. 그 다음의 반응(오른쪽)에서는 IF-1의 도움으로 mRNA가 이 서브유니트와 결합한다. 이 결합이 이루어진 다음에 비로소 큰 서브유니트도 결합하게 된다. 이때 개시인자들이 유리되고, 아마 서브유니트에 결합되어 있던 GTP는 GDP와 Pi로 분해된다. 다음의 두번째 아미노아실-tRNA가 결합한 다음, 첫째 펩타이드 결합이 이루어짐으로써 단백질의 합성이 시작된다.

그림 16-2 대장균에서의 단백질 생합성의 개시복합체 형성

큰 50S 서브유니트는 2개의 다른 tRNA가 결합할 수 있는 자리가 있는데, P(펩티딜) 자리와 A(아미노아실) 자리이다. 폴리펩타이드 사슬의 형성이 시작될 때 포밀메싸이오닌-tRNA는 P 자리에 결합되어, mRNA의 AUG 코돈에 결합된다. 아미노아실-tRNA 분자는 A 자리에 결합되는데, 이때 GTP 분자의 가수분해가 수반되어야 한다. 또한 연장에 관여하는 연장인자가 필요하다. 첨가할 첫번째 아미노산이 알라닌이라고 가정하면 그림 16-3에서와 같이 알라닐-tRNA는 A 자리에 결합되며 mRNA의 알라닌 코돈에 해당하는 GCA에 위치한다. 다음에 펩티딜 전달효소(peptidyl transferase)라는 효소가 50S 서브유니트에 결합되어, 포밀메싸이오닌과 도입되는 알

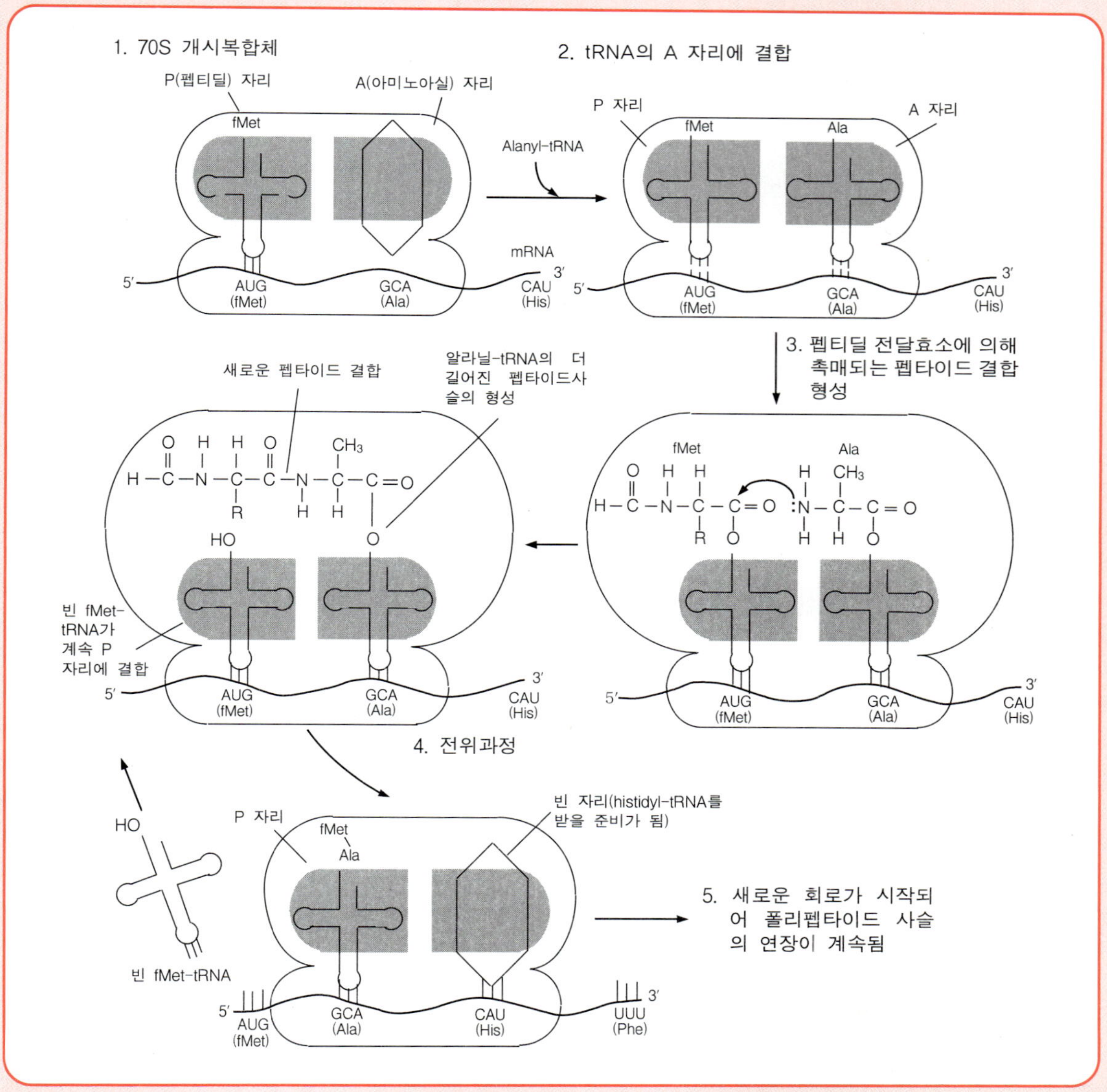

그림 16-3 폴리펩타이드 사슬의 합성과 연장의 기본적인 단계

라닌의 아미노기 사이에 펩타이드 결합을 형성시킨다. 포밀메싸이오닌- tRNA의 포밀메싸이오닌 기는 결합된 알라닌의 유리 아미노기에 전달된다. 이 때 P 자리에는 포밀메싸이오닌과 결합되어 있던 tRNA가 유리형태로 남아 있고, A 자리는 다이펩타이드로 결합된 tRNA가 위치한다.

다음 단계로 포밀메싸이오닌-알라닌-tRNA는 A 자리에서 P 자리로 이동되며(위치이동), 아미노산이 제거된 tRNA는 P 자리에서 빠져나와 70S 라이보솜 복합체로부터 떨어져 나간다. 포밀메싸이오닌-알라닌-tRNA는 P 자리에 결합되고 A 자리는 비어 있게 된다. 트란스로케이스

(translocase)라 부르는 연장인자가 위와 같은 이동반응에 필요하고, GTP 가수분해도 일어난다. 전위과정 동안, 70S 라이보솜은 mRNA에서 이동하여 적절한 아미노아실-tRNA를 받아들이기 위해 A 자리가 새로운 코돈에 위치한다. 예를 들어, 새로운 코돈이 히스티딘에 해당하는 CAU라면 히스티딜-tRNA의 안티코돈은 CAU 코돈에 결합하여, 히스티딘-tRNA가 A 자리에 위치한다. 이와 같은 방법으로 mRNA는 라이보솜에 의해 한번에 한 코돈씩 순차적으로 읽혀지면서 새로운 폴리펩타이드 사슬을 구성한다. 더 많은 아미노산이 폴리펩타이드 사슬에 첨가되어 감에 따라 사슬은 특정한 3차구조를 형성하게 된다(그림 16-4).

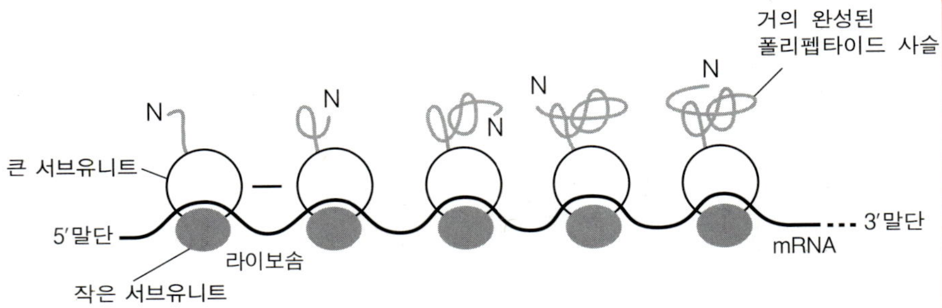

라이보솜은 mRNA사슬을 따라 5′→3′ 방향으로 이동한다. 사슬의 5′-말단 가까이에 있는 라이보솜은 바로 막 단백질 합성을 시작했다. 3′-말단의 라이보솜은 거의 합성이 끝나가고 있다.

그림 16-4 mRNA에 부착하여 단백질 합성을 하고 있는 여러 개의 라이보솜

16.2.4 폴리펩타이드 사슬 합성의 종결 과정

유전코드에는 UAA, UAG, UGA 등의 3개의 종결코돈(종결신호)이 있다. 이 종결코돈은 유전정보의 끝을 의미하게 되고, 폴리펩타이드 사슬의 연장이 끝나게 된다. 라이보솜의 A 자리에 방출인자가 결합되어, 종결코돈을 인지하게 된다. 방출 펩티딜 전달효소는 P 자리에 결합된 마지막 tRNA로부터 폴리펩타이드 사슬을 가수분해 하여, 라이보솜/mRNA 복합체로부터 폴리펩타이드를 유리시킨다. 이 때 방출인자들도 라이보솜에서 분리되고 라이보솜 자체도 30S와 50S 서브유니트로 분리되어 mRNA 분자에서 유리되어 세포질내로 확산된다.

16.2.5 단백질의 번역후 변형

새로 합성된 폴리펩타이드 사슬이 생물학적으로 활성을 가진 단백질이 되기 위해서는 몇 단계의 부가적인 효소반응, 즉 번역후 변형(posttranslational modification)을 필요로 한다. 폴리펩타이드 사슬의 N-말단에 있는 N-포밀기와 메싸이오닌 잔기는 효소적으로 제거된다. 다른 공유결합을 수반한 변형 방법으로서는 사슬내 혹은 두 사슬사이의 S-S 결합의 형성, 글리코실화 반응(glycosylation, 1개 이상의 당 잔기가 결합하여 당단백질 형성), 보결분자단(prosthetic group)의 결합, 그리고 단백질 분해효소에 의한 분해(절단) 등이 있다. 표 16-2는 단백질 합성의 각 단계에 필요한 인자들을 요약하였다.

표 16-2 대장균에 있어서 단백질 합성의 각 단계에 요구되는 인자들

단 계	인 자 들
아미노산의 활성화	아미노산들 tRNAs 아미노아실-tRNA synthetases ATP, Mg^{2+}
사슬합성의 개시	포밀메싸이오닌-$tRNA^{fmet}$ mRNA의 개시코돈 30S 라이보솜 서브유니트 50S 라이보솜 서브유니트 개시인자들(IF-1, IF-2 및 IF-3) GTP, Mg^{2+}
사슬의 연장	70S 라이보솜 mRNA의 코돈 아미노아실-tRNAs 연장인자들(EF-Tu, EF-Ts 및 EF-G) GTP, Mg^{2+}
사슬합성의 종결	70S 라이보솜 종결코돈들(UAA, UAG 및 UGA) 방출인자들(RF-1, RF-2 및 RF-3) GTP, Mg^{2+}

16.3 세균의 단백질 합성을 저해하는 항생물질

많은 종류의 항생물질이 세균의 단백질 합성을 저해하므로 어떤 종류의 세균에 대해 매우 효과적인 약품이다. 이러한 항생제는 단백질 합성에 관계하는 특정 효소를 저해한다. 표 16-3에 몇 개의 대표되는 항생물질과 작용을 요약하였다.

표 16-3 단백질 합성을 저해하는 항생물질

항생물질	생리적 작용
크로람페니콜	50S 라이보솜 서브유니트의 펩티딜 운반효소를 저해
에리스로마이신	50S 서브유니트와 결합하여 전위 단계를 저해
퓨로마이신	미완성된 폴리펩타이드 사슬의 종료를 유도
스트렙토마이신	단백질 합성의 개시 단계를 저해
테트라사이클린	30S 서브유니트로 결합하여 아미노아실-tRNA와의 결합을 저해

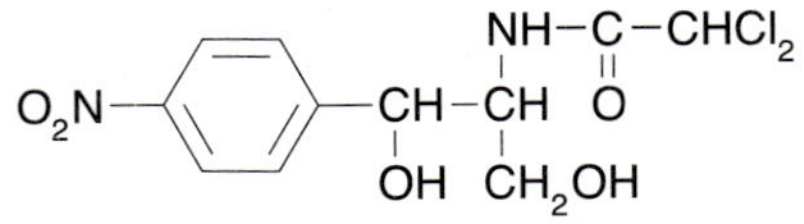

클로람페니콜

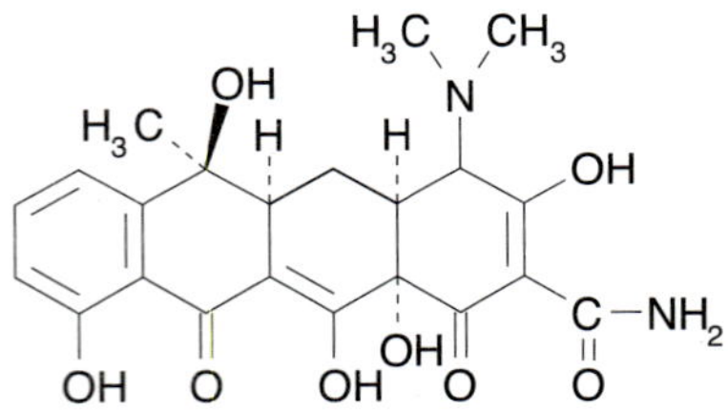

테트라사이클린

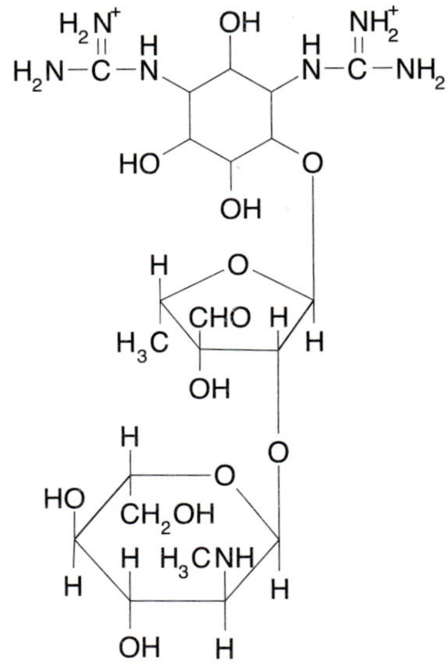

스트렙토마이신

16.4 원핵세포의 유전자 구조

락-오페론(lac operon)의 구조의 규명은 생화학 분야에 있어서 중요한 이정표가 되었다. 대장균의 DNA에 존재하는 유전자 중의 하나의 구조를 살펴 볼 수 있을 뿐만 아니라, 이들 유전자의 발현이 어떻게 조절되는지에 대한 중요한 정보를 제공하였다. 오페론은 구조유전자(structural gene)에 인접해 있으면서 제어 부분인 작동유전자(operator, o)를 함유한 DNA의 한 부분이다. 특정 단백질과 효소에 해당하는 구조유전자는 특정 생화학적 과정을 수행한다. 락-오페론은 락토오스의 운반과 대사에 필요한 효소를 생성한다. 그림 16-5는 락-오페론을 보여주는 그림이다.

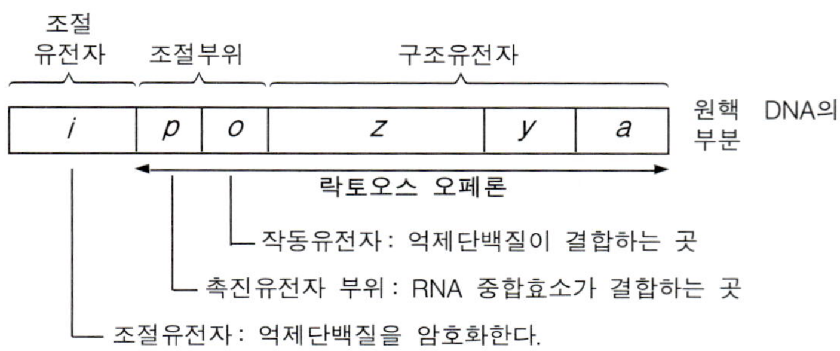

그림 16-5 락-오페론의 구조

락-오페론은 세균성 DNA 분자의 일부분이다. 그것은 3가지의 특징적인 부분으로 구성되어 있다. 조절유전자(regulatory gene, *i*), 작동유전자(operator gene, o) 그리고 구조유전자(structural gene, *z*, *y*, *a*) 등을 말한다. 조절유전자는 작동유전자(o)와 결합하는 억제단백질(r-epressor protein)을 암호화한다. 이 작동유전자는 다시 또 2가지로 세분되는데, 촉진유전자 부위(promoter region, *p*)와 작동유전자 부위(operator region, o)이다. 전자는 RNA 중합효소가 결합하고, 후자는 억제제(억제단백질)가 결합하는 부위이다. 구조유전자는 (*z*), (*y*) 그리고 (*a*)는 락토오스를 대사하는데 관여하는 각각 다른 3가지 효소를 암호화한다. *z* 유전자는 락토오스를 에너지 생성에 이용하기 위하여 글루코오스와 갈락토오스로 분해하는 효소 β-갈락토시데이스(lactase)를 암호화한다. *y* 유전자는 갈락토사이드 투과효소(galactoside permease)를 암호화하는데, 그것은 갈락토오스를 세포내로 운반을 조절하는 단백질이다. *a* 유전자는 갈락토사이드 아세틸레이스(galactoside acetylase, 기능이 알려져 있지 않았다)를 암호화 한다.

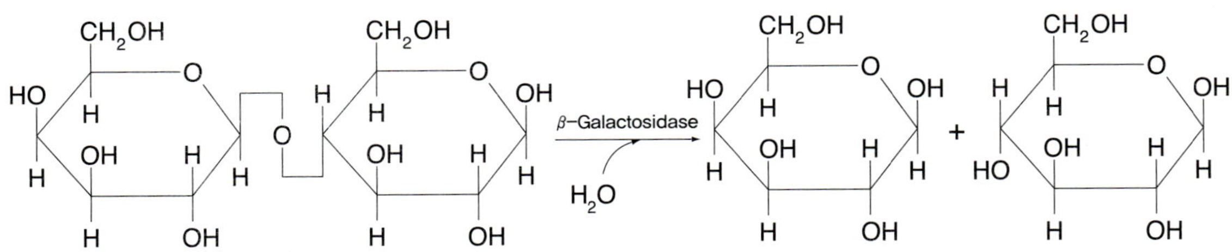

대장균을 탄소영양원으로 락토오스만을 넣고 배양하면 락토오스를 가수분해하는 β-갈락토시데이스의 생성이 수천 배 증가하고, 동시에 β-갈락토사이드 투과효소와 갈락토사이드 아세틸레이스의 합성도 증가되는데, 이와 같이 특정 물질에 의하여 그 합성이 유도되는 효소를 유도효소(inducible enzyme)라 하고, 그 특정 물질을 유도자(inducer)라 한다. 또한, 특정 물질이 그 물질의 합성 효소의 생성을 방해하면 억제(repression)라고 한다.

그림 16-6의 A에서 보는 바와 같이 락토오스를 영양원으로 사용하지 않을 경우 락-오페론은 억제된 상태(repressed)이며, 이때에는 조절유전자가 억제제(repressor)라는 단백질을 합성한다. 이 억제제가 오페론에 있는 작동유전자에 결합하여 RNA 중합효소가 전사하는 것을 방해함으로써 결국 효소 단백질의 합성이 이루어지지 않는다.

그러나 배지에 락토오스만이 영양원으로 사용될 때에는 락토오스가 β-갈락토시데이스의 합성을 유도하는 유도자가 된다. 이때에는 그림 16-6의 B에서 보는 바와 같다. 유도자인 락토오스가 억제제와 결합하여 억제제의 모양이 변화되어 작동유전자에 부착할 수 없게 되며, 따라서 RNA 중합효소는 유전자를 따라서 mRNA를 합성할 수 있다.

또한 단백질 합성은 최종산물에 의하여 억제되기도 하는데 이것을 최종산물억제(end-product repression)라고 한다. 이 경우에는 그림 16-6의 C에서 보는 바와 같이 억제제 자체는 불활성인데 억제제와 최종산물이 복합체를 이루면 활성화되어 작동유전자에 부착함으로써 단백질 합성을 억제한다.

락-오페론의 제어 부분에는 촉진유전자 부위가 있는데, 이곳은 mRNA를 합성하기 위하여 RNA 중합효소가 부착하는 부위이다. 3′, 5′-cAMP는 mRNA의 전사를 증가시키는 것으로 알려져 있는데, 이것은 cAMP가 CAP(cAMP receptor protein)와 복합체를 이루어 촉진 유전자에 결합되어 이곳에 RNA 중합효소가 부착하는 것을 돕는다. 따라서 RNA 중합효소에 의하여 전사의 개시가 원활하게 이루어지게 된다(그림 16-6(D)). 그러므로 cAMP는 완전히 억제된 오페론에서는 영향을 끼칠 수 없다.

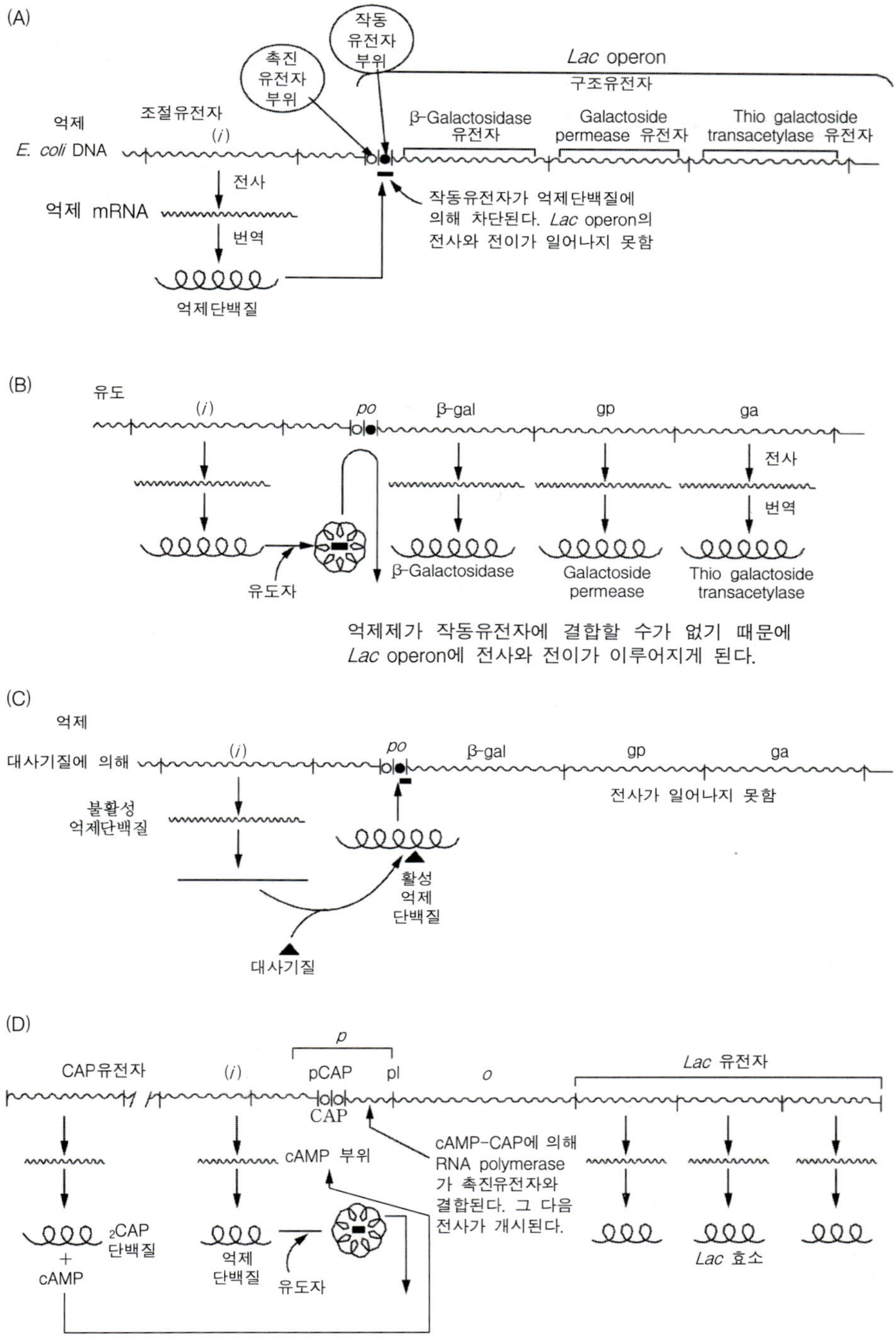

그림 16-6 억제, 유도 및 대사기질에 의한 억제기구

요약

DNA에 저장된 유전정보는 3염기 배열로 순서대로 읽혀지는데, 중복되었지만 겹쳐지거나 건너뛰는 일은 없다. 그리고 유전정보는 DNA로부터 mRNA에 의해 단백질 합성이 일어나는 곳에 전달된다. mRNA는 실제 코돈의 배열순서이며, 각 코돈은 3개의 염기로 되어 있고, 61개의 코돈은 각각 20개의 아미노산 중의 어떤 것에 해당한다. 3개의 종결코돈이 또한 존재한다. mRNA의 암호는 순차적으로 한번에 한개의 코돈씩 읽혀진다. 번역은 mRNA의 코돈이 순서적으로 읽혀져, 폴리펩타이드 사슬이 형성, 기능을 가진 단백질로 합성되는 과정이다. 단백질 합성에는 다음 것들이 요구된다. (1) mRNA 분자, (2) 라이보솜, (3) 특정 아미노아실-tRNA, (4) 단백질의 개시, 연장, 종결에 관여하는 효소와 단백질 인자 등이다. 단백질은 mRNA-라이보솜의 복합체에 결합된 성장 하고 있는 폴리펩타이드 사슬에 아미노산을 순차적으로 첨가함으로써 만들어진다. mRNA는 5′→3′ 방향으로 읽혀지고, 단백질은 아미노 말단에서 카르복실 말단 방향으로 합성된다. 단백질 합성에서의 주요한 단계는 다음과 같다. (1) 활성화된 아미노아실-tRNA의 형성, (2) mRNA/라이보솜/포밀메싸이오닌-tRNA 복합체 형성으로 폴리펩타이드 사슬의 합성 개시, (3) 라이보솜에 아미노아실-tRNA의 결합, 코돈의 인지, 펩타이드 결합 형성, tRNA의 자리 이동 등이 일어나는 폴리펩타이드의 합성과 연장, (4) 종결코돈의 인지와 라이보솜/mRNA 복합체로부터 단백질을 분리시키는 인자의 결합에 의한 단백질 사슬의 합성 종료 과정, (5) 포밀메싸이오닌의 제거와 이황화 결합의 형성, 아미노산들의 R기와 여러 가지 기의 접착과 자기 분해 등에 의한 단백질의 번역후의 변형 등이다. 락-오페론은 작동유전자와 구조유전자 및 조절유전자로 구성된 세균 DNA의 한 부분이다. 조절유전자는 작동유전자에 결합하는 억제단백질을 합성하는 부분으로 구조유전자의 번역을 방해한다.

유도상태에서는 유도자인 락토오스가 억제단백질과 결합하여 작동유전자에 억제단백질이 결합하는 것을 방지하여, 구조유전자가 번역되어, 락토오스의 운반과 대사에 관여하는 효소를 생성하게 된다.

연습문제

1. 단백질의 소재인 아미노산은 먼저 여러 종류의 아미노산에 특이적인 ( )와 결합하여 aminoacyl-( )로 된다. 이 반응은 aminoacyl( ) 합성효소에 의하여 촉매되어 ATP의 가수분해 에너지가 쓰여 진다. ( )속에 공통으로 들어갈 단어는?

① m-RNA ② t-RNA ③ r-RNA
④ DNA ⑤ sn-RNA

2. 다음은 DNA의 한 부위를 나타낸 것이다(표 16-1을 이용).

5-GAT-AGA-CCT-TCT-GGT-3 가닥 1
3-CTA-TCT-GGA-AGA-CCA-5 가닥 2

가닥 2가 mRNA로 전사되어 폴리펩타이드로 번역된다면 그 아미노산의 순서로 옳은 것은?

① Asp-Ser-Pro-Ser-Gly
② Glu-Ser-Pro-Ser-Gly
③ Asp-Ser-Pro-Tyr-Gly
④ Asp-Arg-Pro-Ser-Gly
⑤ Glu-Cys-Pro-Ser-Gly

3. t-RNA는 다음 중 특히 무엇과 반응 하는가?

① ATP ② free amino acid
③ 핵 RNA ④ aminoacyl-AMP
⑤ peptide

4. 단백질 합성시 아미노산이 tRNA의 어디에 결합되나?

① tRNA의 5′ OH ② tRNA의 3′ OH
③ anticodon의 loop
④ phosphate ⑤ adenine

5. 단백질 합성이 일어나는 장소는?

① 골기체 ② 마이토콘드리아
③ ribosome ④ mesosome
⑤ 세포질

6. 암호단위(codon)의 특징은?

가. 결코 건너뛰는 법이 없다.
나. 결코 겹쳐 읽혀지지 않는다.
다. 암호단위중 3번째 염기를 동요염기라 한다.
라. 하나의 아미노산에 암호단위가 최소한 1개 이상 존재한다.

① 가 나 다 ② 가 다 ③ 나 라
④ 라 ⑤ 가 나 다 라

7. 핵 DNA의 유전적 정보는 무엇에 의하여 단백질 합성의 장소에 전달되는가?

① r-RNA ② t-RNA ③ m-RNA
④ DNA자신 ⑤ sn-RNA

8. peptide의 아미노산 배열순서는 무엇에 의해 결정되나?

① m-RNA의 염기순서
② t-RNA의 염기순서
③ r-RNA의 염기순서
④ s-RNA의 염기순서
⑤ DNA 두 가닥의 염기순서

9. 단백질의 합성 단계는 크게 4단계로 나눈다. 각 단계에 해당하는 반응은?

가. activation 나. initiation
다. elongation 라. termination

① 가 나 다 ② 가 다 ③ 나 라
④ 라 ⑤ 가 나 다 라

10. 단백질 합성시 필요한 인자는?

가. mRNA 나. 라이보솜
다. tRNA 라. GTP

① 가 나 다 ② 가 다 ③ 나 라
④ 라 ⑤ 가 나 다 라

11. 단백질 생합성에서 펩티드 사슬 연장(elongation)단계에 사용되는 고에너지 인산 화합물은?

연습문제

① UTP ② ATP ③ GTP
④ CTP ⑤ TTP

12. tRNA의 antocodon의 3번째 염기는 mRNA에서 결코 발견될 수 없는 염기가 자주 발견된다. 예를 들어 코돈 CUU는 anticodon AAG 혹은 IAG가 사용되는데 이 현상을 무엇이라 하는가?

① 퇴화성 ② 공통성 ③ 동요성
④ 개시 코돈 ⑤ 종결 코돈

13. 원핵세포에서 젖당 대사에 관여하는 유전자의 발현의 단위는?

① Lac operon ② 구조유전자
③ 유도체 ④ 조절부위 ⑤ 유도

14. Lac operon에서 lactose의 역할은?

① 유도물질 ② 억제물질 ③ 코돈
④ 역코돈 ⑤ 유전물질

15. DNA의 활성 사슬에 있는 유전정보가 (a)로 전사되고 전사된 a는 핵공을 통해 세포질로 빠져나와 (b)과 결합한다. 세포질에 있는 (c)가 아미노산을 b로 운반해 오면 아미노산과 아미노산 간의 (d) 결합이 이루어져 단백질이 합성된다. 다음 중 옳은 것은?

	a	b	c	d
①	mRNA	라이보솜	tRNA	peptide
②	mRNA	소포체	tRNA	peptide
③	mRNA	라이보솜	rRNA	peptide
④	mRNA	라이보솜	tRNA	ester
⑤	rRNA	소포체	tRNA	peptide

정답 : 1② 2④ 3④ 4② 5③ 6⑤ 7③ 8① 9⑤ 10⑤ 11③ 12③ 13① 14① 15①

용어해설

1. N-포밀메테오닌-tRNAfmet(N-formylmethione -tRNAf met) : 원핵생물의 단백질 합성이 시작되는 데 필요한 필수인자. 아미노기가 포밀화되어 있는 아미노산이 자신의 특정 tRNA에 공유결합되어 있음.

2. 난센스코돈(nonsense codon) : 아미노산을 규정하지 않는 암호단위를 말하며, polypeptide 사슬의 정지를 지시한다.

3. 락-오페록(Lac operon) : lactose의 분해 효소의 합성을 촉진하거나 억제작용을 나타내는 operon의 한 종류

4. 번역(translation) : mRNA를 주형으로 하여 단백질 합성이 이루어지는 과정

5. 번역후의 변형(posttranslational modification) : 합성이 완료된 어떤 polypeptide는 필요한 부위로 이동하는 도중에 목적하는 최종 단백질로 변형되는 것을 말함.

6. 안티코돈(Aanticodon, 역암호단위) : mRNA중의 아미노산에 대한 암호단위에 상보적인 tRNA중의 3종류의 nucleotide

7. 오페론(operon) : DNA에서 mRNA로 전사되어 단백질 합성에 쓰이는 부분인 구조 유전자와 제어부분인 operator 유전자 및 promotor 유전자를 포함하여 말함.

8. 워블(wobble) : mRNA와 tRNA 간의 염기쌍 형성이 몇 가지 형태로 일어날 수 있어서 이로 인해 코돈의 3번째 염기가 다를 수도 있는 것.

9. 유도자(inducer) : 조절 단백질에 결합되어 어떤 유전자의 발현을 촉진시키는 신호 분자

10. 유도효소(inducible enzyme) : 유도인자라 불리우는 어떤 물질이 존재함으로써 그 합성이 촉발될 수 있는 효소

11. 유전코드(genetic code) : DNA의 유전 정보는 그 함질소염기의 배열순서에 있는데, 차례로 배열된 3개의 함질소염기 배열순서가 하나의 아미노산에 대응하고 있는 것을 말함.

12. 종결코돈(termination codons) : 단백질 합성에 있어서 폴리펩타이드 사슬의 종결을 신호하는 세종류의 코돈 : UAA, UAG 그리고 UGA

13. 중복성(degenerate) : 하나의 주어진 아미노산이 한 개 이상의 특이적 암호단위를 가지고 있다는 의미

14. 최종산물억제(end-product repression : 대사경로의 최종산물에 의해서 그 경로의 최초의 합성이 저해되는 현상

15. 코돈(codon) : DNA의 함질소염기 배열은 전사과정을 통하여 mRNA의 염기배열에 옮겨지고, 이 mRNA의 3개의 염기배열이 1개의 아미노산을 지시하는데 이것을 말함.

16. 트랜스로케이스(translocase)
1) 막운반을 촉매하는 효소 2) mRNA를 따라 일어나는 라이보솜의 이동과 같은 운동을 일으키는 효소에 대해서도 사용된다.

참 고 문 헌

Peck Ritter, Biochemistry A Foundation. Brooks/Cole Publishing Company 1996

Larry G. Scheve, Elements of Biochemistry Allyn and Bacon, Inc. 1984

Lubert Stryer, Biochemistry Freeman 1981

Price, Stevens Fundamentals of Enzymology 3rd Oxford, 1999.

강신원 외 5인, 생화학 청문각 1993

강윤새 외 14인, 생화학 고문사 1993

곽한식 외 4인, 생화학 제5판 라이프사이언스 2007

김재호 외 5인, Campbell 생화학 청문각 1997

김정숙, 오문헌, 지의상, 최병범 생화학 광문각 2000

레닌저 생화학 상 하 백형환, 윤경식 대표역자 월드사이언스 2006

박택규 외 1인, 현대 생화학 유한문화사 1987

방병호 외 5인 생화학 진로 2002

장재권, 정하열 공역 현대 생화학 동화기술 2004

정동효 외 7인, 수정 증보 생화학 선진문화사 1991

채기수 외 5인, 생명과학을 위한 생화학 지구문화사 1996

최병범, 이혜정, 영양화학 신광출판사 2008

한국식품과학회, 식품과학용어사전 광일문화사 2006

INDEX

찾 아 보 기

아

자

차

카

타

파

하

인지
생략

생화학

2017년 2월 2일 수정판 인쇄
2017년 2월 10일 수정판 발행
저 자 | 방병호 · 채기수 · 최병범 · 최부돌 공저
발행인 | 임종철
발행처 | 도서출판 진로
주 소 | 서울시 동대문구 답십리동 530-11 의증빌딩 3층
등 록 | 1978년 5월 1일 제 6-0660호
전 화 | 02)2215-0203
팩 스 | 02)2216-0208
편 집 | 애드아이(02-511-3850)

값 22,000원
ISBN 978-89-86877-48-9 (93470)